中 国 国 家 标 准 汇 编

2008 年修订-110

中国标准出版社　编

中 国 标 准 出 版 社

北　京

图书在版编目（CIP）数据

中国国家标准汇编：2008年修订.110/中国标准出版社编.—北京：中国标准出版社，2009
ISBN 978-7-5066-5617-7

Ⅰ.中…　Ⅱ.中…　Ⅲ.国家标准-汇编-中国-2008
Ⅳ.T-652.1

中国版本图书馆CIP数据核字（2009）第204743号

中国标准出版社出版发行
北京复兴门外三里河北街16号
邮政编码：100045
网址 www.spc.net.cn
电话：68523946　68517548
中国标准出版社秦皇岛印刷厂印刷
各地新华书店经销
*
开本 880×1230　1/16　印张 37.25　字数 1 115 千字
2009年12月第一版　2009年12月第一次印刷
*
定价 200.00 元

ISBN 978-7-5066-5617-7

出 版 说 明

1.《中国国家标准汇编》是一部大型综合性国家标准全集。自1983年起，按国家标准顺序号以精装本、平装本两种装帧形式陆续分册汇编出版。它在一定程度上反映了我国建国以来标准化事业发展的基本情况和主要成就，是各级标准化管理机构，工矿企事业单位，农林牧副渔系统，科研、设计、教学等部门必不可少的工具书。

2.《中国国家标准汇编》收入我国每年正式发布的全部国家标准，分为"制定"卷和"修订"卷两种编辑版本。

"制定"卷收入上年度我国发布的、新制定的国家标准，顺延前年度标准编号分成若干分册，封面和书脊上注明"20××年制定"字样及分册号，分册号一直连续。各分册中的标准是按照标准编号顺序连续排列的，如有标准顺序号缺号的，除特殊情况注明外，暂为空号。

"修订"卷收入上年度我国发布的、被修订的国家标准，视篇幅分设若干分册，但与"制定"卷分册号无关联，仅在封面和书脊上注明"20××年修订-1，-2，-3，……"字样。"修订"卷各分册中的标准，仍按标准编号顺序排列（但不连续）；如有遗漏的，均在当年最后一分册中补齐。需提请读者注意的是，个别非顺延前年度标准编号的新制定的国家标准没有收入在"制定"卷中，而是收入在"修订"卷中。

读者配套购买《中国国家标准汇编》"制定"卷和"修订"卷则可收齐上一年度我国制定和修订的全部国家标准。

3. 由于读者需求的变化，自1996年起，《中国国家标准汇编》仅出版精装本。

4. 2008年制修订国家标准共5946项。本分册为"2008年修订-110"，收入新制修订的国家标准31项。

中国标准出版社

2009年10月

目　　录

ICS 25.040
N 10

GB

中华人民共和国国家标准

GB/T 19760.4—2008
部分代替 GB/Z 19760—2005

CC-Link 控制与通信网络规范
第4部分:CC-Link/LT 协议规范

CC-Link(Control & Communication Link)specification—
Part 4:CC-Link/LT specifications

2008-12-15 发布　　2009-06-01 实施

中华人民共和国国家质量监督检验检疫总局
中国国家标准化管理委员会　发布

前　　言

GB/T 19760《CC-Link 控制与通信网络规范》系列目前分为 4 个部分：

——第 1 部分：CC-Link 协议规范；

——第 2 部分：CC-Link 实现；

——第 3 部分：CC-Link 行规；

——第 4 部分：CC-Link/LT 协议规范。

本部分为 GB/T 19760 的第 4 部分。

本部分修改采用 CC-Link 协会标准 BAP-05031-F《CC-Link/LT 协议规范》，其技术内容与 BAP-05031-F 完全一致。

GB/T 19760—2008 与 GB/Z 19760—2005 比较，在技术内容上未作调整，在结构上划分成 4 个部分，以适应不同用户单独使用的需求。本部分代替 GB/Z 19760—2005《控制与通信总线 CC-Link 规范》中的"CC-Link/LT 协议规范"部分。

为了使用方便，本部分做了下列编辑性修改：

a） 根据我国的实际使用情况，按照 GB/T 1.1—2000 的规定，对原文本进行了编辑性的修改，技术内容完全一致；

b） 对原文引用其他国际标准中有被等同或修改采用为我国标准的，本部分用我国标准编号代替对应的国际标准编号，其余未有等同或修改采用为我国标准的国际先进标准，在本部分中均被直接引用；

c） 对原文中个别编辑性错误进行了修正。

本部分由中国机械工业联合会提出。

本部分由全国工业过程测量和控制标准化技术委员会第四分技术委员会归口。

本部分起草单位：机械工业仪器仪表综合技术经济研究所、中国 CC-Link 用户组织、北京交通大学、清华大学自动化系、上海自动化仪表股份有限公司、北京机械工业自动化研究所、西南大学、天华化工机械及自动化研究设计院、中国海洋石油总公司、济南铁路局、株洲南车时代电气股份有限公司、同济大学、上海仪表自动化研究所。

本部分主要起草人：覃强、龚明、郑旭、孙昕、包伟华、王锦标、刘云男、刘枫、姜金锁、徐伟华、陈杰、吴王君、王延昌、王玉敏、梅恪、欧阳劲松、荣智林、宋国峰、彭瑜、陈启军。

本部分所代替标准的历次版本发布情况为：

——GB/Z 19760—2005。

CC-Link 控制与通信网络规范
第 4 部分:CC-Link/LT 协议规范

1 范围

GB/T 19760 的本部分规定了 CC-Link/LT(Control & Communication Link/LT)协议规范。其网络结构见图 1。

本部分适用于自动化控制领域。

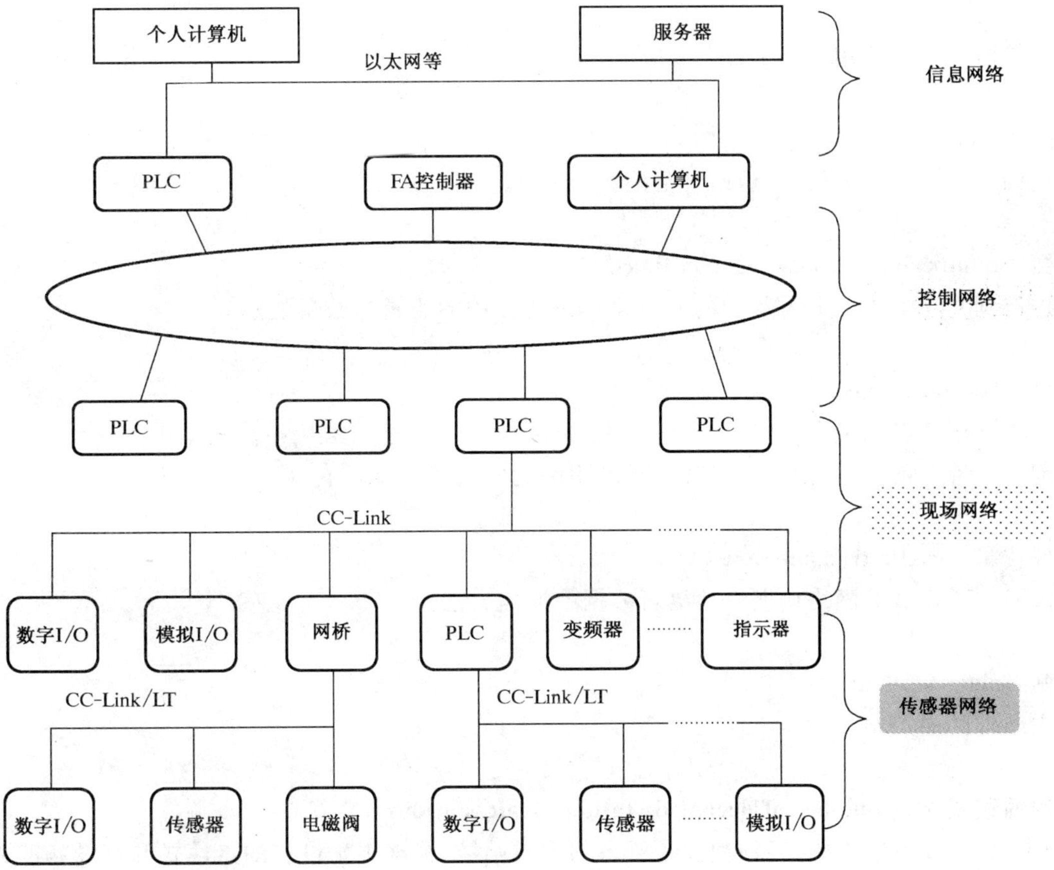

图 1 工厂自动化网络结构

2 规范性引用文件

下列文件中的条款通过 GB/T 19760 的本部分的引用而成为本部分的条款。凡是注日期的引用文件，其随后所有的修改单(不包括勘误的内容)或修订版均不适用于本部分，然而，鼓励根据本部分达成协议的各方研究是否可使用这些文件的最新版本。凡是不注日期的引用文件，其最新版本适用于本部分。

GB/T 5271.1 信息技术 词汇 第 1 部分:基本术语(GB/T 5271.1—2000,eqv ISO/IEC 2382-1:1993)

GB/T 5271.5 信息技术 词汇 第 5 部分:数据表示(GB/T 5271.5—2008,ISO 2382-5:1999,

IDT)

GB/T 5271.8 信息技术 词汇 第8部分:安全(GB/T 5271.8—2001,idt ISO/IEC 2382-8:1998)

GB/T 5271.9 信息技术 词汇 第9部分:数据通信(GB/T 5271.9—2001,eqv ISO/IEC 2382-9:1995)

GB/T 7421 信息技术 开放系统互连 基本参考模型 高级数据链路控制(HDLC)程序(GB/T 7421—2008,ISO/IEC 13239:2002,IDT)

GB/T 9387.1 信息技术 开放系统互连 基本参考模型 第1部分:基本模型(GB/T 9387.1—1998,idt ISO/IEC 7498-1:1994)

EIA RS-485 平衡数据多点系统中使用的发生器与接收器的电性能标准

3 术语和定义

下列术语和定义适用于本部分。

3.1

站 station

连接到 CC-Link/LT 的节点,站号范围为 0～64。

3.2

站数 number of stations(logic stations)

被连接到 CC-Link/LT 网络中的所有物理设备占用的逻辑站数量的总和。

3.3

站号 station number

在 CC-Link/LT 网络中,站号0分配给主站,站号1～64分配给从站。根据占用逻辑站数,必须给从站分配一个唯一的站号,使之不与其他站占用的逻辑站号发生重叠。

3.4

循环传输 cyclic transmission

通过 CC-Link/LT 网络周期性地更新数据的通信方法。

3.5

从站 slave station

除主站外的通用站名。

3.6

占用的逻辑站数 number of occupied stations(logic stations)

在 CC-Link/LT 网络中,某物理设备所占的逻辑站数,根据主站设置的点模式和该设备的数据容量可设置为1～4个站(占用1个逻辑站表示在 CC-Link/LT 缓冲区中划分的一个用于与其他站通信的最小单位,在本部分中称为逻辑站)。本部分中有时用 n 表示占用的逻辑站数。

3.7

节点 node

与 CC-Link/LT 网络连接的物理设备。

3.8

节点数 number of nodes

实际连接到一个 CC-Link/LT 网络上的物理设备数。

3.9

点模式 point mode

在网络中设置每个从站使用的输入输出点数的模式。可从4点、8点、16点模式中选择。

3.10

位数据　bit data

表示 1 个位状态的信息——0(OFF)或者 1(ON)。

3.11

主站　master station

控制整个 CC-Link/LT 网络的站。控制信息(参数)存储在主站中。每个网络中必须有一个主站。站号固定为 0。本部分中用缩略语 M(Master)来表示。

3.12

远程 I/O 站　remote I/O station

只能使用位数据的站。本部分中有时用缩写 RIO(Remote I/O)来表示。

3.13

远程设备站　remote device station

可以使用字数据的站。本部分中有时用缩写 RD(Remote Device)来表示。

3.14

字数据　word data

该信息由 16 位组成。

1 个字能够表示“－32 768～32 767”(有符号十进制整数),“0～65 535”(无符号十进制整数)或“0～FFFFH”(十六进制整数)。

3.15

BITR 方式　broadcast polling＋interval timed response method

在 CC-Link/LT 网络中,用于描述数据通信与轮询的术语。该方式使用同一数据包,从主站对所有从站进行数据传输和轮询,同时从站则根据其站号以分时的方式返回其响应。

3.16

RAS 功能　RAS functions

“可靠性、可用性和可维护性”(Reliability,Availability,and Serviceability)的缩略语。

该术语用以描述自动化设备易于使用。

3.17

远程输入,远程输出　remote X device,remote Y device;RX,RY

RX 表示远程输入,RY 表示远程输出。

用于通过循环传输把位数据传送到各站,存储该信息的区域用 RX/RY 表示。在主站中,输入数据为 RX,输出数据为 RY。

4　CC-Link/LT 系统概述

4.1　配置

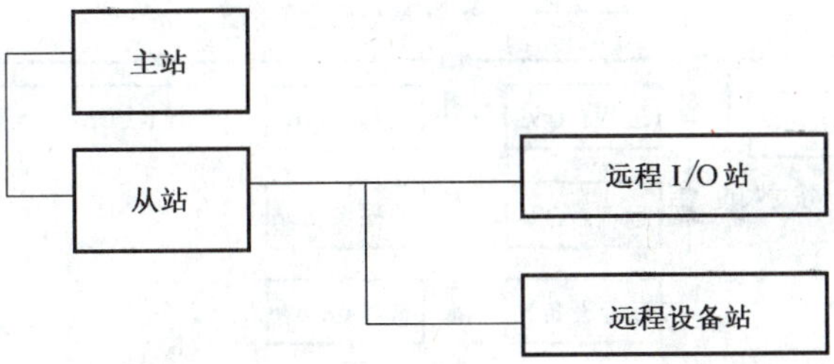

4.2 规范

4.2.1 通信规范(见表1)

表1 规范

<table>
<tr><th colspan="2">规　　范</th></tr>
<tr><td>传输速率</td><td>2.5 Mbit/s,625 kbit/s,156 kbit/s</td></tr>
<tr><td>通信方式</td><td>BITR 方式(Broadcast polling+Interval Timed Response)</td></tr>
<tr><td>同步方式</td><td>帧同步方式</td></tr>
<tr><td>编码方式</td><td>NRZI</td></tr>
<tr><td>拓扑结构</td><td>T 型分支</td></tr>
<tr><td>传输格式</td><td>基于 HDLC 及 CC-Link/LT 专用格式</td></tr>
<tr><td>差错控制方式</td><td>CRC</td></tr>
<tr><td>最大链接容量
括号内的值表示输入输出使用相同地址号的时候</td><td><table><tr><td>点模式</td><td>4 点模式</td><td>8 点模式</td><td>16 点模式</td></tr><tr><td>可控制点数</td><td>256(512)</td><td>512(1 024)</td><td>1 024(2 048)</td></tr></table></td></tr>
<tr><td>每个逻辑站的链接容量
括号内的值表示输入输出使用相同地址号的时候</td><td><table><tr><td>点模式</td><td>4 点模式</td><td>8 点模式</td><td>16 点模式</td></tr><tr><td>可控制点数</td><td>4(8)</td><td>8(16)</td><td>16(32)</td></tr></table></td></tr>
<tr><td>最大连接节点数</td><td>64 个</td></tr>
<tr><td>从站站号</td><td>1 ～64</td></tr>
<tr><td>RAS 功能</td><td>网络诊断
内部回送诊断
从站切断
自动恢复</td></tr>
<tr><td>连接电缆</td><td>专用扁平电缆(0.75 mm^2×4)
VCTF 软线(0.75 mm^2×4)
专用移动电缆(0.75 mm^2×4)</td></tr>
<tr><td>终端电阻</td><td>680 Ω,安装在干线的两端(跨接在 DA、DB 间)
注:如果干线与分支线仅由专用扁平电缆构成,则也可使用 4.7 kΩ 的终端电阻(干线两端的终端电阻必须相同)。</td></tr>
</table>

CC-Link/LT 连接的设备在“传输速率”和“点模式”方面不必与表1中所表示的所有内容一致。

4.2.2 最大传输距离

最大传输距离见表2。

表2 最大传输距离

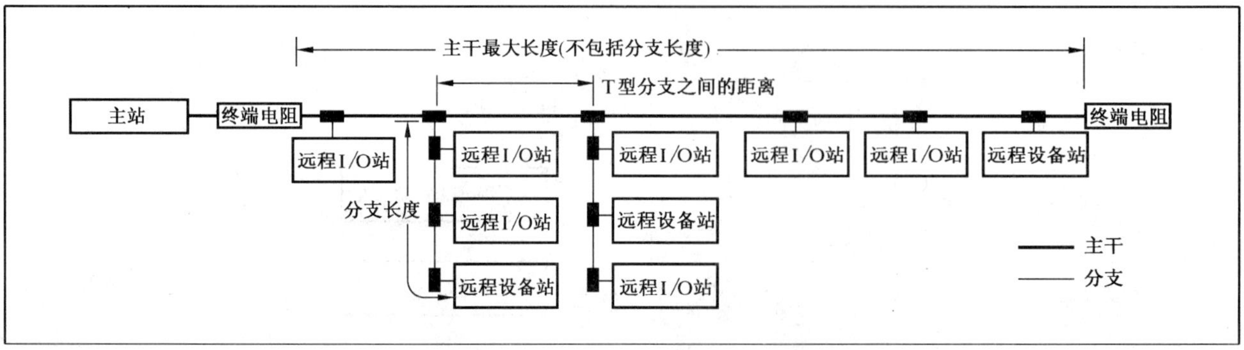

表 2（续）

项　　目	描　　述			备　　注
传输速率	2.5 Mbit/s	625 kbit/s	156 kbit/s	—
站间距离	无最短距离限制			—
分支连接的最大节点数(每个分支)	8			—
主干最大长度	35 m	100 m	500 m	终端电阻间的电缆长度 不包括分支长度
T 型分支之间的距离	无最短距离限制			—
分支最大长度	4 m	16 m	60 m	1 个分支的电缆长度 包括从连接器到设备的电缆
分支总长度	15 m	50 m	200 m	所有分支的总长度

4.2.3　主干与分支的连接电缆组合

主干和分支的连接电缆组合，如表 3 所示。

配线注意事项：主干中不能使用不同种类的电缆；同一分支中不能使用不同种类的电缆。

表 3　可使用的电缆组合

主干	分　　支						
	分支中没有使用不同电缆时			分支中使用不同电缆时			
	扁平	VCTF	移动	扁平/VCTF	扁平/移动	VCTF/移动	扁平/VCTF/移动
专用扁平电缆	○	○	○	○	○	○	○
VCTF 软线	○	○	○	○	○	○	○
专用移动电缆	○	○	○	○	○	○	○
○：允许混合使用；扁平：专用扁平电缆；VCTF：VCTF 软线；移动：专用移动电缆； "/"表示不同分支中可以使用不同类型的电缆。例如，"扁平/VCTF"表示专用扁平电缆和 VCTF 软线在不同分支中一起使用。							

4.2.4　链接扫描时间的估算值

链接扫描时间的估算值如图 2 所示。

以此为基准，设计主站的链接扫描时间。

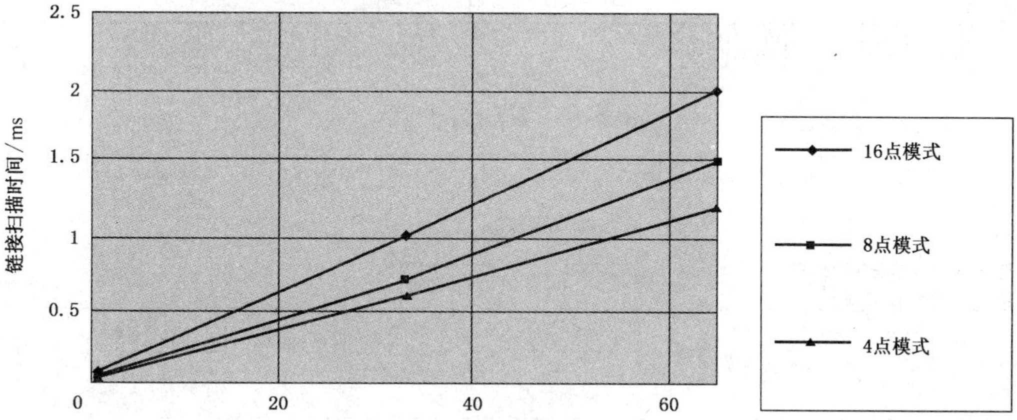

图 2　链接扫描时间的估算值

估算值：

2.0 ms/64 逻辑站(节点)(1 024 位,传输速率：2.5 Mbit/s,16 点模式)

1.5 ms/64 逻辑站(节点)(512 位,传输速率：2.5 Mbit/s,8 点模式)

1.2 ms/64 逻辑站(节点)(256 位,传输速率：2.5 Mbit/s,4 点模式)

5 协议概述

5.1 通信阶段

CC-Link/LT 通信分为下面 4 个阶段,见图 3。

a) 初始循环

本阶段用于建立从站的数据链接。实现方式为:为了确定从站的传输速率,在上电或复位恢复后,进行波特率的同步;主站为了确认实际安装的从站状态,进行站信息的采集;主站为了将采集到的站信息发送给各从站,进行“接收站信息状态”的发送。

b) 刷新循环

本阶段执行主站和从站之间的循环传输。

c) 恢复循环

本阶段用于建立重新链接到网络中的从站的数据链接。

d) 停止链接循环

本阶段是指从停止链接请求开始,到重启命令为止的整个阶段,在此阶段,停止链接刷新。

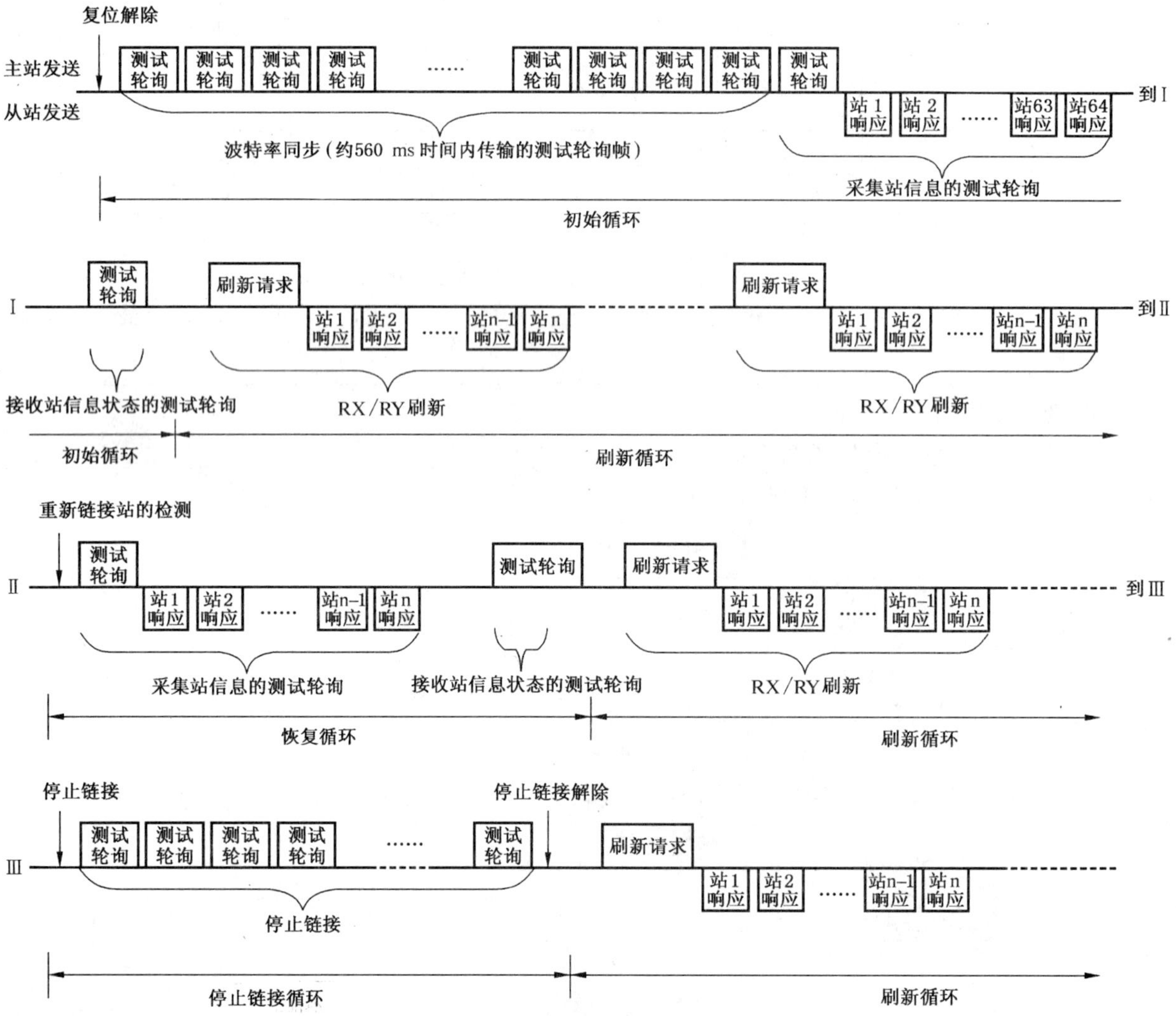

图 3 通信阶段

5.2 运行概述

所有的从站接收从主站发送来的测试轮询或刷新数据，并返回响应数据。

5.2.1 传输过程

a) 初始循环(见图 4)

1) 主站启动后，在约 560 ms 内发送测试轮询，进行波特率同步。
   发送启动条件：当初始化启动请求时。

2) 启动后，从站每隔一定的时间，按照 2.5 Mbit/s、625 kbit/s、156 kbit/s 的顺序切换接收的传输速率，通过确定帧的正常接收来固定传输速率。

3) 主站发送完波特率同步的测试轮询后，发送测试轮询以采集对应点模式的站信息。

4) 从站接收到主站发送的帧后，按照站号顺序，64 个站依次向主站发送站信息采集响应。

5) 主站接收完 64 个从站的响应后，发送“接收站信息状态”的测试轮询。

6) 从站确认本站占用的逻辑站信息是否已被主站读取，但不对此作出响应。

7) “接收站信息状态”的测试轮询发送完毕，转移到刷新循环。

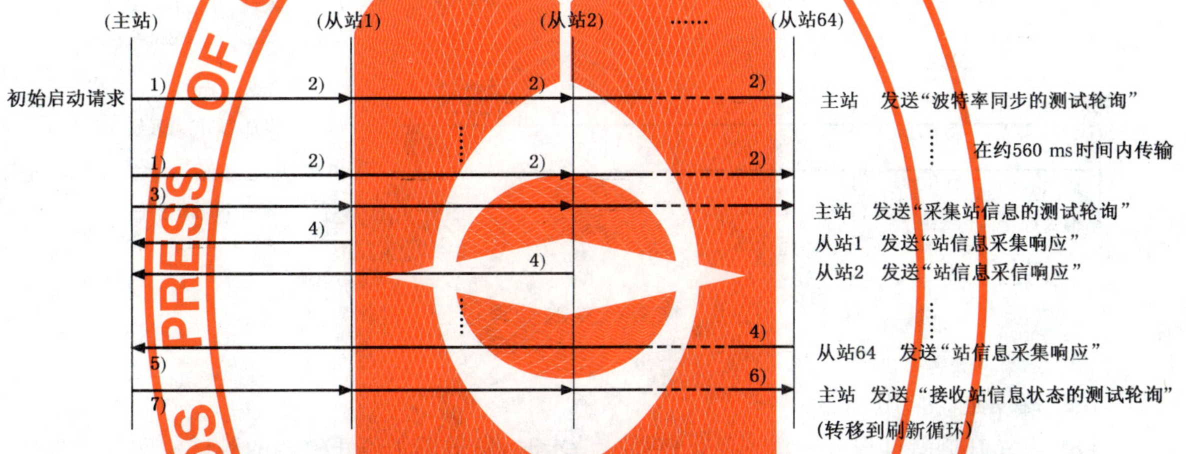

图 4　初始传输过程

b) 刷新循环

1) 主站发送刷新数据(如图 5 所示)
   发送启动条件：初始循环结束或者链接停止时有重启请求发生。

2) 从站接收到主站的刷新数据帧后，所有从站按照站号顺序依次发送响应，直到设置的最终站号或者可控制点数的最终站号为止。
   在刷新过程中，恢复链接的从站在其传输速率被固定后，发送“站信息未发送”的响应状态。

3) 重复上述步骤 1)和 2)。

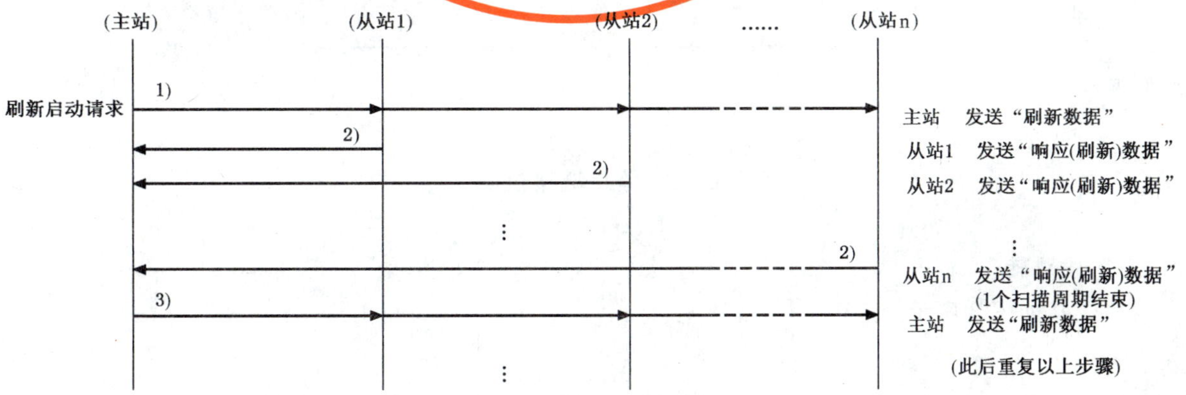

图 5　刷新处理过程

c) 恢复循环(如图 6 所示)

1) 主站在刷新过程中确认有站增加时,发送用于采集站信息的测试轮询。

发送启动条件:在来自从站的响应状态中,发现有"站信息未发送"时。

2) 从站接收到主站发送的帧后,所有从站按照站号顺序依次发送站信息采集响应,直到设置的最终站号或者可控制点数的最终站号为止。

3) 主站接收完所有从站的站信息采集响应后(直到设置的最终站号或者可控制点数的最终站号为止),发送通报接收站信息状态的测试轮询。

4) 主站发送"接收站信息状态"的测试轮询后,转移到刷新循环。

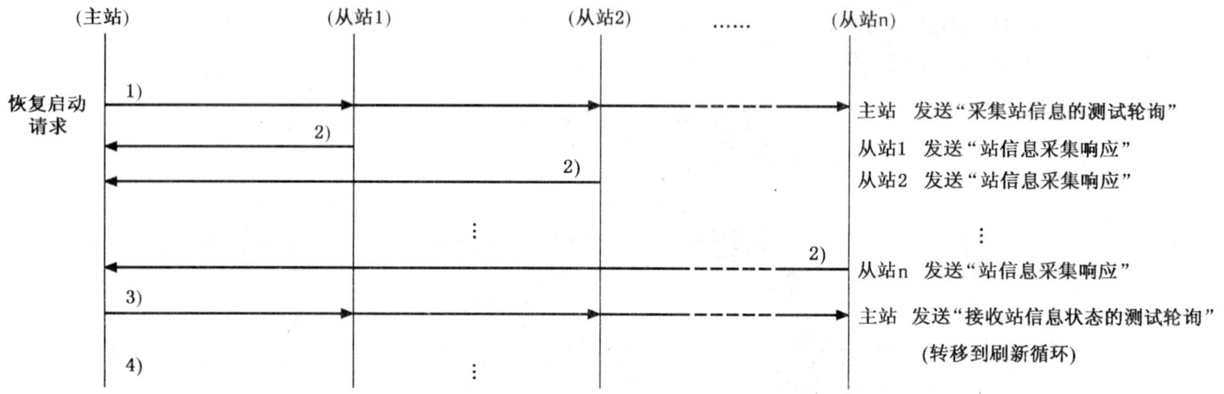

图 6 恢复链接的处理过程

d) 停止链接循环(如图 7 所示)

1) 主站在刷新过程中确认到停止链接的请求时,发送用于停止链接的测试轮询。

发送启动条件:有停止链接请求时。

2) 主站确认到重启请求后,转移到刷新循环。

3) 从主站接收到"停止链接的测试轮询"信息后,从站并不响应。

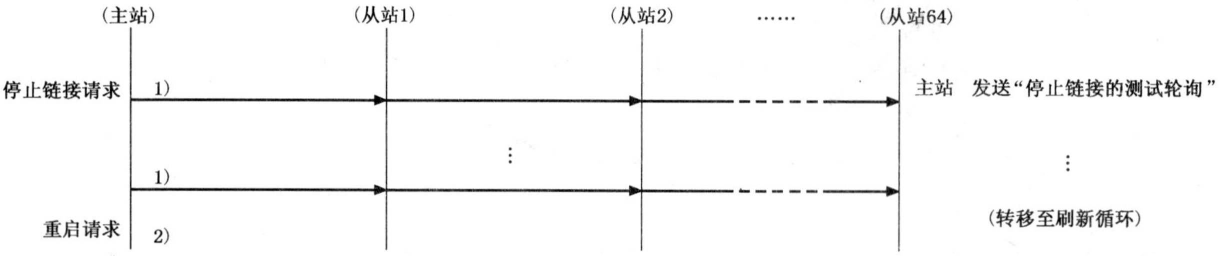

图 7 停止链接过程

5.2.2 阶段跳转

阶段跳转如图 8 所示。

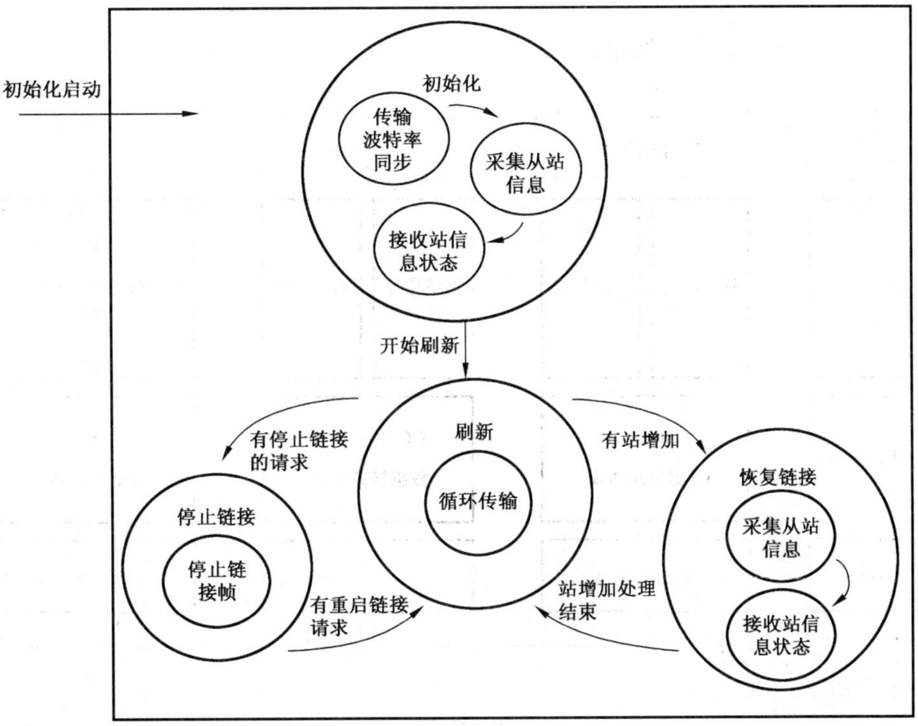

a）主站

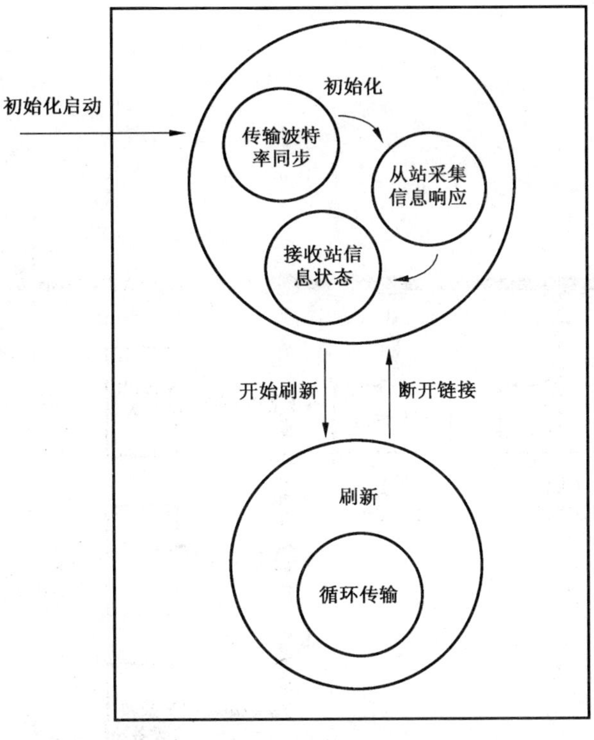

b）从站

图 8 阶段跳转

5.3 协议配置

CC-Link/LT 协议配置如图 9 所示。

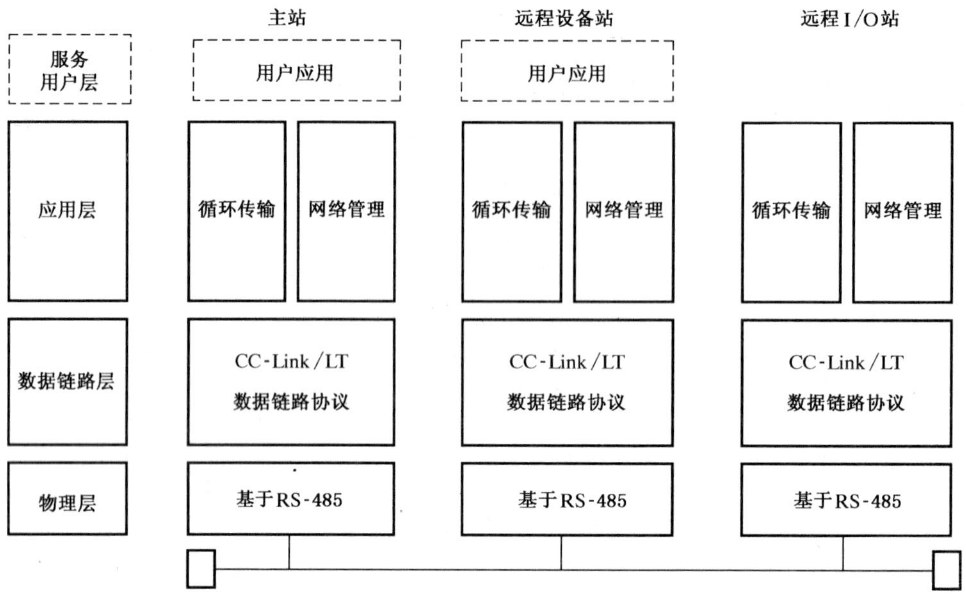

实线框部分为本部分定义的内容。

图 9 协议配置

6 物理层

6.1 基于 RS-485 的接口

6.1.1 连接配置(见图 10)

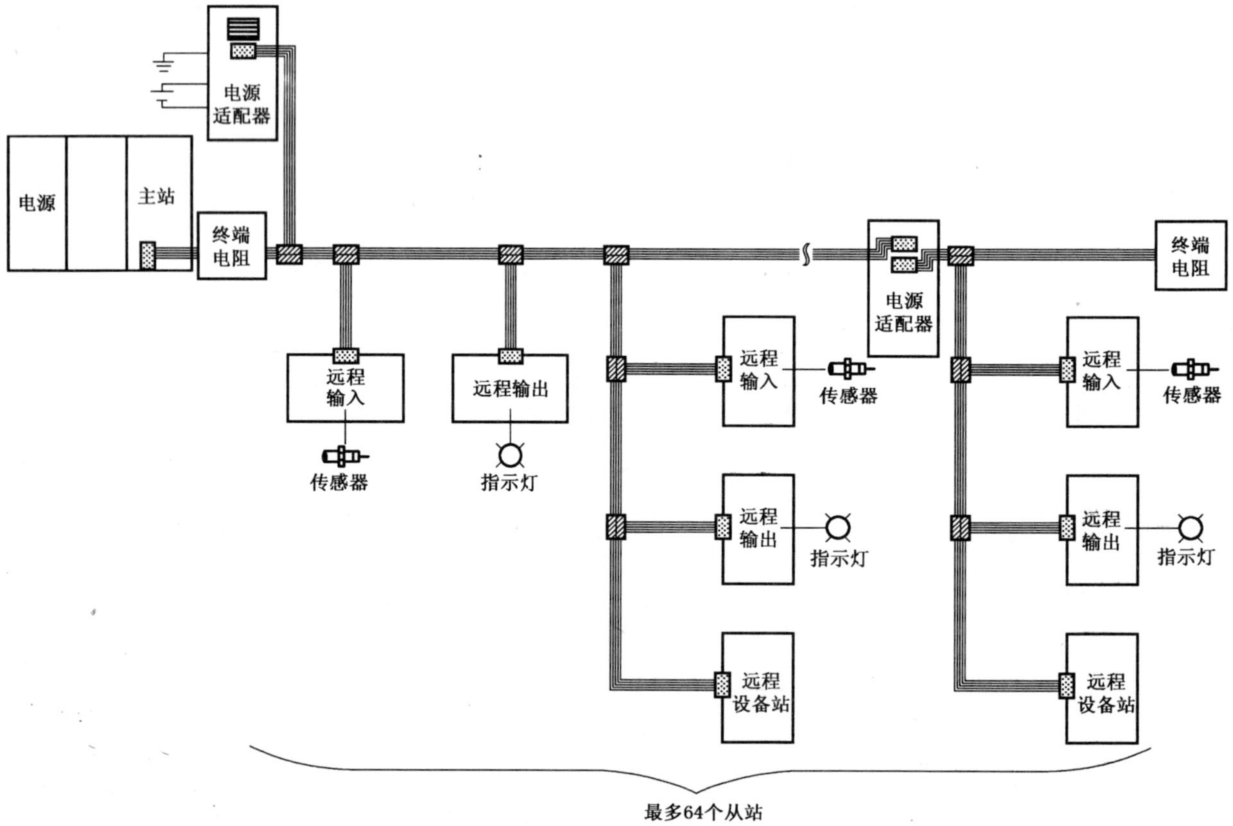

图 10 连接配置

6.1.2 传输速率/最大传输距离

传输速率和最大传输距离之间的关系如表4所示。

表4 最大传输距离

传输速率	主干最大长度	分支最大长度	分支总长度
2.5 Mbit/s	35 m	4 m	15 m
625 kbit/s	100 m	16 m	50 m
156 kbit/s	500 m	60 m	200 m

6.1.3 电气特性

基于RS-485标准。

注：可扩展某些功能，如通过指定推荐的传输电缆和收发器等可增加连接模块的数量。

7 数据链路层

7.1 CC-Link/LT 数据链路协议实体

CC-Link/LT 支持的传输类型如下：

a) 用于上电时的波特率同步传输以及停止链接时的传输；

b) 采集从站信息的传输；

c) 通知“站信息接收状态”的传输；

d) 进行周期数据传输的循环传输。

CC-Link/LT 中的传输顺序：首先通过主站传输的波特率同步请求，固定从站的传输速率。针对主站的采集站信息的请求，各从站做出响应。随后，主站向从站传输站信息的接收状态，并通过循环传输传递数据。

7.1.1 服务

CC-Link/LT 数据链路协议中提供表5所示的服务。

表5 CC-Link/LT 数据链路协议服务

	服　务	内　容
1	启动网络/停止链接	根据从网络管理实体接收到的参数信息启动网络或停止链接 返回站信息到网络管理实体(仅主站)
		初始化处理结束后，接收网络管理实体的请求，并启动网络(仅从站)
2	发送	根据循环传输实体和网络管理实体的请求发送数据
3	接收	对接收到的数据进行分类，并传递给循环传输实体和网络管理实体

7.1.1.1 启动网络/停止链接

CC-Link/LT 数据链路协议提供网络启动/停止链接服务，包括波特率同步传输、停止链接的传输、采集站信息的传输以及通知站信息接收状态的传输。

在初始循环阶段，网络管理发出网络启动请求时，执行波特率同步(约560 ms内)、采集从站的站信息、接收站信息状态的传输。

在恢复循环阶段，网络管理发出网络启动请求时，执行从站的站信息采集、“接收站信息状态”的传输。

在网络管理发出停止链接请求时，执行停止链接传输。见图11。

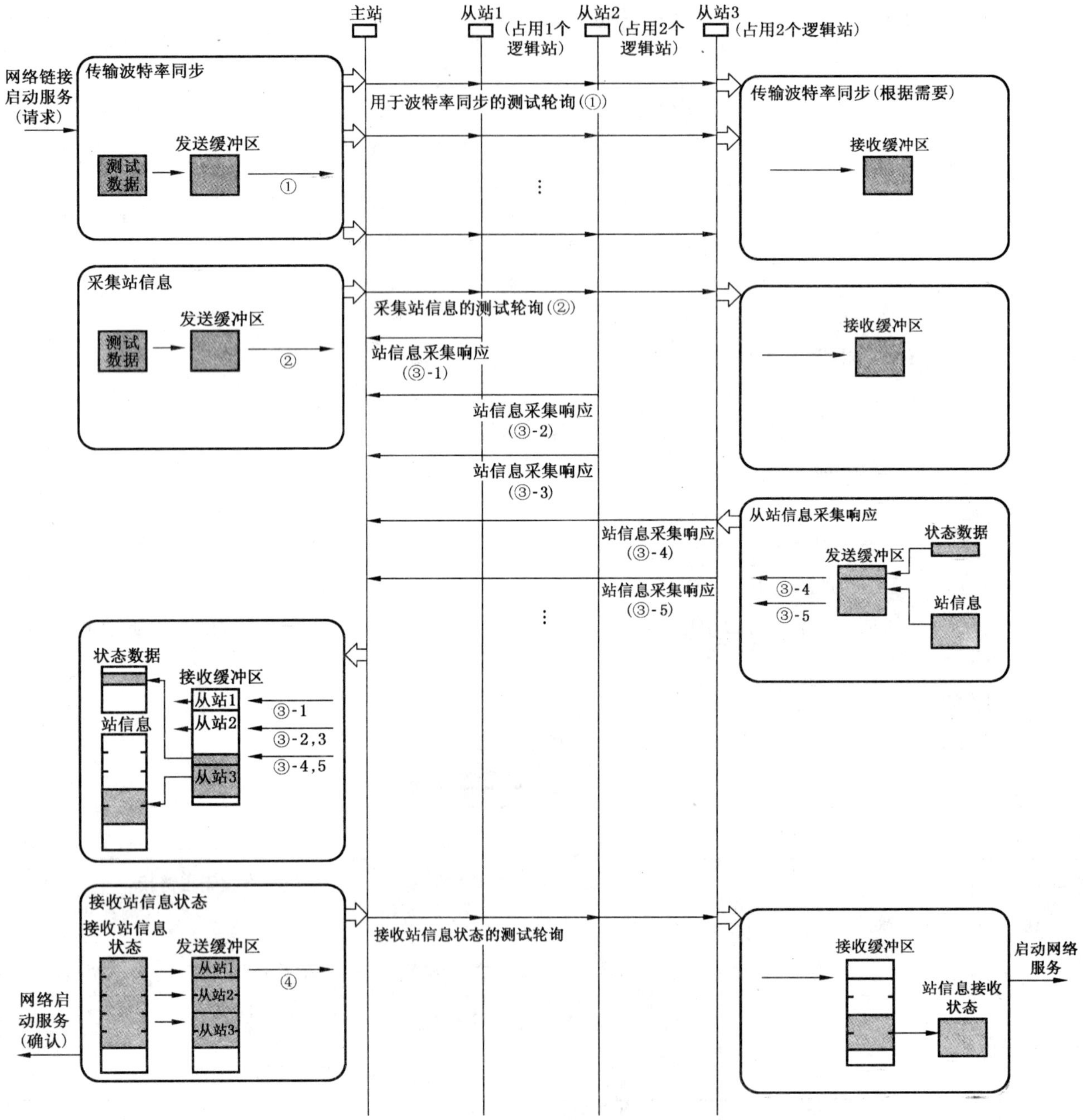

图 11 启动网络/停止链接

7.1.1.2 发送/接收

根据 CC-Link/LT 数据链接协议,刷新数据的发送/接收如图 12 所示。

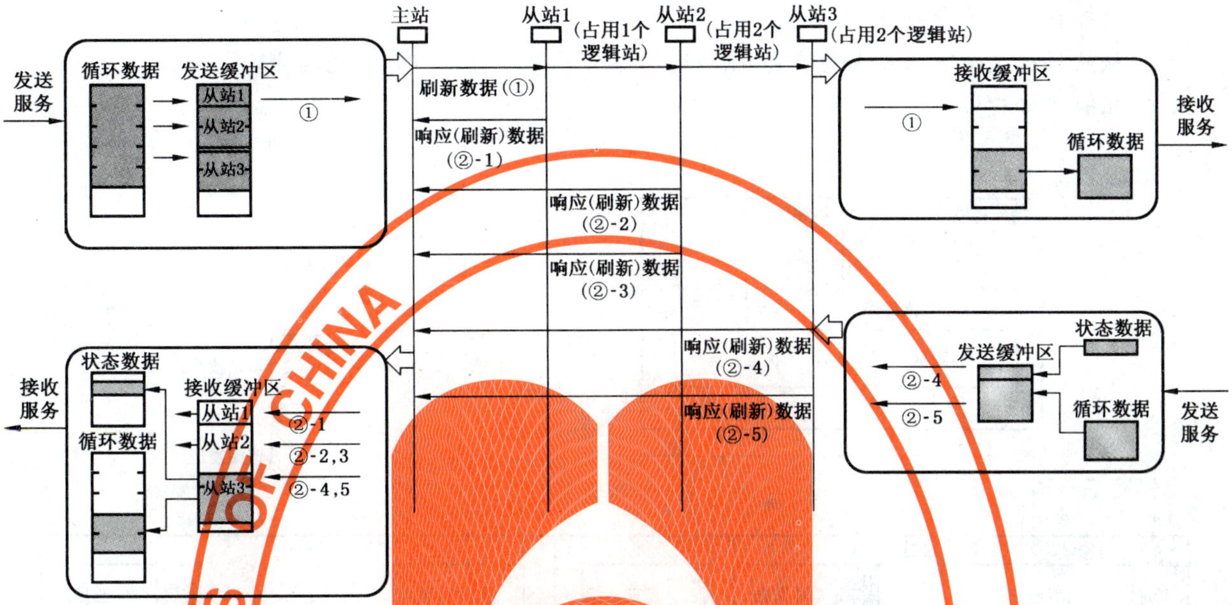

图 12 发送/接收

7.1.2 协议

7.1.2.1 概述

7.1.2.1.1 刷新操作

a) 主站的操作特性,如图 13 所示。

主站向所有从站发送来自用户应用的传输数据。

接收每一个从站的响应数据。

当发生超时或接收异常时,执行 7.1.2.3 规定的异常处理。

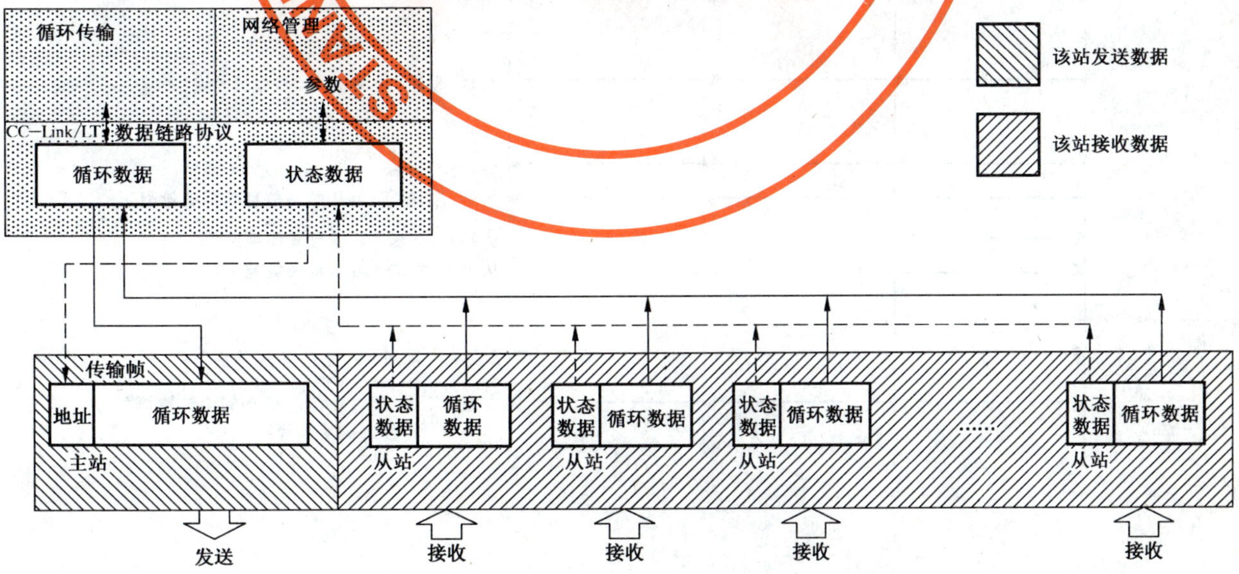

图 13 主站刷新操作

b) 从站的操作特性，如图 14 所示。

接收主站发送的数据。

接收主站发送的刷新数据帧后，各从站根据站号大小依次发送响应直到最终站号设置值或者可控制点数的最终站号为止。

从站收到主站发送过来的帧后，以对应于站号的时分复用方式发送响应。

超时或接收异常时，执行 7.1.2.3 的异常处理。

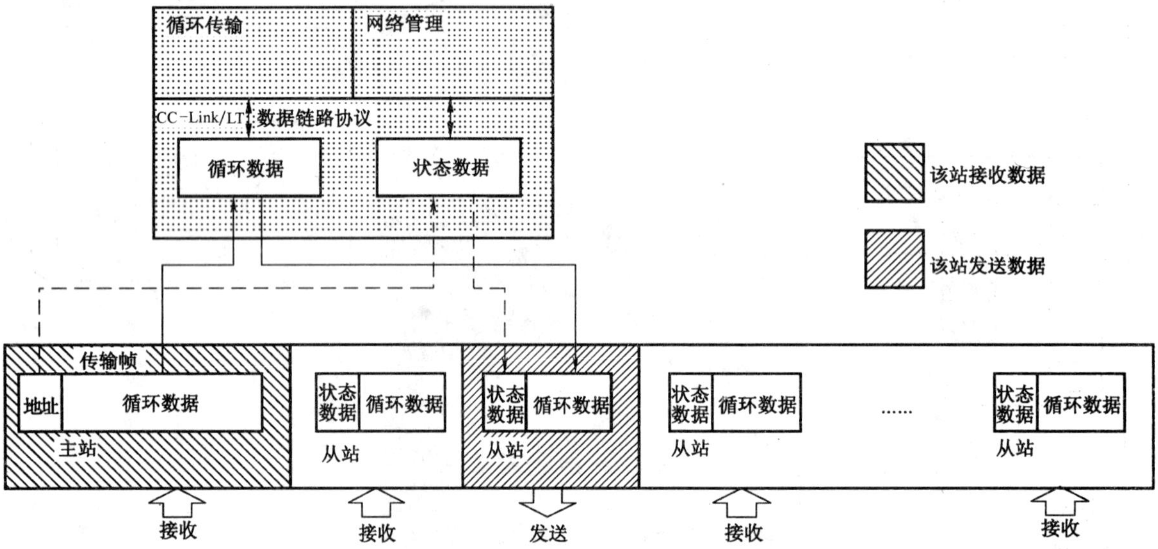

图 14 从站刷新操作

7.1.2.1.2 **数据链接建立操作**(如图 15 所示)

在初始循环及恢复循环时建立数据链接。

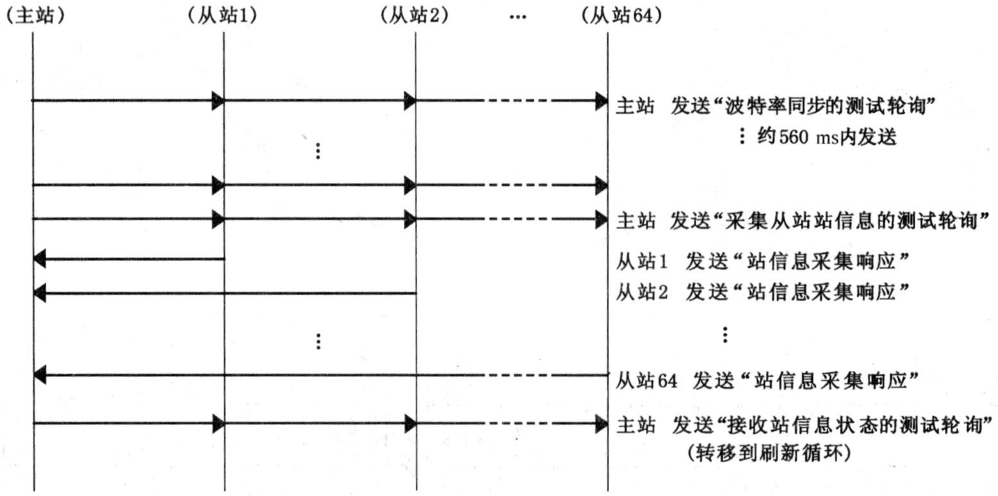

a) 初始循环

图 15 数据链接建立操作

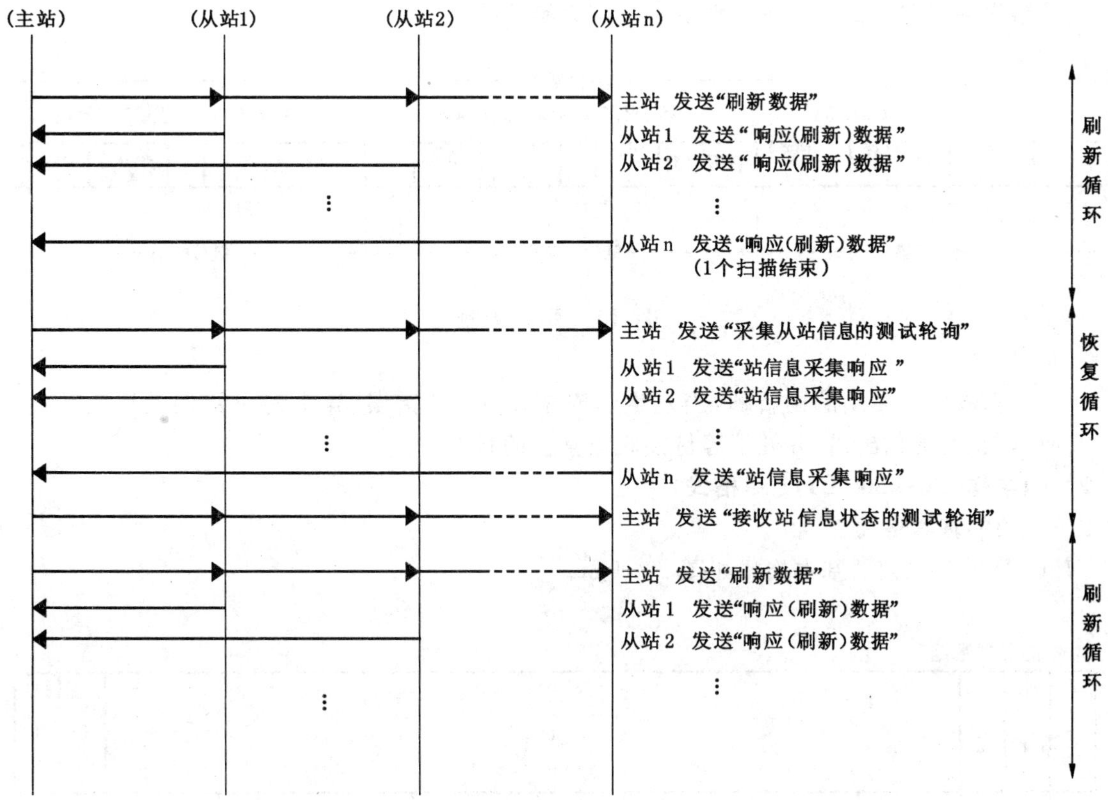

b） 恢复循环

图 15（续）

a） 主站

1） 为了确定从站的通信速率，在约 560 ms 内，主站发送波特率同步的测试轮询。

2） 根据点模式，主站发送用于采集站信息的测试轮询。

3） 主站接收从站发送的站信息采集响应。

在初始循环期间，按站号顺序（从 1～64 站）依次接收响应；在恢复循环期间，主站按站号顺序依次接收响应（接收时按照实际站号或实际可控点数顺序接收）。

接收完成后，执行 4）的处理。

4） 发送"接收站信息状态"的测试轮询，建立从站的数据链接。

b） 从站

1） 从启动时开始，接收速率按照 2.5 Mbit/s、625 kbit/s、156 kbit/s 的顺序每隔一定的时间进行切换，通过确认帧的正常接收来固定传输速率。

2） 接收到主站发送的采集站信息的测试轮询后，从站按站号顺序（从 1～64 站）依次发送站信息采集响应，直到 64 号站为止。

3） 每个从站从主站接收通知"站信息接收状态"的测试轮询（该状态表示本站是否被识别），并确认主站是否已经读取了本站占用的所有逻辑站的信息。

当状态正常时，建立数据链接。

7.1.2.1.3 数据链接异常检测操作

数据链接异常检测操作，如图 16 所示。

在刷新处理时，执行数据链接异常检测。

a） 主站

刷新循环期间，处于链接状态的同一个站连续出现 31 次异常情况（无响应、CRC 错误、奇偶校验错误或者超时错误),主站把该从站作为异常站。

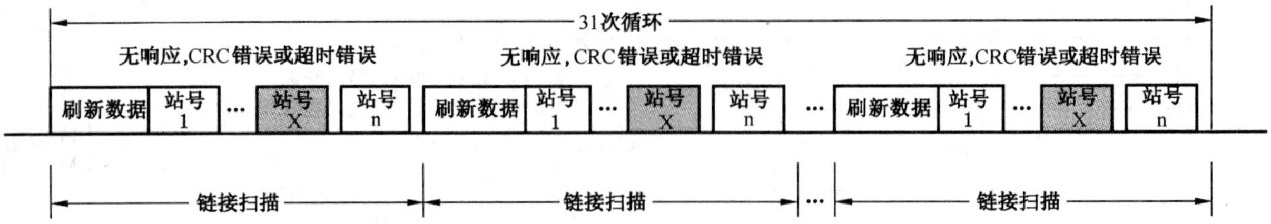

图 16 异常检测

b) 从站

从站监视来自主站的刷新帧,当发生超时错误、CRC 错误、异常终止错误及接收数据不完整时,则认为通信出错,并处于等待接收正常帧的状态。

7.1.2.2 帧结构(CC-Link/LT 专用格式)

7.1.2.2.1 帧的基本格式

CC-Link/LT 传输帧的基本格式如图 17 所示。

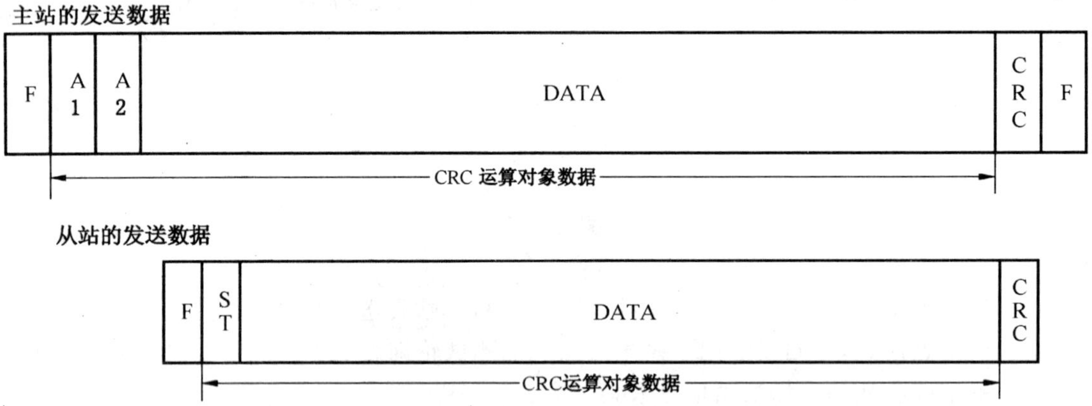

F:前置码标志字段;
A1:发送站地址信息;
A2:接收站地址信息;
ST:状态信息;
DATA:RX/RY;
CRC:差错校验(16 位:主站,8 位:从站)。

图 17 帧的基本格式

a) 位的发送必须从最低有效位(b0)开始。

b) 仅 CRC 字段的发送必须从最高有效位开始。

c) 为确保帧内容有效,应遵循如下步骤,但这不适用于标志字段:

1) 作为发送站,在连续发送 5 个“1”之后,插入一个“0”。

2) 作为接收站,在连续接收 5 个“1”之后,删除接下来的一个“0”。

3) 从站监视传输路径的状态,确认其信号变化。

——F

前置码的标志字段

0	1	1	1	1	1	1	0

——A1,A2(见表 6)

表 6 A1、A2 列表

A1	A2	内　　容
DEH	40H	波特率同步用的测试轮询，停止链接的测试轮询
9EH	40H/n	采集站信息的测试轮询(4 点模式时)
AEH	40H/n	采集站信息的测试轮询(8 点模式时)
BEH	40H/n	采集站信息的测试轮询(16 点模式时)
9AH	n	通知站信息接收状态的测试轮询(4 点模式时)
AAH	n	通知站信息接收状态的测试轮询(8 点模式时)
BAH	n	通知站信息接收状态的测试轮询(16 点模式时)
5EH	n	刷新传输帧(4 点模式时)
6EH	n	刷新传输帧(8 点模式时)
7EH	n	刷新传输帧(16 点模式时)
n：最终站号[a](1～64[01H～40H])		
[a] 最终站号的详细信息参见 8.1.1.1。		

——ST

从站的状态信息如下：

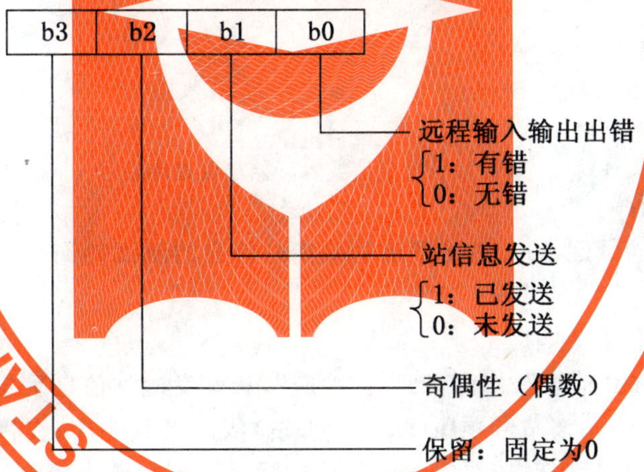

详细信息参见 8.1.1.2。

——CRC

循环冗余校验(Cyclic Redundancy Check)

校验范围为帧起始位置 F 标志字段部分的末位(不含末位)至 CRC 字段的首位(不含首位)之间。

主站发送数据时为 16 位：$X^{16}+X^{12}+X^{5}+1$

从站发送数据时为 8 位：$X^{8}+X^{7}+X^{2}+1$

7.1.2.2.2 **帧的详细格式**

a) 主站波特率同步的测试轮询和停止链接的测试轮询

主站对从站进行波特率同步测试轮询时的帧(如图 18 所示)，当停止链接标志为“1”时(停止链接中)，主站一直发送此帧。

所有的从站接收此帧，但从站不响应。

注：参见 8.1.1.4。

F	A 1	A 2	测试 数据	C R C	F

A1：　　DEH

A2：　　40H

测试数据：　0000H

图 18　主站发送的波特率同步的测试轮询和停止链接的测试轮询

b）主站发出的采集站信息的测试轮询

在初始循环或者恢复循环时，主站根据点模式发送的帧，如图 19 所示。

所有从站接收此帧。

F	A 1	A 2	测试 数据	C R C	F

A1：	4 点模式时	9EH
	8 点模式时	AEH
	16 点模式时	BEH
A2：	初始循环时	40H
	恢复循环时	最终站号设定值或者可控点数最终站号
测试数据：	0000H	

图 19　主站发出的采集站信息的测试轮询

c）从站发出的站信息采集响应

主站发送上述 b）的“请求”，作为对此的“响应”，从站发送站信息采集响应。

在初始循环期间，主站按站号顺序（从 1～64 站）依次接收响应；在恢复循环期间，主站按站号顺序依次接收响应（接收时按照实际站号或实际可控点数顺序接收）。

该帧由主站接收。

F	S T	从站的 站信息	C R C

从站的站信息：

从站信息与点模式无关，如图 20 所示。

详细内容参见 8.1.1.3。

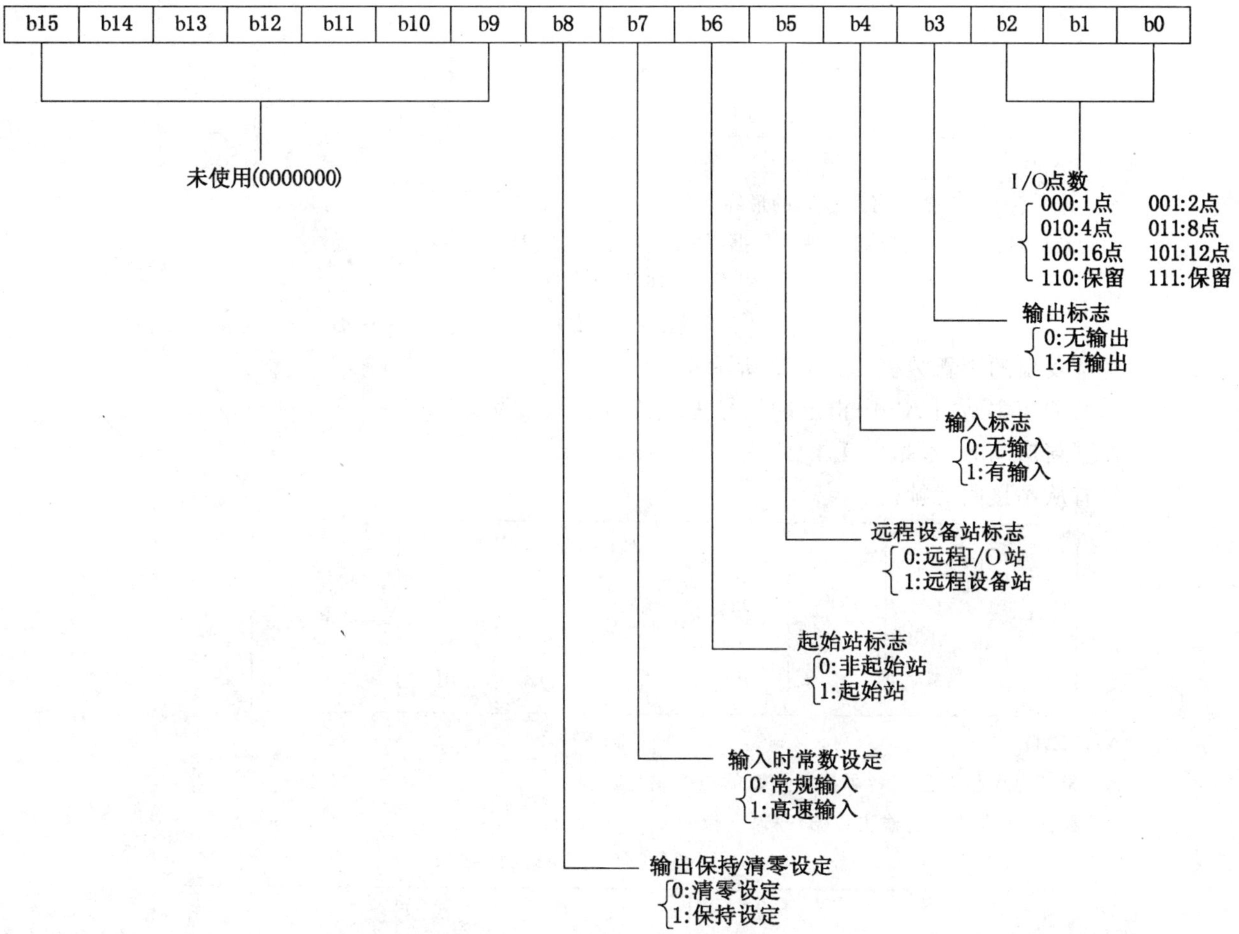

图 20　从站发出的站信息采集响应

d)　主站发出的接收站信息状态的测试轮询

在初始循环或者恢复循环期间，主站发送的帧，如图 21 所示。

所有的从站接收此帧，但是不作响应。

			接收站信息状态					
F	A 1	A 2	站 1 用	站 2 用	…	站 n 用	CRC	F

A1：9AH；

A2：最终站号设置值或者可控制点数的最终站号。

接收站信息状态：有无连接从站的数据（每站 4 位）［连接时：1H］。

a) 4 点模式时

			接收站信息状态					
F	A 1	A 2	站 1 用	站 2 用	…	站 n 用	CRC	F

A1：AAH；

A2：最终站号设置值或者可控制点数的最终站号。

接收站信息状态：有无连接从站的数据（每站 8 位）［连接时：01H］。

b) 8 点模式时

图 21　主站发出的接收站信息状态的测试轮询

F	A1	A2	接收站信息状态				CRC	F
			站1用	站2用	…	站n用		

A1:BAH;

A2:最终站号设置值或者可控制的最终站号。

接收站信息状态:有无连接从站的数据(每站 16 位)[连接时:0001H]。

c) 16 点模式时

图 21(续)

e) 主站发出的刷新数据(如图 22 所示)

本帧用于主站向 A2 中指定的站号为止的所有从站发送数据。

在刷新启动时,主站发送本帧。

所有从站接收此帧。

F	A1	A2	RY 数据				CRC	F
			站1用	站2用	…	站n用		

A1:5EH;

A2:最终站号设置值或者可控制点数的最终站号。

RY 数据:每个从站的输出数据(每站 4 位)。

a) 刷新数据(4 点模式时)

F	A1	A2	RY 数据				CRC	F
			站1用	站2用	…	站n用		

A1:6EH;

A2:最终站号设置值或者可控制点数的最终站号。

RY 数据:每个从站的输出数据(每站 8 位)。

b) 刷新数据(8 点模式时)

F	A1	A2	RY 数据				CRC	F
			站1用	站2用	…	站n用		

A1:7EH;

A2:最终站号设置值或者可控制点数的最终站号。

RY 数据:每个从站的输出数据(每站 16 位)。

c)刷新数据(16 点模式时)

图 22 主站发出的刷新数据

f) 从站响应(刷新)数据(如图 23 所示)

本帧用于从站向主站发送数据。

主站接收此帧。

F	ST	RX数据	CRC

ST：从站状态。
RX数据：从站的输入数据(4位)。

a) 刷新数据(4点模式)

F	ST	RX数据	CRC

ST：从站状态。
RX数据：从站的输入数据(8位)。

b) 刷新数据(8点模式)

F	ST	RX数据	CRC

ST：从站状态。
RX数据：从站的输入数据(16位)。

c) 刷新数据(16点模式)

图23 从站响应(刷新)数据

7.1.2.2.3 **刷新操作**(如图24、图25所示)

a) 传输路径控制

主站在发送帧前，为了把传输线路电平提高到“H”，在400 ns时间内用NRZI发送“1”。

另外，帧发送后，为了把传输线路电平提高到“H”，在1位数据传输时间加上250 ns的时间内用NRZI发送“1”。

从站在发送帧前，为了把传输线路电平提高到“H”，在0.5位数据传输时间内用NRZI发送“1”。

另外，帧发送后，为了把传输线路的电平提高到“H”，在0.5位数据传输时间内用NRZI发送“1”。

b) 传输帧间隔(见表7)

表7 传输帧间隔列表

序号	内　容	图24中的数字标注
1	波特率同步测试帧、停止链接帧间隔	①⑪
2	从波特率同步测试帧开始到发送采集站信息的测试帧的间隔	②
3	从接收站信息状态帧到开始发送刷新帧的间隔	⑤⑩
4	从停止链接帧到开始发送刷新帧的间隔	⑫

主站在连续发送帧时，从帧发送结束到帧发送开始，必须预留时间间隔，且数值应大于表8中所示的值。

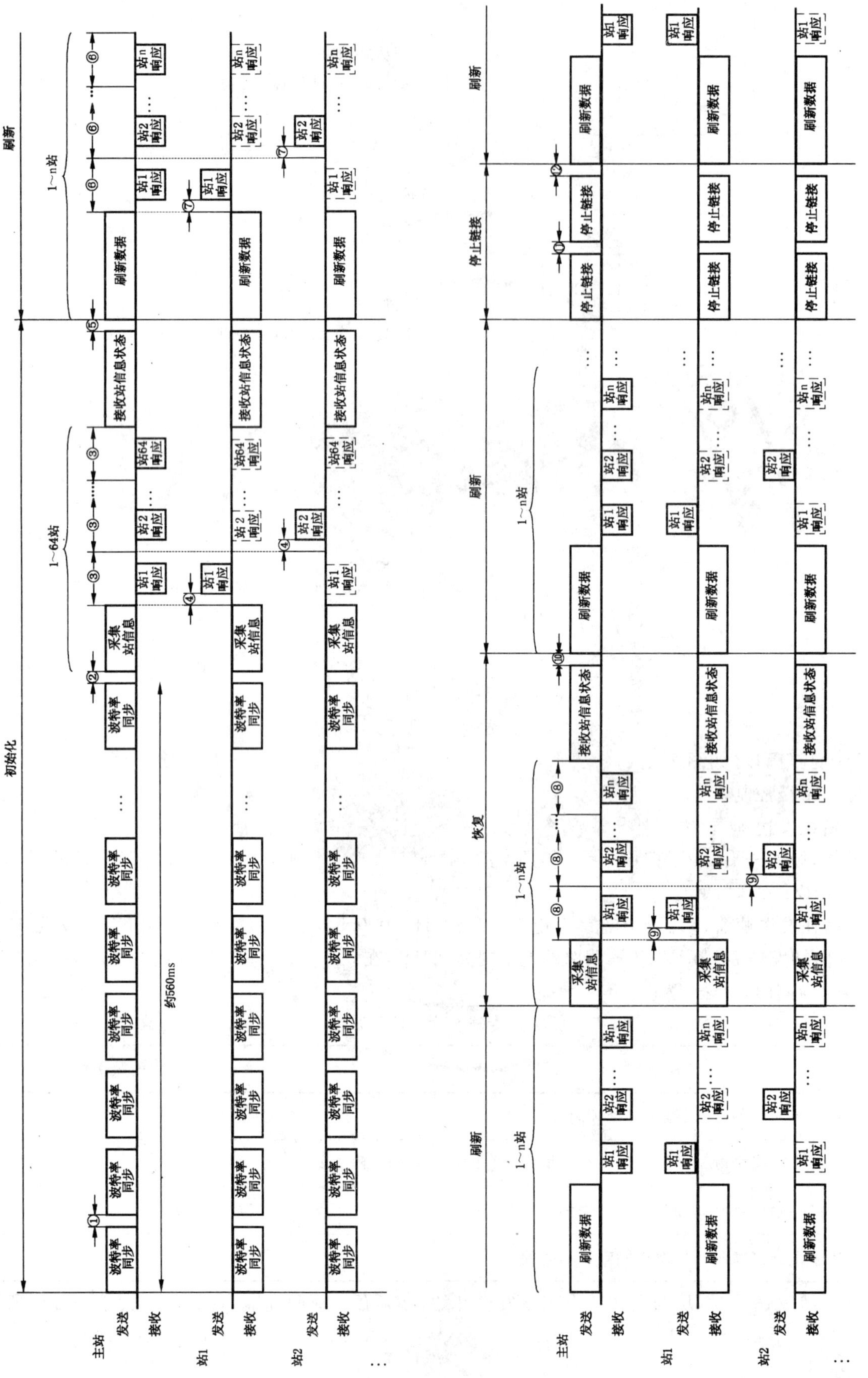
主站
发送
接收
站1
站2
初始化
刷新
恢复
停止链接
波特率同步
采集站信息
接收站信息状态
刷新数据
停止链接
约560ms
1～64站
1～n站
站1响应
站2响应
站64响应
站n响应

图 24　时序图(1)

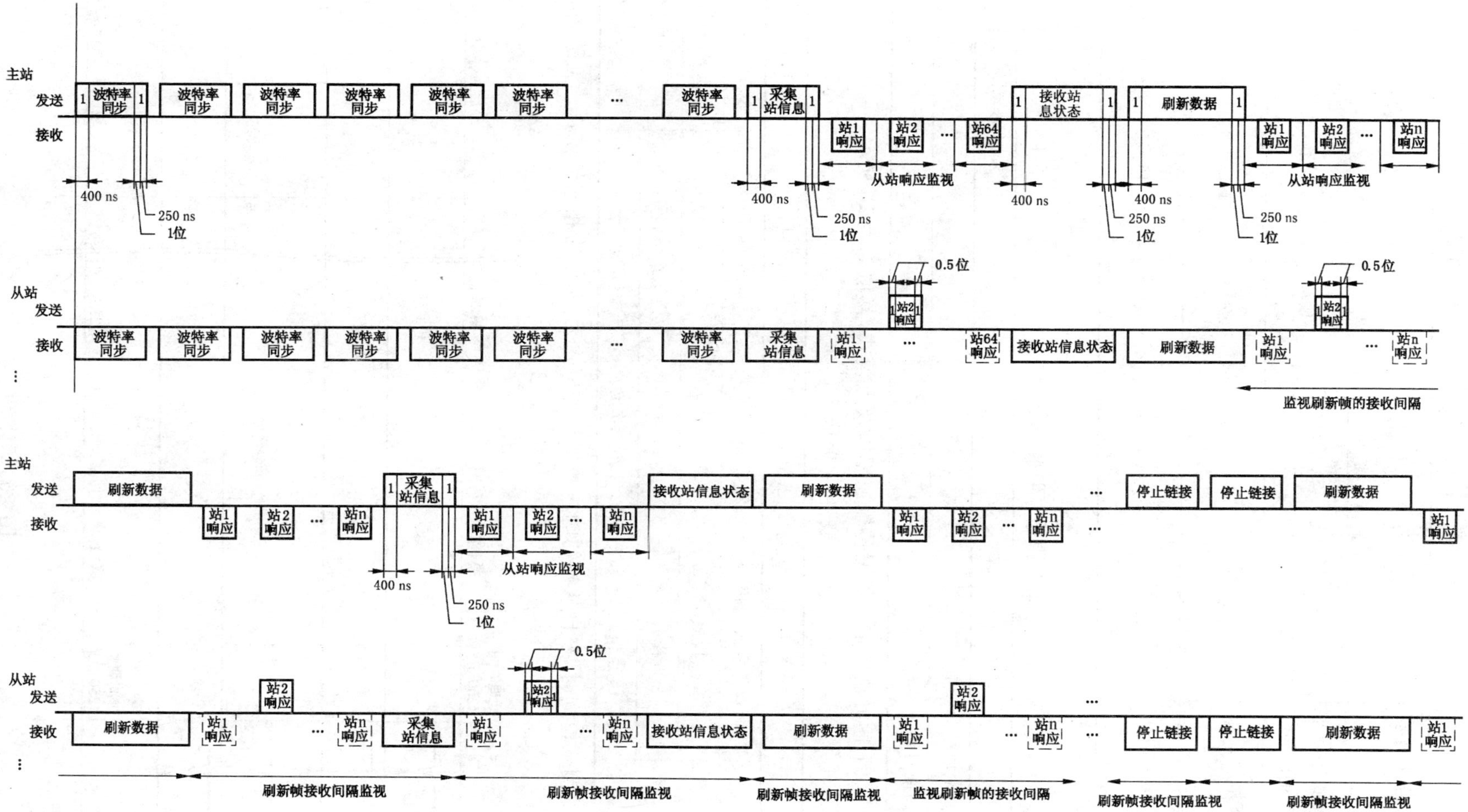

注：关于各定时器的详细内容参考 7.1.2.2.4。

图 25 时序图(2)

表 8　传输帧间隔

	2.5 Mbit/s	625 kbit/s	156 kbit/s	备　　注
波特率同步测试帧、停止链接帧间隔	6.4 μs	25.6 μs	102.4 μs	16 位/传输速率(bit/s)
从波特率同步测试帧开始到发送采集站信息测试帧的间隔	6.4 μs	25.6 μs	102.4 μs	16 位/传输速率(bit/s)
从接收站信息状态帧到开始发送刷新帧的间隔	0.4 μs	1.6 μs	6.4 μs	1 位/传输速率(bit/s)
从停止链接帧到开始发送刷新帧的间隔	6.4 μs	25.6 μs	102.4 μs	16 位/传输速率(bit/s)

c)　时隙(见表 9)

表 9　时隙列表

	内　　容	图 24 中的数字标注
1	站信息采集响应时的时隙	③⑧
2	刷新响应时的时隙	⑥

每个站的时隙按照下述方法确定。根据传输速率以及点模式，其值如表 10 所示。

表 10　时隙

		2.5 Mbit/s	625 kbit/s	156 kbit/s
站信息采集响应	所有点模式通用	22.4 μs(56 位)	81.6 μs(51 位)	300.8 μs(47 位)
刷新响应	4 点模式	16.4 μs(41 位)	57.6 μs(36 位)	204.8 μs(32 位)
	8 点模式	18.4 μs(46 位)	65.6 μs(41 位)	236.8 μs(37 位)
	16 点模式	22.4 μs(56 位)	81.6 μs(51 位)	300.8 μs(47 位)

当采集站信息的测试轮询时，来自从站的响应数据与点模式无关，都为相同的帧长。见图 26。

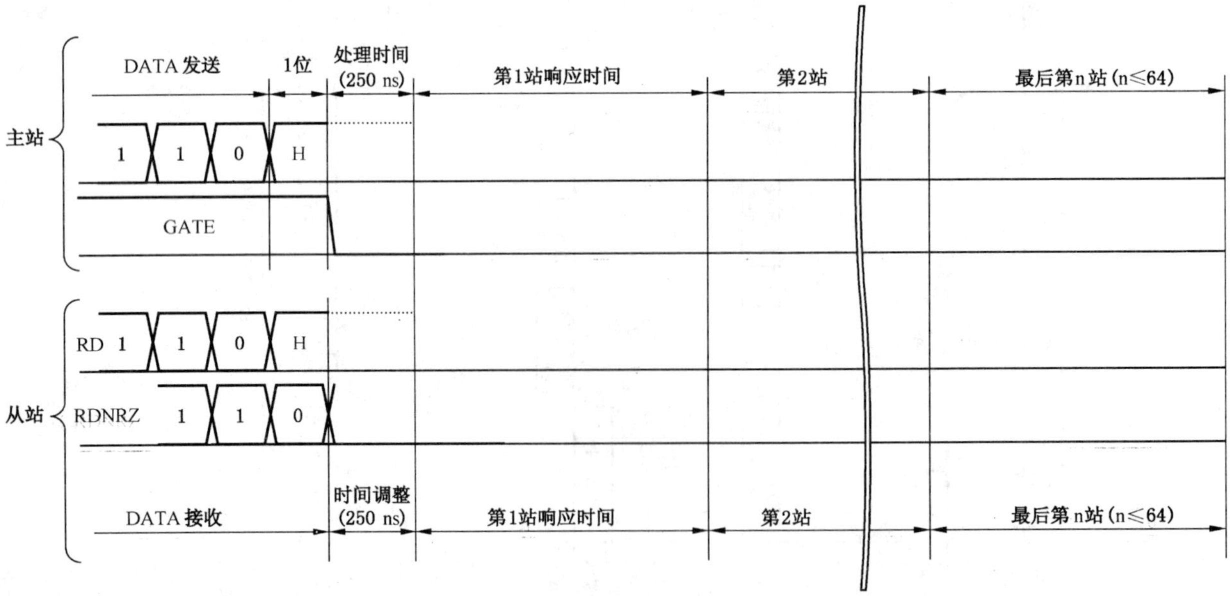

图 26　时隙

d） 频率变动的允许时间(见表 11)

表 11 频率变动的允许时间列表

序号	内 容	图 24 中的数字标注
1	站信息采集响应时，频率变动的允许时间	④⑨
2	刷新响应时，频率变动的允许时间	⑦

频率变动的允许时间是指主站以及各从站的基准时钟发送频率发生偏差时，为了防止产生通信冲突以及接收错误的临界时间(见表 12)

表 12 频率变动允许时间

	2.5 Mbit/s	625 kbit/s	156 kbit/s
频率变动允许时间	0.8 μs(2.0 位)	3.2 μs(2.0 位)	12.8 μs(2.0 位)

7.1.2.2.4 传输路径监控和操作

a） 监视定时器列表(见表 13)

表 13 监视定时器列表

序号	定时器名称	目标站	功 能	定时器启动条件 定时器清零条件	备 注
1	从站响应监视	主站	在发送轮询请求后，监视从站的响应	发送结束时启动； 响应帧接收结束时清除	以每个时隙为基础确认来自从站的接收数据
2	刷新帧接收间隔监视	从站	监视来自主站的刷新帧的接收间隔	正常接收完首个刷新数据后启动； 每次正常接收完刷新数据时，定时器清零	

b） 定时器设置值(见表 14)

表 14 定时器设置值列表

		2.5 Mbit/s	625 kbit/s	156 kbit/s
从站响应监视	4 点模式	16.4 μs	57.6 μs	204.8 μs
	8 点模式	18.4 μs	65.6 μs	236.8 μs
	16 点模式	22.4 μs	81.6 μs	300.8 μs
刷新帧接收间隔监视		66 ms	230 ms	858 ms

7.1.2.3 异常处理

7.1.2.3.1 主站(见表 15)

表 15 主站异常处理列表

阶 段	错误内容	处 理
初始化 恢复链接 刷新	CRC 错误	[1] 丢弃接收数据 [2] 丢弃接收状态 [3] 等待接收下一个站的响应
	奇偶校验错误	[1] 丢弃接收数据 [2] 丢弃接收状态 [3] 等待接收下一个站的响应
	从站响应监视超时错误	等待接收下一个站的响应

7.1.2.3.2 **从站**(见表16)

表16 从站异常处理列表

阶段	错误内容	处理
初始化 恢复链接	CRC 错误	[1] 丢弃接收数据
	Abort 错误	[1] 丢弃错误发生之前的接收数据
	刷新帧接收间隔监视超时	[1] 等待接收主站发送的数据
	根据来自主站的接收站信息状态,发现本站占用的某些逻辑站未被链接	[1] 存储接收数据 [2] 将发送站信息状态设置为未发送
刷新	CRC 错误	[1] 丢弃接收数据 [2] 等待刷新数据
	Abort 错误	[1] 丢弃错误发生之前的接收数据 [2] 等待刷新数据
	刷新帧接收间隔监视超时	[1] 保持出错前接收的数据 [2] 等待刷新数据

8 应用层

8.1 网络管理实体

网络管理包括参数的管理、本站或其他站的状态监视以及网络状态管理等。

8.1.1 服务

CC-Link/LT 支持下列网络管理服务,见表17。

表17 网络管理服务列表

	服务	内容
[1]	参数信息	从用户应用接收参数信息
[2]	网络状态信息	把网络信息传给用户应用
[3]	从站发送信息	主站把来自从站的信息传给用户应用 从站接收从用户应用到主站的信息
[4]	数据链接停止/重启	为用户应用提供数据链接停止和重启的方法

8.1.1.1 参数信息

网络管理接收来自用户应用的参数,并控制网络,参数如表18所示。

表18 参数信息

项目	大小	备注
传输速率	2位	2.5 Mbit/s,625 kbit/s,156 kbit/s
最终站号	1字节	1～64 个站(仅主站)
从站站号	1字节	1～64 个站(仅从站)
点模式设置	2位	4点,8点,16点
主站输入输出点数设置	3位	16点,32点,48点,64点,128点,256点,512点,1 024点(仅主站)[其他值也可设置]
从站占用的逻辑站数	3位	占用1个,2个,3个,4个逻辑站(仅从站)

参数信息详细内容

名　　称	内　　容
传输速率	网络传输速度 2.5 Mbit/s 625 kbit/s 156 kbit/s 从站的传输速率是根据正常接收来自主站的帧而自动设置的
最终站号	与主站链接的从站的最终站号 无法从用户应用获得设置值时，使用主站可控制点数的最终站号(参见表 19)
从站站号	从站占用的第一个逻辑站的站号
点模式设置	指定从站每个逻辑站的输入输出点数 4 点/站 8 点/站 16 点/站 从站的点模式基于来自主站的采集站信息的测试轮询的 A1 来设置
主站输入输出点数设置	指定主站控制的输入输出点数 16 点，32 点，48 点，64 点，128 点，256 点，512 点，1 024 点(其他值也可设置)
从站占用的逻辑站数	从站占用的逻辑站数 可占用 1～4 个逻辑站 依据输入输出点数和点模式来设置占用逻辑站数

关于可控制点数的最终站号设置：

根据以下条件，设置可控制点数的最终站号，见表 19。

表 19　可控制点数的最终站号

		可控制点数的最终站号的设置(单位：站)							
点模式设置	4 点模式	4	8	12	16	32	64	64	64
	8 点模式	2	4	6	8	16	32	64	64
	16 点模式	1	2	3	4	8	16	32	64
主站输入输出点数[a]		16 点	32 点	48 点	64 点	128 点	256 点	512 点	1 024 点
[a] 输入输出点数也可设置为上表以外的值。									

8.1.1.2　**网络状态信息**

网络管理将表 20 中所示的网络状态通知用户应用。

表 20　网络状态信息

项　　目	大　　小		备　　注
	主站	从站	
接收状态信息	32 字节	4 位	4 位/站
从站状态	16 字节	—	2 位/站

网络状态信息的详细内容见 8.1.1.2.1 和 8.1.1.2.2。

8.1.1.2.1　**接收状态信息**

指示已经建立网络链接站的接收状态，见表 21。

表 21 接收状态信息

名称	1	0	备注
CRC 错误标志	有错	无错	
奇偶校验错误标志(仅主站)			
Abort 错误标志(仅从站)			
无响应错误标志			

接收状态信息的说明

名称	内容
CRC 错误标志	当发生 CRC 错误时,置 1
奇偶校验错误标志	当发生奇偶校验错误时,置 1
Abort 错误标志	当连续 7 位以上接收"1"时,置 1
无响应错误标志	在规定的时间内没有接收到响应时,置 1

8.1.1.2.2 **从站状态**

表示被主站识别的从站状态,见表 22。

表 22 从站状态

名称	1	0	备注
从站链接状态	链接	未链接	
异常站信息	异常	正常	

从站状态的说明:

名称	内容
从站链接信息	在初始循环或恢复循环阶段,对主站的采集站信息的测试轮询响应时置 1
异常站信息	处于链接状态的从站,连续 31 次出现 CRC 错误、奇偶校验错误、Abort 错误、无响应等异常情况时置 1

8.1.1.3 **从站发送信息**

主站存储从各从站采集的数据,所存取区域的大小如表 23 所示。

表 23 从站发送信息

项目	大小		备注
	主站	从站	
从站信息	128 字节	2 字节	2 字节/站
ST 信息	32 字节	4 位	4 位/站

从站信息详细内容见 8.1.1.3.1 和 8.1.1.3.2。

8.1.1.3.1 **从站信息**

在采集站信息时,主站存储从各从站采集的数据,见表 24。

表 24　从站信息(详细)

位	名　　称	1	0	备　　注
b15	保留	—	—	—
b14				
b13				
b12				
b11				
b10				
b9				
b8	输出“保持/清零”设置	保持	清零	无输出时为“0”
b7	输入时间常数设置	高速输入	常规输入	无输入时为“0”
b6	首逻辑站标志	首逻辑站	非首逻辑站	—
b5	远程设备站标志	远程设备站	远程 I/O 站	—
b4	输入标志	输入	无输入	—
b3	输出标志	输出	无输出	—
b2	输入输出点数	000:1 点　001:2 点 010:4 点　011:8 点 100:16 点　101: 12 点 110:保留　111: 保留		—
b1				
b0				

从站信息说明：

名　　称	内　　容
输出“保持/清零”设置	链接异常时,从站的输出“保持/清零”设置状态 使用输入专用设备时置为 OFF
输入时间常数设置	从站的输入时间常量(输入噪声滤波器)设置状态 通过输入响应时间来区分设备时,高速设备设置为 ON 使用输出专用设备时设置为 OFF
首逻辑站标志	当 1 个从站占用多个逻辑站时,设置首逻辑站的响应为“ON”,其他站的响应为“OFF”
远程设备站标志	从站是远程设备站时置“ON”
输入标志	远程输入或远程输入输出时置“ON”
输出标志	远程输出或远程输入输出时置“ON”
输入输出点数	从站发送的输入输出点数 根据以下条件设置点模式的值,来决定数据点数:

条　　件	输入输出数据点数
输入输出点数 >点模式设置的点数	点模式设置的点数
输入输出点数 ≤点模式设置的点数	输入输出点数

8.1.1.3.2　**ST 信息**

根据来自各从站的状态信息,表示该站的状态,见表 25。

表 25 ST 信息

位	名　称	1	0	操　作
3	保留			—
2	奇偶性	偶校验		—
1	站信息发送标志	发送	未发送	存在未发送的站时进行恢复链接处理
0	远程输入输出错误	有错	无错	继续链接

ST 信息说明：

名　称	内　容
奇偶性	表示从站的发送数据格式的 ST 部分以及 DATA 部分的奇偶性； 偶校验(使含有奇偶性的 ST 部分和 DATA 部分的“1”的个数是偶数)； 不包括 F 部分和 CRC 部分
站信息发送标志	在刷新循环期间，增加了从站时(站信息未发送)为 OFF
远程输入输出错误	从站为输入输出错误的状态时为 ON

8.1.1.4 停止链接/重启

网络管理从用户应用接收停止链接或重启指令，并控制刷新数据通信，见表 26 所示。

表 26 从站信息

项　目	大　小	备　注
停止链接/重启	2 位	仅主站

从站信息的详细描述见表 27。

表 27 从站信息(详细)

名　称	1	0	备　注
停止链接标志	请求停止	无请求	
重启链接标志	请求重启	无请求	

从站信息说明：

名　称	说　明
停止链接标志	停止刷新数据通信
重启链接标志	再次开始刷新数据通信

8.1.1.5 使用主站的用户应用进行站信息管理

站信息一致性校验见表 28。

使用网络管理服务的“参数信息”，校验实际连接在网络上的从站的一致性。

表 28 站信息一致性校验

内　容	异常时的处理
从站个数	实际安装的最终站“>”设置的最终站号或者可控制点数的最终站号时，只对设置的最终站号或者可控制点数的最终站号部分建立数据链接，而其超出部分对应的实际安装物理站则报错； 实际安装的最终站“<”设置的最终站号或者可控制点数的最终站号时，对到实际安装的最终站为止的所有站建立数据链接

8.1.2 协议

8.1.2.1 初始化处理见图27。

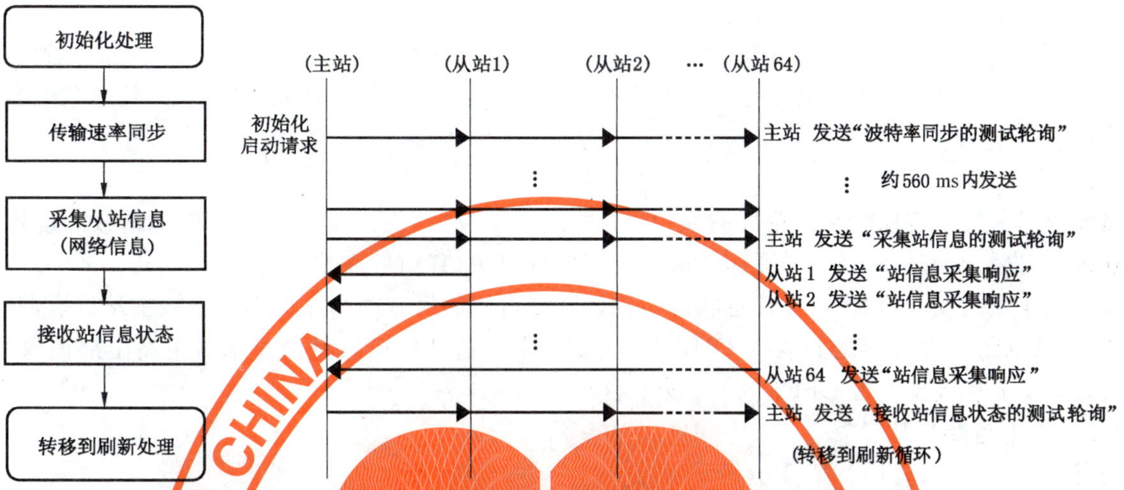

图27 初始化处理

a) 主站

主站从用户应用接收到初始化启动请求后,执行初始化处理。

1) 首先在数据链路层中进行传输速率同步处理。

2) 传输速率同步处理结束后,根据对应点模式的设置发送采集站信息的测试轮询。

3) 64个站的站信息采集结束后,主站发送"接收站信息状态",通知从站是否被识别。

b) 从站

1) 从站在启动时,按照2.5 Mbit/s、625 kbit/s、156 kbit/s的顺序,每隔一定时间切换接收传输速率,根据接收到正确的帧来固定传输速率。在刷新时恢复链接的站,根据刷新传输帧来固定传输速率后,发送"未发送站信息"的响应。

2) 依据采集站信息的测试轮询的帧中A1的点模式设置,决定本站占用的逻辑站数。接收到主站发送的帧后,所有从站按站号顺序,依次发送站信息响应,直到最终站号为止。

3) 从站读取主站发送的"接收站信息状态",确认本站占用的所有逻辑站的信息被主站识别,并将站信息发送标志设置为ON。相反,如果本站占用的逻辑站的信息未被主站全部读取的话,则站信息发送标志设置为OFF。

8.1.2.2 恢复处理

见图28。

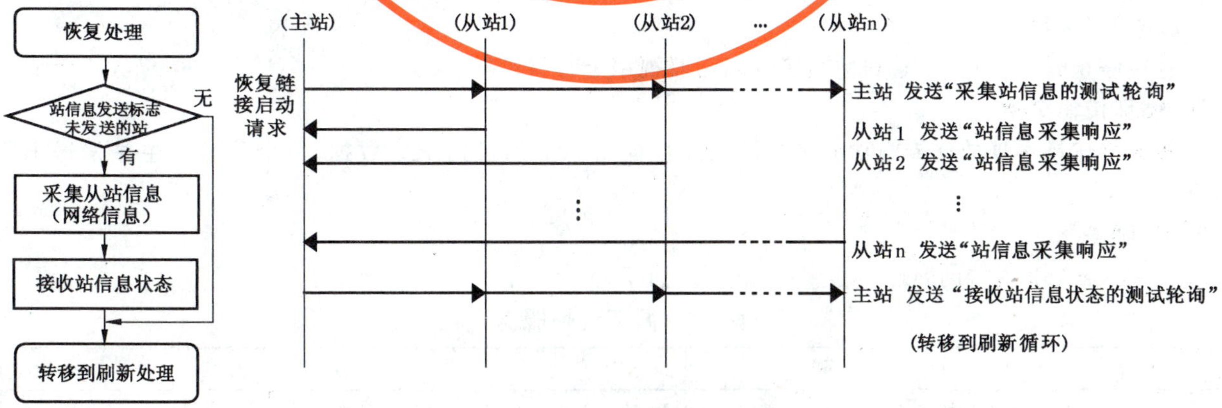

图28 恢复处理

8.1.2.2.1 主站

主站在刷新循环确认来自从站的响应帧的 ST 中有站信息发送标志是 OFF 时，利用恢复链接启动请求来启动网络。

据此，在数据链路层中根据点模式设置以及最终站号，主站发送采集站信息的测试轮询。到设置的最终站号或者可控制点数的最终站号为止的所有站的信息被采集后，主站发送“接收站信息状态”，通知从站是否被识别。

8.1.2.2.2 从站

从站依据采集站信息的测试轮询的帧中 A1 的点模式设置，决定本站占用的逻辑站数。接收到主站发送的帧之后，所有从站按站号顺序依次发送站信息响应，直到最终站号为止。

从站读取主站发送的“接收站信息状态”，确认本站占用的所有逻辑站的信息已被主站读取，并将响应帧中的 ST 站信息发送标志设置为 ON。相反，如果本站占用的逻辑站信息未被主站全部读取的话，则将站信息发送标志设置为 OFF。

8.1.2.3 停止链接处理

见图 29。

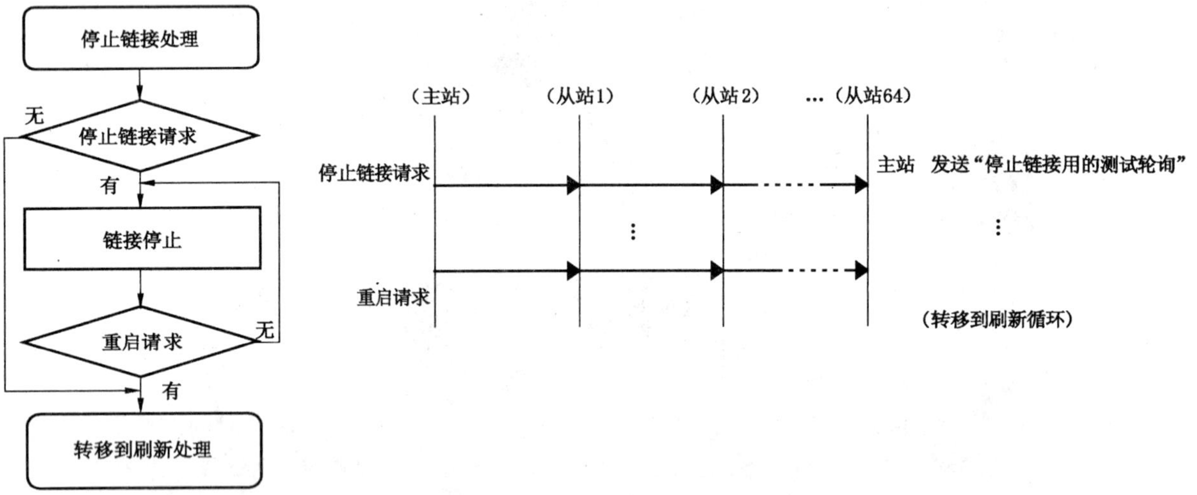

图 29 停止链接处理

8.1.2.3.1 主站

主站确认了在刷新循环中来自用户应用的停止链接标志时，在数据链路层执行停止链接请求。

在停止链接时持续发送停止链接用的测试轮询(停止链接轮询和重启标志同时为“1”时，停止链接优先)，直到确认有重启标志为止。

8.1.2.3.2 从站

链接停止时，从站只清零刷新帧接收间隔监视用定时器。

8.2 循环传输实体

循环传输是一种数据传输功能。主站周期性向所有从站发送 RY 数据，每个从站向主站发送 RX 数据作为响应。

8.2.1 服务

CC-Link/LT 支持的循环传输服务如表 29 所示。

表 29 循环传输服务

序号	服　　务	内　　容
[1]	循环数据发送	根据用户应用的请求发送循环数据
[2]	循环数据接收	根据用户应用的请求接收循环数据

8.2.1.1 主站的循环传输服务

8.2.1.1.1 循环数据发送服务

根据来自用户应用的发送请求，更新循环传输的发送数据，参数见表30。

表30 主站的循环数据发送服务

项　　目	大　　小	内　　容
数　据	1 024 位(最大值)	循环数据(RY)

8.2.1.1.2 循环数据接收服务

根据送至用户应用的接收请求，更新循环传输的接收数据，参数见表31。

表31 主站的循环数据接收服务

项　　目	大　　小	内　　容
数　据	1 024 位(最大值)	循环数据(RX)

8.2.1.1.3 循环数据

发送RX和接收RY都有1 024位的容量。根据点模式分配对应于每个站号的应用区域。

a) 4点模式

<table>
<tr><td rowspan="2"></td><td colspan="12">位</td></tr>
<tr><td>15</td><td>…</td><td>12</td><td>11</td><td>…</td><td>8</td><td>7</td><td>…</td><td>4</td><td>3</td><td>…</td><td>0</td></tr>
<tr><td rowspan="6">RX</td><td colspan="3">站号 4</td><td colspan="3">站号 3</td><td colspan="3">站号 2</td><td colspan="3">站号 1</td></tr>
<tr><td colspan="3">站号 8</td><td colspan="3">站号 7</td><td colspan="3">站号 6</td><td colspan="3">站号 5</td></tr>
<tr><td colspan="12">⋮</td></tr>
<tr><td colspan="3">站号 60</td><td colspan="3">站号 59</td><td colspan="3">站号 58</td><td colspan="3">站号 57</td></tr>
<tr><td colspan="3">站号 64</td><td colspan="3">站号 63</td><td colspan="3">站号 62</td><td colspan="3">站号 61</td></tr>
<tr><td colspan="12">未使用</td></tr>
<tr><td rowspan="6">RY</td><td colspan="3">站号 4</td><td colspan="3">站号 3</td><td colspan="3">站号 2</td><td colspan="3">站号 1</td></tr>
<tr><td colspan="3">站号 8</td><td colspan="3">站号 7</td><td colspan="3">站号 6</td><td colspan="3">站号 5</td></tr>
<tr><td colspan="12">⋮</td></tr>
<tr><td colspan="3">站号 60</td><td colspan="3">站号 59</td><td colspan="3">站号 58</td><td colspan="3">站号 57</td></tr>
<tr><td colspan="3">站号 64</td><td colspan="3">站号 63</td><td colspan="3">站号 62</td><td colspan="3">站号 61</td></tr>
<tr><td colspan="12">未使用</td></tr>
</table>

b) 8点模式

<table>
<tr><td rowspan="2"></td><td colspan="6">位</td></tr>
<tr><td>15</td><td>…</td><td>8</td><td>7</td><td>…</td><td>0</td></tr>
<tr><td rowspan="6">RX</td><td colspan="3">站号 2</td><td colspan="3">站号 1</td></tr>
<tr><td colspan="3">站号 4</td><td colspan="3">站号 3</td></tr>
<tr><td colspan="6">⋮</td></tr>
<tr><td colspan="3">站号 62</td><td colspan="3">站号 61</td></tr>
<tr><td colspan="3">站号 64</td><td colspan="3">站号 63</td></tr>
<tr><td colspan="6">未使用</td></tr>
</table>

表（续）

<table>
<tr><td rowspan="2"></td><td colspan="6">位</td></tr>
<tr><td>15</td><td>…</td><td>8</td><td>7</td><td>…</td><td>0</td></tr>
<tr><td rowspan="6">RY</td><td colspan="3">站号 2</td><td colspan="3">站号 1</td></tr>
<tr><td colspan="3">站号 4</td><td colspan="3">站号 3</td></tr>
<tr><td colspan="6">⋮</td></tr>
<tr><td colspan="3">站号 62</td><td colspan="3">站号 61</td></tr>
<tr><td colspan="3">站号 64</td><td colspan="3">站号 63</td></tr>
<tr><td colspan="6">未使用</td></tr>
</table>

c） 16 点模式

<table>
<tr><td rowspan="2"></td><td colspan="3">位</td></tr>
<tr><td>15</td><td>…</td><td>0</td></tr>
<tr><td rowspan="7">RX</td><td colspan="3">站号 1</td></tr>
<tr><td colspan="3">站号 2</td></tr>
<tr><td colspan="3">站号 3</td></tr>
<tr><td colspan="3">⋮</td></tr>
<tr><td colspan="3">站号 62</td></tr>
<tr><td colspan="3">站号 63</td></tr>
<tr><td colspan="3">站号 64</td></tr>
<tr><td rowspan="7">RY</td><td colspan="3">站号 1</td></tr>
<tr><td colspan="3">站号 2</td></tr>
<tr><td colspan="3">站号 3</td></tr>
<tr><td colspan="3">⋮</td></tr>
<tr><td colspan="3">站号 62</td></tr>
<tr><td colspan="3">站号 63</td></tr>
<tr><td colspan="3">站号 64</td></tr>
</table>

8.2.1.2 从站的循环传输服务

8.2.1.2.1 循环数据发送服务

根据来自用户应用的发送请求，更新循环传输的发送数据，参数见表 32。

表 32 从站循环数据发送服务

项　目	大　小	内　容
数　据	16 位（最大值）	循环数据（RX）

8.2.1.2.2 循环数据接收服务

根据来自用户应用的接收请求，更新循环传输的接收数据，参数见表 33。

表 33 从站循环数据接收服务

项　目	大　小	内　容
数　据	16 位（最大值）	循环数据（RY）

8.2.2 协议

主站周期性地向所有从站发送输出数据(RY),作为响应每个从站向主站发送输入数据(RX)。

8.2.2.1 循环传输

在各个点模式中的循环传输的数据流向如图 30 所示。

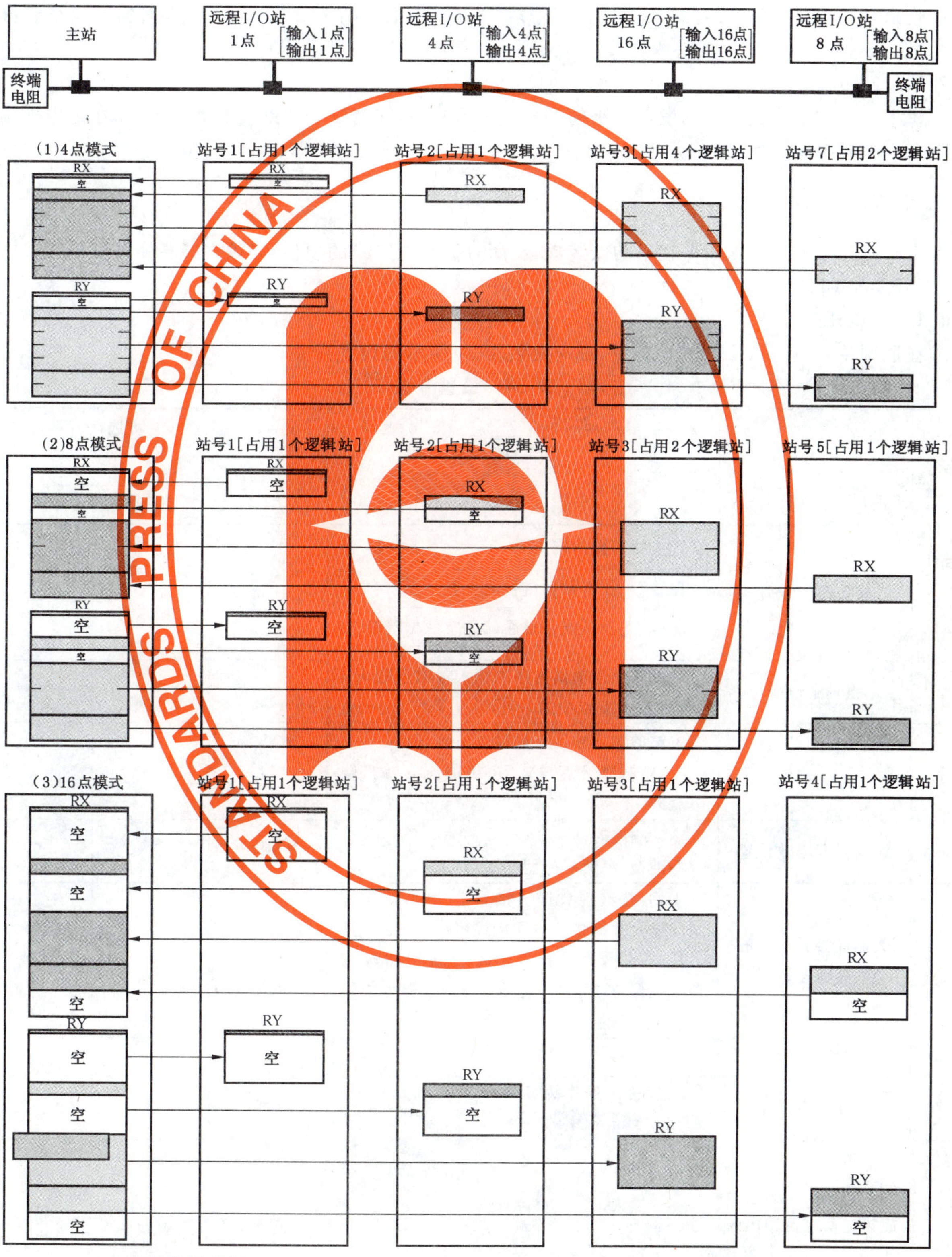

图 30 循环传输

8.2.2.1.1 **主站**

根据主站的点模式和从站占用的输入输出点数，来确认各个从站的站号以及占用的逻辑站数，并分配循环数据区域。点模式的设置值比从站占用的输入输出点数多时，多余部分不能使用。

在初始化过程结束或发送启动链接请求后，主站对所有从站(到最终站为止)发送循环数据 RY，然后接收来自所有从站(到最终站为止)的循环数据 RX。主站周期地重复以上操作，直到有停止链接请求为止。

8.2.2.1.2 **从站**

每个从站在接收到从主站发送过来的循环数据 RY 后，存储属于本站的数据。此后，在对应本站号的下一个分时时间段后，发送循环数据 RX。

9 安装规定

本章阐述了 CC-Link/LT 接口的安装规定，所有标有“必要”的项目，必须安装在所开发的接口中。

9.1 开关和 LED

9.1.1 设置开关

在适用于 CC-Link/LT 的设备中，都应安装表 34 所示的设置开关。

表 34 设置开关

序号	开关类型	说明	设置(◎:必要，○:可选，—:不允许)		
			主站	从站	
				远程设备站	远程 I/O 站
1	操作模式设置	设置主站的操作模式 在线：执行数据链接时设置 测试：确认设备是否能正常数据链接	○	—	—
2	点模式设置	设置每个逻辑站占用的输入输出点数为 4 点、8 点或 16 点中的一种	○	—	—
3	输入输出点数设置	主站的输入输出点数设置值满足：“从站站数×点模式”得出的所有输入输出点数	○	—	—
4	输入时间常数设置	输入响应时间 标准型/高速响应型	—	○[a]	○[a]
5	数据链接异常站的数据状态设置	主站：在出现数据链接异常站时，规定该站的输入数据是否被保持或清零 从站：在数据链接异常时，规定外部输出是否被保持或清零，也可以固定为保持或清零中的一种	○	○[b]	○[b]
6	站号设置	从站：1～64	—	◎[c]	◎[c]
7	传输速率设置	设置传输速率为 156 kbit/s 、625 kbit/s 或 2.5 Mbit/s 中的一种	○[d]	—[e]	—[e]

a 只有输入功能的设备。

b 只有输出功能的设备。

c 应指定所有范围内的站号。

d 主站可以指定上表中所示的三种传输速率中的至少一种。

e 从站必须通过来自主站的传输数据进行波特率同步，从而固定传输速率。

a) 通过该站配置的开关或软件设置。

b) 确保在电源关闭时改变设置。如果在电源打开时改变设置，则在该设备被复位或重新上电后，新的设置才有效。

9.1.2 监视用 LED

在适用于 CC-Link/LT 的设备中，应安装表 35 所示的监视用 LED。

表 35 监视用 LED

序号	LED 名称	状态	说　明	设置(◎:必要,○:可选,—:不允许)		
				主站	从站	
					远程设备站	远程 I/O 站
1	PW	灯亮	上电	○	○	○
		灯灭	断电			
2	RUN	灯亮	模块正常时	○	○	○
		灯灭	模块异常时			
3	ERR.	灯亮(主站)	在设置范围外	◎	—	—
		闪烁(主站)	上电后，改变了开关等的设置			
4	L RUN	灯亮	数据链接执行中	◎	○	○
		灯灭	数据链接停止			
5	L ERR.	灯亮(主站)	● 存在数据链接异常站 ● 通过输入输出点数和点模式的点数计算得到的最终站号比初始通信时采集到的最终站号小的时候	◎	○	○
		闪烁(主站)	所有站发生异常			
		灯亮(从站)	● 在设置范围外 ● 发生超时错误			
		闪烁(从站)	● 发生 CRC 错误(每发生一次错误即闪烁一次) ● 上电后改变了开关等的设置(按一定的周期闪烁)			
		灯灭	其他			
6	SD	灯亮	数据发送中	○	○	○
		灯灭	其他			
7	RD	灯亮	数据接收中	○	○	○
		灯灭	其他			

a) 未指定 LED 的颜色和形状。

b) 如果所用的设备是一台 PC 或显示装置，那么 LED 可以用屏幕显示来代替。但是，对于安装在设备中的接口卡，推荐在接口卡上用 LED 表示从 L RUN 到 RD 的状态，并将其安装在能直接从外部进行检查的位置。

主站和从站的 LED 显示实例见图 31。

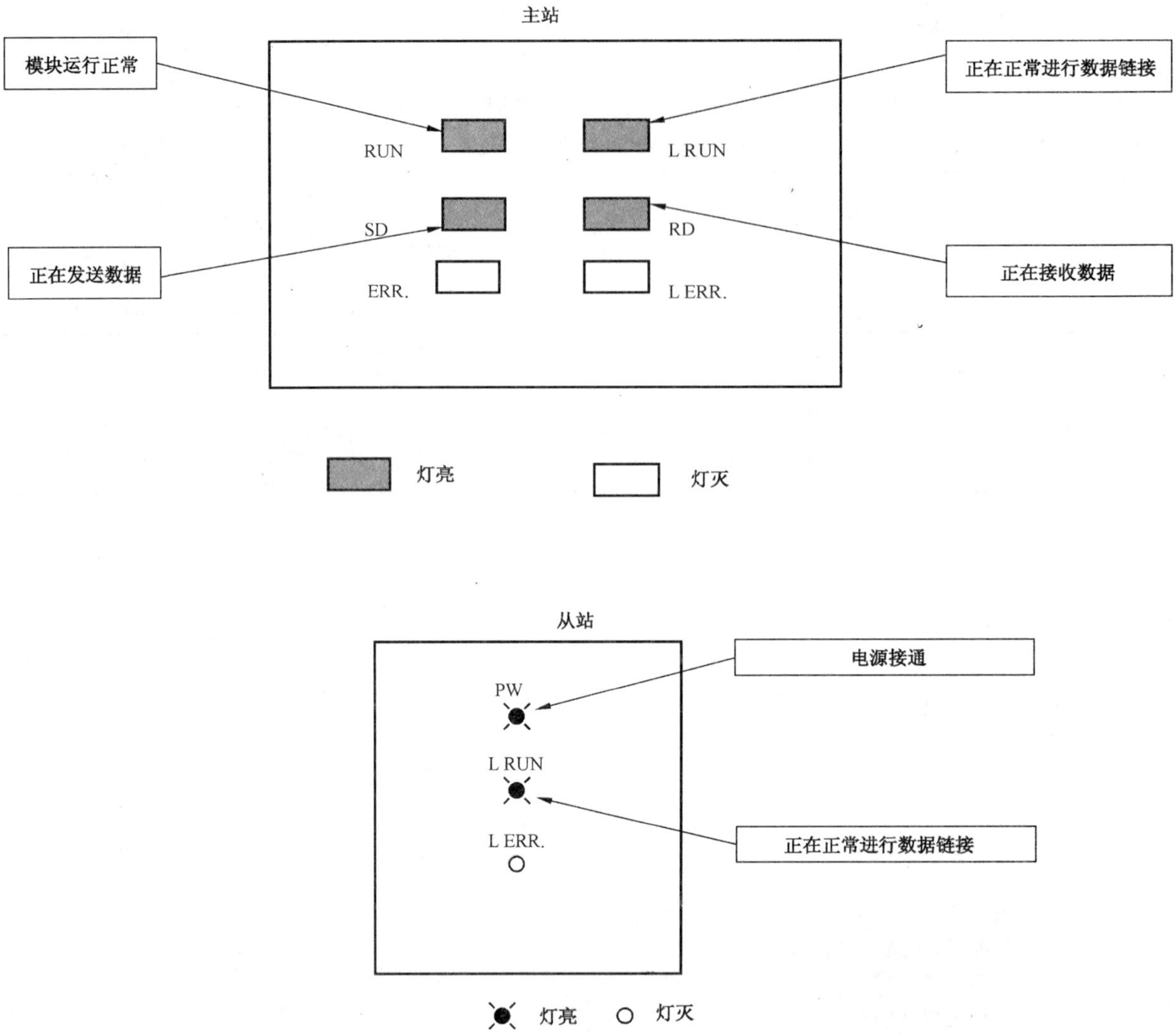

图 31 LED 显示实例

9.2 使用的元器件

9.2.1 推荐元器件

表 36 列出了用于 CC-Link/LT 接口电路的推荐元器件。请在接口电路中使用推荐的元器件，或者使用具有同等性能或更好性能的元器件。

表 36 推荐的元器件

站类型	名 称	型 号	制造商	要求的性能规格
主站	滤波器	CM04RC04T	Taiyo Yuden Co.,Ltd.	共模线圈 阻抗频率特性：100 Ω 或以上(1 MHz～10 MHz)
	RS-485 驱动器/接收器	MAX1487CSA	Maxim Integrated Products,Inc.	数据速率＞2.5 Mbit/s ● 驱动器偏离(脉宽偏离)：5 ns(typ) ● 接收器偏离(脉宽偏离)：13 ns(typ) (测量条件等参见制造商所提供的数据表格)

表 36（续）

站类型	名　称	型　号	制造商	要求的性能规格
主站	齐纳二极管	HZU6. 2Z	Renesas Technology Corporation	V_z:6. 2 V(typ) 端子间容量<8. 5 pF
	（当通信系统被隔离时）			
	光电耦合器	PS9714	NEC Electronics Corporation	脉宽偏离(|t_{PHL}-t_{PLH}|)<50 ns t_{PHL}<75 ns t_{PLH}<75 ns
从站	滤波器	ACM3225-102-2P-T	TDK Corp.	共模线圈 阻抗频率特性:100 Ω 或以上(1 MHz~10 MHz)
	RS-485 驱动器/接收器	MAX1487CSA	Maxim Integrated Products, Inc.	数据速率>2. 5 Mbit/s ● 驱动器偏离(脉宽偏离):5 ns(typ) ● 接收器偏离(脉宽偏离):13 ns(typ) (测量条件等参见制造商所提供的数据表格)
	齐纳二极管	HZU6. 2Z	Renesas Technology Corporation	V_z:6. 2 V(typ) 端子间电容<8. 5 pF
连接器	基板用连接器	38204-52S3-MOM SC 38204-62S3-MOM SC	3M Corp.	详见 9. 2. 2
	电缆用连接器	CL9-CNF-18 CL9-CNF-20 CL9-CNF-23	MITSUBISHI ELECTRIC SYSTEM & SERVICE CO., LTD	

使用推荐元器件的接口电路实例见图 32。

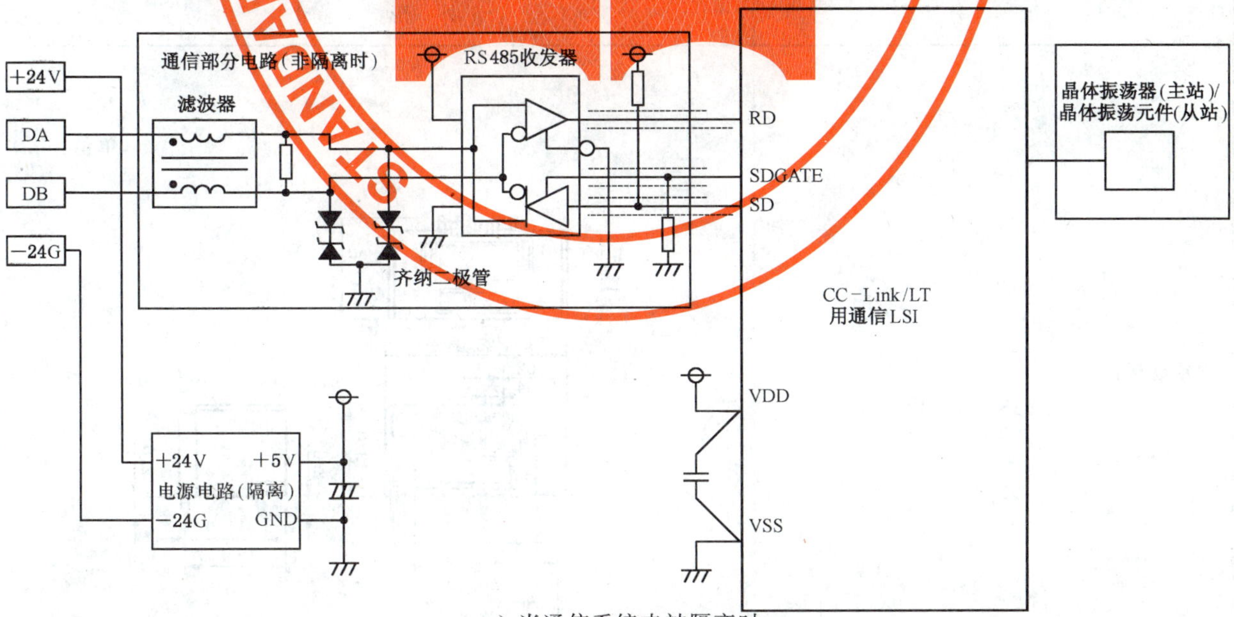

a) 当通信系统未被隔离时

图 32　接口电路实例

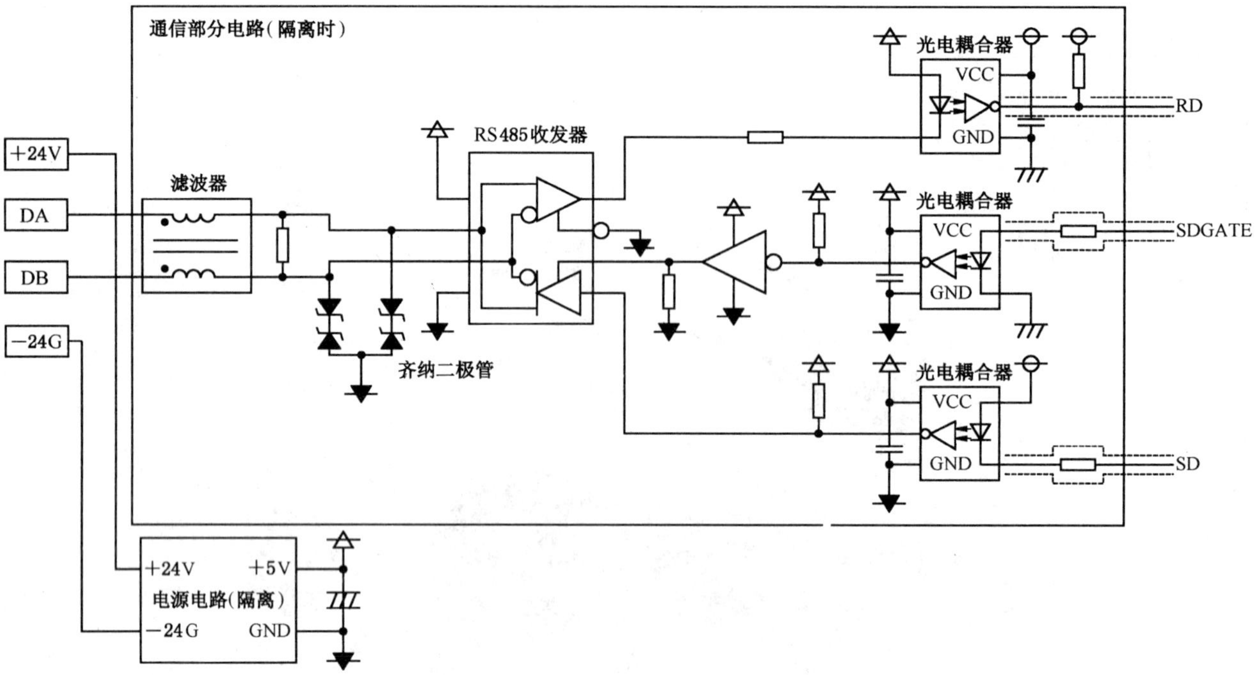

b) 当通信系统隔离时

图 32(续)

9.2.2 连接器

9.2.2.1 基板用连接器

关于 CC-Link/LT 接口基板用连接器,请使用 CC-Link 协会认定的连接器。

基板用连接器如表 37 所示。

表 37 基板用连接器

型 号	外 形 尺 寸
弯角连接器 38204-52S3-MOM SC	(单位:mm) 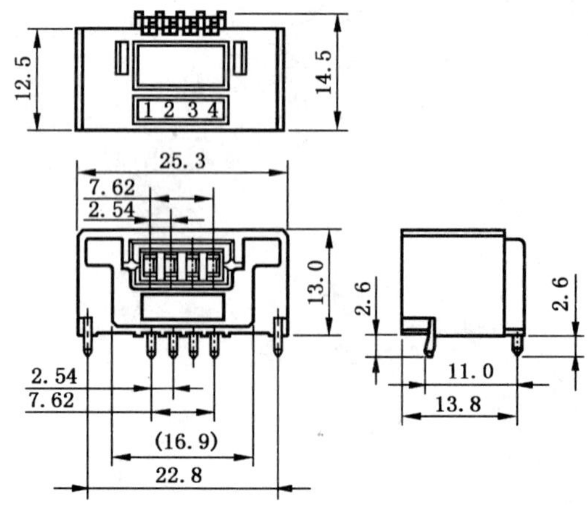

表 37（续）

型　　号	外　形　尺　寸
直式连接器 38204-62S3-MOM SC	（单位：mm） 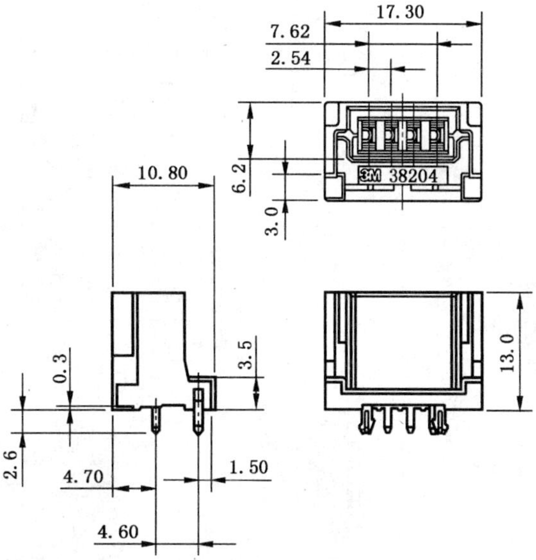

9.2.2.2　电缆用连接器

关于 CC-Link/LT 接口电缆用连接器，请使用 CC-Link 协会认定的连接器。

专用扁平电缆用连接器如表 38 所示。

表 38　专用扁平电缆用连接器

型　　号	外　形　尺　寸
通信连接器 CL9-CNF-18	a）　主体和连接器　　（单位：mm） 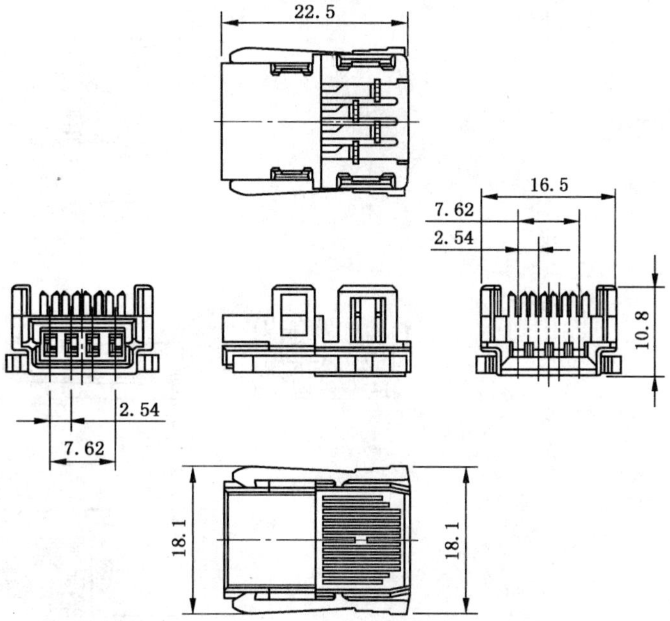

表 38（续）

型　号	外　形　尺　寸
通信连接器 CL9-CNF-18	b）端子盖　　　　(单位:mm) 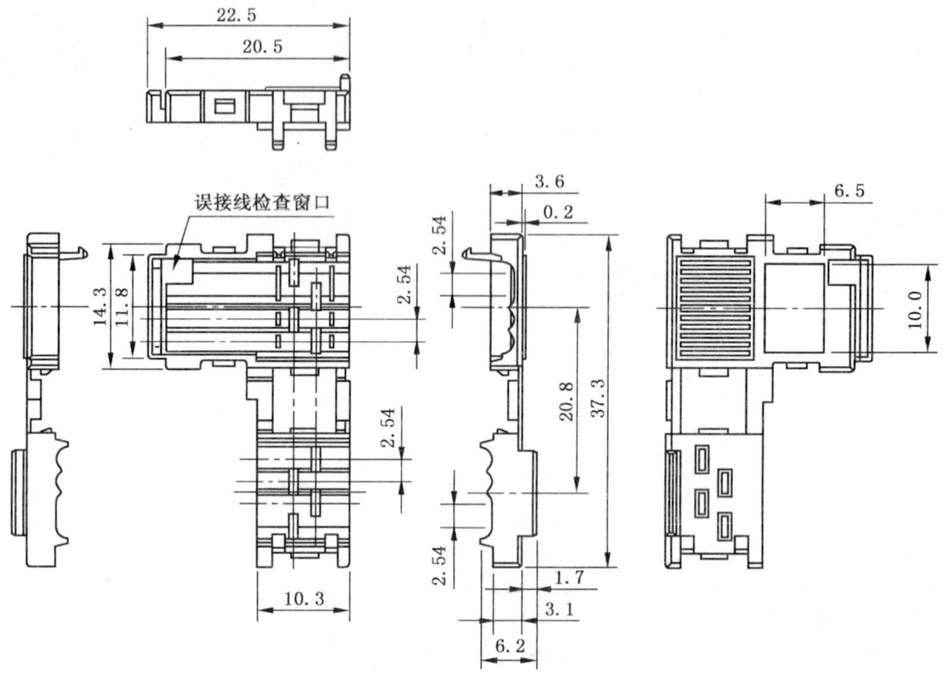

表 39 列出用于专用移动电缆的连接器，表 40 列出用于 VCTF 软线和专用移动电缆的连接器。

表 39　用于专用移动电缆(绝缘体外径 1.8 mm～2.1 mm)的通信连接器

型　号	外　形　尺　寸
通信连接器 CL9-CNR-20	a)　主体和连接器　　　　(单位:mm) 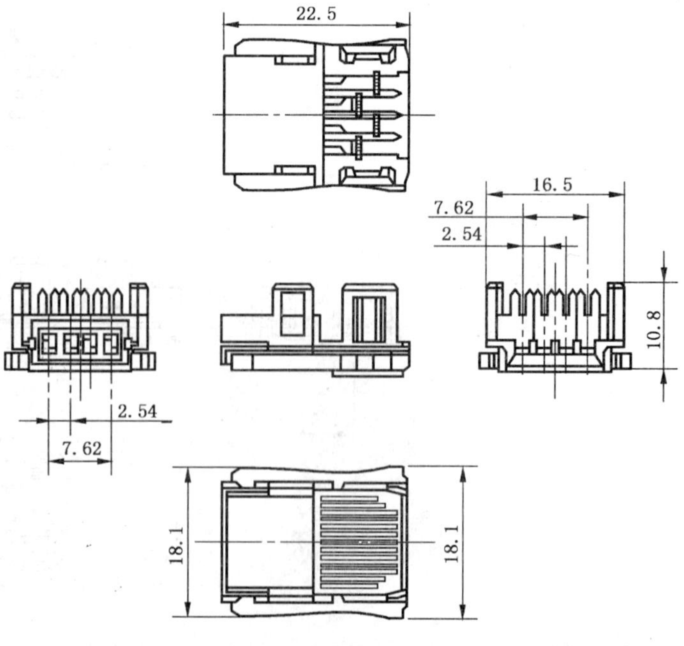

表 39（续）

<table>
<tr><th>型　　号</th><th>外　形　尺　寸</th></tr>
<tr><td>通信连接器
CL9-CNR-20</td><td>b)　端子盖　　　　(单位:mm)
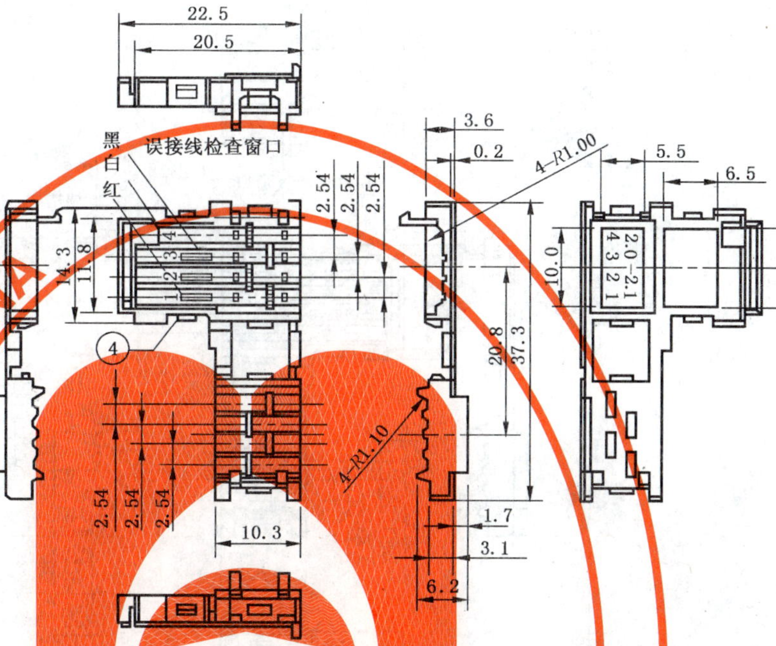
</td></tr>
</table>

表 40　用于 VCTF 软线和专用移动电缆(绝缘体外径 2.1 mm～2.4 mm)的通信连接器

<table>
<tr><th>型　　号</th><th>外　形　尺　寸</th></tr>
<tr><td>通信连接器
CL9-CNR-23</td><td>a)　主体和连接器　　　　(单位:mm)
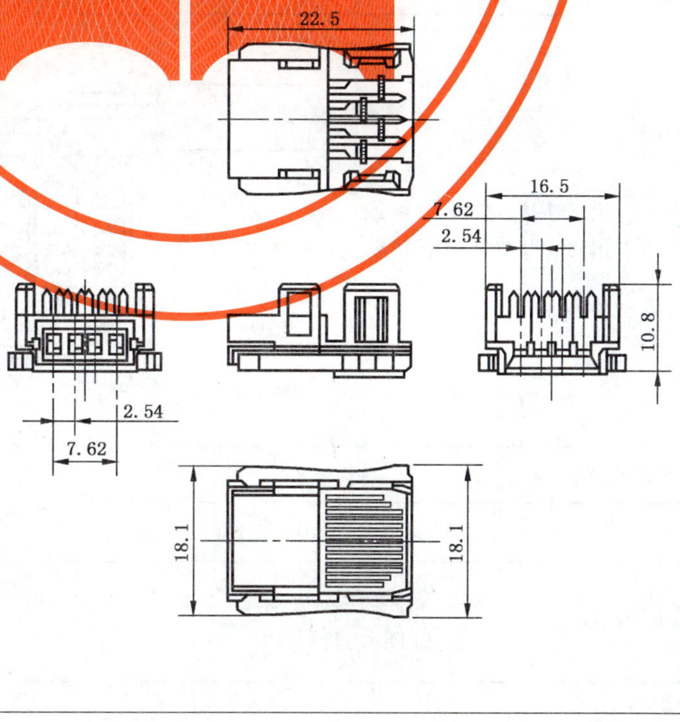
</td></tr>
</table>

表 40（续）

型　　号	外　形　尺　寸
通信连接器 CL9-CNR-23	b） 端子盖　　　　（单位：mm） 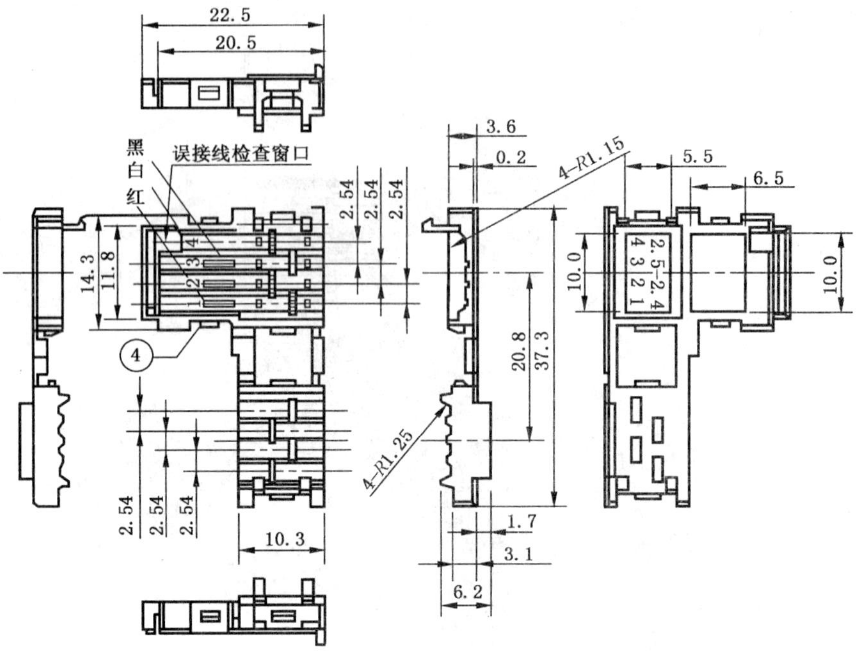

9.2.3　**其他**

9.2.3.1　**端子块**

	用　　途	备　　注
市售端子块	用于连接 VCTF 软线或专用移动电缆的 T 形分支	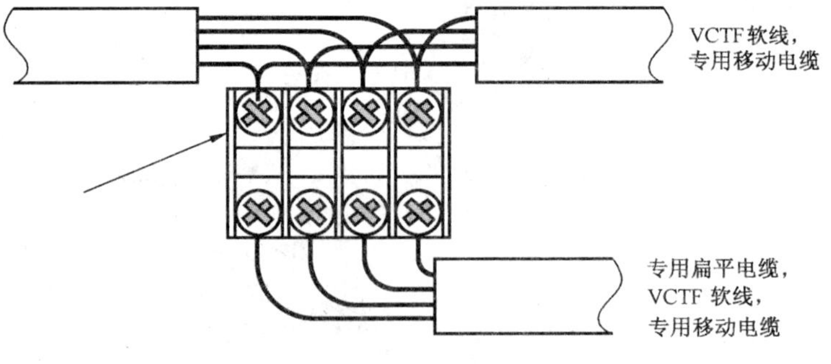

9.2.3.2　**终端电阻**

	用　　途	备　　注
终端电阻（680 Ω）	位于主干线两端，安装在 DA 和 DB 之间	必须与专用扁平电缆、VCTF 软线和专用移动电缆相适应

9.3 CC-Link/LT 兼容设备的电源规范

9.3.1 CC-Link/LT 设备所需的电源要求

序号	项　目	规　范
a)	工作电压范围	在 20.4 V～28.8 V 的范围内必须正常工作 在 19.2 V～30 V 的范围内必须正常工作 1 min
b)	消耗电流	5 A 以下 推荐 100 mA 以下
c)	启动电流	与消耗电流一起，均须在规范中标明 推荐为最大消耗电流的 1.33 倍以下
d)	绝缘	500 VAC，1 min 通信电缆的电源（24 V(DC)和 24 G）与通信信号（DA 和 DB）之间
e)	控制电源	由通信电缆中的电源线（24 V(DC)）提供
f)	反连接对策	即使系统电源的极性接反，也能避免故障及烧蚀
g)	瞬停能力	系统电源在规范值下限（20.4 V）下发生 1 ms 的瞬停时，必须能维持正常工作
h)	支持热插拔	热插拔设备时，也不会损坏设备
i)	耐压	要达到 35 V 以上（24 V 和 24 G 之间）

说明：

a) 电源的规范值为 24 V+4.8 V～24 V－3.6 V。然而请注意，由于浪涌会临时引起电压变动，且仍需要维持正常工作，因此要求在 24 V+6 V～24 V－4.8 V 时也能够正常工作。

b) 消耗电流必须在 5 A 以下，确保低于连接器的最大额定值。虽然对 5 A 以下没有特别限制，但由于电源适配器与设备之间的最大规范距离为 560 m，容许电流为 105 mA，故推荐消耗电流为 100 mA 以下。

c) 该值是在设备的电源启动后向二次侧充电时所产生的临时过电流状态下，确保供给电源适配器的通用电源不会跳闸的值。由于启动电流为消耗电流的 1.33 倍(※)以下时，启动电流造成的电压下降不低于 19.2 V，所以建议使用该值。不包括向 X 电容器充电引发的瞬变电流。

※启动电流÷消耗电流＝启动电流引起的电压降低值÷消耗电流引起的电压降低值＝(24－19.2)÷(24－20.4)

d) 为取得稳定的通信，系统电源和通信电路之间必须隔离。

e) 由于消耗电流的原因，即使用外部电源（24 V(DC)或 AC 系统）供给控制电源时，为取得稳定的通信，通信接口部分也要使用系统电源。

注：隔离电路的电路举例如 9.3.1.1～9.3.1.3 所示。

f) 无。

g) 关于系统电源与负载电源共用的系统，因瞬时电源故障而引发错误输入输出时，要标明使用制约事项。但是请注意，设备不可离线。

h) 无。

i) 通过测定热插拔时的浪涌（+24 V 和 24 G 之间），确认各元器件具有充分的耐浪涌电压性能。

　1) 热插拔：在控制器通电状态下控制程序停止时，远程站的连接或拆卸。

　2) 系统电源：通信电缆上的 24 V(DC)。

　3) 控制电源：驱动控制电路的电源。

　4) 冲击电流：流入 X 电容器及输入电容器的电流。

　5) 启动电流：直流/直流转换器启动瞬间通过的电流。

9.3.1.1 从系统电源向整个控制电路供电(通信不隔离)

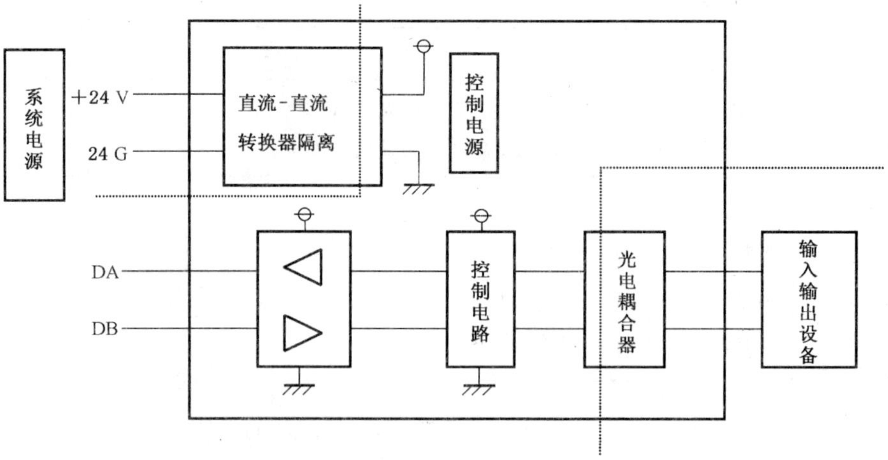

使用本电路时,必须将输入输出设备隔离。

9.3.1.2 从系统电源向整个控制电路供电(通信隔离)

左图中点划线封闭部分可用双输出的直流/直流转换器(右图)替代。

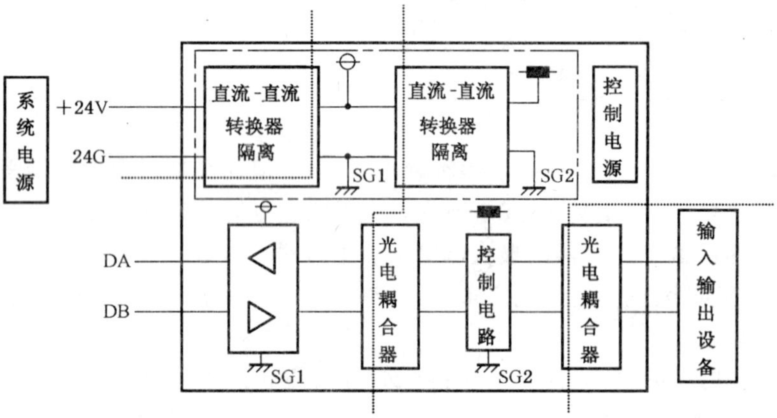

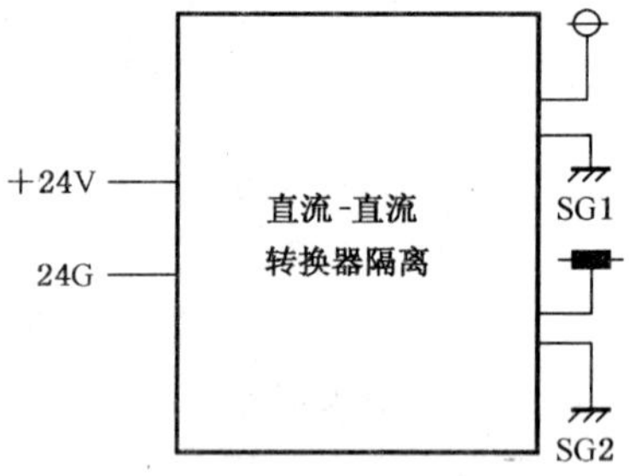

9.3.1.3 系统电源仅向通信部分供电时

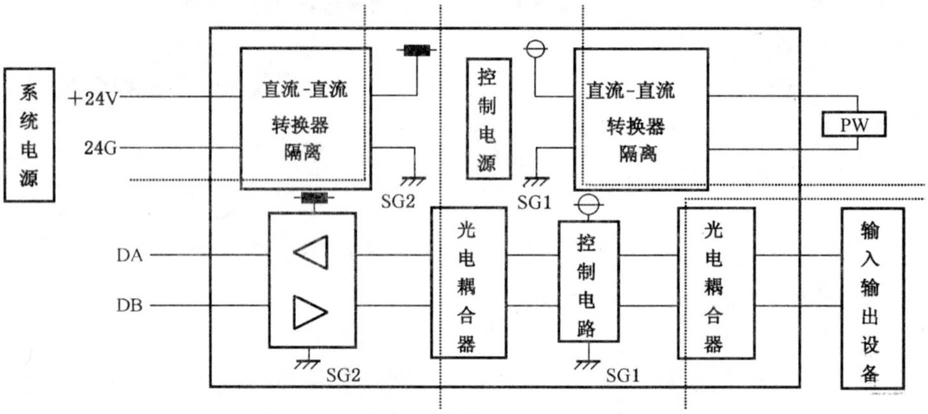

关于输入输出设备的隔离用光电耦合器,由各厂商自行决定。

9.3.2 电源电路举例

关于电源电路,虽无特别指定,但为了满足规范要求,提出以下电路示例。虽未指定元器件,但建议采用如下所示的电路示例中的元器件。

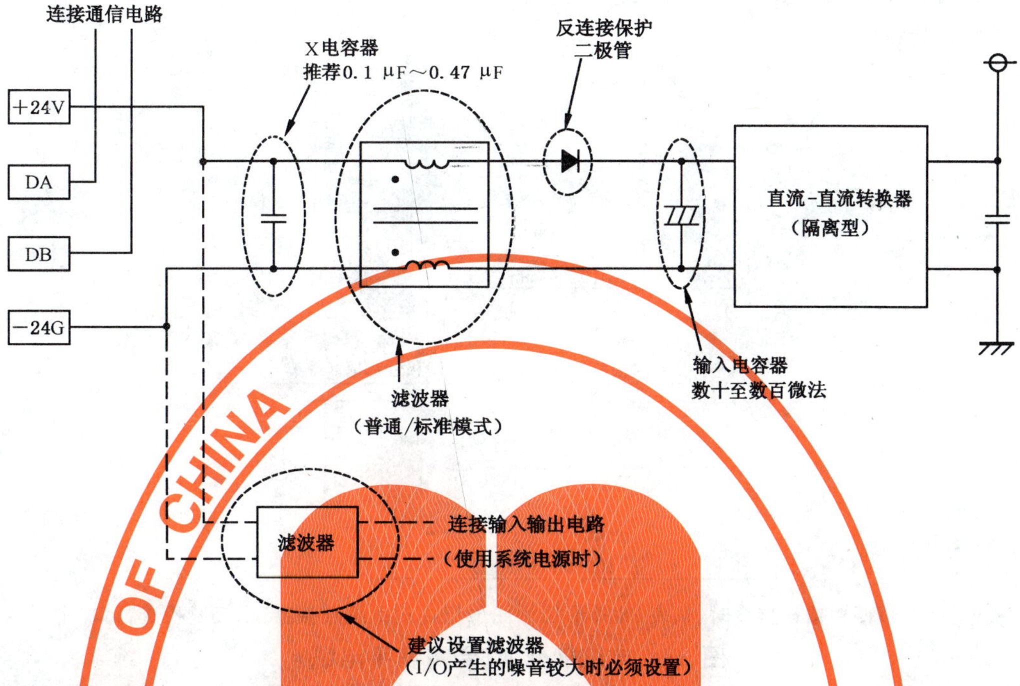

9.4 传输介质

9.4.1 专用扁平电缆规格

表 41 列出了与 CC-Link/LT 兼容的专用 4 芯扁平电缆的规格。

用于 CC-Link/LT 的专用 4 芯扁平电缆必须经过 CC-Link 协会(CLPA)认定。

表 41 专用扁平电缆规格

项目		单位	规格	
电缆类型		—	扁平电缆	
芯数		—	4	
导体	材质	—	镀锡软铜线(多股绞线)	
	AWG	—	18	
	构成	根/mm	43/0.16,34/0.18,30/0.18	
	标准外径	mm	1.20～1.21	
	绞线间距	mm	≤24.9	
绝缘体	材质	—	软质树脂	
	标准厚度	mm	0.66～0.67	
	外部尺寸(短径×长径)	mm	2.54±0.15×10.16±0.40	
	线间距	mm	2.54±0.10	
导体电阻(20 ℃时)		Ω/km	≤23.4	
绝缘电阻(20 ℃时)		MΩ/km	≥10	
耐压		—	500 V(AC),1 min	
特征阻抗(参考值)		Ω	1 MHz	130±25
			2 MHz	
衰减量(参考值)		dB/100 m	1 MHz	≤3.04
			2 MHz	≤4.83
静电容量(参考值)		nF/km	1 kHz	≤55

电缆横截面如图 33 的电缆形状(A)或电缆形状(B)所示。

电缆形状(A)(推荐)

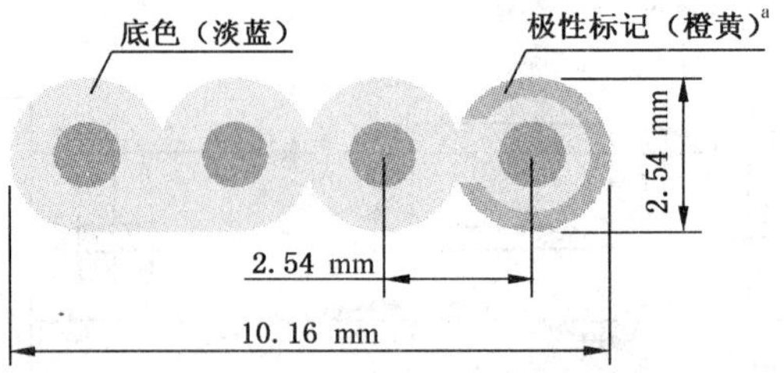

电缆形状(B)

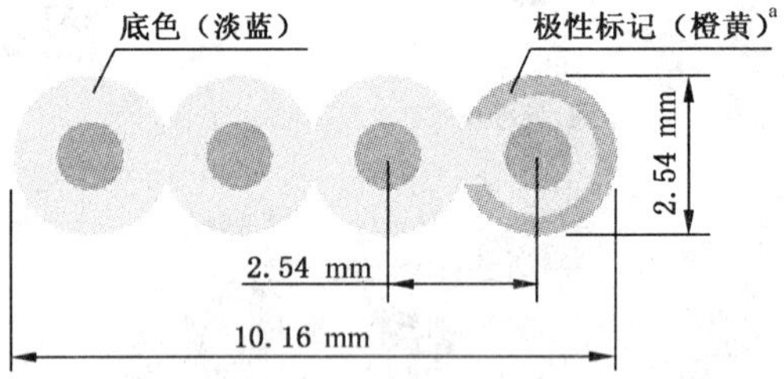

a 放置极性标记，以便在错误接线时，从表 38 外形尺寸图中记述的电缆连接器"误接线检查窗口"中可以看到。

图 33 电缆横截面(专用扁平电缆)

电缆的丝印如图 34 所示。

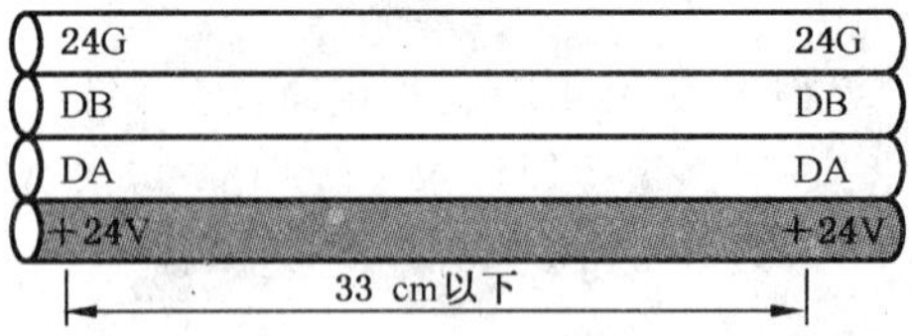

图 34 丝印(专用扁平电缆)

9.4.2 VCTF 软线规格

表 42 列出与 CC-Link/LT 兼容的 VCTF 软线规格。

表 42 VCTF 软线规格

项目		单位	规格
电缆类型		—	乙烯树脂软管圆形软线
芯数		—	4
导体	公称截面面积	mm^2	0.75
	线数/线径	线/mm	30/0.18
	外径	mm	1.1
绝缘体	厚度	mm	0.6
	外径(约)	mm	2.3
护套	厚度	mm	1.0
	成品外径(约)	mm	7.6
导体电阻(20 ℃时)		Ω/km	25.1

9.4.3 专用移动电缆规格

表 43 列出与 CC-Link/LT 兼容的专用移动电缆的规格。

用于 CC-Link/LT 的专用移动电缆必须经过 CC-Link 协会(CLPA)认定。

表 43　专用移动电缆规格

项　　目		单　　位	规　　格	
芯数		—	4	
导体	截面面积	mm^2	0.75	
绝缘体	外径	mm	1.8～2.4	
导体电阻(20 ℃时)		Ω/km	35 以下	
绝缘电阻(20 ℃时)(参考值)		MΩ/km	5 以上	
耐电压(参考值)		—	500 V(AC),1 min	
特征阻抗(参考值)		Ω	1 MHz	90±30
			2 MHz	
衰减量(参考值)		dB/100 m	1 MHz	4 以下
			2 MHz	5 以下
静电容量(参考值)		nF/km	1 kHz	100 以下

9.4.4　电缆截面图(VCTF 软线及专用移动电缆)

VCTF 软线及专用移动电缆的截面图如图 35 所示。

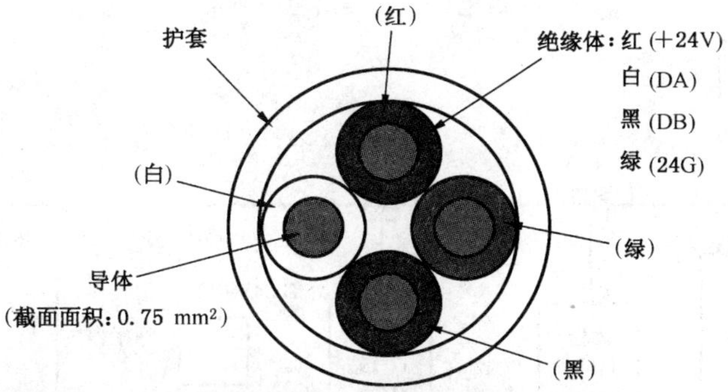

图 35　电缆截面图(VCTF 软线及专用移动电缆)

9.5　电源适配器

电源适配器用于对 CC-Link/LT 网络系统提供外部 24 V 电源。

关于电源适配器的规格如表 44 所示。

表 44　电源适配器

项　　目		规　　格
型式		电源适配器
电源	最高使用电压	28.8 V
	最大输入电流	5.0 A
外部连接		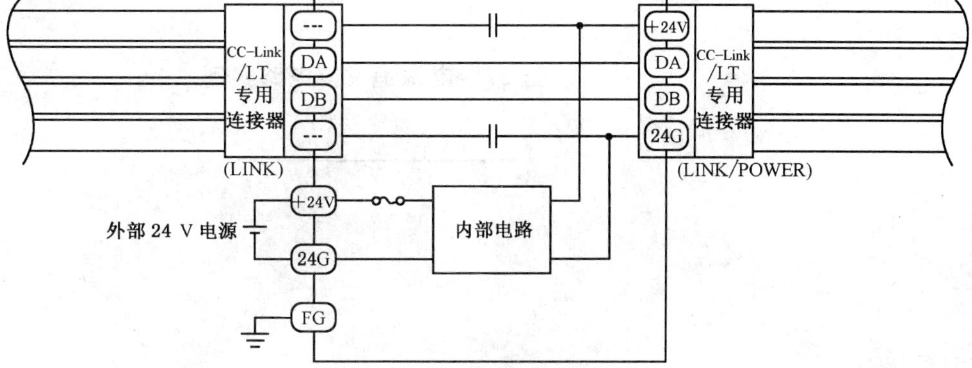

表 44（续）

项　　目	规　　格
内部电阻	回路内部电阻≤0.3 Ω
耐噪声量	噪声冲击试验 ＋24 V、24 G 端子之间： ±900 V,45 Hz,2 h,CC-Link/LT 系统中没有发生链接断开故障

根据 CC-Link/LT 主站的通信电源供电方式，电源适配器的使用如图 36 所示。

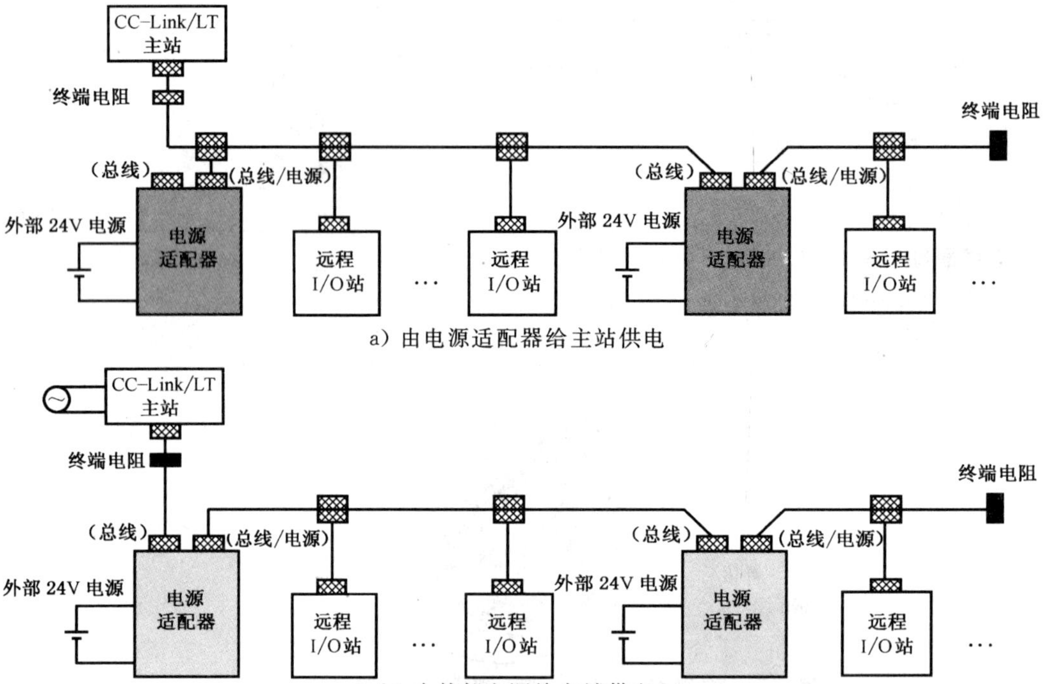

a）由电源适配器给主站供电

b）由外部电源给主站供电

图 36　主站的通信电源的供电方式

电源适配器的参考电路实例如图 37 所示。

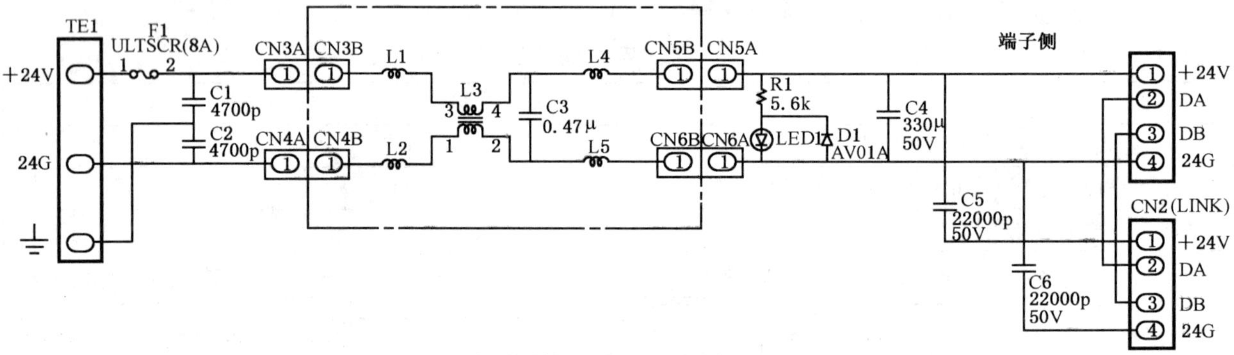

图 37　电源适配器电路实例

ICS 11.120.10
B 38

中华人民共和国国家标准

GB/T 19776—2008
代替 GB 19776—2005

地理标志产品 昭通天麻

Product of geographical indication—Zhaotong tianma

2008-06-25 发布 2008-10-01 实施

中华人民共和国国家质量监督检验检疫总局
中国国家标准化管理委员会 发布

前 言

本标准根据国家质量监督检验检疫总局颁布的 2005 第 78 号令《地理标志产品保护规定》及 GB 17924—1999《原产地域产品通用要求》制定。

本标准代替 GB 19776—2005《原产地域产品　昭通天麻》。

本标准与 GB 19776—2005 相比主要变化如下：

——标准属性由强制性国家标准改为推荐性国家标准；

——将原标准名称《原产地域产品　昭通天麻》修改为“《地理标志产品　昭通天麻》”，其相应的英文也进行了修改；标准中有关“原产地域”修订为“地理标志”；

——删除了亚硝酸盐与硝酸盐的相关内容；

——在分级指标中增加了“四级品”（见 5.4）；

——在种源中增加了“绿天麻”（见 5.2.1）；

——在术语和定义中增加了绿天麻，箭麻，白头麻和米麻；

——在第 5 章中增加了萌发菌要求（见 5.2.2）；

——调整了理化指标表中天麻素含量指标和总灰分指标。

本标准的附录 A 为规范性附录。

本标准由全国原产地域产品标准化工作组提出并归口。

本标准起草单位：云南省昭通市质量技术监督局、云南省昭通市药品监督管理局、云南省昭通市药品检验所、云南省昭通市天麻质量检测中心、云南省昭通市产品质量检测中心。

本标准主要起草人：杨廉玺、张光明、冯勇、邓传友、罗燕、谭官禄。

本标准所代替标准的历次版本发布情况为：

——GB 19776—2005。

地理标志产品 昭通天麻

1 范围

本标准规定了昭通天麻的术语和定义、地理标志产品保护范围、要求、试验方法及标志、包装、运输、贮存。

本标准适用于国家质量监督检验检疫行政主管部门根据《地理标志产品保护规定》批准保护的昭通天麻。

2 规范性引用文件

下列文件中的条款通过本标准的引用而成为本标准的条款。凡是注日期的引用文件，其随后所有的修改单(不包括勘误的内容)或修订版均不适用于本标准，然而，鼓励根据本标准达成协议的各方研究是否可使用这些文件的最新版本。凡是不注日期的引用文件，其最新版本适用于本标准。

GB 3095 环境空气质量标准

GB/T 5009.3 食品中水分的测定

GB/T 5009.11 食品中总砷及无机砷的测定

GB/T 5009.12 食品中铅的测定

GB/T 5009.15 食品中镉的测定

GB/T 5009.17 食品中总汞及有机汞的测定

GB/T 5009.19 食品中六六六、滴滴涕残留量的测定

GB/T 5009.34 食品中亚硫酸盐的测定

GB 5084 农田灌溉水质标准

GB 15618 土壤环境质量标准

中华人民共和国药典 2005年版 一部

3 术语和定义

下列术语和定义适用于本标准。

3.1

昭通天麻 Zhaotong tianma

在地理标志产品保护范围内生长的兰科天麻属植物乌天麻(*Gastrodia elata* Bl. f. *glauca* S. Chow)，黄天麻(*G. elata* Bl. f. *flavida* S. Chow)，绿天麻(*G. elata* Bl. f. *viridis* Mak)的干燥块茎。

3.2

乌天麻 *Gastrodia elata* Bl. f. *glauca* S. Chow

兰科天麻属植物，其花葶、鳞片、花均呈灰乌色；块茎多呈宽卵形、卵形、椭圆形；含水量60%～70%。

3.3

黄天麻 *Gastrodia elata* Bl. f. *flavida* S. Chow

兰科天麻属植物，其花葶、鳞片、花均呈淡黄色；块茎多呈卵形、椭圆形；含水量80%左右。

3.4

绿天麻 *Gastrodia elata* Bl. f. *viridis* Mak

兰科天麻属植物，其花葶、鳞片、花均呈淡蓝绿色；块茎多呈长椭圆形；含水量70%左右。

3.5

箭麻 mature tuber

具有顶生花茎芽(混合芽)的天麻块茎。

3.6

白头麻 immature tuber

顶端具有生长锥(原分生组织)的次生块茎。

3.7

米麻 juvenile tuber

也称麻米,和白头麻在解剖结构上无大差异,只是大小有所区别。一般长度在 1 cm 以下。

4 地理标志产品保护范围

昭通天麻地理标志产品的保护范围限于国家质量监督检验检疫行政主管部门根据《地理标志产品保护规定》批准的范围,即云南省昭通市现辖行政区域范围内,昭阳区、鲁甸县、巧家县、盐津县、大关县、永善县、绥江县、水富县、镇雄县、彝良县、威信县,见附录 A。

5 要求

5.1 生长环境

5.1.1 大气

应选择大气无污染的地区,空气环境质量符合 GB 3095 的二级标准。

5.1.2 水质

水源为雨水、地下水和自然流水,水质应符合 GB 5084 的二级标准。

5.1.3 土壤

土壤条件符合 GB 15618 的二级标准。土壤 pH 值应在 4.0～6.5 之间。

5.1.4 气候

气候温和,年平均气温 11.6 ℃;夏季凉爽,平均气温 22 ℃左右;冬季 1 月～2 月有 40 d～45 d,3 ℃～5 ℃的适宜低温期。年日照时数 1 400 h～2 000 h,年均降雨量 960 mm～1 300 mm。空气相对湿度 76%～85%。

5.1.5 地理位置

在地理标志产品保护范围内,海拔 1 400 m～2 800 m 之间的适宜种植区域。

5.2 栽培技术

昭通天麻种植采用林下规范化种植。

5.2.1 种源

应选择昭通地产乌天麻、黄天麻和绿天麻三个优良品种作为生产用种。

5.2.2 萌发菌

以白磨科小菇属石斛小菇(*Mycena dendrobii* Fan et Guo)为主。

5.2.3 蜜环菌菌种

采用昭通本地产的优质蜜环菌 *Armillariella mellea* (Vahl. ex Fr.) Karst.,ZT—1。

5.2.4 段材

蜜环菌所需段材以壳斗科、桦木科、蔷薇科的树木枝丫为主。

5.2.5 有性繁殖

5.2.5.1 天麻制种

每年 4 月～5 月,选用顶芽新鲜饱满、无黑斑、健壮、无创伤、无虫害、单个质量在 200 g 左右的箭麻为种麻，搭建荫棚，按畦宽 60 cm，株距不小于 4 cm，行距不小于 15 cm 栽植。开花后进行人工授粉，果实成熟及时采摘，低温贮藏备用。

5.2.5.2 **播种**

果实成熟后的一周内，将已制备好的菌床[(40 cm×60 cm)/穴]的土扒开，把壳斗科植物树叶浸湿，铺撒薄薄的一层，按 16 颗～20 颗蒴果与 500 mL 萌发菌拌匀，撒在 4 个～5 个穴中，覆盖土 10 cm 左右。搞好田间管理，一年后天麻种籽发育成白头麻和米麻，可刨出作无性繁殖的种麻。

5.2.6 **无性繁殖**

5.2.6.1 **栽培时间**

用有性繁殖的白头麻、米麻，以及无性繁殖的第 1 代～第 2 代白头麻和米麻作为种麻，在当年 11 月～12 月或次年 3 月～4 月栽培。

5.2.6.2 **栽培方法**

将白头麻或米麻栽培于事先制备好的 50 cm×80 cm 的固定菌床上，按每穴种量 500 g 左右进行播种。

5.2.7 **田间管理**

防涝、防旱、防高温、防冷冻、防人畜践踏。

5.2.8 **病虫害防治**

以预防为主，选用农业防治、生物防治、物理防治。

5.2.9 **箭麻采收**

每年 11 月至次年 3 月采收有性繁殖种植后两年以上(含两年)或无性繁殖种植后一年的成熟箭麻(冬天麻)。

5.3 **加工**

天麻采挖后，按大小分类洗净，蒸至透心，在 60 ℃～80 ℃温度下干燥。

5.4 **分级**

商品分级应符合表 1 的规定。

表 1 分级指标

级 别	形 状	数量/(个/kg) ≤	单个重量/(g/个) ≥
特级品	宽卵形、卵形，略扁；长 8 cm～12 cm，宽 4.5 cm～6 cm，厚 2 cm～4 cm	16	63
一级品	宽卵形、卵形、椭圆形，略扁，稍弯曲；长 7 cm～9 cm，宽 3 cm～4.5 cm，厚 1.5 cm～2.5 cm	26	39
二级品	卵形、椭圆形，略扁，稍弯曲；长 6 cm～8 cm，宽 2 cm～4 cm，厚 1 cm～1.5 cm	46	22
三级品	卵形、椭圆形、长椭圆形，略扁，稍弯曲；长 5 cm～8 cm，宽 1.5 cm～3 cm，厚 0.8 cm～1.2 cm	90	12

表 1 （续）

级　　别	形　　状	数量/(个/kg) ≤	单个重量/(g/个) ≥
四级品	凡不符合一、二、三级的均属此级	90	不作规定

5.5 感官指标

昭通天麻呈宽卵形、卵形、椭圆形，略扁，稍弯曲。表面淡黄棕色，有纵皱纹及由潜伏芽排列而成的多轮点状横环纹，有时可见棕褐色菌索。顶端有红棕色、棕褐色、黄棕色鹦嘴状的芽或残留茎基；另一端有圆脐形疤痕。质坚实，难折断，断面平坦，黄白色至淡黄棕色，角质样。气特异，较浓，味微甘。

商品应无杂质、无虫蛀、无空泡、无霉变。

5.6 理化指标

理化指标应符合表 2 的规定。

表 2 理化指标

项　　目		指　　标
天麻素含量(干重)/%	≥	0.35
水分 /%	≤	13.0
总灰分 /%	≤	4.5
酸不溶性灰分 /%	≤	2.0
注：表内数字除水分外均以干燥品计。		

5.7 卫生指标

卫生指标应符合表 3 的规定。

表 3 卫生指标

项　　目			指　　标
农药残留量	六六六（总 BHC)/(mg/kg)	≤	0.01
	滴滴涕(总 DDT)/(mg/kg)	≤	0.01
重金属含量	铅（以 Pb 计)/(mg/kg)	≤	0.80
	砷（以 As 计)/(mg/kg)	≤	0.30
	汞（以 Hg 计)/(mg/kg)	≤	0.02
	镉（以 Cd 计)/(mg/kg)	≤	0.20
二氧化硫 /(g/kg)		≤	0.05

6 试验方法

6.1 分级

用感量 0.1 g 的天平称取单个天麻的重量，用精度为 0.1 mm 卡尺测量天麻的长、宽、厚尺寸，与表 1对照，进入相应级别。

6.2 感官指标

用眼、鼻、口分别检测天麻的外观特征和气味。

6.3 理化指标

6.3.1 天麻素含量

按《中华人民共和国药典　2005 年版　一部》“天麻”项下“含量测定”法测定。

6.3.2 水分

按 GB/T 5009.3 的规定，采用减压干燥法测定。

6.3.3 总灰分、酸不溶性灰分

按《中华人民共和国药典 2005 年版 一部》附录 IXK“灰分测定法”测定。

6.4 卫生指标

6.4.1 农药残留量测定方法

按 GB/T 5009.19 的规定，采用气相色谱法测定。

6.4.2 重金属含量测定方法

6.4.2.1 铅

按 GB/T 5009.12 的规定，采用石墨炉原子吸收光谱法测定。

6.4.2.2 镉

按 GB/T 5009.15 的规定，采用石墨炉原子吸收光谱法测定。

6.4.2.3 砷

按 GB/T 5009.11 的规定，采用氢化物原子荧光光度法测定。

6.4.2.4 汞

按 GB/T 5009.17 的规定，采用原子荧光光谱分析法测定。

6.4.3 二氧化硫

按 GB/T 5009.34 的规定，采用蒸馏法测定。

7 标志、包装、贮存和运输

7.1 标志

产品包装物上应有地理标志产品专用标志、产品名称、规格、产地、等级、净含量、天麻素含量、生产者、生产日期或批号、保质期、产品标准号等内容。

7.2 包装

包装物应洁净、干燥、无污染，符合国家有关卫生标准。

7.3 贮存

仓库应配备防虫、防鼠设备，保持阴凉干燥、无污染；货架与墙壁的距离不得少于 0.5 m，离地面距离不得少于 20 cm。禁止与有毒、有害物质混放。

7.4 运输

天麻运输时，不得与有毒、有害物质混装。运载容器应防雨、防潮、防污染。

附 录 A
（规范性附录）
昭通天麻地理标志产品保护范围图

昭通天麻地理标志产品保护范围见图 A.1。

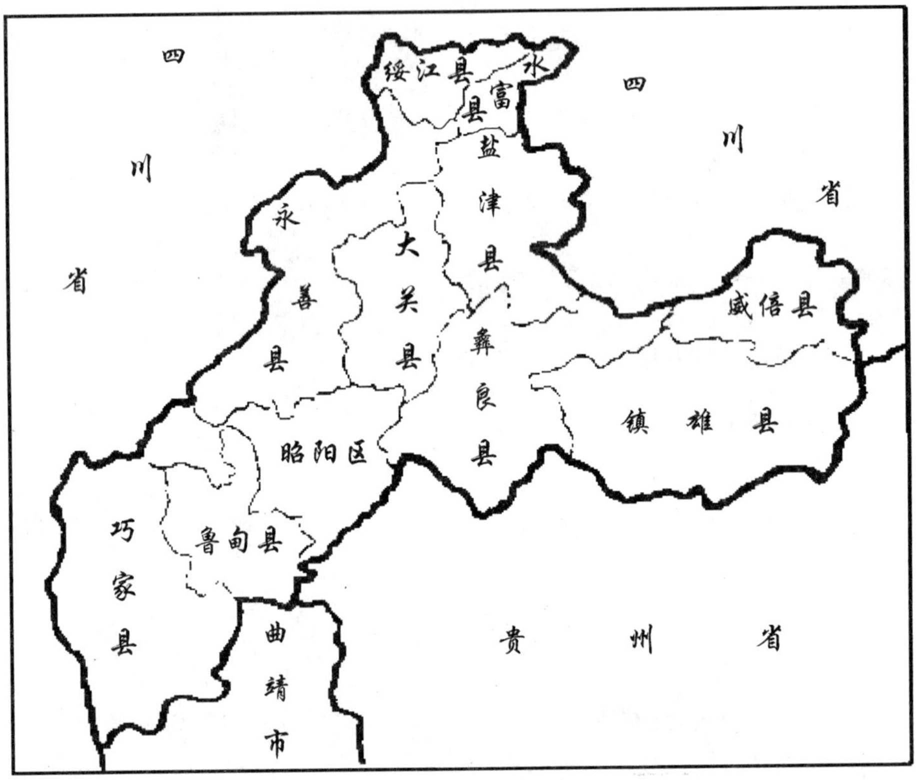

注：昭通天麻地理标志产品保护范围限于昭通市现辖行政区域内。即昭阳区、鲁甸县、巧家县、盐津县、大关县、永善县、绥江县、水富县、镇雄县、彝良县、威信县等十县一区。

图 A.1 昭通天麻地理标志产品保护范围图

ICS 23.040.20
G 33

中华人民共和国国家标准

GB/T 19812.3—2008

塑料节水灌溉器材 内镶式滴灌管、带

Plastic equipment for water saving irrigation—Drip pipe and tape inlaid with emitters inside

2008-01-04 发布 2008-09-01 实施

中华人民共和国国家质量监督检验检疫总局
中国国家标准化管理委员会 发布

前　言

GB/T 19812《塑料节水灌溉器材》分为三部分：

——第 1 部分：单翼迷宫式滴灌带；

——第 2 部分：压力补偿式滴头及滴灌管；

——第 3 部分：内镶式滴灌管、带。

本部分为 GB/T 19812 的第 3 部分。

请注意本部分的某些内容有可能涉及专利，本部分的发布机构不应承担识别这些专利的责任。

本部分由中华人民共和国国家发展和改革委员会提出。

本部分由全国塑料制品标准化技术委员会归口。

本部分起草单位：新疆天业股份有限公司、河北国农节水工程有限公司、北京绿源塑料有限责任公司、福建亚通新材料科技股份有限公司、轻工业塑料加工应用研究所、山东莱芜塑料制品股份有限公司、中国塑料加工工业协会塑料节水器材专业委员会。

本部分主要起草人：李双全、魏健、常军、崔建伟、魏作友、陈倩、沙林望、殷培业。

塑料节水灌溉器材　内镶式滴灌管、带

1　范围

GB/T 19812 的本部分规定了内镶式滴灌管、带(以下简称滴灌管、带)的术语和定义、分类、标记、材料、要求、试验方法、检验规则和标志、包装、运输、贮存。

本部分适用于输送温度不超过 45℃的灌溉水,并能适应滴灌用化肥和农药的内镶式非压力补偿滴灌管、带。

本部分不适用于埋地使用的滴灌管、带。

2　规范性引用文件

下列文件中的条款通过 GB/T 19812 的本部分的引用而成为本部分的条款。凡是注日期的引用文件,其随后所有的修改单(不包括勘误的内容)或修订版均不适用于本部分,然而,鼓励根据本部分达成协议的各方研究是否可使用这些文件的最新版本。凡是不注日期的引用文件,其最新版本适用于本部分。

GB/T 2828.1—2003　计数抽样检验程序　第 1 部分:按接受质量限(AQL)检索的逐批检验抽样计划(ISO 2859-1:1999,IDT)

GB/T 8806　塑料管材尺寸测量方法(GB/T 8806—1988,ISO 3126:197,EQV)

GB/T 13021　聚乙烯管材和管件炭黑含量的测定(热失重法)(GB/T 13021—1991,neq ISO 6964:1986)

GB/T 15819　灌溉用聚乙烯(PE)管材　由插入式管件引起环境应力开裂敏感性的试验方法和技术要求(GB/T 15819—2005,ISO 8796:2004,MOD)

GB/T 17187　农业灌溉设备　滴头　技术规范和试验方法(GB/T 17187—1997,idt ISO 9260:1991)

GB/T 17188　农业灌溉设备　滴灌管　技术规范和试验方法(GB/T 17188—1997,idt ISO 9261:1991)

GB/T 18251　聚烯烃管材、管件和混配料中颜料或炭黑分散的测定方法(GB/T 18251—2000,neq ISO/DIS 18553:1999)

3　术语和定义

GB/T 17187、GB/T 17188 确立的以及下列术语和定义适用于 GB/T 19812 的本部分。

3.1

内镶式滴灌管　drip pipe with emitters inlaid

滴水元件间歇或连续内镶于管中,并在管上加工有孔眼,管壁较厚卷盘后仍呈管状的为内镶式滴灌管。

3.2

内镶式滴灌带　drip tape with emitters inlaid

滴水元件间歇或连续内镶于带中,并在带上加工有孔眼,管壁较薄卷盘后压扁呈带状的为内镶式滴灌带。

3.3

流态指数(m)　emitting unit exponent

滴水流量随压力变化的敏感性指标,体现了滴灌产品的流态特征及流量与压力的关系。

3.4

流量常数(k)　flow constant

表征滴灌产品流量特征的比例常数。

4　分类

按流量均匀度分 A 类和 B 类。

5　标记

标记表示如下:

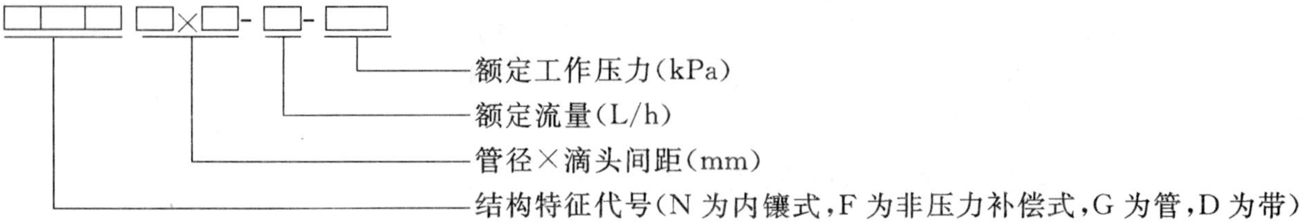

示例:公称外径为 16 mm;滴水口间距为 300 mm;额定流量为 3.0 L/h;额定工作压力为 100 kPa 的内镶式滴灌管,其型号表示为:NFG 16×300-3.0-100。

6　材料

6.1　制造滴灌管、带所用材料应能适应滴灌用化肥和农药,并能适应水温不超过 45℃的灌溉用水。

6.2　所用材料应不利于藻类和细菌的生长、耐紫外线辐射且不透光。

6.3　按本部分生产滴灌管、带所产生的洁净回用料,可掺入新料中回用,其性能应符合本部分的要求。

7　要求

7.1　外观

7.1.1　滴灌管、带一般为黑色,色泽应均匀一致。

7.1.2　滴灌管、带的内壁应光滑平整,外表面不应有未塑化物、穿透性杂质及机械损伤。

7.1.3　滴灌管、带内滴头镶嵌应牢固、平整、位置正确,不应有滴头漏嵌、翘曲及镶嵌不到位等缺陷。

7.2　规格尺寸

7.2.1　滴灌管的规格尺寸及其极限偏差应符合表 1 规定。

表 1 滴灌管的规格尺寸及其极限偏差

<table>
<tr><th colspan="2">外 径</th><th colspan="6">壁 厚</th></tr>
<tr><th rowspan="3">公称外径/
mm</th><th rowspan="3">极限偏差/
mm</th><th colspan="6">公 称 压 力/kPa</th></tr>
<tr><th colspan="2">100</th><th colspan="2">250</th><th colspan="2">320</th></tr>
<tr><th>公称壁厚/
mm</th><th>极限偏差/
mm</th><th>公称壁厚/
mm</th><th>极限偏差/
mm</th><th>公称壁厚/
mm</th><th>极限偏差/
mm</th></tr>
<tr><td>6</td><td rowspan="3">+0.1
0</td><td rowspan="6">0.5</td><td rowspan="6">+0.15
−0.05</td><td rowspan="3">0.5</td><td rowspan="4">+0.15
−0.05</td><td rowspan="2">0.5</td><td rowspan="3">+0.15
−0.05</td></tr>
<tr><td>8</td></tr>
<tr><td>10</td><td>0.6</td></tr>
<tr><td>12</td><td rowspan="3">+0.2
0</td><td>0.6</td><td>0.8</td><td rowspan="2">+0.20
−0.08</td></tr>
<tr><td>16</td><td>0.8</td><td rowspan="2">+0.20
−0.08</td><td>1.0</td></tr>
<tr><td>20</td><td>1.0</td><td>1.2</td><td>+0.25
−0.10</td></tr>
<tr><td colspan="8">注：其他规格尺寸的产品由供需双方商定。</td></tr>
</table>

7.2.2 滴灌带

7.2.2.1 滴灌带的公称内径及其极限偏差应符合表 2 规定。

表 2 滴灌带的公称内径及其极限偏差

单位为毫米

<table>
<tr><td>公称内径</td><td>8</td><td>10</td><td>12</td><td>16</td><td>20</td></tr>
<tr><td>极限偏差</td><td colspan="5">±0.30</td></tr>
<tr><td colspan="6">注：其他规格尺寸的产品由供需双方商定。</td></tr>
</table>

7.2.2.2 滴灌带的壁厚及其极限偏差应符合表 3 的规定。

表 3 滴灌带的壁厚及其极限偏差

单位为毫米

<table>
<tr><td>公称壁厚</td><td>0.12</td><td>0.16</td><td>0.18</td><td>0.20</td><td>0.25</td><td>0.30</td><td>0.35</td><td>0.40</td><td>0.50</td><td>0.60</td></tr>
<tr><td>极限偏差</td><td colspan="2">+0.02
−0.01</td><td colspan="2">+0.04
−0.01</td><td colspan="2">+0.05
−0.02</td><td colspan="2">+0.06
−0.03</td><td>+0.08
−0.05</td><td>+0.10
−0.06</td></tr>
<tr><td colspan="11">注：其他规格尺寸的产品由供需双方商定。</td></tr>
</table>

7.2.3 滴水口间距偏差应不大于 5%。

7.2.4 每卷段数、每段长度及每卷长度偏差应符合表 4 规定。

表 4 每卷段数、每段长度及每卷长度偏差

<table>
<tr><th rowspan="2">项 目</th><th colspan="2">每 卷 段 数/个</th><th rowspan="2">每 段 长 度/m</th><th rowspan="2">每 卷 长 度 偏 差/%</th></tr>
<tr><th>≤1 000 m</th><th>≥1 000 m</th></tr>
<tr><td>指 标</td><td>≤2</td><td>≤3</td><td>≥200</td><td>±1.5</td></tr>
</table>

7.3 流量均匀度

流量均匀度应符合表 5 的规定。

表 5 流量均匀度

类 别	$\bar{q}$ 相对于 q_n 的偏差(C 值)/%	变异系数(CV 值)/%
A	≤5	≤5
B	≤10	≤10

7.4 压力与流量关系式

压力与流量关系式应与生产方提供的基本一致，流量的偏差(Δq)A 类应不大于 5%，B 类应不大于 10%。

7.5 耐静水压性能

7.5.1 常温下耐静水压性能

滴灌管、带在规定试验条件下测试时，试样不应出现损坏现象。试验前后平均流量偏差应不大于 10%。

7.5.2 滴灌管在高温下的耐静水压性能

滴灌管在规定的试验条件下测试时不应出现损坏现象。试验前后的每个滴头的流量偏差应不大于 10%。

7.6 耐拉拔性能

7.6.1 滴灌管在 50℃±2℃的试验温度下，应能承受规定的载荷而不出现断裂现象，试验前后流量的变化量应不大于±5%。试验前后标线间距的变化量应不大于 5%。

7.6.2 滴灌带试样应能承受 130 N 试验拉力而不出现断裂现象，试验前后标线间距的变化量不大于 5%。

7.7 耐环境应力开裂性能

滴灌管的耐环境应力开裂性能应符合 GB/T 15819 的要求。

7.8 不透光性

滴灌管、带应不透光。

7.9 炭黑含量

滴灌管、带(不含滴水元件)的炭黑含量(质量)应为 2.25%±0.25%。

7.10 炭黑分散

滴灌管、带(不含滴水元件)的炭黑分散的尺寸等级应不大于 3 级。

8 试验方法

8.1 试验条件

除特殊规定外，试验应在常温环境和水温 10℃～30℃的条件下进行。试验用水应使用公称孔径 75 μm～100 μm(200 目～160 目)的或生产方推荐的过滤器过滤后的清水。试验期间，压力的变化量应不大于 2%。

8.2 外观

在自然光线下用肉眼观测。

8.3 规格尺寸

8.3.1 滴灌管外径

按 GB/T 8806 规定进行测量并计算外径偏差。

8.3.2 滴灌带内径

将滴灌带试样端口剪整齐，在端口轻轻插入一个锥角不大于 10°的圆锥体并在圆锥体上做一环形标记，用精度不劣于 0.02 mm 的量具测量锥体上环形标记处的直径，并计算内径偏差。测量中应不使试样端口处扩张。

8.3.3 壁厚

8.3.3.1 滴灌管

按 GB/T 8806 的规定进行测量，并计算壁厚偏差。

8.3.3.2 滴灌带

用精度不劣于 0.01 mm 的测厚仪测量滴灌带同截面圆周上等间距四点的壁厚，在两个截面上重复进行。测量结果取最大值和最小值，并计算壁厚偏差。

8.3.4 滴水口间距偏差

用精度不劣于 1 mm 的尺测量，至少测量三个间距，取最大值和最小值并计算滴水口间距偏差。

8.3.5 每卷段数、每段长度及每卷长度偏差

8.3.5.1 检测设备

a) 倒卷机：带有记米装置，能测量产品的长度；

b) 放卷架：将产品放置在此架上时能自由转动。

8.3.5.2 检测步骤

将抽查的试样安装在放卷架上，抽出一端穿过倒卷机的记米装置后，卷到倒卷机收卷轴的空卷芯上，调整收卷速度到工作状态，在放卷过程中观察产品，如有断头，则记录断头处记米装置显示的长度，直到将整卷试样倒完，读取并记录段数和记米装置上显示的总米数，与产品标签上标注的米数比较，按式(1)计算长度偏差(ΔL)：

$$\Delta L=\frac{L-L_0}{L_0}\times 100\% \qquad \cdots\cdots(1)$$

式中：

ΔL——长度偏差，%；

L——实测长度，单位为米(m)；

L_0——标注长度，单位为米(m)。

8.4 流量均匀度

8.4.1 仪器设备

a) 压力表，精度 0.4 级；

b) 温度计，最小刻度 1℃；

c) 秒表，最小指示 0.1 s；

d) 集水容器、量筒。

8.4.2 试验装置

试验装置见图 1。

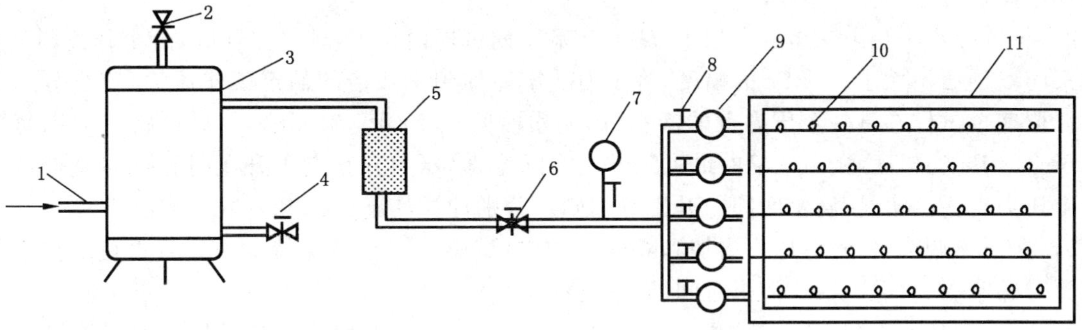

1——进水管；
2——排气阀；
3——稳压装置；
4——泄水阀；
5——过滤器；
6、8——调压阀；
7、9——压力表；
10——滴头；
11——试验台。

图 1 流量均匀性试验装置示意图

8.4.3 试验步骤

将含有 25 个滴水口的试样水平悬吊在试验台架上，堵上末端，向内充水，排尽空气后逐渐(20 s～40 s)加压至额定工作压力，稳定滴水至少 3 min 后，用集水容器收集每个滴水口的滴水量，滴水时间应

不少于 3 min。用量筒测量集水容器中的滴水量并计算成流量(L/h)。记录水温、试验压力、滴水时间、滴水口滴水量。重复上述试验，两次所得流量之偏差不得大于 2%，取平均值。

8.4.4 试验结果计算

滴水口平均流量、变异系数、标准偏差和平均流量相对于额定流量的偏差计算分别见式(2)～式(5)。

$$\bar{q}=\frac{1}{n}\sum_{i=1}^{n}q_i \quad \cdots\cdots(2)$$

$$CV=\frac{S}{q}\times 100\% \quad \cdots\cdots(3)$$

$$S=\sqrt{\frac{1}{n-1}\sum_{i=1}^{n}(q_i-\bar{q})^2} \quad \cdots\cdots(4)$$

$$C=\left|\frac{\bar{q}-q_n}{q_n}\right|\times 100\% \quad \cdots\cdots(5)$$

式中：

$\bar{q}$——滴水口平均流量，单位为升每小时(L/h)；

n——滴水口个数；

q_i——第 i 个滴水口流量，单位为升每小时(L/h)；

CV——滴水口流量的变异系数，%；

S——滴水口流量标准偏差，单位为升每小时(L/h)；

C——平均流量相对于额定流量的偏差，%；

q_n——额定流量，单位为升每小时(L/h)。

8.5 压力与流量关系试验

8.5.1 试验装置

同 8.4。

8.5.2 试验步骤

8.5.2.1 将 8.4 所测 25 个滴水孔的流量由小到大排列编号，从编号序列中选取第 3、12、13、23 号四个滴水孔作为试样。

8.5.2.2 将试样水平悬吊在试验台架上，堵上末端。向试样内充水，排尽空气后，由小到大调节入口水压。以每阶段增压不大于 50 kPa 的幅度，将压力从零增加到 1.2 倍的额定工作压力(至少分布八个压力点)，量取四个试样在每一个压力点的滴水量，滴水时间应不少于 3 min。然后再将压力以每阶段降低不大于 50 kPa 的幅度，从 1.2 倍的最大工作压力降至零(压力分布点于升压时相同)，量取四个试样在每一个压力点的滴水量，滴水时间与升压时相同。分别计算其流量(L/h)，取平均值。

8.5.2.3 在压力调节时，入口压力增加和降低过程中，试验压力至少保持 3 min 后再量取滴水量。并记录试验时的室温、水温、水压、滴水时间、滴水孔滴水量。

8.5.2.4 每个试样两次测得流量之差应不大于 2%，如试样在某个压力点下两次测得流量之差大于 2%时，重新测量此压力点下的流量；如在增压或降压期间，入口压力超过预定压力值 10 kPa 以上，则应将压力回零，重新进行该试验。

8.5.3 试验结果计算

8.5.3.1 根据试验所得多组压力和流量进行回归，求得流量常数 k、流态指数 m 两个参数。按式(6)计算流量(q)：

$$q\approx kp^m \quad \cdots\cdots(6)$$

式中：

q——流量，单位为升每小时(L/h)；

k——流量常数；

p——工作压力，单位为千帕(kPa)；

m——流态指数。

8.5.3.2 将额定工作压力分别代入式(6)和生产厂提供关系式中，对比所得流量，按式(7)计算两个流量的偏差(Δq)：

$$\Delta q=\frac{q-q'}{q'}\times 100\% \qquad \cdots\cdots(7)$$

式中：

Δq——流量偏差，%；

q——将额定工作压力代入式(6)回归计算后所得到的流量，单位为升每小时(L/h)；

q'——将额定工作压力代入生产厂提供的关系式计算所得到的流量，单位为升每小时(L/h)。

8.6 耐静水压试验

8.6.1 试验设备

同8.4。

8.6.2 常温下耐静水压

8.6.2.1 取五段滴灌管、带，每段至少含有五个滴水口，用接头连接组成试样。

8.6.2.2 将试样与试验装置连接，堵上末端。不断充水，彻底排气后，加压至额定工作压力。稳定水至少3 min后，用集水容器收集每个滴水口的滴水量，滴水时间应不少于3 min。用量筒测量集水容器中的滴水量，记录每个滴水口滴水量并计算成平均流量(L/h)。

8.6.2.3 再逐渐(10 s～30 s)增加水压，滴灌管增至1.8倍公称压力，滴灌带增至1.2倍公称压力，并保持60 min。试验过程中压力波动不大于2%。

8.6.2.4 将压力降至额定工作压力，保持3 min后，测量每个滴头的流量，滴水时间应不少于3 min。用量筒测量并记录每个滴水口滴水量并计算成平均流量(L/h)，与增加压力前的流量相比较，计算加压前后流量的变化率。同时，观察试验中试样有无损坏现象。

8.6.3 滴灌管在高温下的耐静水压

8.6.3.1 取三段滴灌管，每段至少含有一个滴水口，用接头连接组成试样。将试样与试验装置连接，堵上末端，不断充水，彻底排气后，加压至额定工作压力。稳定滴水至少3 min后，用集水容器收集每个滴水口的滴水量，滴水时间应不少于3 min。用量筒测量并记录每个滴水口的滴水量。

8.6.3.2 然后再将试样与有温控装置的试验设备连接，浸没在温度为(60±2)℃的水中。逐渐(最少10 s)增加水压至额定工作压力，并保持该压力48 h。卸压后将试样从水中取出，在环境温度下放置30 min。然后在环境温度下给试样逐渐(10 s～30 s)增加水压至额定工作压力，并保持3 min后，用集水容器收集每个滴水口的滴水量，滴水时间应不少于3 min。用量筒测量并记录每个滴水口的滴水量。与加温前试样的流量相比较，计算试验前后流量的变化率。

8.7 耐拉拔试验

8.7.1 滴灌管

8.7.1.1 取五段滴灌管(每段包括一个滴水口且位于中间)，每段至少长250 mm，按8.6.3.1先测量每个滴头的流量。

8.7.1.2 然后在每段试样上各做两条间距150 mm的横向标线(滴水口位于中间)，逐一固定于拉力试验设备的夹紧装置上，在30 s内加至180 N的载荷，在50℃±2℃的温度中保持15 min后卸载，在环境温度下放置30 min后测量标线间的距离，计算其相对于试验前间距的变化率，结果取最大值。

8.7.1.3 再按8.6.3.1测量拉伸后试样的流量，与拉伸前试样的流量相比较，计算试验前后流量的变化率，结果取最大值。

8.7.2 滴灌带

取五段滴灌带(每段包括一个滴水口且位于中间)，每段至少长300 mm，各做两条间距200 mm的横向标线(滴水孔位于中间),逐一固定于试验设备的夹紧装置上(标线与夹具的间距不应大于10 mm),加足 130 N 的载荷,保持 15 min 后卸载,观察试样是否有损坏现象,放置 30 min 后测量标线间的距离,计算其相对于试验前间距的变化率,结果取最大值。

8.7.3 耐环境应力开裂试验

环境应力开裂试验按 GB/T 15819 的规定执行。

8.8 不透光性

随机抽取三段 300 mm 长的滴灌管、带作为试样。将试样一端封严不透光,在试样侧面有自然光的条件下,用不透光的小棒在有光源的一面沿试样的轴向移动,从试样的另一端,用肉眼观察试样的内表面,以看不见有遮挡光源的影子为合格。

8.9 炭黑含量

按 GB/T 13021 规定进行。

8.10 炭黑分散

按 GB/T 18251 规定进行。

9 检验规则

9.1 组批

同一原料、配方生产的同一规格的滴灌管、带为一批,每批不多于 1 000 卷,生产 7 d 不足 1 000 卷时,则按 7 d 的产量为一批。

9.2 出厂检验

9.2.1 出厂检验项目为 7.1 ,7.2, 7.3,7.5.1、7.6.2、7.8。

9.2.2 7.1 和 7.2 采用 GB/T 2828.1—2003 规定的一般检验水平 I、接收质量限(AQL)为 6.5 的一次正常抽样方案,详见表 6。也可以按合同双方协议进行检验。

表 6 抽样检验方案

单位为卷

批　量 N	样本量 n	接收数 Ac	拒收数 Re
≤150	8	1	2
151～280	13	2	3
281～500	20	3	4
501～1 200	32	5	6

9.2.3 在计数抽样合格的样品中,随机抽取足够的样品,进行其他项目的试验。

9.3 型式检验

型式检验项目为第 7 章要求的全部项目。一般情况下每半年进行一次。若有以下情况之一,应进行型式检验:

a) 新产品或老产品转厂生产的试制定型鉴定;

b) 结构、材料、工艺有较大变化可能影响产品性能时;

c) 产品长期停产后恢复生产时;

d) 出厂检验结果与上次型式检验结果有较大差异时;

e) 国家质量监督机构提出进行检验要求时。

9.4 判定规则

若 7.1、7.2 中任一项不符合表 6 规定时,则判该批为不合格。其他项目中有不合格项时,应在计数抽样合格的批产品中随机抽取双倍样品,对不合格项进行复检,若仍有不合格项,则判该批为不合格。

10 标志、包装、运输、贮存

10.1 标志

10.1.1 产品标识

每单位包装内应附产品合格证和产品标签，产品标签的内容应包括：产品名称、标记、批号、长度、生产日期、本标准代号、生产厂名、厂址。

10.1.2 产品说明书

每交付批产品应向用户提供产品说明书，内容至少包括：额定流量、额定工作压力、压力与流量关系式、贮存期、安装、运行、使用的条件说明等。

10.2 包装

产品用牛皮纸、塑料薄膜等包装，也可按用户要求包装。包装应能有效地保护产品不受损伤。

10.3 运输

产品在装卸、运输时，严禁重压、剧烈撞击和抛摔，防止日晒。

10.4 贮存

产品存放地面应平整，码放整齐，码放高度不应超过 3 m。远离热源，不应露天曝晒。

ICS 75.180.10
E 92

中华人民共和国国家标准

GB/T 19831.2—2008/ISO 10427-2:2004

石油天然气工业 固井设备 第2部分:扶正器的放置和止动环测试

Petroleum and natural gas industries—Equipment for well cementing—Part 2: Centralizer placement and stop-collar testing

(ISO 10427-2:2004,IDT)

2008-08-28 发布 2009-03-01 实施

中华人民共和国国家质量监督检验检疫总局
中国国家标准化管理委员会 发布

前　言

GB/T 19831 分为两部分：

——石油天然气工业　套管扶正器　第1部分：弓形弹簧套管扶正器

——石油天然气工业　固井设备　第2部分：扶正器的放置和止动环测试

本部分为 GB/T 19831 的第2部分。

本部分等同采用 ISO 10427-2:2004《石油天然气工业——固井设备——扶正器的放置和止动环测试》(英文版)。

为便于使用，本部分做了下列编辑性修改：

a)　“ISO 10427 本部分”一词改为“本部分”；

b)　用小数点“.”代替作为小数点的逗号“,”；

c)　删除了 ISO 10427-2:2004 的前言和引言，增加了本前言。

本部分的附录A为资料性附录。

本部分由全国石油钻采设备和工具标准化委员会(SAC/TC 96)提出并归口。

本部分负责起草单位：石油工业井下工具质量监督检验中心。

本部分参加起草单位：大庆日久扶正器厂、德州石油钻井研究所。

本部分主要起草人：王晗阳、田晓艳、张虎林、迟庆彬、马兰荣、秦金立。

本部分为首次发布。

石油天然气工业 固井设备
第2部分:扶正器的放置和止动环测试

1 范围

本部分提供了在斜井和狗腿井中根据扶正器的性能参数和需要的偏离间隙确定扶正器放置间距的计算方法。本部分还提供了止动环测试程序和测试结果报告要求。

2 规范性引用文件

下列文件中的条款通过 GB/T 19831 的本部分的引用而成为本部分的条款。凡是注日期的引用文件,其随后所有的修改单(不包括勘误的内容)或修订版均不适用于本部分,然而,鼓励根据本部分达成协议的各方研究是否可使用这些文件的最新版本。凡是不注日期的引用文件,其最新版本适用于本部分。

GB/T 19830—2005 石油天然气工业 油气井套管或油管用钢管(ISO 11960:2001,IDT)

3 术语和定义

下列术语和定义适用于 GB/T 19831 的本部分。

3.1

套管完全居中时的环空间隙 annular clearance for perfectly centred casing

井眼直径与套管外径差值的一半。

3.2

扶正器永久变形 centralizer permanent set

扶正器的弓形弹簧片被反复挠曲后,其弓形高度的变化。

注:弓形弹簧扶正器被反复挠曲 12 次后,即认为已达到永久变形。

3.3

挠曲 flexed

用规定的 3 倍最小复位力(±5%)对弓形弹簧片施力后,则认为该弓形弹簧片被挠曲。

注:规定的最小复位力值见 GB/T 19831.1—2005 表 1。

[GB/T 19831.1—2005,定义 3.1]

3.4

夹持装置 holding device

将止动环或扶正器固定在套管上的装置。

例:螺钉、棘爪、机械夹和环氧树脂。

[GB/T 19831.1—2005,定义 3.2]

3.5

夹持力 holding force

使止动环在套管上产生滑移所需的最大力。

[GB/T 19831.1—2005,定义 3.3]

3.6

井眼尺寸 hole size

井眼直径。

[GB/T 19831.1—2005,定义 3.4]

3.7

限位箍　limit clamp

即止动环。

3.8

复位力　restoring force

扶正器施加于套管上,使套管离开井壁的力。

注：复位力的数值可随安装方法而发生变化。

[GB/T 19831.1—2005，定义 3.5]

3.9

刚性扶正器　rigid centralizer

扶正体不能被挠曲的扶正器。

注：与 GB/T 19831.1—2005，定义 3.6 有改动。

3.10

下放力　running force

安装在套管上的扶正器在特定井眼内移动所需的最大力。

注：下放力的数值可随安装方法而发生变化。

[GB/T 19831.1—2005，定义 3.7]

3.11

下垂点　sag point

套管挠度的最大点。

注：套管会在两点支撑点之间产生下垂,这种下垂称作套管下垂度或套管挠度。

3.12

滑动力范围　slippage force range

克服夹持力后,继续移动止动环所需力的范围。

3.13

坚固式扶正器　solid centralizer

翼条不能被挠曲的整体式扶正器。

注：这些扶正器有坚固的骨架和坚固的翼条。

3.14

偏离间隙　standoff

井眼直径与套管外径间的最小距离。

[GB/T 19831.1—2005,定义 3.8]

3.15

偏离间隙比　standoff ratio

R_S

偏离间隙与套管完全居中时的环空间隙比值。

注 1：用百分比表示。

注 2：与 GB/T 19831.1—2005,定义 3.9 有改动。

3.16

起动力　starting force

安装在套管上的扶正器进入特定直径井眼所需的最大力。

注：起动力的数值可随安装方法而发生变化。

[GB/T 19831.1—2005,定义 3.10]

3.17

止动环 stop collar

安放在套管上防止扶正器移动的装置。

注：该装置既可单独作为一个部件，也可和扶正器组合在一起。

[GB/T 19831.1—2005，定义 3.11]

4 扶正器放置间距的计算方法

4.1 概述

下面所列出公式是基于一定的假设并充分考虑了通常使用过程中应满足的准确性。除本方法外，还有根据全部井眼数据而形成的其他专用计算方法。

本部分既不推荐也不要求套管扶正器必须具有规定的偏离间隙比。67%的偏离间隙比只是为了确定弓形弹簧套管扶正器性能的最低标准。67%偏离间隙比仅被用于说明每种规格的弓形弹簧类扶正器在此偏离间隙下所承受的最小力。67%偏离间隙比不代表那些在套管上获得成功应用的扶正器所要求允许的最小偏离间隙。本方法鼓励用户根据特定井眼工况和工程建议采用所需要的偏离间隙比。

对于悬挂在井下的套管柱来说，即使一个较小的井斜角或方位的变化，也会显著影响偏离间隙和扶正器的放置要求。

扶正器的侧向载荷(力)由两部分组成。第一部分是扶正器支撑的套管柱重力的分力，第二部分是由悬挂于扶正器下面的套管柱所产生的拉力的分力。

4.2 偏离间隙比的计算

套管完全居中的环空间隙(l_a)按式(1)的方法计算(见图 1)：

$$l_a = \frac{D_W - D_P}{2} \qquad \cdots\cdots (1)$$

式中：

l_a——套管完全居中的环空间隙，单位为米(英寸)[m(in)]；

D_W——井眼直径，单位为米(英寸)[m(in)]；

D_P——套管外径，单位为米(英寸)[m(in)]。

扶正器在给定尺寸井眼中的偏离间隙用符号 S_C 表示(见图 1)。弓形弹簧套管扶正器的偏离间隙由扶正器的载荷挠度曲线得到，该曲线取决于在给定尺寸井眼中所施加的侧向载荷(参见 GB/T 19831.1—2005，附录 A.1)[2]。

注：井眼尺寸的不同会引起扶正器载荷挠度曲线的变化。

由于坚固式扶正器或刚性扶正器的弓片或翼片不能被挠曲，因此扶正器偏离间隙的计算取决于坚固式或刚性扶正器翼片的直径，如式(2)：

$$S_C = \frac{D_C - D_P}{2} \qquad \cdots\cdots (2)$$

式中：

S_C——扶正器的偏离间隙，单位为米(英寸)[m(in)]；

D_C——刚性或坚固式扶正器翼片外径，单位为米(英寸)[m(in)]。

下垂点的偏离间隙可由式(3)确定，考虑了套管柱的挠度和扶正器在侧向载荷下所产生的压缩(见图 1)。

$$S_S = S_C - \delta \qquad \cdots\cdots (3)$$

式中：

S_S——下垂点处的偏离间隙，单位为米(英寸)[m(in)]；

δ——位于扶正器间的套管最大挠度，单位为米(英寸)[m(in)]。

最小偏离间隙产生在扶正器之间套管最大挠度(δ)处或在扶正器处。因此,套管的偏离间隙(S)就是扶正器偏离间隙(S_C)和下垂点偏离间隙(S_S)二者的最小值。

偏离间隙比(R_S)可通过式(4)计算:

$$R_S = \frac{S}{l_a} \times 100 \qquad \cdots\cdots(4)$$

式中:

R_S——偏离间隙比,用百分比表示;

S——偏离间隙,单位为米(英寸)[m(in)];

l_a——套管完全居中时的环空间隙,单位为米(英寸)[m(in)]。

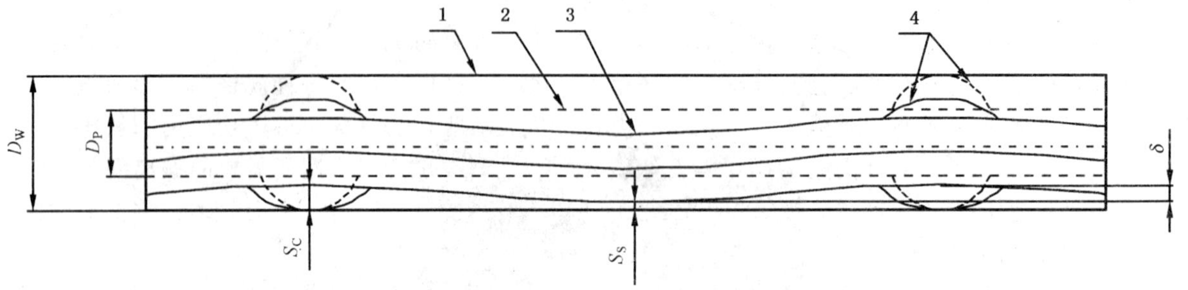

1——井眼;

2——套管(完全居中);

3——套管(挠曲);

4——扶正器 ;

δ——套管最大挠度;

D_P——套管外径;

D_W——井眼直径;

S_C——扶正器的偏离间隙;

S_S——下垂点的偏离间隙。

图 1 井眼中套管偏离间隙的计算

4.3 套管浮重

4.3.1 概述

套管的浮重是套管在井眼中的有效重力,需要考虑套管内外液体的密度和套管在空气中的重力。

4.3.2 常用公式

下面是通常情况下考虑套管内外有不同液体时套管浮重的计算方法,它基于由 JuvKam-Wold 和 Baxter 开发的模型[3]。

$$W_b = W \cdot f_b \qquad \cdots\cdots(5)$$

$$f_b = \frac{\left(1 - \frac{\rho_e}{\rho_S}\right) - \left(\frac{D_i}{D_P}\right)^2 \left(1 - \frac{\rho_i}{\rho_S}\right)}{\left(1 - \frac{D_i^2}{D_P^2}\right)} \qquad \cdots\cdots(6)$$

式中:

W_b——套管的单位浮重,单位为牛顿每米(磅力每英寸)[N/m(lbf/in)];

W——套管在空气中的单位重量,单位为牛顿每米(磅力每英寸)[N/m(lbf/in)];

f_b——浮力系数;

D_i——套管的内径,单位为米(英寸)[m(in)];

D_P——套管的外径,单位为米(英寸)[m(in)];

ρ_i——套管内液体的密度，单位为千克每立方米(磅每加仑)[kg/m^3(lb/gal)]；

ρ_S——套管的密度，单位为千克每立方米(磅每加仑)[kg/m^3(lb/gal)]；

ρ_e——套管外液体的密度，单位为千克每立方米(磅每加仑)[kg/m^3(lb/gal)]。

4.3.3 说明

在注水泥作业过程中，套管的浮重将有所变化。当套管内和环空内的液体密度发生变化时，套管的浮重也将发生变化。套管内的液体密度越高，相应的浮重就越大，反之，当环空内液体密度越高，浮重就越小。为了确定扶正器间距，在计算浮重时则必须同时考虑套管内和环空内的液体密度。扶正器间距的大小，取决于注水泥作业中的液体密度。液体密度改变时偏离间隙比也会发生变化，用户应注意的是当注水泥作业中对扶正器的偏离间隙比有要求时，在计算中应使用合适的浮重。

4.4 扶正器间距的计算

4.4.1 概述

该公式仅在套管柱存在轴向拉力时才有效，在套管柱受压缩时不适用。该公式没有考虑末端效应，例如套管鞋、套管头或尾管悬挂器产生的轴向拉力。该公式仅在计算两个相同的扶正器之间的套管挠度时才有效。侧向载荷的计算应依据“软管柱模型”，不考虑套管的刚性效应。已有了考虑压缩对套管偏离间隙和侧向载荷影响的其他公式[4]。

4.4.2 在一维(1-D)无轴向拉力的斜、直井中的套管挠度

在一个没有狗腿的斜井中，套管上仅有极小的轴向拉力或压力，两个扶正器间下垂点的套管挠度可以用式(7)计算：

$$\delta = \frac{(W_b \cdot \sin\theta) l_c^4}{384E \cdot I} \qquad \cdots\cdots(7)$$

式中：

δ——在扶正器间套管的最大挠度，单位为米(英寸)[m(in)]；

W_b——套管的单位浮重，单位为牛顿每米(磅力每英寸)[N/m(lbf/in)]；

θ——井眼倾斜角度，(°)；

l_c——扶正器间距，单位为米(英寸)[m(in)]；

E——套管的弹性模量，单位为牛顿每平方米(或帕)(磅力每平方英寸)[N/m^2(或 Pa)(lbf/in^2)]；

I——套管惯性矩，单位为四次方米(四次方英寸)[m^4(in^4)]。

一定长度(l_c)的套管的侧向载荷可用式(8)计算：

$$F_l = W_b \cdot l_c \cdot \sin\theta \qquad \cdots\cdots(8)$$

式中：

F_l——侧向载荷，单位为牛顿(磅力)[N(lbf)]。

4.4.3 在一维(1-D)有轴向拉力的斜、直井中的套管挠度

式(9)考虑轴向拉力，计算在没有狗腿或方位变化的斜井中套管的最大挠度。

$$\delta = \left[\frac{(W_b \cdot \sin\theta) l_c^4}{384E \cdot I}\right]\left(\frac{24}{\mu^4}\right)\left(\frac{\mu^2}{2} - \frac{\mu \cdot \cosh\mu - \mu}{\sinh\mu}\right) \qquad \cdots\cdots(9)$$

$$\mu = \sqrt{\frac{F_t \cdot l_c^2}{4E \cdot I}} \qquad \cdots\cdots(10)$$

式中：

F_t——扶正器下面的有效拉力，单位为牛顿(磅力)[N(lbf)]。

4.4.4 在二维(2-D)井眼中的套管挠度

在垂直平面内具有固定曲率的二维(2-D)井眼中的套管挠度可用式(11)计算：

$$\delta = \left[\frac{\left(W_b \cdot \sin\bar{\theta} + \frac{F_t}{r}\right) l_c^4}{384E \cdot I}\right]\left(\frac{24}{\mu^4}\right)\left(\frac{\mu^2}{2} - \frac{\mu \cdot \cosh\mu - \mu}{\sinh\mu}\right) \qquad \cdots\cdots(11)$$

式中：

$\bar{\theta}$——井眼在两个扶正器间的倾斜角度的平均值，(°)；

r——井眼轨迹的曲率半径，单位为米(英寸)[m(in)]。

或：

$$\delta=\left(\frac{F_{1}\cdot l_{c}^{3}}{384E\cdot I}\right)\left(\frac{24}{\mu^{4}}\right)\left(\frac{\mu^{2}}{2}-\frac{\mu\cdot\cosh\mu-\mu}{\sinh\mu}\right) \qquad (12)$$

在二维(2-D)降斜井中，侧向载荷可以表示为：

$$F_{1}=W_{b}\cdot l_{c}\cdot\sin\bar{\theta}+2F_{t}\cdot\sin\frac{\beta}{2} \qquad (13)$$

式中：

β——扶正器之间总的角度变化值，(°)。

在二维(2-D)增斜井中，侧向载荷可以被表示为：

$$F_{1}=W_{b}\cdot l_{c}\cdot\sin\bar{\theta}-2F_{t}\cdot\sin\frac{\beta}{2} \qquad (14)$$

4.4.5 在三维(3-D)井眼中的套管挠度

在斜度和方位都发生变化的井眼中，套管挠度可以用下面的公式计算，这些公式由 Juvkam-Wold 和 Wu 推导出[5]。在狗腿面斜度随着深度增加而减小的降斜井中，一定长度(l_c)套管的侧向载荷可用式(15)计算。在斜度随着深度增加而增加的增斜井中，一定长度(l_c)套管的侧向载荷可用式(16)计算。

$$F_{1,dp}=W_{b}\cdot l_{c}\cdot\cos\gamma_{n}+2F_{t}\cdot\sin\frac{\beta}{2},\quad 或 \qquad (15)$$

$$F_{1,dp}=W_{b}\cdot l_{c}\cdot\cos\gamma_{n}-2F_{t}\cdot\sin\frac{\beta}{2} \qquad (16)$$

$$\cos\gamma_{n}=\frac{\sin[(\theta_{1}-\theta_{2})/2]}{\sin(\beta/2)}\sin\left(\frac{\theta_{1}+\theta_{2}}{2}\right) \qquad (17)$$

$$\beta=\cos^{-1}[\cos\theta_{1}\cos\theta_{2}+\sin\theta_{1}\sin\theta_{2}\cos(\phi_{2}-\phi_{1})] \qquad (18)$$

$$F_{1,p}=W_{b}\cdot l_{c}\cdot\cos\gamma_{0} \qquad (19)$$

$$\cos\gamma_{0}=\frac{\sin\theta_{1}\sin\theta_{2}\sin(\phi_{2}-\phi_{1})}{\sin\beta} \qquad (20)$$

$$\delta=\left(\frac{F_{1}\cdot l_{c}^{3}}{384E\cdot I}\right)\left(\frac{24}{\mu^{4}}\right)\left(\frac{\mu^{2}}{2}-\frac{\mu\cdot\cosh\mu-\mu}{\sinh\mu}\right) \qquad (21)$$

$$F_{1}=\sqrt{F_{1,dp}{}^{2}+F_{1,p}{}^{2}} \qquad (22)$$

式中：

γ_n——井眼中重力矢量和主法线之间的角度，(°)；

γ_0——井眼中重力矢量和次法线之间的角度，(°)；

ϕ——方位角，(°)；

$F_{1,dp}$——狗腿面上的总侧向载荷，单位为牛顿(磅力)[N(lbf)]；

$F_{1,p}$——垂直于狗腿面的总侧向载荷，单位为牛顿(磅力)[N(lbf)]。

当没有方位角变化时，$\phi_1=\phi_2=\phi$，上述公式还原成为二维(2-D)井眼的公式。

5 止动环测试程序

5.1 概述

本程序中术语“止动环”是指任何型式的能够防止或限制扶正器在套管上移动的装置。止动环包括独立的止动环、与坚固式扶正器或刚性扶正器制成一体的夹紧装置及其他套管附件上具有扶正器止动环功能的装置，如水泥伞、刮管器等。

用于防止扶正器滑动的夹紧装置可能是一个单独部件，如止动环，也可能和扶正器组合在一起。常用的几种夹紧装置包括螺钉、棘爪和机械夹。一些制造商还推荐在特殊的夹紧装置结合处使用树脂胶的方法。

无论使用何种机械装置在套管上固定扶正器，夹紧装置应能够防止扶正器滑动。当要求止动环的夹紧力大于扶正器的起动力时，应根据特定井眼工况增加夹紧力系数。

判定坚固式扶正器和刚性扶正器的方法是外径恒定不变、没有起动力。在同等井眼工况下这些扶正器最小夹持力的施加原则与弓形弹簧扶正器相同。这一原则同样适用于其他具有止动环功能的套管附件。

应注意扶正器的起动力、下放力和复位力数据随扶正器在套管上的安装方法而有所变化。无论止动环和扶正器组装在一起，还是扶正器放置在止动环之上，止动环的作用可使相同的扶正器产生不同的结果。

更多的资料表明，套管的钢级、质量和表面涂层会影响止动环的测试结果。如套管壁厚一样，套管硬度的变化作为四个因素之一，同样可引起测试结果的变化。因此，推荐在评定测试时，试验套管的钢级和质量应与井眼中所用套管相同。

测试时载荷施加的速度也能引起测试结果的微小变化。载荷施加速度的变化越小对测试结果的影响也越小，冲击载荷会明显改变测试结果。有些情况下，作相应的速度调整，使加载速度与预先规定的套管下放速度相等。目前尚没有足够的数据对加载速度作出规定或推荐。与加载速度有关的是施加载荷的方法。本测试程序中使用的是同轴加载方式，这种加载方式与油田实际使用时不完全相同。该程序的目的是为了提供一个统一的常规测试方法。如果油田实际工况需要，可以进行特定的测试。值得注意的是，这是一种破坏性试验，可能每次试验后都要求更换试验套管和止动环。

5.2 测试设备

该设备应能施加垂直载荷，并能够测量这些载荷和垂直位移量。

5.2.1 测试总成

由一个试验套管和一个外管组成(见图 2)。

试验套管的公差应符合 GB/T 19830—2005 不加厚管的规定。试验前应去除内外表面上的毛刺和类似的缺陷。外管应提供一个加载表面，该表面能把载荷传递给止动装置。由于同轴加载，允许外管表面有少量的刻痕。

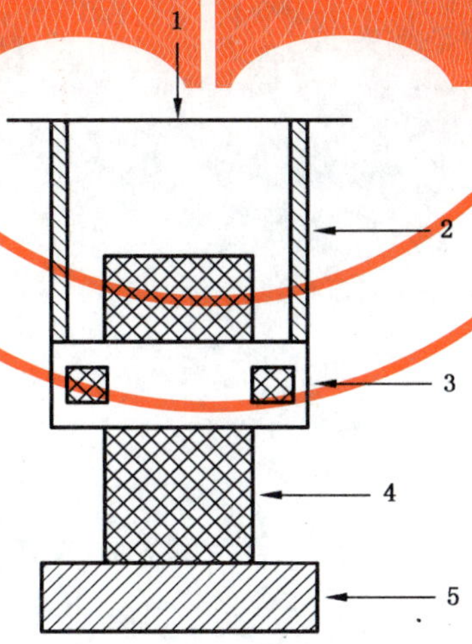

1——作用力；
2——外管；
3——止动环；
4——试验套管；
5——刚性表面。

图 2 试验总成

5.2.2 测试仪器

测试仪器应能记录或用其他的方法指示出施加的垂直载荷，包括测试过程中的最大载荷值即产生滑动时的载荷值(夹持力)和滑动力范围，载荷测试精度应不大于被测值的5%。

测试台应安装读数刻度等于或小于1.6 mm(1/16 in)的位移尺，在测试移动距离内读数的精度应不大于±0.8 mm(±1/32 in)。

测试设备至少每年标定一次。

5.3 试验程序

5.3.1 止动环安装在制造厂推荐的试验套管上。止动环的安装位置至少应有102 mm(4 in)的试验位移。

5.3.2 将外管放置在试验套管之上，应能给止动环施加同轴载荷。

5.3.3 应连续、缓慢地对外管加载，同时记录所施载荷及外管的质量。

5.3.4 试验应连续进行，直到止动环被移动的距离至少有102 mm(4 in)为止，或者完全失效(破坏)。

5.4 测试结果报告

测试报告应给出以下信息。附录A为常规测试结果报告格式：

a) 试验套管的规格、质量、钢级及表面涂层；

b) 试验套管、外管和止动环的内径和外径；

c) 加载速度和加载方式；

d) 夹持力；

e) 滑动力范围；

f) 试验后试验套管的表面状况，记录套管上任何一处伤痕的长度、深度和宽度；

g) 止动环放置的位置(应在报告中记录放置止动环的详细位置)；

h) 标明为便于同轴加载而对外套末端所做的少量改动；

i) 止动环制造厂名称、型号、尺寸规格，附件的数量和类型，如可能标明附件的安装扭矩。

附 录 A
（资料性附录）
止动环测试报告

试验时间：__________

A.1 止动环资料

产品编号：__________ 制造厂家：__________

型 号：__________

套管尺寸：__________ mm (in) 安装扭矩(如提供)：__________

A.2 试验人员姓名：__________

A.3 试验总成参数

A.3.1 总成部件参数(见图2)

部件	外径/ mm(in)	内径/ mm(in)	质量/ kg(lb)
试验套管			—
外 管			
止 动 环			—

A.3.2 试验套管

A.3.2.1 直径：__________ mm(in)

A.3.2.2 单位长度质量：__________ kg/m(lb/ft)

A.3.2.3 钢级：__________

A.3.2.4 表面涂层：__________

A.4 试验数据

A.4.1 夹持力(产生滑移时的最大载荷)：__________ N(lbf)

A.4.2 达到最大载荷所需时间：__________ s

A.4.3 载荷施加速度：__________ / __________ = __________ N/s(lbf/s)

A.4.4 滑动力范围：最大载荷：__________ N (lbf)；最小载荷：__________ N(lbf)

A.5 试验套管检查(试验后)

A.5.1 伤痕描述：__________

A.5.2 伤痕深度：__________ mm(in)

A.5.3 伤痕长度：__________ mm(in)

A.5.4 伤痕宽度：__________ mm(in)

A.6 说明

____

____

____

____

试验人员：__________

复核人员：__________

参 考 文 献

[1] API规范10D,弓形弹簧套管扶正器规范,1995年第五版.

[2] GB/T 19831.1—2005《石油天然气工业 套管扶正器 第1部分:弓形弹簧套管扶正器》(ISO 10427-1:2001,IDT).

[3] JUVKAM-WOLD,H.C.,and BAXTER,R.L.,扶正器最佳间距讨论.石油工程师协会 钻井工程.1988年12月.

[4] BLANCO,A,CICCOLA,V.,and LIMONGI,E.,扶正器在水平井和大斜度井中.国际钻井承包商协会/石油工程师协会 59138.

[5] JUVKAM-WOLD,H.C.,and WU,Jiang.套管弯曲和扶正器间距计算.石油工程师协会 钻井工程.1992年12月.

ICS 67.060
X 11

中华人民共和国国家标准

GB/T 19852—2008
代替 GB 19852—2005

地理标志产品 卢龙粉丝

Product of geographical indication—Lulong vermicelli

2008-07-31 发布 2008-11-01 实施

中华人民共和国国家质量监督检验检疫总局
中国国家标准化管理委员会 发布

前　言

本标准根据国家质量监督检验检疫总局颁布的2005第78号令《地理标志产品保护规定》及GB/T 17924《地理标志产品标准通用要求》制定。

本标准代替GB 19852—2005《原产地域产品　卢龙粉丝》。

本标准与GB 19852—2005相比主要变化如下：

——标准属性由强制性国家标准改为推荐性国家标准；

——根据国家质量监督检验检疫总局颁布的《地理标志产品保护规定》，将标准名称改为《地理标志产品　卢龙粉丝》；

——增加了净含量允许短缺量(见5.8)。

本标准的附录A为规范性附录。

本标准由全国原产地域产品标准化工作组提出并归口。

本标准起草单位：河北省卢龙县质量技术监督局、河北省卢龙县薯类制品开发中心。

本标准主要起草人：李学良、丛思荭、付东、顾昭良、张金成、梁兴华、贺云。

本标准所代替标准的历次版本发布情况为：

——GB 19852—2005。

地理标志产品　卢龙粉丝

1　范围

本标准规定了卢龙粉丝的术语和定义、地理标志产品保护范围、要求、试验方法、检验规则及标签、标志、包装、运输、贮存。

本标准适用于国家质量监督检验检疫行政主管部门根据《地理标志产品保护规定》批准保护的卢龙粉丝。

2　规范性引用文件

下列文件中的条款通过本标准的引用而成为本标准的条款。凡是注日期的引用文件，其随后所有的修改单(不包括勘误的内容)或修订版均不适用于本标准，然而，鼓励根据本标准达成协议的各方研究是否可使用这些文件的最新版本。凡是不注日期的引用文件，其最新版本适用于本标准。

GB/T 191　包装储运图示标志

GB 2713　淀粉制品卫生标准

GB/T 5009.3　食品中水分的测定

GB/T 5009.4　食品中灰分的测定

GB/T 5009.9　食品中淀粉的测定

GB 5749　生活饮用水卫生标准

GB 7718　预包装食品标签通则

GB 14881　食品企业通用卫生规范

国家质量监督检验检疫总局令[2005]第75号《定量包装商品计量监督管理办法》

3　术语和定义

下列术语和定义适用于本标准。

3.1

卢龙粉丝　Lulong vermicelli

在第4章规定的范围内，以本地种植的甘薯为原料，利用当地水资源、地理环境、气候和微生物体系，采用传统工艺加工而成的粉丝。

3.2

断条率　ratio of broken noodles

卢龙粉丝在微沸水中煮一定时间后断条粉丝的比率。

4　地理标志产品保护范围

卢龙粉丝的地理标志产品保护范围限于国家质量监督检验检疫行政主管部门根据《地理标志产品保护规定》批准保护的范围，见附录A。

5　要求

5.1　地域环境

地理标志产品保护范围属低山丘陵区，土壤以褐色沙壤土为主，pH值6.5～7.5。该地域属暖温带半湿润大陆性季风气候，昼夜温差大，日照时间长，微生物体系独特，适合甘薯种植及卢龙粉丝的生产。

5.2 原辅料

5.2.1 甘薯

选用第4章规定范围内种植的甘薯。

5.2.2 生产用水

选用第4章规定范围内的水源，水质符合 GB 5749 的规定。

5.3 传统加工工艺

卢龙粉丝以甘薯为原料，利用自然微生物体系，采用传统的酸浆沉淀法独特工艺提取高纯度的淀粉，经过净化、打芡、和面、漏粉、煮粉、浸洗、冷冻、晾晒而成。

5.4 分类、规格

卢龙粉丝按产品的宽度或直径分为：

a) 宽粉丝：宽度大于或等于 5 mm。

b) 粗粉丝：直径大于或等于 1 mm。

c) 细粉丝：直径小于 1 mm。

5.5 感官指标

感官指标应符合表1的规定。

表1 感官指标

项　目	要　求
色泽	具有卢龙粉丝应有的自然色泽，有光泽，呈半透明状
形态	粗细、宽厚均匀，无并条
口感	复水后柔软、滑嫩、筋道、无异味
杂质	无肉眼可见杂质

5.6 理化指标

理化指标应符合表2的规定。

表2 理化指标

项　目		指　标
淀粉/%	≥	75.0
水分/%		13.0～17.0
断条率/%	≤	10.0
灰分/%	≤	0.9

5.7 卫生指标

卫生指标应符合 GB 2713 的规定。

5.8 净含量允许短缺量

净含量允许短缺量应符合国家质量监督检验检疫总局令[2005]第75号的规定。

5.9 生产加工过程卫生要求

生产加工过程卫生要求应符合 GB 14881 的规定。

6 试验方法

6.1 感官指标

6.1.1 色泽、形态、杂质：在自然光下进行。

6.1.2 口感：将宽粉丝截成 20 cm 长，取 20 根放在 1 000 mL 烧杯中，加水煮沸 8 min 后品尝；将粗粉丝截成 20 cm 长，取 20 根放在 1 000 mL 烧杯中，加水煮沸 5 min 后品尝；将宽粉丝截成 20 cm 长，取 20 根放在 1 000 mL 烧杯中，加水煮沸 3 min 后品尝。

6.2 理化指标

6.2.1 淀粉

按 GB/T 5009.9 执行。

6.2.2 水分

按 GB/T 5009.3 执行。

6.2.3 断条率

截取 50 根长度为 15 cm 的无机械损伤的粉丝，在 1 000 mL 烧杯中加水 900 mL，水沸后放入粉丝并加盖表面皿，宽粉丝微沸煮 35 min，粗粉丝微沸煮 25 min，细粉丝微沸煮 15 min，然后滤去水分，倒入瓷盘中，用玻璃棒计数其总条数，按式(1)计算断条率。

$$S = \frac{X - 50}{50} \times 100 \quad \cdots\cdots (1)$$

式中：

S——断条率，%；

X——煮后粉丝总条数。

按上述方法试验 3 次，取其平均值。

6.2.4 灰分

按 GB/T 5009.4 执行。

6.3 卫生指标

按 GB 2713 执行。

7 检验规则

7.1 组批

在同一条件下、用同一批原料生产的同一品种、同一规格的产品为一批。

7.2 抽样

7.2.1 散装卢龙粉丝，每批随机抽取样品不少于 1 kg。

7.2.2 预包装卢龙粉丝，每批随机抽取样品不少于 10 袋。

7.3 出厂检验

7.3.1 卢龙粉丝出厂前应由生产厂逐批进行检验，合格并附合格证方可出厂。

7.3.2 出厂检验项目为感官指标、水分、净含量及食品标签、包装标志。

7.3.3 判定规则：检验时若有一项不合格，应加倍抽样，对不合格项目进行复检，若仍不合格则判该批产品不合格。

7.4 型式检验

7.4.1 型式检验项目为本标准规定的全部要求。正常生产每半年进行一次型式检验，有下列情况之一时，应进行型式检验：

a) 主要原料或工艺有重大改变时；

b) 停产半年恢复生产时；

c) 出现质量不稳定时；

d) 国家质量技术监督部门提出型式检验要求时。

7.4.2 判定规则：感官指标、理化指标有一项不合格时，应加倍抽样复检，如仍有不合格项，则判该批产品不合格。卫生指标有一项不合格，则判该批产品不合格。

8 标志、包装、运输、贮存

8.1 标志

标签应符合 GB 7718 的规定。标志应符合 GB/T 191 的规定，不符合本标准的产品，其产品名称不得使用含有卢龙粉丝(包括连续或断开)的名称，不得使用地理标志产品专用标志。

8.2 包装

8.2.1 包装材料应符合食品包装材料卫生要求。

8.2.2 外包装应确保产品不受损坏或污染，并注明厂名、厂址、规格、毛重及地理标志产品专用标志。

8.3 运输

运输时应防雨、防潮，不得与可能造成污染的物质混运。

8.4 贮存

应放在阴凉干燥的库房内，不准露天存放，不得与有毒、有害物质存放在一起。

附 录 A
（规范性附录）
卢龙粉丝地理标志产品保护范围图

卢龙粉丝地理标志产品保护范围见图 A.1。

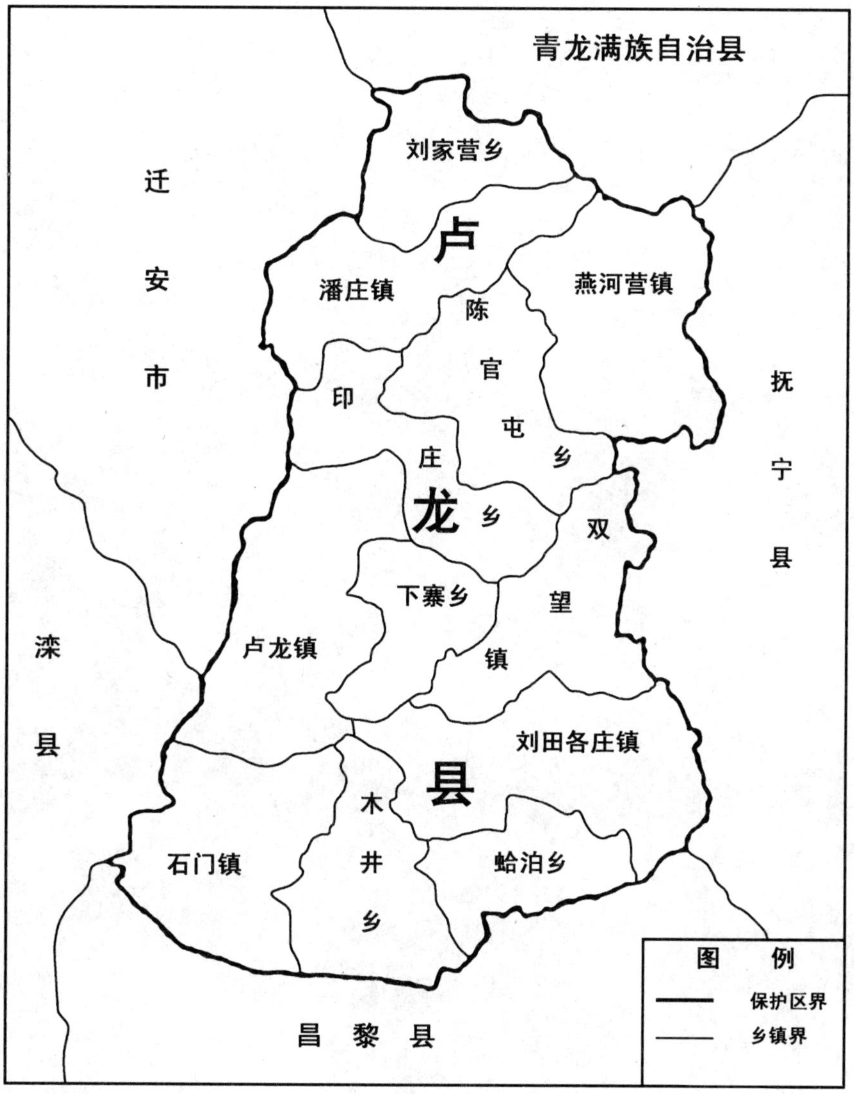

图 A.1 卢龙粉丝地理标志产品保护范围图

ICS 67.120.30
X 20

中华人民共和国国家标准

GB/T 19853—2008
代替 GB 19853—2005

地理标志产品
抚远鲟鱼子、鳇鱼子、大麻(马)哈鱼子

Product of geographical indication—
Fuyuan ova of amur sturgeon, kaluga sturgeon and chum salmon

2008-06-25 发布 2008-10-01 实施

中华人民共和国国家质量监督检验检疫总局
中国国家标准化管理委员会 发布

前 言

本标准根据国家质量监督检验检疫总局颁布的2005第78号令《地理标志产品保护规定》及GB 17924—1999《原产地域产品通用要求》制定。

本标准代替GB 19853—2005《原产地域产品 抚远鲟鱼子、鳇鱼子、大麻(马)哈鱼子》。

本标准与GB 19853—2005相比主要变化如下：

——标准属性由强制性国家标准改为推荐性国家标准；

——根据国家质量监督检验检疫总局颁布的《地理标志产品保护规定》，修改了标准中英文名称及相关内容表述；

——修改了抽样方法(见7.2)。

本标准的附录A为规范性附录。

本标准由全国原产地域产品标准化工作组提出并归口。

本标准主要起草单位：佳木斯市质量技术监督局、抚远县质量技术监督局、抚远县水产局、抚远县鲟鳇鱼养殖繁育公司、抚远县水产联营公司。

本标准主要起草人：白玉、郭钦奎、周立光、张英华、贾志强、白瑞。

本标准所代替标准的历次版本发布情况为：

——GB 19853—2005。

地理标志产品
抚远鲟鱼子、鳇鱼子、大麻(马)哈鱼子

1 范围

本标准规定了抚远鲟鱼子、鳇鱼子、大麻(马)哈鱼子的术语和定义、地理标志产品保护范围、要求、试验方法、检验规则及标志、标签、包装、运输、贮存。

本标准适用于国家质量监督检验检疫行政主管部门根据《地理标志产品保护规定》批准的抚远鲟鱼子、鳇鱼子、大麻(马)哈鱼子。

2 规范性引用文件

下列文件中的条款通过本标准的引用而成为本标准的条款。凡是注日期的引用文件，其随后所有的修改单(不包括勘误的内容)或修订版均不适用于本标准，然而，鼓励根据本标准达成协议的各方研究是否可使用这些文件的最新版本。凡是不注日期的引用文件，其最新版本适用于本标准。

GB/T 191 包装储运图示标志

GB 3095 环境空气质量标准

GB/T 4789.2 食品卫生微生物学检验 菌落总数测定

GB/T 4789.3 食品卫生微生物学检验 大肠菌群测定

GB/T 4789.4 食品卫生微生物学检验 沙门氏菌检验

GB/T 4789.5 食品卫生微生物学检验 志贺氏菌检验

GB/T 4789.10 食品卫生微生物学检验 金黄色葡萄球菌检验

GB/T 4789.11 食品卫生微生物学检验 溶血性链球菌检验

GB/T 5009.3 食品中水分的测定

GB/T 5009.4 食品中灰分的测定

GB/T 5009.5 食品中蛋白质的测定

GB/T 5009.6 食品中脂肪的测定

GB/T 5009.11 食品中总砷及无机砷的测定

GB/T 5009.12 食品中铅的测定

GB/T 5009.16 食品中锡的测定

GB/T 5009.17 食品中总汞及有机汞的测定

GB/T 5009.19 食品中六六六、滴滴涕残留量的测定

GB/T 5009.45 水产品卫生标准的分析方法

GB 5461 食用盐

GB 5749 生活饮用水卫生标准

GB 8950 罐头厂卫生规范

GB 7718 预包装食品标签通则

GB 11607 渔业水质标准

SC/T 3905 鲟、鳇鱼籽

3 术语和定义

下列术语和定义适用于本标准。

3.1

史氏鲟、达氏鳇、大麻(马)哈鱼　amur sturgeon、kaluga sturgeon、chum salmon

史氏鲟(*Acipenser schrencki*),又名黑龙江鲟鱼,达氏鳇(*Acipenser dabryanus*),又名黑龙江鳇。属于鲟形目种类,成鱼个体较大,为黑龙江河口的淡水定居种群。栖息和游动于江底,冬季在大江深处越冬,春季解冻时前往产卵场进行繁殖。现产卵地点主要集中在黑龙江的抚远江段。

大麻(马)哈鱼(*Oncorhynchus keta*),又名秋鲑,体型长,侧扁,为溯河洄游性鱼类,生活成长于北太平洋(北纬35°以北)中,进入我国水域的都是秋季溯河回归性成熟产卵亲体。产卵地主要集中在乌苏里江抚远江段。

3.2

抚远鲟鱼子　Fuyuan ova of amur sturgeon

在地理标志产品保护范围内,以史氏鲟卵为原料,经搓制、水洗、拌盐等工序加工的鱼子产品。

3.3

抚远鳇鱼子　Fuyuan ova of kaluga sturgeon

在地理标志产品保护范围内,以达氏鳇卵为原料,经搓制、水洗、拌盐等工序加工的鱼子产品。

3.4

抚远大麻(马)哈鱼子　Fuyuan ova of chum salmon

在地理标志产品保护范围内,以大麻(马)哈鱼卵为原料,经搓制、水洗、拌盐等工序加工的鱼子产品。

4　地理标志产品保护范围

抚远鲟鱼子、鳇鱼子、大麻(马)哈鱼子地理标志产品保护范围限于国家质量监督检验检疫行政主管部门根据《地理标志产品保护规定》批准的范围,限于黑龙江省抚远县现辖行政区域内,见附录A。

5　要求

5.1　自然环境

5.1.1　空气质量应符合GB 3095的要求。

5.1.2　江段水质应符合GB 11607的要求。

5.2　生产要求

5.2.1　鱼子加工车间应符合GB 8950的要求。

5.2.2　清洗用水应符合GB 5749的要求。

5.2.3　食用盐应符合GB 5461的要求。

5.3　鱼子加工工艺

5.3.1　鲟鱼子和鳇鱼子加工工艺

取鱼放血,用3%～5%淡盐水洗刷鱼体。剖腹取卵后,清水洗卵,人工网筛搓子,用清水洗子后沥水,拌食用盐后装盒称量,封装冷藏。

5.3.2　大麻(马)哈鱼子加工工艺

取鱼放血,用3%～5%淡盐水洗刷鱼体。剖腹取卵后,清水洗卵,人工网筛搓子,用饱和盐水浸渍后沥水。装盒称量,封装冷藏。

5.4　感官指标

鱼子按照感官指标分为优级品和合格品。感官指标应符合表1和表2的规定。

表 1 鲟鱼子、鳇鱼子感官指标

项目	要求	
	优级品	合格品
滋味与气味	具有该鱼子固有的浓香，无异味	香味淡或无，无异味
外观	子粒大小均匀、完整，颜色亮灰不含异物。鱼子表面有光泽	子粒大小不均匀、不太完整，颜色暗灰，不含异物，允许有少量破碎粒
稠度	子粒彼此能分开，允许有少量分泌物	分泌物较多

表 2 大麻（马）哈鱼子感官指标

项目	要求	
	优级品	合格品
滋味与气味	具有该鱼子固有的浓香，无异味	香味淡或无，无异味
外观	子粒大小均匀、完整，颜色发红。鱼子表面有光泽	子粒大小不均匀、不太完整，颜色暗红，不含异物，允许有少量破碎粒
稠度	子粒彼此能分开，允许有少量分泌物	分泌物较多

5.5 理化指标

5.5.1 鲟鱼子、鳇鱼子的理化指标应符合表 3 的规定。

表 3 鲟鱼子、鳇鱼子的理化指标

项目		指标
盐分（以 NaCl 计）/%		2.0～5.0
挥发性盐基氮/(mg/100 g)	≤	15
酸度（以 NaOH 计）/(mg/100 g)	≤	2.4
水分/%		40～60
蛋白质/%	≥	20
脂肪/%	≥	10
灰分/%	≤	7

5.5.2 大麻（马）哈鱼子的理化指标应符合表 4 的规定。

表 4 大麻（马）哈鱼子的理化指标

项目		指标
盐分（以 NaCl 计）/%		2.5～5.5
挥发性盐基氮/(mg/100 g)	≤	15
酸度（以 NaOH 计）/(mg/100 g)	≤	2.4
水分/%		40～60
蛋白质/%	≥	20
脂肪/%	≥	5
灰分/%	≤	7

5.6 卫生指标

鲟鱼子、鳇鱼子、大麻（马）哈鱼子的卫生指标应符合表 5 的规定。

表5 卫生指标

项　　目		指　　标
菌落总数/(CFU/g)	≤	40 000
大肠菌群/(MPN/100 g)	≤	30
致病菌(沙门氏菌、志贺氏菌、金黄色葡萄球菌、溶血性链球菌)		不得检出
砷(以 As 计)/(mg/kg)	≤	0.5
铅(以 Pb 计)/(mg/kg)	≤	0.5
锡(以 Sn 计)/(mg/kg)	≤	200
汞(以 Hg 计)/(mg/kg)	≤	0.3
六六六/(mg/kg)	≤	2
滴滴涕/(mg/kg)	≤	1

6 试验方法

6.1 感官指标

在无异味和光线良好的环境下，将鱼子置于清洁的白色瓷盘或不锈钢盘中采用目视、口尝方法检验。

6.2 理化指标

6.2.1 盐分

按 SC/T 3905 的规定执行。

6.2.2 挥发性盐基氮

按 GB/T 5009.45 的规定执行。

6.2.3 酸度

按 SC/T 3905 的规定执行。

6.2.4 水分

按 GB/T 5009.3 的规定执行。

6.2.5 灰分

按 GB/T 5009.4 的规定执行。

6.2.6 蛋白质

按 GB/T 5009.5 的规定执行。

6.2.7 脂肪

按 GB/T 5009.6 的规定执行。

6.3 卫生指标检验

6.3.1 菌落总数

按 GB 4789.2 的规定执行。

6.3.2 大肠菌群

按 GB 4789.3 的规定执行。

6.3.3 致病菌

按 GB 4789.4、GB 4789.5、GB 4789.10 和 GB 4789.11 的规定执行。

6.3.4 总砷

按 GB/T 5009.11 规定执行。

6.3.5 铅

按 GB/T 5009.12 规定执行。

6.3.6 锡

按 GB/T 5009.16 规定执行。

6.3.7 汞

按 GB/T 5009.17 规定执行。

6.3.8 六六六、滴滴涕

按 GB/T 5009.19 规定执行。

7 检验规则

7.1 组批

同一批投料、同一班次生产的产品为一批。

7.2 抽样

每次随机抽取 2 kg，用于感官指标、理化指标和卫生指标的检验。

7.3 出厂检验

出厂前应经厂质检部门检验合格，并签发合格证后方可出厂。出厂检验项目为感官指标、水分、盐分、菌落总数、大肠菌群。

7.4 型式检验

型式检验为本标准规定的全部项目，正常生产时每半年进行一次，有下列情况之一时，应进行型式检验：

a) 产品定型投产时；

b) 主要原料和生产工艺有较大改变，可能影响产品质量时；

c) 国家质量监督部门提出型式检验要求时。

7.5 判定规则

感官指标、理化指标和卫生指标均符合本标准规定，判该批产品为合格。如不符合本标准规定，可在同批产品中加倍取样，对不合格项目进行复检。如仍有不合格项目则判该批产品为不合格。

8 标志、标签、包装、运输、贮存

8.1 标志、标签

应符合 GB 7718 的要求。获准使用后，可在产品包装上使用地理标志产品专用标志。

8.2 包装

产品包装应采用符合食品卫生要求的包装材料。每个外包装里应附有合格证，外包装标志应符合 GB/T 191 的要求。

8.3 运输、贮存

8.3.1 产品应采用冷藏车或专用冷藏设备运输，保持－4℃～＋4℃的温度。运输中应减少震动；运输工具应清洁，不得与有毒有害物体混运。

8.3.2 鱼子产品应贮存在冷藏仓库中，冷库贮存的库温应保持在－4℃～＋4℃，防止日晒、雨淋。不得与有毒有害物体混合贮存。

8.3.3 在上述贮存条件下，保质期不少于 6 个月。

附 录 A
（规范性附录）
抚远鲟鱼子、鳇鱼子、大麻（马）哈鱼子地理标志产品保护范围图

抚远鲟鱼子、鳇鱼子、大麻（马）哈鱼子地理标志产品保护范围见图 A.1。

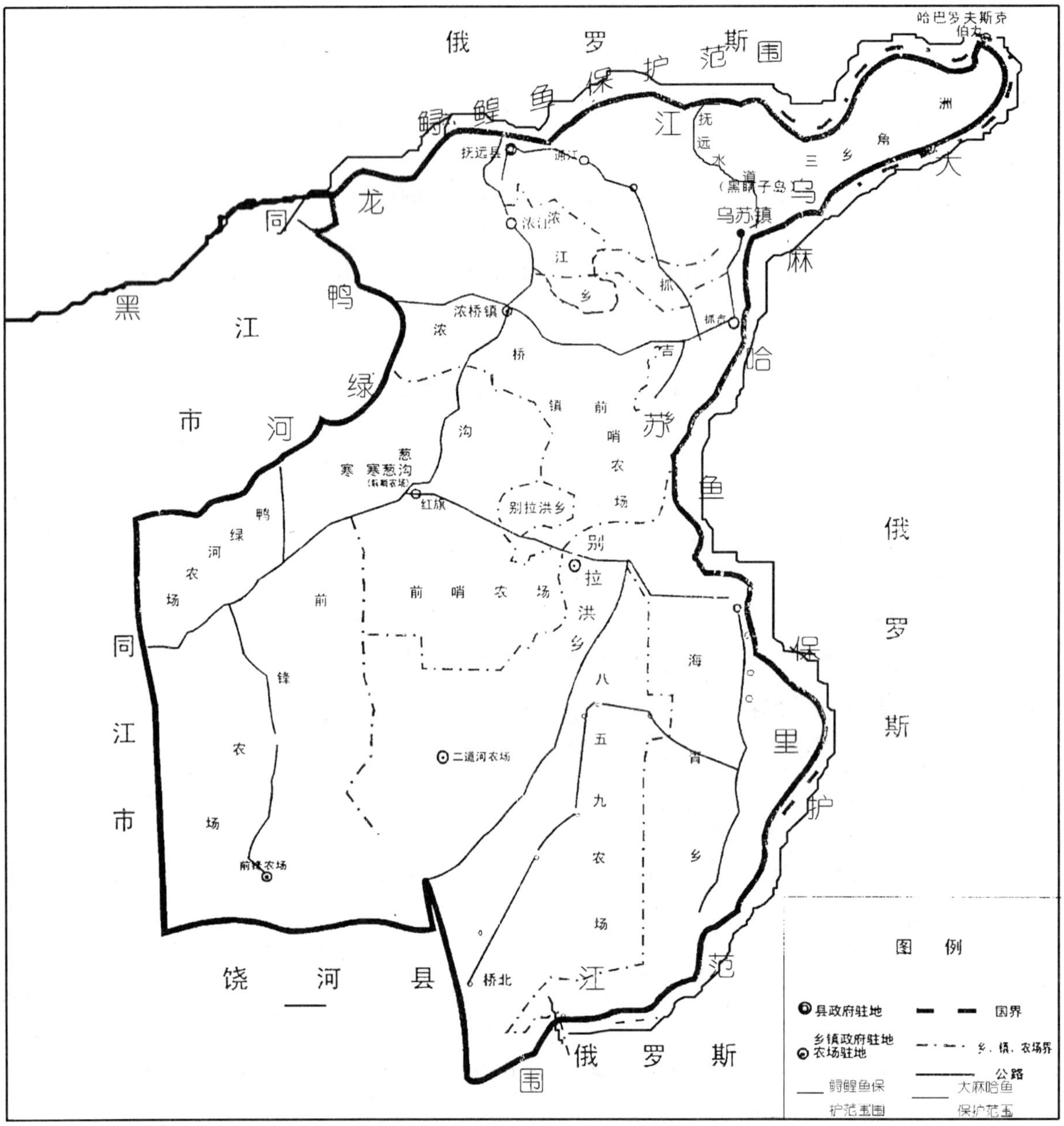

注：抚远鲟鱼子、鳇鱼子、大麻（马）哈鱼子地理标志产品保护范围为黑龙江省抚远县现辖行政区。

图 A.1 抚远鲟鱼子、鳇鱼子、大麻（马）哈鱼子地理标志产品保护范围图

ICS 25.160.10
J 33

GB

中华人民共和国国家标准

GB/T 19867.2—2008/ISO 15609-2:2001

气焊焊接工艺规程

Welding procedure specification for gas welding

(ISO 15609-2:2001,Specification and qualification of welding procedures for metallic materials—Welding procedure specification—Part 2: Gas welding, IDT)

2008-03-31 发布　　　　2008-09-01 实施

中华人民共和国国家质量监督检验检疫总局
中国国家标准化管理委员会　发布

前　言

GB/T 19867 分为如下五部分：

——第1部分：电弧焊焊接工艺规程；

——第2部分：气焊焊接工艺规程；

——第3部分：电子束焊接工艺规程；

——第4部分：激光焊接工艺规程；

——第5部分：电阻焊焊接工艺规程。

本部分为 GB/T 19867 的第2部分。

本部分等同采用 ISO 15609-2:2001《金属材料焊接工艺规程及评定　焊接工艺规程　第2部分：气焊》(英文版)。

本部分等同翻译 ISO 15609-2:2001。为了便于使用，本部分做了下列编辑性改动：

——删除了国际标准的前言；

——将标准名称改为“气焊焊接工艺规程”；

——对 ISO 15609-2:2001 中引用的其他国际标准，有被等同采用为我国标准的用我国标准代替对应的国际标准，未被等同采用为我国标准的直接引用国际标准；

——规范性引用文件中增加了 GB/T 3375《焊接术语》；

——增加了附录B，用于说明有关材料的类组划分。

本部分的附录A、附录B为资料性附录。

本部分由全国焊接标准化技术委员会提出并归口。

本部分起草单位：哈尔滨焊接研究所、北京电力建设公司、哈尔滨焊接技术培训中心。

本部分主要起草人：朴东光、任永宁、王林。

气焊焊接工艺规程

1 范围

GB/T 19867 的本部分规定了气焊的工艺规程内容要求。本部分适用于气焊焊接方法。

2 规范性引用文件

下列文件中的条款通过 GB/T 19867 的本部分的引用而成为本部分的条款。凡是注日期的引用文件，其随后所有的修改单(不包括勘误的内容)或修订版均不适用于本部分，然而，鼓励根据本部分达成协议的各方研究是否可使用这些文件的最新版本。凡是不注日期的引用文件，其最新版本适用于本部分。

GB/T 3375 焊接术语

GB/T 5185 焊接及相关工艺方法代号(GB/T 5185—2005,ISO 4063:1998,IDT)

GB/T 16672 焊缝 工作位置 倾角和转角的定义(GB/T 16672—1996,idt ISO 6947:1993)

GB/T 19866 焊接工艺规程及评定的一般原则(GB/T 19866—2005,ISO 15607:2003,IDT)

ISO/TR 15608 焊接 金属材料分类指南

3 术语和定义

本部分采用 GB/T 3375 和 GB/T 19866 中的有关术语和定义。

4 焊接工艺规程(WPS)的技术内容

4.1 一般原则

焊接工艺规程(WPS)应当包含执行焊接操作的必要信息。一般焊接工艺规程的内容见 4.2～4.4，具体应用时，可以根据实际情况做增减处理。

附录 A 给出了 WPS 格式的示例。

4.2 有关制造商的内容

——制造商名称；

——WPS 的名称及编号；

——焊接工艺评定报告(或其他所需文件)的编号。

4.3 有关母材的内容

4.3.1 母材种类

——材料型号、牌号及相关标准编号；

——材料(钢材)类组(参见附录 B)。

4.3.2 材料尺寸

——接头的厚度范围；

——管子的外径范围。

4.4 焊接工艺的通用性内容

4.4.1 焊接方法

焊接方法应按 GB/T 5185 的规定表示。

4.4.2 接头设计

——包含形状和尺寸的接头设计图，或是提供相关内容的标准编号；

——焊接顺序可能对接头性能产生影响时，图样上应予以明确。

4.4.3 焊接位置

焊接位置应按 GB/T 16672 的规定表示。

4.4.4 接头制备

应提供有关坡口清理、去污、装夹具使用和定位焊接、打磨、气刨的内容（包括所采用的方法）。

4.4.5 焊接操作方法

应明确焊接操作方法，如左焊法（或右焊法）。

4.4.6 焊接参数

——喷嘴尺寸；

——燃气种类和压力；

——氧气压力；

——火焰类型。

4.4.7 焊接材料

型号、制造商及商标。

4.4.8 焊接材料规格

填充丝直径。

4.4.9 焊后热处理

应遵循的焊后热处理工艺（或单独的焊后热处理工艺规程）。

附　录　A
（资料性附录）
制造商的焊接工艺规程(WPS)

制造商的焊接工艺规程编号：
WPQR 编号：
制造商：
焊接方法：
接头种类：
焊接坡口示意图(必要时)：

坡口制备及清理方法：
母材型号：
母材类组：
材料厚度(mm)：
外径(mm)：
焊接位置：

接头设计	焊接顺序

焊接细节

焊道	方法	焊接操作方法	焊接参数					焊接材料	
			喷嘴直径/mm	燃气种类	燃气压力/Pa	氧气压力/Pa	火焰类型	型号	规格/mm

焊后热处理：
方法、温度、时间：
加热及冷却速度：
备注：

制造商(名称、签字及日期)：

附 录 B
(资料性附录)
钢材分类指南

根据 ISO/TR 15608 的钢材分类见表 B.1。

表 B.1 钢材类组

成分用%表示

类别	组别	钢 种
1		屈服极限 R_{eH}≤460 N/mm²,且成分如下: C≤0.25;Si≤0.60;Mn≤1.70;Mo≤0.70[a];S≤0.045;P≤0.045;Cu≤0.40[a]; Ni≤0.5[a];Cr≤0.3(0.4 铸钢);Nb≤0.05;V≤0.12[a];Ti≤0.05
	1.1	屈服极限 R_{eH}≤275 N/mm² 的钢
	1.2	屈服极限 275 N/mm²<R_{eH}≤360 N/mm² 的钢
	1.3	屈服极限 R_{eH}>360 N/mm² 的细晶粒正火钢
	1.4	改进型耐候钢(某一种元素允许超标)
2		屈服极限 R_{eH}>360 N/mm² 的热控轧处理的细晶粒钢和铸钢
	2.1	屈服极限 360 N/mm²<R_{eH}≤460 N/mm² 的热控轧处理的细晶粒钢和铸钢
	2.2	屈服极限 R_{eH}>460 N/mm² 的热控轧处理的细晶粒钢和铸钢
3		屈服极限 R_{eH}>360 N/mm² 的调质钢和沉淀硬化钢(不锈钢除外)
	3.1	屈服极限 360 N/mm²<R_{eH}≤690 N/mm² 的调质钢
	3.2	屈服极限 R_{eH}>690 N/mm² 的调质钢
	3.3	沉淀硬化钢(不锈钢除外)
4		Mo≤0.7 且 V≤0.1 的低钒 CrMo(Ni)钢
	4.1	Cr≤0.3 且 Ni≤0.7 的钢
	4.2	Cr≤0.7 且 Ni≤1.5 的钢
5		Cr≤0.35 的无钒 CrMo 钢[b]
	5.1	0.75≤Cr≤1.5 且 Mo≤0.7 的钢
	5.2	1.5<Cr≤3.5 且 0.7<Mo≤1.2 的钢
	5.3	3.5<Cr≤7.0 且 0.4<Mo≤0.7 的钢
	5.4	7.0<Cr≤10.5 且 0.7<Mo≤1.2 的钢
6		高钒 CrMo(Ni)合金钢
	6.1	0.3≤Cr≤0.75,Mo≤0.7,V≤0.35 的钢
	6.2	0.75<Cr≤3.5,0.7<Mo≤1.2,V≤0.35 的钢
	6.3	3.5<Cr≤7.0,Mo≤0.7,0.45≤V≤0.55 的钢
	6.4	7.0<Cr≤12.5,0.7<Mo≤1.2,V≤0.35 的钢
7		C≤0.35,10.5≤Cr≤30 的铁素体钢、马氏体钢或沉淀硬化不锈钢
	7.1	铁素体不锈钢
	7.2	马氏体不锈钢
	7.3	沉淀硬化不锈钢
8		奥氏体不锈钢
	8.1	Cr≤19 的奥氏体不锈钢
	8.2	Cr>19 的奥氏体不锈钢
	8.3	4.0<Mn≤12 的含锰奥氏体不锈钢

表 B.1（续）

成分用%表示

类别	组别	钢　种
9		Ni≤10 的镍合金钢
	9.1	Ni≤3.0 的镍合金钢
	9.2	3.0<Ni≤8.0 的镍合金钢
	9.3	8.0<Ni≤10 的镍合金钢
10		奥氏体-铁素体双相不锈钢
	10.1	Cr≤24 的奥氏体-铁素体不锈钢
	10.2	Cr>24 的奥氏体-铁素体不锈钢
11		除 0.25<C≤0.5 外，其余成分与 1 类钢相同的钢[c]
	11.1	0.25<C≤0.35，其余成分与 1 类钢相同的钢
	11.2	0.35<C≤0.5，其余成分与 1 类钢相同的钢

注：按照钢的产品标准，R_{eH} 可用 $R_{p0.2}$ 或 $R_{t0.5}$ 代替。

[a] 当 Cr+Mo+Ni+Cu+V≤0.75 时，更高的值也可接受。

[b] "无钒"表示没特意添加该元素。

[c] 当 Cr+Mo+Ni+Cu+V≤1 时，更高的值也可接受。

ICS 25.160.10
J 33

中华人民共和国国家标准

GB/T 19867.3—2008/ISO 15609-3:2004

电子束焊接工艺规程

Welding procedure specification for electron beam welding

(ISO 15609-3:2004, Specification and qualification of welding procedures for metallic materials—Welding procedure specification—Part 3: Electron beam welding, IDT)

2008-03-31 发布　　2008-09-01 实施

中华人民共和国国家质量监督检验检疫总局
中国国家标准化管理委员会　发布

前　言

GB/T 19867 分为如下五部分：

——第 1 部分：电弧焊焊接工艺规程；

——第 2 部分：气焊焊接工艺规程；

——第 3 部分：电子束焊接工艺规程；

——第 4 部分：激光焊接工艺规程；

——第 5 部分：电阻焊焊接工艺规程。

本部分为 GB/T 19867 的第 3 部分。

本部分等同采用 ISO 15609-3:2004《金属材料焊接工艺规程及评定　焊接工艺规程　第 3 部分：电子束焊》(英文版)。

本部分等同翻译 ISO 15609-3:2004。为了便于使用，本部分做了下列编辑性改动：

—— 删除了国际标准的前言；

—— 将标准名称改为“电子束焊接工艺规程”；

—— 对 ISO 15609-3:2004 中引用的其他国际标准，有被等同采用为我国标准的用我国标准代替对应的国际标准，未被等同采用为我国标准的直接引用国际标准；

——规范性引用文件中增加了 GB/T 3375《焊接术语》；

—— 增加了附录 B，用于说明有关材料的类组划分。

本部分的附录 A、附录 B 为资料性附录。

本标准由全国焊接标准化技术委员会提出并归口。

本标准负责起草单位：哈尔滨焊接研究所、中国船级社上海规范研究所、北京电力建设公司。

本标准主要起草人：朴东光、沈传钊、任永宁、王旭友、雷振。

电子束焊接工艺规程

1 范围

GB/T 19867 的本部分规定了电子束焊接的工艺规程内容要求。本部分适用于电子束焊接方法。

2 规范性引用文件

下列文件中的条款通过 GB/T 19867 的本部分的引用而成为本部分的条款。凡是注日期的引用文件,其随后所有的修改单(不包括勘误的内容)或修订版均不适用于本部分,然而,鼓励根据本部分达成协议的各方研究是否可使用这些文件的最新版本。凡是不注日期的引用文件,其最新版本适用于本部分。

GB/T 3375 焊接术语

GB/T 5185 焊接及相关工艺方法代号(GB/T 5185—2005, ISO 4063:1998,IDT)

GB/T 16672 焊缝 工作位置 倾角和转角的定义(GB/T 16672—1996, idt ISO 6947: 1993)

GB/T 19866 焊接工艺规程及评定的一般原则(GB/T 19866—2005, ISO 15607: 2003, IDT)

ISO/TR 15608 焊接 金属材料分类指南

3 术语和定义

本部分采用 GB/T 3375 与 GB/T 19866 规定的术语和下列定义。

3.1

上升 slope up

焊接开始时,电子束功率有节制性的增加。

3.2

下降 slope down

焊接结束时,电子束功率有节制性的减少。电子束功率下降的区域就是工件上有束流减少现象发生的区域。该区域在不同焊接状态下,可能由一或两部分区域组成。

——全熔透焊接:全焊透的区域;熔深达到某一部分或者减少的区域。

——部分熔透的焊接:熔深持续减少的区域。

3.3

工作距离 working distance

工件表面与设备标准基准点(该点相对于实际聚焦镜中心点而言)之间的距离。

注:这仅是实际参照距离。

3.4

定位焊道 tacking pass

为将被焊部件固定在合适位置,在正式焊接前焊制的焊道。

注:定位焊道可能是连续或断续的不完全熔透焊道。

3.5

焊接焊道 welding pass

熔深达到规定深度的焊道。

3.6

修饰焊道　cosmetic pass

为了改善焊缝外观,在焊缝表面重新熔合的焊道。

注:该焊道由散焦束流或扫描束流完成。

3.7

搭接　overlap

在束流下降之前,焊道重新熔合的部分。

3.8

背面或正面支撑垫　back or front support

为了托住熔化的焊缝金属,在接头的背面或正面紧贴工件放置的衬垫。

3.9

束流　beam current

电子束中的电流数值。

3.10

脉冲束流　beam current pulsing

呈脉冲变化的电子束电流。

3.11

聚焦电流　focusing lens current

通过焦镜线圈的电流。

3.12

束流偏转　beam deflection

束流以电子枪轴线为中轴发生电磁偏转。

3.13

束振荡　beam oscillation

利用电磁力使束流产生的周期性偏转。

注:振荡的定义如下:

——信号形状,如圆形、横向、纵向等;

——信号幅度;

——频率;

——相对于焊接方向的定向。

4　焊接工艺规程(WPS)的技术内容

4.1　一般原则

焊接工艺规程(WPS)应当包含执行焊接操作的必要信息。一般焊接工艺规程的内容见4.2～4.16,具体应用时,可以根据实际情况做增减处理。

附录A给出了WPS格式的示例。

4.2　焊接方法

焊接方法应按照GB/T 5185规定的代号表示,电子束焊接方法的分类代号为51(其中真空电子束焊为511;非真空电子束焊为512)。

4.3　有关制造商的内容

——制造商名称。

——WPS的名称及编号。

——焊接工艺评定报告(或其他所需文件)的编号。

4.4 使用的设备

——指定电子束焊接设备的唯一标识：

1） 电子枪种类；

2） 阴极类型。

——填充材料的供给系统（如果采用的话）：应提供设计表述（图表）、填充材料相对于接头的位置、焊接方向及焊接部位。

4.5 有关母材的内容

4.5.1 母材种类/等级

——所使用的材料、衬垫或支撑垫的型号及相关标准；

——母材类型（如锻件、铸件、轧制件、热压成型件）及型号。

一个 WPS 可能包括一组材料。

4.5.2 材料尺寸

——接头的厚度范围；

——圆形工件的管子外径范围。

4.6 填充材料或其他附加材料

——在接头上所使用的填充材料或附加材料的型号及相关标准；

——在接头上所使用的填充材料或附加材料规格；

——在接头上所使用的填充材料或附加材料的特殊保管要求。

4.7 接头设计

接头形状、尺寸、公差（包括表面加工要求）的图样，或是提供相关内容的标准编号。

4.8 接头制备

——接头制备方法，清理及脱脂等；

——必要时，在 WPS 上应规定材料磁性的处理方法和要求；

——制备接头必要的保护及防护措施。

4.9 夹具、卡具及辅助工具

明确固定工件所采用的方法（包括手工定位焊）。

4.10 焊接位置

焊接位置应按 GB/T 16672 的规定表示。

4.11 背面及（或）正面支撑垫

明确类型及尺寸。

4.12 消磁处理

需要对构件做消磁处理时，应采用评定合格的消磁工艺规程，并给出该规程的编号。

4.13 焊接操作说明

焊接操作说明应显示所有焊道（定位焊道、焊接焊道、修饰焊道）的详细内容。

4.14 焊接参数

4.14.1 电参数

——加速电压（kV）；

——束流（mA）（使用脉冲时为脉冲参数）；

——聚焦电流（A）、电流控制设定值（任意单位）或离焦量；

——束流偏转：

1） 直流偏转，在工件表面上的偏离距离；

2） 交流振荡：形状、相对焊接方向的方位、频率、偏离尺寸；

——搭接、上升、下降（s、mm、deg）；

——升降的图形。

4.14.2 机械参数

——移动方向；

——表面移动速度(mm/min 或 mm/s)；

——移动速度的变化要求(必要时)；

——送丝速度、方向、位置及角度。

4.14.3 其他参数

——工作距离及/或电子枪至工件的距离(mm)；

——电子枪室压力(Pa 或 mbar)；

——工作室压力(Pa 或 mbar)。

4.15 预热及后热

要求预热、后热或焊后热处理时，WPS 应规定其温度、保温时间及其他操作说明。如果采用电子束进行预热或后热，相关参数应在 WPS 上做规定。

4.16 焊后的操作

包括所有机械加工、化学处理、热处理。

附　录　A
（资料性附录）
电子束焊接工艺规程（WPS）示例

WPS 编号：

WPQR 编号：　　　　制备及清理方法：

设备标识：

——焊机：

——电子枪类型：

——阴极类型：

——填充材料供给系统：

母材型号：　1

2

材料厚度(mm)　1　　　　——外径(mm)：

2

填充材料或附加材料：

——型号：　　　　——尺寸：　　　　——保管：

接头种类：

——薄板或板材：　　　　——圆柱形：　　　　——轴向：

——径向：

——其他：

接头设计	焊接操作

夹具、卡具及辅助工具：　是□　　　　否□

——机械固定：

——定位焊方法：

背面支撑垫：是□　　　　否□

正面支撑垫：是□　　　　否□

准备			
消磁工艺规程编号			
规范参数			
	定位焊道	焊接焊道	修饰焊道
焊接位置			
焊接操作方法			
加速电压/V			
束流 —连续 —脉冲 频率 幅度 其他			
聚焦电流或焦点设定			
束流偏转 —直流偏转 —交流振荡 形状 频率 尺寸 纵向 横向			
搭接			
上升			
下降			
升降图形			
移动方向			
表面移动速度			
移动速度变化要求[a]			
送丝速度[a]			
工作距离			
电子枪室压力			
工作室压力			
附属设备			
—预热[a]			
—后热[a]			
焊后操作			
附加信息			
[a] 有要求时。			

制造商(名称、签字及日期)：

附 录 B
（资料性附录）
钢材分类指南

根据 ISO/TR 15608 的钢材分类见表 B.1。

表 B.1 钢材类组

成分用%表示

类别	组别	钢种
1		屈服极限 $R_{eH}\leqslant 460\ N/mm^2$，且成分如下： C≤0.25；Si≤0.60；Mn≤1.70；Mo≤0.70[a]；S≤0.045；P≤0.045；Cu≤0.40[a]；Ni≤0.5a； Cr≤0.3（0.4 铸钢）；Nb≤0.05；V≤0.12[a]；Ti≤0.05
	1.1	屈服极限 $R_{eH}\leqslant 275\ N/mm^2$ 的钢
	1.2	屈服极限 $275\ N/mm^2<R_{eH}\leqslant 360\ N/mm^2$ 的钢
	1.3	屈服极限 $R_{eH}>360\ N/mm^2$ 的细晶粒正火钢
	1.4	改进型耐候钢（某一种元素允许超标）
2		屈服极限 $R_{eH}>360\ N/mm^2$ 的热控轧处理的细晶粒钢和铸钢
	2.1	屈服极限 $360\ N/mm^2<R_{eH}\leqslant 460\ N/mm^2$ 的热控轧处理的细晶粒钢和铸钢
	2.2	屈服极限 $R_{eH}>460\ N/mm^2$ 的热控轧处理的细晶粒钢和铸钢
3		屈服极限 $R_{eH}>360\ N/mm^2$ 的调质钢和沉淀硬化钢（不锈钢除外）
	3.1	屈服极限 $360\ N/mm^2<R_{eH}\leqslant 690\ N/mm^2$ 的调质钢
	3.2	屈服极限 $R_{eH}>690\ N/mm^2$ 的调质钢
	3.3	沉淀硬化钢（不锈钢除外）
4		Mo≤0.7 且 V≤0.1 的低钒 CrMo(Ni)钢
	4.1	Cr≤0.3 且 Ni≤0.7 的钢
	4.2	Cr≤0.7 且 Ni≤1.5 的钢
5		Cr≤0.35 的无钒 CrMo 钢[b]
	5.1	0.75≤Cr≤1.5 且 Mo≤0.7 的钢
	5.2	1.5<Cr≤3.5 且 0.7<Mo≤1.2 的钢
	5.3	3.5<Cr≤7.0 且 0.4<Mo≤0.7 的钢
	5.4	7.0<Cr≤10.5 且 0.7<Mo≤1.2 的钢
6		高钒 CrMo(Ni)合金钢
	6.1	0.3≤Cr≤0.75，Mo≤0.7，V≤0.35 的钢
	6.2	0.75<Cr≤3.5，0.7<Mo≤1.2，V≤0.35 的钢
	6.3	3.5<Cr≤7.0，Mo≤0.7，0.45≤V≤0.55 的钢
	6.4	7.0<Cr≤12.5，0.7<Mo≤1.2，V≤0.35 的钢
7		C≤0.35，10.5≤Cr≤30 的铁素体钢、马氏体钢或沉淀硬化不锈钢
	7.1	铁素体不锈钢
	7.2	马氏体不锈钢

表 B.1（续）

成分用%表示

类别	组别	钢种
7	7.3	沉淀硬化不锈钢
8		奥氏体不锈钢
	8.1	Cr≤19 的奥氏体不锈钢
	8.2	Cr>19 的奥氏体不锈钢
	8.3	4.0<Mn≤12 的含锰奥氏体不锈钢
9		Ni≤10 的镍合金钢
	9.1	Ni≤3.0 的镍合金钢
	9.2	3.0<Ni≤8.0 的镍合金钢
	9.3	8.0<Ni≤10 的镍合金钢
10		奥氏体-铁素体双相不锈钢
	10.1	Cr≤24 的奥氏体-铁素体不锈钢
	10.2	Cr>24 的奥氏体-铁素体不锈钢
11		除 0.25<C≤0.5 外，其余成分与 1 类钢相同的钢[c]
	11.1	0.25<C≤0.35，其余成分与 1 类钢相同的钢
	11.2	0.35<C≤0.5，其余成分与 1 类钢相同的钢

注：按照钢的产品标准，R_{eH} 可用 $R_{p0.2}$ 或 $R_{t0.5}$ 代替。

[a] 当 Cr+Mo+Ni+Cu+V≤0.75 时，更高的值也可接受。

[b] “无钒”表示没特意添加该元素。

[c] 当 Cr+Mo+Ni+Cu+V≤1 时，更高的值也可接受。

ICS 25.160.10
J 33

中华人民共和国国家标准

GB/T 19867.4—2008/ISO 15609-4:2004

激光焊接工艺规程

Welding procedure specification for laser beam welding

(ISO 15609-4:2004, Specification and qualification of welding procedures for metallic materials—Welding procedure specification—Part 4: Laser beam welding, IDT)

2008-03-31 发布　　2008-09-01 实施

中华人民共和国国家质量监督检验检疫总局
中国国家标准化管理委员会　发布

前　言

GB/T 19867 分为如下五部分：

——第 1 部分：电弧焊焊接工艺规程；

——第 2 部分：气焊焊接工艺规程；

——第 3 部分：电子束焊接工艺规程；

——第 4 部分：激光焊接工艺规程；

——第 5 部分：电阻焊焊接工艺规程。

本部分为 GB/T 19867 的第 4 部分。

本部分等同采用 ISO 15609-4:2004《金属材料焊接工艺规程及评定　焊接工艺规程　第 4 部分：激光焊》(英文版)。

本部分等同翻译 ISO 15609-4:2004。为了便于使用，本部分做了下列编辑性改动：

——删除了国际标准的前言；

——将标准名称改为“激光焊接工艺规程”；

——对 ISO 15609-4:2004 中引用的其他国际标准，有被等同采用为我国标准的用我国标准代替对应的国际标准，未被等同采用为我国标准的直接引用国际标准；

——规范性引用文件中增加了 GB/T 3375《焊接术语》；

——增加了附录 B，用于说明有关材料的类组划分。

本部分的附录 A、附录 B 为资料性附录。

本标准由全国焊接标准化技术委员会提出并归口。

本标准负责起草单位：哈尔滨焊接研究所、中国船级社上海规范研究所、北京电力建设公司。

本标准主要起草人：朴东光、沈传钊、任永宁、王旭友、王威。

激光焊接工艺规程

1 范围

GB/T 19867 的本部分规定了激光焊的工艺规程内容要求。本部分适用于激光焊接方法。

2 规范性引用文件

下列文件中的条款通过 GB/T 19867 的本部分的引用而成为本部分的条款。凡是注日期的引用文件,其随后所有的修改单(不包括勘误的内容)或修订版均不适用于本部分,然而,鼓励根据本部分达成协议的各方研究是否可使用这些文件的最新版本。凡是不注日期的引用文件,其最新版本适用于本部分。

GB/T 3375 焊接术语

GB/T 5185 焊接及相关工艺方法代号(GB/T 5185—2005, ISO 4063:1998, IDT)

GB/T 16672 焊缝 工作位置 倾角和转角的定义(GB/T 16672—1996, idt ISO 6947:1993)

GB/T 19866 焊接工艺规程及评定的一般原则(GB/T 19866—2005, ISO 15607:2003, IDT)

ISO/TR 15608 焊接 金属材料分类指南

3 术语和定义

本部分采用 GB/T 3375 与 GB/T 19866 规定的术语和下列定义。

3.1

上升 slope up

焊接开始时,束流功率有节制性的增加。

3.2

下降 slope down

焊接结束时,束流功率有节制性的减少。束流功率下降的区域就是工件上有束流减少现象发生的区域。该区域在不同焊接状态下,可能由一或两部分组成。

——全熔透焊接:全焊透的区域;熔深达到某一部分或者减少的区域。

——部分熔透的焊接:熔深持续减少的区域。

3.3

工作距离 working distance

工件表面与设备标准基准点(该点相对实际聚焦镜或反射镜中点而言)之间的距离。

注:这仅是实际参照距离。

3.4

定位焊道 tacking pass

为将被焊部件固定在合适位置,而在正式焊接之前焊制的焊道。

注:定位焊道可能是连续或断续的不完全熔透焊道。

3.5

一般焊道 welding pass

熔深达到规定深度的焊道。

3.6

修饰焊道　cosmetic pass

为了改善焊缝外观，在焊缝表面重新熔合的焊道。

3.7

搭接　overlap

在束流下降之前，焊道重新熔合的部分。

3.8

背面或正面支撑垫　back or front support

为了托住熔化的焊缝金属，在接头的背面或正面紧贴工件放置的垫板。

3.9

焦距　focal length

在透镜或透镜系统中，基准面至焦点的距离。该基准面为入射线与反射线相交的平面。

注：在厚镜或透镜系统中，该基准面经常处于透镜内。为了安装，操作人员经常采用“背焦距”，所谓的“背焦距”是指聚焦镜面或透镜系统正面至焦点的距离。

3.10

焦点　focal spot

在聚焦系统以外，光束横截面最小的部分。

4　焊接工艺规程(WPS)的技术内容

4.1　一般原则

焊接工艺规程(WPS)应当包含执行焊接操作的必要信息。一般焊接工艺规程的内容见4.2～4.15，具体应用时，可以根据实际情况做增减处理。

附录A给出了WPS格式的示例。

4.2　焊接方法

按照GB/T 5185的规定，激光焊方法的分类代号为52(其中固体激光焊为521；气体激光焊为522)。

4.3　有关制造商的内容

——制造商名称。

——WPS的名称及编号。

——焊接工艺评定报告(或其他所需文件)的编号。

4.4　使用的设备

4.4.1　一般原则

激光焊接工艺规程应包含所用设备必要的信息标识。

4.4.2　激光焊接设备

——种类(如固体或气体)、型号、牌号；

——额定功率；

——连续波形或脉冲波形；

——组合的激光器数量；

——制造商提供的参数(或者是实测的数值)：

1)　光束模式；

2)　光束分散角；

3)　波长；

4)　光束偏振及方向。

4.4.3 光束传播和聚焦系统

——传播方式(光纤、束镜,包括所用的对中装置在内);

——光源至聚焦系统的距离,必要时;

——聚焦系统入口处的光束直径;

——焦距;

——额定的焦点尺寸及测试方法(有要求时);

——光束通道保护系统。

4.4.4 等离子抑制气体及保护气体系统

应明确地表示设计、喷嘴相对接头的位置、焊接方向及焊接部位。

4.4.5 填充材料供给系统

应明确地表示设计、填充材料供给系统相对接头的位置、焊接方向及焊接部位。

4.5 有关母材的内容

4.5.1 母材种类/等级

——所使用的材料、衬垫或支撑垫的型号及相关标准;

——母材类型(如锻件、铸件、轧制件、热压成形件)及型号。

一个 WPS 可能包含一组材料。

4.5.2 材料尺寸

——接头的厚度范围;

——圆形工件的管子外径范围。

4.6 填充材料或其他附加材料

——在接头上所使用的填充材料或附加材料的型号及相关标准;

——在接头上所使用的填充材料或附加材料规格;

——在接头上所使用的填充材料或附加材料的特殊保管要求。

如果填充材料或附加材料在使用前需要清理,应做规定。

4.7 接头设计

显示接头设计/形状、尺寸、公差(包括表面加工要求)的图样,或者是提供这类信息的其他标准的编号。

4.8 接头制备

——接头制备方法,清理及脱脂等;

——必要时,接头制备的防护措施;

——已制备接头的防护措施。

4.9 夹具、卡具及辅助工具

固定工件所采用的方法(包括手工定位焊、背面保护气体的布置)。

4.10 焊接位置

焊接位置应按 GB/T 16672 的规定表示。

4.11 衬垫

4.11.1 背面支撑垫

明确类型及尺寸。

4.11.2 背面气体

——气体种类;

——气体流量。

4.12 焊接操作说明

应采用示意图说明所有焊道(定位焊道、焊接焊道、修饰焊道)的细节内容。

4.13 焊接参数

4.13.1 光束参数

——焊接部位的激光束功率；

——二氧化碳激光器的 *F* 数(额定焦距/光束直径)；

——使用的脉冲参数：

1) 功率峰值；

2) 脉冲能量；

3) 脉冲频率；

4) 脉冲持续时间；

5) 脉冲波形。

——功率变化情况(包括下降或上升过程)；

——定位焊道细节；

——振荡模式、幅度、频率和持续时间；

——激光束的方向、偏振及相对接头和焊接方向的位置：

1) (两个方向的)角度；

2) 横向位置。

4.13.2 机械参数

——移动速度；

——移动速度的变化要求；

——送丝速度、方向、位置及角度。

4.13.3 等离子抑制气体、保护气体及背面气体的参数

——种类；

——气体流量；

——气体纯度；

——净化程序。

4.13.4 其他参数

——工作距离(mm)；

——保护气喷嘴相对工件的位置及方向。

4.14 焊前及焊后加热

要求预热、后热、焊后热处理时，WPS 应规定相应的温度、保温时间及其他操作的指令。采用激光束进行预热或后热时，WPS 应记录相关的参数。

4.15 焊后的操作

所有机械加工、化学处理和热处理。

附 录 A
（资料性附录）
激光焊工艺规程（WPS）示例

WPS 编号：

WPQR 编号：

设备标识：

——激光焊机：

——光束偏振：

——光束传输系统：

——光束聚焦系统：

——等离子抑制气体系统：

——等离子保护气体系统：

——填充材料供给系统：

母材型号： 1

2

材料厚度(mm)： 1 ——外径(mm)：

2

填充材料或附加材料：

——型号： ——尺寸： ——保管：

接头种类：

——薄板或板材： ——圆柱形： ——轴向：

——径向：

——其他：

接头设计	焊接操作

夹具、卡具及辅助工具： 是□ 否□

——机械固定：

——定位焊方法：

背面支撑： 是□ 否□

背面气体：

准备			
规范参数			
	定位焊道	焊接焊道	修饰焊道
焊接位置			
焊接技能			
工件处的光束功率 ——连续 ——二氧化碳激光器的 F 数 功率峰值 脉冲能量 脉冲频率 脉冲持续时间 波形			
功率变化情况 ——上升 ——搭接 ——下降 ——变化波形			
振荡 ——模式 ——幅度 ——频率 ——持续时间			
激光束方位角度 ——纵向 ——横向 ——(位置)			
移动速度			
移动速度变化情况			
送丝速率			
工作气体 ——型号和种类 ——流量			
保护气体 ——型号和种类 ——流量 ——净化程序			
工作距离			
保护气体喷嘴 ——位置 ——方向			
——预热[a] ——后热[a]			
焊后操作[a]			
[a] 有要求时。			

制造商(名称、签字及日期):

附 录 B
（资料性附录）
钢材分类指南

根据 ISO/TR 15608 的钢材分类见表 B.1。

表 B.1 钢材类组

成分用%表示

类别	组别	钢种
1		屈服极限 R_{eH}≤460 N/mm^2，且成分如下： C≤0.25，Si≤0.60，Mn≤1.70，Mo≤0.70[a]，S≤0.045，P≤0.045，Cu≤0.40[a]，Ni≤0.5[a]，Cr≤0.3(0.4 铸钢)，Nb≤0.05，V≤0.12[a]，Ti≤0.05
	1.1	屈服极限 R_{eH}≤275 N/mm^2 的钢
	1.2	屈服极限 275 N/mm^2＜R_{eH}≤360 N/mm^2 的钢
	1.3	屈服极限 R_{eH}＞360 N/mm^2 的细晶粒正火钢
	1.4	改进型耐候钢(某一种元素允许超标)
2		屈服极限 R_{eH}＞360 N/mm^2 的热控轧处理的细晶粒钢和铸钢
	2.1	屈服极限 360 N/mm^2＜R_{eH}≤460 N/mm^2 的热控轧处理的细晶粒钢和铸钢
	2.2	屈服极限 R_{eH}＞460 N/mm^2 的热控轧处理的细晶粒钢和铸钢
3		屈服极限 R_{eH}＞360 N/mm^2 的调质钢和沉淀硬化钢(不锈钢除外)
	3.1	屈服极限 360 N/mm^2＜R_{eH}≤690 N/mm^2 的调质钢
	3.2	屈服极限 R_{eH}＞690 N/mm^2 的调质钢
	3.3	沉淀硬化钢(不锈钢除外)
4		Mo≤0.7 且 V≤0.1 的低钒 CrMo(Ni)钢
	4.1	Cr≤0.3 且 Ni≤0.7 的钢
	4.2	Cr≤0.7 且 Ni≤1.5 的钢
5		Cr≤0.35 的无钒 CrMo 钢[b]
	5.1	0.75≤Cr≤1.5 且 Mo≤0.7 的钢
	5.2	1.5＜Cr≤3.5 且 0.7＜Mo≤1.2 的钢
	5.3	3.5＜Cr≤7.0 且 0.4＜Mo≤0.7 的钢
	5.4	7.0＜Cr≤10.5 且 0.7＜Mo≤1.2 的钢
6		高钒 CrMo(Ni)合金钢
	6.1	0.3≤Cr≤0.75，Mo≤0.7，V≤0.35 的钢
	6.2	0.75＜Cr≤3.5，0.7＜Mo≤1.2，V≤0.35 的钢
	6.3	3.5＜Cr≤7.0，Mo≤0.7，0.45≤V≤0.55 的钢
	6.4	7.0＜Cr≤12.5，0.7＜Mo≤1.2，V≤0.35 的钢
7		C≤0.35，10.5≤Cr≤30 的铁素体钢、马氏体钢或沉淀硬化不锈钢
	7.1	铁素体不锈钢
	7.2	马氏体不锈钢
	7.3	沉淀硬化不锈钢

表 B.1（续）

成分用%表示

类别	组别	钢种
8		奥氏体不锈钢
	8.1	Cr≤19 的奥氏体不锈钢
	8.2	Cr>19 的奥氏体不锈钢
	8.3	4.0<Mn≤12 的含锰奥氏体不锈钢
9		Ni≤10 的镍合金钢
	9.1	Ni≤3.0 的镍合金钢
	9.2	3.0<Ni≤8.0 的镍合金钢
	9.3	8.0<Ni≤10 的镍合金钢
10		奥氏体-铁素体双相不锈钢
	10.1	Cr≤24 的奥氏体-铁素体不锈钢
	10.2	Cr>24 的奥氏体-铁素体不锈钢
11		除 0.25<C≤0.5 外，其余成分与 1 类钢相同的钢[c]
	11.1	0.25<C≤0.35，其余成分与 1 类钢相同的钢
	11.2	0.35<C≤0.5，其余成分与 1 类钢相同的钢

注：按照钢的产品标准，R_{eH} 可用 $R_{p0.2}$ 或 $R_{t0.5}$ 代替。

[a] 当 Cr+Mo+Ni+Cu+V≤0.75 时，更高的值也可接受。

[b] “无钒”表示没特意添加该元素。

[c] 当 Cr+Mo+Ni+Cu+V≤1 时，更高的值也可接受。

ICS 25.160.10
J 33

中华人民共和国国家标准

GB/T 19867.5—2008/ISO 15609-5:2004

电阻焊焊接工艺规程

Welding procedure specification for resistance welding

(ISO 15609-5:2004,Specification and qualification of welding procedures for metallic materials—Welding procedure specification—Part 5:Resistance welding,IDT)

2008-03-31 发布　　2008-09-01 实施

中华人民共和国国家质量监督检验检疫总局
中国国家标准化管理委员会　发布

前　言

GB/T 19867 分为如下五部分：

——第 1 部分：电弧焊焊接工艺规程；

——第 2 部分：气焊焊接工艺规程；

——第 3 部分：电子束焊接工艺规程；

——第 4 部分：激光焊接工艺规程；

——第 5 部分：电阻焊焊接工艺规程。

本部分为 GB/T 19867 的第 5 部分。

本部分等同采用 ISO 15609-5:2004《金属材料焊接工艺规程及评定　焊接工艺规程　第 5 部分：电阻焊》(英文版)。

本部分等同翻译 ISO 15609-5:2004。为了便于使用，本部分做了下列编辑性改动：

——删除了国际标准的前言；

——将标准名称改为“电阻焊焊接工艺规程”；

——对 ISO 15609-5:2004 中引用的其他国际标准，有被等同采用为我国标准的用我国标准代替对应的国际标准。

本部分的附录 A、附录 B、附录 C 为资料性附录。

本标准由全国焊接标准化技术委员会提出并归口。

本标准负责起草单位：哈尔滨焊接研究所、中国船级社上海规范研究所、北京电力建设公司。

本标准主要起草人：朴东光、沈传钊、任永宁。

电阻焊焊接工艺规程

1 范围

GB/T 19867 的本部分规定了电阻焊的工艺规程内容要求。本部分适用于电阻点焊、对焊、缝焊和凸焊等焊接方法。

2 规范性引用文件

下列文件中的条款通过 GB/T 19867 的本部分的引用而成为本部分的条款。凡是注日期的引用文件,其随后所有的修改单(不包括勘误的内容)或修订版均不适用于本部分,然而,鼓励根据本部分达成协议的各方研究是否可使用这些文件的最新版本。凡是不注日期的引用文件,其最新版本适用于本部分。

GB/T 8366 电阻焊设备的额定值与运行条件(GB/T 8366—2004,ISO 669:2000,IDT)

GB/T 5185 焊接及相关工艺方法代号(GB/T 5185—2005, ISO 4063:1998,IDT)

GB/T 19866 焊接工艺规程及评定的一般原则 (GB/T 19866—2005, ISO 15607: 2003, IDT)

JB/T 3158 电阻点焊直电极 (JB/T 3158—1999,ISO 5184:1979,IDT)

JB/T 3948 电阻点焊电极帽(JB/T 3948—1999,ISO 5821:1979,IDT)

JB/T 8442.1 电阻焊水冷次级连接电缆 第 1 部分:双芯连接电缆尺寸和技术要求(JB/T 8442.1—1996, ISO 8205-1:2002,IDT)

JB/T 8442.2 电阻焊水冷次级连接电缆 第 2 部分:单芯连接电缆尺寸和技术要求(JB/T 8442.2—1996, ISO 8205-2:2002,IDT)

JB/T 9531 点焊 电极挡块和夹块(JB/T 9531—1999,ISO 5827:1983,IDT)

JB/T 10255—2001 电阻焊设备 电极接头外锥度1:10 第 1 部分: 圆锥度配合1:10(ISO 5183-1:1998,IDT)

JB/T 10256.1 电阻点焊 电极握杆 第 1 部分:锥度配合(JB/T 10256.1—2001, ISO 8430-1:1998, IDT)

JB/T 10256.2 电阻点焊 电极握杆 第 2 部分:莫氏锥度配合(JB/T 10256.2—2001, ISO 8430-2:1998,IDT)

JB/T 10256.3 电阻点焊 电极握杆 第 3 部分:末端插(JB/T 10256.1—2001, ISO 8430-1:1998, IDT)

3 术语和定义

本部分采用 GB/T 19866 和 GB/T 8366 规定的术语及定义。

4 焊接工艺规程(WPS)的技术内容

4.1 一般原则

焊接工艺规程(WPS)应当包含执行焊接操作的必要信息,至少应包含 4.2～4.4 所列的内容。具体应用时,可以根据实际情况做增减处理。

附录 A、附录 B 和附录 C 提供了 WPS 格式的示例。这些格式可根据实际应用需要做调整。

4.2 有关制造商的内容

——制造商名称;

——WPS 的名称及编号；

——焊接工艺评定报告(或其他所需文件)的编号。

4.3 有关母材的内容

4.3.1 母材成分

——材料的型号及相关标准；

——涂层的种类、厚度、数量(需要时)。

4.3.2 母材尺寸

——接头处母材的厚度；

——对接焊时，管子或型材的横截面尺寸。

4.4 焊接工艺通则

4.4.1 焊接方法

使用的焊接方法按 GB/T 5185 表示。

——点焊(21)：

1) 手工：设备；焊具。

2) 多点焊：双面点焊；单面点焊；手压点焊；串联点焊。

3) 机械化：单阶；传输线；自动送进；机器人。

——缝焊(22)(滚点焊)：手工/导向/自动/机器人。

——凸焊(23)：单点/多点；凸起/实体。

——电阻对焊(25)：电阻焊/闪光焊/电容储能焊。

——胶接点焊：手工/机械化/机器人。

4.4.2 设备技术条件

设备型号和标识(参见 GB/T 8366)。

4.4.3 接头设计

应当规定工件搭接量、边缘条件、焊点距、按照薄板厚度确定的焊接顺序和方式。相关标准对此有规定时，应符合标准规定。

注：可采用视图表示接头设计/轮廓。

4.4.4 表面或边缘的制备

——去污、丝刷、化学清洗等；

——对接焊时的所有机械加工边、面(如面层、抛光)；

——点焊、缝焊和凸焊时，去除的毛边。

4.4.5 焊接操作技术

——手工、多点、机械化、机器人焊接；

——附件详细情况、焊接顺序及/或模式，焊具角度或方位；

——工件固定、装卡或导向系统、定位焊等；

——控制变形、压痕、污染、腐蚀的程序(如采用正面或背面电极、保护气体等)。

注：还应考虑操作人员的保护。

4.4.6 电阻焊电极及附件

——电极的形状、尺寸和材质，应符合 JB/T 3158 规定，电极帽应符合 JB/T 3948 规定，电极卡头应符合 JB/T 10255 规定；

——背面电极的形状、尺寸和材质应符合 JB/T 9531 规定；

——附件的形状、尺寸和材质(如电极座、电缆、柔性管、分流器等)应符合 JB/T 8442.1 和 JB/T 8442.2规定；

——公差应符合 JB/T 10256.1、JB/T 10256.2 和 JB/T 10256.3 的规定。

4.4.7 **机器参数及控制装置**

——焊接电流模式:连续交变电流、直流、高频、中频或电容放电、频率转换器;
——电流值大小(脉冲焊接时的电流级值及脉冲数量);
——焊接时间:加压及焊接时间程序(如预压时间、加压、焊接加热及冷却、脉冲数量、循环持续时间及焊后热处理,即回火循环);
——次级电压读取(信息记录);
——电极压力:大小及施加过程;
——焊接电流程序:上升、下降、恒定控制;
——通电时的缝焊速度;
——热处理;
——断电时的缝焊速度(滚点焊时为工件的移动速度,多点焊或多点凸焊也参照如此);
——焊机/变压器和电极的冷却要求;
——加热(切换)装置及变压器分头装置。

附 录 A
(资料性附录)
焊接工艺规程 第1部分:工艺要求

编号:

出版/版本:	
日期:	后续工序的工艺规程编号:
用户:	
制造商:	
产品	
描述:	质量要求:
组件名称:	产品标识[1]:
接头位置/操作代号	组件编号:
/标识代码[1]:	接头种类:
母材:	形式:
表面条件:	焊接方式/顺序(示意图)[1]:
工艺规程	
种类:	焊接速度(焊点/分钟):
环境限制:	位置:
设备标识:	设备类型[2]:
手工/机械/自动:	设备规格/功率:
电极安装[1]:	工具[1]:
特殊使用要求:	电极更换/填料程序:附录C
电极夹头(钻头式/非钻头式):	控制装置(程序)编号:
机器控制类型:	焊接电流种类:
机器控制识别编号:	监视器类型:
辅助设备的使用:	焊接电流(kV):
动臂机构类型(气瓶式)[3]:	次级电压(V):
缝焊或滚点焊:	电极压力(kN):
电流持续时的	顶锻压力:
缝焊速度(m/min):	冷却类型/流量(L/min):
断电时的	规定的焊后热处理:附录C
缝焊速度(m/min):	焊后热处理设备:

特殊说明:

编制:

日期:

1) 填写图样编号。

2) 填写标识字母,如:SP=基座式点焊设备;PW=凸焊设备;CG=便携式C型焊钳;MW=多点焊设备;SG=便携式焊具;PS=便携式缝焊设备;RW=焊接机器人;SW=缝焊设备。
细分类:D=双击式;H=水压式;S=缓降式;n=其他类型(如电磁)。

3) S=单击式;D=双击式;P=隔板;R=流量限定器。

附 录 B
（资料性附录）
焊接工艺规程 第2部分:质量验收要求

编号：

出版/版本：
日期：
用户：
制造商：

产品
描述： 产品标识[1]：
组件名称： 组件编号：
接头种类：
接头位置/ 操作代号/ 标识代码[1]：

质量要求：
产品： 焊缝种类：
焊点合格率： 验收准则：

接头的几何尺寸及物理性能

规定的试验值		实际参数值/mm	
(最小)熔核直径			
(最小/最大)熔核压痕			
(公称)电极压痕直径			
(最大)电极压痕深度			
(最大)薄板间距			
	最小参数值/kN	最小焊点直径/mm	断裂类型
撕裂试验			
剥离力			
剪切力			
横向拉力			
冲击力			

疲劳载荷(kN)及周期：
特殊说明： 腐蚀试验：
编制：
日期：

1) 填写图样编号。

附 录 C
（资料性附录）
焊接工艺规程　第3部分：焊机设定参数

编号：

出版/版本：
日期：
用户：
制造商：

产品	
描述：	产品标识[1)]：
组件名称：	组件编号：
接头位置/操作代号/标识代码[1)]：	接头种类：
设备	
设备/焊具类型：	设备标识编号：
台板/电极尺寸(mm)：	次级电缆/分流器规格(mm×mm)：
输出功率(kVA)：	次级电缆种类和长度：
电极帽编号：	变压器型号：
控制继电器/程序控制器：	控制继电器/程序控制器编号：
汽缸类型：	辅助工具：
升起高度：	冷却方式/流量(L/min)：
电极安装：	电极给进速度(m/min)：
附件检查：	启动信号源：
电极力(kN)：	循环触发信号的结束：
安全措施：	焊点厚度尺寸：
位置(工作站)：	
焊接控制参数	焊接电流(kA)：
预压时间(50或60赫兹/周期)：	加热设定：
预压时间(周期)：	脉冲数：
焊接时间(周期)：	焊接电流(kA)：
断电时间(周期)：	加热设定：
重复焊接时间(周期)：	上升：
保持时间(周期)：	下降：
断电时间(周期)：	记录器动作：
监视器类型：	步进器控制动作：
步进器控制类型：	步进器控制程序：
设备/工具	
机器控制设定：	电极条件：

1）填写图样编号。

附件使用条件：　　　　　　　　　　　　　工具条件：

焊后热处理：

特殊说明：

编制：

日期：

ICS 25.040.20
J 07

中华人民共和国国家标准

GB/T 19903.11—2008/ISO 14649-11:2004

工业自动化系统与集成 物理设备控制 计算机数值控制器用的数据模型 第11部分:铣削用工艺数据

Industrial automation systems and integration—Physical device control—Data model for computerized numerical controllers—Part 11:Process data for milling

(ISO 14649-11:2004,IDT)

2008-03-31 发布　　2008-11-01 实施

中华人民共和国国家质量监督检验检疫总局
中国国家标准化管理委员会　发布

前　言

GB/T 19903《工业自动化系统与集成　物理设备控制　计算机数值控制器用的数据模型》等同采用 ISO 14649。GB/T 19903 已经制定并计划制定的部分如下：

——第 1 部分：概述和基本原理(ISO 14649-1)；

——第 10 部分：通用工艺数据(ISO 14649-10)；

——第 11 部分：铣削用工艺数据(ISO 14649-11)；

——第 12 部分：车削用工艺数据(ISO 14649-12)；

——第 111 部分：铣削刀具(ISO 14649-111)；

——第 121 部分：车削刀具(ISO 14649-121)。

部分之间的空档留作标准的进一步补充制定之用。

本部分为 GB/T 19903 的第 11 部分。

本部分是首次制定的。本部分等同采用 ISO 14649-11:2004《工业自动化系统与集成　物理设备控制　计算机数值控制器用的数据模型　第 11 部分：铣削用工艺数据》(英文第二版)。

本部分等同翻译 ISO 14649-11:2004。

为便于使用，本部分作了如下编辑性修改：

a) 删除了 ISO 14649-11:2004 的前言和引言；

b) 删除了 ISO 14649-11:2004 第 2 章规范性引用文件中的引导语，用 GB/T 1.1—2000 中 6.2.3 规定的引导语代替；

c) 无部分号的 ISO 14649 改为 GB/T 19903；

d) 无部分号的 ISO 10303 改为 GB/T 16656；

e) 索引部分按汉语拼音顺序排序，并保留了原英文索引。

在 ISO 14649-11:2004 中引用的其他国际标准，对于未被等同采用为我国标准的，在本部分中均被直接引用。

本部分的附录 A、附录 B、附录 C 为规范性附录；附录 D、附录 E 为资料性附录。

本部分由中国机械工业联合会提出。

本部分由全国工业自动化系统与集成标准化技术委员会归口。

本部分起草单位：北京发那科数控工程有限公司、华中科技大学、武汉华中数控股份有限公司。

本部分主要起草人：梁若琼、彭芳瑜、罗忠诚。

引　言

现代制造企业的生产设备常常分布在国内外，这些设备往往由不同的生产厂家提供。在加工制造过程中，需要在各工场和设备之间传输大量信息。当今，数字通信标准已解决了通过全球网络可靠地传输信息的技术问题。对于机械加工而言，通过GB/T 16656(STEP标准)可以使产品数据的描述标准化，这为机械制造企业在整个加工过程中采用标准化数据提供了可能。但是，妨碍实现标准化数据的原因是企业中使用的CNC机床采用的数据格式。目前大多数CNC机床仍采用ISO 6983规定的“G和M代码”语言编程，数控程序通常是由CAD/CAM系统生成的。然而用ISO 6983编程存在一些不足：首先，所用语言针对的是刀具中心轨迹对机床轴的编程，而不是对零件加工工艺过程的编程；第二，该标准规定的程序语义在多数场合会产生歧义；第三，CNC制造厂商往往会扩充编程语言，但这种扩充超出了ISO 6983规定的范围，不具有互换性。

GB/T 19903是在CAD/CAM系统和CNC机床之间的一种新的数据传输模型，用来取代ISO 6983。它利用工步(Workingstep)面向对象的原理，通过规定加工工艺过程(而不是刀具的运动)来克服ISO 6983存在的不足。工步相应于高层的加工特征及相关的工艺参数，CNC系统将工步转换成轴运动和刀具操作。GB/T 19903的一个主要优点是它利用来自GB/T 16656的数据模型。由于GB/T 19903提供了范围广泛的制造过程模型，因而，它也可以作为所有其他信息技术系统之间双向和多向数据交换的基础。

GB/T 19903是一种面向对象的编程用的信息和语境保存方法，它代替数据变成简单的开关指令或直线和圆弧运动。由于它面向对象的特征，并描述工件的加工操作，而不是描述机床轴的运动，因而它能在不同的机床或控制器上运行。新的数据模型如在NC控制器上运用，它的兼容性将省去通过后置处理器的所有数据适配工作。如果在这种控制器中采用ISO 6983规定的NC程序，相应的解释程序应能并行处理不同类型的NC程序。

从使用ISO 6983编程到基于可移植的特征编程有一个渐进的过程。GB/T 19903的早期使用者一定会支持手动或通过程序输入传统的“G和M代码”数据，正如现代控制器既支持命令行界面又支持图形用户界面那样。随着开放式体系结构控制器的日益普及，这种做法会更加容易实现。

在整个生命周期内，在产品数据的领域里，GB/T 19903与GB/T 16656是相互协调一致的。而在GB/T 19903.1—2005的图1中，表示GB/T 19903、GB/T 16656和CNC制造厂之间关于实现方法和软件开发标准的不同领域。

工业自动化系统与集成 物理设备控制 计算机数值控制器用的数据模型 第11部分:铣削用工艺数据

1 范围

在GB/T 19903的本部分中详细说明了铣削工艺中的专用基本数据。这部分与GB/T 19903.10中所描述的通用加工数据模型一起,定义了铣削时计算机数值控制器和编程系统(例如CAM系统或车间级编程系统)的接口。它可用于各式机床的铣削操作,铣床、加工中心或带有自动刀具具有铣削功能的车床。本部分所定义的范围不包括车削、磨削或电火花加工等其他工艺,这些工艺会在GB/T 19903后面部分定义。

在GB/T 19903的本部分中milling-schema的主要内容是定义典型铣削和钻孔加工工艺专用数据类型。其中既有自由曲面铣削,也有棱形工件铣削(也称2轴半铣削)。模式中不包括几何类型、表示方法、加工特征、可用实例和通用工艺的基本类型。这些信息具体参见GB/T 16656和GB/T 19903.10。加工数据的描述使用GB/T 16656.11定义的EXPRESS语言,数据编码使用GB/T 16656.21相关规定。

2 规范性引用文件

下列文件中的条款通过GB/T 19903的本部分的引用而成为本部分的条款。凡是注日期的引用文件,其随后所有的修改单(不包括勘误的内容)或修订版均不适用于本部分,然而,鼓励根据本部分达成协议的各方研究是否可使用这些文件的最新版本。凡是不注日期的引用文件,其最新版本适用于本部分。

GB/T 16656.11 工业自动化系统与集成 产品数据的表达与交换 第11部分:描述方法:EXPRESS语言参考手册(GB/T 16656.11—1996,eqv ISO/DIS 10303-11:1993)

GB/T 16656.21 工业自动化系统与集成 产品数据的表达与交换 第21部分:实现方法:交换结构的纯文本编码(GB/T 16656.21—1997,idt ISO 10303-21:1994)

3 术语和定义

在本部分中使用下列术语和定义。

3.1

精加工 finishing

铣削操作用于切削工件。精加工常常在粗加工之后进行。精加工的目的是要达到表面质量的要求(相对于粗加工)。

3.2

粗加工 roughing

铣削操作用于切削工件。粗加工的目的是在短时间内去除大量材料,此时表面质量不是重要因素。粗加工之后通常是精加工(见3.1)。

4 通用工艺数据

4.1 标题和引用(header and references)

下列清单给出标题和这种模式内所引用的实体表。

```
SCHEMA milling_schema;
(*
Version of April 30,2004
Author:ISO TC184/SC1/WG7
*)
REFERENCE FROM support_resource_schema          (* ISO 10303-41e3* )
(identifier,
  label
);
REFERENCE FROM geometry_schema                  (* ISO 10303-42e3* )
(bounded_curve,
   cartesian_point,
   direction
);
REFERENCE FROM measure_schema                   (* ISO 10303-41e3* )
(length_measure,
positive_ratio_measure,
time_measure
);
REFERENCE FROM machining_schema   (* ISO 14649-10* )
(nc_function,
machine_functions,
machining_operation,
machining_tool,
material,
plane_angle_measure,
pressure_measure,
property_parameter,
rot_direction,
rot_speed_measure,
speed_measure,
technology,
toolpath_list,
tool_direction);
REFERENCE FROM milling_machine_tool_schema   (* ISO 14649-111* )
(
milling_cutting_tool);
```

4.2 专用加工操作(technology specific machining operations)

4.2.1 铣削 NC 功能(NC functions for milling)

铣削 NC 功能在接下来的条款中详细描述。这些功能是 GB/T 19903.10 定义 nc_function 实体的子类。

4.2.1.1 换托盘(exchange pallet)

这个功能用来实现换托盘。

```
ENTITY exchange_pallet (* m0 *)
  SUBTYPE OF (nc_function);
END_ENTITY;
```

4.2.1.2 检索托盘(index pallet)

这个功能把托盘置于由参数设定的指定位置。

```
ENTITY index_pallet (* m0 *)
  SUBTYPE OF (nc_function);
its_index:INTEGER;
END_ENTITY;
```

its_index:　　表示托盘目标位置的参数设定值。

4.2.1.3 检索工作台(index table)

这个功能把回转工作台移动到参数设定的指定位置。

```
ENTITY index_table (* m0 *)
  SUBTYPE OF (nc_function);
its_index:INTEGER;
END_ENTITY;
```

its_index:　　表示工作台目标位置的参数设定值。

4.2.1.4 装刀具(load tool)

这个功能是用来装刀具,刀具的选择与几何信息无关。

```
ENTITY load_tool (* m0 *)
  SUBTYPE OF (nc_function);
its_tool:machining_tool;
END_ENTITY;
```

its_tool:　　要装的刀具。

4.2.1.5 卸刀具(unload tool)

这个功能用来卸刀具。

```
ENTITY unload_tool        (* m0 *)
  SUBTYPE OF (nc_function);
its_tool:OPTIONAL machining_tool;
END_ENTITY;
```

its_tool:　　要换的刀具。为防止操作中同时使用一把以上刀具,必须分别设定其属性值。

4.2.2 铣削刀具方位(tool direction for milling)

这是用于自由曲面加工中的刀具状态的基本类型,是 GB/T 19903.10 定义的 tool_direction 实体的子类。

```
ENTITY tool_direction_for_milling (* m0 *)
  ABSTRACT SUPERTYPE OF (ONEOF(three_axes_tilted_tool,
  five_axes_var_tilt_yaw,five_axes_const_tilt_yaw))
```

```
  SUBTYPE OF (tool_direction);
END_ENTITY;
```

4.2.2.1 3轴倾斜刀具(three axes tilted tool)

在这个加工模式中,刀具是倾斜的,因此刀具方位与机床坐标系中的3个坐标轴都不平行。但是刀具倾角固定,并仍然是在3个线性轴上运动。和five_axes_var_tilt_yaw不同,3轴倾斜刀具方式中其倾角和偏转角是不变的。

```
ENTITY three_axes_tilted_tool (* m0* )
  SUBTYPE OF (tool_direction_for_milling);
its_tool_direction:direction;
END_ENTITY;
```

its_tool_direction: 机床绝对坐标系定位中的刀具状态。

4.2.2.2 可变倾角和偏转角的5轴加工(five axes with variable tilt and yaw angles)

加工时刀具5轴联动。在运动过程中,跟随刀具轨迹中的曲线不断调整刀具的状态。

```
ENTITY five_axes_var_tilt_yaw (* m1* )
  SUBTYPE OF (tool_direction_for_milling);
END_ENTITY;
```

4.2.2.3 固定倾角和偏转角的5轴加工(five axes with constant tilt and yaw angles)

这是可变倾角和偏转角5轴加工的特例。刀具在运动过程中倾角和偏转角在刀位点是不变的,其状态取决于刀具的接触点的法线和进给方向的切线组成的坐标系。倾角和偏转角设置为这个实体的属性。

注:如果给某条刀具路径指定一条详细的刀位状态曲线,那么这些值可能会被重设。

```
ENTITY five_axes_const_tilt_yaw (* m0* )
  SUBTYPE OF (tool_direction_for_milling);
tilt_angle:  plane_angle_measure;
yaw_angle:  plane_angle_measure;
END_ENTITY;
```

tilt_angle: 刀具在进给方向的倾斜角度,以刀具接触点上的曲面法线来计算。

yaw_angle: 倾斜刀具绕曲面法线的偏转角度,以刀具接触点在进给方向的曲面切线来计算。

4.2.3 铣削加工操作(milling machining operation)

GB/T 19903的本部分定义了所有操作的基本类型。这是GB/T 19903.10定义的machining_operation实体的子类。例如当its_technology中的feedrate_per_tooth被选中时,its_tool中的number_of_effective_teeth会自动给出。

```
ENTITY milling_machining_operation (* m0* )
  ABSTRACT SUPERTYPE OF (ONEOF(milling_type_operation,
  drilling_type_operation))
  SUBTYPE OF (machining_operation);
overcut_length:OPTIONAL length_measure;
WHERE
WR1:(EXISTS(SELF.its_technology.feedrate_per_tooth) AND
EXISTS(SELF.its_tool.number_of_effective_teeth))
OR(NOT(EXISTS(SELF.its_technology.feedrate_per_tooth)));
END_ENTITY;
```

overcut_length:位于特征中开放侧的间距。加工中不允许所有面都有材料作为边界,例如开槽。

在 Round-hole 场合，此属性只有是通孔时是允许的。如果 drilling_type_operation 中为 cutting_depth 指定了一个有冲突的值，overcut_length 可以忽略。

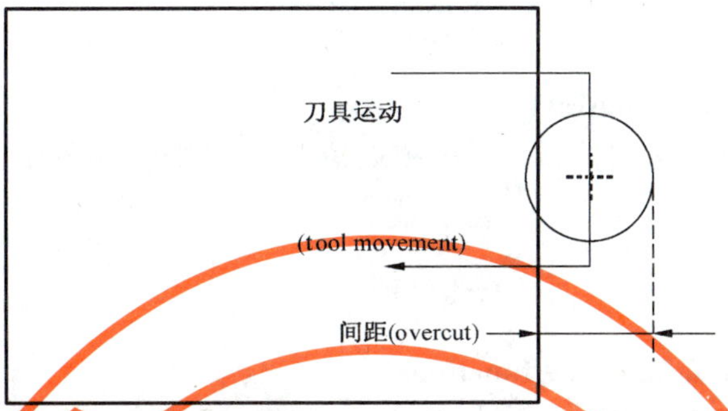

图 1　间距

4.2.4　铣削工艺(milling technology)

这个实体定义铣削操作的工艺参数。它是 GB/T 19903.10 定义的工艺实体的子类。在 4 个可选速度值中，两个必须通过 WHERE 规则指定。如果调用了 adaptive_control 属性，其中一些或全部值可能被忽略。

```
ENTITY milling_technology (* m0* )
  SUBTYPE OF (technology);
  cutspeed:                        OPTIONAL speed_measure;
  spindle:                         OPTIONAL rot_speed_measure;
  feedrate_per_tooth:              OPTIONAL length_measure;
  synchronize_spindle_with_feed:   BOOLEAN;
  inhibit_feedrate_override:       BOOLEAN;
  inhibit_spindle_override:        BOOLEAN;
  its_adaptive_control:            OPTIONAL adaptive_control;
WHERE
  WR1:(EXISTS(cutspeed) AND NOT EXISTS(spindle))
  OR (EXISTS(spindle) AND NOT EXISTS(cutspeed))
  OR (EXISTS(its_adaptive_control));
  WR2:(EXISTS(SELF.feedrate) AND NOT
EXISTS(feedrate_per_tooth))
  OR (EXISTS(feedrate_per_tooth) AND NOT EXISTS(SELF.feedrate))
  OR (EXISTS(its_adaptive_control));
END_ENTITY;
```

cutspeed:　刀具的切削速度，主轴速度转速转化为线速度。

spindle:　刀具转速。根据 rot_speed_measure 的定义，正值表示刀具转向为 C 轴数学上的正方向旋转，例如从刀架向工件方向看刀具逆时针运动是正向。

注：通常加工中需要刀具顺时针运动，此时 spindle 为负值。

feedrate_per_tooth:　每齿进给量。

synchronize_spindle_with_feed:　如果为真，切削速度和刀具进给同步。当切削速度提高或降低时，孔底部的螺距能保持恒定。

inhibit_feedrate_override:　如果为真，则不允许通过操作面板或者自适应控制系统重设

	进给倍率。
inhibit_spindle_override	如果为真,则不允许通过操作面板或者自适应控制系统重设主轴转速倍率。
its_adaptive_control	用户自定义自适应控制策略。

4.2.4.1 自适应控制(adaptive control)

本实体定义了用户自适应控制策略。在后面章条中,自适应控制特定的算法和更多的参数将会在相应的子类中给出。

```
ENTITY adaptive_control; (* m1 *)
END_ENTITY;
```

4.2.5 铣削加工功能(milling machine functions)

本实体定义了机床在一个加工时间段的各种功能状态,像冷却液、排屑等。本实体是GB/T 19903.10中定义machine_functions实体的子类。

```
ENTITY milling_machine_functions                          (* m0 *)
  SUBTYPE OF (machine_functions);
  coolant:                    BOOLEAN;
  coolant_pressure:           OPTIONAL pressure_measure;
  mist:                       OPTIONAL BOOLEAN;
  through_spindle_coolant:    BOOLEAN;
  through_pressure:           OPTIONAL pressure_measure;
  axis_clamping:              LIST [0:?] OF identifier;
  chip_removal:               BOOLEAN;
  oriented_spindle_stop:      OPTIONAL direction;
  its_process_model:          OPTIONAL process_model_list;
  other_functions:            SET [0:?] OF property_parameter;
END_ENTITY;
```

coolant:	如果为真,冷却液开启。
coolant_pressure:	冷却系统压力,可选项,仅冷却液开启时有效。
mist:	如果为真,喷雾冷却开启。默认状态为假。仅冷却液开启时有效。
through_spindle_coolant:	如果为真,通过主轴的冷却液开启,默认状态为关闭。
through_pressure:	通过主轴的冷却液压力。 仅在through_spindle_coolant为真时有效。
axis_clamping:	指定被锁紧的轴,比如 *X*、*Y*、*A*。 注:此信息是否有效取决于机床操作面板和参数设定。
chip_removal:	如果为真,排屑功能开启。
oriented_spindle_stop:	如果指定,主轴在工步进行或结束时停机的情况下,主轴将会停止在相对于 *C* 轴机床零点设定的位置。
its_process_model:	工艺控制信息,可选项。
other_functions:	一般类型的其他功能列表,可选项。

4.2.5.1 工艺模型表(process model list)

对每一工步,可能会启动一个或更多的工艺模型。有许多用于工艺控制的模块,如减振、热补偿等。

```
ENTITY process_model_list;                                (* m1 *)
  its_list:LIST [1:?] OF process_model;
```

END_ENTITY;

its_list: 当前工步的工艺模型表。

4.2.5.1.1 工艺模型(process model)

使加工过程更安全、更精确的专用功能。(例如减少振动、热补偿……)

```
ENTITY process_model;                                  (*ml*)
  ini_data_file:label;
  its_type:label;
END_ENTITY;
```

ini_data_file: 包含工艺模型初始化信息的文件名。

its_type: 工艺模型的类型(例如减振,热补偿……)。

4.2.6 铣削类型操作(milling type operation)

这是所有铣削操作的基本类型。它包括描述工艺和策略的所有必要的属性,是实体 milling_machining_operation 的子类。

通常,有两种类型的加工操作:粗加工和精加工。粗加工是用来从毛坯表面去除材料至包含多层精加工余量的特征底面或侧面。精加工是用来去除精加工的加工余量,完成最终的特征表面。如果有预留特征(如预留孔、预留槽),粗加工过程需要先执行一遍。特殊情况是在 2 轴半铣削策略中考虑 allow_multiple_passes 的属性。

```
ENTITY milling_type_operation                          (*m0*)
    ABSTRACT SUPERTYPE OF (ONEOF(freeform_operation,two5D_milling_operation))
    SUBTYPE OF (milling_machining_operation);
    approach:  OPTIONAL approach_retract_strategy;
    retract:  OPTIONAL approach_retract_strategy;
END_ENTITY;
```

approach: 起始切削的刀具趋近路径,可选项。如果像 allow_multiple_passes 指定的那样分层切削,这种策略会被用来从一层移动到下一层的开始位置。

默认情况下,由 NC 控制器决定趋近策略。如果切削的起始点与上一加工过程的终止点恰好重合,可能就不会有任何的趋近运动。如果给定 its_toolpath,该属性被忽略。

retract: 在精加工最后一刀结束后的退刀策略,可选项。默认情况下由 NC 控制器决定退刀策略。如果切削的结束点与下一加工过程的起始点恰好重合,可能就不会有任何的退刀运动。如果给定 its_toolpath,该属性被忽略。

4.2.6.1 进退刀策略(approach retract strategy)

进退刀策略的基本类型。所有的进刀和退刀策略都相关于切削过程的起点或者终点而定义,不管其是否在 NC 控制器决定的加工过程中明显给出来。由此导致的进刀运动的起始点或者退刀运动的终止点定义为当前加工过程的起始点和终止点。进刀或退刀轨迹的进给速率就是相关的起始点或者终止点分别规定的切削进给速率。

```
ENTITY approach_retract_strategy                       (*ml*)
    ABSTRACT SUPERTYPE OF (ONEOF (plunge_strategy,air_strategy,along_path));
    tool_orientation:OPTIONAL direction;
END_ENTITY;
```

tool_orientation：　仅用于5轴加工机床。在进刀或者退刀运动中规定了刀具在起始或者终止时各自的刀具状态。

4.2.6.2 进刀策略(plunge strategy)

这是所有进刀包括切削材料时进刀运动的基本类型。槽加工操作是典型情况，在进刀至第一个切削层深度或者在切削层之间需要去除材料来生成进刀轨迹。

所有的进刀运动应在特征的边缘之内进行。在进刀过程中，当退刀平面有效时，所有的进刀运动才启动。在进刀过程中刀具的位置与切削起点位置一致时，进刀运动就结束。

```
ENTITY plunge_strategy                                    (* m1 *)
   ABSTRACT SUPERTYPE OF (ONEOF (plunge_toolaxis, plunge_ramp, plunge_helix,
   plunge_zigzag))
   SUBTYPE OF (approach_retract_strategy);
END_ENTITY;
```

4.2.6.2.1 沿刀具轴进刀(plunge tool axis)

沿刀具轴方向进刀。

注：如果铣刀不能切削进入指定层，必须使用另外的刀具进行进刀钻削操作。由于每一加工中只能使用一把刀具，这就需要对前述的 drilling_type_operation 进行定义。在这种情况下，对 milling_type_operation 就不应该给定进刀策略，刀具的 cut_start_point 设定必须与 milling_type_operation 和 drilling_type_operation 相一致。

```
ENTITY plunge_toolaxis (* m1 *)
   SUBTYPE OF (plunge_strategy);
END_ENTITY;
```

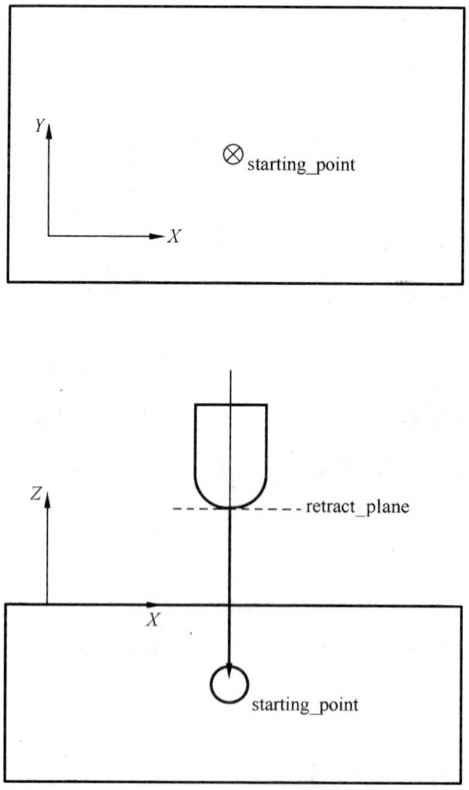

图 2　沿刀具轴进刀

4.2.6.2.2 **斜向进刀(plunge ramp)**

沿与特征表面成一定角度的线性刀具轨迹进刀。

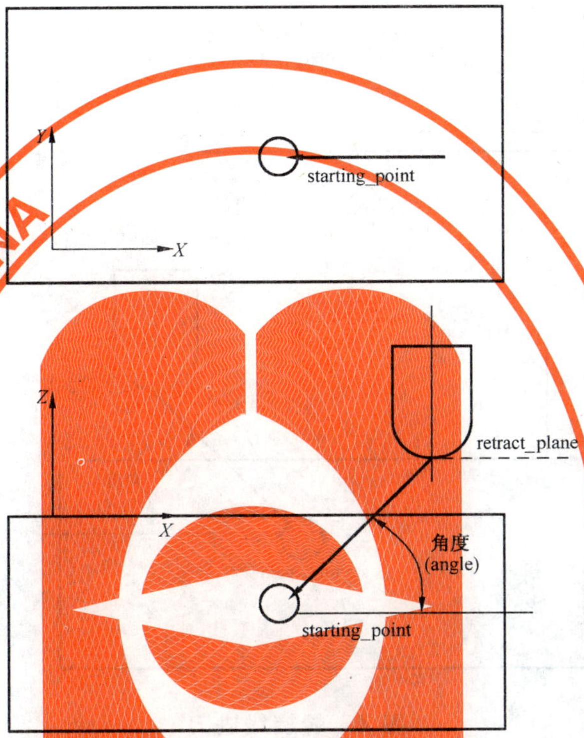

图 3 斜向进刀


```
ENTITY plunge_ramp                                    (* m1 *)
  SUBTYPE OF (plunge_strategy);
  angle:plane_angle_measure;
END_ENTITY;
```

angle:　　在趋近终点时刀具斜向运动相对于平面的角度。

注：起点和终点能够通过 4.2.6.2 中的相关规定进行计算。

4.2.6.2.3 **螺旋线进刀(plunge helix)**

沿螺旋线轨迹进刀。刀具轨迹通过指定螺旋线的半径和螺距来定义。当螺旋线的螺距为零就是沿圆周进刀。

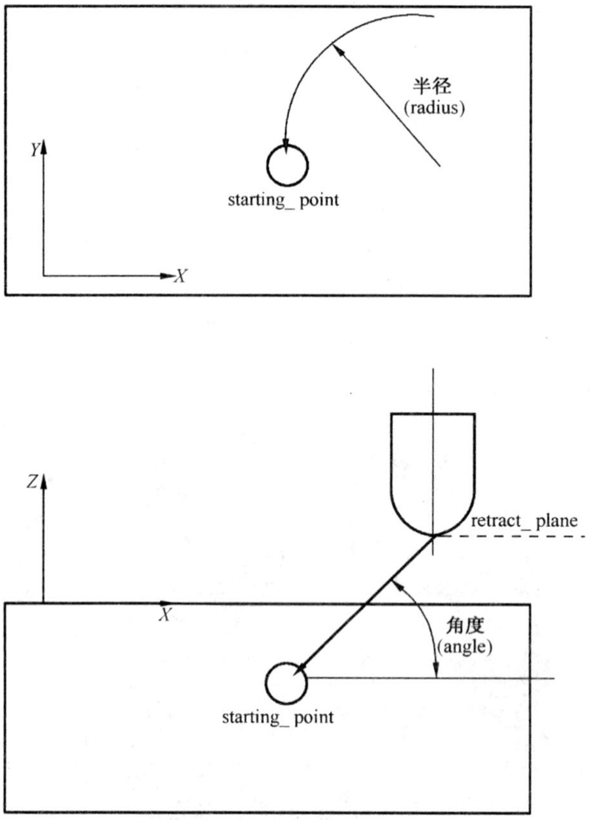

图 4　螺旋线进刀

```
ENTITY plunge_helix (* m1 *)
    SUBTYPE OF (plunge_strategy);
    radius:  length_measure;
    angle:   plane_angle_measure;
END_ENTITY;
```

radius：螺旋线运动的半径。

angle：在趋近终点时，刀具螺旋线运动相对于平面的角度。

注：起点和终点可以通过 4.2.6.2 中的规定进行计算。

4.2.6.2.4　**锯齿形进刀(plunge zigzag)**

锯齿形进刀运动。这和斜向进刀运动相似，除非碰到特征边界或如果刀具轨迹长度超过了指定的锯齿形的宽度，刀具才会改变方向。

```
ENTITY plunge_zigzag (* m1 *)
    SUBTYPE OF (plunge_strategy);
    angle:plane_angle_measure;
    width:length_measure;
END_ENTITY;
```

angle：在趋近终点时，刀具锯齿形运动相对于平面的角度。

注：起点和终点可以通过 4.2.6.2 中的相关规定进行计算。

width：锯齿形轨迹垂直于下降方向的宽度。

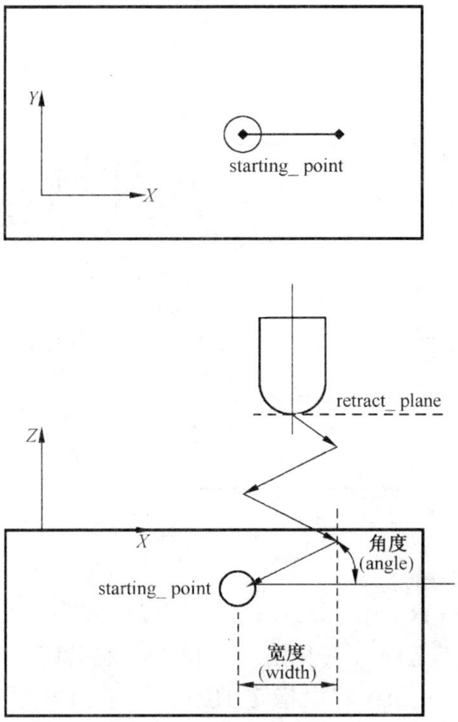

图 5 锯齿形进刀

4.2.6.3 空切削策略(air strategy)

这是所有通过空间趋近或回退运动的基本类型。

和 plunge-strategy 不同的是这些运动都未限制在特征内部。所有这些运动都应该在由加工特征的法线和在起点或终点处切削轨迹的切线所定义的一平面内。如果起点和终点位于两个平面的交汇处,就像 bottom_and_side_mill 的情形,平面的法线就被认为在这两条法线的中间。

注:对于侧铣的情形,例如对一个轮廓的铣削,运动将在机床坐标系的 *XY* 平面。

```
ENTITY air_strategy (* m1 *)
    ABSTRACT SUPERTYPE OF (ONEOF (ap_retract_angle,ap_retract_tangent))
    SUBTYPE OF (approach_retract_strategy);
END_ENTITY;
```

4.2.6.3.1 进退刀角度(approach retract angle)

与面成某一角度朝向起点或离开终点运动。对于平面铣削,为了从工件外面直接开始切削材料,该值可设置为 0。

```
ENTITY ap_retract_angle (* m1 *)
    SUBTYPE OF (air_strategy);
    angle:          plane_angle_measure;
    travel_length:length_measure;
END_ENTITY;
```

angle: 分别代表在趋近或提升起点、终点处相对于平面的趋近或提升角。

travel_length: 倾斜趋近的长度。当走完 travel_length 之后,刀具将沿最短的路线运动到回退面,反之亦然。

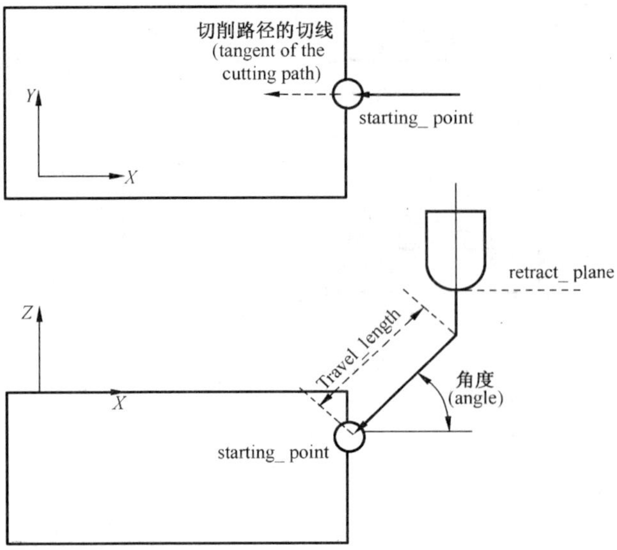

图 6 进退刀角度

4.2.6.3.2 **进退刀切线(approach retract tangent)**

沿某弧线朝向起点或离开终点运动。它开始或终止于当前操作有效的退刀平面内。如果此运动指定的半径小于当前操作属性“retract_plane”中指定的距退刀平面的距离,则剩余的轨迹将垂直于退刀平面线性运动直到退刀面。

```
ENTITY ap_retract_tangent                    (* m1 *)
    SUBTYPE OF (air_strategy);
    radius:length_measure;
END_ENTITY;
```

radius:进刀或退刀运动的半径。

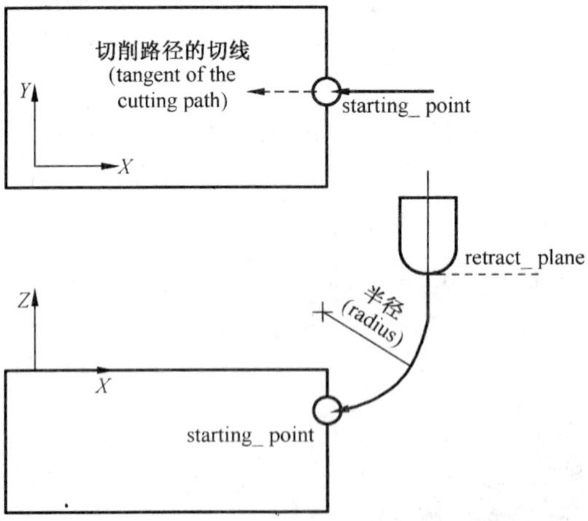

图 7 进退刀切线

4.2.6.4 **沿轨迹进退刀(along path)**

在一般轨迹上趋近或提升运动。如刀具状态完全控制,它可用于趋近运动或有其他特殊用途。

```
ENTITY along_path                            (* m1 *)
    SUBTYPE OF (approach_retract_strategy);
```

path:toolpath_list;
END_ENTITY;

path: 对于趋近或提升运动的一般轨迹的说明。

注：此轨迹是在一个特殊的坐标系中指定的。原点是切削操作的起点或终点，坐标轴方位如同特征的局部坐标系。

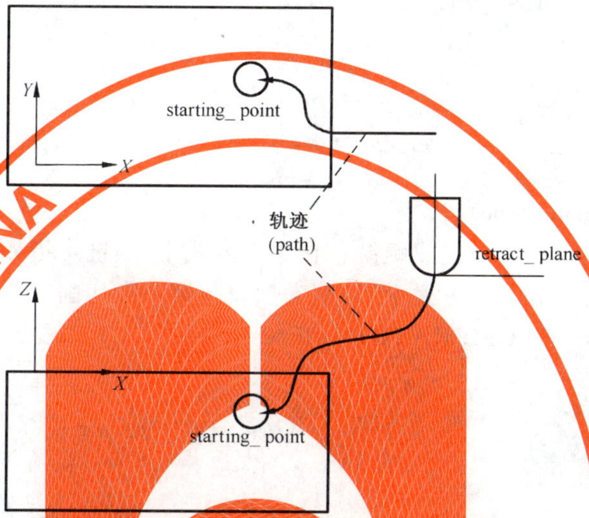

图 8 沿轨迹进退刀

4.2.7 自由曲面操作(freeform operation)

从铣削类型中派生，属于自由曲面铣削类型操作。

注：当前仅有某些高性能控制器在详尽指定刀具轨迹时能加工自由曲面。

ENTITY freeform_operation (* m0 *)
SUBTYPE OF (milling_type_operation);
its_machining_strategy:OPTIONAL freeform_strategy;
END_ENTITY;

its_machining_strategy: 加工策略的描述。当父类加工的"its_toolpath"属性被指定了，则此策略仅为提示信息。

4.2.7.1 自由曲面加工策略(freeform strategy)

以下实体定义了用于铣削自由曲面的策略。如果使用这个实体，则只能通过铣削策略和公差定义刀具轨迹。数控系统自身则必须从这些值中计算出相应刀具轨迹。

如果已经定义了刀具轨迹和自由曲面加工策略，则属性"freeform_strategy"仅作为提示信息。

ENTITY freeform_strategy (* m1 *)
ABSTRACT SUPERTYPE OF (ONEOF(uv_strategy,plane_cc_strategy,plane_cl_strategy,leading_line_strategy));
pathmode: pathmode_type;
cutmode: cutmode_type;
its_milling_tolerances: tolerances;
stepover: OPTIONAL length_measure;
END_ENTITY;

Pathmode: 进给方向。

cutmode: 行距方向。

its_milling_tolerances: 生成刀具轨迹时的公差值。

stepover: 两条相邻的刀具轨迹之间的距离。如果给出此项值,则忽略"its_milling_tolerances"计算出来的行距。

4.2.7.1.1 刀具轨迹类型(pathmode type)

铣削中的刀具轨迹类型。它可以是向前(或单向)铣削或锯齿形(或双向)铣削。

```
TYPE pathmode_type = ENUMERATION OF (
    forward,
    zigzag
    );
END_TYPE;
```

4.2.7.1.2 切削类型(cutmode type)

铣削中的切削类型。它可以是逆铣或顺铣。在单向方式中,顺铣是指如果刀具逆时针旋转,行距运动沿着进给方向的左侧进行。在双向方式中,切削类型仅与第一次切削有关。

```
TYPE cutmode_type = ENUMERATION OF (
    climb,
    conventional
    );
END_TYPE;
```

4.2.7.1.3 公差(tolerances)

公差与自由曲面加工相关。这并不是指一般意义上的制造公差,而是特指 NC 控制器对自由曲面加工生成刀具轨迹时所需要的两个参数。通过这些值,可以导出刀具轨迹之间的行距。

```
ENTITY tolerances;                          (* m1 *)
    chordal_tolerance:  length_measure;
    scallop_height:     length_measure;
END_ENTITY;
```

chordal_tolerance: 由曲线的线性近似法而引起的几何误差。

scallop_height: 由于刀具半径(图 9 中"C"状)形成的凹槽的高度。

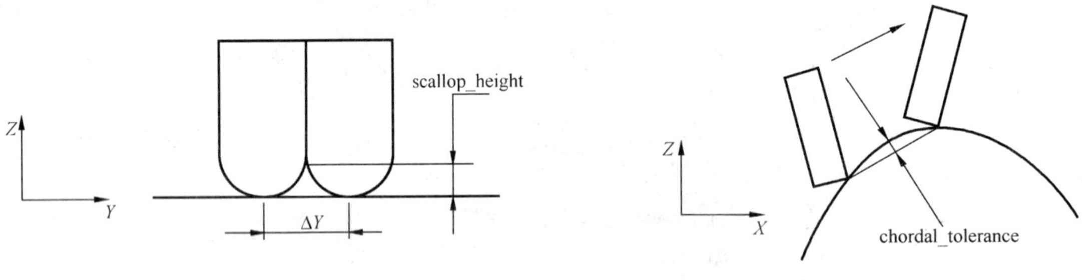

图 9 残余高度和弦高公差

4.2.7.1.4 *UV* 策略(*UV*strategy)

铣削沿局部坐标系(U,V)的参数线铣削。

```
ENTITY uv_strategy (* m1 *)
SUBTYPE OF (freeform_strategy);
forward_direction:direction;
sideward_direction:direction;
END_ENTITY;
```

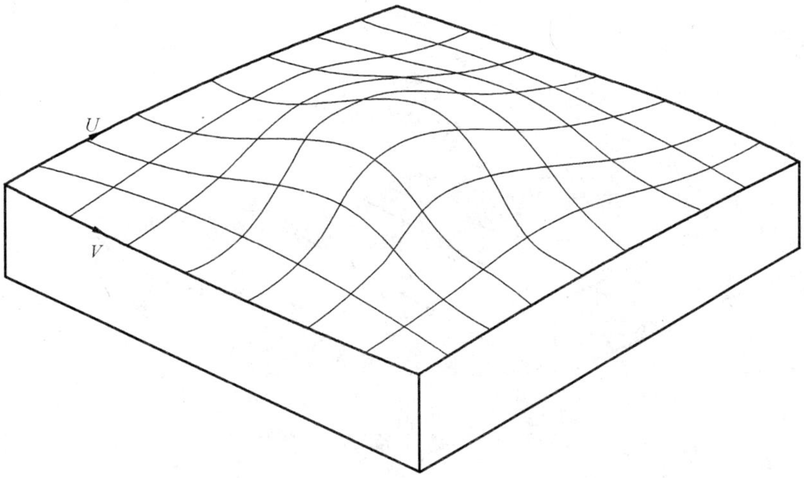

图 10 *UV* 策略

forward_direction: 第一刀切削方向。

sideward_direction:第二刀偏移第一刀的方向。

4.2.7.1.5 截平面刀具接触点策略(plane cutter contact strategy)

一组平行平面截取目标曲面,产生一系列交线。这些交线形成了刀具与加工表面的接触点轨迹。

```
ENTITY plane_cc_strategy (* m1 *)
    SUBTYPE OF (freeform_strategy);
    its_plane_normal:direction;
END_ENTITY;
```

its_plane_normal:与目标曲面相交的正交平面。

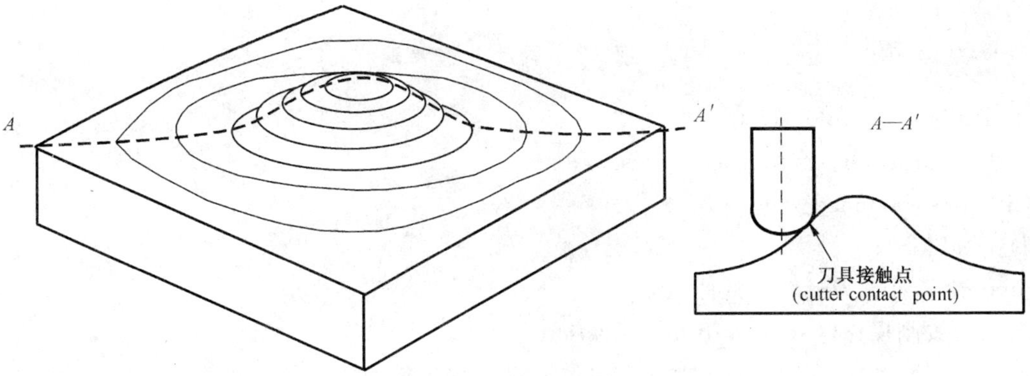

图 11 截平面刀具接触点策略

4.2.7.1.6 截平面刀位策略(plane cutter location strategy)

截平面与目标曲面相截产生交线偏移了刀具半径大小。这样就产生了刀位轨迹。这种策略适用于球头刀和牛鼻刀。

```
ENTITY plane_cl_strategy (* m1 *)
    SUBTYPE OF (freeform_strategy);
    its_plane_normal:direction;
END_ENTITY;
```

its_plane_normal:与目标曲面相交的正交平面。

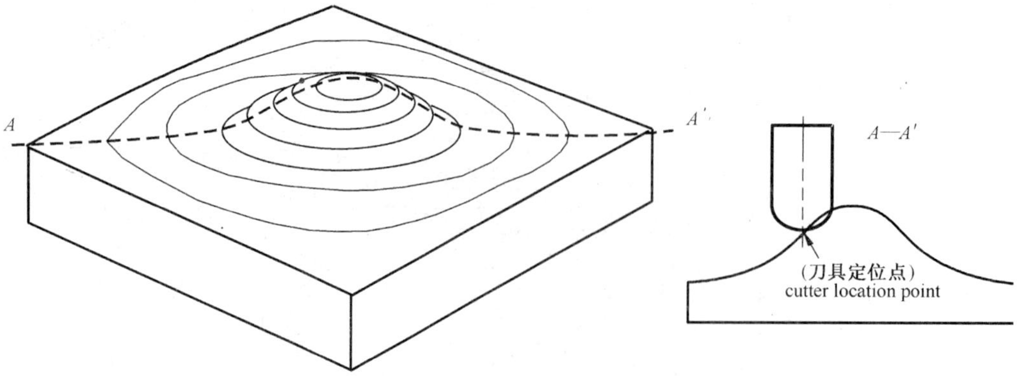

图 12 截平面刀位策略

4.2.7.1.7 导动曲线策略(leading line strategy)

刀具轨迹是由沿局部坐标系 Z 轴向工件表面的投影曲线计算出来的。该曲线是作为属性给出的。

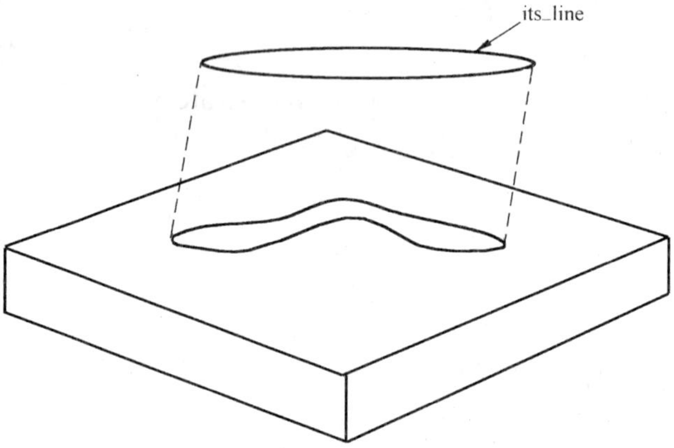

图 13 导动曲线策略

```
ENTITY leading_line_strategy (* m1 *)
    SUBTYPE OF (freeform_strategy);
    its_line:bounded_curve;
END_ENTITY;
```

its_line:用于计算刀具轨迹的曲线。

4.2.8 2 轴半铣削操作(two5D milling operation)

这是从 milling_type_operation 中派生出的所有 2 轴半铣削加工的基本类型。

```
ENTITY two5D_milling_operation (* m0 *)
    ABSTRACT SUPERTYPE OF (ONEOF(plane_milling,side_milling,
    bottom_and_side_milling))
    SUBTYPE OF (milling_type_operation);
    its_machining_strategy:OPTIONAL two5D_milling_strategy;
END_ENTITY;
```

its_machining_strategy: 加工策略。当基本类型的 its_toolpath 属性指定后,该策略仅为提示信息。

4.2.8.1 2 轴半铣削策略(two5D milling strategy)

这是所有用于产生 2 轴半铣削刀具轨迹策略的基本类型。

```
ENTITY two5D_milling_strategy (* m1 *)
    ABSTRACT SUPERTYPE OF (ONEOF (unidirectional,bidirectional,
    contour_parallel,bidirectional_contour,
contour_bidirectional,
    contour_spiral,center_milling,explicit_strategy));
    overlap:OPTIONAL positive_ratio_measure;
    allow_multiple_passes:OPTIONAL BOOLEAN;
END_ENTITY;
```

overlap： 两相邻刀具轨迹之间的重叠区，一般用刀具直径百分比表示。

allow_multiple_passes： 可选项，用于粗铣加工工步。如果为真，多道标准粗铣加工，例如，考虑最大切削深度，多层材料将顺序去除。如果为假，这是单通道预制特征特殊铣加工，默认值为真。

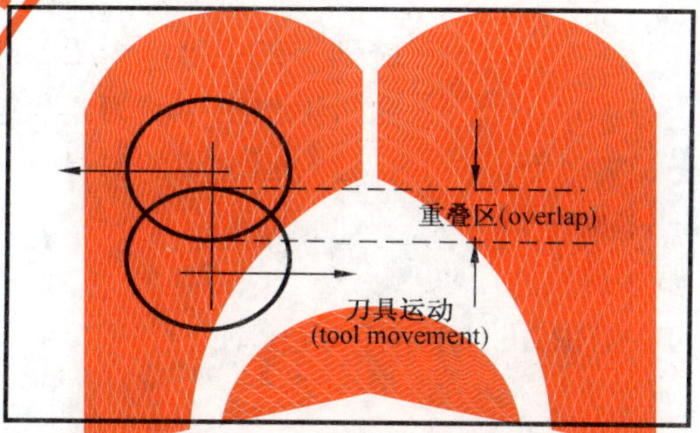

图 14 重叠区

4.2.8.1.1 **单向铣削(unidirectional milling)**

铣削为线性方式。例如，从一侧运动到另一侧，然后抬刀，回到起点。这样，切削方式(逆铣或顺铣)不像在双向铣削方式那样会改变。切削行距方向自动从 feed_direction 和 cutmode 中派生。

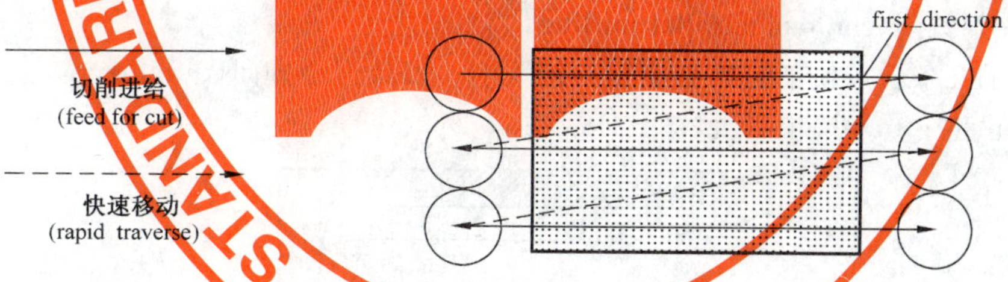

图 15 单向铣削

```
ENTITY unidirectional (* m1 *)
    SUBTYPE OF (two5D_milling_strategy);
    feed_direction:OPTIONAL direction;
    cutmode:OPTIONAL cutmode_type;
END_ENTITY;
```

feed_direction： 铣削加工的进给方向。如果给出了 cutmode 属性，cutmode 优先级高于本属性。

cutmode： 宜指定逆铣或顺铣。默认值为逆铣。

4.2.8.1.2 **双向铣削(bidirectional milling)**

曲折形铣削。例如，从一侧运动到另一侧，然后返回。为进一步描述该铣削策略，也许会指定曲折铣削的两个方向。切削模式(顺铣或逆铣)是交替的。

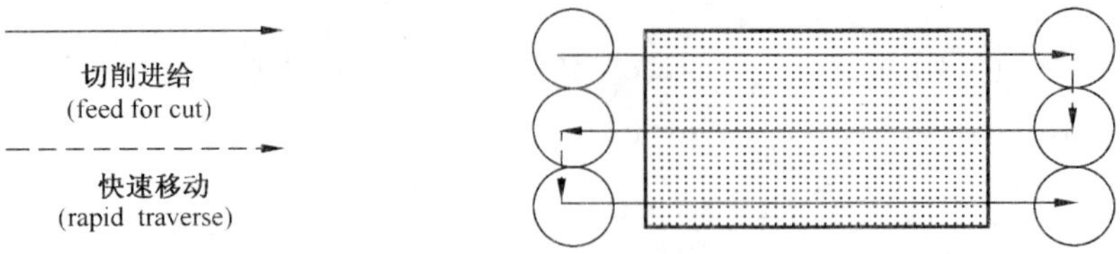

图 16 双向铣削

```
ENTITY bidirectional (* m1 *)
        SUBTYPE OF (two5D_milling_strategy);
        feed_direction:OPTIONAL direction;
        stepover_direction:OPTIONAL left_or_right;
        its_stroke_connection_strategy:OPTIONAL
        stroke_connection_strategy;
    END_ENTITY;
```

feed_direction: 铣削加工中第一个刀具轨迹的进给方向。

stepover_direction: 曲折形加工中的刀具轨迹行距方向。

its_stroke_connection_strategy: 指定行程之间的刀具行为。

4.2.8.1.3 **左向或右向(left or right)**

指定相对于进给方向的行距方向。

```
TYPE left_or_right = ENUMERATION OF (left,right);
END_TYPE;
```

4.2.8.1.4 **行程连接策略(stroke connection strategy)**

描述双向铣削加工中刀具状态的枚举程序。

```
TYPE stroke_connection_strategy = ENUMERATION OF
    (straghtline,lift_shift_plunge,degouge,loop_back);
END_TYPE;
```

4.2.8.1.5 **沿轮廓铣削(contour parallel milling)**

沿特征轮廓的几条轨迹铣削。典型应用为槽铣削。刀具行距方向(outside-in 或 inside-out)自动从 rotation_direction 和 cutmode 中派生。

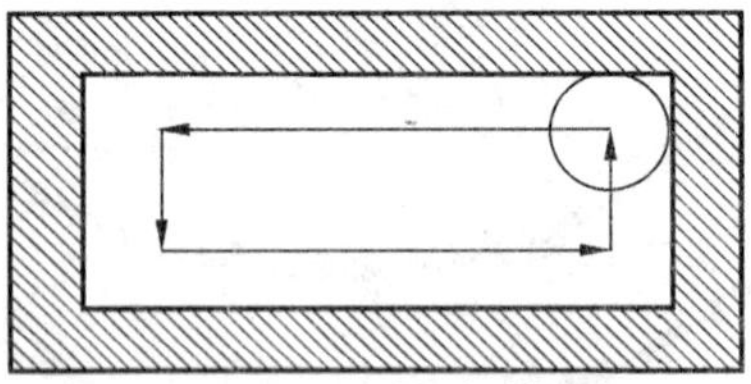

图 17 沿轮廓铣削

```
ENTITY contour_parallel (* m1 *)
    SUBTYPE OF (two5D_milling_strategy);
    rotation_direction:OPTIONAL rot_direction;
    cutmode:OPTIONAL cutmode_type;
END_ENTITY;
```

rotation_direction: 从特征顶部看螺旋线方向(顺时针或逆时针)。默认值为逆时针方向。如果给定了 cutmode 属性,cutmode 属性优先级高于本属性。

cutmode: 宜指定顺铣或逆铣。默认值为逆铣。cutmode 与侧铣加工中的轮廓相关,例如型腔和可能的凸台的外轮廓。

4.2.8.1.6 **先双向后轮廓铣削(bidirectional and contour milling)**

首先使用双向方式轮廓铣削,最后一轮沿特征轮廓轨迹铣削。

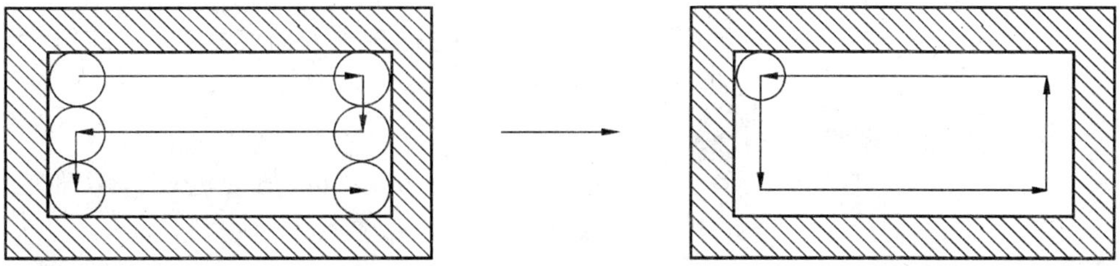

图 18 先双向后轮廓铣削

```
ENTITY bidirectional_contour (* m1 *)
    SUBTYPE OF (two5D_milling_strategy);
    feed_direction:OPTIONAL direction;
    stepover_direction:OPTIONAL left_or_right;
    rotation_direction:OPTIONAL rot_direction;
    spiral_cutmode:OPTIONAL cutmode_type;
END_ENTITY;
```

feed_direction: 铣削加工第一条轨迹的进给方向。如果给出了 first_cutmode 属性,first_cutmode 优先级高于本属性。

stepover_direction: 曲折形加工中行距方向。

rotation_direction: 从加工特征的顶部看最后一刀的螺旋线方向(顺时针或逆时针),默认值为逆时针方向。如果给出了 spiral_cutmode 属性,该属性优先级高于rotation_direction。

spiral_cutmode: 宜指定最后一刀中使用逆铣或顺铣。默认值为逆铣。刀具方式与侧铣加工中的轮廓相关,例如型腔和可能的凸台的外轮廓。

4.2.8.1.7 **先轮廓后双向铣削(contour and bidirectional milling)**

首先沿平行轮廓的轨迹铣削轮廓,然后双向铣削剩下的中心区域。

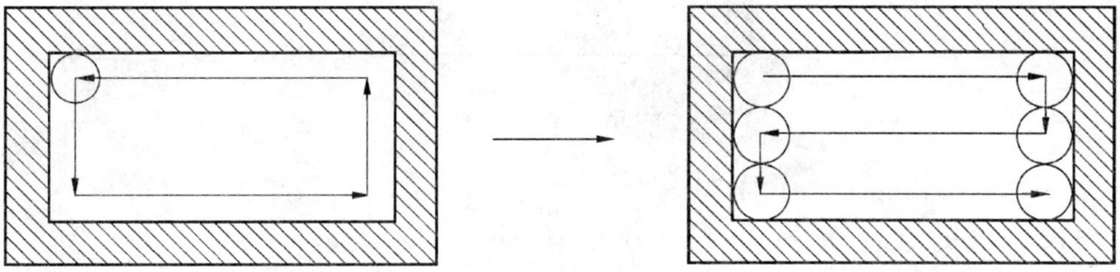

图 19 先轮廓后双向铣削

```
ENTITY contour_bidirectional (* m1 *)
    SUBTYPE OF (two5D_milling_strategy);
    feed_direction:OPTIONAL direction;
    stepover_direction:OPTIONAL left_or_right;
    rotation_direction:OPTIONAL rot_direction;
    spiral_cutmode:OPTIONAL cutmode_type;
END_ENTITY;
```

feed_direction: 铣削加工第一条轨迹的进给方向。如果给出了 first_cutmode 属性,first_cutmode 优先级高于本属性。

stepover_direction: 曲折形加工中行距方向。

rotation_direction: 从加工特征的顶部看最后一刀的螺旋线方向(顺时针或逆时针),默认值为逆时针。如果给出了 spiral_cutmode 属性,spiral_cutmode 优先级高于本属性。

spiral_cutmode: 宜指定最后一刀中使用逆铣或顺铣。默认值为逆铣。切削方式与侧铣加工中的轮廓相关,例如型腔的外轮廓和可能有的凸台。

4.2.8.1.8 轮廓螺旋铣(contour spiral milling)

轮廓螺旋铣与沿轮廓铣相似,但与沿轮廓铣削加工不同的是,轮廓螺旋铣的铣削路径完全是螺旋形的,不是具有垂直运动的同心圆路径。刀具行距方向(outside-in 或 inside-out)是自动从 rotation_direction和 cutmode 中派生出来的。

```
ENTITY contour_spiral (* m1 *)
    SUBTYPE OF (two5D_milling_strategy);
    rotation_direction:OPTIONAL rot_direction;
    cutmode:OPTIONAL cutmode_type;
END_ENTITY;
```

rotation_direction: 从特征顶部看螺旋线方向(顺时针或逆时针)。默认值为逆时针。如果给定了 cutmode 属性,cutmode 属性优先级高于本属性。

cutmode: 宜指定是逆铣或顺铣。默认值为逆铣,切削方式与侧铣轮廓的壁相关。例如型腔的外轮廓和可能有的凸台。

4.2.8.1.9 中心铣削(center milling)

本实体描述了沿特征中心的铣削策略。它应用在例如沿槽中心的铣削。

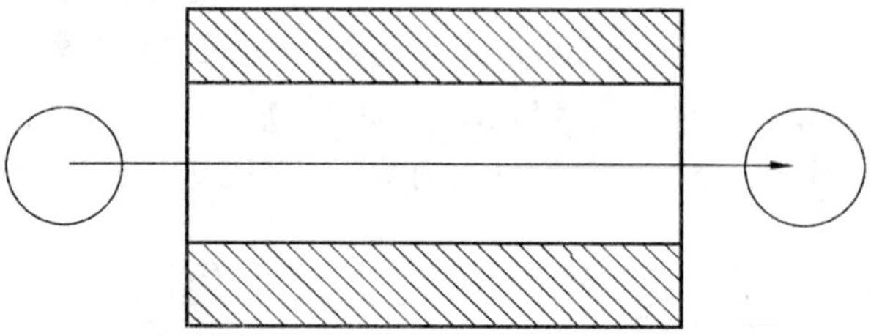

图 20 中心铣削

```
ENTITY center_milling (* m1 *)
    SUBTYPE OF (two5D_milling_strategy);
END_ENTITY;
```

4.2.8.1.10 显式策略(explicit strategy)

当不能使用上述描述 2 轴半加工的各种加工策略,必须指定显式策略。在这种情况下,需要清楚地给出实体工步的 its_toolpath 属性。

```
ENTITY explicit_strategy (* m1 *)
    SUBTYPE OF (two5D_milling_strategy);
END_ENTITY;
```

4.2.9 平面铣削(plane milling)

本实体用于描述平面铣削。这是粗加工和精加工的父类。

```
ENTITY plane_milling (* m0 *)
    ABSTRACT SUPERTYPE OF (ONEOF(plane_rough_milling,plane_finish_milling))
    SUBTYPE OF (two5D_milling_operation);
    axial_cutting_depth:OPTIONAL length_measure;
    allowance_bottom:OPTIONAL length_measure;
END_ENTITY;
```

axial_cutting_depth：　刀轴方向的切削深度。用于指定比特征深度所要求去除的材料量小的最大切削深度，这将导致分层加工。如果省略，按选择的切削深度加工。

allowance_bottom：　由相关加工特征定义的平面表面顶部某层材料的余量。

4.2.9.1　**平面粗铣(plane rough milling)**

粗加工铣削。除了 allowance_bottom 外，使用给定的刀具去除在加工特征内的所有材料。

```
ENTITY plane_rough_milling (* m0 *)
    SUBTYPE OF (plane_milling);
WHERE
    WR1:EXISTS(SELF.allowance_bottom) AND
    (SELF.allowance_bottom >= 0.0);
END_ENTITY;
```

4.2.9.2　**平面精铣(plane finish milling)**

精加工铣削。使用适当的策略保证给定的公差，在加工特征内的所有材料将被去除。如果给定了 allowance_bottom，应使用其他特殊操作譬如磨削来除去余下的材料。

```
ENTITY plane_finish_milling (* m0 *)
    SUBTYPE OF (plane_milling);
END_ENTITY;
```

4.2.10　**侧铣(side milling)**

本实体用于描述侧铣加工，即材料从刀具侧面去除。

```
ENTITY side_milling (* m0 *)
    ABSTRACT SUPERTYPE OF (ONEOF(side_rough_milling,side_finish_milling))
    SUBTYPE OF (two5D_milling_operation);
    axial_cutting_depth:OPTIONAL length_measure;
    radial_cutting_depth:OPTIONAL length_measure;
    allowance_side:OPTIONAL length_measure;
END_ENTITY;
```

axial_cutting_depth：　刀轴方向的切削深度。参见平面铣削。

radial_cutting_depth：　垂直于刀轴的切削深度。该参数用于限制切削深度。如果 radial_cutting_depth 小于加工特征要求去除的材料宽度，将需多次加工操作。

allowance_side：　由相关加工特征定义的侧面某层材料余量。

4.2.10.1　**粗侧铣(side rough milling)**

粗加工侧铣。除了 allowance_side 外，用给定的刀具去除在加工特征内的所有材料。

```
ENTITY side_rough_milling (* m0 *)
    SUBTYPE OF (side_milling);
WHERE
    WR1:EXISTS(SELF.allowance_side) AND (SELF.allowance_side >= 0.0);
END_ENTITY;
```

4.2.10.2 精侧铣(side finish milling)

精加工侧铣。使用适当的策略保证给定的公差，在加工特征内的所有材料将被去除。如果给出了 allowance_side，应使用其他特殊加工，如磨削来去除余下的材料。

```
ENTITY side_finish_milling (* m0 *)
    SUBTYPE OF (side_milling);
END_ENTITY;
```

4.2.11 底面与侧面铣削(bottom and side milling)

实体描述了底面与侧面组合的铣削过程。

```
ENTITY bottom_and_side_milling (* m0 *)
    ABSTRACT SUPERTYPE OF (ONEOF(bottom_and_side_rough_milling,bottom_and_
    side_finish_milling))
    SUBTYPE OF (two5D_milling_operation);
    axial_cutting_depth:OPTIONAL length_measure;
    radial_cutting_depth:OPTIONAL length_measure;
    allowance_side:OPTIONAL length_measure;
    allowance_bottom:OPTIONAL length_measure;
END_ENTITY
```

axial_cutting_depth：　刀具方向的切削深度。参见平面铣削。

radial_cutting_depth：　用于侧铣，垂直于刀具的切削深度。参见侧铣。

allowance_side：　由相关加工特征定义的侧面某层材料余量。

allowance_bottom：　由相关加工特征定义的平面表面某层材料余量。

4.2.11.1 底面与侧面粗铣(bottom and side rough milling)

底面与侧面组合粗铣工步。除了 allowance_side 和 allowance_bottom 外，使用给定的刀具去除在加工特征内的所有材料。

```
ENTITY bottom_and_side_rough_milling (* m0 *)
    SUBTYPE OF (bottom_and_side_milling);
WHERE
    WR1:EXISTS(SELF.allowance_side) AND (SELF.allowance_side >= 0.0);
    WR2:EXISTS(SELF.allowance_bottom) AND
    (SELF.allowance_bottom >= 0.0);
END_ENTITY;
```

4.2.11.2 底面与侧面精铣(bottom and side finish milling)

底面与侧面组合精铣工步。使用适当的加工策略保证给定的公差，去除在加工特征内的所有材料。如果给出了 allowance_side 和 allowance_bottom，应使用其他特殊加工，如磨削来去除余下的材料。

```
ENTITY bottom_and_side_finish_milling (* m0 *)
    SUBTYPE OF (bottom_and_side_milling);
END_ENTITY;
```

4.2.12 钻削类型操作(drilling type operation)

这是与钻孔、绞孔、沉孔等相关的所有操作的基本类型。它是 milling_machining_operation 实体的子类，这里也包含了切削螺纹。基本类型提供了所有描述钻类加工工艺和策略的必要属性。对于预制孔，在完成钻孔前，先通过指定比特征小的钻孔深度(或合适的刀具)进行预钻孔。通过指定已去除材料的 previous_diameter 属性进行后继钻孔加工。

起始点从继承属性 retract_plane 和 cut_start_point 中给定，如果省略 cut_start_point，隐含特征的

中心将会替代它。从那里开始刀具将沿局部坐标系 Z 轴钻削进给。使用先前描述的策略，对通孔将使用继承属性 overcut_length，刀具将钻到相关特征的深度。对预钻孔加工，cutting_depth 属性可以用于减小比孔深小的切削深度。退刀时，刀具将以钻孔进给速度或从 drilling_type_strategy 中指定的 feed_on_retract 速度(如果给定的话)回到退刀面。

注：在这些加工中所有几何信息都是在隐含特征的局部坐标系中给出。

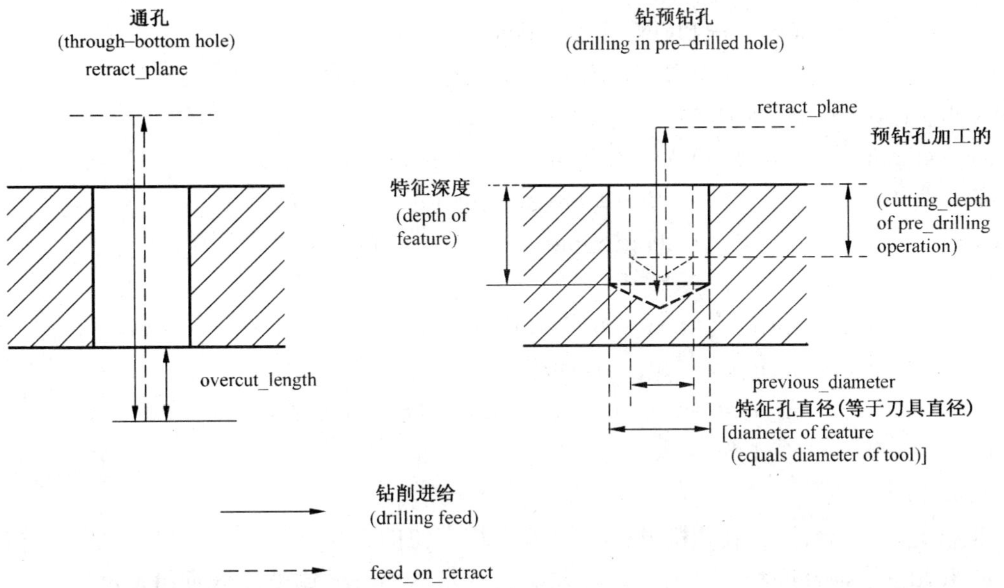

图 21　钻削类型操作

```
ENTITY drilling_type_operation (* m0 *)
    ABSTRACT SUPERTYPE OF (ONEOF(drilling_operation,
boring_operation,
    back_boring,tapping,thread_drilling))
    SUBTYPE OF (milling_machining_operation);
    cutting_depth:OPTIONAL length_measure;
    previous_diameter:OPTIONAL length_measure;
    dwell_time_bottom:OPTIONAL time_measure;
    feed_on_retract:OPTIONAL positive_ratio_measure;
    its_machining_strategy:OPTIONAL drilling_type_strategy;
END_ENTITY;
```

cutting_depth：　加工中的切削深度，该深度与孔的深度不同。如果 cutting_depth 超出了孔特征的边界，NC 控制器将不会检测该项。如果省略了该项，将钻至特征的全部深度。中心孔加工时，cutting_depth 是从切削尖端的最低点到孔的最高点测量距离。在其他情况下，从刀具圆柱体部分的起点来测量(或锥形刀具钻削中的锥体部分)。

previous_diameter：　如果在预钻孔或预制孔上操作，若给定，这个值规定已存在的孔的直径。于是它描述了刀具去除的材料量，它仅仅用于提供相关信息。

dwell_time_bottom：　在孔底部可能的暂停时间。

feed_on_retract：　钻孔进给速度与用于退刀到 retract_plane 的速度的比率，如果没有指定，使用钻孔进给速度。

its_machining_strategy：　加工策略。如果父类的 its_toolpath 属性指定后，该策略仅为提示信息。

注：钻削加工不仅仅用于孔类，还用于其他特征类型。例如，插式钻孔加工可用于槽加工。但是，在与刀具相关的情况下，如果特征的整个深度都被钻削，特征的底部也许会被损坏(参见图21)。为了避免这种情况，每次可以指定较小的cutting_depth。并且，这对于非旋转特征用它来明确指定继承属性cut_start_point也是可取的。

4.2.12.1 钻削类型策略(drilling type strategy)

这是钻削专用策略的详细说明。对于钻削，主要涉及刀具运动的切削速度和进给速度。

```
ENTITY drilling_type_strategy; (* m0* )
    reduced_cut_at_start:OPTIONAL positive_ratio_measure;
    reduced_feed_at_start:OPTIONAL positive_ratio_measure;
    depth_of_start:OPTIONAL length_measure;
    reduced_cut_at_end:OPTIONAL positive_ratio_measure;
    reduced_feed_at_end:OPTIONAL positive_ratio_measure;
    depth_of_end:OPTIONAL length_measure;
WHERE
    WR1:EXISTS(depth_of_start) OR NOT (EXISTS(reduced_cut_at_start)
    OR EXISTS(reduced_feed_at_start));
    WR2:EXISTS(depth_of_end) OR NOT (EXISTS(reduced_cut_at_end)
    OR EXISTS(reduced_feed_at_end));
END_ENTITY;
```

reduced_cut_at_start：　在切削开始时以编程指定值的百分比来降低切削速度。
reduced_feed_at_start：　在切削开始时以编程指定值的百分比来降低进给速度。
depth_of_start：　在开始处深度减少值有效。
reduced_cut_at_end：　在切削结束时以编程指定值的百分比来降低切削速度。
reduced_feed_at_end：　在切削结束时以编程指定值的百分比来降低进给速度。
depth_of_end：　在结束处深度减少值有效。

4.2.13 钻削操作(drilling operation)

与钻削、中心钻削、沉孔钻削和分步钻削有关的钻削操作的基本类型。

```
ENTITY drilling_operation (* m0* )
    ABSTRACT SUPERTYPE OF (ONEOF(drilling,center_drilling,counter_sinking,
    multistep_drilling))
    SUBTYPE OF (drilling_type_operation);
END_ENTITY;
```

4.2.13.1 钻削(drilling)

普通孔钻削工步。

```
ENTITY drilling (* m0* )
    SUBTYPE OF (drilling_operation);
END_ENTITY;
```

4.2.13.2 中心钻削(center drilling)

中心孔钻削工步。

```
ENTITY center_drilling (* m0* )
    SUBTYPE OF (drilling_operation);
END_ENTITY;
```

4.2.13.3 沉头孔钻削(counter sinking)

沉头孔钻削工步。

ENTITY counter_sinking (* m0 *)
    SUBTYPE OF (drilling_operation);
END_ENTITY;

4.2.13.4 分步钻削(multistep drilling)

深孔分步钻削工步。

ENTITY multistep_drilling (* m0 *)
    SUBTYPE OF (drilling_operation);
    retract_distance:length_measure;
    first_depth:length_measure;
    depth_of_step:length_measure;
    dwell_time_step:OPTIONAL time_measure;
END_ENTITY;

retract_distance: 如果 retract_distance 为正值,刀具在各工步间回退到该值高度来排屑。如果为 0 或负值,刀具在各工步间退刀到退刀平面来清除孔屑。

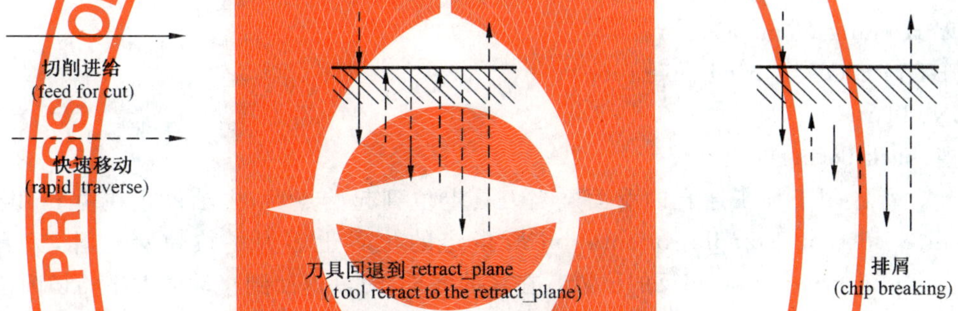

图 22 分步钻削

first_depth: 第一步深度。

depth_of_step: 每步深度(重复直到到达孔的深度)。

dwell_time_step: 各步间的暂停时间。

注:如果需要更复杂的钻削加工(例如对特殊刀具),这可以通过工步的 its_toolpath 属性中明确的刀具轨迹定义来指定。

4.2.14 镗削操作(boring operation)

与镗孔和绞孔相关的镗削操作的基本类型。宜给定在底部的主轴方位。

ENTITY boring_operation (* m0 *)
    ABSTRACT SUPERTYPE OF (ONEOF(boring,reaming))
    SUBTYPE OF (drilling_type_operation);
    spindle_stop_at_bottom:BOOLEAN;
    depth_of_testcut:OPTIONAL length_measure;
    waiting_position:OPTIONAL cartesian_point;
END_ENTITY;

spindle_stop_at_bottom: 主轴在孔底部可能停止。如果在工步中指定了 oriented_spindle_stop 属性,将引起主轴定向停止。

depth_of_testcut: 测量孔试切后的深度。

waiting_position: 刀具等待位置,例如,测量时。刀具沿刀轴移出孔外直到到达 waiting_position 平面,然后它自己运动到等待位置。

4.2.14.1 **镗孔(boring)**

镗孔工步。

```
ENTITY boring ( * m0 * )
    SUBTYPE OF (boring_operation);
END_ENTITY;
```

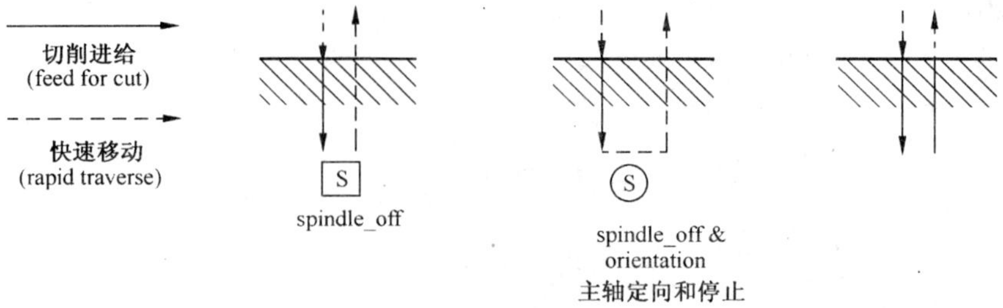

图 23 镗孔

4.2.14.2 **绞孔(reaming)**

绞孔工步。

```
ENTITY reaming ( * m0 * )
    SUBTYPE OF (boring_operation);
END_ENTITY;
```

4.2.15 **背镗(back boring)**

背镗工步。背镗用于加工通孔的背面。当刀具定位到起始点后,主轴停止在由 milling_cutting_tool 的属性 direction_of_spindle_orientation 所指定的位置上。为了快速穿过孔,刀具移动到与 direction_of_spindle_orientation 相反的位置。在孔的底部,刀具返回到移动值大小的切削位置,主轴开始旋转。在特殊刀具中切削刃可以隐藏到刀具体里,在穿过孔和反向后,主轴停下来。Its_machining_funcions 的 oriented_spindle_stop 属性是需要的,该属性将使可伸缩的背镗孔刀具必须定向主轴停止。

```
ENTITY back_boring ( * m0 * )
    SUBTYPE OF (drilling_type_operation);
WHERE
    WR1:EXISTS(SELF.its_machine_functions.oriented_spindle_stop);
END_ENTITY;
```

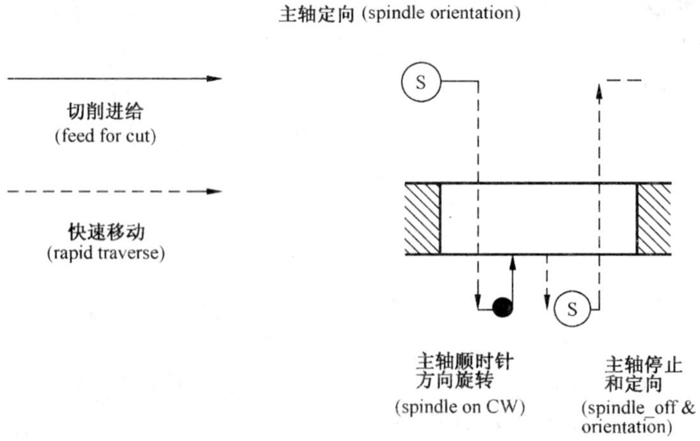

图 24 背退镗孔

注:如果需要更复杂的镗孔加工(例如,对于特殊刀具),这可以通过在工步的 its_toolpath 属性中明确的刀具轨迹定义来指定。

4.2.16 攻丝(tapping)

攻丝工步。这要使用能转动和沿刀轴移动的特殊刀具来完成。

```
ENTITY tapping (* m0 *)
SUBTYPE OF (drilling_type_operation);
    compensation_chuck:BOOLEAN;
END_ENTITY;
```

compensation_chuck:　　如果为真,补偿夹具应用于攻丝孔。

4.2.17 螺纹钻削(thread drilling)

孔螺纹钻削工步。这包含刀具的螺旋运动。有时候也称为"thrilling",作为"螺纹钻削"的简称。前进运动中可有螺旋运动,也可以没有。每转进给量是通过孔的螺纹来计算的。螺旋运动的螺距与螺纹的螺距相关。进给速率是刀尖与螺旋轨迹材料之间的相对速度。

```
ENTITY thread_drilling (* m0 *)
    SUBTYPE OF (drilling_type_operation);
    helical_movement_on_forward:BOOLEAN;
END_ENTITY;
```

helical_movement_on_forward:　　指定前进运动中是否需要螺旋运动。

4.3 模式结束(end schema)

```
END_SCHEMA; (* milling_schema *)
```

5 一致性要求(conformance requirements)

GB/T 19903 的本部分一致性包括满足本部分规定的要求,满足实现支持的方法要求,满足相关标准化的参考文献的要求。

关于实现方法要求请见附录 C。

GB/T 19903 的本部分提供了一系列被实现支持的选项。这些选项将被一致性的 6 个类型来支持。这些一致性类型描述如下:

- 一致性类型 1——c0m0:曲线集合最小集和加工数据最小集。
- 一致性类型 2——c0m0m1:类型 1 加上加工数据全集,特别是加工特征。
- 一致性类型 3——s0c0m0m1:类型 2 加上曲面几何最小集。
- 一致性类型 4——s0s1c0c1m0m1:类型 3 加上曲面几何全集。
- 一致性类型 5——t0t1s0c0m0m1:类型 3 加上拓扑信息。
- 一致性类型 6——t0t1s0s1c0c1m0m1:类型 4 加上拓扑信息。

为了便于实现各种类型集(m0/m1,c0/c1,s0/s1,t0/t1)标识符可在附录 A 中 EXPRESS 列表中查询每个数据集的成员。在 GB/T 19903 的本部分定义的实体属于 m0 或 m1 之一,在下面描述中,一致性类型 3,4,5,6 的列表与一致性类型 2 中的列表一样。

5.1 一致性类型 1 实体(conformance class 1 entities)

GB/T 19903 的本部分一致性 1(m0)的实现将支持以下实体和相关的结构:

back_boring

boring

boring_operation

bottom_and_side_finish_milling

bottom_and_side_milling

bottom_and_side_rough_milling

center_drilling

counter_sinking
drilling
drilling_operation
drilling_type_operation
drilling_type_strategy
exchange_pallet
five_axes_const_tilt_yaw
freeform_operation
index_pallet
index_table
load_tool
milling_machine_functions
milling_machining_operation
milling_technology
milling_type_operation
multistep_drilling
plane_finish_milling
plane_milling
plane_rough_milling
reaming
side_finish_milling
side_milling
side_rough_milling
tapping
thread_drilling
three_axes_tilted_tool
tool_direction_for_milling
two5D_milling_operation
unload_tool

5.2 一致性类型 2 实体(conformance class 2 entities)

GB/T 19903 的本部分一致性 2(m1)的实现将支持以下实体和相关的结构:

adaptive_control
air_strategy
along_path
ap_retract_angle
ap_retract_tangent
approach_retract_strategy
back_boring
bidirectional
bidirectional_contour
boring
boring_operation
bottom_and_side_finish_milling

bottom_and_side_milling
bottom_and_side_rough_milling
center_drilling
center_milling
contour_bidirectional
contour_parallel
contour_spiral
counter_sinking
drilling
drilling_operation
drilling_type_operation
drilling_type_strategy
exchange_pallet
explicit_strategy
five_axes_const_tilt_yaw
five_axes_var_tilt_yaw
freeform_operation
freeform_strategy
index_pallet
index_table
leading_line_strategy
load_tool
milling_machine_functions
milling_machining_operation
milling_technology
milling_type_operation
multistep_drilling
plane_cc_strategy
plane_cl_strategy
plane_finish_milling
plane_milling
plane_rough_milling
plunge_helix
plunge_ramp
plunge_strategy
plunge_toolaxis
plunge_zigzag
process_model
process_model_list
reaming
side_finish_milling
side_milling
side_rough_milling

tapping
thread_drilling
three_axes_tilted_tool
tolerances
tool_direction_for_milling
two5D_milling_operation
two5D_milling_strategy
unidirectional
unload_tool
uv_strategy

附 录 A
（规范性附录）
EXPRESS 列表

下列 EXPRESS 就是在第 4 章中给出的整个模式。当在短形式和扩展列表中存在任何差异时，必须使用扩展列表的相关内容。双字符标志用于一个实体表示该实体应属于一致性类型（见第 5 章）。

```
SCHEMA milling_schema;
(*
Version of April 30,2004
Author:ISO TC184/SC1/WG7
*)
REFERENCE FROM support_resource_schema          (* ISO 10303-41e3*)
(identifier,
label
);
REFERENCE FROM geometry_schema                  (* ISO 10303-42e3*)
( bounded_curve,
cartesian_point,
direction
);
REFERENCE FROM measure_schema                   (* ISO 10303-41e3*)
( length_measure,
positive_ratio_measure,
time_measure
);
REFERENCE FROM machining_schema                 (* ISO 14649-10*)
( nc_function,
machine_functions,
machining_operation,
machining_tool,
material,
plane_angle_measure,
pressure_measure,
property_parameter,
rot_direction,
rot_speed_measure,
speed_measure,
technology,
toolpath_list,
tool_direction);
REFERENCE FROM milling_machine_tool_schema      (* ISO 14649-111*)
(milling_cutting_tool);
```

```
(* ************************************************************ *)
(* ************************************************************ *)
( * Types defined in process data for milling ISO 14649-11 * )
(* ************************************************************ *)
(* ************************************************************ *)
(* ************************************************************ *)
( * NC functions for milling * )
(* ************************************************************ *)
ENTITY exchange_pallet                              ( * m0 * )
SUBTYPE OF (nc_function);
END_ENTITY;
ENTITY index_pallet                                 ( * m0 * )
SUBTYPE OF (nc_function);
its_index:INTEGER;
END_ENTITY;
ENTITY index_table                                  ( * m0 * )
SUBTYPE OF (nc_function);
its_index:INTEGER;
END_ENTITY;
ENTITY load_tool ( * m0 * )
SUBTYPE OF (nc_function);
its_tool:machining_tool;
END_ENTITY;
ENTITY unload_tool ( * m0 * )
SUBTYPE OF (nc_function);
its_tool:OPTIONAL machining_tool;
END_ENTITY;
(* ************************************************************ *)
( * Technology-specific Tool direction select * )
(* ************************************************************ *)
ENTITY tool_direction_for_milling ( * m0 * )
ABSTRACT SUPERTYPE OF (ONEOF(three_axes_tilted_tool,five_axes_var_tilt_yaw,
five_axes_const_tilt_yaw))
SUBTYPE OF (tool_direction);
END_ENTITY;
ENTITY three_axes_tilted_tool ( * m0 * )
SUBTYPE OF (tool_direction_for_milling);
its_tool_direction:direction;
END_ENTITY;
ENTITY five_axes_var_tilt_yaw ( * m1 * )
SUBTYPE OF (tool_direction_for_milling);
END_ENTITY;
ENTITY five_axes_const_tilt_yaw ( * m0 * )
```

```
SUBTYPE OF (tool_direction_for_milling);
tilt_angle:plane_angle_measure;
yaw_angle:plane_angle_measure;
END_ENTITY;
(* ************************************************************ *)
(* Base class for technology specific operation and strategy *)
(* ************************************************************ *)
ENTITY milling_machining_operation (* m0 *)
ABSTRACT SUPERTYPE OF (ONEOF(milling_type_operation,
drilling_type_operation))
SUBTYPE OF (machining_operation);
overcut_length:OPTIONAL length_measure;
WHERE
WR1:(EXISTS(SELF.its_technology.feedrate_per_tooth) AND
      EXISTS(SELF.its_tool.number_of_effective_teeth))
      OR(NOT(EXISTS(SELF.its_technology.feedrate_per_tooth)));
END_ENTITY;
(* ************************************************************ *)
(* Milling technology *)
(* ************************************************************ *)
ENTITY milling_technology (* m0 *)
SUBTYPE OF (technology);
cutspeed:OPTIONAL speed_measure;
spindle:OPTIONAL rot_speed_measure;
feedrate_per_tooth:OPTIONAL length_measure;
synchronize_spindle_with_feed:BOOLEAN;
inhibit_feedrate_override:BOOLEAN;
inhibit_spindle_override:BOOLEAN;
its_adaptive_control:OPTIONAL adaptive_control;
WHERE
WR1:(EXISTS(cutspeed) AND NOT EXISTS(spindle))
      OR (EXISTS(spindle) AND NOT EXISTS(cutspeed))
      OR (EXISTS(its_adaptive_control));
WR2:(EXISTS(SELF.feedrate) AND NOT EXISTS(feedrate_per_tooth))
      OR (EXISTS(feedrate_per_tooth) AND NOT EXISTS(SELF.feedrate))
      OR (EXISTS(its_adaptive_control));
END_ENTITY;
ENTITY adaptive_control; (* m1 *)
END_ENTITY;
(* ************************************************************ *)
(* Milling machine functions *)
(* ************************************************************ *)
ENTITY milling_machine_functions (* m0 *)
```

```
    SUBTYPE OF (machine_functions);
    coolant:BOOLEAN;
    coolant_pressure:OPTIONAL pressure_measure;
    mist:OPTIONAL BOOLEAN;
    through_spindle_coolant:BOOLEAN;
    through_pressure:OPTIONAL pressure_measure;
    axis_clamping:LIST [0:?] OF identifier;
    chip_removal:BOOLEAN;
    oriented_spindle_stop:OPTIONAL direction;
    its_process_model:OPTIONAL process_model_list;
    other_functions:SET [0:?] OF property_parameter;
END_ENTITY;
ENTITY process_model_list; (* m1 *)
    its_list:LIST [1:?] OF process_model;
END_ENTITY;
ENTITY process_model; (* m1 *)
    ini_data_file:label;
    its_type:label;
END_ENTITY;
(* Milling type operation *)
(* ************************************************************ *)
ENTITY milling_type_operation (* m0 *)
    ABSTRACT SUPERTYPE OF (ONEOF(freeform_operation,two5D_milling_operation))
    SUBTYPE OF (milling_machining_operation);
    approach:OPTIONAL approach_retract_strategy;
    retract:OPTIONAL approach_retract_strategy;
END_ENTITY;
(* ************************************************************ *)
(* approach retract strategy *)
(* ************************************************************ *)
ENTITY approach_retract_strategy (* m1 *)
    ABSTRACT SUPERTYPE OF (ONEOF (plunge_strategy,air_strategy,along_path));
    tool_orientation:OPTIONAL direction;
END_ENTITY;
ENTITY plunge_strategy (* m1 *)
    ABSTRACT SUPERTYPE OF (ONEOF (plunge_toolaxis,plunge_ramp,plunge_helix,plunge_
zigzag))
    SUBTYPE OF (approach_retract_strategy);
END_ENTITY;
ENTITY plunge_toolaxis (* m1 *)
    SUBTYPE OF (plunge_strategy);
END_ENTITY;
```

```
ENTITY plunge_ramp (* m1 *)
    SUBTYPE OF (plunge_strategy);
    angle:plane_angle_measure;
END_ENTITY;
ENTITY plunge_helix (* m1 *)
    SUBTYPE OF (plunge_strategy);
    radius:length_measure;
    angle:plane_angle_measure;
END_ENTITY;
ENTITY plunge_zigzag (* m1 *)
    SUBTYPE OF (plunge_strategy);
    angle:plane_angle_measure;
    width:length_measure;
END_ENTITY;
ENTITY air_strategy (* m1 *)
    ABSTRACT SUPERTYPE OF (ONEOF (ap_retract_angle,ap_retract_tangent))
    SUBTYPE OF (approach_retract_strategy);
END_ENTITY;
ENTITY ap_retract_angle (* m1 *)
    SUBTYPE OF (air_strategy);
    angle:plane_angle_measure;
    travel_length:length_measure;
END_ENTITY;
ENTITY ap_retract_tangent (* m1 *)
    SUBTYPE OF (air_strategy);
    radius:length_measure;
END_ENTITY;
ENTITY along_path (* m1 *)
    SUBTYPE OF (approach_retract_strategy);
    path:toolpath_list;
END_ENTITY;
(* ************************************************************ *)
(* Freeform operation *)
(* ************************************************************ *)
ENTITY freeform_operation (* m0 *)
    SUBTYPE OF (milling_type_operation);
    its_machining_strategy:OPTIONAL freeform_strategy;
END_ENTITY;
(* ************************************************************ *)
(* Freeform strategy *)
(* ************************************************************ *)
ENTITY freeform_strategy (* m1 *)
    ABSTRACT SUPERTYPE OF (ONEOF(uv_strategy,plane_cc_strategy,
```

```
    plane_cl_strategy,leading_line_strategy));
    pathmode:pathmode_type;
    cutmode:cutmode_type;
    its_milling_tolerances:tolerances;
    stepover:OPTIONAL length_measure;
END_ENTITY;
TYPE pathmode_type = ENUMERATION OF (
    forward,
    zigzag
);
END_TYPE;
TYPE cutmode_type = ENUMERATION OF (
    climb,
    conventional
);
END_TYPE;
ENTITY tolerances; (* m1 *)
    chordal_tolerance:length_measure;
    scallop_height:length_measure;
END_ENTITY;
ENTITY uv_strategy (* m1 *)
    SUBTYPE OF (freeform_strategy);
    forward_direction:direction;
    sideward_direction:direction;
END_ENTITY;
ENTITY plane_cc_strategy (* m1 *)
    SUBTYPE OF (freeform_strategy);
    its_plane_normal:direction;
END_ENTITY;
ENTITY plane_cl_strategy (* m1 *)
    SUBTYPE OF (freeform_strategy);
    its_plane_normal:direction;
END_ENTITY;
ENTITY leading_line_strategy (* m1 *)
    SUBTYPE OF (freeform_strategy);
    its_line:bounded_curve;
END_ENTITY;
(* ************************************************************ *)
(* two5D_milling operation *)
(* ************************************************************ *)
ENTITY two5D_milling_operation (* m0 *)
    ABSTRACT SUPERTYPE OF (ONEOF(plane_milling,side_milling,bottom_and_side_milling))
    SUBTYPE OF (milling_type_operation);
```

```
    its_machining_strategy:OPTIONAL two5D_milling_strategy;
END_ENTITY;
(* ************************************************************ *)
(* two5D_milling_strategy *)
(* ************************************************************ *)
ENTITY two5D_milling_strategy (* m1 *)
    ABSTRACT SUPERTYPE OF (ONEOF (unidirectional, bidirectional, contour_parallel,
bidirectional_contour,contour_bidirectional,contour_spiral,center_milling,explicit_strategy));
    overlap:OPTIONAL positive_ratio_measure;
    allow_multiple_passes:OPTIONAL BOOLEAN;
END_ENTITY;
ENTITY unidirectional (* m1 *)
    SUBTYPE OF (two5D_milling_strategy);
    feed_direction:OPTIONAL direction;
    cutmode:OPTIONAL cutmode_type;
END_ENTITY;
ENTITY bidirectional (* m1 *)
    SUBTYPE OF (two5D_milling_strategy);
    feed_direction:OPTIONAL direction;
    stepover_direction:OPTIONAL left_or_right;
    its_stroke_connection_strategy:OPTIONALs troke_connection_strategy;
END_ENTITY;
TYPE left_or_right = ENUMERATION OF (left,right);
END_TYPE;
TYPE stroke_connection_strategy = ENUMERATION OF
    (straghtline,lift_shift_plunge,degouge,loop_back);
END_TYPE;
ENTITY contour_parallel (* m1 *)
    SUBTYPE OF (two5D_milling_strategy);
    rotation_direction:OPTIONAL rot_direction;
    cutmode:OPTIONAL cutmode_type;
END_ENTITY;
ENTITY bidirectional_contour (* m1 *)
    SUBTYPE OF (two5D_milling_strategy);
    feed_direction:OPTIONAL direction;
    stepover_direction:OPTIONAL left_or_right;
    rotation_direction:OPTIONAL rot_direction;
    spiral_cutmode:OPTIONAL cutmode_type;
END_ENTITY;
ENTITY contour_bidirectional (* m1 *)
    SUBTYPE OF (two5D_milling_strategy);
    feed_direction:OPTIONAL direction;
    stepover_direction:OPTIONAL left_or_right;
```

```
    rotation_direction:OPTIONAL rot_direction;
    spiral_cutmode:OPTIONAL cutmode_type;
END_ENTITY;
ENTITY contour_spiral (* m1 *)
    SUBTYPE OF (two5D_milling_strategy);
    rotation_direction:OPTIONAL rot_direction;
    cutmode:OPTIONAL cutmode_type;
END_ENTITY;
ENTITY center_milling (* m1 *)
    SUBTYPE OF (two5D_milling_strategy);
END_ENTITY;
ENTITY explicit_strategy (* m1 *)
    SUBTYPE OF (two5D_milling_strategy);
END_ENTITY;
(* ************************************************************ *)
(* plane_milling,side_milling,bottom_and_side_milling *)
(* ************************************************************ *)
ENTITY plane_milling (* m0 *)
    ABSTRACT SUPERTYPE OF (ONEOF(plane_rough_milling,plane_finish_milling))
    SUBTYPE OF (two5D_milling_operation);
    axial_cutting_depth:OPTIONAL length_measure;
    allowance_bottom:OPTIONAL length_measure;
END_ENTITY;
ENTITY plane_rough_milling (* m0 *)
    SUBTYPE OF (plane_milling);
WHERE
    WR1:EXISTS(SELF.allowance_bottom) AND (SELF.allowance_bottom >= 0.0);
END_ENTITY;
ENTITY plane_finish_milling (* m0 *)
    SUBTYPE OF (plane_milling);
END_ENTITY;
ENTITY side_milling (* m0 *)
    ABSTRACT SUPERTYPE OF (ONEOF(side_rough_milling,side_finish_milling))
    SUBTYPE OF (two5D_milling_operation);
    axial_cutting_depth:OPTIONAL length_measure;
    radial_cutting_depth:OPTIONAL length_measure;
    allowance_side:OPTIONAL length_measure;
END_ENTITY;
ENTITY side_rough_milling (* m0 *)
    SUBTYPE OF (side_milling);
WHERE
    WR1:EXISTS(SELF.allowance_side) AND (SELF.allowance_side >= 0.0);
END_ENTITY;
```

```
ENTITY side_finish_milling (* m0 *)
    SUBTYPE OF (side_milling);
END_ENTITY;

ENTITY bottom_and_side_milling (* m0 *)
    ABSTRACT SUPERTYPE OF (ONEOF(bottom_and_side_rough_milling, bottom_and_side_
finish_milling))
    SUBTYPE OF (two5D_milling_operation);
    axial_cutting_depth:OPTIONAL length_measure;
    radial_cutting_depth:OPTIONAL length_measure;
    allowance_side:OPTIONAL length_measure;
    allowance_bottom:OPTIONAL length_measure;
END_ENTITY;
ENTITY bottom_and_side_rough_milling (* m0 *)
    SUBTYPE OF (bottom_and_side_milling);
WHERE
    WR1:EXISTS(SELF.allowance_side) AND (SELF.allowance_side >= 0.0);
    WR2:EXISTS(SELF.allowance_bottom) AND (SELF.allowance_bottom >= 0.0);
END_ENTITY;
ENTITY bottom_and_side_finish_milling (* m0 *)
    SUBTYPE OF (bottom_and_side_milling);
END_ENTITY;
(* ************************************************************ *)
(* Drilling type operation *)
(* ************************************************************ *)
ENTITY drilling_type_operation (* m0 *)
    ABSTRACT SUPERTYPE OF (ONEOF(drilling_operation, boring_operation, back_boring,
tapping,thread_drilling))
    SUBTYPE OF (milling_machining_operation);
    cutting_depth:OPTIONAL length_measure;
    previous_diameter:OPTIONAL length_measure;
    dwell_time_bottom:OPTIONAL time_measure;
    feed_on_retract:OPTIONAL positive_ratio_measure;
    its_machining_strategy:OPTIONAL drilling_type_strategy;
END_ENTITY;
(* ************************************************************ *)
(* Drilling type strategy *)
(* ************************************************************ *)
ENTITY drilling_type_strategy; (* m0 *)
    reduced_cut_at_start:OPTIONAL positive_ratio_measure;
    reduced_feed_at_start:OPTIONAL positive_ratio_measure;
    depth_of_start:OPTIONAL length_measure;
    reduced_cut_at_end:OPTIONAL positive_ratio_measure;
```

```
    reduced_feed_at_end:OPTIONAL positive_ratio_measure;
    depth_of_end:OPTIONAL length_measure;
WHERE
    WR1:EXISTS(depth_of_start) OR NOT (EXISTS(reduced_cut_at_start)
    OR EXISTS(reduced_feed_at_start));
    WR2:EXISTS(depth_of_end) OR NOT (EXISTS(reduced_cut_at_end)
    OR EXISTS(reduced_feed_at_end));
END_ENTITY;
(* ************************************************************ *)
(* Drilling operation* )
(* ************************************************************ *)
ENTITY drilling_operation (* m0 *)
    ABSTRACT SUPERTYPE OF (ONEOF(drilling, center_drilling, counter_sinking, multistep_
drilling))
    SUBTYPE OF (drilling_type_operation);
END_ENTITY;
ENTITY drilling (* m0 *)
    SUBTYPE OF (drilling_operation);
END_ENTITY;
ENTITY center_drilling (* m0 *)
    SUBTYPE OF (drilling_operation);
END_ENTITY;
ENTITY counter_sinking (* m0 *)
    SUBTYPE OF (drilling_operation);
END_ENTITY;
ENTITY multistep_drilling (* m0 *)
    SUBTYPE OF (drilling_operation);
    retract_distance:length_measure;
    first_depth:length_measure;
    depth_of_step:length_measure;
    dwell_time_step:OPTIONAL time_measure;
END_ENTITY;
(* ************************************************************ *)
(* Boring operation *)
(* ************************************************************ *)
ENTITY boring_operation (* m0 *)
    ABSTRACT SUPERTYPE OF (ONEOF(boring,reaming))
    SUBTYPE OF (drilling_type_operation);
    spindle_stop_at_bottom:BOOLEAN;
    depth_of_testcut:OPTIONAL length_measure;
    waiting_position:OPTIONAL cartesian_point;
END_ENTITY;
ENTITY boring (* m0 *)
```

```
    SUBTYPE OF (boring_operation);
END_ENTITY;
ENTITY reaming (* m0 *)
    SUBTYPE OF (boring_operation);
END_ENTITY;
ENTITY back_boring (* m0 *)
    SUBTYPE OF (drilling_type_operation);
WHERE
    WR1:EXISTS(SELF.its_machine_functions.oriented_spindle_stop);
END_ENTITY;
ENTITY tapping (* m0 *)
    SUBTYPE OF (drilling_type_operation);
    compensation_chuck:BOOLEAN;
END_ENTITY;
ENTITY thread_drilling (* m0 *)
    SUBTYPE OF (drilling_type_operation);
    helical_movement_on_forward:BOOLEAN;
END_ENTITY;
END_SCHEMA; (* milling_schema *)
```

附 录 B
（规范性附录）
实体短名

表 B.1

实 体 名	短 名
ADAPTIVE_CONTROL	ADPCNT
AIR_STRATEGY	ARSTR
ALONG_PATH	ALNPTH
AP_RETRACT_ANGLE	APRTAN
AP_RETRACT_TANGENT	APRTTN
APPROACH_RETRACT_STRATEGY	APRTST
BACK_BORING	BCKBRN
BIDIRECTIONAL	BDRCTN
BIDIRECTIONAL_CONTOUR	BDRCNT
BORING	BORING
BORING_OPERATION	BRNOPR
BOTTOM_AND_SIDE_FINISH_MILLING	BASFM
BOTTOM_AND_SIDE_MILLING	BASM
BOTTOM_AND_SIDE_ROUGH_MILLING	BASRM
CENTER_DRILLING	CNTDRL
CENTER_MILLING	CNTMLL
CONTOUR_BIDIRECTIONA	CNTBDR
CONTOUR_PARALLEL	CNTPRL
CONTOUR_SPIRAL	CNTSPR
COUNTER_SINKING	CNTSNK
DRILLING	DRLLNG
DRILLING_OPERATION	DRLOPR
DRILLING_TYPE_OPERATION	DRTYOP
DRILLING_TYPE_STRATEGY	DRTYST
EXCHANGE_PALLET	EXGPLL
EXPLICIT_STRATEGY	EXPSTR
FIVE_AXES_CONST_TILT_YAW	FACTY
FIVE_AXES_VAR_TILT_YAW	FAVTY
FREEFORM_OPERATION	FRFOPR
FREEFORM_STRATEGY	FRFSTR
INDEX_PALLET	INDPLL

表 B.1（续）

实 体 名	短 名
INDEX_TABLE	INDTBL
LEADING_LINE_STRATEGY	LDLNST
LOAD_TOOL	LDTL
MILLING_MACHINE_FUNCTIONS	MLMCFN
MILLING_MACHINING_OPERATION	MLMCOP
MILLING_TECHNOLOGY	MLLTCH
MILLING_TYPE_OPERATION	MLTYOP
MULTISTEP_DRILLING	MLTDRL
PLANE_CC_STRATEGY	PLCCST
PLANE_CL_STRATEGY	PLCLST
PLANE_FINISH_MILLING	PLFNML
PLANE_MILLING	PLNMLL
PLANE _ROUGH_MILLING	PLRGML
PLUNGE_HELIX	PLNHLX
PLUNGE_RAMP	PLNRMP
PLUNGE_STRATEGY	PLNSTR
PLUNGE_TOOLAXIS	PLNTLX
PLUNGE_ZIGZAG	PLNZGZ
PROCESS_MODEL	PRCMDL
PROCESS_MODEL_LIST	PRMDLS
REAMING	RMNG
SIDE_FINISH_MILLING	SDFNML
SIDE_MILLING	SDMLL
SIDE_ROUGH_MILLING	SDRGML
TAPPING	TPPNG
THREAD_DRILLING	THRDRL
THREE_AXES_TILTED_TOOL	TATT
TOLERANCES	TLRNCS
TOOL_DIRECTION_FOR_MILLING	TDFM
TWO5D_MILLING_OPERATION	TWMLOP
TWO5D_MILLING_STRATEGY	TWMLST
UNIDIRECTIONAL	UNDRCT
UNLOAD_TOOL	UNLTL
UV_STRATEGY	UVSTR

附　录　C
（规范性附录）
实现方法的具体要求

实现方法定义了 GB/T 19903 本部分需要的交换类型。GB/T 19903 本部分的一致性应使用可交换结构来实现。该文件格式应根据语法和在 GB/T 16656.21 中定义的 EXPRESS 语言映射，以及本部分附录 A 中定义的带注释的清单来编。交换结构的标题应该使用 GB/T 19903 本部分中的模式名称“milling_schema”来标识。

附 录 D
（资料性附录）
EXPRESS-G 图

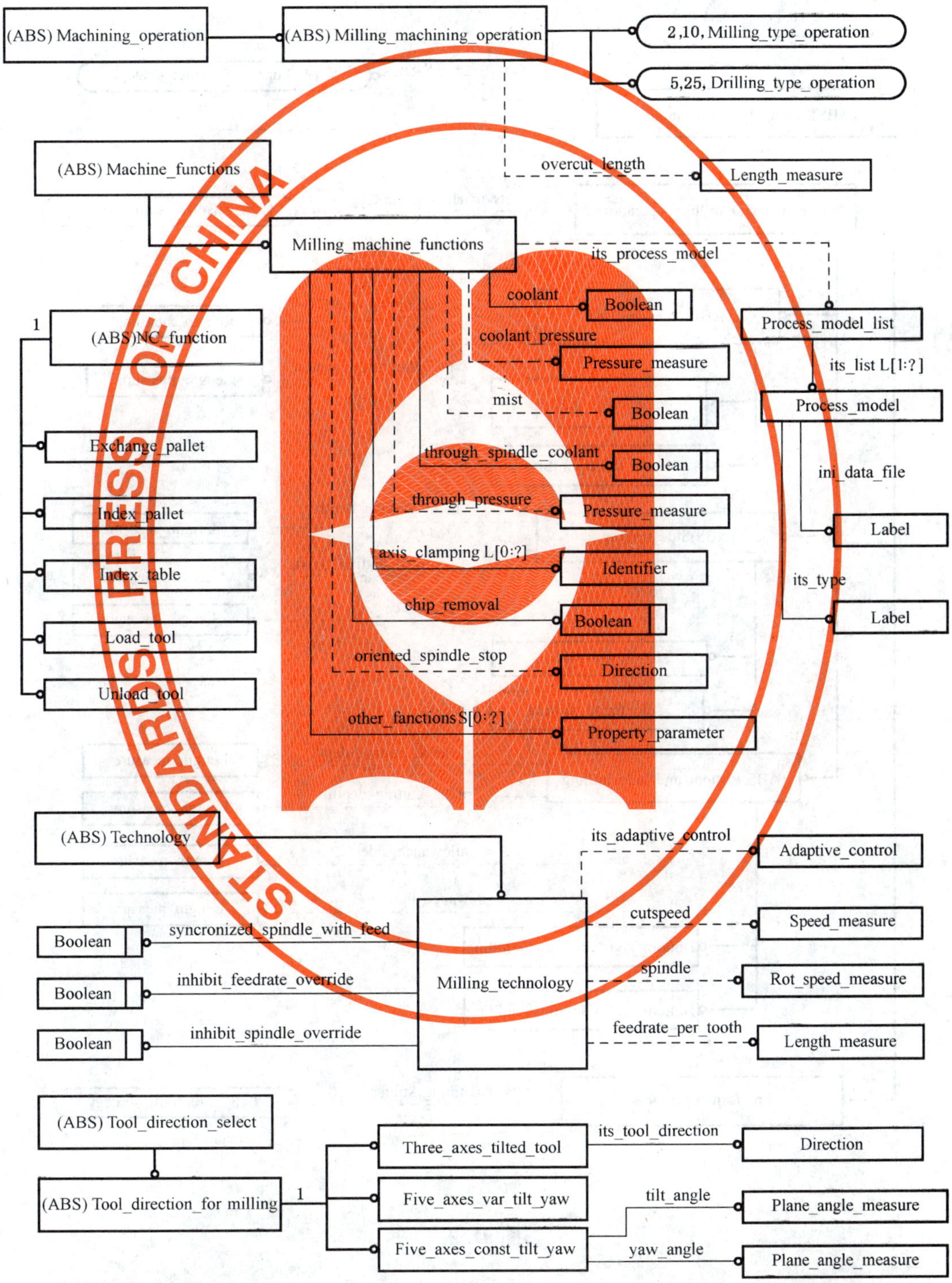

图 D.1

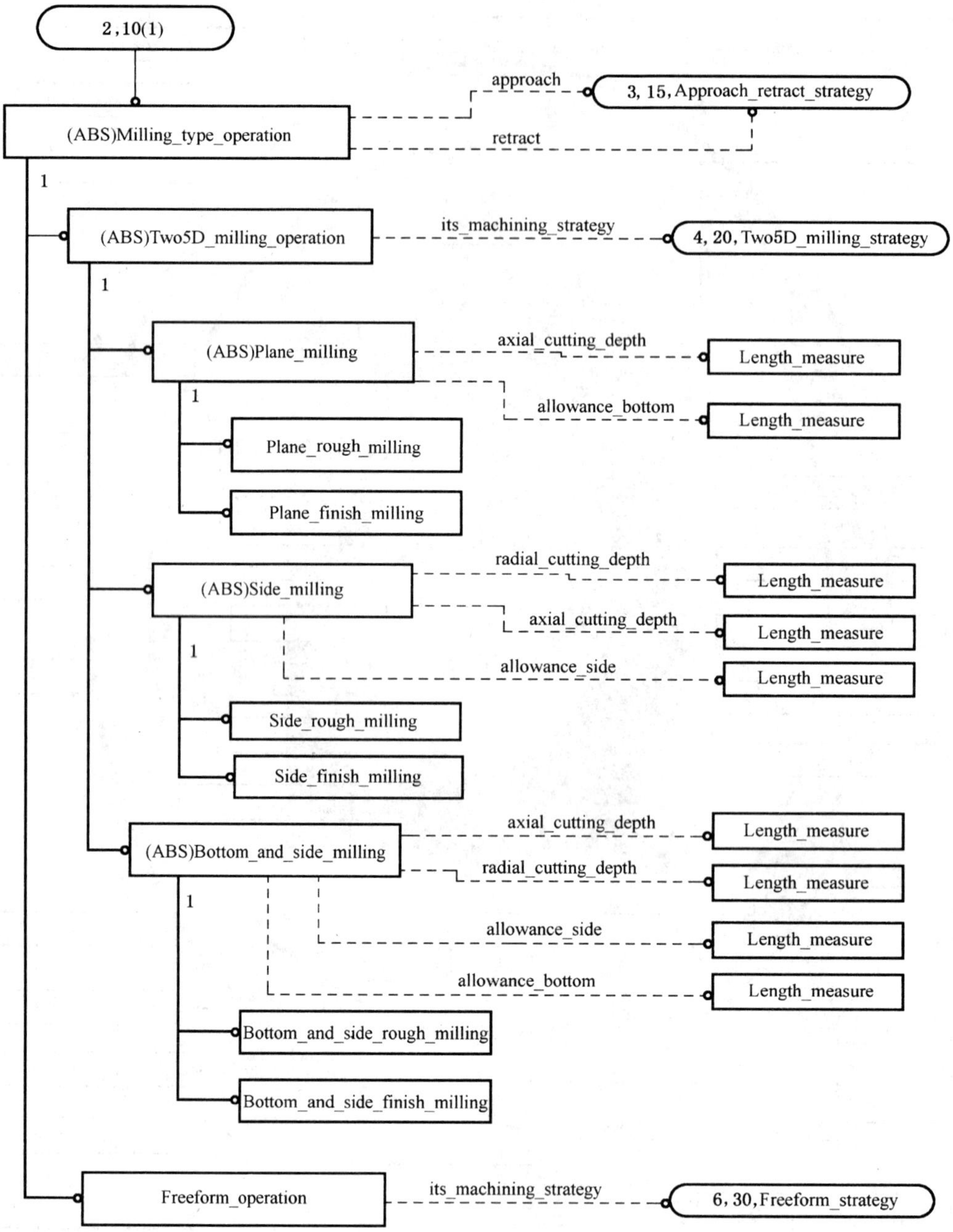
2,10(1)
(ABS)Milling_type_operation
approach
3, 15, Approach_retract_strategy
retract
1
(ABS)Two5D_milling_operation
its_machining_strategy
4, 20, Two5D_milling_strategy
1
(ABS)Plane_milling
axial_cutting_depth
Length_measure
allowance_bottom
Length_measure
1
Plane_rough_milling
Plane_finish_milling
(ABS)Side_milling
radial_cutting_depth
Length_measure
axial_cutting_depth
Length_measure
allowance_side
Length_measure
1
Side_rough_milling
Side_finish_milling
(ABS)Bottom_and_side_milling
axial_cutting_depth
Length_measure
radial_cutting_depth
Length_measure
allowance_side
Length_measure
allowance_bottom
Length_measure
1
Bottom_and_side_rough_milling
Bottom_and_side_finish_milling
Freeform_operation
its_machining_strategy
6, 30, Freeform_strategy

图 D.2

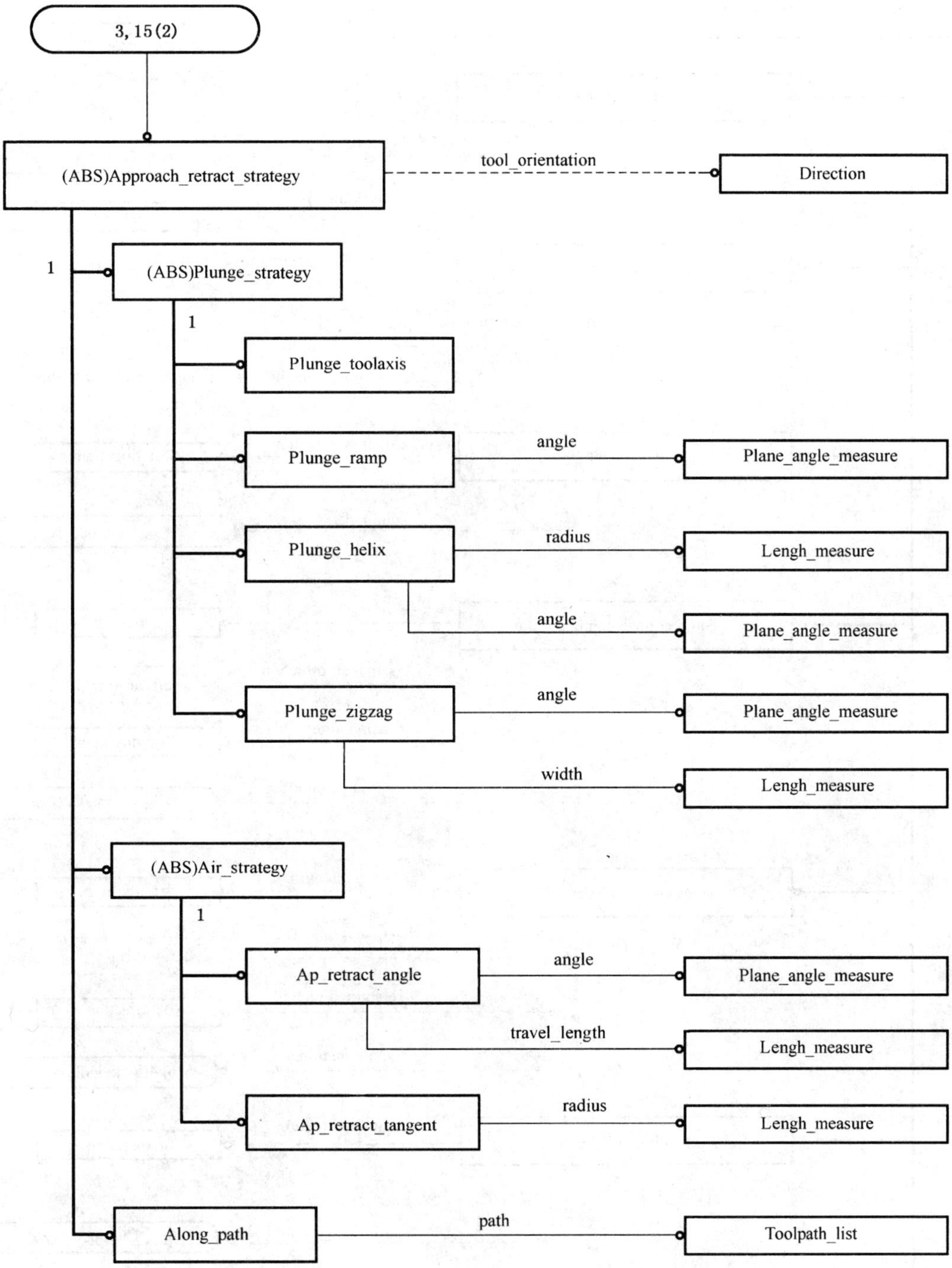
3,15(2)
(ABS)Approach_retract_strategy
tool_orientation
Direction
1
(ABS)Plunge_strategy
1
Plunge_toolaxis
Plunge_ramp
angle
Plane_angle_measure
Plunge_helix
radius
Lengh_measure
angle
Plane_angle_measure
Plunge_zigzag
angle
Plane_angle_measure
width
Lengh_measure
(ABS)Air_strategy
1
Ap_retract_angle
angle
Plane_angle_measure
travel_length
Lengh_measure
Ap_retract_tangent
radius
Lengh_measure
Along_path
path
Toolpath_list

图 D.3

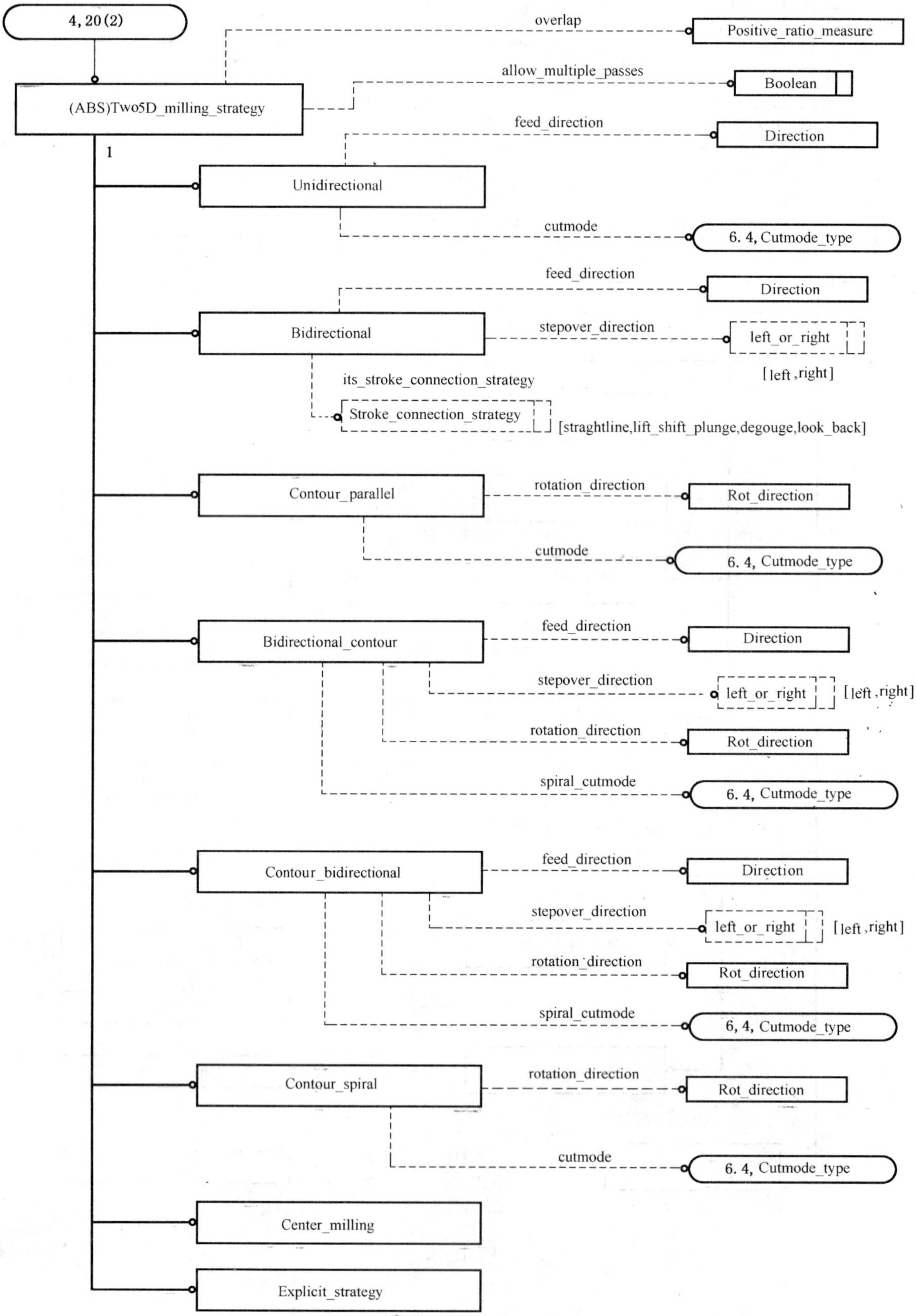
4,20(2)
(ABS)Two5D_milling_strategy
overlap
Positive_ratio_measure
allow_multiple_passes
Boolean
feed_direction
Direction
1
Unidirectional
cutmode
6.4, Cutmode_type
feed_direction
Direction
Bidirectional
stepover_direction
left_or_right
[left,right]
its_stroke_connection_strategy
Stroke_connection_strategy
[straghtline,lift_shift_plunge,degouge,look_back]
Contour_parallel
rotation_direction
Rot_direction
cutmode
6.4, Cutmode_type
Bidirectional_contour
feed_direction
Direction
stepover_direction
left_or_right
[left,right]
rotation_direction
Rot_direction
spiral_cutmode
6.4, Cutmode_type
Contour_bidirectional
feed_direction
Direction
stepover_direction
left_or_right
[left,right]
rotation_direction
Rot_direction
spiral_cutmode
6,4, Cutmode_type
Contour_spiral
rotation_direction
Rot_direction
cutmode
6.4, Cutmode_type
Center_milling
Explicit_strategy

图 D.4

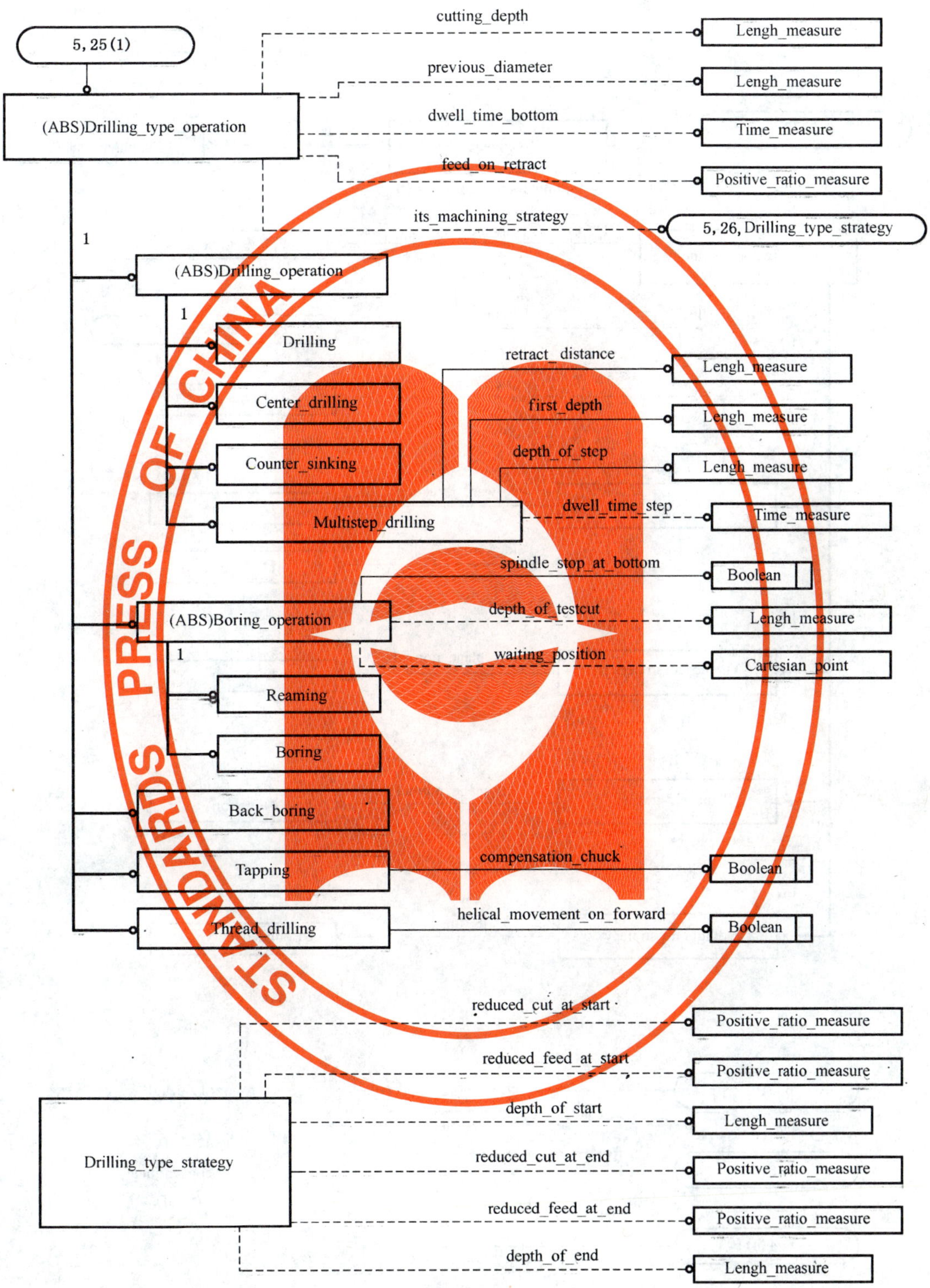

5,25(1)
(ABS)Drilling_type_operation
cutting_depth
Lengh_measure
previous_diameter
Lengh_measure
dwell_time_bottom
Time_measure
feed_on_retract
Positive_ratio_measure
its_machining_strategy
5,26,Drilling_type_strategy
1
(ABS)Drilling_operation
1
Drilling
Center_drilling
Counter_sinking
Multistep_drilling
retract_distance
Lengh_measure
first_depth
Lengh_measure
depth_of_step
Lengh_measure
dwell_time_step
Time_measure
spindle_stop_at_bottom
Boolean
depth_of_testcut
Lengh_measure
waiting_position
Cartesian_point
(ABS)Boring_operation
1
Reaming
Boring
Back_boring
Tapping
compensation_chuck
Boolean
Thread_drilling
helical_movement_on_forward
Boolean
Drilling_type_strategy
reduced_cut_at_start
Positive_ratio_measure
reduced_feed_at_start
Positive_ratio_measure
depth_of_start
Lengh_measure
reduced_cut_at_end
Positive_ratio_measure
reduced_feed_at_end
Positive_ratio_measure
depth_of_end
Lengh_measure

图 D.5

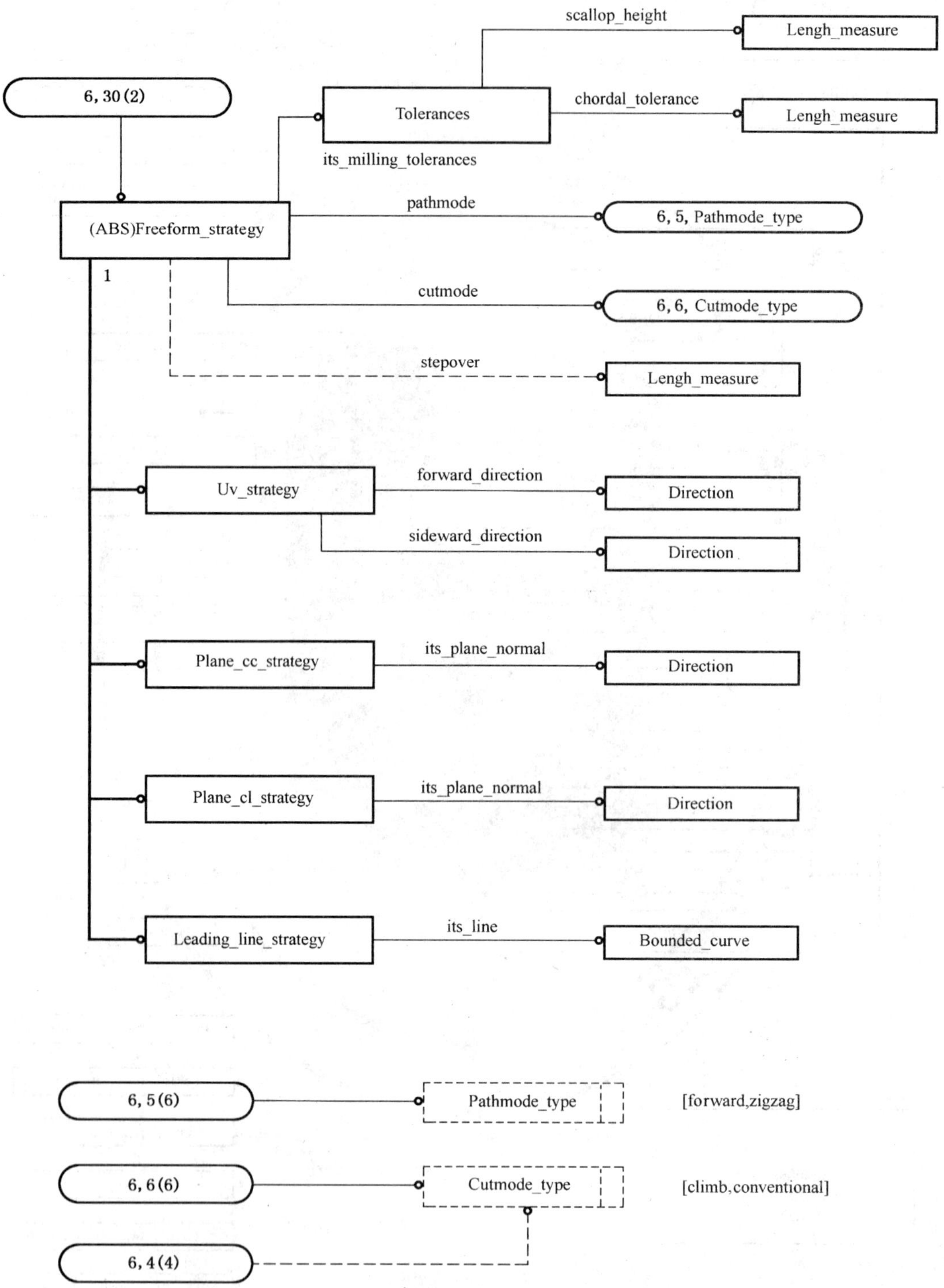
scallop_height
Lengh_measure
6,30(2)
Tolerances
chordal_tolerance
Lengh_measure
its_milling_tolerances
pathmode
(ABS)Freeform_strategy
6,5, Pathmode_type
1
cutmode
6,6, Cutmode_type
stepover
Lengh_measure
Uv_strategy
forward_direction
Direction
sideward_direction
Direction
Plane_cc_strategy
its_plane_normal
Direction
Plane_cl_strategy
its_plane_normal
Direction
Leading_line_strategy
its_line
Bounded_curve
6,5(6)
Pathmode_type
[forward,zigzag]
6,6(6)
Cutmode_type
[climb,conventional]
6,4(4)

图 D.6

附　录　E
（资料性附录）
样本 NC 程序

E.1　示例 1

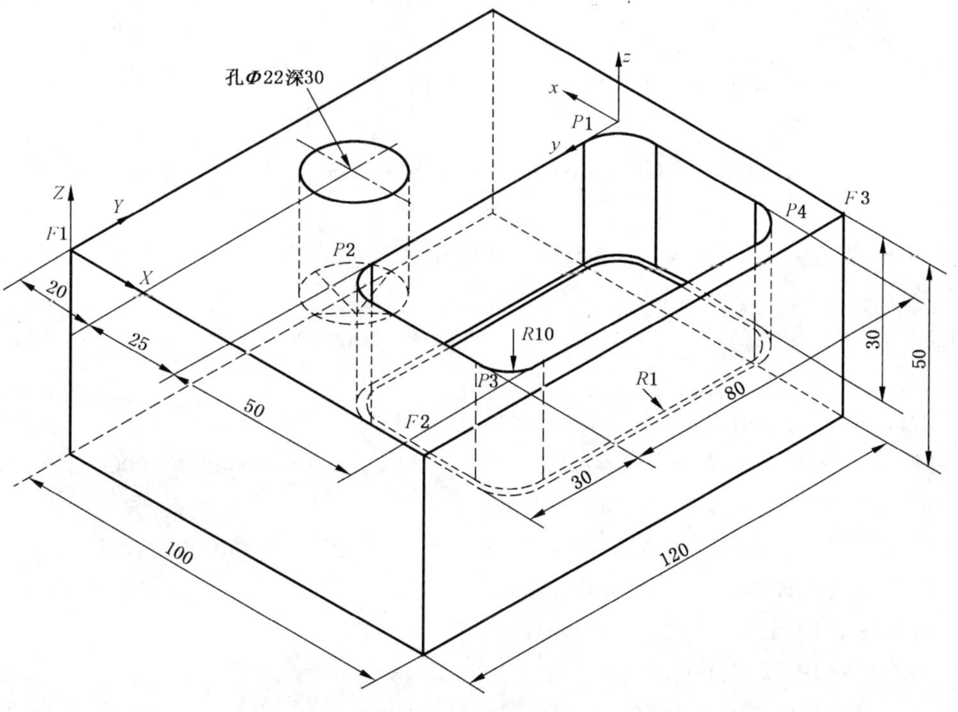

图 E.1　示例 1 的工件

```
ISO-10303-21;
HEADER;
FILE_DESCRIPTION(('EXAMPLE 1'),'1');
FILE_NAME('EXAMPLE1.STP','2004-5-4T15-32-8',('AUTHOR'),(''),'WZL
ISO 10303-PART21 PARSER
PACKAGE','','');
FILE_SCHEMA((('MACHINING_SCHEMA','MILLING_SCHEMA','MILLING_TOOL_
SCHEMA'));
ENDSEC;
DATA;
#1=CARTESIAN_POINT('SECPLANE1:LOCATION ',(0.0000000000,0.0000000000,
30.0000000000));
#2=DIRECTION(' AXIS ',(0.0000000000,0.0000000000,1.0000000000));
#3=DIRECTION(' REF_DIRECTION',(1.0000000000,0.0000000000,0.0000000000));
#4=AXIS2_PLACEMENT_3D('PLANE1',#1,#2,#3);
#5=ELEMENTARY_SURFACE('SECURITY PLANE',#4);
```

```
#6=PROPERTY_PARAMETER('E=200000N/M2');
#7=MATERIAL('ST-50','STEEL',(#6));
#8=CARTESIAN_POINT('',(0.0000000000,0.0000000000,0.0000000000));
#9=DIRECTION('',(0.0000000000,0.0000000000,1.0000000000));
#10=DIRECTION('',(1.0000000000,0.0000000000,0.0000000000));
#11=AXIS2_PLACEMENT_3D('',#8,#9,#10);
#12=BLOCK('BOUNDING STOCK',#11,100.0000000000,100.0000000000,100.0000000000);
#13=WORKPIECE('STOCK',#7,$,$,$,#12,());
#14=CARTESIAN_POINT('CLAMPING_POSITION1',(0.0000000000,20.0000000000,25.0000000000));
#15=CARTESIAN_POINT('CLAMPING_POSITION2',(100.0000000000,20.0000000000,25.0000000000));
#16=CARTESIAN_POINT('CLAMPING_POSITION3',(0.0000000000,100.0000000000,25.0000000000));
#17=CARTESIAN_POINT('CLAMPING_POSITION4',(100.0000000000,100.0000000000,25.0000000000));
#18=WORKPIECE('SIMPLE WORKPIECE',#7,0.0100000000,#13,$,$,(#14,#15,#16,#17));
#19=CUTTING_COMPONENT(80.0000000000,$,$,$);
#20=ENDMILL('MILL 20MM',(#19,#19,#19,#19),80.0000000000,20.0000000000,30.0000000000,.RIGHT.,.F.,4,0.0500000000,$);
#21=MILLING_TECHNOLOGY(0.0400000000,.TCP.,$,12.0000000000,$,.F.,.F.,.F.,$);
#22=MILLING_MACHINE_FUNCTIONS(.T.,$,$,.F.,$,(),.T.,$,$,());
#23=PLUNGE_RAMP($,45.0000000000);
#24=PLUNGE_RAMP($,45.0000000000);
#25=DIRECTION('STRATEGY PLANAR FACE1: 1. DIRECTION',(0.0000000000,1.0000000000,0.0000000000));
#26=BIDIRECTIONAL(5.0000000000,.T.,#25,.LEFT.,$);
#27=PLANE_FINISH_MILLING($,$,'FINISH PLANAR FACE1',10.0000000000,$,#20,#21,#22,5.0000000000,#23,#24,#26,2.5000000000,$);
#28=CARTESIAN_POINT('PLANAR FACE1: LOCATION ',(0.0000000000,0.0000000000,5.0000000000));
#29=DIRECTION(' AXIS ',(0.0000000000,0.0000000000,1.0000000000));
#30=DIRECTION(' REF_DIRECTION',(1.0000000000,0.0000000000,0.0000000000));
#31=AXIS2_PLACEMENT_3D('PLANAR FACE1',#28,#29,#30);
#32=CARTESIAN_POINT(' PLANAR FACE1: DEPTH ',(0.0000000000,0.0000000000,-5.0000000000));
#33=DIRECTION(' AXIS ',(0.0000000000,0.0000000000,1.0000000000));
#34=DIRECTION(' REF_DIRECTION',(1.0000000000,0.0000000000,0.0000000000));
#35=AXIS2_PLACEMENT_3D('PLANAR FACE1',#32,#33,#34);
#36=ELEMENTARY_SURFACE('PLANAR FACE1-DEPTH PLANE',#35);
#37=PLUS_MINUS_VALUE(0.3000000000,0.3000000000,3);
#38=TOLERANCED_LENGTH_MEASURE(120.0000000000,#37);
```

```
#39=DIRECTION('COURSE OF TRAVEL DIRECTION',(0.0000000000,1.0000000000,0.0000000000));
#40=LINEAR_PATH($,#38,#39);
#41=NUMERIC_PARAMETER('PROFILE LENGTH',100.0000000000,'MM');
#42=LINEAR_PROFILE($,#41);
#43=PLANAR_FACE('PLANAR FACE1',#18,(#27),#31,#36,#40,#42,$,());
#44=MACHINING_WORKINGSTEP('WS FINISH PLANAR FACE1',#5,#43,#27,$);
#45=DRILLING_CUTTING_TOOL('DRILL 20MM',(),90.0000000000,20.0000000000,70.0000000000,.RIGHT.,.F.,120.0000000000);
#46=MILLING_TECHNOLOGY(0.0300000000,.TCP.,$,16.0000000000,$,.F.,.F.,.F.,$);
#47=DRILLING_TYPE_STRATEGY(75.0000000000,50.0000000000,2.0000000000,50.0000000000,75.0000000000,8.0000000000);
#48=DRILLING($,$,'DRILL HOLE1',10.0000000000,$,#45,#46,#22,$,30.0000000000,0.0000000000,0.0000000000,$,#47);
#49=REAMING_CUTTING_TOOL('REAMER 22MM',(#19,#19,#19,#19),100.0000000000,22.0000000000,60.0000000000,.RIGHT.,.F.,$);
#50=MILLING_TECHNOLOGY(0.0300000000,.TCP.,$,18.0000000000,$,.F.,.F.,.F.,$);
#51=DRILLING_TYPE_STRATEGY($,$,$,$,$,$);
#52=REAMING($,$,'REAM HOLE1',10.0000000000,$,#49,#50,#22,$,30.0000000000,20.0000000000,1.0000000000,$,#51,.T.,5.0000000000,$);
#53=CARTESIAN_POINT('HOLE1: LOCATION ',(20.0000000000,60.0000000000,0.0000000000));
#54=DIRECTION(' AXIS ',(0.0000000000,0.0000000000,1.0000000000));
#55=AXIS2_PLACEMENT_3D('HOLE1',#53,#54,$);
#56=CARTESIAN_POINT('HOLE1:DEPTH ',(0.0000000000,0.0000000000,-30.0000000000));
#57=DIRECTION(' AXIS ',(0.0000000000,0.0000000000,1.0000000000));
#58=DIRECTION(' REF_DIRECTION',(1.0000000000,0.0000000000,0.0000000000));
#59=AXIS2_PLACEMENT_3D('HOLE1',#56,#57,#58);
#60=ELEMENTARY_SURFACE('DEPTH SURFACE FOR ROUND HOLE1',#59);
#61=TOLERANCED_LENGTH_MEASURE(22.0000000000,#37);
#62=THROUGH_BOTTOM_CONDITION();
#63=ROUND_HOLE('HOLE1 D=22MM',#18,(#48,#52),#55,#60,#61,$,#62);
#64=MACHINING_WORKINGSTEP('WS DRILL HOLE1',#5,#63,#48,$);
#65=MACHINING_WORKINGSTEP('WS REAM HOLE1',#5,#63,#52,$);
#66=MILLING_TECHNOLOGY($,.TCP.,$,20.0000000000,$,.F.,.F.,.F.,$);
#67=CONTOUR_BIDIRECTIONAL($,$,$,$,$,$);
#68=BOTTOM_AND_SIDE_ROUGH_MILLING($,$,'ROUGH
POCKET1',15.0000000000,$,#20,#66,#22,$,$,$,#67,2.5000000000,5.0000000000,1.0000000000,0.5000000000);
#69=MILLING_TECHNOLOGY($,.TCP.,$,20.0000000000,$,.F.,.F.,.F.,$);
#70=CONTOUR_PARALLEL(5.0000000000,.T.,.CW.,.CONVENTIONAL.);
#71=BOTTOM_AND_SIDE_FINISH_MILLING($,$,'FINISH
POCKET1',15.0000000000,$,#20,#69,#22,$,$,$,#70,2.0000000000,10.0000000000,$,$);
```

```
#72=CARTESIAN_POINT('POCKET1: LOCATION ',(45.0000000000,110.0000000000,
0.0000000000));
#73=DIRECTION(' AXIS ',(0.0000000000,0.0000000000,1.0000000000));
#74=DIRECTION('REF_DIRECTION',(-1.0000000000,0.0000000000,0.0000000000));
#75=AXIS2_PLACEMENT_3D('POCKET1',#72,#73,#74);
#76=CARTESIAN_POINT('POCKET1: DEPTH ',(0.0000000000,0.0000000000,
-30.0000000000));
#77=DIRECTION(' AXIS ',(0.0000000000,0.0000000000,1.0000000000));
#78=DIRECTION(' REF_DIRECTION',(1.0000000000,0.0000000000,0.0000000000));
#79=AXIS2_PLACEMENT_3D('POCKET1',#76,#77,#78);
#80=ELEMENTARY_SURFACE('DEPTH SURFACE FOR POCKET1',#79);
#81=PLANAR_POCKET_BOTTOM_CONDITION();
#82=PLUS_MINUS_VALUE(0.1000000000,0.1000000000,3);
#83=TOLERANCED_LENGTH_MEASURE(1.0000000000,#82);
#84=PLUS_MINUS_VALUE(0.1000000000,0.1000000000,3);
#85=TOLERANCED_LENGTH_MEASURE(10.0000000000,#84);
#86=CARTESIAN_POINT('P1',(0.0000000000,0.0000000000,0.0000000000));
#87=CARTESIAN_POINT('P2',(0.0000000000,80.0000000000,0.0000000000));
#88=CARTESIAN_POINT('P3',(-50.0000000000,80.0000000000,0.0000000000));
#89=CARTESIAN_POINT('P4',(-50.0000000000,0.0000000000,0.0000000000));
#90=POLYLINE('CONTOUR OF POCKET1',(#86,#87,#88,#89,#86));
#91=GENERAL_CLOSED_PROFILE($,#90);
#92=CLOSED_POCKET('POCKET1',#18,(#68,#71),#75,#80,(),$,#81,#83,#85,
#91);
#93=MACHINING_WORKINGSTEP('WS ROUGH POCKET1',#5,#92,#68,$);
#94=MACHINING_WORKINGSTEP('WS FINISH POCKET1',#5,#92,#71,$);
#95=CARTESIAN_POINT('SETUP1: LOCATION ',(150.0000000000,90.0000000000,
40.0000000000));
#96=DIRECTION(' AXIS ',(0.0000000000,0.0000000000,1.0000000000));
#97=DIRECTION(' REF_DIRECTION',(1.0000000000,0.0000000000,0.0000000000));
#98=AXIS2_PLACEMENT_3D('SETUP1',#95,#96,#97);
#99=CARTESIAN_POINT('WORKPIECE1: LOCATION ',(0.0000000000,0.0000000000,
0.0000000000));
#100=DIRECTION(' AXIS ',(0.0000000000,0.0000000000,1.0000000000));
#101=DIRECTION(' REF_DIRECTION',(1.0000000000,0.0000000000,0.0000000000));
#102=AXIS2_PLACEMENT_3D('WORKPIECE',#99,#100,#101);
#103=NC_VARIABLE('',0.0000000000);
#104=NC_VARIABLE('',0.0000000000);
#105=OFFSET_VECTOR((#103,#103,#103),(#104,#104,#104));
#106=WORKPIECE_SETUP(#18,#102,#105,$,());
#107=SETUP('SETUP1',#98,#5,(#106));
#108=WORKPLAN('MAIN WORKPLAN',(#44,#64,#65,#93,#94),$,#107,$);
#109=PROJECT('EXECUTE EXAMPLE1',#108,(#18),$,$,$);
```

ENDSEC;

END-ISO-10303-21;

E.2 示例 2

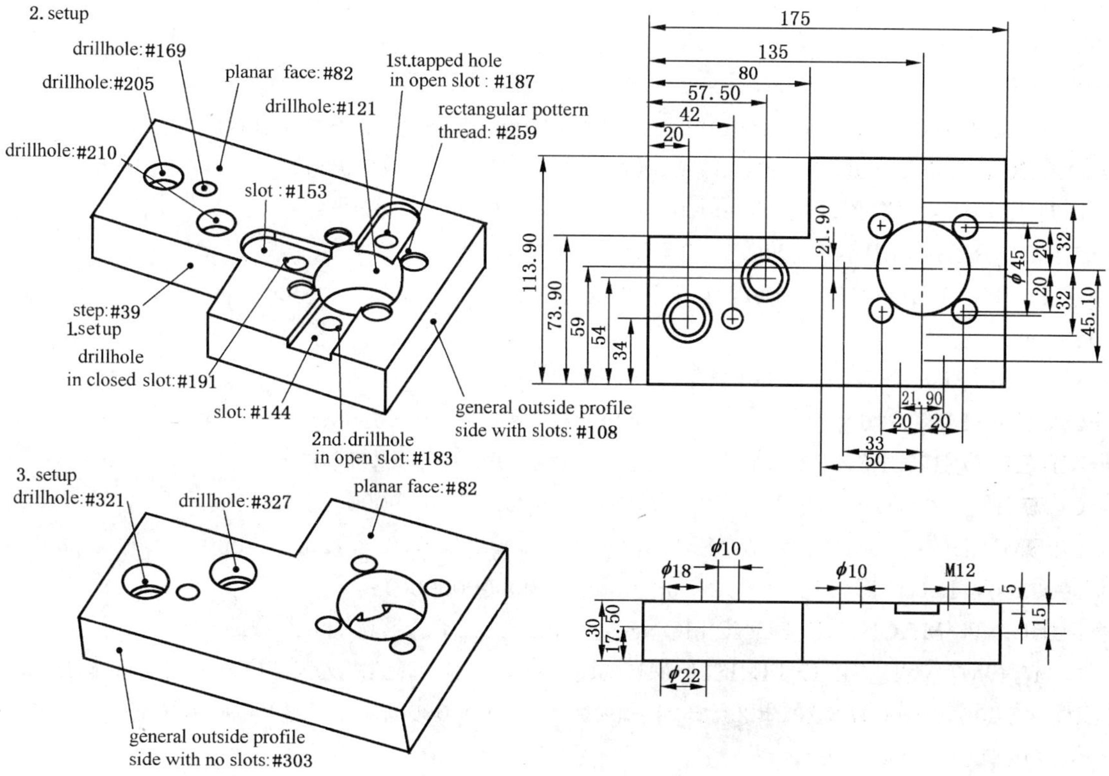

图 E.2 示例 2 的工件

ISO-10303-21;

HEADER;

FILE_DESCRIPTION(('EXAMPLE 2'),'1');

FILE_NAME('EXAMPLE1. STP','2004-5-4T16-32-8',('AUTHOR'),(''),'WZL

ISO 10303-PART21 PARSER

PACKAGE','','');

FILE_SCHEMA((('MACHINING_SCHEMA',' MILLING_SCHEMA','

MILLING_TOOL_SCHEMA'));

ENDSEC;

DATA;

#1=CARTESIAN_POINT('LOCATION',(0.0000000000,0.0000000000,35.0000000000));

#2=DIRECTION('AXIS',(0.0000000000,0.0000000000,1.0000000000));

#3=DIRECTION('REF-DIR',(1.0000000000,0.0000000000,0.0000000000));

#4=AXIS2_PLACEMENT_3D('',#1,#2,#3);

#5=PLANE('SECPLANE OF PLANAR FACE:STEP',#4);

#6=PROPERTY_PARAMETER('');

#7=MATERIAL('','',(#6));

```
#8=CARTESIAN_POINT('',(-2.5000000000,-2.5000000000,-2.5000000000));
#9=DIRECTION('',(0.0000000000,0.0000000000,1.0000000000));
#10=DIRECTION('',(1.0000000000,0.0000000000,0.0000000000));
#11=AXIS2_PLACEMENT_3D('',#8,#9,#10);
#12=BLOCK('BOUNDING BOX OF STOCK',#11,180.0000000000,118.9000000000,35.0000000000);
#13=WORKPIECE('STOCK',#7,$,$,$,#12,());
#14=CARTESIAN_POINT('',(0.0000000000,0.0000000000,0.0000000000));
#15=DIRECTION('',(0.0000000000,0.0000000000,1.0000000000));
#16=DIRECTION('',(1.0000000000,0.0000000000,0.0000000000));
#17=AXIS2_PLACEMENT_3D('',#14,#15,#16);
#18=BLOCK('BOUNDING BOX OF FINAL PART',#17,175.0000000000,113.9000000000,30.0000000000);
#19=WORKPIECE('FINISHED PART',#7,0.0010000000,#13,$,#18,());
#20=CARTESIAN_POINT('',(0.0000000000,0.0000000000,0.0000000000));
#21=MILLING_TECHNOLOGY($,.CCP.,$,100.0000000000,0.1000000000,$,$,$,$);
#22=CUTTING_COMPONENT(123.0000000000,$,987.0000000000,#21);
#23=ENDMILL('ENDMILL 40MM',(#22,#22,#22,#22),123.0000000000,40.0000000000,60.0000000000,.RIGHT.,.F.,4,0.2000000000,0.0000000000);
#24=MILLING_MACHINE_FUNCTIONS(.F.,$,.F.,.F.,$,(),.F.,$,$,());
#25=BOTTOM_AND_SIDE_FINISH_MILLING($,$,'OPERATION FOR FINISH MILLING OF A STEP',10.0000000000,#20,#23,#21,#24,4.0000000000,$,$,$,8.0000000000,5.0000000000,0.0000000000,0.0000000000);
#26=CARTESIAN_POINT('LOCATION',(0.0000000000,0.0000000000,0.0000000000));
#27=DIRECTION('AXIS',(0.0000000000,-1.0000000000,0.0000000000));
#28=DIRECTION('REF-DIR',(1.0000000000,0.0000000000,0.0000000000));
#29=AXIS2_PLACEMENT_3D('PLACEMENT OF THE STEP RELATIVE TO THE WORKPIECE',#26,#27,#28);
#30=CARTESIAN_POINT('LOCATION',(0.0000000000,0.0000000000,-40.0000000000));
#31=DIRECTION('AXIS',(0.0000000000,0.0000000000,1.0000000000));
#32=DIRECTION('REF-DIR',(1.0000000000,0.0000000000,0.0000000000));
#33=AXIS2_PLACEMENT_3D('',#30,#31,#32);
#34=ELEMENTARY_SURFACE('DEPTH OF STEP',#33);
#35=PLUS_MINUS_VALUE(80.1000000000,79.9000000000,2);
#36=TOLERANCED_LENGTH_MEASURE(80.0000000000,#35);
#37=DIRECTION('DIRECTION OF OPEN BOUNDARY OF STEP',(1.0000000000,0.0000000000,0.0000000000));
#38=LINEAR_PATH($,#36,#37);
#39=STEP('STEP',#19,(#25),#29,#34,#38,$,());
#40=MACHINING_WORKINGSTEP('WORKINGSTEP TO MACHINE THE STEP',#5,#39,#25,$);
#41=CARTESIAN_POINT('',(-60.0000000000,80.0000000000,250.0000000000));
#42=DIRECTION('Z 0 0 -1',(0.0000000000,0.0000000000,-1.0000000000));
```

#43=DIRECTION('',(1.0000000000,0.0000000000,0.0000000000));
#44=AXIS2_PLACEMENT_3D('',#41,#42,#43);
#45=CARTESIAN_POINT('',(0.0000000000,0.0000000000,0.0000000000));
#46=DIRECTION('',(0.0000000000,0.0000000000,1.0000000000));
#47=DIRECTION('',(1.0000000000,0.0000000000,0.0000000000));
#48=AXIS2_PLACEMENT_3D('',#45,#46,#47);
#49=NC_VARIABLE('',0.0000000000);
#50=NC_VARIABLE('',0.0000000000);
#51=OFFSET_VECTOR((#49,#49,#49),(#50,#50,#50));
#52=WORKPIECE_SETUP(#19,#48,#51,$,());
#53=SETUP('SETUP FOR MACHINING STEP',#44,$,(#52));
#54=WORKPLAN('WORKPLAN FOR FIRST SETUP - STEP',(#40),$,#53,$);
#55=CARTESIAN_POINT('',(0.0000000000,0.0000000000,30.0000000000));
#56=DIRECTION('Z-DIRECTION 0 0 +1',(0.0000000000,0.0000000000,1.0000000000));
#57=DIRECTION('',(1.0000000000,0.0000000000,0.0000000000));
#58=AXIS2_PLACEMENT_3D('',#55,#56,#57);
#59=PLANE('SECURITY PLANE',#58);
#60=CARTESIAN_POINT('',(0.0000000000,0.0000000000,0.0000000000));
#61=MILLING_TECHNOLOGY($,.CCP.,$,100.0000000000,0.1000000000,.F.,.F.,.F.,$);
#62=CUTTING_COMPONENT(160.0000000000,$,900.0000000000,#61);
#63=FACEMILL('FACEMILL 60MM',(#62,#62,#62,#62,#62,#62,#62,#62),160.0000000000,60.0000000000,8.0000000000,.RIGHT.,.F.,8,0.2000000000,$);
#64=MILLING_MACHINE_FUNCTIONS(.T.,$,$,$,$,(),.T.,$,$,());
#65=DIRECTION('',(1.0000000000,0.0000000000,0.0000000000));
#66=BIDIRECTIONAL(0.5000000000,$,#65,$,$);
#67=PLANE_FINISH_MILLING($,$,'PLANE FINISH MILLING OPERATION',10.0000000000,#60,#63,#61,#64,10.0000000000,$,$,#66,5.0000000000,0.0000000000);
#68=CARTESIAN_POINT('',(0.0000000000,0.0000000000,35.0000000000));
#69=DIRECTION('',(0.0000000000,0.0000000000,1.0000000000));
#70=DIRECTION('',(1.0000000000,0.0000000000,0.0000000000));
#71=AXIS2_PLACEMENT_3D('',#68,#69,#70);
#72=CARTESIAN_POINT('',(0.0000000000,0.0000000000,-5.0000000000));
#73=DIRECTION('',(0.0000000000,0.0000000000,1.0000000000));
#74=DIRECTION('',(1.0000000000,0.0000000000,0.0000000000));
#75=AXIS2_PLACEMENT_3D('',#72,#73,#74);
#76=PLANE('',#75);
#77=PLUS_MINUS_VALUE(175.1000000000,174.9000000000,2);
#78=TOLERANCED_LENGTH_MEASURE(175.0000000000,#77);
#79=PLUS_MINUS_VALUE(115.1000000000,114.9000000000,2);
#80=TOLERANCED_LENGTH_MEASURE(115.0000000000,#79);
#81=RECTANGULAR_CLOSED_PROFILE($,#78,#80);
#82=PLANAR_FACE('PLANAR FACE AT THE SIDE WITH SLOTS',#19,(#67),#71,#76,

$,$,#81,());
#83=MACHINING_WORKINGSTEP('MILL PLANAR FACE',#59,#82,#67,$);
#84=MILLING_TECHNOLOGY($,.CCP.,$,100.0000000000,0.1000000000,.F.,.F.,.F.,$);
#85=CUTTING_COMPONENT(179.0000000000,$,987.0000000000,#84);
#86=ENDMILL('ENDMILL 20MM',(#85,#85,#85,#85),179.0000000000,20.0000000000,45.0000000000,.RIGHT.,.F.,4,0.2000000000,0.0000000000);
#87=MILLING_MACHINE_FUNCTIONS(.F.,$,$,$,$,(),.F.,$,$,());
#88=UNIDIRECTIONAL(0.5000000000,$,$,$);
#89=BOTTOM_AND_SIDE_FINISH_MILLING($,$,'OPERATION FOR FINISH MILLING OF OUTSIDE PROFILES',10.0000000000,$,#86,#84,#87,10.0000000000,$,$,#88,5.0000000000,10.0000000000,0.0000000000,0.0000000000);
#90=CARTESIAN_POINT('',(0.0000000000,0.0000000000,30.0000000000));
#91=DIRECTION('',(0.0000000000,0.0000000000,1.0000000000));
#92=DIRECTION('',(1.0000000000,0.0000000000,0.0000000000));
#93=AXIS2_PLACEMENT_3D('PLACEMENT OF THE GENERAL OUTSIDE PROFILE RELATIVE TO THE WORKPIECE',#90,#91,#92);
#94=CARTESIAN_POINT('',(0.0000000000,0.0000000000,-30.0000000000));
#95=DIRECTION('Z-DIRECTION 0 0 1',(0.0000000000,0.0000000000,1.0000000000));
#96=DIRECTION('X-DIRECTION 1 0 0',(1.0000000000,0.0000000000,0.0000000000));
#97=AXIS2_PLACEMENT_3D('',#94,#95,#96);
#98=PLANE('DEPTH OF GENERAL OUTSIDE PROFILE - SIDE WITH SLOTS',#97);
#99=CARTESIAN_POINT('',(0.0000000000,113.9000000000,0.0000000000));
#100=CARTESIAN_POINT('',(0.0000000000,40.0000000000,0.0000000000));
#101=CARTESIAN_POINT('',(80.0000000000,40.0000000000,0.0000000000));
#102=CARTESIAN_POINT('',(80.0000000000,0.0000000000,0.0000000000));
#103=CARTESIAN_POINT('',(175.0000000000,0.0000000000,0.0000000000));
#104=CARTESIAN_POINT('',(175.0000000000,113.9000000000,0.0000000000));
#105=CARTESIAN_POINT('',(0.0000000000,113.9000000000,0.0000000000));
#106=POLYLINE('',(#99,#100,#101,#102,#103,#104,#105));
#107=GENERAL_CLOSED_PROFILE($,#106);
#108=GENERAL_OUTSIDE_PROFILE('GENERAL OUTSIDE PROFILE ON SIDE WITH SLOTS',#19,(#89),#93,#98,$,#107);
#109=MACHINING_WORKINGSTEP('GENERAL OUTSIDE PROFILE - SIDE WITH SLOTS',#59,#108,#89,$);
#110=CARTESIAN_POINT('',(0.0000000000,0.0000000000,5.0000000000));
#111=UNIDIRECTIONAL(0.5000000000,$,$,$);
#112=BOTTOM_AND_SIDE_FINISH_MILLING($,$,'CIRCULAR MILLING OPERATION',10.0000000000,#110,#86,#84,#87,1.0000000000,$,$,#111,5.0000000000,10.0000000000,0.0000000000,0.0000000000);
#113=CARTESIAN_POINT('',(135.0000000000,54.9000000000,30.0000000000));
#114=AXIS2_PLACEMENT_3D('PLACEMENT OF THE 40MM DRILLHOLE RELATIVE TO THE WORKPIECE',#113,#91,#92);
#115=CARTESIAN_POINT('',(0.0000000000,0.0000000000,-30.0000000000));

#116=AXIS2_PLACEMENT_3D('',#115,#56,#57);
#117=PLANE('DEPTH OF THE 40MM DRILLHOLE',#116);
#118=PLUS_MINUS_VALUE(45.1000000000,44.9000000000,4);
#119=TOLERANCED_LENGTH_MEASURE(45.0000000000,#118);
#120=THROUGH_BOTTOM_CONDITION();
#121=ROUND_HOLE('DRILLHOLE 45MM',#19,(#112),#114,#117,#119,$,#120);
#122=MACHINING_WORKINGSTEP('CIRCULAR POCKET MILLING - DRILLHOLE 45MM',#59,#121,#112,$);
#123=MILLING_TECHNOLOGY($,.CCP.,$,100.0000000000,0.1000000000,$,.F.,.F.,$);
#124=CUTTING_COMPONENT(132.0000000000,$,876.0000000000,#123);
#125=ENDMILL('ENDMILL 20',(#124,#124,#124),132.0000000000,20.0000000000,40.0000000000,.RIGHT.,.F.,3,0.2000000000,0.0000000000);
#126=BOTTOM_AND_SIDE_FINISH_MILLING($,$,'OPERATION FOR FINISH MILLING OF SLOTS',10.0000000000,#110,#125,#123,#87,0.0000000000,$,$,#111,2.5000000000,20.0000000000,0.0000000000,0.0000000000);
#127=CARTESIAN_POINT('',(135.0000000000,0.0000000000,30.0000000000));
#128=AXIS2_PLACEMENT_3D('POSITION 135-0-30',#127,#91,#57);
#129=CARTESIAN_POINT('',(0.0000000000,0.0000000000,-5.0000000000));
#130=AXIS2_PLACEMENT_3D('',#129,#91,#57);
#131=PLANE('',#130);
#132=PLUS_MINUS_VALUE(100.1000000000,99.9000000000,2);
#133=TOLERANCED_LENGTH_MEASURE(100.0000000000,#132);
#134=DIRECTION('',(0.0000000000,1.0000000000,0.0000000000));
#135=LINEAR_PATH($,#133,#134);
#136=PLUS_MINUS_VALUE(22.0000000000,19.5000000000,4);
#137=TOLERANCED_LENGTH_MEASURE(21.9000000000,#136);
#138=PLUS_MINUS_VALUE(0.1900000000,0.2100000000,2);
#139=TOLERANCED_LENGTH_MEASURE(0.2000000000,#138);
#140=PLUS_MINUS_VALUE(0.1900000000,0.2100000000,2);
#141=TOLERANCED_LENGTH_MEASURE(0.2000000000,#140);
#142=SQUARE_U_PROFILE($,#137,#139,90.0000000000,#141,90.0000000000);
#143=RADIUSED_SLOT_END_TYPE();
#144=SLOT('SLOT - OPEN SLOT',#19,(#126),#128,#131,#135,#142,(#143,#143));
#145=MACHINING_WORKINGSTEP('OPEN SLOT - 5MM DEPTH',#59,#144,#126,$);
#146=CARTESIAN_POINT('',(135.0000000000,54.9000000000,30.0000000000));
#147=DIRECTION('',(0.0000000000,-1.0000000000,0.0000000000));
#148=AXIS2_PLACEMENT_3D('POSITION 135-54-30',#146,#91,#147);
#149=PLUS_MINUS_VALUE(50.1000000000,49.9000000000,3);
#150=TOLERANCED_LENGTH_MEASURE(50.0000000000,#149);
#151=DIRECTION('',(0.0000000000,-1.0000000000,0.0000000000));
#152=LINEAR_PATH($,#150,#151);
#153=SLOT('SLOT - CLOSED SLOT -135.0-54.9-30.0',#19,(#126),#148,#131,#152,#142,(#143,#143));

#154=MACHINING_WORKINGSTEP('CLOSED SLOT - 5MM DEPTH',#59,#153,#126,$);
#155=CARTESIAN_POINT('',(0.0000000000,0.0000000000,1.0000000000));
#156=MILLING_TECHNOLOGY(0.0100000000,.TCP.,$,110.0000000000,0.0000000000,.F.,.F.,.F.,$);
#157=CUTTING_COMPONENT(174.0000000000,$,899.0000000000,#156);
#158=TWIST_DRILL('TWIST DRILL
10MM',(#157,#157),174.0000000000,10.0000000000,50.0000000000,.RIGHT.,.F.,116.0000000000);
#159=DRILLING_TYPE_STRATEGY(1.0000000000,1.0000000000,0.0000000000,$,$,30.0000000000);
#160=DRILLING($,$,'OPERATION TO DRILL 10MM DRILLHOLES',5.0000000000,#155,#158,#156,#87,1.0000000000,30.0000000000,0.0000000000,0.0000000000,$,#159);
#161=CARTESIAN_POINT('',(42.0000000000,79.9000000000,30.0000000000));
#162=AXIS2_PLACEMENT_3D('POSITION 42-79-30',#161,#91,#57);
#163=CARTESIAN_POINT('',(0.0000000000,0.0000000000,-30.0000000000));
#164=AXIS2_PLACEMENT_3D('',#163,#56,#57);
#165=PLANE('DEPTH OF 18MM ROUND HOLE',#164);
#166=PLUS_MINUS_VALUE(10.1000000000,9.5000000000,4);
#167=TOLERANCED_LENGTH_MEASURE(9.9000000000,#166);
#168=THROUGH_BOTTOM_CONDITION();
#169=ROUND_HOLE('ROUND HOLE 10MM',#19,(#160),#162,#165,#167,$,#168);
#170=MACHINING_WORKINGSTEP('SINGLE DRILLHOLE - 10MM DIAMETER',#59,#169,#160,$);
#171=CARTESIAN_POINT('',(0.0000000000,0.0000000000,1.0000000000));
#172=DRILLING($,$,'DRILLING OPERATION FOR DRILLHOLES IN SLOTS',5.0000000000,#171,#158,#156,#64,0.0000000000,15.0000000000,0.0000000000,0.0000000000,$,#159);
#173=CARTESIAN_POINT('',(135.0000000000,22.9000000000,30.0000000000));
#174=AXIS2_PLACEMENT_3D('POSITION 135-22-30',#173,#91,#57);
#175=CARTESIAN_POINT('',(0.0000000000,0.0000000000,-15.0000000000));
#176=AXIS2_PLACEMENT_3D('',#175,#56,#57);
#177=PLANE('DEPTH OF 10MM DRILLHOLES',#176);
#178=PLUS_MINUS_VALUE(9.9100000000,9.8000000000,2);
#179=TOLERANCED_LENGTH_MEASURE(9.9000000000,#178);
#180=PLUS_MINUS_VALUE(2.1000000000,1.9000000000,1);
#181=TOLERANCED_LENGTH_MEASURE(2.0000000000,#180);
#182=CONICAL_HOLE_BOTTOM(60.0000000000,#181);
#183=ROUND_HOLE('ROUND HOLE 10MM - FIRST IN OPEN SLOT',#19,(#172),#174,#177,#179,$,#182);
#184=MACHINING_WORKINGSTEP('1ST DRILLHOLE IN OPEN SLOT - 10 MM DIAMETER',#59,#183,#172,$);
#185=CARTESIAN_POINT('',(135.0000000000,86.9000000000,30.0000000000));
#186=AXIS2_PLACEMENT_3D('POSITION 135-86-30',#185,#91,#57);
#187=ROUND_HOLE('ROUND HOLE 10MM - SECOND IN OPEN SLOT',#19,(#172),

#186,#177,#179,$,#182);
#188 = MACHINING_WORKINGSTEP('2ND DRILLHOLE IN OPEN SLOT - 10 MM DIAMETER',#59,#187,#172,$);
#189=CARTESIAN_POINT('',(102.0000000000,54.9000000000,30.0000000000));
#190=AXIS2_PLACEMENT_3D('POSITION 102-54-30',#189,#91,#57);
#191=ROUND_HOLE('ROUND HOLE 10MM - IN CLOSED SLOT',#19,(#172),#190,#177,#179,$,#182);
#192=MACHINING_WORKINGSTEP('DRILLHOLE IN CLOSED SLOT - 10 MM DIAMETER',#177,#191,#172,$);
#193 = CARTESIAN_POINT('CUTSTARTPOINT',(0.0000000000,0.0000000000,2.0000000000));
#194=MILLING_TECHNOLOGY(0.0100000000,.TCP.,$,100.0000000000,$,.F.,.F.,.F.,$);
#195=CUTTING_COMPONENT(169.0000000000,$,999.0000000000,#194);
#196=TWIST_DRILL('TWIST
DRILL',(#195,#195),169.0000000000,18.0000000000,60.0000000000,.RIGHT.,.F.,116.0000000000);
#197 = DRILLING($,$,'DRILLING OPERATION FOR 18MM DRILLHOLES',5.0000000000,#193,#196,#194,#64,1.0000000000,30.0000000000,0.0000000000,2.000000000 0,$,#159);
#198=CARTESIAN_POINT('',(20.0000000000,79.9000000000,30.0000000000));
#199=DIRECTION('',(0.0000000000,0.0000000000,1.0000000000));
#200=DIRECTION('',(1.0000000000,0.0000000000,0.0000000000));
#201=AXIS2_PLACEMENT_3D('POSITION 20-79-30',#198,#199,#200);
#202=PLUS_MINUS_VALUE(17.9000000000,17.8000000000,2);
#203=TOLERANCED_LENGTH_MEASURE(17.9000000000,#202);
#204=THROUGH_BOTTOM_CONDITION();
#205=ROUND_HOLE('DRILLHOLE 18MM 20-79.9-30.',#19,(#197),#201,#165,#203,$,#204);
#206=MACHINING_WORKINGSTEP('1ST DRILLHOLE - 18 MM DIAMETER',#59,#205,#197,$);
#207=CARTESIAN_POINT('',(57.5000000000,59.9000000000,30.0000000000));
#208=AXIS2_PLACEMENT_3D('POSITION 57-59-30',#207,#91,#57);
#209=THROUGH_BOTTOM_CONDITION();
#210=ROUND_HOLE('DRILLHOLE 18MM 57.5-59.9-30.',#19,(#197),#208,#165,#203,$,#209);
#211=MACHINING_WORKINGSTEP('2ND DRILLHOLE - 18 MM DIAMETER',#59,#210,#197,$);
#212 = CARTESIAN_POINT('CUT START POINT',(0.0000000000,0.0000000000,5.0000000000));
#213=CUTTING_COMPONENT(60.0000000000,$,987.0000000000,$);
#214 = SPOTDRILL('SPOTDRILL 45DEG',(#213,#213),60.0000000000,2.0000000000,2.0000000000,.RIGHT.,$,45.0000000000);
#215=MILLING_TECHNOLOGY(0.0100000000,.CCP.,$,100.0000000000,$,.F.,.F.,.F.,$);
#216=MILLING_MACHINE_FUNCTIONS(.F.,$,.F.,.F.,$,(),.F.,$,$,());

#217=DRILLING_TYPE_STRATEGY($,$,0.0000000000,$,$,$);
#218=CENTER_DRILLING($,$,'CENTER DRILLING',5.0000000000,#212,#214,#215,#216,$,2.0000000000,0.0000000000,1.0000000000,$,#217);
#219=CARTESIAN_POINT('',(0.0000000000,0.0000000000,5.0000000000));
#220=MILLING_TECHNOLOGY(0.0010000000,.CCP.,$,100.0000000000,$,.F.,.F.,.F.,$);
#221=CUTTING_COMPONENT(120.0000000000,$,987.0000000000,#220);
#222=TWIST_DRILL('TWIST DRILL 8.5MM',(#221,#221),120.0000000000,8.5000000000,40.0000000000,.RIGHT.,.F.,116.0000000000);
#223=MILLING_MACHINE_FUNCTIONS(.F.,$,.F.,.F.,$,(),.F.,$,$,());
#224=DRILLING($,$,'DRILLING 8.5',5.0000000000,#219,#222,#220,#223,1.0000000000,30.0000000000,0.0000000000,1.0000000000,$,$);
#225=CARTESIAN_POINT('',(0.0000000000,0.0000000000,0.0000000000));
#226=TAPPING_CUTTING_TOOL('TAP M12',(),120.0000000000,12.0000000000,50.0000000000,.RIGHT.,.F.,'METRIC',12.0000000000,1.5000000000,$);
#227=MILLING_TECHNOLOGY(0.0015000000,.TCP.,$,1.0000000000,$,.F.,.F.,.F.,$);
#228=MILLING_MACHINE_FUNCTIONS(.F.,$,.F.,.F.,$,(),.F.,$,$,());
#229=TAPPING($,$,'TAPPING OPERATION',10.0000000000,#225,#226,#227,#228,1.0000000000,30.0000000000,8.5000000000,0.0000000000,1.5000000000,$,.F.);
#230=CARTESIAN_POINT('LOCATION',(115.0000000000,34.9000000000,30.0000000000));
#231=DIRECTION('AXIS',(0.0000000000,0.0000000000,1.0000000000));
#232=DIRECTION('REF-DIR',(1.0000000000,0.0000000000,0.0000000000));
#233=AXIS2_PLACEMENT_3D('PLACEMENT OF THE PATTERN RELATIVE TO THE WORKPIECE',#230,#231,#232);
#234=CARTESIAN_POINT('LOCATION',(0.0000000000,0.0000000000,0.0000000000));
#235=DIRECTION('AXIS',(0.0000000000,0.0000000000,1.0000000000));
#236=DIRECTION('REF-DIR',(1.0000000000,0.0000000000,0.0000000000));
#237=AXIS2_PLACEMENT_3D('PLACEMENT OF A SINGLE THREAD WITHIN THE PATTERN',#234,#235,#236);
#238=CARTESIAN_POINT('LOCATION',(0.0000000000,0.0000000000,-30.0000000000));
#239=DIRECTION('AXIS',(0.0000000000,0.0000000000,1.0000000000));
#240=DIRECTION('REF-DIR',(1.0000000000,0.0000000000,0.0000000000));
#241=AXIS2_PLACEMENT_3D('',#238,#239,#240);
#242=PLANE('DEPTH OF THE THREAD',#241);
#243=CARTESIAN_POINT('LOCATION',(0.0000000000,0.0000000000,0.0000000000));
#244=DIRECTION('AXIS',(0.0000000000,0.0000000000,1.0000000000));
#245=DIRECTION('REF-DIR',(1.0000000000,0.0000000000,0.0000000000));
#246=AXIS2_PLACEMENT_3D('',#243,#244,#245);
#247=PARTIAL_AREA_DEFINITION(30.0000000000,#246,30.0000000000);
#248=DESCRIPTIVE_PARAMETER('','');
#249=DESCRIPTIVE_PARAMETER('','');
#250=DESCRIPTIVE_PARAMETER('','');
#251=NUMERIC_PARAMETER('M12X1.5',1.5000000000,'');
#252=DESCRIPTIVE_PARAMETER('','RIGHT HAND');

#253=THREAD('THREAD M12',#19,(#218,#224,#229),#237,#242,#247,(),.T.,#248,#249,#250,12.0000000000,#251,#252);
#254=PLUS_MINUS_VALUE(39.9800000000,40.1000000000,2);
#255=TOLERANCED_LENGTH_MEASURE(40.0000000000,#254);
#256=DIRECTION('',(1.0000000000,0.0000000000,0.0000000000));
#257=PLUS_MINUS_VALUE(40.1000000000,39.1000000000,2);
#258=TOLERANCED_LENGTH_MEASURE(40.0000000000,#257);
#259=RECTANGULAR_PATTERN('RECTANGULAR PATTERN 4XTHREADM12X1,5',#19,(#218,#224,#229),#233,#253,#255,#256,2,2,#258,$,(),());
#260=MACHINING_WORKINGSTEP('CENTER DRILLING:RECTANGULAR PATTERN THREAD 4XM12X1.5',#59,#259,#218,$);
#261=MACHINING_WORKINGSTEP('DRILLING:RECTANGULAR PATTERN THREAD 4XM12X1.5',#59,#259,#224,$);
#262=MACHINING_WORKINGSTEP('TAPPING:RECTANGULAR PATTERN THREAD 4XM12X1.5',#59,#259,#229,$);
#263=CARTESIAN_POINT('',(-60.0000000000,80.0000000000,263.0000000000));
#264=DIRECTION('',(0.0000000000,0.0000000000,1.0000000000));
#265=DIRECTION('',(1.0000000000,0.0000000000,0.0000000000));
#266=AXIS2_PLACEMENT_3D('',#263,#264,#265);
#267=CARTESIAN_POINT('LOCATION',(0.0000000000,0.0000000000,10.0000000000));
#268=AXIS2_PLACEMENT_3D('',#267,#56,#57);
#269=PLANE('GLOBAL SECURITY PLANE',#268);
#270=CARTESIAN_POINT('',(0.0000000000,0.0000000000,0.0000000000));
#271=DIRECTION('',(0.0000000000,0.0000000000,1.0000000000));
#272=DIRECTION('',(1.0000000000,0.0000000000,0.0000000000));
#273=AXIS2_PLACEMENT_3D('',#270,#271,#272);
#274=NC_VARIABLE('',0.0000000000);
#275=NC_VARIABLE('',0.0000000000);
#276=OFFSET_VECTOR((#274,#274,#274),(#275,#275,#275));
#277=WORKPIECE_SETUP(#19,#273,#276,$,());
#278=SETUP('SETUP FOR MACHINING THE SIDE WITH SLOTS',#266,#269,(#277));
#279=WORKPLAN('WORKPLAN FOR SECOND SETUP - SIDE WITH SLOTS',(#83,#109,#122,#145,#154,#170,#184,#188,#192,#206,#211,#260,#261,#262),$,#278,$);
#280=MACHINING_WORKINGSTEP('MILL PLANAR FACE',#59,#82,#67,$);
#281=CARTESIAN_POINT('LOCATION',(0.0000000000,0.0000000000,30.0000000000));
#282=DIRECTION('AXIS',(0.0000000000,0.0000000000,-1.0000000000));
#283=DIRECTION('REF-DIR',(1.0000000000,0.0000000000,0.0000000000));
#284=AXIS2_PLACEMENT_3D('',#281,#282,#283);
#285=PLANE('SECPLANE OF PLANAR FACE - SIDE WITHOUT SLOTS',#284);
#286=CARTESIAN_POINT('LOCATION',(0.0000000000,0.0000000000,0.0000000000));
#287=DIRECTION('Z-DIR 0 0 -1',(0.0000000000,0.0000000000,-1.0000000000));
#288=DIRECTION('REF-DIR',(1.0000000000,0.0000000000,0.0000000000));

```
#289=AXIS2_PLACEMENT_3D('',#286,#287,#288);
#290=CARTESIAN_POINT('LOCATION',(0.0000000000,0.0000000000,-20.0000000000));
#291=DIRECTION('AXIS',(0.0000000000,0.0000000000,1.0000000000));
#292=DIRECTION('REF-DIR',(1.0000000000,0.0000000000,0.0000000000));
#293=AXIS2_PLACEMENT_3D('',#290,#291,#292);
#294=PLANE('',#293);
#295=CARTESIAN_POINT('',(0.0000000000,-40.0000000000,0.0000000000));
#296=CARTESIAN_POINT('',(0.0000000000,-113.9000000000,0.0000000000));
#297=CARTESIAN_POINT('',(175.0000000000,-113.9000000000,0.0000000000));
#298=CARTESIAN_POINT('',(175.0000000000,0.0000000000,0.0000000000));
#299=CARTESIAN_POINT('',(80.0000000000,0.0000000000,0.0000000000));
#300=CARTESIAN_POINT('',(80.0000000000,-40.0000000000,0.0000000000));
#301=POLYLINE('MIRRORED OUTSIDE PROFILE',(#295,#296,#297,#298,#299,#300,
#295));
#302=GENERAL_CLOSED_PROFILE($,#301);
#303=GENERAL_OUTSIDE_PROFILE('GENERAL OUTSIDE PROFILE ON SIDE WITH NO
SLOTS',#19,(#89),#289,#294,$,#302);
#304=MACHINING_WORKINGSTEP('GENERAL OUTSIDE PROFILE - SIDE WITHOUT
SLOTS',#285,#303,#89,$);
#305=CARTESIAN_POINT('',(0.0000000000,0.0000000000,2.0000000000));
#306=MILLING_TECHNOLOGY($,.CCP.,$,120.0000000000,0.1000000000,.F.,.F.,.F.,$);
#307=CUTTING_COMPONENT(123.0000000000,$,987.0000000000,#306);
#308=ENDMILL('ENDMILL 22MM',(#307,#307,#307,#307),123.0000000000,
22.0000000000,40.0000000000,.RIGHT.,.F.,4,0.2000000000,0.0000000000);
#309=DRILLING_TYPE_STRATEGY(1.0000000000,1.0000000000,0.0000000000,$,$,$);
#310=DRILLING($,$,'DRILLING OPERATION FOR 22MM
DRILLHOLE',10.0000000000,#305,#308,#306,#87,0.0000000000,17.5000000000,
18.0000000000,1.0000000000,$,#309);
#311=CARTESIAN_POINT('',(20.0000000000,79.9000000000,0.0000000000));
#312=DIRECTION('Z-DIRECTION 0 0-1',(0.0000000000,0.0000000000,-1.0000000000));
#313=DIRECTION('X-DIRECTION 0 0
+1',(1.0000000000,0.0000000000,0.0000000000));
#314=AXIS2_PLACEMENT_3D('',#311,#312,#313);
#315=CARTESIAN_POINT('',(0.0000000000,0.0000000000,-17.5000000000));
#316=AXIS2_PLACEMENT_3D('',#315,#91,#57);
#317=PLANE('',#316);
#318=PLUS_MINUS_VALUE(22.0000000000,19.5000000000,4);
#319=TOLERANCED_LENGTH_MEASURE(21.9000000000,#318);
#320=FLAT_HOLE_BOTTOM();
#321=ROUND_HOLE('ROUND HOLE 22MM - POS 20.0-79.9-0.0',#19,(#310),#314,
#317,#319,$,#320);
#322=MACHINING_WORKINGSTEP('DRILL HOLE 22MM - SIDE WITH NO SLOTS',#59,
#321,#310,$);
```

```
#323=CARTESIAN_POINT('',(57.5000000000,59.9000000000,0.0000000000));
#324=DIRECTION('Z-DIRECTION 0 0 -1',(0.0000000000,0.0000000000,-1.0000000000));
#325=DIRECTION('',(1.0000000000,0.0000000000,0.0000000000));
#326=AXIS2_PLACEMENT_3D('',#323,#324,#325);
#327=ROUND_HOLE('ROUND HOLE 22MM - POS 57.5-59.9-0',#19,(#310),#326,#317,
#319,$,#320);
#328=MACHINING_WORKINGSTEP('DRILL 2ND HOLE 22MM - SIDE WITH NO SLOTS',
#59,#327,#310,$);
#329=CARTESIAN_POINT('',(-60.0000000000,80.0000000000,250.0000000000));
#330=DIRECTION('Z 0 0 -1',(0.0000000000,0.0000000000,-1.0000000000));
#331=DIRECTION('',(1.0000000000,0.0000000000,0.0000000000));
#332=AXIS2_PLACEMENT_3D('',#329,#330,#331);
#333=SETUP('SETUP FOR MACHINING THE SIDE WITH NO SLOTS',#332,#269,
(#277));
#334=WORKPLAN('WORKPLAN FOR THIRD SETUP - SIDE WITH NO SLOTS',(#280,
#304,#322,#328),$,#333,$);
#335=WORKPLAN('MAIN WORKPLAN',(#54,#279,#334),$,$,$);
#336=PERSON('WG7','LAST NAME','FIRST NAME',(),(),());
#337=PERSON_AND_ADDRESS(#336,$);
#338=CALENDAR_DATE(2004,10,4);
#339=LOCAL_TIME(10,15,10.0000000000,$);
#340=DATE_AND_TIME(#338,#339);
#341=PROJECT('PROJECT TO MACHINE EXAMPLE 2',#335,(#19),#337,#340,$);
ENDSEC;
END-ISO-10303-21;
```

中 文 索 引

英 文 索 引

R

S

T

U

ICS 25.040.20
J 07

中华人民共和国国家标准

GB/T 19903.12—2008/ISO 14649-12:2005

工业自动化系统与集成　物理设备控制 计算机数值控制器用的数据模型 第12部分:车削用工艺数据

**Industrial automation systems and integration—
Physical device control—
Data model for computerized numerical controllers—
Part 12:Process data for turning**

(ISO 14649-12:2005,IDT)

2008-08-19 发布　　2009-03-01 实施

中华人民共和国国家质量监督检验检疫总局
中国国家标准化管理委员会　发布

前　　言

GB/T 19903《工业自动化系统与集成　物理设备控制　计算机数值控制器用的数据模型》等同采用 ISO 14649。GB/T 19903 计划先制订以下几个部分：

第 1 部分：概述和基本原理(ISO 14649-1)

第 10 部分：通用工艺数据(ISO 14649-10)

第 11 部分：铣削用工艺数据(ISO 14649-11)

第 12 部分：车削用工艺数据(ISO 14649-12)

第 111 部分：铣削刀具(ISO 14649-111)

第 121 部分：车削刀具(ISO 14649-121)

部分之间的空档留作标准的进一步补充制订之用。

本部分为 GB/T 19903 的第 12 部分。

本部分是首次制订。

本部分等同采用 ISO 14649-12:2005《工业自动化系统与集成　物理设备控制　计算机数值控制器用的数据模型　第 12 部分：车削用工艺数据》(英文版)。

本部分等同翻译 ISO 14649-12:2005。

为便于使用，本部分作了如下编辑性修改：

——删除了 ISO 14649-12:2005 的前言和引言；

——删除了 ISO 14649-12:2005 第 2 章规范性引用文件中的引导语，用 GB/T 1.1—2000 中的 6.2.3规定的引导语代替；

——无部分号的 ISO 14649 改为 GB/T 19903；

——无部分号的 ISO 10303 改为 GB/T 16656；

——索引部分按汉语拼音顺序排序，并保留了原英文索引。

在 ISO 14649-12:2005 中引用的其他国际标准，对于未被等同采用为我国标准的，在本部分中均被直接引用。

本部分的附录 A 为规范性附录，附录 B、附录 C、附录 D、附录 E 为资料性附录。

本部分由中国机械工业联合会提出。

本部分由全国工业自动化系统与集成标准化技术委员会(SAC/TC 159)归口。

本部分起草单位：北京发那科数控工程有限公司、华中科技大学、武汉华中数控股份有限公司。

本部分主要起草人：梁若琼、彭芳瑜、罗忠诚。

引　言

现代制造企业的生产设备常常分布在国内外，这些设备往往由不同的生产厂家提供。在加工制造过程中，需要在各工场和设备之间传输大量信息。当今，数字通信标准已解决了通过全球网络可靠地传输信息的技术问题。对于机械加工而言，通过GB/T 16656系列标准(STEP标准)可以使产品数据的描述标准化，这为机械制造企业在整个加工过程中采用标准化数据提供了可能。但是，妨碍实现标准化数据的原因是企业中使用的CNC机床采用的数据格式。目前大多数CNC机床仍采用GB/T 8870(ISO 6983)标准规定的“G和M代码”语言编程，数控程序通常是由CAD/CAM系统生成的。然而用GB/T 8870(ISO 6983)标准编程存在一些不足：首先，所用语言针对的是刀具中心轨迹对机床轴的编程，而不是对零件加工工艺过程的编程；第二，该标准规定的程序语义在多数场合会产生歧义；第三，CNC制造厂商往往会扩充编程语言，但这种扩充超出了GB/T 8870(ISO 6983)标准规定的范围，不具有互换性。

GB/T 19903是在CAD/CAM系统和CNC机床之间的一种新的数据传输模型，用来取代GB/T 8870(ISO 6983)标准。它利用工步(Workingstep)面向对象的原理，通过规定加工工艺过程而不是刀具的运动，来克服GB/T 8870(ISO 6983)标准存在的不足。工步相应于高层的加工特征及相关的工艺参数，CNC系统将工步转换成轴运动和刀具操作。GB/T 19903的一个主要优点是它利用来自GB/T16656标准的数据模型。由于GB/T 19903标准提供了范围广泛的制造过程模型，因而，它也可以作为所有其他信息技术系统之间双向和多向数据交换的基础。

GB/T 19903是一种面向对象的编程用的信息和语境保存方法，它代替数据变成简单的开关指令或直线和圆弧运动。由于它面向对象和特征，并描述工件的加工操作，而不是描述机床轴的运动，因而它能在不同的机床或控制器上运行。新的数据模型如在NC控制器上运用，它的兼容性将省去通过后置处理器的所有数据适配工作。如果在这种控制器中采用GB/T 8870(ISO 6983)的老的NC程序，相应的解释程序应能并行处理不同类型的NC程序。

从使用GB/T 8870(ISO 6983)编程到基于可移植的特征编程有一个渐进的过程。GB/T 19903的早期使用者一定会支持手动或通过程序输入传统的“G和M代码”数据，正如现代控制器既支持命令行界面又支持图形用户界面那样。随着开放式体系结构控制器的日益普及，这种做法会更加容易实现。

在整个生命周期内，在产品数据的共同领域里，GB/T 19903与GB/T 16656是协调一致的。GB/T 19903.1—2005的图1表示GB/T 19903、GB/T 16656和CNC制造厂之间关于实现方法和软件开发标准的不同领域。

工业自动化系统与集成 物理设备控制 计算机数值控制器用的数据模型 第12部分:车削用工艺数据

1 范围

GB/T 19903 的本部分规定了车削用工艺数据所需的专用数据元素。它与 GB/T 19903.10 中描述的通用工艺数据一起,描述了车削用计算机数值控制器和编程系统(例如:CAM 系统或车间级编程系统)之间的接口。它可用于各式机床的车削操作,包括车床和车削中心。在本部分中,涵盖了传统车削加工的特征和操作数据模型,包括仅有 X 轴和 Z 轴的运动。对于包含 c 轴的复杂加工的特征和操作将在以后的部分或在单独的文件中涉及。同样,GB/T 19903 的本部分也不包括像铣削、磨削、轮廓切削或者放电加工那样的其他工艺。这些工艺将会在 GB/T 19903 系列的其他部分描述。

本部分描述的车削模型主要内容,是定义代表车削操作的加工特征和工艺过程的专用工艺数据类型。这个模型不包括表示方法、可执行对象和所有通用工艺的基本类型。具体信息参见 GB/T 16656 系列标准的基本原理和 GB/T 19903.10。加工数据的描述使用 ISO 10303-11:2004 定义的 EXPRESS 语言,数据编码使用 GB/T 16656.21—2008。

2 规范性引用文件

下列文件中的条款通过 GB/T 19903 的本部分的引用而成为本部分的条款。凡是注日期的引用文件,其随后所有的修改单(不包括勘误的内容)或修订版均不适用于本部分,然而,鼓励根据本部分达成协议的各方研究是否可使用这些文件的最新版本。凡是不注日期的引用文件,其最新版本适用于本部分。

GB/T 16656.21—2008 工业自动化系统与集成 产品数据表达与交换 第21部分:实现方法:交换结构的纯文本编码(ISO 10303-21:2002,IDT)

GB/T 19903.1—2005 工业自动化系统与集成 物理设备控制 计算机数值控制器用的数据模型 第1部分:概述和基本原理(ISO 14649-1:2003,IDT)

GB/T 19903.10—2006 工业自动化系统与集成 物理设备控制 计算机数值控制器用的数据模型 第10部分:通用工艺数据(ISO 14649-10:2004,IDT)

GB/T 19903.11—2008 工业自动化系统与集成 物理设备控制 计算机数值控制器用的数据模型 第11部分:铣削用工艺数据(ISO 14649-11:2004,IDT)

ISO 10303-11:2004 工业自动化系统与集成 产品数据表达与交换 第11部分:描述方法:EXPRESS 语言参考手册

ISO 10303-224:2001 工业自动化系统与集成 产品数据表达与交换 第224部分:应用协议:利用加工特征的工艺规划中的机械产品定义(简称 AP224)

ISO 14649-121:2005 工业自动化系统与集成 物理设备控制 计算机数值控制器的数据模型 第121部分:车床用刀具

3 术语和定义

GB/T 19903.10—2006 确立的以及下列术语和定义适用于 GB/T 19903 的本部分。

3.1

粗加工　Roughing

用来切削零件的加工操作。

注：想要在短时间内去除大量的毛坯材料时，表面质量一般并不重要。通常在粗加工操作后面紧跟的是精加工操作(参看精加工)。

3.2

精加工　Finishing

用来切削零件的加工操作。

注：精加工操作通常在粗加工后进行。精加工的目的是使切削表面质量达到要求(参看粗加工)。

4　车削用工艺数据

4.1　标题和引用(Header and references)

下述清单给出了车削模式的标题和该模式中引用的类型及实体列表。

```
SCHEMA turning_schema;
(*
  Version   :  15
  Date      :  05.01.2005
  Author    :  ISO TC184/SC1/WG7
  Contact   :  Suk—Hwan Suh <shs@postech.ac.kr>
               Stefan Heusinger  <stefan.heusinger@isw.uni-stuttgart.de>
*)
(* ******************************************************* *)
(*  Types from machining_schema        ISO 14649-10        *)
(* ******************************************************* *)
REFERENCE FROM machining_schema(
axis2_placement_3d,
bounded_curve,
cartesian_point,
direction,
general_profile,
identifier
in_process_geometry,
label,
length_measure,
linear_profile,
machine_functions,
machining_operation,
manufacturing_feature,
material,
open_profile,
partial_area_definition,
partial_circular_profile,
plane_angle_measure,
```

```
positive_length_measure,
positive_ratio_measure,
pressure_measure,
property_parameter,
rot_speed_measure,
round_hole,
speed_measure,
taper_select,
technology,
thread,
time_measure,
toleranced_length_measure,
two5D_manufacturing_feature,
vee_profile,
workingstep);
(* ************************************************************ *)
(*   Types from milling_ schema            ISO 14649-11          *)
(* ************************************************************ *)
REFERENCE FROM milling_schema(
adaptive_control,
approach_retract_strategy,
process_model_list);
```

4.2 车削用制造特征

4.2.1 概述

车削中所有特征的基本类型是 turning_feature。turning_feature 是 GB/T 19903.10—2006 中描述的 two5D_manufacturing_feature 的一个子类。在这一条款中描述的车削特征和 ISO 10303-224 (AP224)中的非常一致。本部分不描述可以通过车削操作,也可以通过铣削操作获得的特征,比如 round_hole 和 thread;但是用户可以参考 GB/T 19903.10—2006 来使用这些特征。GB/T 19903.10—2006 中定义的 toolpath_feature 也可以用于车削中的刀具轨迹类型特征。

4.2.2 车削特征(Turning feature)

实体 turning_feature 是用于车削的所有特征的抽象基本类型。定义的车削特征是由几何形状来分类,它可以用两轴(X 和 Z)加工或者三轴(X、Z 和 C)加工(图 1)通过车削圆柱形工件来获得。本部分中不包含可以通过三轴加工获得的特征,就像图 1 中说明的那样。

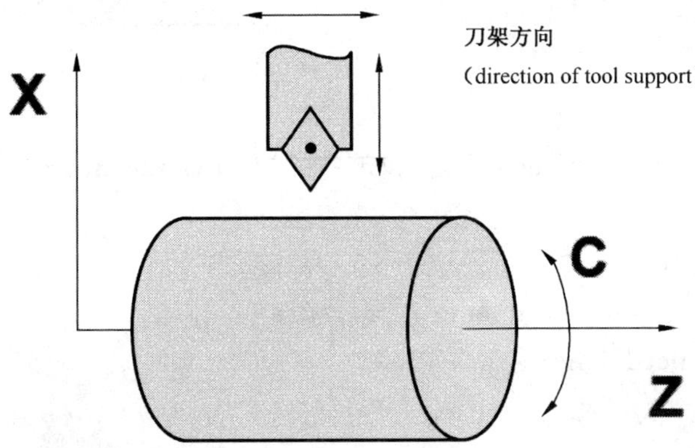

图 1 车削加工的轴和运动术语

通常包含下列特征:外部圆形特征(outer_round:outer_diameter、outer_diameter_to_shoulder)、旋转特征(revolved_feature:revolved_flat、revolved_round、groove、general_revolution)、滚花(knurl:straight_knurl、diagonal_knurl、diamond_knurl、tool_knurl)。

注:车削的特殊特征,亦即在AP224中没有定义,但在实际中却经常使用的,比如在本部分附录C中描述的cut_in、circular_face(包括end_face和step_face)。

```
ENTITY turning_feature
    ABSTRACT SUPERTYPE OF (ONEOF(outer_round, revolved_feature, knurl))
    SUBTYPE OF (two5D_manufacturing_feature);
END_ENTITY;
```

4.2.3 外部圆形特征(outer round)

4.2.3.1 概述

外部圆形特征(outer_round)是车削特征(turning_feature)的一个类型,它是通过绕一根轴旋转一周得到的轮廓或有效形状。每个outer_round或者是outer_diameter,或者是outer_diameter_to_shoulder。旋转轴应和特征的Z轴相同。

```
ENTITY outer_round
    ABSTRACT SUPERTYPE OF (ONEOF (outer_diameter,
                                  outer_diameter_to_shoulder))
    SUBTYPE OF (turning_feature);
END_ENTITY;
```

4.2.3.2 外径(Outer diameter)

外径(outer_diameter)是外部圆形特征(outer_round)的一个子类,它是通过一条线段绕一根轴旋转一周得到的轮廓。线段长度有限并且与轴共面。outer_diameter(图2)可以为定直径绕轴旋转(圆柱体,左图),或者为锥形(圆锥体,右图)。在圆柱体的定义中,diameter_at_placement和feature_length已足够定义该特征。圆锥体的描述是从一个直径值经过某一feature_length到另一直径的连续变化。对于它的定义,需要使用附加属性reduced_size。也就是说,在车间,圆锥体和圆柱体通常可以通过outer_diameter或者带有锥度的outer_diameter分别表示,如图2所示。

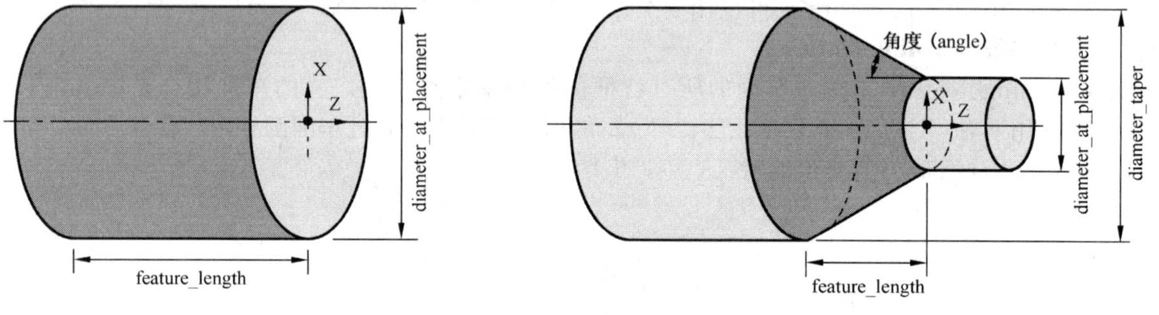

图2 Outer_diameter(左)和带有锥度的Outer_diameter(右)

```
ENTITY outer_diameter
    SUBTYPE OF (outer_round);
    diameter_at_placement : toleranced_length_measure;
    feature_length : toleranced_length_measure;
    reduced_size : OPTIONAL taper_select;
END_ENTITY;
```

diameter_at_placement: 该属性从特征一侧描述直径，定义了特征位置的坐标系原点。

feature_length: 特征长度。该长度沿着旋转轴，从特征坐标系的 Z=0 到特征最左面的点（负的 Z 值）。

reduced_size: 可选属性reduced_size 实现了区别圆柱体和圆锥体。如果忽略的话，特征outer_diameter 描述的是一个圆柱体。圆锥体可以像 GB/T 19903.10—2006 中定义的那样，通过在taper_select 中定义的方法来描述。为了定义一个圆锥体，可以在两种可能之间选择。如果使用diameter_taper，这个直径是位于特征位置坐标系对面。如果选择angle_taper 来描述圆锥体，这个角度就是由圆锥体与特征的 XZ 平面交点确定的在 Z 轴的正 X 一侧的线延长交于 Z 轴，在 Z 轴负方向的夹角。大于 0°小于 90°的角表示圆锥体在 Z 轴减小的方向上直径增大，在 0°和 −90°之间的角表示圆锥体在 Z 轴减小的方向上直径减小。

4.2.3.3 轴肩的外径（outer diameter to shoulder）

轴肩的外径（outer_diameter_to_shoulder）是外径（outer_round）的一种类型（见图 3），它是通过一种形状绕轴旋转一周得到的。这种形状可以通过交于一点并延伸到无穷远的两条直线来指定。其夹角应小于 180°。

注：这是一个在车间经常用到的车削特有的特征，step_face 可以由outer_diameter_to_shoulder 表示。关于step_face 的详细描述在附录 C.2 中。

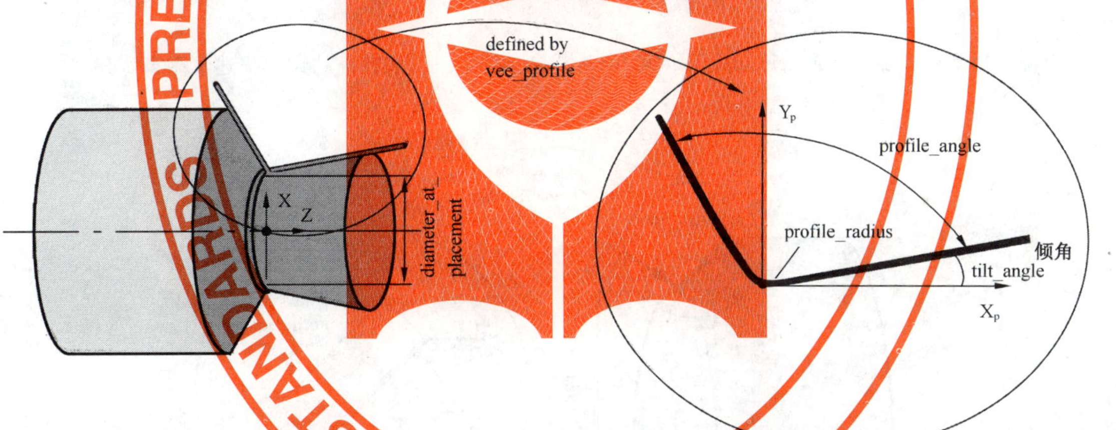

图 3 轴肩的外径

```
ENTITY outer_diameter_to_shoulder
    SUBTYPE OF (outer_round);
    diameter_at_placement : toleranced_length_measure;
    v_shape_boundary : vee_profile;
END_ENTITY;
```

diameter_at_placement: 该特性描述了特征所处位置（坐标系）的直径，Z 坐标位置是vee_profile 两边的交点。

v_shape_boundary: 绕轴旋转的一种轮廓或形状，vee_profile 定义了 outer_diameter_to_shoulder 需要的旋转形状，其位置应沿outer_diameter_to_shoulder 的X 轴，并偏移原点一定距离。vee_profile 的Y 轴方向应与outer_diameter_to_shoulder 的X 轴相同，vee_profile 的X 轴应与outer_diameter_to_shoulder 的Z 轴相同。

4.2.4 旋转特征(Revolved feature)

4.2.4.1 概述

旋转特征(revolved_feature)是车削特征(turning_feature)的一个子类,它由一平面轮廓绕Z轴旋转一周形成。该平面轮廓长度应有限,与旋转轴同面,且不应与旋转轴相交。根据材料侧情况,revolved_feature 可能是零件的外形,也可能是要被加工掉的部分。每个revolved_feature 是下列的一种:一般旋转(general_revolution)、槽(groove)、旋转圆锥面(revolved_flat)或旋转圆弧面(revolved_round)。

```
ENTITY revolved_feature
    ABSTRACT SUPERTYPE OF (ONEOF (revolved_round, revolved_flat,
                                  groove,general_revolution))
    SUBTYPE OF (turning_feature);
    material_side : OPTIONAL direction;
    radius : length_measure;
END_ENTITY;
```

material_side: 指定了材料被切除的方向,亦即朝向从零件去除材料的转动方向。material_side 方向在特征坐标系里定义。

radius: 旋转轮廓离旋转轴的距离,length_measure 的值应大于或等于0。

4.2.4.2 旋转圆锥面(Revolved flat)

旋转圆锥面(Revolved_flat)是旋转特征(revolved_feature)的一种类型(见图 4),由一条直线绕轴旋转而成。

注:车削特征通常用在加工车间,circular_face 可用revolved_flat 表示,该特征的详细描述见附录C.2。

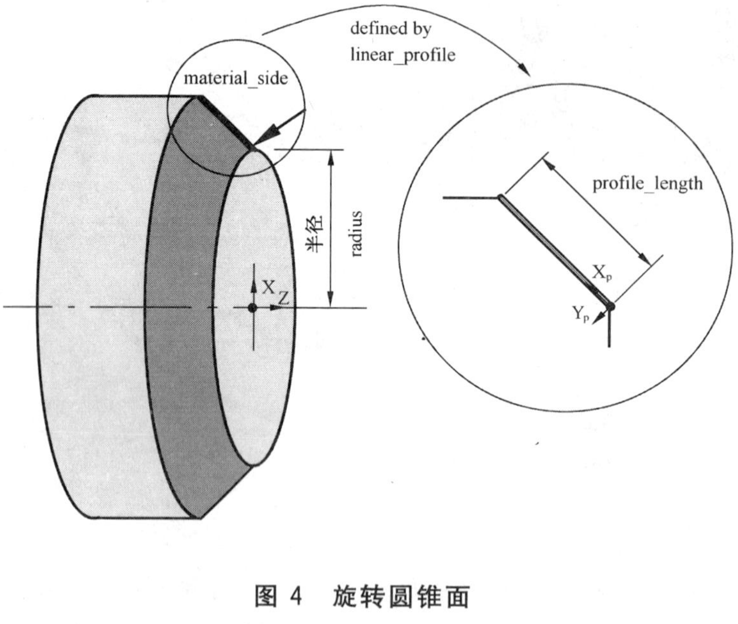

图 4 旋转圆锥面

```
ENTITY revolved_flat
    SUBTYPE OF (revolved_feature);
    flat_edge_shape : linear_profile;
END_ENTITY;
```

flat_edge_shape： 围绕一轴旋转的直线轮廓，它定义了零件一个区域的形状。该轮廓的位置应沿着revolved_flat的X轴，并偏移原点一定距离，此距离值由继承属性radius定义。linear_profile的Z轴方向应与revolved_flat的Y轴方向相同，X轴和Z轴与revolved_flat特征的方向无关。

4.2.4.3 **旋转圆弧面(Revolved round)**

旋转圆弧面(revolved_round)是旋转特征(revolved_feature)的一种子类(见图5)，由一圆弧围绕一轴旋转而成。

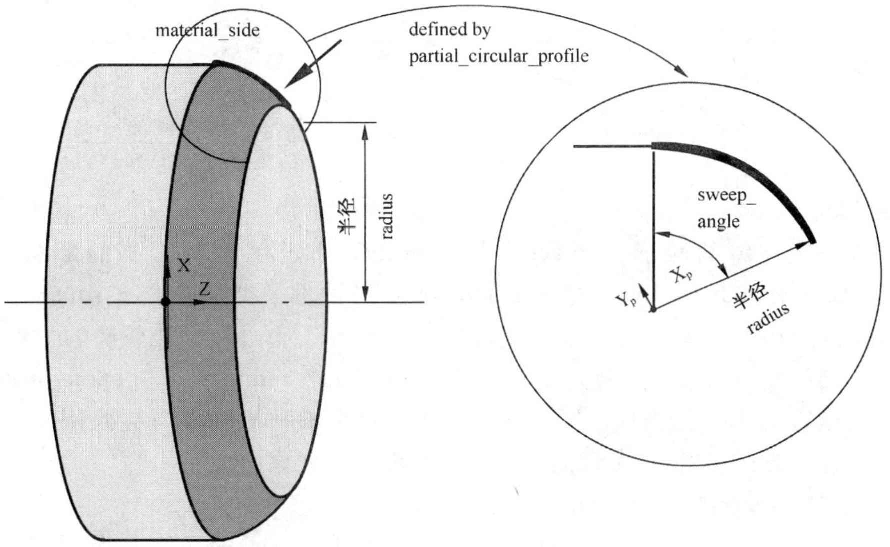

图5 旋转圆弧面

```
ENTITY revolved_round
    SUBTYPE OF (revolved_feature);
    rounded_edge_shape : partial_circular_profile;
    END_ENTITY;
```

rounded_edge_shape： 这个属性规定围绕一轴旋转的圆弧，它定义了零件一个区域的形状。该轮廓的位置应沿着revolved_round的X轴，并偏移原点一定距离，此距离值由继承属性radius定义。Partial_circular_profile的Z轴方向应与revolved_roundt的Y轴方向相同，X轴和Y轴与revolved_round特征的方向无关。

4.2.4.4 **槽(Groove)**

槽(groove)是旋转特征(revolved_feature)的一种类型，它是窄沟或凹陷，通过绕轴旋转一周而成。有槽的表面形状取决于轮廓走向，如图6所示。

注：一种在车间常用的特征，如cut_in，这种形状由切削刀具加工成，可以用槽(groove)特征表示。详见附录C.3。用于轴肩(由车削特征outer_diameter_to_shoulder表示)和螺纹(由thread表示)的标准切刀可以由定义槽(groove)形状的square_u_profile表示。

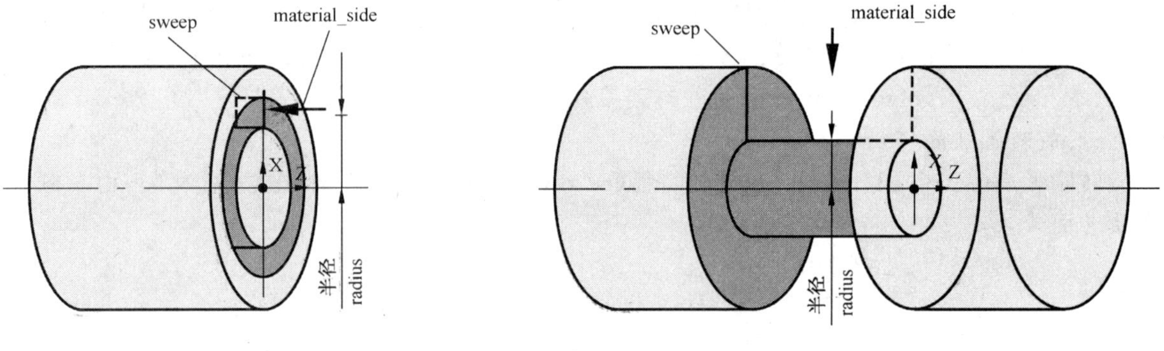

图 6　槽

ENTITY groove
    SUBTYPE OF (revolved_feature);
    sweep : open_profile;
END_ENTITY;

Sweep : 围绕轴旋转的轮廓或形状。open_profile 指定了槽所需要的形状。槽底状况可用 GB/T 19903.10—2006 中定义的open_profile 的子类来描述，如square_u_profile 、rounded_u_profile 、partial_circular_profile 和general_profile 。该轮廓的位置应沿着groove 的 X 轴并偏移原点一定距离，此距离值由继承属性radius 定义。open_profile 的Z 轴方向应与槽特征的 Y 轴方向相同，open_profile 的X 轴和Y 轴方向与槽特征的方向无关。根据轮廓的方向，槽特征可以定义在一个零件的不同面上。

4.2.4.5　一般旋转(General revolution)

一般旋转(general_revolution)是旋转特征(revolved_feature)的一种子类(见图 7)，它由一任意形状的平面绕Z 轴旋转一周而成。该任意形状平面长度应是有限的，与旋转轴共面，并且不应与旋转轴相交。根据材料情况，general_revolution 可以是零件的外部形状，也可以是要被加工切除的部分。

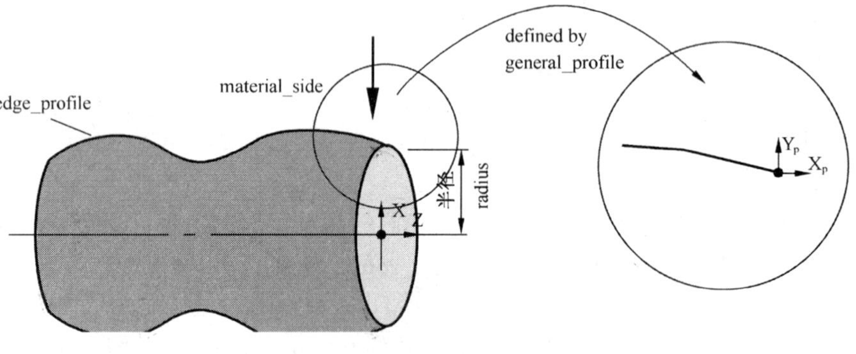

图 7　一般旋转

ENTITY general_revolution
    SUBTYPE OF (revolved_feature);
    outer_edge_profile : general_profile;
END_ENTITY;

outer_edge_profile : 这一属性用general_profile 描述general_revolution 的形状，轮廓的位置应沿着general_revolution 的X 轴，并偏移原点一定距离。该距离由基本类型继承来的属性radius 表示。

4.2.5 滚花(Knurl)

4.2.5.1 概述

滚花(knurl)是车削特征(turning_feature)中的一种类型(见图 8),它是一种刻痕图样,由在一圆柱表面上一系列的花点组成。通常使用专用刀具来滚花。每一种滚花都分布在基本特征的圆柱形表面上。实体knurl是下列几种滚花的抽象基类:straight_knurl、diagonal_knurl、diamond_knurl 和tool_knurl。滚花的位置(在图示坐标系中用“K”标志)从实体turning_feature继承下来,与基本特征位置有关。

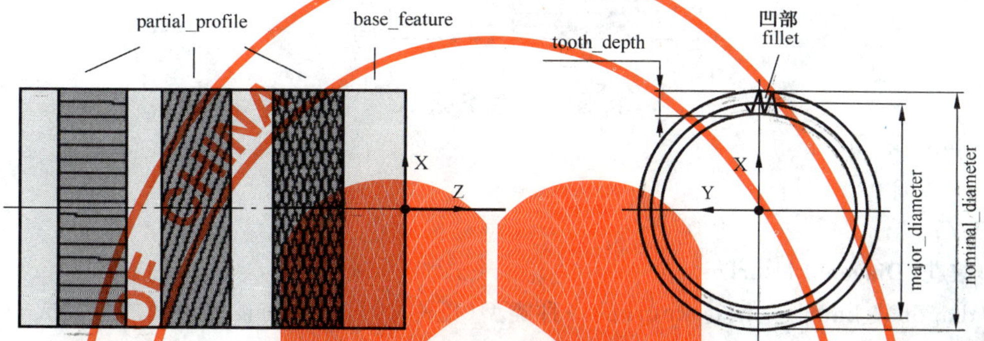

图 8 带基本参数的滚花

```
ENTITY knurl
   ABSTRACT SUPERTYPE OF (ONEOF(straight_knurl,diagonal_knurl,
                         diamond_knurl,tool_knurl))
   SUBTYPE OF (turning_feature);
   base_feature : turning_feature;
   partial_profile : OPTIONAL partial_area_definition;
   tooth_depth : OPTIONAL toleranced_length_measure;
   diametral_pitch : OPTIONAL toleranced_length_measure;
   root_fillet : OPTIONAL toleranced_length_measure;
   number_of_teeth : OPTIONAL INTEGER;
   major_diameter : OPTIONAL toleranced_length_measure;
   nominal_diameter : OPTIONAL toleranced_length_measure;
END_ENTITY;
```

base_feature: 在引用的特征上滚花。

partial_profile: 这是可选属性,用来限制滚花的区域。如果没有这项,则表明滚花分布于base_feature 的全长。

tooth_depth: 齿顶到齿底的深度。

diametral_pitch: nominal_diameter 与周长上齿数的比。

root_fillet: 属性 root_fillet 指定了滚花刀具上齿间半径长度。

number_of_teeth: 零件表面周长上的齿数。对特殊的滚花 number_of_teeth 不需要指定,如果给定 nominal_diameter 和 diametral_pitch,该属性必须等于 norminal_diameter 与 diametral_pitch 的商。

major_diameter: 滚花之前的零件直径。

nominal_diameter: 滚花之后的零件直径。

4.2.5.2 **直滚花(straight knurl)**

直滚花(straight_knurl)是(knurl)的一种类型,滚花纹与被滚表面的轴(Z 轴)平行。在图 9 中,X、Z 和 X_K、Z_K 分别表示基本特征(base_feature)和滚花(knurl)的位置。

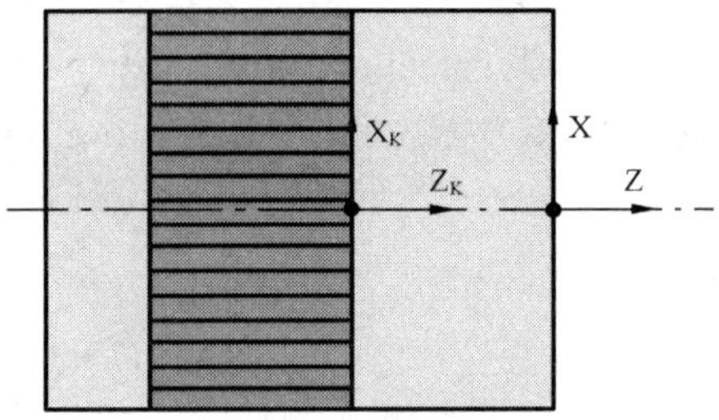

图 9 直滚花

ENTITY straight_knurl
    SUBTYPE OF (knurl);
END_ENTITY;

4.2.5.3 **斜滚花(Diagonal knurl)**

斜滚花(diagonal_knurl)是滚花 knurl 的一种类型(见图 10),定义与被滚表面的母线成一定角度的螺旋线切割。

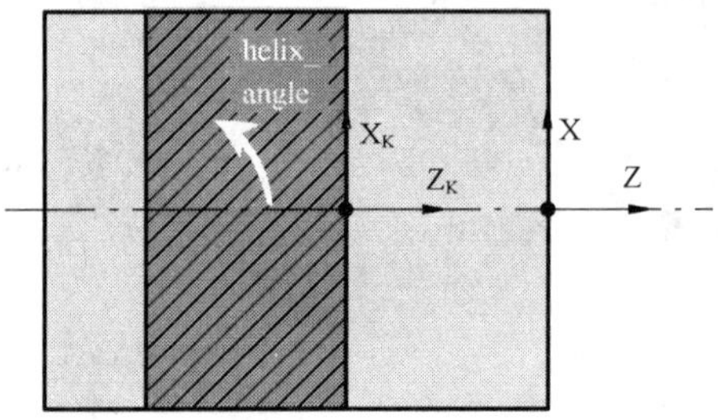

图 10 斜滚花

ENTITY diagonal_knurl
    SUBTYPE OF (knurl);
    helix_angle : plane_angle_measure;
END_ENTITY;

helix_angle : helix_angle 规定了滚花线与滚花面轴方向的角度。

4.2.5.4 **菱形滚花(Diamond knurl)**

菱形滚花(diagonal_knurl)是一种特殊的滚花(见图 11),滚花表面有两条螺旋滚花线。两条螺旋线的角度一般彼此无关。

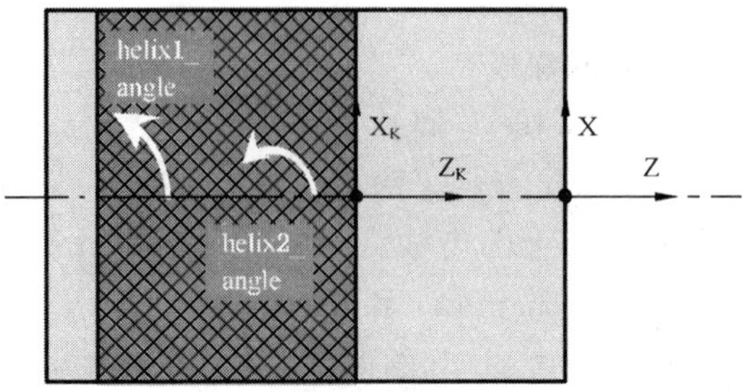

图 11 菱形滚花

```
ENTITY diamond_knurl
                        SUBTYPE OF (knurl);
    helix1_angle : plane_angle_measure;
    helix2_angle: OPTIONAL plane_angle_measure;
END_ENTITY;
```

helix1_angle：　该属性规定第一条滚花线与Z轴所成的角度。

helix2_angle：　第二条滚花线与Z轴所成的角度。如果helix2_angle没有给定，那么该角度应由控制器计算得出：180°-helix1_angle。

4.2.5.5 刀具滚花(Tool knurl)

刀具滚花(tool_knurl)的花纹不同于以上任一种滚花。刀具滚花只能使用特殊工具完成，滚花用的user-defined-turning-tool在ISO 14649-121:2005中定义。

```
ENTITY tool_knurl
    SUBTYPE OF (knurl);
END_ENTITY;
```

4.3 车削加工工步

4.3.1 车削工步(Turning workingstep)

单一的车削特征可以由GB/T 19903.10—2006中的machining_workingstep生成。然而在车削零件时，经常出现几个相关的车削特征可以同时由一个车削操作产生，并且为了提高效率，也宜这样做。一个machining_workingstep不能完成上面一系列特征的操作。因此，turning_workingstep被定义为允许将单一操作用于一系列相关的特征。相关特征必须按照特征位置Z值递减的顺序进行排序。继承属性its_secplane表示特征系列中的第一个特征。这个操作可能是使用了在5.4中定义的contour_turning策略中的contouring操作。

```
ENTITY turning_workingstep
    SUBTYPT OF (workingstep);
    its_features  :  LIST [2:?] OF manufacturing_feature;
    its_operation  :  turning_maching_operation;
    its_effect  :  OPTIONAL in_process_geometry;
END_ENTITY;
```

its_features：　该属性描述了turning_workingstep操作的一系列(至少两个)manufacturing_features。它用于完成几个相关特征的轮廓操作。

its_operation：　将用于完成一系列manufacturing_features操作。它必须是manufacturing_feature的操作系列中的一个。

its_effect：　工件的几何形状的变化受到操作的影响。CAM系统可以用该属性描述对工件几何形状操作的预期效果。如果给定，控制器可以将该属性描述的几何形状变化与内部算法预期的几何形状变化进行比较。GB/T 19903并不描述这两种几何形状必须如何接近，从而使控制器认为两者一致。

4.4 车削加工操作

4.4.1 概述

本节将介绍所有车削加工所需要的操作和工艺参数。

4.4.2 车削工艺(Turning technology)

4.4.2.1 概述

该实体定义了车削操作的技术参数。它是实体technology的子类，它是在GB/T 19903.10—2006中定义的。X轴或Z轴的进给率是通过feedrate属性定义的，或由feed_per_revolution定义，它是从上一类实体继承来的。如果调用its_adaptive_control，来自于turning_technology 的部分或者全部值可以忽略。

```
ENTITY turning_technology
    SUBTYPE OF (technology);
    spindle_speed : speed_select_type;
    sync_spindle_and_z_feed : BOOLEAN;
    inhibit_feedrate_override : BOOLEAN;
    inhibit_spindle_override : BOOLEAN;
END_ENTITY;
```

spindle_speed：属性spindle_speed 可选择恒主轴速度或恒表面切削速度。

feed_per_revolution：可选属性，可定义进给率，它是从实体 technology 继承来的 feedrate，单位为毫米每转。

sync_spindle_and_z_feed：如果为真，Z 轴的进给率和主轴转速应同步。因此，在螺纹的头或尾，当进给速度升高或降低时，可以保持螺距恒定。如果为假，Z 轴的进给率和主轴速度的控制无关。

inhibit_feedrate_override：如果为真，应不允许通过面板操作或自适应控制系统使用进给速度倍率。如果为假，则允许。

inhibit_spindle_override：如果为真，应不允许通过面板操作或自适应控制系统使用主轴转速倍率。如果为假，则允许的。

its_adaptive_control：由用户指定适合的控制策略。

4.4.2.2 速度选择(Speed select)

该类型用于选择控制车床主轴速度的模式。一般情况下，应考虑两种可能性。第一种是给定恒主轴速度，这个速度用转每秒来测量。第二种是恒表面切削速度，这个速度单位是米每秒。

```
TYPE speed_select_type = SELECT (const_spindle_speed,
                                 const_cutting_speed);
END_TYPE;
```

4.4.2.3 恒主轴转速(Const spindle speed)

这个实体给定恒主轴旋转速度。在零件直径的每个位置都应保持速度恒定。

```
ENTITY const_spindle_speed;
    rot_speed : rot_speed_measure;
END_ENTITY;
```

rot_speed：恒主轴转速。当属性 rot_speed_measure 定义为正值时，表示从 Z 轴正方向看，主轴逆时针旋转。

4.4.2.4 恒切削速度(Const cutting speed)

如果用这个实体定义速度，主轴转速应满足在加工表面的速度是恒定的，这意味着加工表面直径较小时，主轴转速较高，反之较低。

```
ENTITY const_cutting_speed;
    speed : speed_measure;
    max_speed : OPTIONAL rot_speed_measure;
END_ENTITY;
```

speed：工件表面恒切削速度。是指刀具在切削材料时刀尖的切向速度。正值表示从 Z 轴的正方向看主轴逆时针旋转。

max_speed：用这个可选属性来限制主轴最大转速。当减小加工表面直径时，主轴转速必须提高，在小的半径时主轴转速变得很高，这受到车床性能的限制。如果给定 max_speed，它应该总是正数，因为旋转速度由 rot_speed 的绝对值限制。

4.4.2.5 **进给方式选择(Feed select)**

这种类型对于进给量是按照速度或是按照每转增加的距离来定义。

```
TYPE feed_select = SELECT (feed_velocity_type, feed_per_rev_type);
END_TYPE;
```

4.4.2.6 **进给速度类型(Feed velocity type)**

这种类型用来指定每秒的进给量(米)。

```
TYPE feed_velocity_type = speed_measure;
END_TYPE;
```

4.4.2.7 **每转进给类型(Feed per rev type)**

这种类型用来指定每转的进给量(毫米)。

```
TYPE feed_per_rev_type = REAL;
END_TYPE;
```

4.4.3 **车削机床功能(Turning machine functions)**

4.4.3.1 **概述**

这个实体描述机床各种功能的状态，如冷却液、排屑等，应用于某一操作期间。它是在 GB/T 19903.10—2006 中定义的 machine_functions 实体的子类。注意，turning_machine_functions 的一些属性和 GB/T 19903.11—2008 中定义的 milling_machine_functions 那些属性一样。

```
ENTITY turning_machine_functions
    SUBTYPE OF (machine_functions);
    coolant : BOOLEAN;
    coolant_type : OPTIONAL coolant_select
    coolant_pressure : OPTIONAL pressure_measure;
    mist : OPTIONAL BOOLEAN;
    through_spindle_coolant : BOOLEAN;
    through_pressure : OPTIONAL pressure_measure;
    axis_clamping : LIST [0:?] OF identifier;
    chip_removal : OPTIONAL BOOLEAN;
    oriented_spindle_stop : OPTIONAL direction;
    its_process_model : OPTIONAL process_model_list;
    other_functions : SET [0:?] OF property_parameter;
    tail_stock : OPTIONAL BOOLEAN;
    steady_rest : OPTIONAL BOOLEAN;
    follow_rest : OPTIONAL BOOLEAN;
END_ENTITY;
```

coolant: 如果为真，冷却液应开启；若为假，冷却液应关闭。

coolant_type: 可选的冷却液类型。只有冷却为真的情况下有效。

coolant_pressure: 可选的冷却系统压力规范。只有冷却为真的情况下有效。

axis_clamping: 描述哪个轴要夹紧，比如 X、Z、C 轴。注意，这个信息取决于机床本身，宜避免。

chip_removal: 如机床具有断屑或排屑功能，常使用这个属性。如果属性设定为真，排屑系统应开启。若为假，排屑系统应关闭。

oriented_spindle_stop： 当一个加工正在进行或结束时，如果指定了该属性，在主轴要停止时或在工步结束时，主轴将会在相对于C轴机床零点的给定方向停止。这个选项特别适用于全加工，比如有铣削操作。

its_process_model： 用来进行工艺控制的可选信息。

other_functions： 可选的一般类型其他功能列表。

tail_stock： 如果为真，应使用车床的尾座，在零件末端(卡盘对面)提供一个夹具。如果为假，将不使用车床的尾座。

steady_rest： 如果为真，应使用车床的中心架来辅助加工长而精密的轴；如果为假，应不使用车床的跟刀架。

follow_rest： 如果为真，应使用车床的跟刀架，以避免加工细长工件时的弯曲移。如果为假，应不使用车床的跟刀架。

4.4.3.2 冷却液选择(Coolant select)

用于描述冷却液的类型。共有三种类型：flood，mist 和 *through_tool*.

```
TYPE coolant_select = ENUMERATION OF (flood, mist, through_tool);
END_TYPE;
```

4.4.4 车削加工策略(Turning machining strategy)

4.4.4.1 概述

该实体作为抽象父类型用于描述产生车削刀位轨迹的策略。它是GB/T 19903.10—2006中定义的实体machining_strategy的子类型。所有子类型中定义的方向都与工件坐标系相关联。

注：本部分不描述铣削和钻削类型的策略，例如two5d_milling_strategy和drilling_type_strategy。尽管他们没有被定义为turuning_maching_strategy的子类型，用户可以参考在GB/T 19903.11—2008中定义的各个操作来使用它们。

```
ENTITY turning_machining_strategy
  ABSTRACT SUPERTYPE OF (ONEOF (unidirectional_turning, bidirectional_turning,
  thread_strategy, contour_turning, grooving_strategy,
  explicit_turning_strategy));
  overcut_length : OPTIONAL length_measure;
  allow_multiple_passes : OPTIONAL BOOLEAN;
  cutting_depth : LIST[0:?] OF length_measure;
  variable_feedrate : OPTIONAL positive_ratio_measure;
END_ENTITY;
```

overcut_length： 特征开放侧的切削过行程长度。所有边界都被材料限制住的特征加工中不允许此项。例如：槽(见图12)。

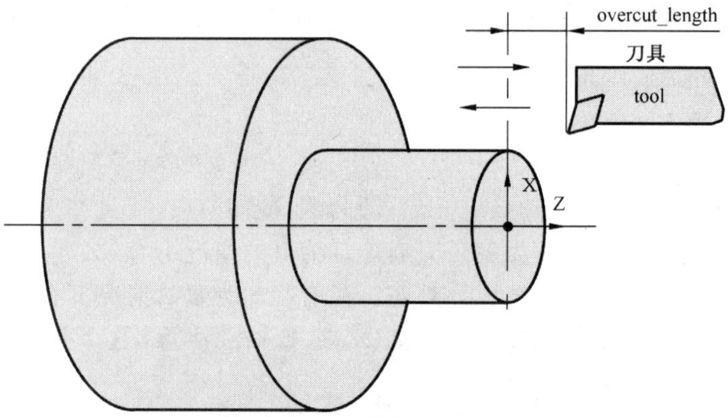

图12 刀具过切长度

allow_multiple_passes : 仅用于粗加工工步中的可选标志。若为真，表示具有多重刀轨的标准粗加工，也就是考虑切削深度列表，顺序依次进行多层切削。若为假，则表示仅有一条刀轨的预定特征的特殊粗加工。默认值为真。

cutting_depth : 如果一次切削中待去除材料过厚，必须分成几次走刀。可选项 cutting_depth 列表中的每一项分别对应每次走刀的切削厚度(不是总切削深度)该厚度在各自的层次中切去(直至所有该切的材料被切去)。列表中所列元素的个数不一定等于总的走刀次数。如果切削深度列表为空，走刀次数和每次走刀的切削深度将独立操作。如果走刀次数多于列表项，则最后一项应用于剩余的几次走刀。如果列表项多于走刀次数，则多出的被忽略。如果 allow_multiple_passes 为假，并给出了 cutting_depth 列表，仅使用列表的第一项。

variable_feedrate : 相对于当前进给率，后续切削层的速度改变率。例如：速度改变率为0.8，则第二层和第三层的进给速度分别为 0.8 * f 和 0.8 * 0.8 * f，这里 f 代表进给率或者 *turning_technology* 中的 *feed_per_revolution* 。

4.4.4.2 单向车削(Unidirectional turning)

Unidirectional_turning 是指按直线方式切削，也就是说刀具从一端切削到另一端，然后提刀回到进给运动的起点。起始点总是在加工轮廓之外。如图 13 所示，粗实线代表材料去除，虚线代表快速移动。刀具接近工件后(1)，在 feed_direction 方向上开始切削(2)。刀具到达末端位置后，被提升到预定的高度(3)；快速走刀完成回程路径。刀具按 stepover_feed 运动到下次切削的起始点，一般垂直于 feed_direction(4)。该运行长度为提刀高度加上切削深度(从父类继承)。完成最后一次切削后，刀具应当按照退刀策略(5)移动，最后完成退刀的快速移动(6)。特别是对于粗加工，刀具可能会在回程运动之前的进给中跟随不平的特征轮廓运动。

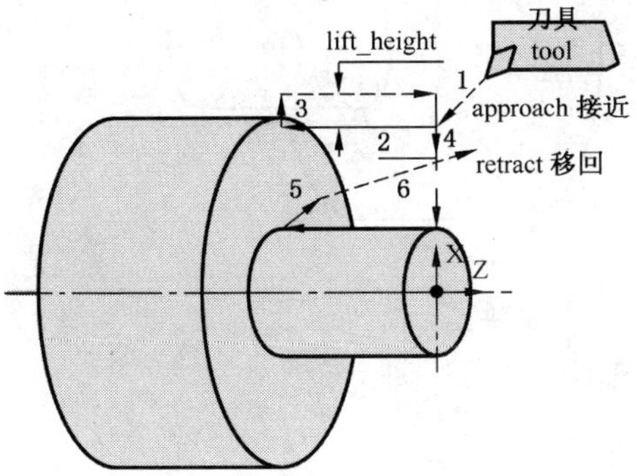

a) 进给方向：－Z

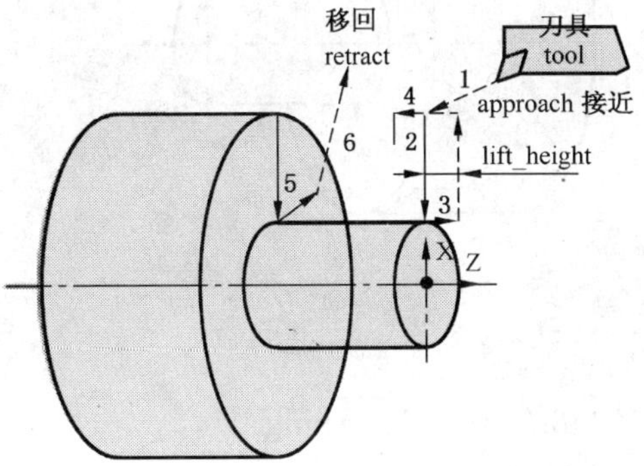

b)进给方向：－X

图 13 单向车削

```
ENTITY unidirectional_turning
    SUBTYPE OF (turning_machining_strategy);
    feed_direction : OPTIONAL direction;
    back_path_direction : OPTIONAL direction;
    lift_direction : OPTIONAL direction;
    stepover_direction : OPTIONAL direction;
    lift_height : OPTIONAL length_measure;
    lift_feed : OPTIONAL feed_select;
```

stepover_feed ：OPTIONAL feed_select；
END_ENTITY；

feed_direction ： 该可选属性描述刀具切削时的主运动方向。如果没有指定该值，*feed_direction* 应平行于 Z 轴并且指向 Z 值较小的方向。

back_path_direction ： 刀具回程运动的方向，保证横向进给后到达下次进给的起点。

lift_direction ： 刀具从 *feed_direction* 运动到 *back_path_direction* 的方向。如果忽略，*lift_direction* 应垂直于 *feed_direction*。

stepover_direction ： 刀具从 *back_path_direction* 运动到 *feed_direction* 的方向。如果忽略 *stepover_direction* 应垂直于 *back_path_direction*。

lift_height ： 该属性指定了提刀的高度。如果没有给出，刀具将运动到相应操作的 *retract_plane*。

lift_feed ： 提刀运动的进给率. 如果忽略，用 *turning_technology* 进给。

stepover_feed ： 该可选属性可以定义 *stepover_direction* 的进给率。

4.4.4.3 双向车削（Bidirectional turning）

在一根轴的两个方向上车削，如图 14 所示。Bidirectional_turning 表示切削从一侧开始，例如，刀具接近工件后(1)。经由刀具轨迹(2)切削刀具到达另一侧，在该侧向下运动(3)，然后在去除材料(4)的同时回到开始的一侧。注意双向切削中需要使用特殊刀具(双向刀具)。这些刀具既能横向(3)也能反向(4)切削。例如，用于车槽时，刀刃朝向前侧而不能切削侧面。对于 didirectional_turning，方向(4)应与方向(2)相反(翻转 180°)。

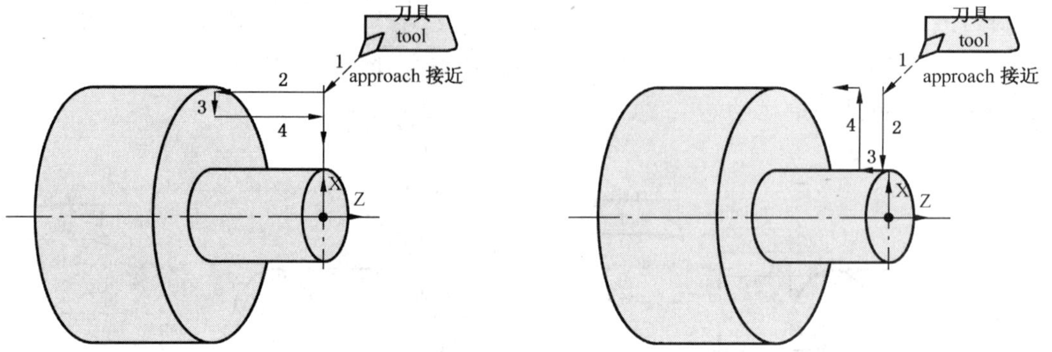

a) 进给方向：－Z　　　　b)进给方向：－X

图 14　双向车削

ENTITY bidirectional_turning
SUBTYPE OF (turning_machining_strategy)；
feed_direction ：OPTIONAL direction；
stepover_direction ：OPTIONAL direction；
stepover_feed ：OPTIONAL feed_select；
END_ENTITY；

feed_direction ： 切削加工中第一条刀具路径的方向。若没有指定，它应平行于Z 轴并指向Z 值较小的方向。

stepover_direction ： 刀具从一条路径运动到下一条路径的方向。如果忽略，它应垂直于 *feed_direction* 。

stepover_feed ： 该可选属性指定 *stepover_direction* 的进给率，是否与 *turning_technology* 指定的进给不同。

4.4.4.4 轮廓车削(Contour turning)

该实体是 turning_machining_strategy 的子类型。这个策略是指沿着特征的轮廓或靠模进行车削(见图 15)。轮廓车削主要用于预制零件的粗加工和特征的精切削。轮廓车削可以完成一系列特征的加工(详见 4.3 中的 turning_workingstep)。

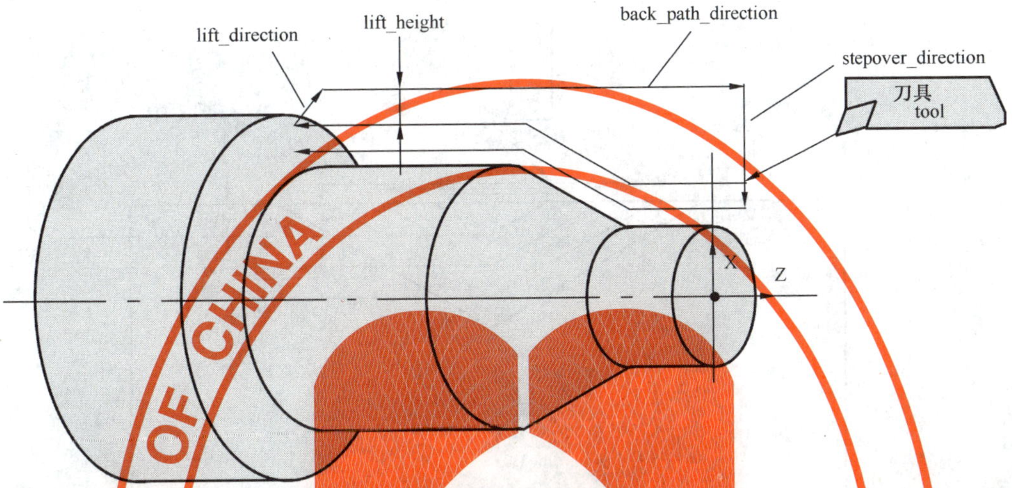

图 15 轮廓车削

```
ENTITY contour_turning
    SUBTYPE OF (turning_machining_strategy);
    feed_direction : OPTIONAL direction;
    back_path_direction : OPTIONAL direction;
    lift_direction : OPTIONAL direction;
    stepover_direction : OPTIONAL direction;
    lift_height : OPTIONAL length_measure;
    lift_feed : OPTIONAL feed_select;
    stepover_feed : OPTIONAL feed_select;
    variable_stepover_feed : OPTIONAL positive_ratio_measure;
END_ENTITY;
```

feed_direction： 该可选属性描述了刀具切削运动的主方向。若没有指定，*feed_direction* 应平行于 Z 轴并指向 Z 值较小的方向。

back_path_direction： 刀具回到下一进给运动起始点的运动方向。

lift_direction： 刀具从 *feed_direction* 到 *back_path_direction* 的运动方向。如果忽略，*lift_direction* 应是特征末端(提刀运动的起始处)的曲面法线方向。

stepover_direction： 刀具从 *back_path_direction* 到 *feed_direction* 的运动方向。如果忽略，*stepover_direction* 应垂直于 *back_path_direction*。

lift_height： 该属性指定了横向运动的长度。若没有给定，则横向运动应在相应操作的 *retract_plane* 处。

lift_feed： 提刀运动的进给率。默认值为 *turning_technology* 的进给率。

stepover_feed： 该可选属性可以定义 *stepover_direction* 的进给率。

variable_stepover_feed： 相对于当前 *stepover_feed*，后续层的横向速度改变率。例如：横向速度改变率为 0.8，则第二层和第三层的横向速度分别为 0.8＊f 和 0.8＊0.8＊f，这里 f 代表 *contour_turning* 的属性 *stepover_feed*。

4.4.4.5 螺纹切削策略(Thread strategy)

4.4.4.5.1 概述

thread_strategy 是 turning_machining_strateg 的子类型,用于螺纹切削(见图 16)。

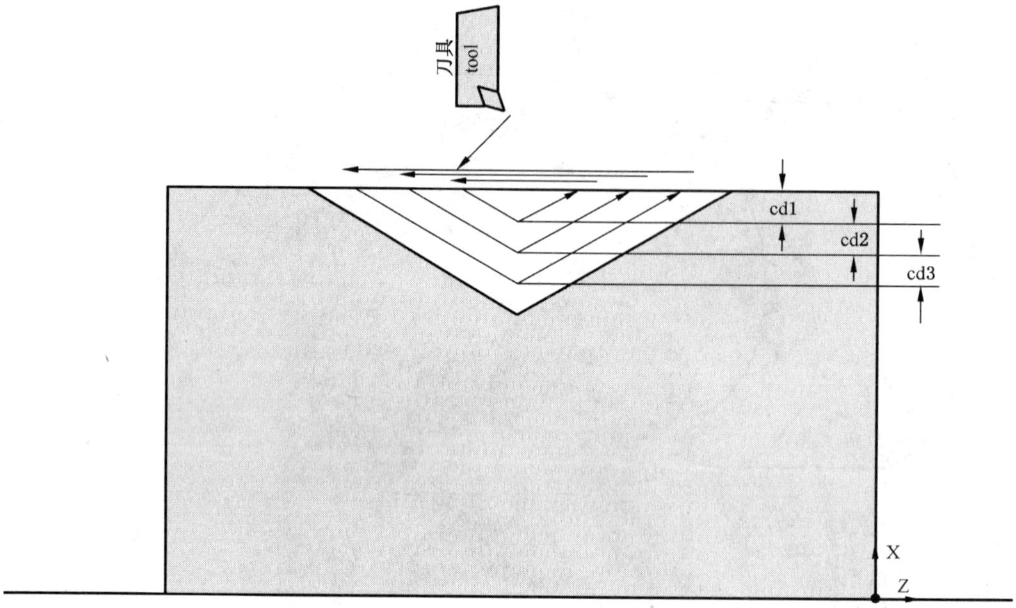

图 16 螺纹切削策略

```
ENTITY thread_strategy
    SUBTYPE OF (turning_machining_strategy);
    cut_in_amount_function : thread_cut_depth_type;
    threading_direction : threading_direction_type;
    path_return_angle : OPTIONAL plane_angle_measure;
    lift_height : OPTIONAL positive_length_measure;
END_ENTITY;
```

cut_in_amount_function : 该属性描述了总的切入深度。

threading_direction : 该属性指定了加工螺纹的刀轨模式。

path_return_angle : path_return_angle 指定了提刀运动方向与螺纹 Z 轴正方向之间的夹角。

lift_height : 该可选属性指定了回程路径到螺纹的 *major_diameter* 之间的高度。

4.4.4.5.2 螺纹切削深度类型(Thread cut depth type)

该实体描述了每次走刀的切削深度。它是三种类型之一:*constant_depth*, *variable_depth*, *constant_removal_amount*(见图 17)。如果为 constant_depth,则使用 cutting_depth 列表的第一项值。如果采用 variable_depth,则使用 cutting_depth 列表。如果走刀次数多于列表项,最后一项将用于余下的走刀。如果列表项多于走刀次数,多出的被忽略。*constant_removal_amount* 保证了每次切削的材料去除量一致。如果选择了 *constant_removal_amount*,实际的切削深度由 CNC 确定。在这种情况下,cutting_depth 列表的第一项用于第一次切削。如果 cutting_depth 列表为空,执行所选择的深度。

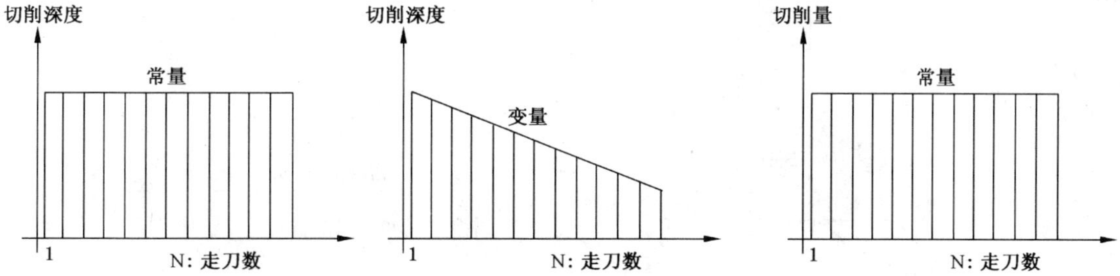

a) constant_depth　　b) vanable_depth　　c) constant_removal_amount

图 17　螺纹切削深度类型

TYPE thread_cut_depth_type = ENUMERATION OF (constant_depth, variable_depth,
　constant_removal_amount);
END_TYPE;

4.4.4.5.3　螺纹切削方向类型(Threading direction type)

该实体描述了加工螺纹的刀轨模式。这里分为五种类型(见图 18)。

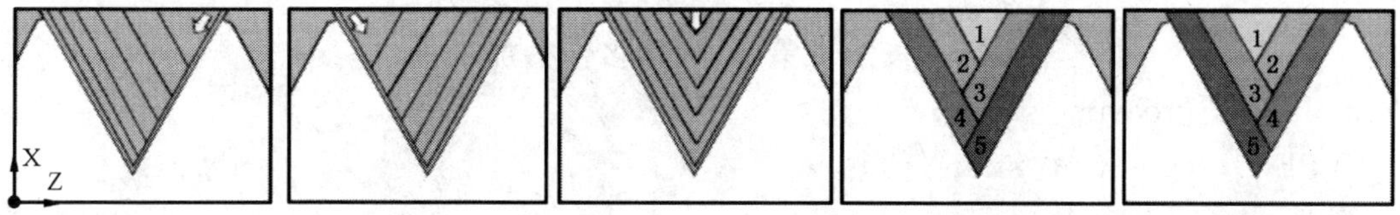

a) left　　b) right　　c) center　　d) left_zigzag　　e) right_zigzag

图 18　螺纹切削方向类型

TYPE threading_direction_type = ENUMERATION OF (left, right, center,
　left_zigzag,right_zigzag);
END_TYPE;

4.4.4.6　槽加工策略(Grooving strategy)

4.4.4.6.1　概述

grooving_strategy 是 *turning_machining_strategy* 的子类型。用于不能用轮廓切削加工的任一种槽的切削。

ENTITY grooving_strategy
　SUPERTYPE OF (multistep_grooving_strategy)
　SUBTYPE OF (turning_machining_strategy);
　grooving_direction : OPTIONAL direction;
　travel_distance : OPTIONAL length_measure;
END_ENTITY;

grooving_direction :　该可选属性用于指定切入运动的方向。如果忽略,应使用相关槽的 *material_side* 属性。

travel_distance :　可选属性 *travel_distance* 指定了刀具在操作的 *retract_plane* 上运动到下一刀位轨迹的长度。如果忽略,可以根据刀具选择实际移动的距离。参考图 19。

4.4.4.6.2　多步槽加工策略(Multistep grooving strategy)

multistep_grooving_strategy 是 *grooving_strategy* 的一个子类型。当槽太深时,应用这一策略,使得一次切削操作可以完成槽切削。每步的深度由 4.4.3 中定义的 cutting_depth 给出(见图 19)。

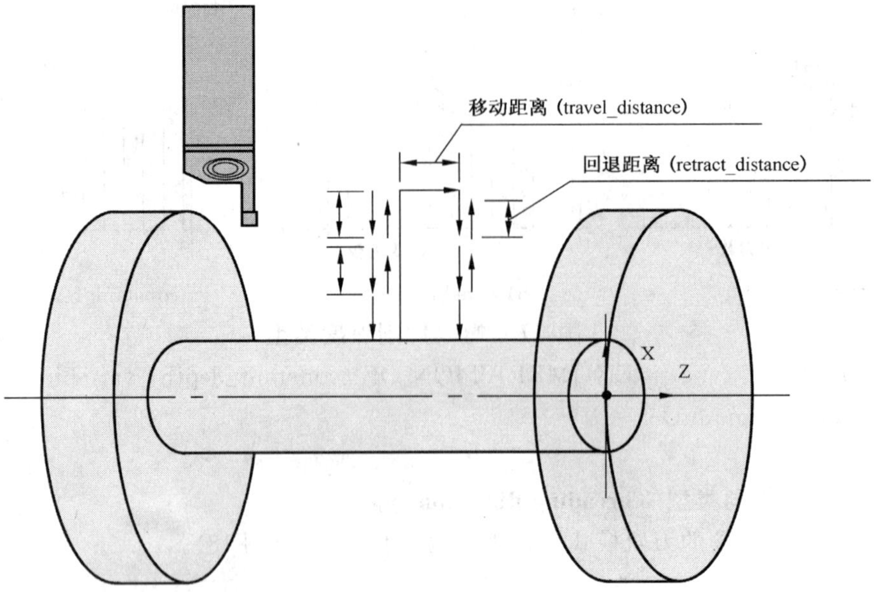

图 19 槽加工策略,包括多步槽加工策略

```
ENTITY multistep_grooving_strategy
    SUBTYPE OF (grooving_strategy);
    retract_distance : length_measure;
END_ENTITY;
```

retract_distance ： 如果 *retract_distance* 为正值,刀具应按此距离在每步间回退,使切屑能够在 grooving_direction 的相反方向上断屑。如果 *retract_distance* 为 0,刀具运动应在每步间暂停(暂停时间应在主轴旋转四分之一转和二分之一转之间)以便断屑。如果 *retract_distance* 为负值,刀具应在每步间回退到退刀面,以清理槽的切屑。

4.4.4.7 显式车削策略(Explicit turning strategy)

凡以上策略不能描述的车削策略都被指定为使用 explicit_turning_strategy。在这种情况下,所有运动的精确定义需要在实体 workingstep 中的 its_toolpath 属性中给出。

```
ENTITY explicit_turning_strategy
    SUBTYPE OF (turning_machining_strategy);
END_ENTITY;
```

4.4.5 车削加工操作(Turning machining operation)

4.4.5.1 概述

这是所有车削操作的基本类型,它包括所有必需属性来描述工艺和切削策略的。它是 GB/T 19903.10—2006 中定义的实体 machining_operation 的一个子类型。如果 turning_machining_operation 被 turning_workingstep 引用,继承属性 start_point 参考相关的 turning_features 列表中的第一个特征。

一般而言,有两种加工操作:粗加工和精加工。粗加工是从最初的零件毛坯表面上经过多次走刀去除多余的材料,直到特征底部或者侧面留下精加工裕量。精加工随后去除这些裕量,产生特征的最终形状。Turning_machining_operation 分为以下几种:面加工、槽加工、轮廓加工、螺纹加工或滚花加工。

注:本部分不描述铣削和钻削加工操作,例如铣、钻、镗、中心钻、铰(可以用车削操作也可以用铣削操作完成)。尽管他们没有被定义为 turuning_maching_operation 的子类型,用户可以参考 GB/T 19903.11—2008 中定义的各个操作来使用。

```
ENTITY turning_machining_operation
    ABSTRACT SUPERTYPE OF (ONEOF(facing, grooving, contouring,
    threading,knurling))
    SUBTYPE OF (machining_operation);
    approach : OPTIONAL approach_retract_strategy;
    retract : OPTIONAL approach_retract_strategy;
    its_machining_strategy : OPTIONAL turning_machining_strategy;
END_ENTITY;
```

approach： 可选信息，描述了到达初始切削位置的趋近策略。如果按属性 *allow_multiple_passes* 必须多层切削，该策略也应被用于刀具从回程运行到下一层的起始点的运动中。注：*approach_retract_strategy* 引自 GB/T 19903.11—2008。默认情况下，趋近策略由 NC 控制器决定。如果切削的起始点与之前操作的终止点重合，可以不使用任何趋近运动。如果给定了 *its_toolpath*，该属性应被忽略。

retract： 可选信息，描述了完成最后切削之后的回退策略。默认情况下，回退策略由 NC 控制器决定。如果切削的终点与下一个操作的起始点重合，可以不使用任何回退运动。如果给定了 *its_toolpath*，该属性应被忽略。

注：*approach_retract_strategy* 引自GB/T 19903.11—2008。

its_machining_strategy： 描述了车削操作时使用的策略。

4.4.5.2 端面加工(Facing)

4.4.5.2.1 概述

该实体描述了面加工的车削操作(见图 20)。面加工是指零件末端表平面的加工。特征的位置由属性 feature_placement 给定。一个平面也可通过切断零件的末端获得(切断见 4.4.5.3)。

图 20 端面加工(径向和轴向刀具运动)

```
ENTITY facing
    ABSTRACT SUPERTYPE OF (ONEOF(facing_rough, facing_finish))
    SUBTYPE OF (turning_machining_operation);
    allowance : OPTIONAL length_measure;
END_ENTITY;
```

allowance： *allowance* 是指应留在加工表面上的材料深度，由相关的加工特征所确定(在表面法线方向上)。剩余的材料将在精加工中被切除。

4.4.5.2.2 端面粗加工(Facing rough)

该车削操作用于端面的粗加工。该操作切掉特征留量外的所有材料，而不注重表面质量要求。

```
ENTITY facing_rough
    SUBTYPE OF (facing);
```

```
WHERE
    WR1: EXISTS(SELF.allowance) AND (SELF.allowance >= 0.0);
END_ENTITY;
```

4.4.5.2.3 **端面精加工(Facing finish)**

该车削操作用于端面的精加工。该操作应用适当的策略,将材料切到特征位置并保证给定的公差。如果给定了 allowance,用其他特种操作例如磨削来除去剩下的材料。

```
ENTITY facing_finish
    SUBTYPE OF (facing);
END_ENTITY;
```

4.4.5.3 **开槽(Grooving)**

4.4.5.3.1 **概述**

该实体描述了加工槽的车削操作(见图 21)。开槽是一种切入操作,主要用于加工底面。加工槽的侧面时可能需要用到其他的操作(例如 facing 和 contouring)。

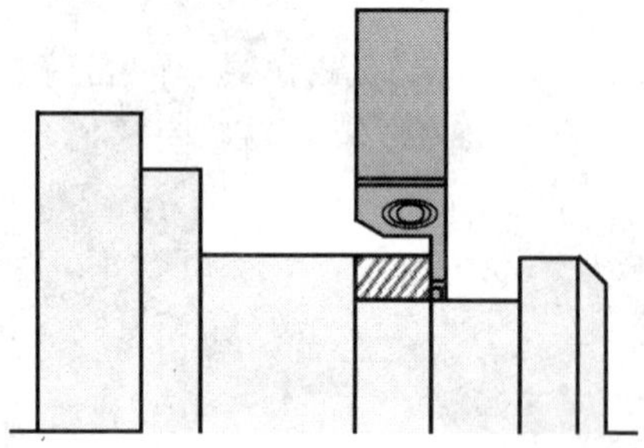

图 21 开槽

```
ENTITY grooving
    ABSTRACT SUPERTYPE OF (ONEOF(grooving_rough, grooving_finish, cutting_in))
    SUBTYPE OF (turning_machining_operation);
    dwell : OPTIONAL dwell_select;
    allowance : OPTIONAL length_measure;
END_ENTITY;
```

dwell: 用于选择刀具在槽底部暂停的计量单位。可以是时间(s)或者工件旋转的次数。如果省略,该属性应与实现有关。

allowance: *allowance* 是指应留在加工表面上的材料深度,由相关的加工特征所确定(在表面法线方向上)。剩余的材料将在精加工中切除。

4.4.5.3.2 **槽粗加工(Grooving rough)**

槽的粗加工操作。该操作切掉特征留量外的所有材料,而不注重表面质量要求。

```
ENTITY grooving_rough
    SUBTYPE OF (grooving);
WHERE
    WR1: EXISTS(SELF.allowance) AND (SELF.allowance >= 0.0);
END_ENTITY;
```

4.4.5.3.3 **槽精加工(Grooving finish)**

该车削操作用于槽的精加工。该操作应用适当的策略,将材料切到特征位置并保证给定的公差。如果给定了 allowance,用其他特种操作例如磨削将来除去剩下的材料。

```
ENTITY grooving_finish
```

SUBTYPE OF (grooving);
END_ENTITY;

4.4.5.3.4 **切入(Cutting in)**

该实体描述了从某一位置切入且没有侧移的车削操作(见图 22)。在这种情况下,槽的形状取决于使用的刀具。由该操作加工的槽宽度等于刀具的最大宽度。由于 cutting_in 加工的槽几何形状要求相对较低,因此没有粗加工和精加工之分。图 22 表示 cutting_in 的径向和轴向两个切入方向。

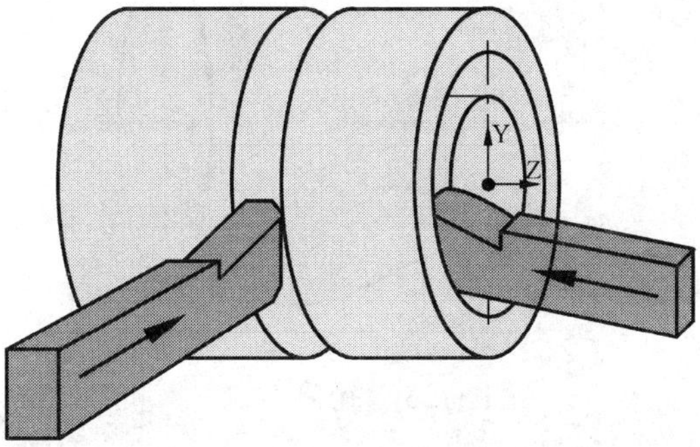

图 22 切入(径向和轴向)

如果轴类零件有径向切入操作,刀具一定不能在轴向(也就是垂直于进给的方向)上移动。如果采用 grooving_strategy 策略并且设定了 travel_length 属性,则它会被忽略。切入操作可以用于切入和切断材料。如 4.4.5.2.1 所述切断一根轴的末端可以产生一个面。对此,切入操作必须切到零件的中心才能完成。在这种情况下,刀尖必须能够到达这个中心(X 轴和 Z 轴的交点)。

ENTITY cutting_in
SUBTYPE OF (grooving);
WHERE
WR1: NOT(EXISTS(SELF.allowance));
END_ENTITY;

4.4.5.3.5 **暂停选择(Dwell select)**

该类型用于选择刀具在槽底部暂停的计量单位。可以是时间(s)或者工件旋转的次数。例如,根据 dwell_select 的类型,使 1.5 表示刀具必须在底部停留 1.5 s,或者停留 1.5 转。

TYPE dwell_select = SELECT (dwell_time, dwell_revolution);
END_TYPE;

4.4.5.3.6 **暂停时间(Dwell time)**

该类型用于指定刀具停留在槽底部按秒计算的时间。

TYPE dwell_time = time_measure;
END_TYPE;

4.4.5.3.7 **暂停转数(Dwell revolution)**

该类型用于指定刀具停留在槽底部时工件的旋转次数。

TYPE dwell_revolution = REAL;
END_TYPE;

4.4.5.4 **轮廓加工(Contouring)**

4.4.5.4.1 **概述**

该操作可以用于 outer_round 和 general_revolution 的车削加工(见图 23)。它分为粗加工和精加工。Contouring 可以按给定特征车削轮廓。

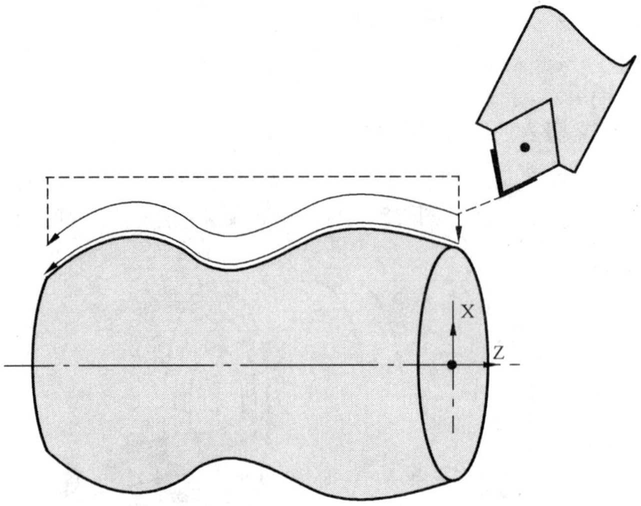

图 23 轮廓加工

```
ENTITY contouring
    ABSTRACT SUPERTYPE OF (ONEOF(contouring_rough, contouring_finish))
    SUBTYPE OF (turning_machining_operation);
    allowance : OPTIONAL length_measure;
END_ENTITY;
```

allowance : *allowance* 是指应留在加工表面上的材料深度，由相应的加工特征所确定（在表面法线方向上）。剩余的材料将在精加工中切除。

4.4.5.4.2 轮廓粗加工(Contouring rough)

该车削操作用于轮廓粗加工。该操作切掉特征留量外的所有材料，而不注重表面质量要求。

```
ENTITY contouring_rough
    SUBTYPE OF (contouring);
WHERE
    WR1: EXISTS(SELF.allowance) AND (SELF.allowance >= 0.0);
END_ENTITY;
```

4.4.5.4.3 轮廓精加工(Contouring finish)

该车削操作用于轮廓精加工。该操作应用适当的策略，将材料切到特征位置并保证给定的公差。如果给定了 allowance，用其他的操作例如磨削来除去剩下的材料。

```
ENTITY contouring_finish
    SUBTYPE OF (contouring);
END_ENTITY;
```

4.4.5.5 车螺纹(Threading)

4.4.5.5.1 概述

该操作用于车削螺纹。为了获得更高的表面质量，分为粗加工和精加工，引导高级表面质量。

```
ENTITY threading
    ABSTRACT SUPERTYPE OF (ONEOF(threading_rough, threading_finish))
    SUBTYPE OF (turning_machining_operation);
    allowance : OPTIONAL length_measure;
END_ENTITY;
```

allowance： *allowance* 是指应留在加工表面上的材料深度，由相应的加工特征所确定（在表面法线方向上）。剩余的材料将在精加工中切除。

4.4.5.5.2 **螺纹粗车（Threading rough）**

车削螺纹的粗加工操作。该操作切掉留量外的所有材料，而不注重表面质量要求。

```
ENTITY threading_rough
    SUBTYPE OF (threading);
WHERE
    WR1: EXISTS(SELF.allowance) AND (SELF.allowance >= 0.0);
END_ENTITY;
```

4.4.5.5.3 **螺纹精车（Threading finish）**

该车削操作用于螺纹精加工。该操作应用适当的策略，将材料切到特征位置并保证给定的公差。如果给定了 allowance，用其他特种操作例如磨削来除去剩下的材料。

```
ENTITY threading_finish
    SUBTYPE OF (threading);
END_ENTITY;
```

4.4.5.6 **滚花加工（Knurling）**

该操作用于滚花加工。滚花加工用特殊刀具完成。没有粗加工和精加工之分。

```
ENTITY knurling
    SUBTYPE OF (turning_machining_operation);
END_ENTITY;
```

附 录 A
（规范性附录）
EXPRESS 扩展清单

下面是本部分标准:车削用工艺数据的 EXPRESS 清单。

```
SCHEMA turning_schema;

(*
  Version : 15
  Date    : 05.01.2005
  Author  : ISO TC184/SC1/WG7
  Contact : Suk-Hwan Suh <shs@postech.ac.kr>
            Stefan Heusinger <stefan.heusinger@isw.uni-stuttgart.de>
*)

(*  ****************************************************************  *)
(*  Types from machining_schema                        ISO 14649-10    *)
(*  ****************************************************************  *)

REFERENCE FROM machining_schema(
  axis2_placement_3d,
  bounded_curve,
  cartesian_point,
  direction,
  general_profile,
  identifier,
  in_process_geometry,
  label,
  length_measure,
  linear_profile,
  machine_functions,
  machining_operation,
  manufacturing_feature,
  material,
  open_profile,
  partial_area_definition,
  partial_circular_profile,
  plane_angle_measure,
  positive_length_measure,
  positive_ratio_measure,
  pressure_measure,
```

```
    property_parameter,
    rot_speed_measure,
    round_hole,
    speed_measure,
    taper_select,
    technology,
    thread,
    time_measure,
    toleranced_length_measure,
    two5D_manufacturing_feature,
    vee_profile,
    workingstep);

(*************************************************************   *)
(*   Types from milling_ schema                ISO 14649-11        *)
(*   *************************************************************   *)

REFERENCE FROM milling_schema(
    adaptive_control,
    approach_retract_strategy,
    process_model_list
);

(*   * Turning features ****************************************   *)

ENTITY turning_feature
    ABSTRACT SUPERTYPE OF (ONEOF(outer_round, revolved_feature, knurl))
SUBTYPE OF(two5D_manufacturing_feature);
END_ENTITY;


ENTITY outer_round
    ABSTRACT SUPERTYPE OF (ONEOF (outer_diameter, outer_diameter_to_shoulder))
    SUBTYPE OF (turning_feature);
END_ENTITY;


ENTITY outer_diameter
    SUBTYPE OF (outer_round);
    diameter_at_placement : toleranced_length_measure;
    feature_length        : toleranced_length_measure;
    reduced_size          : OPTIONAL taper_select;
END_ENTITY;
```

```
ENTITY outer_diameter_to_shoulder
  SUBTYPE OF (outer_round);
  diameter_at_placement : toleranced_length_measure;
  v_shape_boundary      : vee_profile;
END_ENTITY;


ENTITY revolved_feature
  ABSTRACT SUPERTYPE OF (ONEOF (revolved_round,
  revolved_flat, groove, general_revolution))
  SUBTYPE OF (turning_feature);
  material_side : OPTIONAL direction;
  radius        : length_measure;
END_ENTITY;


ENTITY revolved_flat
  SUBTYPE OF (revolved_feature);
  flat_edge_shape : linear_profile;
END_ENTITY;


ENTITY revolved_round
  SUBTYPE OF (revolved_feature);
  rounded_edge_shape : partial_circular_profile;
END_ENTITY;


ENTITY groove
  SUBTYPE OF (revolved_feature);
  sweep : open_profile;
END_ENTITY;


ENTITY general_revolution
  SUBTYPE OF (revolved_feature);
  outer_edge_profile : general_profile;
END_ENTITY;


ENTITY knurl
```

```
  ABSTRACT SUPERTYPE OF (ONEOF(straight_knurl,diagonal_knurl,
  diamond_knurl, tool_knurl))
  SUBTYPE OF (turning_feature);
  base_feature          : turning_feature;
  partial_profile       : OPTIONAL partial_area_definition;
  tooth_depth           : OPTIONAL toleranced_length_measure;
  diametral_pitch       : OPTIONAL toleranced_length_measure;
  root_fillet           : OPTIONAL toleranced_length_measure;
  number_of_teeth       : OPTIONAL INTEGER;
  major_diameter        : OPTIONAL toleranced_length_measure;
  nominal_diameter      : OPTIONAL toleranced_length_measure;
END_ENTITY;


ENTITY straight_knurl
  SUBTYPE OF (knurl);
END_ENTITY;


ENTITY diagonal_knurl
  SUBTYPE OF (knurl);
  helix_angle : plane_angle_measure;
END_ENTITY;


ENTITY diamond_knurl
  SUBTYPE OF (knurl);
  helix1_angle : plane_angle_measure;
  helix2_angle : OPTIONAL plane_angle_measure;
END_ENTITY;


ENTITY tool_knurl
  SUBTYPE OF (knurl);
END_ENTITY;


(*  ***** Turning workingstep *****************************************  *)

ENTITY turning_workingstep
  SUBTYPE OF (workingstep);
  its_features   : LIST [2:?] OF manufacturing_feature;
  its_operation  : turning_machining_operation;
```

```
  its_effect      : OPTIONAL in_process_geometry;
END_ENTITY;


(*   ***** Turning technology ****************************************   *)

ENTITY turning_technology
  SUBTYPE OF (technology);
  spindle_speed               : speed_select;
  feed_per_revolution         : OPTIONAL feed_per_rev_type;
  sync_spindle_and_z_feed     : BOOLEAN;
  inhibit_feedrate_override   : BOOLEAN;
  inhibit_spindle_override    : BOOLEAN;
  its_adaptive_control        : OPTIONAL adaptive_control;
WHERE
  WR1: (EXISTS(SELF.feedrate) AND NOT
EXISTS(SELF.feedrate_per_revolution)) OR
  (NOT EXISTS(SELF.feedrate) AND EXISTS(SELF.feedrate_per_revolution));
END_ENTITY;


TYPE speed_select = SELECT (const_spindle_speed, const_cutting_speed);
END_TYPE;


ENTITY const_spindle_speed;
  rot_speed : rot_speed_measure;
END_ENTITY;


ENTITY const_cutting_speed;
  speed : speed_measure;
  max_speed : OPTIONAL rot_speed_measure;
END_ENTITY;


TYPE feed_select = SELECT (feed_velocity_type, feed_per_rev_type);
END_TYPE;


TYPE feed_velocity_type = speed_measure;
END_TYPE;
```

```
TYPE feed_per_rev_type = REAL;
END_TYPE;


(*    ***** Turning machine functions *********************************    *)

ENTITY turning_machine_functions
  SUBTYPE OF (machine_functions);
  coolant               : BOOLEAN;
  coolant_type          : OPTIONAL coolant_select;
  coolant_pressure      : OPTIONAL pressure_measure;
  axis_clamping         : LIST [0:?] OF identifier;
  chip_removal          : OPTIONAL BOOLEAN;
  oriented_spindle_stop : OPTIONAL direction;
  its_process_model     : OPTIONAL process_model_list;
  other_functions       : SET [0:?] OF property_parameter;
  tail_stock            : OPTIONAL BOOLEAN;
  steady_rest           : OPTIONAL BOOLEAN;
  follow_rest           : OPTIONAL BOOLEAN;
END_ENTITY;


TYPE coolant_select = ENUMERATION OF (flood, mist, through_tool);
END_TYPE;


(*    ***** Turning strategy ******************************************    *)

ENTITY turning_machining_strategy
  ABSTRACT SUPERTYPE OF (ONEOF (unidirectional_turning,
  bidirectional_turning, thread_strategy, contour_turning,
  grooving_strategy, explicit_turning_strategy));
  overcut_length         : OPTIONAL length_measure;
  allow_multiple_passes  : OPTIONAL BOOLEAN;
  cutting_depth          : OPTIONAL LIST[0:?] OF length_measure;
  variable_feedrate      : OPTIONAL positive_ratio_measure;
END_ENTITY;


ENTITY unidirectional_turning
  SUBTYPE OF (turning_machining_strategy);
  feed_direction           : OPTIONAL direction;
```

```
  back_path_direction      : OPTIONAL direction;
  lift_direction           : OPTIONAL direction;
  stepover_direction       : OPTIONAL direction;
  lift_height              : OPTIONAL length_measure;
  lift_feed                : OPTIONAL feed_select;
  stepover_feed            : OPTIONAL feed_select;
END_ENTITY;


ENTITY bidirectional_turning
  SUBTYPE OF (turning_machining_strategy);
  feed_direction       : OPTIONAL direction;
  stepover_direction   : OPTIONAL direction;
  stepover_feed        : OPTIONAL feed_select;
END_ENTITY;


ENTITY contour_turning
  SUBTYPE OF (turning_machining_strategy);
  feed_direction            : OPTIONAL direction;
  back_path_direction       : OPTIONAL direction;
  lift_direction            : OPTIONAL direction;
  stepover_direction        : OPTIONAL direction;
  lift_height               : OPTIONAL length_measure;
  lift_feed                 : OPTIONAL feed_select;
  stepover_feed             : OPTIONAL feed_select;
  variable_stepover_feed    : OPTIONAL positive_ratio_measure;
END_ENTITY;


ENTITY thread_strategy
  SUBTYPE OF (turning_machining_strategy);
  cut_in_amount_function    : thread_cut_depth_type;
  threading_direction       : threading_direction_type;
  path_return_angle         : OPTIONAL plane_angle_measure;
  lift_height               : OPTIONAL positive_length_measure;
END_ENTITY;


TYPE thread_cut_depth_type = ENUMERATION OF (constant_depth,
  variable_depth, constant_removal_amount);
END_TYPE;
```

```
TYPE threading_direction_type = ENUMERATION OF (left, right, center,
  left_zigzag, right_zigzag);
END_TYPE;


ENTITY grooving_strategy
  SUPERTYPE OF (multistep_grooving_strategy)
  SUBTYPE OF (turning_machining_strategy);
  grooving_direction : OPTIONAL direction;
  travel_distance    : OPTIONAL length_measure;
END_ENTITY;


ENTITY multistep_grooving_strategy
  SUBTYPE OF (grooving_strategy);
  retract_distance : length_measure;
END_ENTITY;


ENTITY explicit_turning_strategy
  SUBTYPE OF (turning_machining_strategy);
END_ENTITY;


(*   ***** Turning operations *****************************************   *)

ENTITY turning_machining_operation
  ABSTRACT SUPERTYPE OF (ONEOF(facing, grooving, contouring, threading, knurling))
  SUBTYPE OF (machining_operation);
  approach                : OPTIONAL approach_retract_strategy;
  retract                 : OPTIONAL approach_retract_strategy;
  its_machining_strategy: OPTIONAL turning_machining_strategy;
END_ENTITY;


ENTITY facing
  ABSTRACT SUPERTYPE OF (ONEOF(facing_rough, facing_finish))
  SUBTYPE OF (turning_machining_operation);
  allowance : OPTIONAL length_measure;
END_ENTITY;
```

```
ENTITY facing_rough
  SUBTYPE OF (facing);


WHERE
  WR1: EXISTS(SELF.allowance) AND
  (SELF.allowance >= 0.0);
END_ENTITY;


ENTITY facing_finish
  SUBTYPE OF (facing);
END_ENTITY;


ENTITY grooving
  ABSTRACT SUPERTYPE OF (ONEOF(grooving_rough, grooving_finish,
cutting_in))
  SUBTYPE OF (turning_machining_operation);
  dwell       : OPTIONAL dwell_select;
  allowance : OPTIONAL length_measure;
END_ENTITY;


ENTITY grooving_rough
  SUBTYPE OF (grooving);
WHERE
  WR1: EXISTS(SELF.allowance) AND (SELF.allowance >= 0.0);
END_ENTITY;


ENTITY grooving_finish
  SUBTYPE OF (grooving);
END_ENTITY;


ENTITY cutting_in
  SUBTYPE OF (grooving);
WHERE
  WR1: NOT(EXISTS(SELF.allowance));
END_ENTITY;
```

```
TYPE dwell_select = SELECT (dwell_time, dwell_revolution);
END_TYPE;


TYPE dwell_time = time_measure;
END_TYPE;


TYPE dwell_revolution = REAL;
END_TYPE;


ENTITY contouring
  ABSTRACT SUPERTYPE OF (ONEOF(contouring_rough, contouring_finish))
  SUBTYPE OF (turning_machining_operation);
  allowance : OPTIONAL length_measure;
END_ENTITY;


ENTITY contouring_rough
  SUBTYPE OF (contouring);
WHERE
  WR1: EXISTS(SELF. allowance) AND (SELF. allowance >= 0.0);


END_ENTITY;


ENTITY contouring_finish
  SUBTYPE OF (contouring);
END_ENTITY;


ENTITY threading
  ABSTRACT SUPERTYPE OF (ONEOF(threading_rough, threading_finish))
  SUBTYPE OF (turning_machining_operation);
  allowance : OPTIONAL length_measure;
END_ENTITY;


ENTITY threading_rough
  SUBTYPE OF (threading);
WHERE
```

```
  WR1: EXISTS(SELF.allowance) AND (SELF.allowance >= 0.0);
END_ENTITY;


ENTITY threading_finish
  SUBTYPE OF (threading);
END_ENTITY;


ENTITY knurling
  SUBTYPE OF (turning_machining_operation);
END_ENTITY;


END_SCHEMA; (* turning_schema *)
```

附 录 B
（资料性附录）
EXPRESS-G 图

下面是本部分标准：车削用工艺数据的 EXPRESS-G 图。根据 EXPRESS-G 图简要列举所用符号和它们各自的意义。

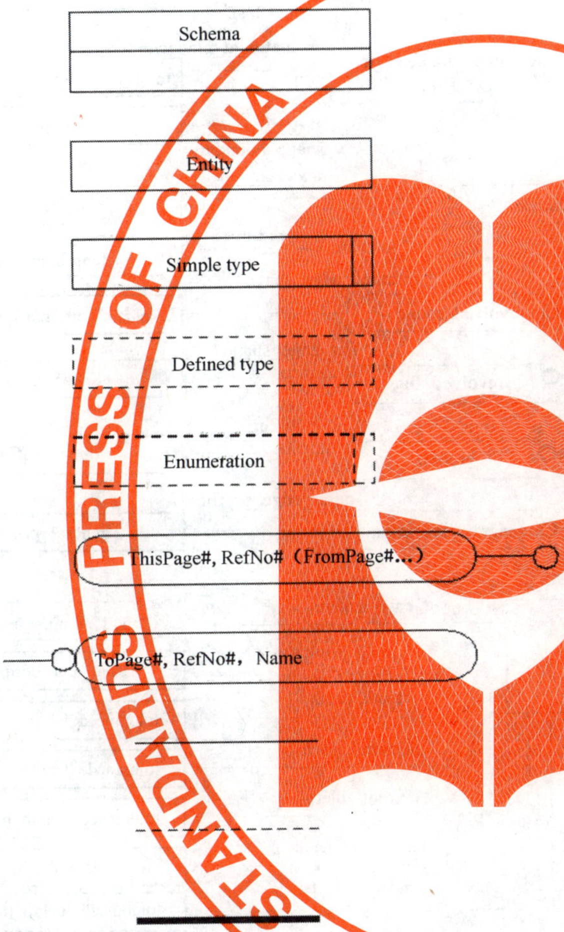

模式名。

实体名。

预定义型，如布尔型、实型或串型。

用户定义型。

枚举类型，如［left, right］

引自其他页的目标，在本页中引用号将是唯一的。

引到这一页，例如同一实体能在哪里找到。

用于属性间的关系。

用于可选属性间的关系。

用于父类型<->子类型（继承）间的关系。

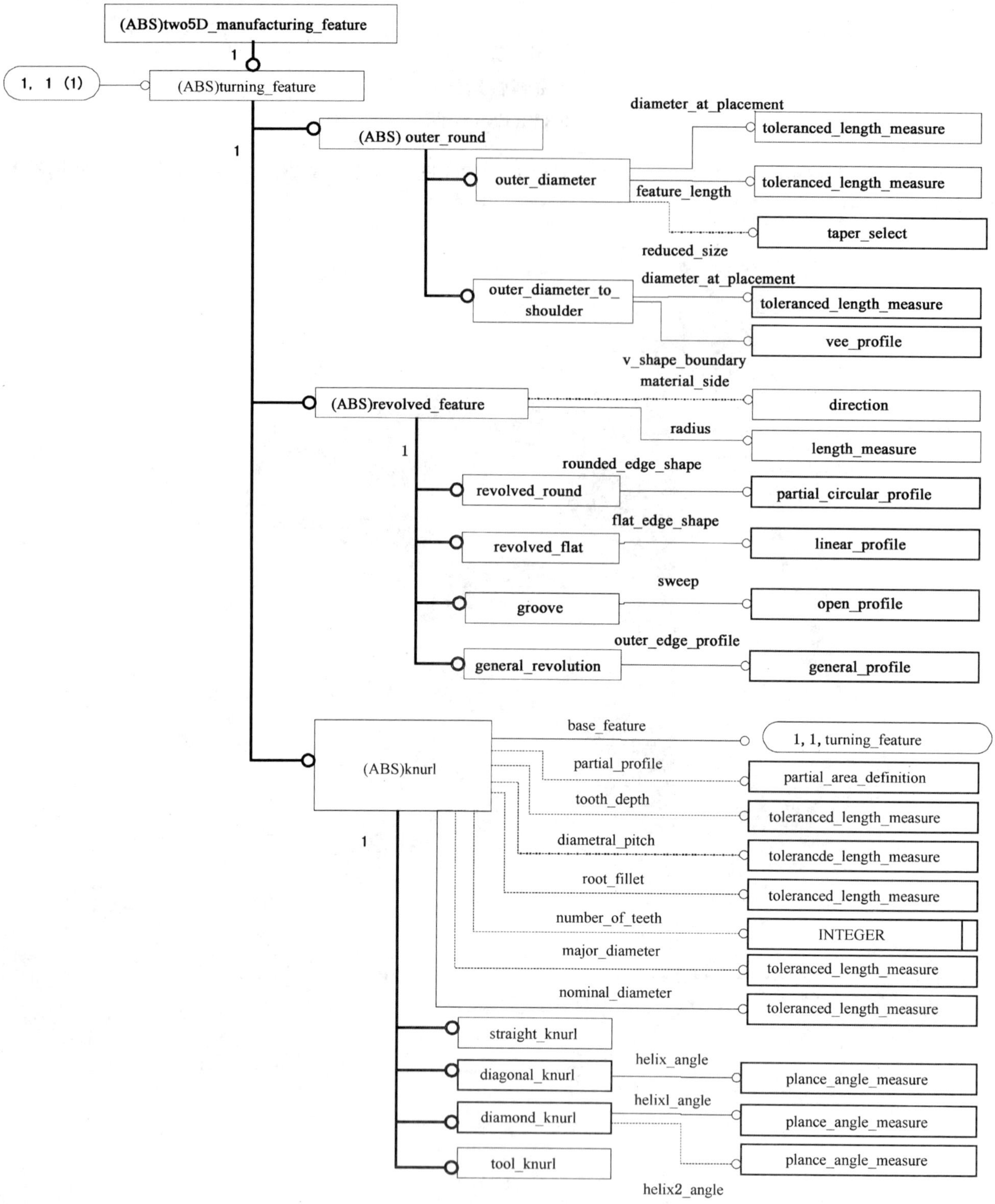

图 B.1 EXPRESS-G 图(1/4)

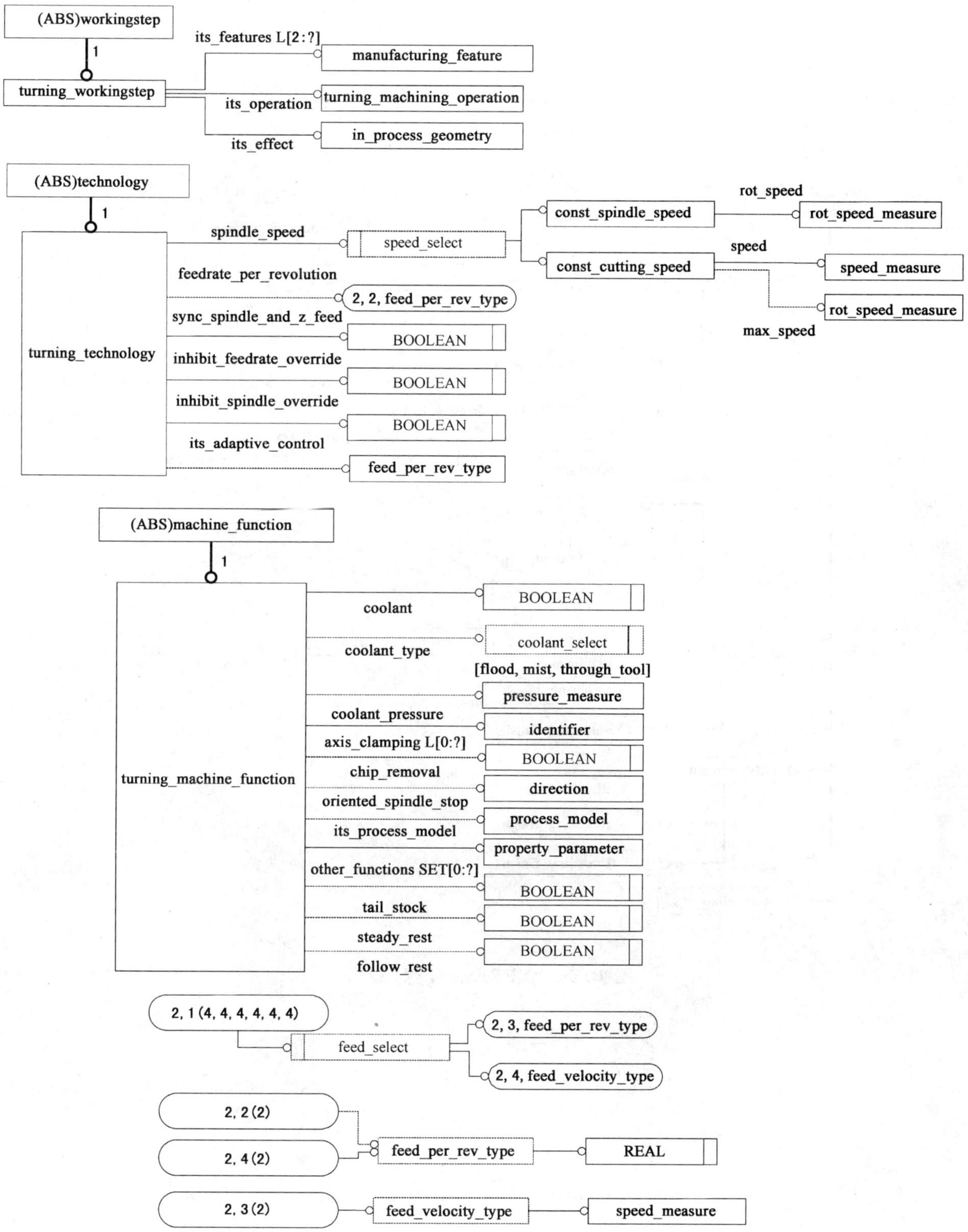

图 B.2 EXPRESS-G 图(2/4)

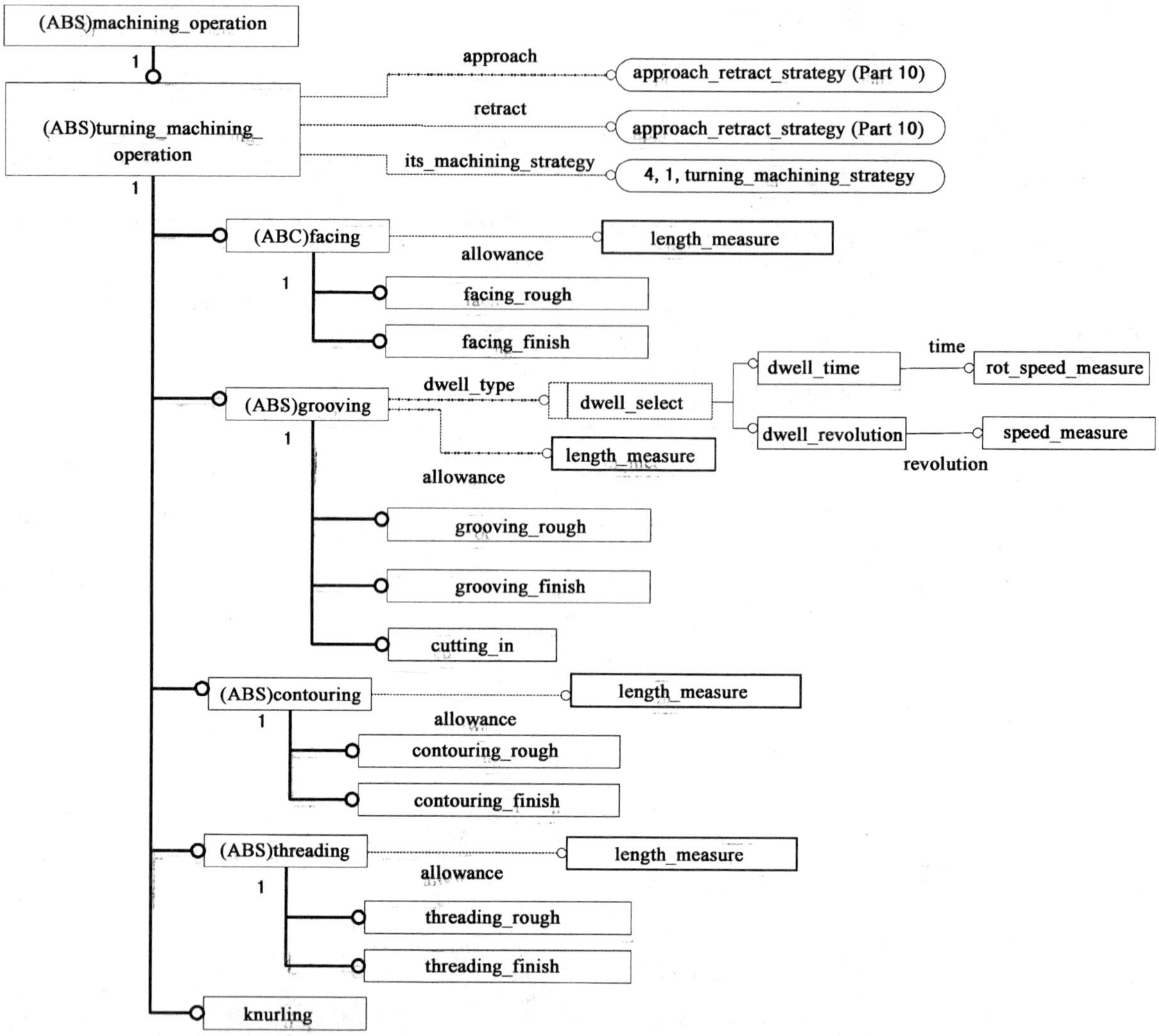

图 B.3 EXPRESS-G 图(3/4)

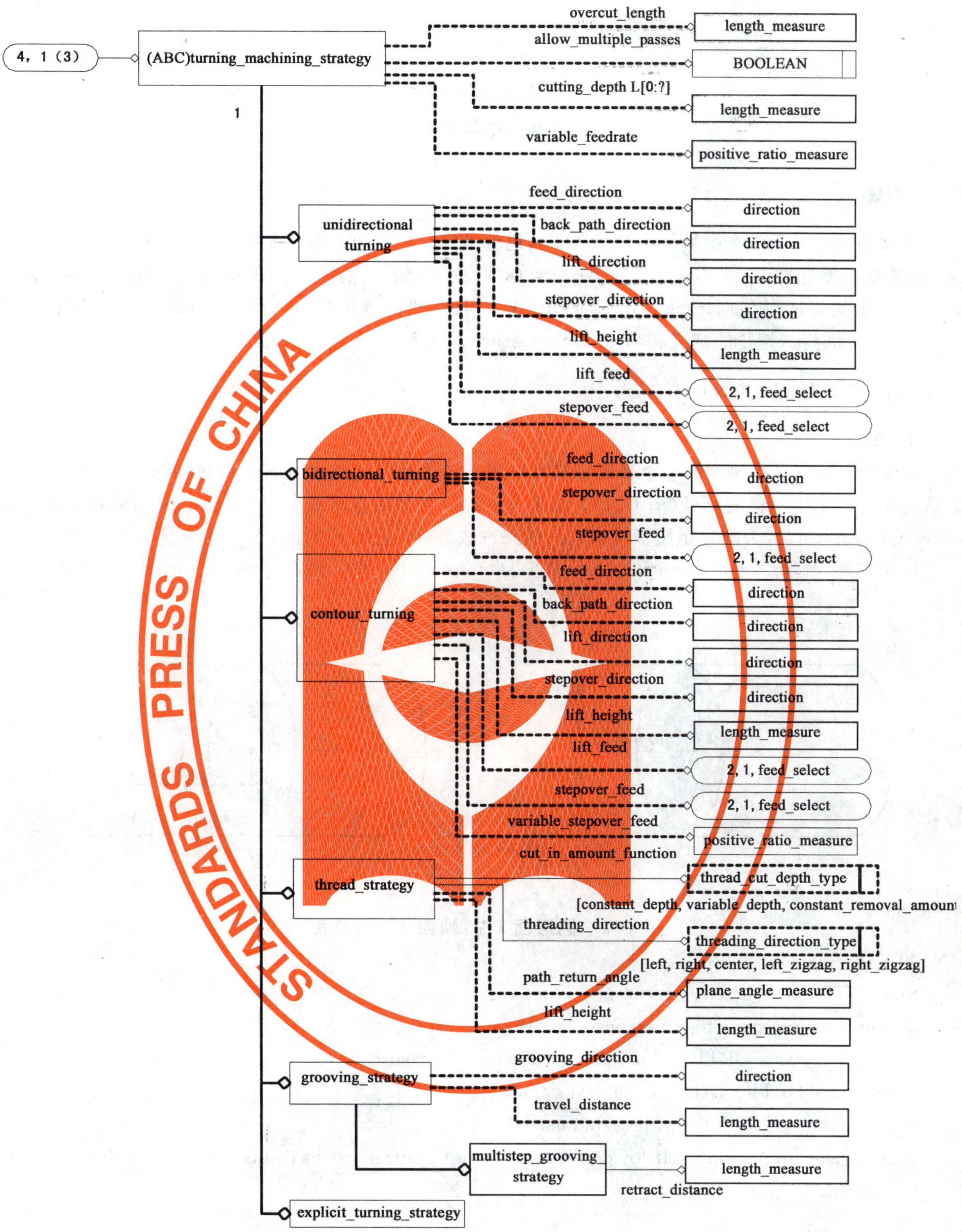

图 B. 4　EXPRESS-G 图（4/4）

附 录 C
（资料性附录）
车削特殊特征

C.1 概述

本文正文中定义的车削特征引自 AP 224，也就是完全依据 AP 224 标准。将这些特征作为 STEP-NC 的数据模型标准，是为了与已有的 AP 224 标准保持一致。除此之外，还增加了一些工业中经常用到的特殊车削特征，例如 circular_face 和 cut_in。因此，供应商可以正式地应用这些特征。在附录 C 中，给出了车削特殊特征的定义和与 turning_feature 的关系。

C.2 圆形面(Circular face)

C.2.1 概述

Circular_face 是径向上的一个平面。它可以用于描述有特殊需求垂直于旋转轴的平面。圆形面的形状取决于它的下一级的直径(图 C.1)。如果下一级的直径被省略或者为 0，circular_face 是工件的端面(end_face，左图)。否则它是两个特征之间的一种过渡(step_face，右图)。

注：这两种 circular_face(end_face 和 step_face)可以由 revolved_flat 和 outer_diameter_to_shoulder 分别表示。

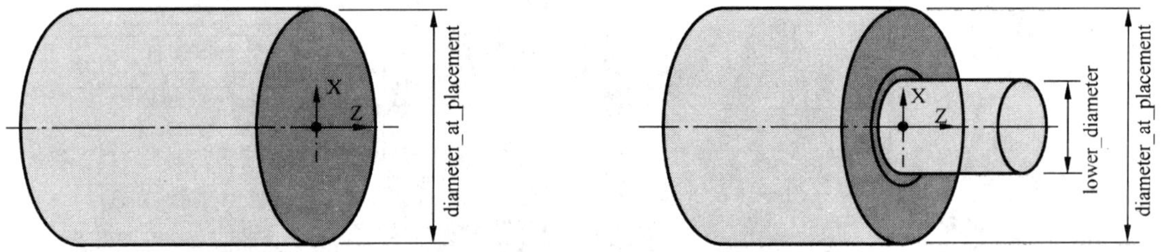

图 C.1 圆形面（左：端面 右：台阶面）

```
ENTITY circular_face;
    SUBTYPE OF (turning_feature);
    diameter_at_placement : toleranced_length_measure;
    lower_diameter : OPTIONAL toleranced_length_measure;
    transition : OPTIONAL bottom_transition;
    its_condition : OPTIONAL face_radiused;
    (* Informal proposition : If lower_diameter is not omitted, it has to be lower than diameter_at_placement.
    *)
END_ENTITY;
```

diameter_at_placement : 该属性描述了特征侧的直径，此处定义了特征所在位置坐标系的原点。

lower_diameter : 可选特征 *lower_diameter* 是那个直径较小的特征。如果这个参数省略或者为 0，围绕旋转轴中心将没有凸台。在这种情况下，将不考虑 *transition* 特征。

Transition： 该可选属性描述了特征下一级直径(底部)的过渡形状,例如C.2.3中定义的 *bottom_transition*。

its_condition： 该可选属性可以定义表面的形状。例如 C.2.2 中定义的 face_radiused,如果忽略,则为设定为垂直于 Z 轴的直侧面。

C.2.2 椭圆形面(Face radiused)

该实体可以描述椭圆形面(见图 C.2)。显然,应用的圆(或椭圆)必须对 Z 轴对称。

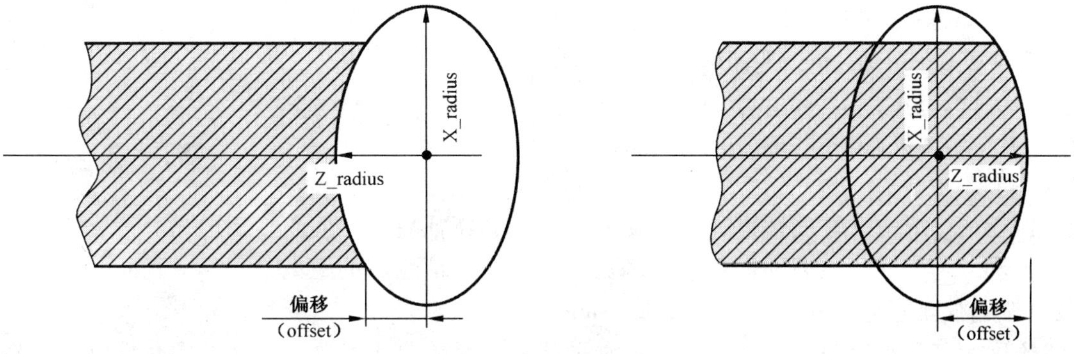

图 C.2 椭圆形面

ENTITY face_radiused;

  offset : length_measure;

  z_radius : toleranced_length_measure;

  x_radius : OPTIONAL toleranced_length_measure;

END_ENTITY;

offset： 该属性给出了侧面的位置和椭圆中心之间的距离。由于工件旋转,侧面的形状对于 Z 轴对称。因此,只给出了 Z 方向上的距离。如果半径从外侧指向表面,为凹面,反之为凸面。正值表示指向 Z 的正方向。

z_radius： 属性 *z_radius* 表示平行于 Z 轴的椭圆半轴半径值。如果半径从外侧指向表面,为凹面,反之为凸面。正值表示指向 Z 的正方向。

x_radius： 可选属性 *x_radius* 表示平行于 X 轴的椭圆半轴半径值。如果省略或两者半径相等,椭圆成为特例的圆。

C.2.3 底部过渡(Bottom transition)

该实体是描述车削特征底部过渡的抽象基类。可以预见有两种底部过渡:斜角和圆角。

ENTITY bottom_transition;

  ABSTRACT SUPERTYPE OF (ONEOF(bottom_transition_slope,

  bottom_transition_round));

END_ENTITY;

C.2.3.1 斜角底部过渡 (Bottom_transition_slope)

该实体是描述了从垂直面到车削特征底部水平部分之间的线性过度。斜角的形状由它的水平偏移量和它相对于特征底部的角度来确定。Z 轴与侧面的交点是坐标系的原点(见图 C.3)。

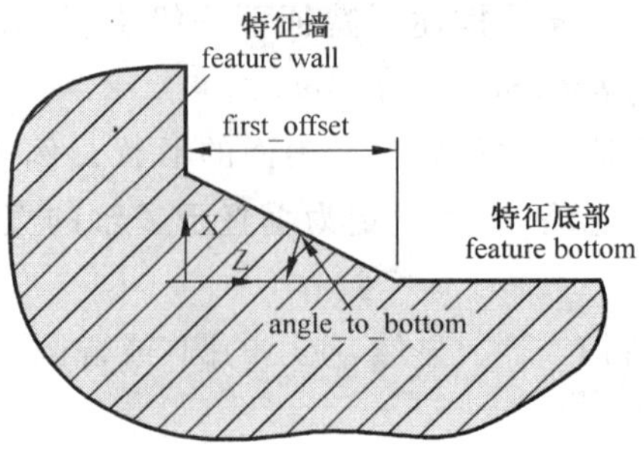

图 C.3 底部斜角

```
ENTITY bottom_transition_slope;
    SUBTYPE OF (bottom_transition);
    angle_to_bottom : plane_angle_measure;
    first_offset : toleranced_length_measure;
END_ENTITY;
```

angle_to_bottom： 该属性描述了 180°减去斜坡和特征底部之间角度后的角。

first_offset： 该属性规定沿 Z 轴方向侧面和底部之间的距离。

C.2.3.2 圆角底部过渡(Bottom_transition_round)

该实体描述了从垂直面到车削特征底部水平部分之间的曲线过渡。曲线的形状由两个偏移量和它的半径值所确定(见图 C.4)。

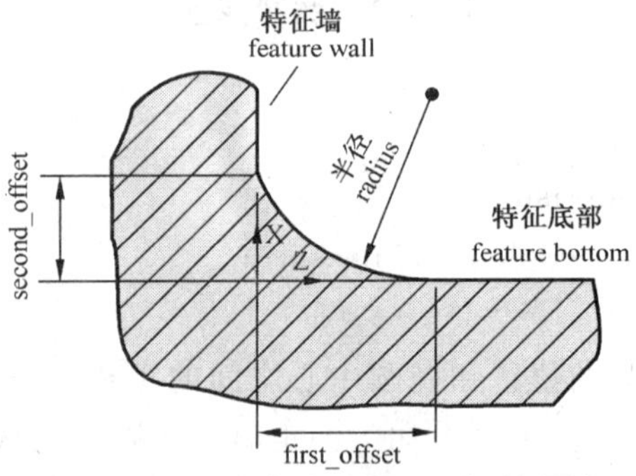

图 C.4 底部和侧面之间的圆角

```
ENTITY bottom_transition_round;
    SUBTYPE OF (bottom_transition);
    radius : toleranced_length_measure;
    first_offset : OPTIONAL toleranced_length_measure;
    second_offset : OPTIONAL toleranced_length_measure;
END_ENTITY;
```

radius： 底部过渡的半径。

first_offset： 该属性定义了侧面和底面沿 Z 轴方向上的距离。如果省略，曲线与底面相切。注意这里不允许 *first_offset* 的值大于半径值。

second_offset： 该属性定义了侧面和底面沿 X 轴方向上的距离。如果省略，曲线与侧面相切。注意这里不允许 *second_offset* 的值大于半径值。

C.3 切入(Cut in)

Cut_in 是一种沟或槽，也就是说 cut_in 的几何形状类似于槽(见图 C.5)，但是它的形状与使用的刀具形状相同。Cut_in 的方向由属性 direction 确定，沿该方向的切入量由属性 depth 确定。不考虑刀具切槽，特征的坐标系位于刀具沿 cut_in_directon 方向首次接触零件表面的点。

注 1：cut_in 可以由 4.2.4.4 中定义的 groove 表示。

注 2：cut_in 可以由 toolpath_feature 表示。

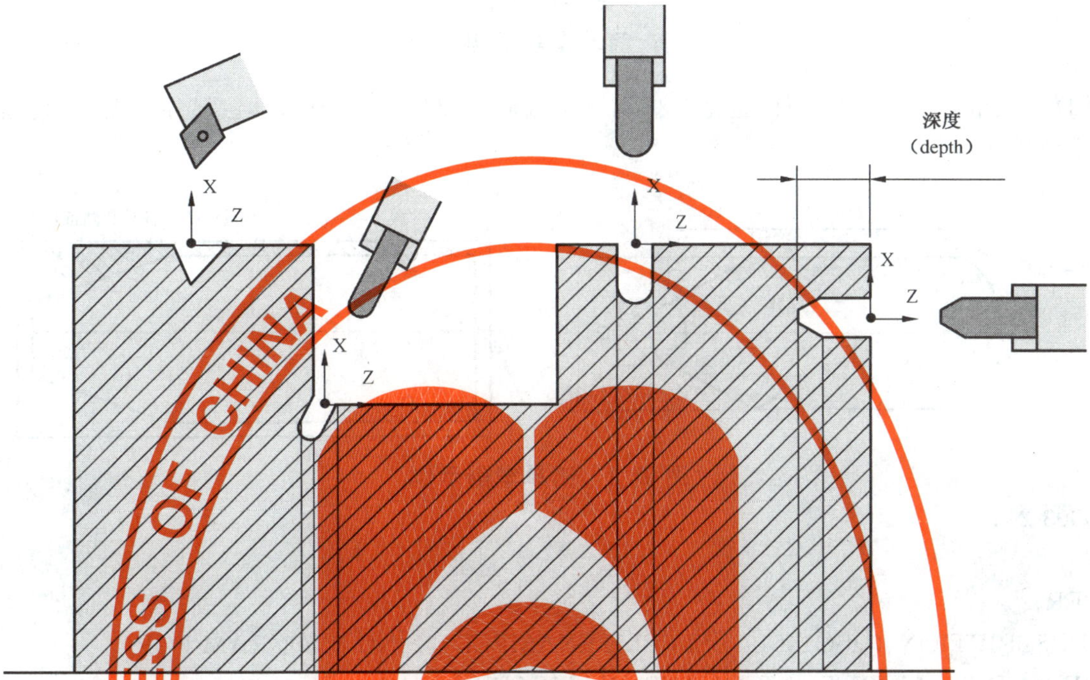

图 C.5　切入

```
ENTITY cut_in;
    SUBTYPE OF (turning_feature);
    depth : toleranced_length_measure;
    cut_in_direction : OPTIONAL direction;
END_ENTITY;
```

depth：　该属性深度是从其坐标系给定方向上测量的 cut_in 的深度。使用合适的刀具(长度)，如果能够达到 Z 轴长度的话，可以切断棒(轴)的末端。例如，如果刀具方向垂直于 Z 轴并且深度等于轴的半径，轴的末端将被切断。

cut_in_direction：　该可选属性可以指定 cut_in 的方向。如果省略，刀具运动的方降将垂直于 Z 轴。

附 录 D
（资料性附录）
简单车削示例

图 D.1 表示一个简单的工件，这个工件有一个端面，右端为一个圆锥体。尺寸如图所示。后面是 NC 程序清单。

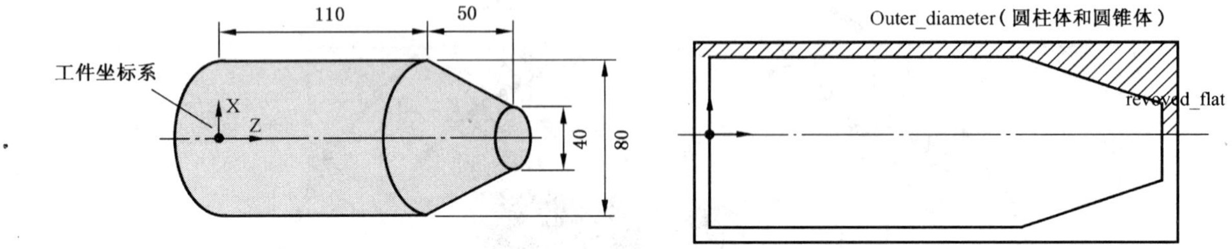

图 D.1 简单车削示例

```
ISO-10303-21;

HEADER;
FILE_DESCRIPTION(('ISO14649','SIMPLE EXAMPLE OF NC PROGRAM FOR
TURNING: REVOLVED_FLAT,OUTER_DIAMETER.'),'1');
FILE_NAME('EXAMPLE1.STP','2003-04-08',('STEFAN HEUSINGER','MICHAEL WOSNIK'),
('ISW UNI- STUTTGART','GERMANY'),'','','');
FILE_SCHEMA(('MACHINING_SCHEMA','MILLING_SCHEMA','TURNING_SCHEMA','
TURNING_MACHINE_TOOL_SCHEMA'));
ENDSEC;

DATA;
/*  ******************************************************  */
/*  ***** Workpiece definition *****  */
#1=WORKPIECE('SIMPLE WORKPIECE',#2,0.010,$,$,$,());
#2=MATERIAL('DIN EN 10027-1','E 295',(#3));
#3=NUMERIC_PARAMETER('ELASTIC MODULUS',2.E11,'pa');

/*  ******************************************************  */
/*  ***** Manufacturing features *****  */
#10=REVOLVED_FLAT('END FACE',#1,(#20,#21),#70,#80,0.000,#91);
#11=OUTER_DIAMETER('CONE',#1,(#22,#23),#76,#83,#93,#95);
#12=OUTER_DIAMETER('CYLINDER',#1,(#22,#23),#78,#72,#74,$);

/*  ******************************************************  */
/*  ***** Turning operations *****  */
#20=FACING_ROUGH($,$,'ROUGH END FACE',$,$,#100,#41,#40,#52,#53,#50,
0.500);
```

```
#21=FACING_FINISH($,$,'FINISH END FACE',$,$,#110,#42,#40,#52,#53,#51,
0.000);
#22=CONTOURING_ROUGH($,$,'ROUGH CONTOUR',$,$,#100,#43,#40,#56,
#56,#54,0.500);
#23=CONTOURING_FINISH($,$,'FINISH CONTOUR',$,$,#110,#44,#40,#56,#56,
#55,0.000);

/* ********************************************************* */
/* ***** Project ***** */
#29=PROJECT('TURNING EXAMPLE 1',#30,(#1),$,$,$);
#30=WORKPLAN('MAIN WORKPLAN',(#31,#32,#33,#34),$,#37,$);
#31=MACHINING_WORKINGSTEP('WS ROUGH END FACE',#63,#10,#20,$);
#32=MACHINING_WORKINGSTEP('WS FINISH END FACE',#63,#10,#21,$);
#33=TURNING_WORKINGSTEP('WS ROUGH CONTOUR',#63,(#11,#12),#22,$);
#34=TURNING_WORKINGSTEP('WS FINISH CONTOUR',#63,(#11,#12),#23,$);
#37=SETUP('SETUP FOR TURNING EXAMPLE 1',$,#63,(#38));
#38=WORKPIECE_SETUP(#1,#64,$,$,());

/* ********************************************************* */
/* ***** Functions / Technology ***** */
#40=TURNING_MACHINE_FUNCTIONS(.T.,$,$,(),.F.,$,$,(),$,$,$);
#41=TURNING_TECHNOLOGY($,.TCP.,#45,0.300,.F.,.F.,.F.,$);
#42=TURNING_TECHNOLOGY($,.TCP.,#46,0.200,.F.,.F.,.F.,$);
#43=TURNING_TECHNOLOGY($,.TCP.,#47,0.300,.F.,.F.,.F.,$);
#44=TURNING_TECHNOLOGY($,.TCP.,#48,0.200,.F.,.F.,.F.,$);
#45=CONST_SPINDLE_SPEED(5.000);
#46=CONST_CUTTING_SPEED(2.500,10.000);
#47=CONST_CUTTING_SPEED(2.500,10.000);
#48=CONST_CUTTING_SPEED(2.200,10.000);

/* ********************************************************* */
/* ***** Strategies ***** */
#50=UNIDIRECTIONAL_TURNING($,$,(3.000),$,$,#82,$,$,2.000,$,$);
#51=UNIDIRECTIONAL_TURNING($,$,(0.500),$,$,#82,$,$,2.000,$,$);
#52=AP_RETRACT_TANGENT($,60.000);
#53=AP_RETRACT_ANGLE($,100.000,2.000);
#54=UNIDIRECTIONAL_TURNING($,$,(3.000),$,$,$,$,$,2.000,$,$);
#55=CONTOUR_TURNING($,$,(0.500),$,$,#81,$,$,$,$,$);
#56=AP_RETRACT_ANGLE($,45.000,4.000);

/* ********************************************************* */
/* ***** Placements / Lengths / Planes ***** */
#63=PLANE('SECURITY PLANE',#68);
```

```
#64=AXIS2_PLACEMENT_3D('WORKPIECE',#65,#66,#67);
#65=CARTESIAN_POINT('WORKPIECE: LOCATION',(0.000,0.000,0.000));
#66=DIRECTION('WORKPIECE: AXIS',(0.000,0.000,1.000));
#67=DIRECTION('WORKPIECE: REF_DIRECTION',(1.000,0.000,0.000));
#68=AXIS2_PLACEMENT_3D('SECURITY PLANE',#69,$,$);
#69=CARTESIAN_POINT('SECPLANE: LOCATION',(90.000,0.000,200.000));
#70=AXIS2_PLACEMENT_3D('PLACEMENT END FACE',#71,$,$);
#71=CARTESIAN_POINT('END FACE: LOCATION',(0.000,0.000,160.000));
#72=TOLERANCED_LENGTH_MEASURE(80.000,#73);
#73=PLUS_MINUS_VALUE(0.100,0.100,1);
#74=TOLERANCED_LENGTH_MEASURE(110.000,#75);
#75=PLUS_MINUS_VALUE(0.100,0.100,1);
#76=AXIS2_PLACEMENT_3D('PLACEMENT CONE',#77,$,$);
#77=CARTESIAN_POINT('CONE: LOCATION',(0.000,0.000,160.000));
#78=AXIS2_PLACEMENT_3D('PLACEMENT CYLINDER',#79,$,$);
#79=CARTESIAN_POINT('CYLINDER: LOCATION',(0.000,0.000,110.000));
#80=DIRECTION('END FACE: FRONT',(0.000,0.000,-1.000));
#81=DIRECTION('STEPOVER DIRECTION FOR CONTOUR',(1.,0.,0.));
#82=DIRECTION('FACING DIRECTION',(-1.000,0.000,0.000));
#83=TOLERANCED_LENGTH_MEASURE(40.000,#90);
#89=PLUS_MINUS_VALUE(0.000,0.200,1);
#91=LINEAR_PROFILE($,#92);
#92=NUMERIC_PARAMETER('LINEAR PROFILE LENGTH',20.000,'mm');
#93=TOLERANCED_LENGTH_MEASURE(50.000,#94);
#94=PLUS_MINUS_VALUE(0.100,0.100,1);
#95=DIAMETER_TAPER(#96);
#96=TOLERANCED_LENGTH_MEASURE(80.000,#97);
#97=PLUS_MINUS_VALUE(0.100,0.100,1);

/*  *****************************************************  */
/*  ***** Tools *****  */

#100=GENERAL_TURNING_TOOL('ROUGHING TOOL',120.0,45.0,$,$,$,#101,.LEFT.);
#101=CUTTING_EDGE_PROPERTIES(#102,$,$,10.0,110.0,$,25.0,(),$,$);
#102= MATERIAL('TIN','TIN',());
#110=GENERAL_TURNING_TOOL('FINISHING TOOL',120.0,45.0,$,$,$,#111,.LEFT.);
#111=CUTTING_EDGE_PROPERTIES(#112,$,$,15.0,110.0,$,15.0,(),$,$);
#112= MATERIAL('TIN','TIN',());

ENDSEC;

END-ISO-10303-21;
```

附 录 E
（资料性附录）
复杂车削示例

图 E.1 表示了一个比较复杂的工件，这个工件有 7 个 machining_features：2 个 circular_face、2 个 outer_diameter、1 个 general_revolution、1 个 groove、1 个 cut_in 。由 2 次装卡加工出最终形状。装卡 1 用来加工右边特征，装卡 2 用来加工左边特征。尺寸如图所示。后面是 NC 程序清单。

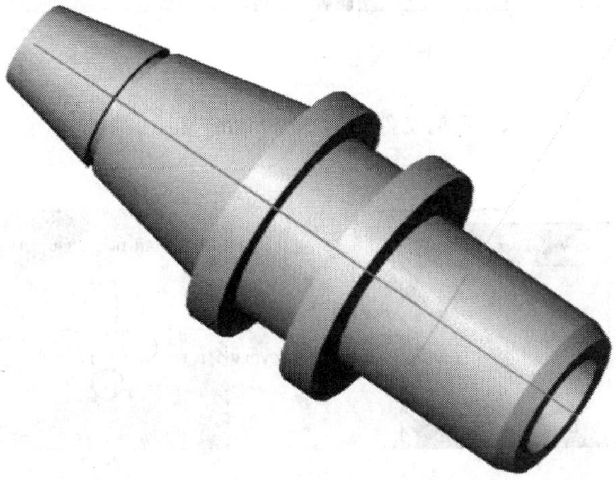

a) 示例工件

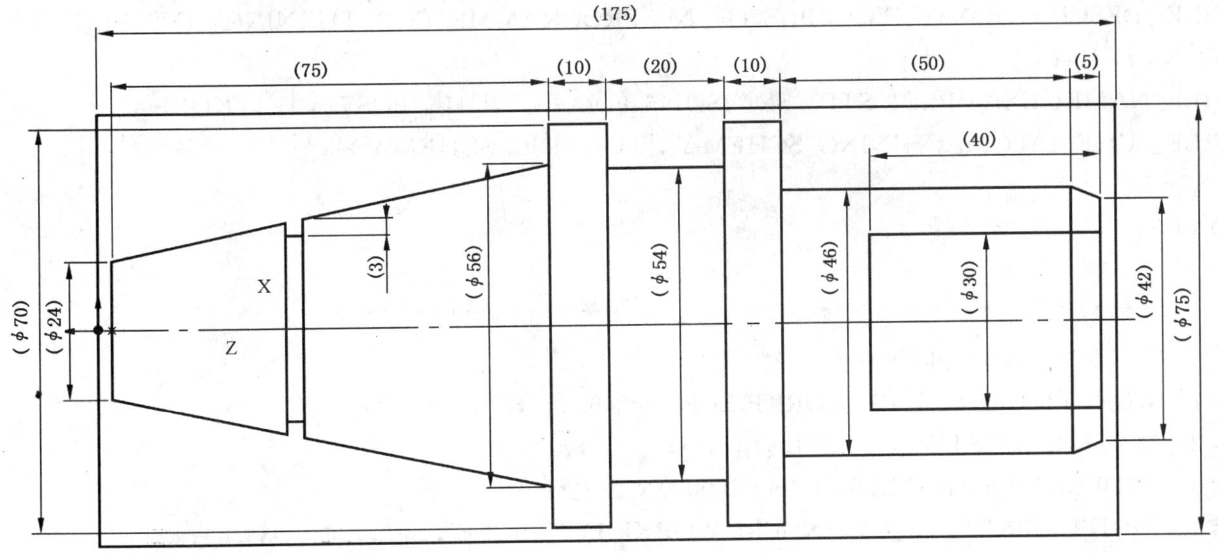

b) 示例工件的尺寸

图 E.1 复杂车削示例

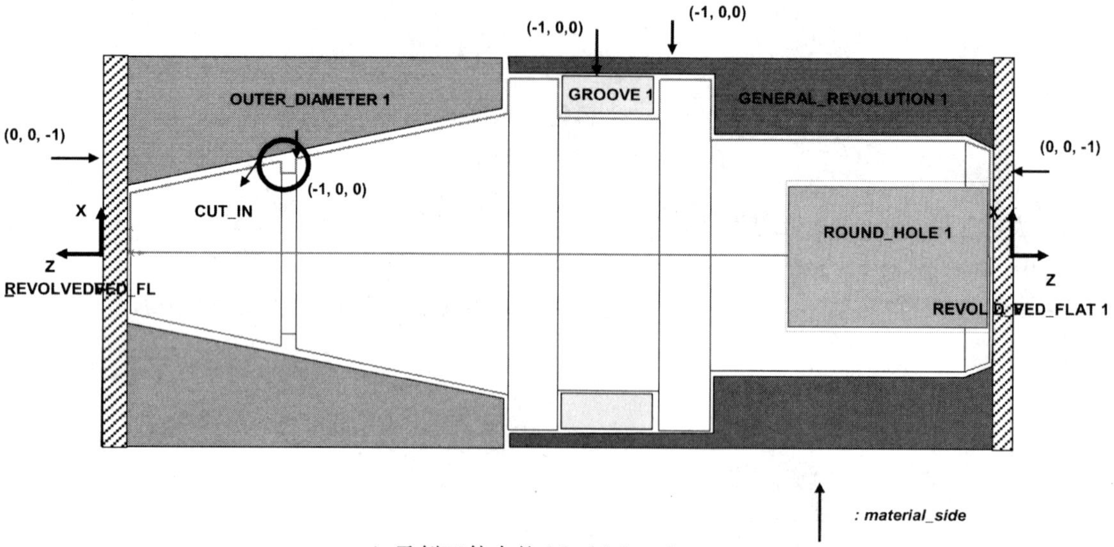

c）示例工件中的 Machining_features

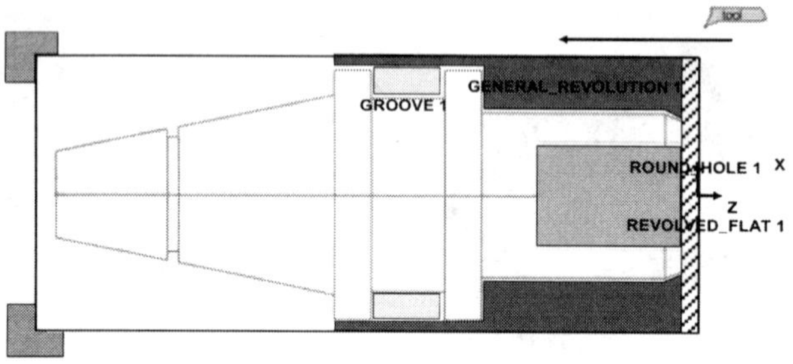

d）装卡 1

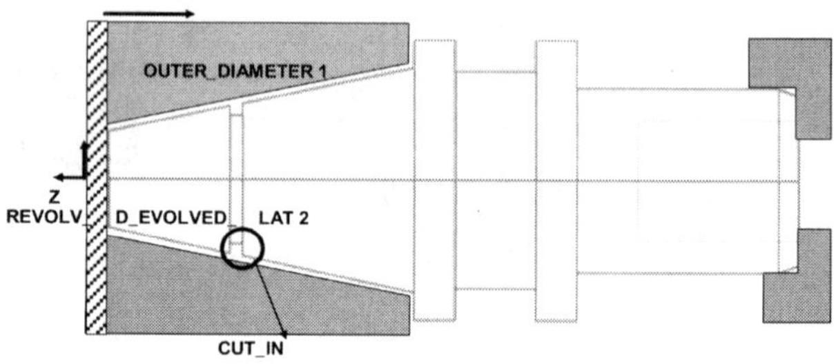

e）装卡 2

图 E.1（续）

```
ISO-10303-21;
HEADER;
FILE_DESCRIPTION(('EXAMPLE OF NC PROGRAMME FOR TURNING: COMPLEX DESIGN.'),'1');
FILE_NAME('EXAMPLE1.STP',$,('ISO14649'),(''),'SUH','POSTECH', 'KOREA');
FILE_SCHEMA(('MACHINING_SCHEMA','TURNING_SCHEMA'));
ENDSEC;
DATA;

(* ********************************************************* *)
(* ***** Workpiece definition ***** *)
#1=WORKPIECE('SIMPLE WORKPIECE',#2,0.01,$,$,$,());
#2=MATERIAL('ST-50','STEEL',(#3));
#3=PROPERTY_PARAMETER('E=200000N/M2');
#4=RIGHT_CIRCULAR_CYLINDER('WORKPIECE PIECE', #5,175.0, 35.0);
#5=AXIS1_PLACEMENT('WORKPIECE PIECE PLACEMENT',#6,#7);
#6=CARTESIAN_POINT('WORKPIECE PIECE: LOCATION ',(0.000,0.000,0.000));
#7=DIRECTION(' AXIS ',(0.000,0.000,1.000));
(* ********************************************************* *)
```

```
(*   ***** Manufacturing features *****   *)
#10=REVOLVED_FLAT('REVOLVED FLAT 1',#1,(#22,#23),#172,#176,21.0,#178);
#11=REVOLVED_FLAT('REVOLVED FLAT 2',#1,(#31,#32),#183#187,12.0,#189);
#12=GENERAL_REVOLUTION('GENERAL_REVOLUTION 1',#1,(#20,#21),#194,
#198,21.0,#200);
#13=ROUND_HOLE('HOLE1 FLAT BOTTOM ',#1,(#26,#27,#28),#207,#215,#216,
$,#217);
#14=OUTER_DIAMETER('OUTER_DIAMETER 1',#1,(#29,#30), #218,#222,#223,
#224);
#15=GROOVE('GROOVE 1',#1,(#24,#25), #226,#230,35.0,#232);
#16=GROOVE('CUT_IN',#1,(#33),#236,#240,18.4,#242);

(*   ****************************************************   *)
(*   ***** Turning operations *****   *)
#20=CONTOURING_ROUGH($,$,'ROUGH GENERALREVOLUTION1',30.000,$,#280,
#61,#60,#130,#130,#131,0.5);
#21=CONTOURING_FINISH($,$,'FINISH GENERAL REVOLUTION 1',30.000,$,#280,
#61,#60,#130,#130,#132,0.0);
#22=FACING_ROUGH($,$,'ROUGH CIRCULAR FACE 2',50.000,$,#280,#63,#60,
#133,#134,#135,0.500);
#23=FACING_FINISH($,$,'FINISH CIRCULAR FACE 2',50.000,$,#280,#63,#60,
#133,#134,#136,0.0);
#24=GROOVING_ROUGH($,$,'ROUGH GROOVE 1',30.000,$,#285,#65,#60,#137,
#137,#138,$,0.500);
#25=GROOVING_FINISH($,$,'FINISH GROOVE 1',30.000,$,#285,#65,#60,#137,
#137,#139,$,0.0);
#26= DRILLING($,$,'DRILL HOLE1',30.000,$,#289,#66,#67,$,$,$,$,$,#140);
#27= REAMING($,$,'REAM HOLE1',30.000,$,#293,#69,#67,$,$,$,$,$,#141,.
T.,$,$);
#29=CONTOURING_ROUGH($,$,'ROUGH OUTER DIAMETER 1',30.000,$,#280,#61,
#60,#130,#130,#131,0.5);
#30=CONTOURING_FINISH($,$,'FINISH OUTER_DIAMETER 1',30.000,$,#280,#61,
#60,#130,#130,#132,0.0);
#31=FACING_ROUGH($,$,'ROUGH CIRCULAR FACE 1',50.000,$,#280,#63,#60,
#133,#134,#135,0.500);
#32=FACING_FINISH($,$,'FINISH CIRCULAR FACE 1',50.000,$,#280,#63,#60,
#133,#134,#136,0.0);
#33=CUTTING_IN($,$,'CUTTING IN 1',50.000,$,#297,#70,#60,#142,#142,#143,
$,0.0);

(*   ****************************************************   *)
(*   ***** Project *****   *)
#34=PROJECT('TURNING EXAMPLE 1',#35,(#1),$,$,$);
```

```
#35=WORKPLAN('MAIN WORKPLAN',(#36,#37),$,#52,$);
#36=WORKPLAN('WORK PLAN FOR SETUP1',(#38,#39,#40,#41,#42,#43,#44,
#45),$,$,$);
#37=WORKPLAN('WORK PLAN FOR SETUP2',(#47,#48,#49,#50,#51),$,#54,$);
#38=MACHINING_WORKINGSTEP('WS ROUGH CIRCULAR_FACE 2',#56,#11,#22,$);
#39=MACHINING_WORKINGSTEP('WS FINISH CIRCULAR_FACE 2',#56,#11,#23,$);
#40=MACHINING_WORKINGSTEP('WS ROUGH GENERAL_REVOLUTION 1',#56,#12,
#20,$);
#41=MACHINING_WORKINGSTEP('WS FINISH GENERAL_REVOLUTION 1',#56,#12,
#21,$);
#42=MACHINING_WORKINGSTEP('WS ROUGH GROOVE 1',#56,#15,#24,$);
#43=MACHINING_WORKINGSTEP('WS FINISH GROOVE 1',#56,#15,#25,$);
#44=MACHINING_WORKINGSTEP('WS DRILLING',#56,#13,#26,$);
#45=MACHINING_WORKINGSTEP('WS REAMING',#56,#13,#27,$);
#47=MACHINING_WORKINGSTEP('WS ROUGH CIRCULAR_FACE 1',#56,#10,#30,$);
#48=MACHINING_WORKINGSTEP('WS FINISH CIRCULAR_FACE 1',#56,#10,#31,$);
#49=MACHINING_WORKINGSTEP('WS ROUGH OUTER_DIAMETER 2',#56,#14,#28,
$);
#50=MACHINING_WORKINGSTEP('WS FINISH OUTER_DIAMETER 2',#56,#14,#29,
$);
#51=MACHINING_WORKINGSTEP('WS FINISH CUT_IN 1',#56,#16,#32,$);

#52=SETUP('SETUP 1',#103,#56,(#53));
#53=WORKPIECE_SETUP(#1,#107,$,$,$);
#54=SETUP('SETUP 2',#111,#56,(#55));
#55=WORKPIECE_SETUP(#1,#115,$,$,$);
#56=PLANE('SECURITY PLANE',#119);

(* ****************************************************** *)
(* ***** Functions / Technology ***** *)
#60=TURNING_MACHINE_FUNCTIONS(.T.,$,$,(),.F.,$,$,(),$,$,$);
#61=TURNING_TECHNOLOGY($,.TCP.,#62,0.300,.F.,.F.,.F.,$);
#62=CONST_SPINDLE_SPEED(500);
#63=TURNING_TECHNOLOGY($,.TCP.,#64,0.300,.F.,.F.,.F.,$);
#64=CONST_SPINDLE_SPEED(500);
#65=TURNING_TECHNOLOGY($,.TCP.,#66,0.300,.F.,.F.,.F.,$);
#66=CONST_SPINDLE_SPEED(200);
#67= MILLING_MACHINE_FUNCTIONS(.T.,$,$,.F.,$,(),.T.,$,$,());
#66= MILLING_TECHNOLOGY(0.030,.TCP.,$,16.000,$,.F.,.F.,.F.,$);
#69= MILLING_TECHNOLOGY(0.030,.TCP.,$,18.000,$,.F.,.F.,.F.,$);
#70=TURNING_TECHNOLOGY($,.TCP.,#71,0.300,.F.,.F.,.F.,$);
#71= CONST_SPINDLE_SPEED (100);
```

```
(*   ***************************************************   *)
(*   ***** Strategies *****   *)
#130=PLUNGE_RAMP($,45.000);
#131=UNIDIRECTIONAL_TURNING($,$,(3.000),$,$,$,$,$,2.000,$,$);
#132=UNIDIRECTIONAL_TURNING($,$,(0.500),$,$,$,$,$,$,$,$);
#133=PLUNGE_RAMP($,30.000);
#134=PLUNGE_RAMP($,40.000);
#131=UNIDIRECTIONAL_TURNING($,.T.,(3.000),$,$,$,$,$,2.000,$,$);
#132=UNIDIRECTIONAL_TURNING($,.F.,(0.500),$,$,$,$,$,$,$,$);
#137=PLUNGE_TOOL_AXIS($);
#138=MULTISTEP_GROOVING_STRATEGY($,.T.,(3.000),$,$,5.0,3.0);
#139=CONTOUR_TURNING($,.F.,(0.500),$,$,$);
#140= DRILLING_TYPE_STRATEGY(75.000,50.000,5.000,50.000,75.000,40.000);
#141= DRILLING_TYPE_STRATEGY($,$,$,$,$,$);
#142=PLUNGE_TOOL_AXIS($);
#143= GROOVING_STRATEGY($,.T.,(1.0),$,$,5.000);

(*   ***************************************************   *)
(*   ***** Placements / Lengths *****   *)
#103=AXIS2_PLACEMENT_3D('SETUP 1',#104,#105,#106);
#104=CARTESIAN_POINT('SETUP1: LOCATION ',(0.000,0.000,0.000));
#105=DIRECTION(' AXIS ',(1.000,0.000,0.000));
#106=DIRECTION(' REF_DIRECTION',(0.000,0.000,1.000));
#107=AXIS2_PLACEMENT_3D('WORKPIECE',#108,#109,#110);
#108=CARTESIAN_POINT('WORKPIECE1: LOCATION ',(0.000,0.000,0.000));
#109=DIRECTION(' AXIS ',(1.000,0.000,0.000));
#110=DIRECTION(' REF_DIRECTION',(0.000,0.000,1.000));
#111=AXIS2_PLACEMENT_3D('SETUP 2',#111,#112,#113);
#112=CARTESIAN_POINT('SETUP2: LOCATION ',(0.000,0.000,0.000));
#113=DIRECTION(' AXIS ',(1.000,0.000,0.000));
#114=DIRECTION(' REF_DIRECTION',(0.000,0.000,1.000));
#115=AXIS2_PLACEMENT_3D('WORKPIECE1',#116,#117,#118);
#116=CARTESIAN_POINT('WORKPIECE1: LOCATION ',(0.000,0.000,0.000));
#117=DIRECTION(' AXIS ',(1.000,0.000,0.000));
#118=DIRECTION(' REF_DIRECTION',(0.000,0.000,1.000));
#119=AXIS2_PLACEMENT_3D('SECURITY PLANE',#120,#121,#122);
#120=CARTESIAN_POINT('SECPLANE: LOCATION ',(0.000,0.000,50.000));
#121=DIRECTION(' AXIS ',(1.000,0.000,0.000));
#122=DIRECTION(' REF_DIRECTION',(0.000,0.000,1.000));
#172=AXIS2_PLACEMENT_3D('PLACEMENT END FACE 1',#173,#174,#175);
#173=CARTESIAN_POINT('END FACE 1: LOCATION ',(0.000,0.000,-2.500));
#174=DIRECTION(' AXIS ',(1.000,0.000,0.000));
#175=DIRECTION(' REF_DIRECTION',(0.000,0.000,1.000));
```

#176=DIRECTION(' MATERIAL_SIDE',(0.000,0.000,−1.000));
#178=LINEAR_PROFILE(' REVOLVED_FLAT_RADIUS',#179,21.000);
#179=AXIS2_PLACEMENT_3D('PLACEMENT END FACE 1',#180,#181,#182);
#180=CARTESIAN_POINT('END FACE 1: LOCATION ',(0.000,0.000,0.000));
#181=DIRECTION(' AXIS ',(0.000,0.000,1.000));
#182=DIRECTION(' REF_DIRECTION',(1.000,0.000,0.000));
#183=AXIS2_PLACEMENT_3D('PLACEMENT REVOLVED FLAT 2',#73,#74,#75);
#184=CARTESIAN_POINT(' REVOLVED FLAT2: LOCATION ',(0.000,0.000,−2.500));
#185=DIRECTION(' AXIS ',(1.000,0.000,0.000));
#186=DIRECTION(' REF_DIRECTION',(0.000,0.000,1.000));
#187=DIRECTION(' MATERIAL_SIDE',(0.000,0.000,−1.000));
#189=LINEAR_PROFILE(' REVOLVED_FLAT_RADIUS',#190,12.000);
#190=AXIS2_PLACEMENT_3D('LINEAR_PROFILE',#191,#192,#193);
#191=CARTESIAN_POINT('END FACE 1: LOCATION ',(0.000,0.000,0.000));
#192=DIRECTION(' AXIS ',(0.000,0.000,1.000));
#193=DIRECTION(' REF_DIRECTION',(1.000,0.000,0.000));
#194=AXIS2_PLACEMENT_3D('PLACEMENT GENERAL_REVOLUTION 1',#195,#196,#197);
#195=CARTESIAN_POINT(' GENERAL_REVOLUTION : LOCATION ',(0.000,0.000,−2.500));
#196=DIRECTION(' AXIS ',(1.000,0.000,0.000));
#197=DIRECTION(' REF_DIRECTION',(0.000,0.000,1.000));
#198=DIRECTION(' MATERIAL_SIDE',(-1.000,0.000,0.000));
#200=GENERAL_PROFILE($,#201);
#201=POLYLINE('',(#202,#203,#204,#205,#206));
#202=CARTESIAN_POINT('',(21.000,0.000, 0.000));
#203=CARTESIAN_POINT('',(23.000,0.000, 5.000));
#204=CARTESIAN_POINT('',(23.000,0.000, 55.000));
#205=CARTESIAN_POINT('',(35.000,0.000, 55.000));
#206=CARTESIAN_POINT('',(35.000,0.000, 95.000));
#207= AXIS2_PLACEMENT_3D('HOLE3',#208,#209,#210);
#208= DIRECTION('',(0.,0.,1.));
#209= DIRECTION('',(1.,0.,0.));
#210= CARTESIAN_POINT('',(0.,0.,0.));
#211=AXIS2_PLACEMENT_3D('',#212,#213,#214);
#212=CARTESIAN_POINT('',(0.000,0.000,−40.000));
#213=DIRECTION('',(0.000000,0.000000,1.000000));
#214=DIRECTION('',(1.000000,0.000000,0.000000));
#215=PLANE('',#211);
#216= TOLERANCED_LENGTH_MEASURE(15.0,#251);
#217= FLAT_HOLE_BOTTOM();
#218=AXIS2_PLACEMENT_3D('PLACEMENT OUTER_DIAMETER 1',#219,#220,#221);
#219=CARTESIAN_POINT(' OUTER_DIAMETER 2: LOCATION ',(0.000,0.000, −77.500));

```
#220=DIRECTION(' AXIS ',(1.000,0.000,0.000));
#221=DIRECTION(' REF_DIRECTION',(0.000,0.000,1.000));
#222=TOLERANCED_LENGTH_MEASURE(56.000,#251);
#223=TOLERANCED_LENGTH_MEASURE(75.000,#251);
#224=DIAMETER_TAPER(#225);
#225=TOLERANCED_LENGTH_MEASURE(24.000,#251);
#226=AXIS2_PLACEMENT_3D('PLACEMENT GROOVE 1',#227,#228,#229);
#227=CARTESIAN_POINT(' GROOVE 1: LOCATION ',(0.000,0.000,-67.500));
#228=DIRECTION(' AXIS ',(1.000,0.000,0.000));
#229=DIRECTION(' REF_DIRECTION',(0.000,0.000,1.000));
#230=DIRECTION(' MATERIAL_SIDE',(-1.000,0.000,0.000));
#232=SQUARE_U_PROFILE(#233,#234,0,#235,0);
#233=TOLERANCED_LENGTH_MEASURE(20.000,#251);
#234=TOLERANCED_LENGTH_MEASURE(0.000,#251);
#235=TOLERANCED_LENGTH_MEASURE(0.000,#251);
#236=AXIS2_PLACEMENT_3D('PLACEMENT CUT_IN 1',#237,#238,#239);
#237=CARTESIAN_POINT(' CUT_IN 1: LOCATION ',(0.000,0.000,-32.500));
#238=DIRECTION(' AXIS ',(1.000,0.000,0.000));
#239=DIRECTION(' REF_DIRECTION',(0.000,0.000,1.000));
#240=DIRECTION(' MATERIAL_SIDE',(-1.000,0.000,0.000));
#242=SQUARE_U_PROFILE(#243,#244,0.0,#245,0.0);
#243=TOLERANCED_LENGTH_MEASURE(3.000,#251);
#244=TOLERANCED_LENGTH_MEASURE(0.000,#251);
#245=TOLERANCED_LENGTH_MEASURE(0.000,#251);
#251= PLUS_MINUS_VALUE(0.100,0.100,3);

(* ************************************************ *)
(* ***** Tools ***** *)
#280=GENERAL_TURNING_TOOL('general turning tool 1',120.0,45.0,$,$,$,#282,.
LEFT.);
#282=CUTTING_EDGE_PROPERTIES(#283,$,$,10.0,110.0,$,45.0,(),$,$);
#283= MATERIAL('TIN','TIN',());

#285=GROOVING_TOOL('grooving tool',100.0,30.0,$,#286,.LEFT.,3.0,5.0,$,$,$);
#286=CUTTING_EDGE_ PROPERTIES (#287,$,$,$,90.0,$,90.0,(),$,$);

#287= MATERIAL('TIN','TIN',());

#289=DRILLING_CUTTING_TOOL('DRILL 30',(#290,#290),165.00,30.0,50.0,.RIGHT.,.
F.,120.0);
#290=CUTTING_COMPONENT(0.0000000000,#291,$,1350.0000000000,#66);
#291= MATERIAL('TIN','TIN',());
```

#293 = REAMING_CUTTING_TOOL('REAMER 30',(#294,#294),140.0,30.000,60.0,.RIGHT.,.F.,5.0);
#294=CUTTING_COMPONENT(0.0000000000,#295,$,1000.0000000000,#69);
#295= MATERIAL('TIN','TIN',());

#297=GROOVING_TOOL('grooving tool',100.0,30.0,$,#298,.LEFT.,3.0,5.0,$,$,$);
#298=CUTTING_EDGE_PROPERTIES(#299,$,$,$,90.0,$,90.0,(),$,$);
#299= MATERIAL('TIN','TIN',());

ENDSEC;
END-ISO-10303-21;

中 文 索 引

（按汉语拼音顺序排序）

Z

英 文 索 引

（按英文字母顺序排序）

B

C

D

E

F

G

ICS 25.040.20
J 07

中华人民共和国国家标准

GB/T 19903.121—2008/ISO 14649-121:2005

工业自动化系统与集成 物理设备控制 计算机数值控制器用的数据模型 第121部分:车床用刀具

Industrial automation systems and integration—
Physical device control—
Data model for computerized numerical controllers—
Part 121:Tools for turning machines

(ISO 14649-121:2005,IDT)

2008-10-07 发布 2009-04-01 实施

中华人民共和国国家质量监督检验检疫总局
中国国家标准化管理委员会 发布

前　言

GB/T 19903《工业自动化系统与集成　物理设备控制　计算机数值控制器用的数据模型》等同采用ISO 14649。GB/T 19903计划先制定以下几个部分：

——第1部分：概述和基本原理(ISO 14649-1)；

——第10部分：通用工艺数据(ISO 14649-10)；

——第11部分：铣削用工艺数据(ISO 14649-11)；

——第12部分：车削用工艺数据(ISO 14649-12)；

——第111部分：铣床用刀具(ISO 14649-111)；

——第121部分：车床用刀具(ISO 14649-121)。

部分之间的空档留作标准的进一步补充制定之用。

本部分为GB/T 19903的第121部分。

本部分等同采用ISO 14649-121:2005《工业自动化系统与集成　物理设备控制　计算机数值控制器用的数据模型　第121部分：车床用刀具》(英文版)。

为便于使用，本部分作了如下编辑性修改：

——删除了ISO 14649-121:2005的前言和引言；

——删除了ISO 14649-121:2005第2章规范性引用文件中的引导语，用GB/T 1.1—2000中的6.2.3规定的引导语代替；

——无部分号的ISO 14649改为GB/T 19903；

——无部分号的ISO 10303改为GB/T 16656；

——为了查阅方便，将原英文索引改为中英文词汇对照。

在ISO 14649-121:2005中引用的其他国际标准，对于未被等同采用为我国标准的，在本部分中均被直接引用。

本部分的附录A为规范性附录，附录B为资料性附录。

本部分由中国机械工业联合会提出。

本部分由全国工业自动化系统与集成标准化技术委员会(SAC/TC 159)归口。

本部分起草单位：北京发那科数控工程有限公司、华中科技大学、武汉华中数控股份有限公司。

本部分主要起草人：梁若琼、彭芳瑜、罗忠诚。

本部分是首次发布。

引　言

现代制造企业的生产设备常常分布在国内外，这些设备往往由不同的生产厂家提供。在加工制造过程中，需要在各工场和设备之间传输大量信息。当今，数字通信标准已解决了通过全球网络可靠地传输信息的技术问题。对于机械加工而言，通过 GB/T 16656 系列标准（STEP 标准）可以使产品数据的描述标准化，这为机械制造企业在整个加工过程中采用标准化数据提供了可能。但是，妨碍实现标准化数据的原因是企业中使用的 CNC 机床采用的数据格式。目前大多数 CNC 机床仍采用 ISO 6983 规定的“G 和 M 代码”语言编程，数控程序通常是由 CAD/CAM 系统生成的。然而用 ISO 6983 编程存在一些不足：首先，所用语言针对的是刀具中心轨迹对机床轴的编程，而不是对零件加工工艺过程的编程；第二，该标准规定的程序语义在多数场合会产生歧义；第三，CNC 制造厂商往往会扩充编程语言，但这种扩充超出了 ISO 6983 规定的范围，不具有互换性。

GB/T 19903 是在 CAD/CAM 系统和 CNC 机床之间的一种新的数据传输模型，用来取代 ISO 6983。它利用工步（Workingstep）面向对象的原理，通过规定加工工艺过程（而不是刀具的运动）来克服 ISO 6983 存在的不足。工步相应于高层的加工特征及相关的工艺参数，CNC 系统将工步转换成轴运动和刀具操作。GB/T 19903 的一个主要优点是它利用来自 GB/T 16656 的数据模型。由于 GB/T 19903 提供了范围广泛的制造过程模型，因而，它也可以作为所有其他信息技术系统之间双向和多向数据交换的基础。

GB/T 19903 是一种面向对象的编程用的信息和语境保存方法，它代替数据变成简单的开关指令或直线和圆弧运动。由于它面向对象和特征，并描述工件的加工操作，而不是描述机床坐标的运动，因而它能在不同的机床或控制器上运行。新的数据模型如在 NC 控制器上运用，它的兼容性将省去通过后置处理器的所有数据适配工作。如果在这种控制器中采用 ISO 6983 的 NC 程序，相应的解释程序应能并行处理不同类型的 NC 程序。

从使用 ISO 6983 编程到基于可移植的特征编程有一个渐进的过程。GB/T 19903 的早期使用者一定会支持手动或通过程序输入传统的“G 和 M 代码”数据，正如现代控制器既支持命令行界面又支持图形用户界面那样。随着开放式体系结构控制器的日益普及，这种做法会更加容易实现。GB/T 19903 不包括传统的编程语句。

工业自动化系统与集成 物理设备控制 计算机数值控制器用的数据模型 第121部分:车床用刀具

1 范围

本部分规定了描述车床和车削中心用刀具的数据元素。这部分往往和GB/T 19903.12(车床和车削中心用的工艺数据)一起来使用。这些数据元素可以用来选择某一种加工操作,但它们没有描述某一具体刀具的完整信息。因此,留下一些可供选择的属性给控制器有更大选择刀具的自由度。

注1:假设NC系统能够从数据库中得到指定刀具的完整描述。本部分中定义的turing_machine_tool_schema作为基本刀具模式,它包括CNC系统从车床刀架上选择刀具所需要的信息。

注2:在ISO 6983中,刀具由它的标识符(如T8)来定义,没有更多的关于刀具类型和几何方面的信息。这些信息是刀具设定表格中的一部分,由NC程序提供给机床。刀具设定表给出了刀具定位(比如刀库的第八个槽)和刀具类型(比如4 mm钻头)的关系。

本部分包括在刀具设定表中包含的信息:

——刀具标识符;

——刀具类型;

——刀具几何形状;

——与应用状况有关的刀具预期寿命。

turing_machine_tool_schema不包括刀具数据库信息。刀具数据库与机床和刀具自身有关但与NC程序无关。以下刀具数据不属于本部分的范围:

——规范性刀具寿命;

——刀具在换刀机构中的定位;

——刀柄或刀具系统的相关项目;

——其他工艺用的刀具,如:铣削、磨削、放电加工刀具。

注3:重要告知,在本部分中使用的全部长度测量类型不是公差长度测量类型,因为它们是用来描述工件加工所需要的刀具尺寸,而不是机床上可用刀具的实际尺寸。实际刀具必须通过基于实际刀具尺寸和特征公差的刀具管理来选择。

注4:本部分中的刀具应作为一个刀具整体来描述。不描述刀具的独立组件(刀体、刀片或夹持单元)。

注5:其他工艺用的刀具将在GB/T 19903的其他部分中描述。

2 规范性引用文件

下列文件中的条款通过GB/T 19903的本部分的引用而成为本部分的条款。凡是注日期的引用文件,其随后所有的修改单(不包括勘误的内容)或修订版均不适用于本部分,然而,鼓励根据本部分达成协议的各方研究是否可使用这些文件的最新版本。凡是不注日期的引用文件,其最新版本适用于本部分。

GB/T 19903.10—2006 工业自动化系统与集成 物理设备控制 计算机数值控制器用的数据模型 第10部分:通用工艺数据(ISO 14649-10:2004,IDT)

GB/T 19903.12—2008 工业自动化系统与集成 物理设备控制 计算机数值控制器用的数据模

型　第12部分：车削用工艺数据(ISO 14649-12:2005,IDT)

ISO 3002-1:1993　切削和磨削的基本定量　第1部分：切削刀具主要部分的几何信息　通用术语，参考系，刀具和工作角，断屑

ISO 5610:1998　用于车削加工、仿形加工和插槽加工的单点刀具固定器　尺寸

ISO 10303-11:2004　工业自动化系统与集成　产品数据表达与交换　第11部分：描述方法：EXPRESS语言参考手册

ISO 10303-41:2000　工业自动化系统与集成　产品数据表达与交换　第41部分：集成通用资源：产品描述和支持原理

ISO 10303-42:2003　工业自动化系统与集成　产品数据表达与交换　第42部分：集成通用资源：几何与拓扑表达

3　术语和定义

在本部分中使用GB/T 19903.10、GB/T 19903.12及以下给出的术语和定义。

3.1

切削参考点　cutting reference point

切削参考点是刀具的一个理论点，由刀具主要功能尺寸来确定。下列事例可用来计算该点：

事例1：刀具切削刃角小于或等于90°。这一点是刀具切削刃面、刀具进给面和刀具前倾面的交点。

事例2：刀具切削刃角大于90°。这一点是刀具进给面、刀具进给面的垂直面与切削角相切和刀具前倾面的交点。

事例3：只有轴向倾斜的ISO D型和V型刀具。这一点是主进给方向的垂直面与切削刃(切点)相切、切点的进给方向的平行面和刀具前倾面的交点。刀片的理论锐角和切削参考点是在与刀具进给面的垂直面上。

事例4：圆形刀片

a)　一个进给方向平行于刀轴。这一点是主进给方向的垂直面与切削刃(切点)相切、通过切点的进给方向的平行面和刀具前倾面的交点。

b)　两个进给方向，一个是平行于刀轴，另一个是垂直于有两个切削参考点的刀轴。每一点都是进给方向的垂直面与切削刃(切点)相切、切点的进给方向的平行面和刀具前倾面的交点。

3.2

刀具参考点　tool reference point

刀具参考点是坐标系的原点，它是一个标有 X、Y、Z 主要轴的三维空间中右手直角坐标系。

3.2.1

菱形刀具要素的位置　prismatic tool item position

刀具的基面应与 XY 平面共面，刀具基面的法线应在 $-Z$ 方向。背面应与 XZ 平面共面，其法线应在 $+Y$ 方向，刀具端面应与 YZ 平面共面，其法线应在 $+X$ 方向。初始切削的倾斜面应在 $-X/-Y$ 象限完全可见。

3.2.2

圆形刀具要素的位置　round tool item position

刀具轴应与 X 轴共线，指向 $-X$ 方向的刀柄矢量也应指向工件，切削高度应从 XY 平面测量。假如存在传动槽或夹紧平面应平行于 XY 平面。连接的接触面、测量面或圆柱形刀杆的端面应与 YZ 平面共面，初始切削的倾斜面应在 $-X/-Y$ 象限中可见。

左侧要素用右侧要素通过 XZ 平面镜象而定义。

4 车床用刀具(tools for turning machines)

4.1 标题和引用 (header and reference)

下面给出了模式的标题和类型列表以及这个模式中的引用实体。

```
SCHEMA turning_machine_tool_schema;
(*
    Version : 11
    Date : 04.01.2005
    Author : ISO TC184/SC1/WG7
    Contact : Suk-Hwan Suh (shs@postech.ac.kr) or
              Heusinger (stefan.heusinger@isw.uni-stuttgart.de)
*)
(****************************************************
*********************)
(* Types from machining_schema ISO 14649-10 *)
(****************************************************
*********************)
REFERENCE FROM measure_schema (* ISO 10303-41e2 *)
    (length_measure,
    plane_angle_measure);
REFERENCE FROM geometry_schema (* ISO 10303-42e3 *)
    (direction);
REFERENCE FROM machining_schema (
    label,
    machining_tool,
    material,
    technology,
    time_measure);
USE FROM milling_machine_tool_schema;
```

4.2 车床刀具(turning machine cutting tool)

表达工艺具体信息的实体需要用铣床刀具的描述(如铣刀、绞刀、钻头、丝锥、镗孔刀具)。它是在 GB/T 19903.10 中定义的实体 machining_tool 的子类型。

这个实体描述工艺具体信息需要用车床刀具的描述。它是在 GB/T 19903.10—2008 的 4.6.2.3.4 中定义的实体 machining_tool 的子类型。如图 1 所示,overall_assembly_length 是指包括切削点前面任何部分的刀杆的总长度,而 overall_assembly_width 是指包括切削点前面任何部分的刀杆的总宽度。对其他车床刀具的定义是有效的,如(参考图 2 所示 ISO 5610)。

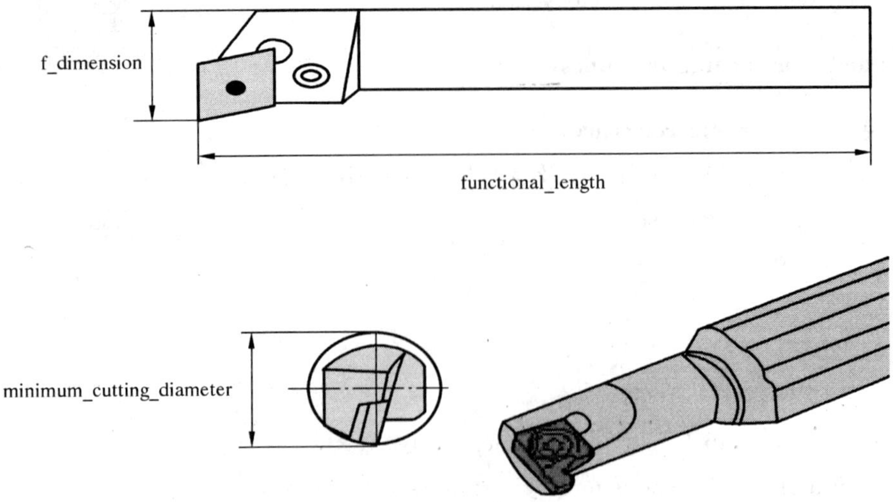

图 1 车床刀具

f=f_dimension

lf=functional_length

a=a_dimension_on_lf

a)

b=a_dimension_on_f

b)

图 2 车刀的附加尺寸

钻削类和镗削类刀具(如钻头,绞刀和镗刀)也用于车削操作。因为它们在 ISO 14649-111(作为 milling_machine_tool_body 的子类型)中已经定义,在本部分中不再定义了。因此用户可以参考 ISO 14649-111 使用它们。

```
ENTITY turning_machine_cutting_tool
  SUBTYPE OF (machining_tool);
  functional_length : length_measure;
  f_dimension : length_measure;
  minimum_cutting_diameter : OPTIONAL length_measure;
  a_dimension_on_f : OPTIONAL length_measure;
  a_dimension_on_lf : OPTIONAL length_measure;
  cutting_edge : cutting_edge_properties;
  hand_of_tool : OPTIONAL hand_of_tool_type;
END_ENTITY;
```

functional_length: 离测量面或刀杆端面的距离。如果测量面不存在,这个距离就是到由刀具主功能确定的切削参考点的距离。该特征的缩写名为“lf”。

f_dimension: 切削参考点与车刀背面或镗杆轴之间的距离。

minimum_cutting_diameter:	切削时刀具的任一部分和工件之间不产生干涉的最小直径。这可用于内孔加工,工件的孔径应大于这个值。
a_dimension_on_f:	从 *f* 尺寸方向的切削参考点到与进给方向垂直并和主切削刃的副角相切的平面的距离。
a_dimension_on_lf:	从 *lf* 尺寸方向的切削参考点到与进给方向垂直并和主切削刃的副角相切的平面的距离。
cutting_edge:	该属性包含与切削刃(刀片)有关的所有指定参数。
hand_of_tool:	该属性描述刀具的切削方向(见 4.2.2)。

4.2.1 切削刃特征(cutting edge properties)

该实体描述车刀的尺寸(见图 3)。

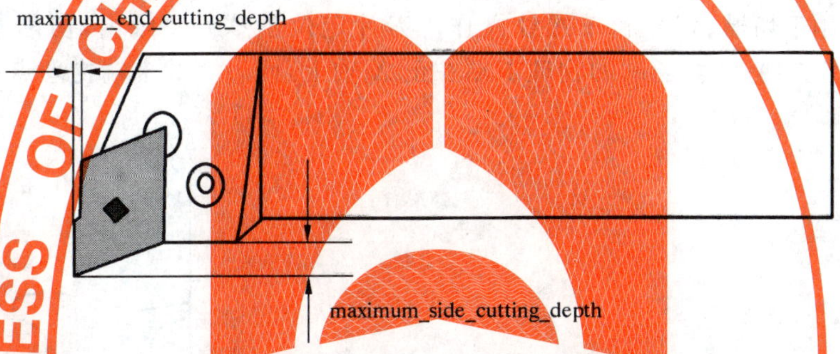

图 3 部分切削刃特征的属性参数

```
ENTITY cutting_edge_properties
  its_material : OPTIONAL material;
  expected_tool_life : OPTIONAL time_measure;
  its_technology : OPTIONAL technology;
  cutting_edge_length : OPTIONAL length_measure;
  tool_cutting_edge_angle : OPTIONAL plane_angle_measure;
  tool_cutting_edge_angle_type : OPTIONAL STRING;
  tool_included_angle : OPTIONAL plane_angle_measure;
  corner_transitions : LIST [0:?] OF corner_transition;
  maximum_side_cutting_depth : OPTIONAL length_measure;
  maximum_end_cutting_depth : OPTIONAL length_measure;
END_ENTITY;
```

its_material:	组成整体刀具切削刃或刀片材料的标识符[例如:实体材料的属性 material_identifier 可以是高速钢(HSS)、硬质合金或多晶体金刚石(PCD)]。
expected_tool_life:	刀具磨损前刀具所期望使用小时数,该值与许多外部因素有关,包括工件材料、期望公差和选择的切削参数。
its_technology:	确定用于加工的工艺参数(例如主轴速度和保证 expected_tool_life 的刀具进给量)。
cutting_edge_length:	该属性描述了切削刃的长度。

tool_cutting_edge_angle:	刀具切削刃平面和平行于 XY 平面内测量的刀具进给平面之间的角度。
tool_cutting_edge_angle_type:	切削刃角方向的标识符,例如“侧切”、“端切”和“方肩切”。
tool_included_angle:	切削要素中的主副切削刃之间的夹角。
corner_transitions:	该属性定义了与切削刃有关的几个角的过渡。
maximum_side_cutting_depth:	用侧切削刃可以加工的最大深度。
maximum_end_cutting_depth:	用端切削刃可以加工的最大深度。

4.2.1.1 角过渡(corner transition)

这个实体定义一个角的标识及其过渡。切削刃主要分为两个类型(见图 4):

规则刀片类:用于一般的车削操作。刀片定位于 XY 象限内,切削刃位置在坐标系的 XY 平面上,主切削刃在正 X 轴上,而刀片的理论尖点在 Y 轴上。

不规则刀片类:用于切槽、切断和车螺纹操作。刀片定位于 XY 象限内,切削刃位置在 XY 平面里,切削轮廓指向负 Y 方向,切削轮廓的物理末端在正 X 轴上,而刀片的末端物理点在 Y 轴上。

图 4 规则(左)和不规则(右)刀片位置

```
ENTITY corner_transition;
    corner_identity : INTEGER;
    transition : corner_transition_select;
END_ENTITY;
```

corner_identity:	用 $-n<0<+m$ 范围内的整数标识一个切削角。标识符 0 应用于具有最小 X 尺寸的切削要素参考系统的 X 轴上的角。从这点开始,沿顺时针方向的角用负整数,而沿逆时针方向的角用正整数来顺序编号(见图 5)。
transition:	该属性指定切削刃角过渡的不同类型。

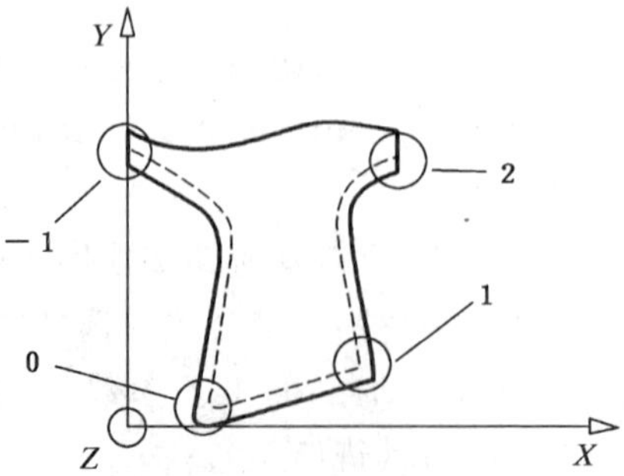

图 5 角标识

4.2.1.2 角过渡选择(corner transition select)

这个类型用来选择可替代刀片的角过渡。

```
TYPE corner_transition_select = SELECT (chamfered_corner, rounded_corner, profiled_corner);
END_TYPE;
```

4.2.1.3 倒角(chamfered corner)

这个实体在切削刃上定义一个倒角。倒角的定义类似于切削刃之间的线性过渡。

```
ENTITY chamfered_corner;
  corner_chamfer_angle : plane_angle_measure;
  corner_chamfer_length : OPTIONAL length_measure;
  corner_chamfer_width : OPTIONAL length_measure;
END_ENTITY;
```

corner_chamfer_angle: 从主切削刃测量的一个角上的倒角。

corner_chamfer_length: 在 XY 平面内测量的倒角的标称长度。

corner_chamfer_width: 平行于 X 轴的 XY 平面内测量的切削要素的角上倒棱的投影长度。

4.2.1.4 圆角(rounded corner)

这个实体定义两个切削刃之间的曲线过渡。

```
ENTITY rounded_corner;
    corner_radius : length_measure;
END_ENTITY;
```

corner_radius: 在 XY 平面内测量的圆角的标称半径(RE)。

4.2.1.5 齿形角(profiled corner)

这个实体定义切削刃上角的任何过渡。

```
ENTITY profiled_corner;
    transition_profile : open_profile;
END_ENTITY;
```

transition_profile: 该属性用 open_profile 指定相应切削刃的过渡。

4.2.2 刀具侧向类型(hand of tool type)

这是描述在切削部分上的切削刃的位置和形状(见图 6)。

```
TYPE hand_of_tool_type = ENUMERATION OF (left,right,neutral);
END_TYPE;
```

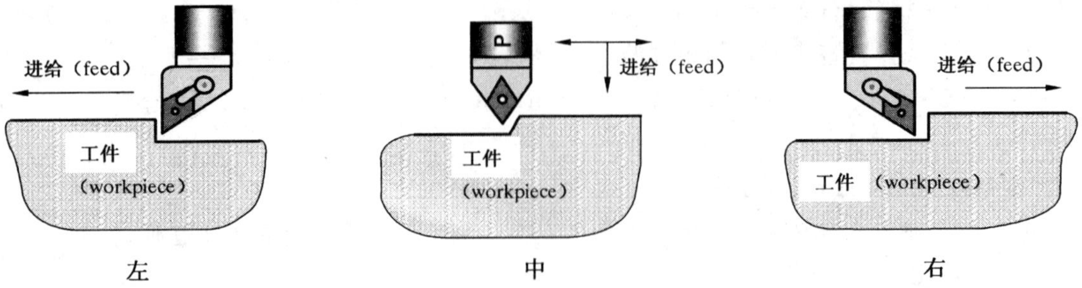

图 6 刀具切削方向类型

4.3 车削刀具种类(catalogue of turning tool)

4.3.1 普通车刀(general turning tool)

这个实体是实体 turning_machine_cutting_tool 的子类,这种刀具用来加工特征的外部或内部轮廓。

```
ENTITY general_turning_tool
    SUBTYPE OF (turning_machine_cutting_tool);
END_ENTITY;
```

4.3.2 螺纹车刀(turning threading tool)

这个实体是实体 turning_machine_cutting_tool 的子类,这种刀具用来加工螺纹(见图 7)。

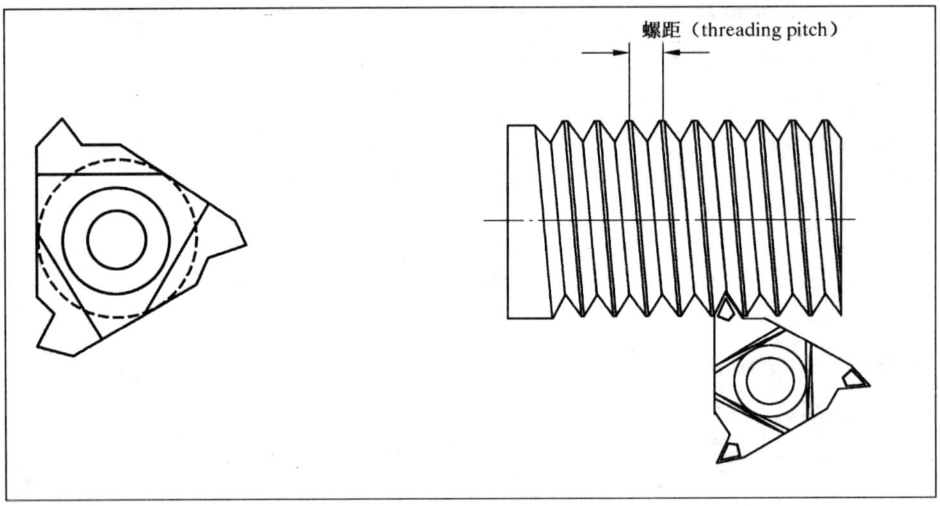

图 7 螺纹刀片

```
ENTITY turning_threading_tool
  SUBTYPE OF (turning_machine_cutting_tool);
  threading_pitch : length_measure;
  thread_hand : thread_hand_type;
  its_thread_type : thread_type;
  thread_profile : thread_profile_type;
  thread_form_type : STRING;
END_ENTITY;
```

threading_pitch: 这个值是相邻螺纹上相应点之间的距离,它是平行于螺纹轴线来测量的。如果被省略,螺纹刀片的节距等于螺纹特征的螺距。

thread_hand：　　这个属性定义了螺纹是左旋还是右旋。

its_thread_type：　　这个属性定义了螺纹是内螺纹还是外螺纹。

thread_profile：　　这个属性定义了螺纹的不同齿形。可能是全齿形螺纹或部分齿形螺纹。

thread_form_type：　　指定螺纹的形状类型。有效的参数是 M、API、NPT、UN 等。

4.3.2.1　螺纹方向类型(thread hand type)

这个类型用来描述螺纹的方向。有效的螺纹方向类型是左旋(left)和右旋(right)。

```
TYPE thread_hand_type = ENUMERATION OF (left, right);
END_TYPE;
```

4.3.2.2　螺纹类型(thread type)

这个类型定义了螺纹是内螺纹还是外螺纹。有效的螺纹类型是内螺纹(internal)和外螺纹(external)。

```
TYPE thread_type = ENUMERATION OF (internal, external);
END_TYPE;
```

4.3.2.3　螺纹齿形类型(thread profile type)

这个类型定义了螺纹的齿形类型。有效的螺纹齿形类型是全齿形(full_profile)和部分齿形(partial_profile)。

```
TYPE thread_profile_type = ENUMERATION OF (full_profile, partial_profile);
END_TYPE;
```

4.3.3　切槽刀(grooving tool)

这个实体是实体 turning_machine_cutting_tool 的子类,这种刀具可以用来进行切槽(grooving)、切入(cutting-in)或切断(cut off)加工(见图 8)。

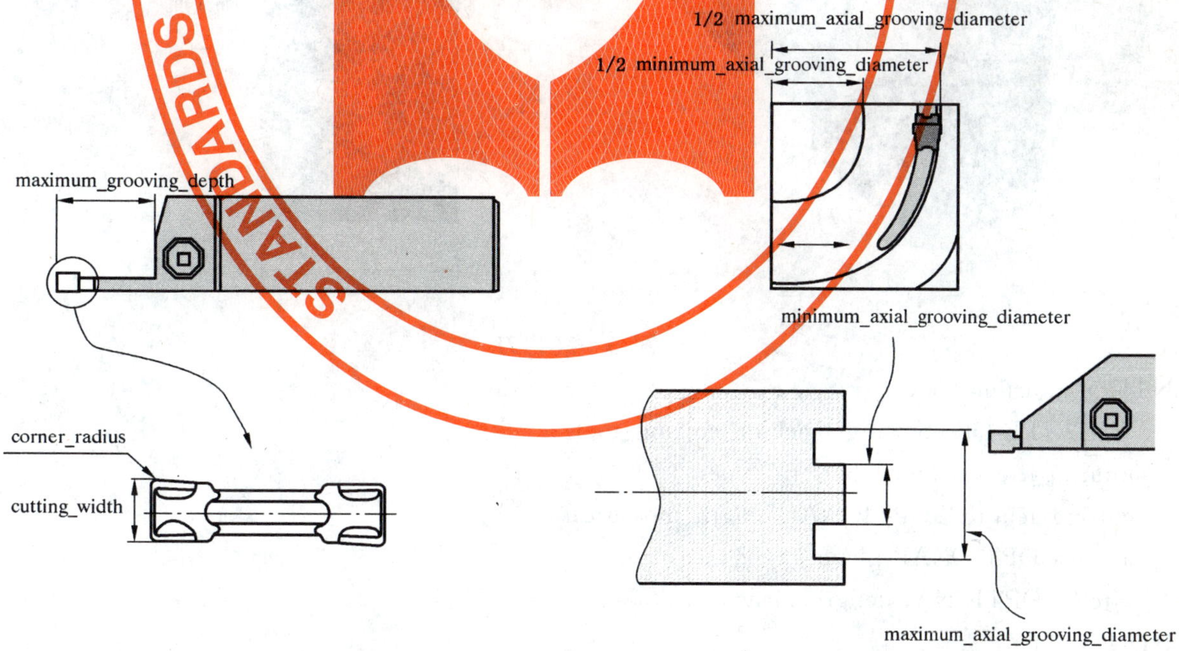

a) 切槽刀的属性　　　b) 轴向切槽刀的附加属性

图 8　切槽刀

```
ENTITY grooving_tool
  SUBTYPE OF (turning_machine_cutting_tool);
```

```
    cutting_width : length_measure;
    maximum_grooving_depth : length_measure;
    corner_radius : OPTIONAL length_measure;
    maximum_axial_grooving_diameter : OPTIONAL length_measure;
    minimum_axial_grooving_diameter : OPTIONAL length_measure;
END_ENTITY;
```

cutting_width：这个属性定义了切槽端的宽度。

maximum_grooving_depth：这个属性定义了进给方向上第一次横向进给运动中，切削刃的最大切入量。

corner_radius：这个属性定义了沟槽切刀的角半径。

maximum_axial_grooving_diameter：这个属性定义了由轴端面切槽而没有刀具刨削能切出的最大直径。

minimum_axial_grooving_diameter：这个属性定义了由轴端面切槽而没有刀具刨削能切出的最小直径。

4.3.4 **滚花刀(knurling tool)**

这个实体是实体 turning_machine_cutting_tool 的子类，这种刀具可以用来加工滚花特征(见图 9)。

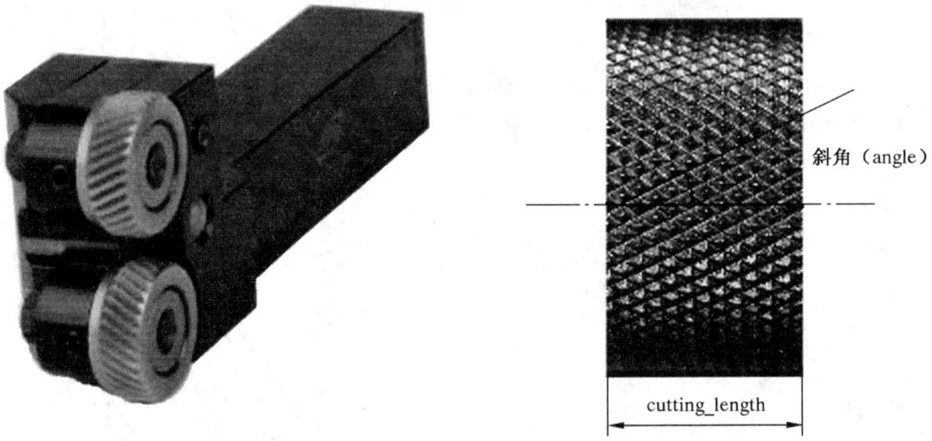

图 9 滚花刀

```
ENTITY knurling_tool
    SUBTYPE OF (turning_machine_cutting_tool);
    knurl_pattern : knurl_pattern_type;
    cutting_length : OPTIONAL length_measure;
    angle : OPTIONAL plane_angle_measure;
    pitch : OPTIONAL length_measure;
END_ENTITY;
```

knurl_pattern：这个属性定义了滚花的类型。滚花花纹包括直纹、斜纹和网纹。

cutting_length：这个属性定义了滚花刀的滚花长度。

angle：这个属性定义了滚花花纹与表面定向轴的角度。

pitch：这个值是由平行于斜角来测量的相邻花纹的相应点之间的距离。

4.3.4.1 滚花花纹类型(knurl pattern type)

这是用来描述花纹 knurling_tool 的。滚花花纹包括直纹、斜纹和网纹(见图 10)。

```
TYPE knurl_pattern_type=ENUMERATION OF(straight,diagonal,diamond);
END_TYPE;
```

直纹　　斜纹　　网纹

图 10 滚花花纹类型

4.3.5 用户自定义车刀(user defined turing tool)

这个实体描述了用户自定义的车刀。

```
ENTITY user_defined_turning_tool
  SUBTYPE OF (turning_machine_cutting_tool);
  identifier: label;
END_ENTITY;
```

identifier：这个属性定义刀具的名称。如果标识符不是唯一的,它应从基于 turning_machine_cutting_tool 继承的其他属性来产生。如果标识符是唯一的,而且可选择属性是给定的,但是没有和已命名的刀具的特征相匹配,则不应选择刀具。

附 录 A
(规范性附录)
EXPRESS 扩充表

```
SCHEMA turning_machine_tool_schema;
(*
Version : 11
Date : 04.01.2005
Author : ISO TC184/SC1/WG7
Contact : Suk-Hwan Suh (shs@postech.ac.kr) or
Heusinger (stefan.heusinger@isw.uni-stuttgart.de)
*)
(* * * * * * * * * * * * * * * * * * * * * * * * * * * * * * * * * * * * * * * * * * * *
* * * * * * * * * * * * * * * * * * * * * * * *)
(* Types from machining_schema ISO 14649-10 *)
(* * * * * * * * * * * * * * * * * * * * * * * * * * * * * * * * * * * * * * * * * * * * *
* * * * * * * * * * * * * * * * * * * * * * * *)
REFERENCE FROM measure_schema (* ISO 10303-41e2 *)
(length_measure,
plane_angle_measure);
REFERENCE FROM geometry_schema (* ISO 10303-42e3 *)
(direction);
REFERENCE FROM machining_schema (
label,
machining_tool,
material,
technology,
time_measure);
USE FROM milling_machine_tool_schema;
(* * * * * * * * * * * * * * * * * * * * * * * * * * * * * * * * * * * * * * * * * * * *
* * * * * * * * * * * * * * * * * * * * *)
(* turning tool *)
(* * * * * * * * * * * * * * * * * * * * * * * * * * * * * * * * * * * * * * * * * * * *
* * * * * * * * * * * * * * * * * * * * *)
ENTITY turning_machine_cutting_tool
SUBTYPE OF (machining_tool);
functional_length : length_measure;
f_dimension : length_measure;
minimum_cutting_diameter : OPTIONAL length_measure;
a_dimension_on_f : OPTIONAL length_measure;
a_dimension_on_lf : OPTIONAL length_measure;
```

```
cutting_edge : cutting_edge_properties;
hand_of_tool : OPTIONAL hand_of_tool_type;
END_ENTITY;
(* * * * * * * * * * * * * * * * * * * * * * * * * * * * * * * * * * * * * * * * * * * * * * * * * * * * * * * * * * * * * * * * * * *)
(* cutting edge property *)
(* * * * * * * * * * * * * * * * * * * * * * * * * * * * * * * * * * * * * * * * * * * * * * * * * * * * * * * * * * * * * * * * * * *)
ENTITY cutting_edge_properties
its_material : OPTIONAL material;
expected_tool_life : OPTIONAL time_measure;
its_technology : OPTIONAL technology;
cutting_edge_length : OPTIONAL length_measure;
tool_cutting_edge_angle : OPTIONAL plane_angle_measure;
tool_cutting_edge_angle_type : OPTIONAL STRING;
tool_included_angle : OPTIONAL plane_angle_measure;
corner_transitions : LIST [0:?] OF corner_transition;
maximum_side_cutting_depth : OPTIONAL length_measure;
maximum_end_cutting_depth : OPTIONAL length_measure;
END_ENTITY;
ENTITY corner_transition;
corner_identity : INTEGER;
transition : corner_transition_select;
END_ENTITY;
TYPE corner_transition_select = SELECT (chamfered_corner, rounded_corner,
profiled_corner);
END_TYPE;
ENTITY chamfered_corner;
corner_chamfer_angle : plane_angle_measure;
corner_chamfer_length : OPTIONAL length_measure;
corner_chamfer_width : OPTIONAL length_measure;
END_ENTITY;
ENTITY rounded_corner;
corner_radius : length_measure;
END_ENTITY;
ENTITY profiled_corner;
transition_profile : open_profile;
END_ENTITY;
TYPE hand_of_tool_type = ENUMERATION OF (left,right,neutral);
END_TYPE;
(* * * * * * * * * * * * * * * * * * * * * * * * * * * * * * * * * * * * * * * * * * * * * * * * * * * * * * * * * * * * * * * * * * *)
(* turning tool catalogue *)
```

```
(* ****************************************
********************* *)
(* ****************************************
********************* *)
(* general turning tool *)
(* ****************************************
********************* *)
ENTITY general_turning_tool
SUBTYPE OF (turning_machine_cutting_tool);
END_ENTITY;
(* ****************************************
********************* *)
(* turning threading tool *)
(* ****************************************
********************* *)
ENTITY turning_threading_tool
SUBTYPE OF (turning_machine_cutting_tool);
threading_pitch : length_measure;
thread_hand : thread_hand_type;
its_thread_type : thread_type;
thread_profile : thread_profile_type;

thread_form_type : STRING;
END_ENTITY;
TYPE thread_hand_type = ENUMERATION OF (left, right);
END_TYPE;
TYPE thread_type = ENUMERATION OF (internal, external);
END_TYPE;
TYPE thread_profile_type = ENUMERATION OF (full_profile, partial_profile);
END_TYPE;
(* ****************************************
********************* *)
(* grooving tool *)
(* ****************************************
********************* *)
ENTITY grooving_tool
SUBTYPE OF (turning_machine_cutting_tool);
cutting_width : length_measure;
maximum_grooving_depth : length_measure;
corner_radius : OPTIONAL length_measure;
maximum_axial_grooving_diameter : OPTIONAL length_measure;
minimum_axial_grooving_diameter : OPTIONAL length_measure;
END_ENTITY;
```

```
(* ****************************************
******************* *)
(* knurling tool *)
(* ****************************************
******************* *)
ENTITY knurling_tool
SUBTYPE OF (turning_machine_cutting_tool);
knurl_pattern : knurl_pattern_type;
cutting_length : OPTIONAL length_measure;
angle : OPTIONAL plane_angle_measure;
pitch : OPTIONAL length_measure;
END_ENTITY;
TYPE knurl_pattern_type = ENUMERATION OF (straight, diagonal, diamond);
END_TYPE;
(* ****************************************
******************* *)
(* user defined turning tool *)
(* ****************************************
******************* *)
ENTITY user_defined_turning_tool
SUBTYPE OF (turning_machine_cutting_tool);
identifier: label;
END_ENTITY;
END_SCHEMA;
```

附 录 B
（资料性附录）
EXPRESS-G 图

以下内容表示本部分车床用刀具的 EXPRESS-G 图（见图 B.1～图 B.3）。根据 EXPRESS-G 使用的标志符号及其含义列表如下。

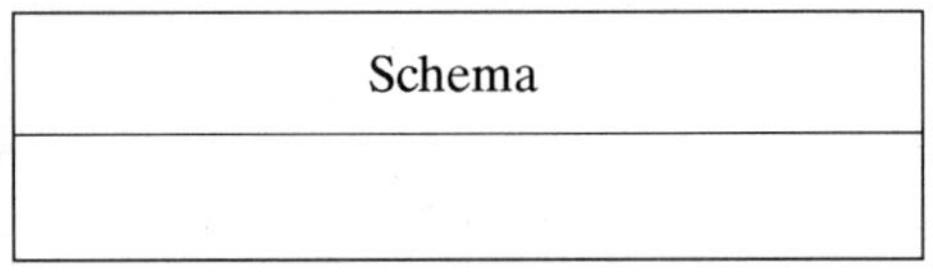

模式名。

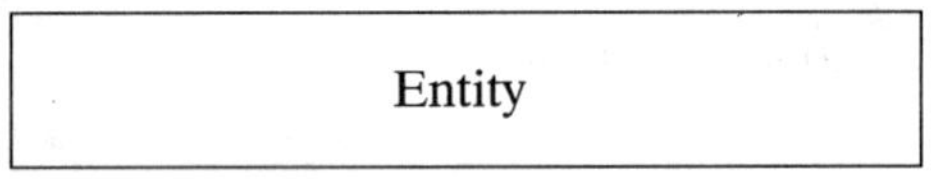

实体名。

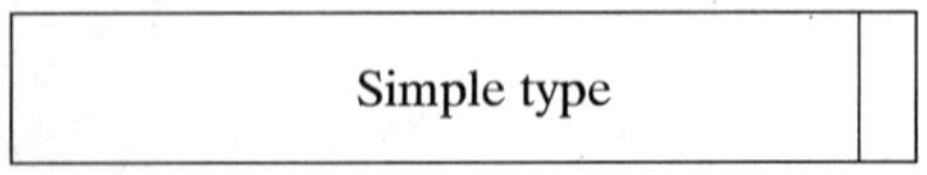

预先确定的类型，如布尔变量、实数或字符串。

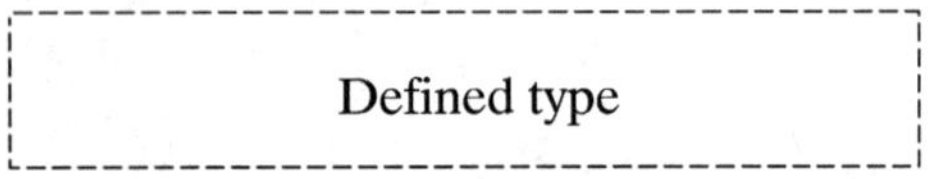

用户自定义型。

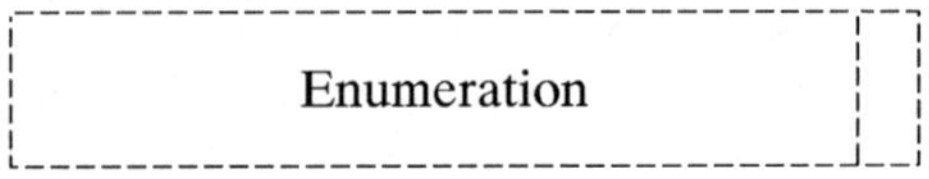

枚举类型，如[left、right]。

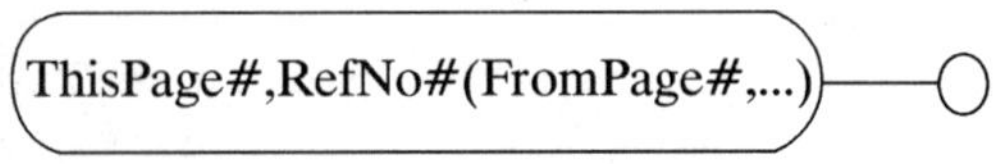

引自其他页的对象，在本页中引用号是唯一的。

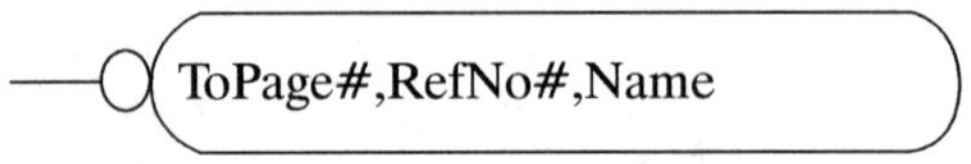

引到这一页，例如某个实体能在那里找到。

用于属性之间的关系。

用于可选属性之间的关系。

用于父类型与子类型之间的（继承）关系。

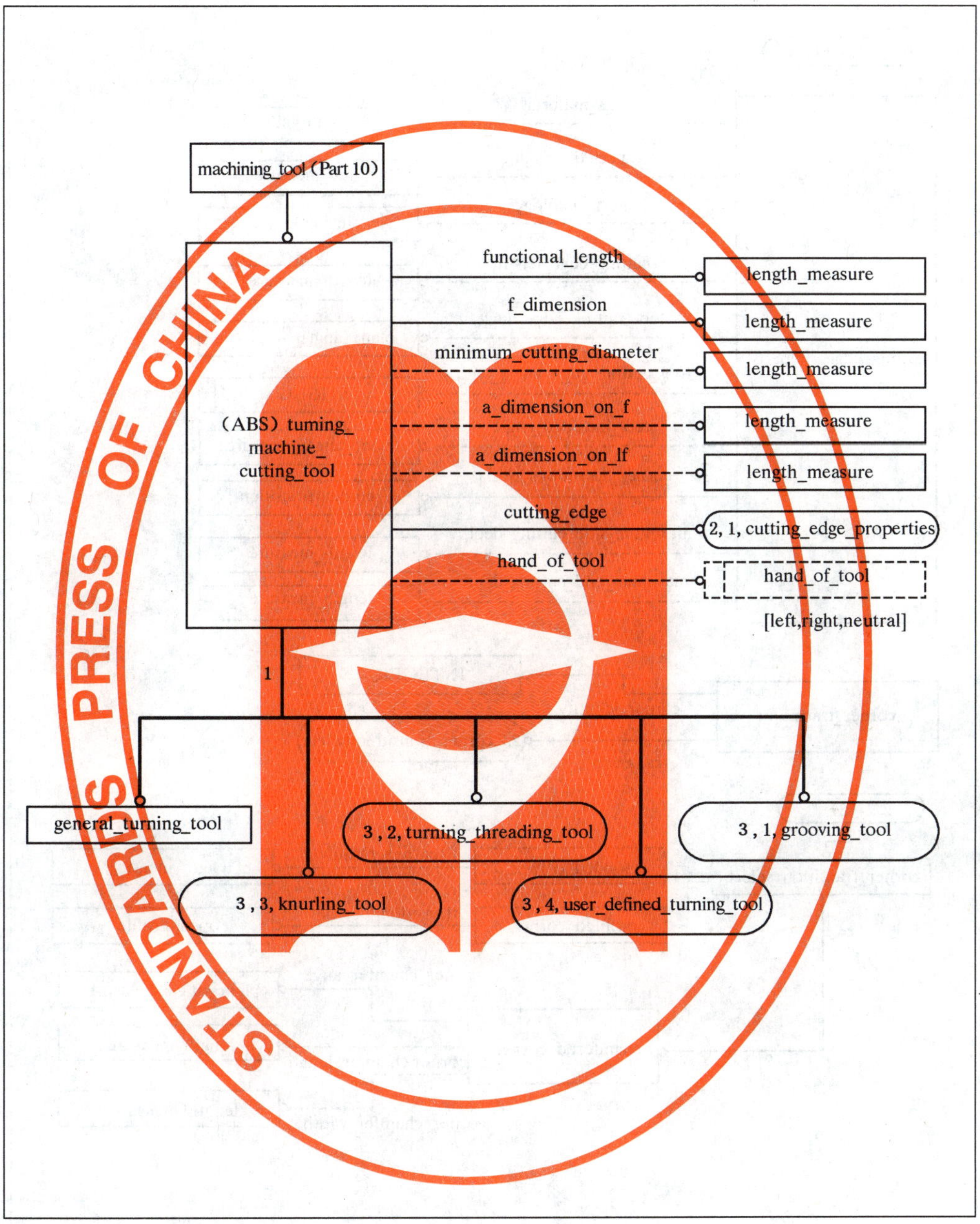

图 B.1　EXPRESS-G 图(1)

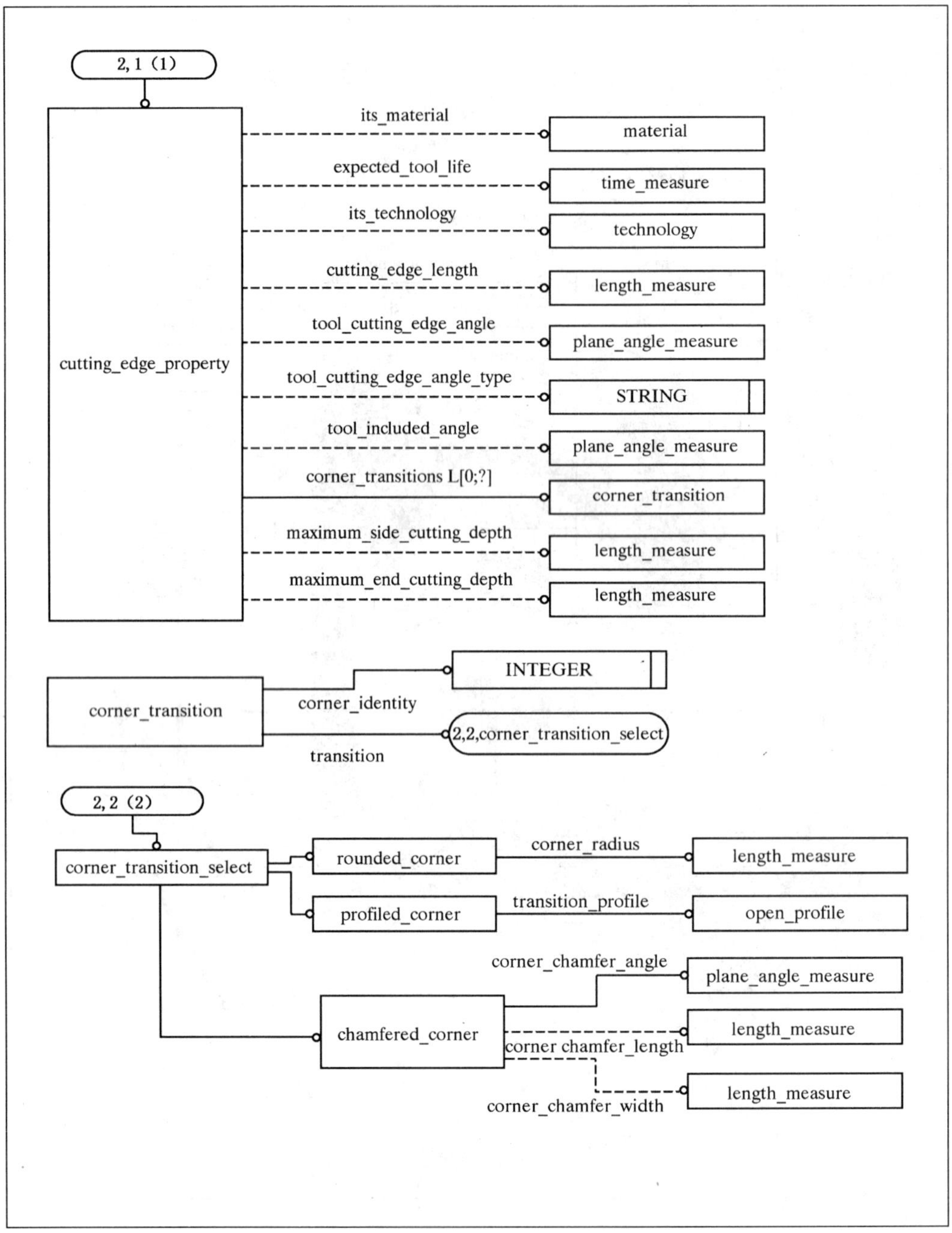

图 B.2 EXPRESS-G 图(2)

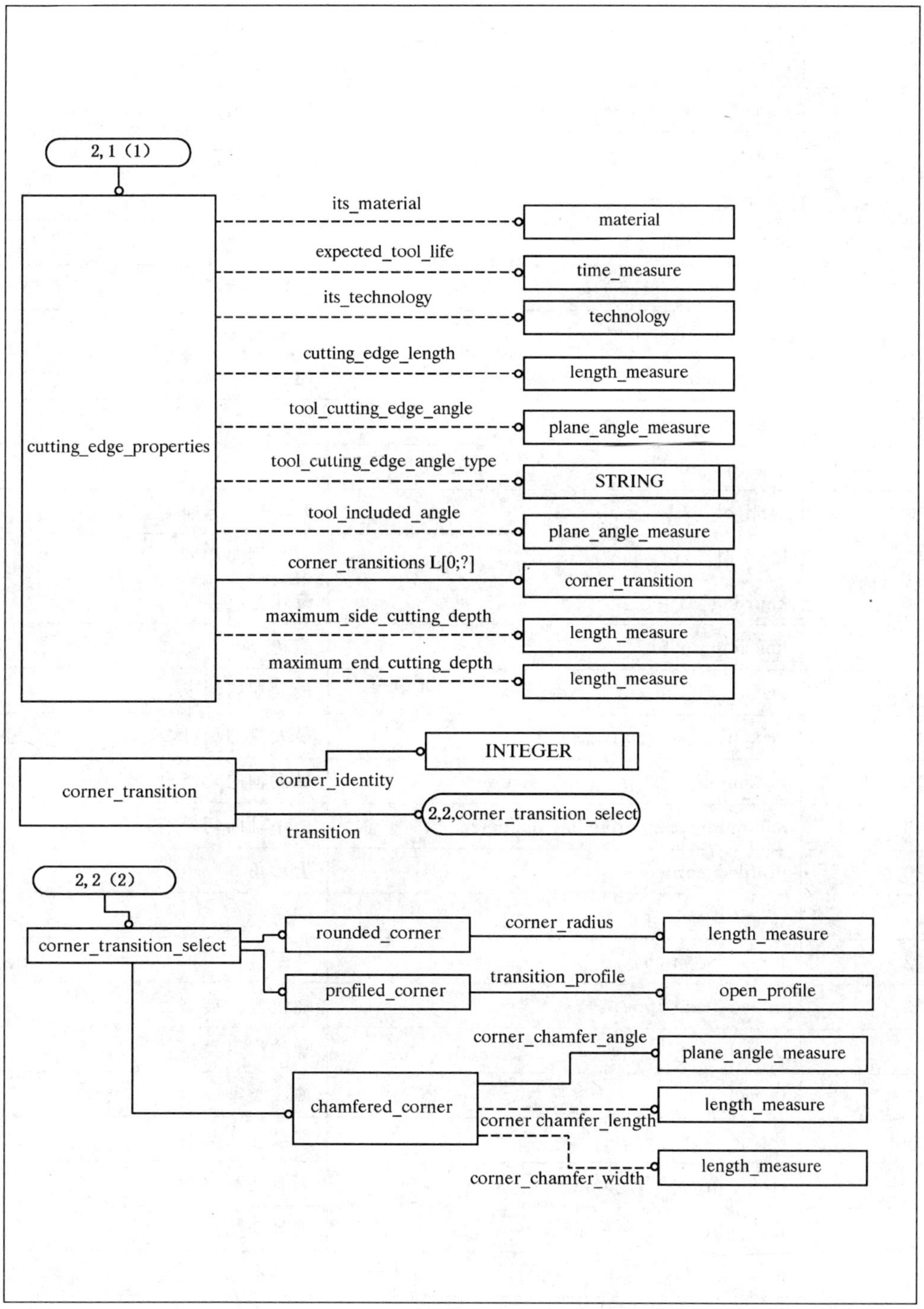

图 B.3 EXPRESS-G 图(3)

中英文词汇对照

序号	英　文	中　文
1	chamfered_corner	倒角
2	corner_transition	角过渡
3	corner_transition_select	角过渡选择
4	cutting_edge_length	切削刃长度
5	cutting_length	切削长度
6	cutting_width	切削宽度
7	cutting_edge_properties	切削刃特征
8	functional_length	功能长度
9	f_dimension	f尺寸
10	general_turning_tool	普通车刀
11	grooving_tool	切槽刀
12	hand_of_tool	刀具切削方向
13	hand_of_tool_type	刀具侧向类型
14	knurling_pattern_type	滚花花纹类型
15	knurling_tool	滚花刀
16	maximum_end_cutting_depth	最大端切深度
17	maximum_side_cutting_depth	最大侧切深度
18	maximum_axial_grooving_diameter	最大轴向切槽直径
19	minimum_axial_grooving_diameter	最小轴向切槽直径
20	profiled_corner	齿形角
21	rounded_corner	圆角
22	threading_pitch	螺距
23	thread_hand_type	螺纹方向类型
24	thread_profile_type	螺纹齿形类型
25	thread_type	螺纹类型
26	thread_form_type	螺纹形状类型
27	tool_cutting_edge_angle	刀具切削刃角
28	tool_cutting_edge_angle_type	刀具切削刃角类型
29	tool_included_angle	刀具夹角
30	turning_machinie_cutting_tool	车床用刀具
31	turning_threading_tool	螺纹车刀
32	user_defined_turning_tool	用户自定义车刀

ICS 01.120
A 00

中华人民共和国国家标准

GB/T 20002.1—2008/ISO/IEC Guide 50:2002
代替 GB/T 13433—1992

标准中特定内容的起草 第1部分:儿童安全

Drafting for special aspects in standards—Part 1:Child safety

(ISO/IEC Guide 50:2002,Safety aspects—Guidelines for child safety,IDT)

2008-05-04 发布　　　　2008-07-01 实施

中华人民共和国国家质量监督检验检疫总局
中国国家标准化管理委员会　发布

前　言

GB/T 20002《标准中特定内容的起草》与 GB/T 1《标准化工作导则》、GB/T 20000《标准化工作指南》和 GB/T 20001《标准编写规则》共同构成支撑标准编制工作的基础性系列国家标准。

GB/T 20002《标准中特定内容的起草》分为如下几部分：

——第 1 部分：儿童安全；

——第 2 部分：老年人和残疾人的需求。

本部分为 GB/T 20002 的第 1 部分。

本部分等同采用 ISO/IEC 指南 50:2002《安全方面　儿童安全的指南》(英文版)。本部分等同翻译 ISO/IEC 指南 50:2002。为了便于使用，本部分做了下列编辑性修改：

a) 将 ISO/IEC 指南 50:2002 第 1 章“范围”中的有关“产品”的描述条款，改为条文的注的形式描述，内容不变；

b) 将 ISO/IEC 指南 50:2002 第 2 章“规范性引用文件”中引用的 ISO/IEC 指南 51:1999 替换为我国相对应标准 GB/T 20000.4《标准化工作指南　第 4 部分：标准中涉及安全的内容》，并增加了一个脚注，说明本部分引用的上述标准的相应内容没有技术性差异；

c) 将 ISO/IEC 指南 50:2002 的 5.10 第二段中描述的正在制定中的有关安全图形符号的指南在本部分中明确提及，并列入本部分的参考文献中；

d) 将 ISO/IEC 指南 50:2002 的参考文献中提及的文件，凡是有对应的我国标准的，都用我国标准替代。

本部分代替 GB/T 13433—1992《产品标准中有关儿童安全的要求》。本部分与 GB/T 13433—1992 相比主要变化如下：

——本部分提供了用于儿童安全的风险评定以及预防和减少伤害的基本方法；

——本部分对于儿童发育和行为以及所处自然和社会环境做了深入地分析和陈述；

——本部分对于各类伤害危险做出了更加深入的解析并提供了实例，给出的对策更加详细；

——本部分增加了对突出物、爆炸、溺水、生物等伤害危险的分析和防治对策的内容；

——本部分提供了一个适用于评定标准的检查表示例，供标准制定者自评定对儿童安全问题的考虑程度；

——本部分列举了一系列参考文献。

本部分由中国标准化研究院提出。

本部分由全国标准化原理与方法标准化技术委员会(SAC/TC 286)归口。

本部分起草单位：中国标准化研究院、中国机械科学研究院、纺织工业标准化研究所、中国电子技术标准化研究所。

本部分主要起草人：逄征虎、白殿一、强毅、郑宇英、陆锡林、刘慎斋、赵文慧。

本部分所代替标准的历次版本发布情况为：

——GB/T 13433—1992。

引　言

0.1 儿童安全相关性

儿童安全是社会关心的一个主要问题，在许多国家，童年和青春期伤害是死亡和残疾的主要原因。儿童在成年人环境中出生和成长，缺乏危险经验和对危险的了解，但有与生俱来的好奇心。因此，在童年时期遭遇伤害的可能性特别大。由于监护不可能达到总是能够防止或控制潜在有害互作用的程度，因此有必要额外采取预防伤害对策。

旨在保护儿童的干预对策应认识到儿童不是小大人。儿童易受伤性和受伤特性不同于成年人。这些干预对策也应认识到这一基本概念：使儿童不误用产品或周围物。儿童与周围物的互作用方式反映了正常的儿童行为，这随着儿童的年龄和发育程度而改变。因此，旨在保护儿童的干预对策与旨在保护成年人的干预对策可能不同。

面临的挑战是以最大限度减少儿童潜在伤害的方式开发产品、结构、设备和服务（统称为“产品”）。预防伤害是每一个人的责任。预防伤害可通过设计和技术、立法和教育来解决。

0.2 标准对于儿童安全的作用

标准可在伤害预防和控制中起到关键作用，这是因为标准有以下特性：

——吸取设计和制造技术知识；

——通过立法实施解决方案；

——通过提供说明、警示、插图、符号等进行教育。

如果标准起草者能够充分考虑到儿童与标准涉及的产品的互作用方式，而不管这些产品是否专门为儿童设计，那么标准在儿童伤害预防和控制中将发挥它们的作用。

0.3 GB/T 20000 的本部分的文本结构的说明

本部分包括了以下三项主要内容和两个附录：

——儿童安全防护的一般方法，包括系统解决危险的原则（4.1 和 4.2）；

——使儿童处于特殊伤害危险处境的特殊发育特点（4.3）；

——在使用产品或与产品互作用期间儿童可能面临的危险以及解决这些危险的特殊建议（第 5 章）。GB/T 20000.4 列出了这些危险，但本部分的核心是儿童与这些危险相关的特殊风险。

——附录 A 提供了危险、潜在伤害和解决方法一览表。但该附录只提供了几个解决方案实例，因此有必要结合本部分的正文阅读该附录；

——附录 B 提供了一个适用于评定标准的检查表示例，供标准起草者自评定其所编标准考虑儿童安全问题的程度。

标准中特定内容的起草
第1部分:儿童安全

1 范围

GB/T 20002 的本部分提供了解决儿童使用或接触产品、过程或服务(尽管它们并非为儿童而专门设计)可能给儿童带来的意外身体伤害(危险)问题的框架,以便减少对儿童的伤害风险。

本部分主要适用于参与标准编制和修订的人员,也包含了设计师、建筑师、制造商、服务提供者、宣传者和政策制定者等关注的重要信息。

对于有特殊需要的儿童,补充适当的要求是可取的。本部分并未全面涉及这些补充要求。

对于预防或减少心理或精神伤害或故意伤害,本部分没有提供任何专门的指导。

注:产品可包括商品、结构、建筑物、设备或它们的组合。

2 规范性引用文件

下列文件中的条款通过 GB/T 20002 的本部分的引用而成为本部分的条款。凡是注日期的引用文件,其随后所有的修改单(不包括勘误的内容)或修订版均不适用于本标准,然而,鼓励根据本部分达成协议的各方研究是否可使用这些文件的最新版本。凡是不注日期的引用文件,其最新版本适用于本部分。

GB/T 20000.4 标准化工作指南 第4部分:标准中涉及安全的内容(GB/T 20000.4—2003,ISO/IEC Guide 51:1999,Safety aspects—Guidelines for their inclusion in standards,MOD)[1)]

3 术语和定义

下列术语和定义适用于 GB/T 20002 的本部分。

3.1

风险 risk

对伤害的一种综合衡量,包括伤害发生的概率和伤害的严重程度。

[GB/T 20000.4—2003,定义 3.2]

3.2

伤害 harm

对人的物理损伤或对人身健康的损害或对财产或环境的损害。

注:在本部分中"损伤"包括对健康的损害。

[本定义在 GB/T 20000.4—2003 定义 3.3 基础上修改]

3.3

危险(源) hazard

可能导致伤害的潜在根源。

[GB/T 20000.4—2003,定义 3.5]

3.4

儿童 child

从出生至14周岁的人。

---

1) 本部分引用的 GB/T 20000.4—2003 的内容与 ISO/IEC Guide 51:1999 的相应内容没有技术性差异。

4 儿童安全防护的一般方法

4.1 概述

本章涉及的儿童安全是从一般安全概念中区分出来的。这些概念是对 GB/T 20000.4 内容的补充。

4.2 风险评定

在伤害预防对策中,风险评定是一个重要步骤。GB/T 20000.4 概述了一般方法。在风险评定过程中询问的主要问题如下:

a) 可能发生什么?

b) 概率多大?

c) 最终伤害有多严重?

讨论儿童安全时,对上述这些问题的回答应考虑下列特殊因素:

a) 儿童受伤可能性;

b) 儿童与人员和产品的互作用;

c) 儿童发育和行为;

d) 儿童缺乏知识和经验;

e) 社会和(或)环境因素。

4.3 预防和减少伤害

能量(机械能、热能、电能)的传递或暴露在超出人体承受能力的介质(生物、辐射)之下的状况,能够导致损伤和疾病。通过干预它们发生前后的一系列事件的过程,可预防或减少伤害或疾病。

可采取如下对策:

——防止伤害事件的发生或减少危险源暴露(第一层预防);

——降低伤害严重程度(第二层预防);

——通过救护、治疗或康复,减少伤害长期影响(第三层预防)。

此外,对策可以是被动或主动的。被动式对策不必个人采取预防措施。主动式对策需要个人采取某些措施。设计安全产品通常是第一层预防;融合被动式预防对策通常能确保更大的成功率。

可运用不同的数据源鉴别与产品相关的伤害的可能性。这些数据源包括但不限于:

——伤害统计;

——从伤害监视系统获得的详细信息;

——调查研究;

——案例报告调查;

——投诉数据。

注意:没有报告伤害不一定表示没有任何危险。

由于儿童伤害与他们在不同年龄所处的发育阶段和危险源暴露紧密相关,因此按年龄组将儿童伤害分类以鉴别出现的模式相当重要。例如,对于年龄不满 5 周岁的儿童,烤箱门灼伤、烫伤、药物和家用化学品中毒以及溺死事故率最高;对于 5 周岁～9 周岁的儿童,与从游乐场设备上跌落相关的伤害事故最高;对于 10 周岁～14 周岁的儿童,与体育运动相关的碰撞或跌落造成的伤害的事故率最高。

通过研究和评定过程,特别是根据流行病学、工程学和生物力学方法以及有关逐步改进的设计的反馈,确定了合适的防范措施和对策。当选择预防性措施时,应认识到对于成年人可容许的安全或风险水平可能对于保护儿童是不足的。当引进旨在保护成年人的措施时,有必要考虑这种措施可能增加儿童受伤害的风险(例如汽车乘客侧安全气囊)。

4.4 儿童发育和行为

4.4.1 总则

儿童不是小大人。儿童的不同发育阶段天性与暴露于危险源的状况相结合，决定了他们遭受伤害风险的方式不同于成年人。从广义上说，发育阶段包括儿童身体尺寸、外形、生理、体能和认知能力、情感发展和行为。这些特性随着儿童发育快速改变。父母和成年人通常高估或低估儿童处于不同发育阶段的能力，从而导致危险源的暴露。此外儿童周围的许多环境是为成年人而设计的。

在确定与产品相关的潜在危险时，需要考虑下述的所有儿童特性。切记这些特性可能组合发生作用，增加儿童受伤风险。例如：

——探险行为可能导致儿童攀爬梯子；

——有限的认知能力可能妨碍儿童认识到梯子可能太高或不稳定；

——有限的运动神经控制可能导致儿童失去握持能力和坠落。

儿童使用这些产品和与这些产品互作用的方式应视为正常的童年行为。就儿童而言，在这一点上术语“误使用”容易产生误导，可能导致有关儿童危险的不当决策。调查证据显示儿童经常使用不是为他们而设计的产品，譬如微波炉。当儿童与产品互作用时，难以区分玩耍、主动学习或预定使用。从安全考虑，试图区分这些互作用不会有帮助。

安全考虑应在伤害风险和儿童探索刺激性环境和学习的自由度之间取得适当的平衡，目标是通过设计减少伤害风险，直到儿童具有评定风险和采取合适措施的能力。

4.4.2 儿童身体尺寸和人体测量数据

某些儿童的身体尺寸和体重分布特性使他们容易受伤。他们的总质量较小，因此降低了他们吸收致伤能量的能力。与成年人相比，儿童身体尺寸和体重分布特征使儿童受伤的实例如下：

a) 就灼伤而言，较小的接触面积可导致儿童较大体表面积的受伤。对于较小的体重，这样较大体表面积受伤可造成灼伤部位损耗更大比例的体液。

b) 与身体尺寸比较，幼童的头大。重心高增加了跌倒的可能性，例如可能从坐立、攀爬或站立的家具或构件上掉下。儿童掉下通常头直接着地，而不会使用手臂支撑着地。

c) 高重心的另一个影响是增加了儿童弯腰或够东西时，直接掉入池塘、桶、马桶等的危险，因此增加了溺死危险。

d) 相对大的头部尺寸意味着与身体余下部分相比，需要更大的穿过空间。当脚先穿过缝隙时，由于头部不能穿过，可能发生卡夹事故。

e) 儿童可能将手指、手或身体的其他部分插入小孔内接触旋转件、电线或其他危险物。

f) 相对大的头部质量增加了颈椎过度屈伸损伤的可能性和严重程度。

由于儿童的身体尺寸与其周围环境相关，所以有必要检查儿童的人体测量数据，包括身体总高度、身体各部位长度、宽度和围长。为确定正态分布和安全余量，应查询人体测量数据。

4.4.3 运动神经发育

运动神经发育指的是雏形运动到优良运动的成熟过程。该过程包括从初始无意识反射动作到有意目标定向动作的变化。在该过程中的阶段性标志包括抬头、蹲伏、端坐、翻转、爬行、站立、攀登、摇摆、行走、奔跑的力量和技巧以及用手和手指操纵物件的能力。在平衡、控制和力量充分发育之前，儿童一直处于跌落和进入不安全位置无法逃脱的风险之中。下面是一些实例：

a) 当躺着时，婴儿可移动到产品表面的边缘并滚落，但自己无法回到原位置。结果，婴儿坠入产品之中或产品之间，发生位置性或压缩性窒息事故。

b) 站立的婴儿和学步儿童可能缠上绳索、带或窗帘。当他们坐下或跌落时，绳索可能绕颈部缠紧，发生勒死事故。

c) 爬行的婴儿可能将衣服卡在家具或突出部位。如果他们不能自己摆脱，可能悬空。

d) 儿童由于失去平衡或握力不足，从高处掉下。

了解儿童能够或不能实现的哪些运动神经技能是设计安全产品和干预措施的关键。例如，可将升降机平台入口设计成爬行者无法够到的样式，以及可利用儿童运动神经技能没有充分发育的特点而采取的儿童安全措施。

4.4.4 生理发育

除身体尺寸和运动神经功能外，儿童还有许多正在发育的其他生理功能，包括感官功能、生物力学特性、反应时间、新陈代谢和器官发育。下面是不完全生理发育可成为伤害因素的一些实例：

——因为药物、化学品和植物使儿童中毒所需的剂量比成年人低，所以儿童容易中毒；

——儿童的皮肤特性使儿童更容易遭受灼伤；

——儿童的骨骼没有充分发育，承受机械力的能力不同。

4.4.5 认知发育

儿童的认知发育阶段决定了儿童判断风险和做出正确决定的能力。未充分发育的认知功能使幼童缺乏判断自己所处环境的能力和摆脱危险的能力。儿童在1岁或2岁时，似乎没有危险意识。因此，尽管通常可以允许对于用户显而易见而产品功能中必然存在的危险，但是，儿童却不可能清楚地看到这些危险。在童年早期的某些阶段，先前的经验和父母或照看人员的教育开始影响儿童的行为。因此，应付有限的风险成为儿童教育的自然组成部分。

与童年早期相关的某些行为特点也使儿童处于受伤危险之中。这些行为特点包括：

——将东西放入口内，有吞咽和呼吸风险，尤其在3岁以前；

——将东西放入身体的其他孔口内，有被嵌塞和撕裂风险；

——天生好奇和探险行为；

——相对小的头部宽度加之相对大的头部高度和厚度使得儿童能够首先将头部朝一个方向伸入缝隙内，但他们不知道如何定位头部和从缝隙中退出；

——在大约2岁时开始发展个性，喜欢说"不"和拒绝帮助，例如喜欢自己吃食物，拒绝别人喂食；

——在大约3岁至4岁时坚持独立性；

——口味、气味、图案和颜色的吸引力(例如药物)。

由于幼童喜欢用口尝试他们使用的产品或可能在他们周围的用品，因此不应让儿童得到易拆的小部件。本不是放入口中的物件(例如橡皮或小玩具)不应做成类似食物的式样。

儿童通常模仿成年人和大一点儿童的行为。当儿童不了解他们行为的内在含义时，这种模仿行为可能是危险的。例如，他们可能给更年幼的兄弟姐妹服药，操作锁定机构和开启家用电器。

不能期望儿童一定能识别真物品与仿制品或模型之间的差别，仿制品或模型可能是有害的。使用其形状可能联想到玩具的产品时，例如卡通形的吹风机、灯具及打火机，可能误导儿童并给儿童带来潜在的伤害。

阅读和交流技能需要岁月的积累才能掌握。警示和信息[包括诸如象形图(符号)之类的简单方法]可能对于儿童没有什么意义。

4.5 自然和社会环境

4.5.1 总则

除考虑儿童发育之外，还需要考虑儿童使用或接触产品所在的自然环境和社会环境。产品安全性可能受到自然环境和人文环境，例如气候、语言、习惯、态度和信仰、知识和用户经验的影响。

4.5.2 自然环境

应考虑与预定和非预定使用场所(例如室内或室外、私人或公共场所、被监视或没有被监视区域)有关的特定自然环境因素，以及诸如气候和地形等影响因素。还涉及到与其他活动和人的互作用，无监督活动的可能性以及儿童处于特定环境的可能性。不是为儿童设计，但儿童可能处于或进入的环境(例如父母的工作场所和交通系统)带来更大的挑战。如果不能控制危险源，应设置隔离的屏障。

4.5.3 社会环境

可能影响预定或非预定用途的心理预期也可能与产品所在的全球地理位置有关。全球贸易活动需要重视语言的准确翻译和基于文化或民族差异的风俗习惯和流行看法，从而不会由于疏忽而使产品使用说明书成为危险源。

父母或成年人与儿童之间的关系可随着地理、文化、种族和社会经济差异而变化。我们应认识到教育、监护和安全意识方面的文化差异。尽管监护是儿童安全的一个重要方面，但它不能替代固有的安全性，即使儿童在父母或成年人的视觉和听觉范围之内。

随着儿童进入青春期，同龄人压力和冒险行为可能影响产品的使用或消费。娱乐活动可能含有姑且认为增加了防护的所谓“安全”设备带来的更高风险的行为，也可能含有竞争性体育运动具有的内在的攻击行为和带来更大伤害风险的炫耀技巧的行为。

5 涉及儿童的危险

5.1 总则

根据上述条款阐述的事实，对于儿童而言，与产品相关的风险可能较高。以下分析与产品相关的危险以及它们伤害儿童的可能性，并提供了已报告的伤害方式的实例，以帮助本部分的使用者理解危险。重要的是，要认识到各个危险组合产生的伤害可能不同于单个危险独立产生的伤害，甚至更加严重。

同样重要的是要认识到，随着技术发展和生活方式的改变，新危险可能出现并进入儿童环境，例如在家上班（远程工作）和高级家庭医疗护理（例如使用气瓶和监视设备）。

通常在评定卡夹或缠绕危险时，应考虑可接近程度和年龄组。应优先考虑可接近的产品部件。若产品对其预定用途没有严格规定，合适的做法可能是，除了评定可接近区域外，还要评定缝隙和开口。

考虑产品安全时，主要考虑产品的使用范围。例如，若一个产品的试验条件不是该产品实际使用条件，那么，在实际使用期间，该产品的性能可能不同。同样，当一个产品始终与另一个产品组合使用时（例如在浴盆中婴儿使用的座席，或者汽车内使用的儿童安全带），应检查两个产品的组合性能，以减少风险。

产品在其生命周期的不同阶段和超过预期的使用期限能导致死亡或伤害事故。当处置产品时，重要的是不要形成新的危险源。同样，产品维修的容易程度和维修频度可能影响到危险的发生与否。

5.2 机械危险

5.2.1 缝隙和开口引起的危险

可接近的缝隙和开口可能导致整个身体或身体部分卡夹，以及衣服或附件缠绕。造成卡夹和缠绕不只限于坚硬的产品，也可以在绳索或带圈中发生。图1给出了卡夹或缠绕状态的示意图。

潜在伤害包括擦伤和切断。如果开口的尺寸是可变的，还可能存在被碾或被勒的危险（见5.2.9）。当儿童不能抬起自身体重减缓压力时，他的头或身躯就可能被夹住。头被夹住时，尤其儿童的脚不能接触支持表面时，存在很高的致命或严重伤害的风险。

旨在避免或减少由于缝隙和开口所引起的风险的对策包括：

——避免缝隙；

——规定缝隙和开口的尺寸，这与正在发育儿童的人体测量数据有关。

当涉及卡夹可能性时，应使用现有标准规定的指形可接近性探测规、躯干和头部试验支架。

实例： ● 头部被卡夹的两种不同方式： ——头先钻进，例如钻过阳台围栏； ——脚先迈进，例如插进双层床的挡板。 ● 当缝隙大小改变时（例如车库电动门或车窗），发生身体或颈部卡夹，可阻止呼吸或挤压儿童。 ● 手指陷入弹簧机构、游乐场秋千的链条、折叠机构中，造成骨折、撕裂或供血不足。 ● 儿童衣服上松散的纽带或丝带落入V形开口或缝隙，该开口或缝隙足以容纳这些绳带，但是，其宽度又不能通过绳端的栓扣或绳结。当栓扣或绳结卡住时，儿童的运动突然停止。当纽带位于衣服的领口时，儿童被勒死。 ● 当儿童的腰带卡在车门、卡在电梯和自动扶梯时，儿童被拖曳。

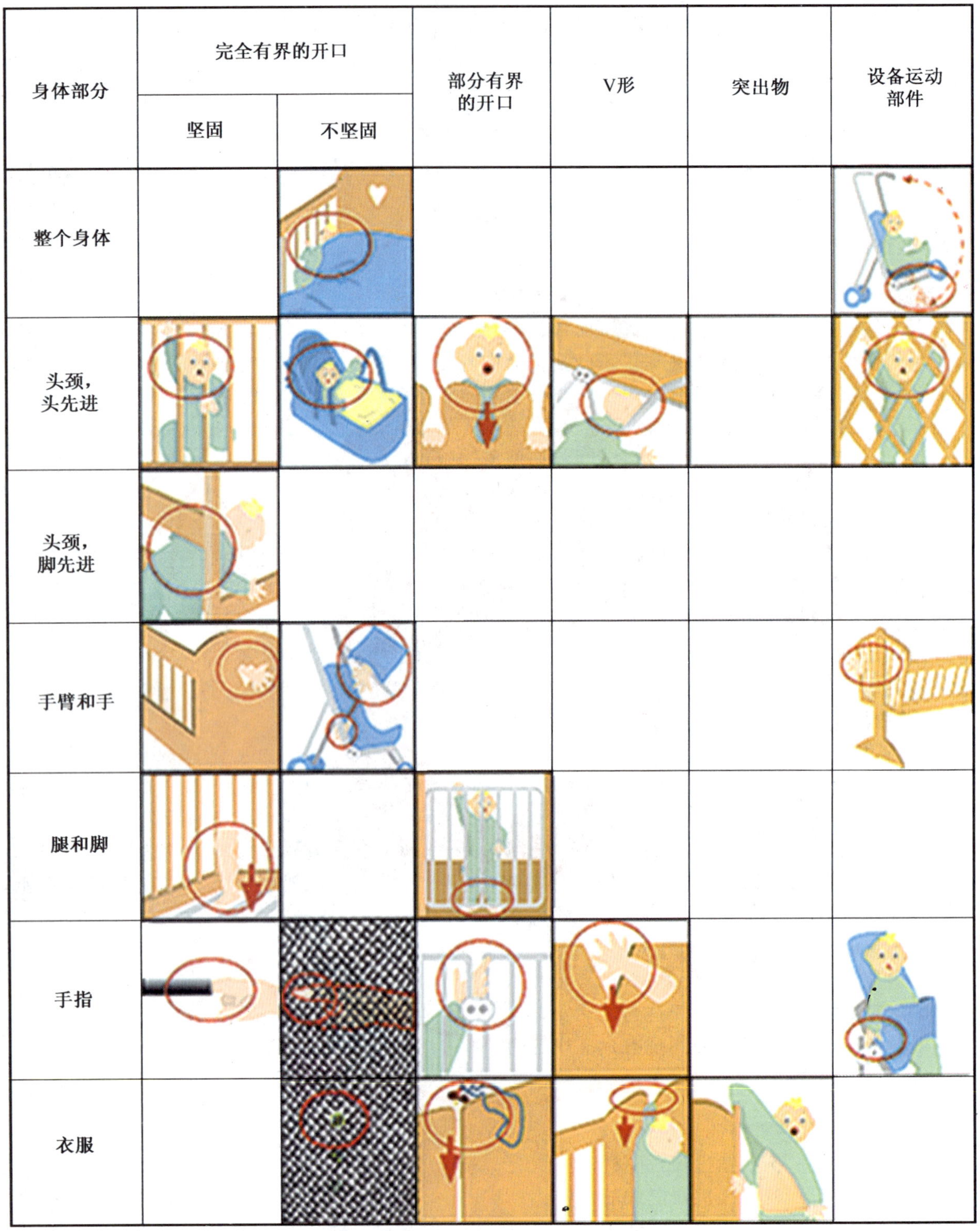

图 1　卡夹和缠绕在缝隙中的实例

5.2.2　突出物引起的危险

突出物可在一定范围内撞击或缠绕衣服或其他佩戴物。由此造成的伤害可能是勒死、划伤、刺伤或钝伤。绳带(衣服)或项链等挂在突出物上，可能将儿童勒死。

旨在避免或减少由于突出物造成的风险的对策包括：

——避免不必要的突出物；
——确保突出物为圆形，且突出表面的高度尽可能地小。可使用试验绳带、链条或其他装置评定危险（见参考文献[12]、[14]）。

> 实例：
> - 儿童的衣服，特别是绳带和兜帽，可能挂在床角柱上、滑梯上面的柱子上和突出的螺栓上，从而导致勒死事故。
> - 游乐场设备齐头高的柱子导致头部受伤。

5.2.3 转角、边缘和尖物（包括抛掷尖物）引起的危险

接触危险源的转角、锐边和尖物可能造成划伤或刺伤。抛掷尖物特别危险，这是由于抛掷尖物的路径并不总是可以预测的，而它们的撞击能量往往集中在相对小的面积。

儿童在家庭和学习环境中碰到的许多产品，为满足其功能要求被设计成锋利和尖角状（例如刀、针、厨房设备或花园或车库中使用的工具）。

物件破裂可产生锐边或危险尖物。在家用产品（例如饮水杯、餐桌、其他家具等）和结构功能件（门、窗户、屏幕等）中使用的玻璃当破裂或有未处理的边缘时，产生特殊的危险。

幼童将玩具和家用物件放入口中四处走动和乱跑是正常行为。

旨在避免或减少由于转角、边缘和尖物造成的风险的对策包括：

——避免、防护或倒圆暴露的边缘，以减少划破危险；
——使用难以破裂或者破裂时残留物不太可能导致严重伤害的玻璃（即安全玻璃）；在家庭某些高风险位置和儿童自由运动的其他地方，建筑结构应考虑采用非玻璃材料；
——限制幼童接触尖物，譬如笔、铅笔和织针；
——通过适当的指导，限制儿童接触玩具突出的部分；
——当儿童能够使用锋利工具时，教导儿童如何使用锋利的工具，一开始在严密的监视下，使用危险小的型号（例如没有锋利刀刃的剪刀）教儿童如何使用。

> 实例：
> - 碰撞家用餐桌或厨房工作台面的小圆角边缘可能造成面部划伤、牙齿或眼睛受伤。
> - 儿童摔倒在非"安全"玻璃桌面的桌子上时，由于划破主血管而死亡。碰撞门或其他家具上的竖直的非"安全"玻璃，也可能导致严重划伤。
> - 口内含有物件时摔倒可能导致上腭穿透损伤。

5.2.4 小物件引起的危险

现有标准（例如 GB/T 6675、EN71-1 和 ASTM F 963-96a）规定的产品部件和小物件对儿童还有潜在的危险，尤其是对于幼童。

除人们都知道可进入气管和食道的小物件之外，某些圆形（例如球形）物件在口后部有可能堵塞气管，产生危险。

下面的危险情况可能发生：

——物件可被吸入，进入并驻留在气管内或食道较深处；
——物件可被摄入，导致食道、胃或肠堵塞或穿孔危险；
——物件可被插入身体孔口内，导致疼痛、膨胀、堵塞或其他伤害。

旨在避免或减少由于小物件造成的风险的对策包括：

——淘汰小物件；如果可行，尤其要避免球形和锥形的小物件；
——向用户提供适合年龄的指导和警示，使用户了解与幼童有关的危险；

——采用二次防护对策，例如，提供持续通气孔路，这样，一旦吸入小物件，儿童仍然能够呼吸；

——对照看人员进行急救方法培训，以便一旦发生小物件堵塞，其后果可减至最轻。

实例：

- 与唾液混合时，在大小、形状或组织结构方面发生变化的物件可能堵塞气管。
- 当微型电池插入身体孔口（例如鼻孔）或吞入时，可能导致堵塞、漏电、腐蚀或导致局部有害电化学反应。
- 吞入小磁体时，可能彼此吸引和破坏小肠。
- 儿童被类似食物或与食物一起夹带的小物件噎住而窒息。
- 柔软物件（例如整个或破裂的乳胶气球）驻留在气管内。
- 大一点的儿童常常将笔帽放在口内，由于笔帽的形状，可被吞入。
- 吃含有不可食用产品（例如玩具）的食物时，导致吞入或咽下小物件。

5.2.5 不透气密闭物引起的危险

不透气的密闭物可能造成窒息的风险，尤其对于幼童更是如此。在玩耍过程中，他们可能将自己完全隐藏在产品内，或者放在面部或头部。可导致风险的产品包括：

——可紧贴面部呈现面部形状，并因此可盖住鼻子和口部的软质材料薄片；

——封闭的空间。

旨在避免或减少由于不透气密闭物造成的风险的对策包括：

——限制软质材料的尺寸（例如塑料袋的开口）；

——在材料上设有通气孔；

——使用柔性差的材料。

实例：

- 儿童将塑料袋放在他们的头部或面部时，可能发生窒息和不可康复的脑损伤。
- 儿童被关在玩具箱、旧冰箱、便携式保温箱和车辆后备箱时，由于这些容器没有通气孔，而且儿童又没有能力打开盖或门，结果造成儿童窒息身亡。

5.2.6 稳定性不足引起的危险

稳定性不足的产品可能翻倒，伤害在其内部、上面或附近的儿童。视产品功能而定，伤害性质可能不一样。例如：

——炊具翻倒时，热液体导致烫伤；

——家具重物造成的压伤；

——不稳定的无支架灯具倾翻造成失火而导致烧伤。

旨在避免或减少稳定性不够导致的风险的对策包括：

——正确设计产品的某些性能（重心位置、重量、与支持面接触点的位置），保证产品能承受任何预期的不稳定负载；

——限制产品翻倒时造成的影响（例如，防止溢漏的杯子）。

实例：

- 当儿童推拉轮式家具时，例如电视架，有发生危险的可能。
- 钩接式椅子连接到托架式桌子时，该桌子可能翻倒。
- 用打开的洗碗机或烘箱门作攀登辅助工具时，可能导致危险情况。
- 某些类型的燃气炉不稳定，炉内有燃料和火焰时，特别危险。

5.2.7 结构完整性不良引起的危险

结构完整性不良可造成骨折、内伤和撕裂。结构完整性不良也可能导致产品破裂，从而释放小部件或产生其他危险。由于维护不当，产品在使用期内可能发生故障。维护对于许多产品十分重要。某些产品规定采用以下方式之一组装或安装：

——每次使用时都需要组装或安装（例如折叠式手推婴儿车）；

——一次性组装或安装（例如衣柜、自行车或建筑环境中的构件，如篱笆）。

自己组装产品的安全性取决于产品的设计、说明书的清楚详尽和组装人员的技术。每次使用时组装的产品通常包括儿童可接近的锁定机构，儿童可能打开该锁定机构，或者不能正确地固定它们。

旨在避免或减少由于结构完整性不良导致的风险的对策包括：

——如果一个产品看上去儿童能坐、站或爬到上面，要确保该产品确实能承载儿童的重量；产品能够在过载的条件下不毁坏；试验方法应反映产品在其寿命期内可合理预见的使用状态。

——产品的设计应使其尽量不需要维修；如果需要维修，应提供合适的使用说明书。

——使产品不能进行不完全或不正确的组装（包括使用锁定机构）；若产品组装不正确，则不能使用（见5.10）。

——确保儿童不能操作可能导致产品毁坏的锁定机构。

实例：

- 儿童认为坚固的玻璃面咖啡桌，当儿童站上去时，玻璃破裂，结果造成致命的划伤。
- 由于检查或维修不良，游乐场设备发生故障。当秋千断裂时，造成致命伤害。
- 由于锁定不当，坐有儿童的折叠式手推婴儿车毁坏，造成儿童手指切断。

5.2.8 高处引起的危险

从高处掉下可能导致内伤（脑部和其他内部器官）和骨折，尤其是手臂和腿骨折。伤害类型和程度取决于儿童跌落的高度，在跌落过程中遭遇的危险以及着地表面的特性。

旨在避免或减少高处所导致的风险的对策包括：

——设计屏障，防止儿童攀爬活动；

——通过设计，使用垂直而不是水平设计部件（消除立足点），消除儿童攀爬可能性；

——当建造房屋时，在楼梯的顶部和底部安装防护装置；

——在新楼宇中安装窗户护栏和锁定机构，并制定标准，以要求翻新改造旧的住宅；

——防止跌落（例如，适用时，采用的结构件尺寸能够便于儿童抓牢；提供适当的保护措施）；

——减少跌落造成的后果（例如降低可能跌落的高度，产品的设计和安装使儿童跌落时避免与危险源接触，或提供能吸收跌落能量的表面材料）；

——通过设计适用的安全设备和环境，以及修改规则，减少体育运动或休闲活动造成的跌落后果。

实例：

- 在家中，最严重的跌落发生在可接近的开口处（窗户和门）和下楼梯时。
- 儿童可钻过或翻越的阳台护栏可能造成致命跌落。
- 在游乐场，儿童使用不适合他们能力的设备时可能发生跌落。
- 随着儿童的年龄增长，以及越来越多地参与可能导致跌落的降落运动和碰撞运动，体育运动和休闲活动造成的骨折越来越多。

5.2.9 运动和旋转物件引起的危险

与运动物件的碰撞可能导致压伤、内伤、骨折等。伤害严重程度与物件的质量和运动速度相关。因此，机动车辆造成的伤害（包括对于乘客和行人的伤害）导致的死亡，比其他类型意外伤害导致的死亡要多。为减少车祸伤亡可能性，主要工作集中于二次防护的应急保险措施，例如较好的限速系统和安全气囊。不应忽视一次防护工作。这些工作包括(但不限于)：设计具有较安全交通线路的道路，预计有儿童通过的区域降低车速，提供良好的照明并修建有保护设施的人行道和自行车道。

与运动和旋转物件(例如风扇叶片、碎肉机刀片和铰链装置)接触可能导致划伤、创伤性断肢和其他严重伤害。这种接触还可导致头发、衣服或佩戴物缠绕或吸入，如吸入自动扶梯、滑雪者用的机动运送设备、电梯和汽车门，结果造成窒息、撕掉头皮或被拖曳。

旨在避免或降低因运动和旋转部件产生的风险的对策包括：

——使儿童接触不到此类产品；

——限制此类产品的动能(例如速度)；

——为此类产品提供合适的制动装置；

——提供合适的方法吸收发生碰撞时的冲击能量；

——产品的设计使儿童不能接触运动或旋转部件，例如，加外壳或防护网；

——确保运动部件之间的距离大小足以防止发生伤害，此距离的大小应根据人体测量数据确定；

——采用儿童无能力弄坏的安全锁或其他安全措施。

实例：

- 头发被旋转部件缠绕并吸入农用机械时，儿童的头皮被剥掉。
- 某些厨房设备包含运动旋转部件。手指划伤和断肢多与粉碎机、搅拌机和类似器具有关。
- 儿童的手脚被卷进游乐场设备内，例如旋转木马。
- 电梯和自动扶梯卡夹儿童的手指、手、脚、衣服和佩戴物。
- 由于自行车轮辐条没有采取充分的防护措施，搭载在自行车上的许多幼童的脚发生受伤事故。
- 旋转门导致许多儿童伤害事故，尤其在门的接口一侧。

5.2.10 噪声引起的危险

噪声引起的危险在各种文件中已有明确的规定。当耳内敏感脆弱的听觉器官受到太高的声压刺激时，伤害发生。听力的损害通常是不可康复的。

幼童的听力比成年人更容易损伤。由于儿童可能意识不到也不能报告他们的问题，听力损伤难以发现。通常当他们表现出听力上有严重困难、或者有语言问题或社交问题时才被发现。

噪声暴露分为下述两大类：

a) 峰值噪声或脉冲噪声

　　——该类噪声源的实例是炮击、气囊爆破、爆炸、敲打声等；

　　——峰值噪声可立即造成耳损伤。

b) 持续噪声

　　——该类噪声源的实例有音乐、蜂鸣产品、马达噪声等。大多数发声产品均属于此类。一定时间持续发出的噪声可能造成伤害。危险评定需要考虑声级水平和暴露时间。

当确定风险时，也应考虑噪声源和耳朵之间的距离。

旨在避免或减少噪声引起的风险的对策包括：

——降低产品可发出的峰值噪声水平；

——当开启产品时，自动重置到低音量；

——用消音器消除噪声；

——清楚标记音量控制；

——告知或提醒儿童危险。

实例：

峰值和脉冲噪声

- 儿童处于爆炸物环境中，例如使用子弹或鞭炮的玩具。儿童处于靠近耳朵的敲打噪声源。

持续噪声

- 婴儿接触嘈杂声、蜂鸣声、嘎嘎声、音乐盒声音、闹钟声等。婴儿通常自己不能操作玩具，通常由他人，诸如他的兄弟姐妹或照看人员控制这些噪声源与他的耳朵之间的距离，某些情况下还控制噪声源的声级水平。
- 儿童使用产生噪声的产品，但是却意识不到这些噪声对于他们自身和其他儿童的危险。
- 年龄稍大的儿童自己进入噪声环境，例如迪斯科舞厅和道路车辆噪声。
- 配有耳机的产品或噪声源靠近耳朵的产品可能特别危险。

5.2.11 溺死危险

淹没在水中可能造成溺死或几乎溺死。幼童不会游泳，非常容易溺死。即使短时间缺氧也可能导致脑部损伤。同样，如果浅水淹没儿童的面部，也可能致命。

旨在避免或降低溺死风险的对策包括：

——设置屏障，减少儿童进入家里和周围蓄水区域的机会，例如花园池塘、游泳池、洗衣机和浴缸。

——用盖子盖紧蓄水池、水井和其他蓄水场所等。

——教导成年人，保证从不把婴儿和幼童单独留在浴盆内(包括浴盆座)、池塘或蓄水场所附近。

——从易于监视的角度设计水环境；

——设计警报系统，例如报警器，作为屏障的支持；

——在儿童年幼时教他游泳；

——确保儿童在水上运动时穿戴合适的浮力设备或救生衣。

实例：

- 儿童试图走过水池盖时，落入积水的水池，或落入岸边被植物遮盖的花园池塘时被淹死。
- 幼童模仿成年人洗衣，掉入顶接式洗衣机内。
- 儿童陷入不透明的水池盖下面。
- 儿童溺死在水桶里。

5.2.12 吸力危险

产品(例如玩具箭或标枪)上的吸盘，打到人体各部位都可能造成创伤。打到眼睛伤害可能更严重，甚至造成失明。如果由于一些其他方式的吸力或黏着力(例如，表面附着力)堵在鼻子或口部，都可能发生窒息。

儿童的头发或身体部分吸入旋涡/水池排水管时可能溺死。当以蹲坐姿势卡在游泳池排水道上方时，他们的肠子被吸出。

旨在避免或减少吸力引起的风险的对策包括：

——设置隔离吸力的屏障；

——减小实际和潜在的吸力；

——设计的吸盘的凹陷度尽量小或尺寸特别小，使其不能盖住鼻子或口部；

——通过设计，减少形成真空或其他吸附作用发生的可能性。

实例：

- 当空心、圆拱形或半球形玩具紧紧吸附在鼻子或口部发生窒息。
- 儿童将吸盘吸在身体的某个部位上。

5.3 热危险

5.3.1 可燃性和燃烧特性

火灾是意外伤害或死亡的主要原因之一。可燃性材料处于明火、高温、火花可被点燃或自然燃烧。燃烧速率和自熄灭趋势是影响火焰是否蔓延或被遏制的因素。

旨在避免或减少由于可燃性和燃烧材料引起的风险的对策包括：

——选择非可燃性材料或降低材料的可燃性；但由于阻燃添加剂的化学特性，阻燃添加剂可能产生新的问题(见 5.4)；

——在应使用可燃性材料情况下，配置保护儿童的能降低着火可能性的装置，并对装置的使用、搬运和处置提供适用的说明书。

实例：

- 宽松衣服比紧身衣服有更大的着火危险。
- 年龄稍大的儿童，尤其男孩，尝试用液体燃料点火。当液体燃料泼溅在衣服上时，如果他们靠近点火源，可能造成严重烧伤。
- 婴儿无法自己从失火的房屋中逃脱。年龄稍大的儿童可能能够逃跑，但不能估计形势和了解减少伤害要采取哪些措施。幼童有时隐藏起来，以“保护”自身免遭房屋失火的伤害，这使得营救人员难以发现他们。
- 众所周知，儿童喜欢玩耍火柴和打火机。

5.3.2 冷热表面引起的危险

与冷热表面接触可导致热损伤。表面可能变热或变冷的原因是内部有发热部件(例如引擎、电池、制冷器)或是外露于阳光或寒冷天气。材料的热吸收/反射特性决定了表面的温度。某些表面预定使用时可能发热(例如电炊具铁架)或变冷(例如冰箱)。儿童由于识别相关伤害可能性的能力有限，很可能触摸热或冷表面。冷热产品和器具如果没有提供相应指示，可能产生特殊问题。

旨在避免或减少由于热或冷表面引起的风险的对策包括：

——对于固有生热的器具，装配自动切断或定时切断发热源的装置；

——对于可能暴露于大气环境的产品(例如游乐场设备、游泳池岸边、门、儿童车座或室外家具)，使用吸热或吸冷性能都很低的材料；随产品提供有关安装和使用的详细说明书，可减少伤害；

——通过降低或提高表面温度，设置屏障或增加温度变化直观显示(尽管指示器对于幼童不一定有效)，从而减少触及热或冷表面的烧伤；

——避免发热表面吸引儿童的注意；

——确保由于功能原因需要变热的表面在使用后快速冷却下来。

实例：

- 游乐场面向太阳或非阴凉的一侧可能变得发烫，导致接触损伤。
- 加热的器具，例如炊具铁架，在关闭后仍然发烫，这对于儿童而言可能不是显而易见的。
- 烤箱灯可能对于幼童有更大的吸引力。
- 电加热器的发红的电热元件自然地引发幼童的好奇。应采取充分的防护措施防止儿童用手接触发热元件。
- 极冷的栏杆、儿童车的金属部件(后支架)和从冰箱取出的冷冻食品，幼童用嘴舔时可能受到损伤。

5.3.3 冷热液体引起的危险

热液体可能造成烫伤。在厨房或餐厅场所，由于儿童的好奇心，特别存在烫伤的风险。

旨在避免或减少由于冷热液体引起的风险的对策包括：

——使用防溅茶杯和咖啡杯；

——提高容器(例如水壶和咖啡罐)的稳定性；

——增加防护盖；

——限制可用的热液体量；

——将热水加热器的温度预先设置为安全水平；

——使用恒温冷热水混合水龙头，控制从水龙头出来的水的温度；

——向用户说明热水水龙头有烫伤的可能性。

> 实例：
>
> - 盛有热饮的大饮料杯很容易倾翻。
> - 儿童拉悬挂的物件，如挂在桌子的台布或工作台上的电源线，结果拉动放在上面盛有热液体的容器。
> - 婴幼儿抢夺成年人手上的水杯。
> - 由于儿童落入有热水的浴缸，或在无人看管时自己或兄弟姐妹打开热水管，导致烫伤。儿童没有成年人帮助不能出浴缸。

5.3.4 明火引起的危险

明火对于成年人来说是显而易见的危险源，但可能吸引儿童。有2岁年龄的幼童就由于玩火柴和打火机而点燃火苗，导致烧伤。该玩耍行为可能与火苗或打火机的吸引有关，或者与尝试模仿大人行为有关。由于儿童玩火很可能使火苗靠近自己的身体，可能造成严重的损伤。

旨在避免或减少由于明火引起的风险的对策包括：

——在打火机和其他点火源的设计中考虑到儿童防护性能，例如，要求按规定的顺序或步骤使用(见ISO 9994)；

——避免打火机和其他点火源的外观设计对儿童有吸引力(例如外观类似熟悉的卡通字符或玩具)；反之，类似打火机的玩具或糖果盒可能给儿童这样一种概念：打火机是为儿童设计的东西；

——使用物理屏障阻挡家用壁炉的火苗；屏障应防止儿童接触或投掷物件到火和将余烬从火中抛出；燃烧木材的炉需要防护装置，它们的外表面可能变得很热；

——在蜡烛上贴上标记，提醒用户远离可燃物质(包括服饰品和被褥)，当点燃蜡烛时，不要使蜡烛处于无人看管状态。

> 实例：
>
> - 幼童被烤箱架的发光或明火的火苗所吸引。
> - 气溶胶喷溅时可能留下易燃性溶剂轨迹；靠近明火时，可能引起回火，导致气溶胶罐爆炸。
> - 儿童经常能够轻易地得到打火机，这是潜在的火灾源。

5.3.5 熔化引起的危险

某些固体产品，例如某些塑料，当加热时软化，而另一些固体产品加热时可能液化。皮肤与软化的固体或热液体接触时，由于皮肤接触面积必然扩大和接触时间必然延长，皮肤很可能受到严重损伤。成年人可能知道与该类型变化相关的危险，但儿童不会知道。

旨在避免或减少由于熔化行为引起的风险的对策包括密封可熔化或软化的材料，或者使用替代材料。

实例：

- 熔化的蜡烛油可能烧伤儿童或导致儿童丢弃燃烧的蜡烛。
- 在帐篷中使用的合成纤维布当燃烧时可能熔化，滴落到帐篷居住者身上。
- 用合成纤维布制造的衣服点燃时可能熔化，粘结到皮肤上。

5.3.6 高温和低温危险

当儿童在高温环境（例如室内或汽车内）中，可能出现过热（中心温度升高）。这是造成婴儿突然死亡并发症的一个因素。室温和导致热量积累的产品（例如婴儿棉被或电毯）结合构成了危险。

当陷入冷藏室或在极冷的气候条件下不能进入或返回到家里，可能出现体温下降。

旨在避免或减少由于高温和低温引起的风险的对策包括：

——使用设备限制室温；

——在毯子和类似产品上加上过热警示。

实例：

- 在炎热太阳光照射下，滞留在汽车内的儿童由于温度过高而死亡。

5.4 化学品危险

暴露于危险化学品环境可能是突发的，也可能是长期发生的。这可以在产品整个寿命期内发生，也可以在产品被处置后发生。潜在伤害包括中毒、外部和内部化学烧伤、过敏反应、慢性疾病和癌症、化学肺炎和影响生殖能力。

要想降低这种伤害风险，应考虑危害潜在期很长这一事实可能不被众人所知。

旨在避免或减少危险化学品引起的风险的对策包括：

——限制单次暴露或重复暴露的化学品的使用量；

——在相应容器或安全存储设备上加放隔挡物，例如儿童安全罩；

——使用无毒性或毒性小的化学品替代；

——使用燃烧时产生的毒性气体少的材料，切记当有机材料燃烧时通常释放一氧化碳；

——禁止使用可疑或已知的诱发物和致癌物；

——避免已知的过敏物和腐蚀剂；

——避免外观、口味和气味对儿童有吸引力的化学品；

——提供产品信息，包括成分、急救措施、制造厂商标识和联系方式；

——提供相关和足够的警示；

——提供安全存放和处置信息。

实例：

- 房屋火灾通常产生致命的有毒散发物。
- 儿童在吞咽或吸入家用化学品、药物或杀虫剂后通常需要药物救治。
- 儿童由于接触或吞入强清洁产品和电池，造成化学烧伤。
- 皮肤接触乳胶和镍可能产生过敏反应。
- 长期暴露于某些重金属环境可对健康产生不良影响。

5.5 用电危险

用电危险可造成伤害或死亡。由于儿童不能“看见”或了解危险，这种危险尤其隐蔽。

旨在避免或减少用电引起的风险的对策包括：

——防止触及带电部件；儿童可触及的开孔的位置和尺寸是相当重要的；

——若产品功能要求，需设有易于接触的开口，如电源插座，则应对这些开口采用有效的绝缘方法（包括快速断电装置、开关或其他屏障）；

——制造由电池驱动或采用安全特低电压（SELV）操作的玩具或儿童产品；但应认识到这些方法可引起其他重大危险。

除了用电以外，用电产生的危险按本部分的其他条款处理，例如5.2.9（运动和旋转物件引起的危险）和5.3（热危险）。

> 实例：
> - 外观（例如鸭子形状）吸引儿童的吹风机可能导致儿童将它们放入浴盆内。
> - 形状有吸引力的插入式夜间照明灯可能导致儿童认为插座是无害的。

5.6 辐射危险

5.6.1 电离辐射（即放射性）

对于需要儿童接近的电离辐射一般都予以严格控制。自然环境产生的电离辐射，如某些地区的氡气，可以用法规支持的当地房屋设计措施，将其慢性效应降至最低。

5.6.2 紫外线辐射

太阳光紫外线的辐射是最常见的辐射暴露，短期暴露可能造成阳光灼伤。长期暴露可导致以后患皮肤癌。

旨在避免或减少由于紫外线辐射所产生的风险的对策包括：

——通过健康宣传使该信息广为人知；成年人应确保在儿童玩耍的环境中有遮阳之处；

——建议衣服采用具有高阳光保护系数（SPF）的布匹制造；但应注意，某些布料湿润或伸长变形时，保护作用很小；

——对于儿童，不提倡使用防护功能不足的仿制太阳镜（见5.9）；

——在产生紫外线辐射的产品中内置安全装置，如鞣革软床，防止长期暴露于紫外线辐射；提供明确的警示，声明这些产品不是儿童用品。

5.6.3 高强度光或集束光

远离高热或在强光下遮住眼睛是普通的人反应，但婴儿在这种情况下就不能本能地采取这些保护动作。

间歇光（如有规律的闪光或闪光灯）对有癫痫病的儿童可能产生影响。

> 实例：
> - 过度暴露于阳光可导致灼伤、皮肤癌和眼睛损伤。使用防护服、防晒油和太阳镜可减少这种伤害。
> - 强聚焦的高强度可见光，包括激光束（笔），很快就能导致皮肤和眼睛损伤。
> - 某些儿童对闪光（有时是电视画面或电脑游戏画面）十分敏感，可能产生痉挛。比较差的环境照明可加剧这些有害的影响。

5.7 生物危险

微生物（例如病毒和细菌）可导致所有人生病，但众所周知，很小的儿童没有足够的抵抗力或免疫力。这种危险通常不会产生急性损伤，而是患上伤害定义中所包含的各种疾病（见3.2）。

玩具、童车等产品中可能产生生物污染（如霉菌）。

旨在避免或减少生物污染物暴露引起的风险的对策包括：

——设计产品时，考虑到方便清洗，必要时，提供进行全面清洗的说明书；

——设计使用热水管冲洗，以避免军团菌的繁殖。

实例：

- 玩具中有某些被污染的液体(例如水)。
- 产品裂缝或奇怪形状限制了清洗效果。
- 军团菌通过没有充分加热的水系(例如旋涡、阵雨)扩散，尤其影响儿童和抵抗力有限的老年人。

5.8 爆炸危险

爆炸危险取决于产品的易燃性和燃烧特性。此外，内部压力也可引起爆炸。爆炸性混合物可有意制造(烟花、子弹枪)，也可能无意形成(例如气体泄漏、汽油气化等)。儿童暴露在危险中特别与有意制造的爆炸性混合物相关。青少年希望试验各种类型的产品，包括烟花。

旨在避免或减少由于爆炸物引起的风险的对策包括：

——限制儿童接触到爆炸物(尽可能)；

——若不能达到此要求，使儿童远离爆炸物；

——限制烟花中飞出的燃烧物的数量和燃烧颗粒的飞散距离；

——将产品包装起来，例如玩具枪子弹，使其自燃爆炸的风险降至最小；

——由于玩具枪爆炸点离儿童耳朵的距离通常较小，保证其子弹近距离噪声级处于安全值(见5.2.10)；

——通过儿童可能接触的爆炸产品的设计，确保爆炸时间尽可能准确和尽可能减少飞出颗粒的可能性；

——当儿童故意握持可能爆炸的物质时(例如在学校化学课上)，使用防护装置，譬如符合相应性能要求的防护面具和手套。

对于儿童而言，在没有监护情况下，烟花不可能是安全的。

注：某些国家禁止向公众销售烟花，要求只有获得许可的成年人才能进行烟花表演。

实例：

- 不合格的烟花可能过早或延迟爆炸，而儿童又特别愿意尝试和使用更便宜类型的烟花。
- 爆炸通常伴有飞出的颗粒和可能损害眼睛的闪光。
- 烟花燃放可产生热和燃烧的颗粒，导致皮肤烧伤。
- 爆炸产生的噪声对于儿童的耳朵十分有害。由于儿童的手臂短，在玩耍过程中使用某些爆炸性产品(子弹枪)，存在特别的危险。
- 硬化玻璃器皿受到热冲击可能发生自爆。此外，对于哪种容器可在明火上使用或是在微波炉中使用，并非总是十分清楚。
- 处于热源或被抛入火中的电池和液化气包装物可能发生爆炸。
- 如果限压阀工作不正常，压力锅可能爆炸。
- 电池极性反接可能引起爆炸。

5.9 不充分的保护功能

某些产品，例如安全帽、太阳镜、救生衣、“安全”门和屏障旨在减少死亡和伤害可能性，或者减少伤害严重程度。重要的是，这些产品实际上能否提供最起码的保护能力。当仿制防护装置做成产品而不能提供防护作用时，还可能出现安全问题。这些产品通常是玩具，例如玩具安全帽或玩具太阳镜。

有时防护装置是为儿童以外的部分人群设计的。当这些装置工作时，可能给婴儿和儿童带来危险。例如，当婴儿和幼童坐在乘客座位上，乘客安全气囊打开时，导致儿童受伤或致死。

有时防护装置在没有预见的环境中使用时可能产生问题。例如，儿童要到游乐场去玩，他停下自行车但又没取下头盔，游乐场设备通常设计一个开口来防止头部被夹，这个开口或是很小，小到头部不能进入，或是很大，头部能安全穿过，若儿童戴着头盔，头部尺寸加大，妨碍了头部自由穿过开口。

由于自行车头盔的紧固带做成从自行车上跌落时不会松开的，因此当儿童悬挂在游乐场设备上时，也不会松开，这样儿童可能死亡。而目前已有这样的设计改变，固紧带既能在游戏场悬挂情况下松开，又能为骑手提供足够的保护，当然，严重的交通事故除外。

旨在避免或减少由于缺乏保护功能而引起的风险的对策包括：

——禁止使用假冒(玩具)防护装置，或者要求它们达到安全标准；

——及时就潜在的危险向公众发布明确的信息；

——重新设计产品使其能在实际的使用环境下良好工作。

实例：

- 自行车骑手所戴的玩具头盔在骑手跌倒时不能防止头部受伤。
- 玩具护膝不能对滑冰者或滑板者跌倒时提供保护。
- 玩具救生设备没有正确标记，导致将它们当作真正的救生设备或救生衣。
- 用于防止接近某些环境的屏障，由于有地脚支撑，可能被儿童攀爬。

5.10 不充分的信息

对于无法通过设计消除或通过防护装置或屏障充分控制的产品的相关危险，为避免可能的后果，应提供必要的信息。信息应清晰、准确，并在可能发生相应危险时或发生期间能被看见。给出信息的载体不应给儿童带来新的危险(例如因吞入脱落的标签发生梗塞窒息事故)。

关于使用说明书和在购买之前信息的一般准则，可查找 ISO/IEC 指南 14 和 GB/T 5296.1。涉及符号使用的规定可查找 ISO/IEC 指南 74。

面向儿童的产品信息应采用儿童能够理解的方式撰写。这应经过测试。尽管产品不是为儿童而设计的，如果儿童很可能使用，也应提供必要的产品信息，以便他们可以正确地使用产品。

提供的信息不应鼓励儿童错误行动，例如在有毒物质上标注对儿童有吸引力的符号，这可能鼓励儿童接触该有毒物质。

提倡采用文字或符号相配合的方式，给出产品适用和不适用于某个年龄段儿童的信息(例如，对于3岁以下儿童不适用的玩具有关年龄的警示符号)。

实例：

- 化学玩具(化学装置)可能包含对于玩具功能必不可少的、毒性已知的化学品(例如硫酸铜)，应通过标签和使用说明书清楚地标明包含这种化学品。

附　录　A
（资料性附录）
危险预防措施实例

表 A.1 列出了某些危险和伤害事件，并提供了相关的预防措施实例。

在每一行中，特殊的危险与伤害事件实例和儿童伤害实例联系。通过不同类型的危险情况或不同的伤害事件（其定义见 GB/T 20000.4—2003 的 3.4）来看，大多数危险还可能引起其他的伤害。此外，提供了预防措施实例。条的编号表示其他信息见本部分的该条款。

当使用表 A.1 时，有必要考虑所有危险类型。例如，涉及电动产品时，考虑电危险是不够的，因为产品可能有发烫的表面、运动部件，而且产品也可能产生有毒烟雾。

表 A.1　危险预防措施实例

危险	条的编号	伤害事件实例	伤害实例	合理预防措施实例
机械危险				
缝隙和开口	5.2.1	身体部分卡夹，尤其头部、颈部和手指	窒息、限制血液供应、手指或脚趾切断	规定极小的尺寸，以致儿童不能进入开口；或者规定足够大的尺寸，以便身体部分能够从开口中出来；运用人体测量数据。
		衣服/附件卡夹在 V 形或窄的缝隙内	勒死	避免朝下或朝行进方向的 V 形开口。
突出物	5.2.2	衣服环状物卡住在突出物上	勒死	限制扩展部分（包括螺栓）和要求圆形。
		碰撞突出物	划破、创伤、刺破	限制扩展部分，要求软材料。
转角、边缘和尖物	5.2.3	运动时接触	划破、创伤	要求大半径；除非安全玻璃，避免在家具中使用玻璃；提供不尖锐的产品类型。
		与物件碰撞	刺破，眼睛损伤	玩具箭或标枪端部采用圆形；告诫儿童不要将尖物放入口内。
抛掷尖物	5.2.3	碰撞	刺入损伤	玩具箭或标枪端部采用圆形。
小物件	5.2.4	吸入小物件或部件	呛住	根据人体测量数据减少小物件的尺寸；避免球形和锥形；提供通气孔；创造互作用屏障；使小部件难以拆除；避免与水或唾液接触导致尺寸发生改变的材料。
		咽下小物件或部件	内伤	要求不透 X 射线的材料；设置警示标志，让吸引物在儿童接触不到的地方；运用苦味剂；避免使用与水或唾液接触导致尺寸发生改变的材料。
不透气密闭物	5.2.5	儿童将头部插入	窒息	设置通风孔；避免柔软的塑料布。
		儿童困在内部	窒息	提供进入和退出可能；规定打开盖可能性等。

表 A.1(续)

危险	条的编号	伤害事件实例	伤害实例	合理预防措施实例
稳定性不足	5.2.6	儿童在产品上时产品翻倒	脑部或其他内伤,骨折	规定产品应能够承受的足够负载。
		儿童被卡夹在产品下面	挫伤、骨折	规定产品应能够承受的足够负载;限制产品质量。
结构完整性不良	5.2.7	儿童在产品上时产品塌陷	脑部或其他内伤,骨折	规定产品应能够承受的足够负载;考虑动态负载。
		儿童被卡夹在产品下面	挫伤、骨折	规定产品应能够承受的足够负载;考虑动态负载。
危险高处	5.2.8	从高处掉下	脑部或其他内伤、骨折	在设备或建筑物高处部分装配屏障。
运动和旋转物件	5.2.9	碰撞	划伤、挤压、切断	装配防护装置或屏障;减速。
		缠绕	切断、勒死	避免剪切结构;对于运动/旋转件,装配防护装置或屏障。
噪声	5.2.10	处于高峰或脉冲噪声	听力损伤	限制产品发出的声音水平。
		处于持续噪声	听力损伤	限制声音水平和(或)暴露时间。
溺死	5.2.11		窒息	限制儿童接近水(含水的产品)。
吸力	5.2.12	半圆形物件放在口部和鼻子上	窒息	避免产生真空可能性。
热危险				
可燃性和燃烧特性	5.3.1	火灾	烧伤	通过选择材料限制可燃性;对于可燃产品,要求儿童安全包装;提供安全使用信息。
冷热表面	5.3.2	接触	烧伤	限制表面温度;避免产品被太阳光加热;提供说明。
冷热液体	5.3.3	接触	烧伤、烫伤	调节出口温度;要求容器稳定。
明火	5.3.4	火灾	烧伤	提供屏障;对于打火机,要求儿童安全装置。
熔化	5.3.5	接触	烧伤	
高温和低温	5.3.6	儿童处于热环境	太高中心温度	限制环境温度。
化学品危险				
毒性	5.4	接触,吸入,摄食	中毒,窒息	要求儿童安全包装;规定警示信息。
腐蚀性	5.4	接触,吸入,摄食	化学烧伤,窒息	对于腐蚀性产品,要求儿童安全包装;规定警示信息。
过敏性	5.4	接触,吸入,摄食	系列过敏反应	避免已知皮肤接触可能产生过敏反应的物质;规定警示信息。
致癌性	5.4	接触,吸入,摄食	生理反应	避免已知的致癌物。
用电危险				
产品吸引力和位置	5.5	儿童被产品吸引,触摸热表面,例如灯泡	烧伤	非玩具避免吸引儿童的设计;给热表面装防护装置。

表 A.1（续）

危险	条的编号	伤害事件实例	伤害实例	合理预防措施实例
带电部件可接近性	5.5	触摸带电部件	电死	限制开口尺寸；安装手指感应器；安装快速断电装置。
过热	5.5	产品导致火灾	烧伤，烟雾中毒	安装过热关闭装置。
电线	5.5	绊倒；儿童抓住电线	烫伤，勒死	限制电线长度；要求固定产品。
电池	5.5	儿童吞入电池	化学烧伤、内部堵塞、中毒	使儿童难以打开电池盒。
辐射危险				
电离辐射	5.6.1	接触建筑材料发出的氡气；处于烟雾检测器的放射性源	长期健康影响	限制放射性活度水平；要求处置说明。
紫外线辐射	5.6.2	晒伤，尤其眼睛	烧伤，眼睛损伤	对于儿童太阳镜规定合适的要求；告知父母暴晒的危险。
高强度光和集束光	5.6.3	儿童误用激光灯	皮肤和眼睛损伤，神经反应(闪光)	限制强度；对于激光笔，规定合适的警示信息。
生物危险				
生物介质	5.7	接触，吸入，摄食	生理反应	
爆炸危险				
易燃性和燃烧特性	5.8	接触烟花	由于光和外部引起的烧伤、明伤、眼睛损伤	要求法规限制使用烟花。
噪声和冲击波	5.8	爆炸太靠近耳朵	听力损害	限制最高声音水平。
不充分的保护功能				
不充分的保护功能	5.9	认为产品能保护儿童安全	跌落伤害，与带电部件接触	设计考虑到儿童人体测量数据的防护产品。
不充分的信息				
不充分的信息	5.10	儿童不能理解说明	各种各样	采用儿童能够理解的方式制定特定产品的安全说明。

附　录　B
（资料性附录）
适用于评定标准的检查表

对于每一个新的工作项目，技术委员会应使用表B.1所提供的检查表核实他们已经将儿童作为可能的接触群体进行考虑。

起草标准时，该检查表将作为标准的一个附件。可基于标准评定所报告的伤害，并对标准进行必要的修改。

表 B.1　适用于评定标准的检查表

编号	问　题	是	否	不相关
1	考虑了儿童与产品、服务、过程、设备的互作用吗？			
2	儿童安全专家参与了设计或标准化过程吗？			
3	考虑了下列危险吗？			
	——机械			
	——热			
	——化学			
	——电			
	——辐射			
	——生物			
	——爆炸			
	——不足的保护功能			
	——不足的信息			
4	评定危险时考虑了儿童的身体和发育特点吗？			
	——身体尺寸			
	——运动神经发育			
	——生理发育			
	——认知发展和行为			
5	考虑了残疾儿童的需要吗？ 见ISO/IEC指南71			
注：如果问题1的回答是“否”，可忽略余下的问题。				

在填完检查表后，应确认充分讨论了问题3中标记“是”的危险，从该讨论中产生的功能要求涉及问题4中所提及的特性引起的所有危险。

其他人可使用该检查表辅助有关产品、服务或过程（如果它们可能与儿童互作用的话）的危险分析。

参 考 文 献

[1] GB/T 5296.1 消费品使用说明 总则

[2] GB/T 5465 电器设备用图形符号

[3] GB/T 6675 国家玩具安全技术规范

[4] GB/T 10001 标志用公共信息图形符号

[5] GB/T 12103 标志用图形符号的制订和测试程序

[6] GB/T 16273 设备用图形符号

[7] ISO 9994,Lighters—Safety specification

[8] IEC 61032,Protection of persons and equipment by enclosures—Probes for verification

[9] ISO/IEC Guide 14,Purchase information on goods and services intended for consumers

[10] ISO/IEC Guide 71,Guidelines for standards developers to address the needs of older persons and persons with disabilities

[11] ISO/IEC Guide 74,Graphical symbols—Technical guidelines for the consideration of consumers' needs

[12] EN 71-1:1998,Safety of toys—Part 1: Mechanical and physical properties

[13] EN 563:1994,Safety of machinery—Temperatures of touchable surfaces—Ergonomics data to establish temperature limit values for hot surfaces

[14] CEN Report CR 13387:1999, Child use and care articles—General and common safety guidelines

[15] ASTM F 963-96a, Standard Consumer Safety Specification on Toy Safety

[16] Handbook for Public Playground Safety, US Consumer Product Safety Commission, Publication No. 325,1997

[17] Child data—The handbook of child measurements and capabilities. UK Department of Trade and Industry(DTI), 1995

ICS 01.120
A 00

中华人民共和国国家标准

GB/T 20002.2—2008/ISO/IEC Guide 71:2001

标准中特定内容的起草 第2部分:老年人和残疾人的需求

Drafting for special aspects in standards— Part 2:The needs of older persons and persons with disabilities

(ISO/IEC Guide 71:2001,Guidelines for standards developers to address the needs of older persons and persons with disabilities,IDT)

2008-07-16 发布 2008-12-01 实施

中华人民共和国国家质量监督检验检疫总局
中国国家标准化管理委员会 发布

前　言

GB/T 20002《标准中特定内容的起草》与 GB/T 1《标准化工作导则》、GB/T 20000《标准化工作指南》、GB/T 20001《标准编写规则》共同构成支撑标准编制工作的基础性系列国家标准。

GB/T 20002《标准中特定内容的起草》分为如下几部分：

——第 1 部分：儿童安全；

——第 2 部分：老年人和残疾人的需求。

本部分为 GB/T 20002 的第 2 部分。

本部分等同采用 ISO/IEC 指南 71:2001《标准制定者考虑老年人和残疾人需求的指南》。

本部分由全国标准化原理与方法标准化技术委员会(SAC/TC 286)提出并归口。

本部分主要起草单位：中国标准化研究院、中国残疾人联合会、全国老龄工作委员会、中国消费者协会、国家康复辅具研究中心。

本部分主要起草人：冯卫、马凤领、陆锡林、杨洋、李伟洪、程勇、陈剑、刘太杰。

引　言

社会发展的一个重要目标是:所有成员都有权无障碍地使用产品、接受服务、享用工作场所和环境。

随着世界人口中老年人口比例的逐渐上升,产品和服务的无障碍性和可用性问题越来越突出。尽管并非所有老年人都有残疾,但残疾或身体缺陷在老年人口中所占的比例最高。

根据国家2005年全国1%人口抽样调查数据公报,我国现有60岁及以上的人口为14 408万人,占总人口的11.03%;根据第二次全国残疾人抽样调查数据推算,我国现有各类残疾人总数为8296万人,占全国人口总数的6.34%。在相关标准制定中充分考虑老年人和残疾人的特殊需求,对于保障老年人、残疾人的权益,促进其平等参与社会生活,共享社会物质文化成果具有十分重要的意义。

人们的需求和能力随着年龄的变化而变化,并且每个人的能力在任一特定年龄段也各不相同。重要的是要认识到,年长的人在能力和认知上的缺陷不同于未成年人,如轻微听力丧失、只能戴眼镜阅读、失明、失聪或不能移动身体的某个部位及全身。应当注意,尽管某些限制从先天性和综合的角度看不严重,但随着年龄的增长,这些限制有可能变成严重的问题。

多年来,各国标准化组织和国际标准化组织在制定人体辅助技术和无障碍建筑设计方面的标准时,已经考虑到上述人群的需求。然而,在制定或修订日常用品和服务的其他相关标准时,并没有充分考虑老年人和残疾人的需求。各标准化组织正在着手解决老龄化和残疾问题,并不断制定和实施也适用于他们的产品与服务的政策和计划,以满足老年人和残疾人的需求。重要的是,在上述解决方案的制定过程中,要切实代表老年人和残疾人的利益。

各标准化组织支持对具有更易获得性的产品和服务的需求,本部分旨在成为各标准化组织所采用构架的组成部分。ISO和IEC于2000年发表的《ISO/IEC政策说明　在标准化工作中考虑老年人和残疾人的需求》所制定的规则能够确保将老年人和残疾人[1)]的需求体现到标准制定过程中,并提供基于人道主义和经济基础的判断标准。本部分通过确认标准起草时需要考虑的问题,对ISO/IEC政策说明进行补充,并使人们认识到标准通常不应该受设计局限的约束。本部分涉及到标准的起草和修订,也包含了对相关人员(如制造商、设计人员、服务提供商和培训人员)有用的信息。

本部分提供的仅是总的指导原则,仅针对无需进行特定的解决方案,就能够确保残障人士可用性的情况。进一步还需要为特殊的老年人、残疾人产品或服务制定其他相关的指南。

1)　无障碍领域的发展引起了全球各不相同的与老年人和残疾人相关的各种术语和定义的形成和使用。例如,某些人喜欢使用"带残疾的人"一词,另一些人则喜欢"残废人"。总体来讲,相关术语越来越精确,越来越带描述性,而不带否定或侮辱性质。由于没有通用叫法,因此本指南采用的术语是国际机构(如联合国和世界卫生组织)通常使用的语言。

标准中特定内容的起草
第2部分:老年人和残疾人的需求

1 范围

1.1 GB/T 20002 的本部分为各类相关标准的制定者就如何考虑老年人和残疾人的需求提供了指导。

但是,某些残疾程度严重或复杂的人的需求不属于本部分的范围。本部分是针对轻度生理障碍人员,只需将标准中的方法做较小的更改,就能很容易地满足他们的需求,从而扩展产品或服务的市场。

本部分的目的:

a) 告知、进一步了解和认识人类的能力对产品、服务和环境可用性的影响;

b) 概述标准中的要求与产品或服务的无障碍化、可用性之间的关系;

c) 从更广阔的市场,提高对采用无障碍设计原理获得益处的认识。

1.2 本部分适用于日常生活中经常遇到的,供消费市场和工作场所使用的产品、服务和环境。就本部分的目的而言,"产品和服务"这一术语通常反映上述所有目的。

1.3 本部分的内容包括:

a) 标准制定过程中对老年人和残疾人的需求考虑过程的说明;

b) 为确保满足不同能力的人群需求,为标准制定者提供了能够将标准相关条款与应当考虑的因素相关联的表格;

c) 描述了人体机能或人类能力以及残疾的实际含义;

d) 为标准制定者提供了一系列可用于更详细、具体研究的指导性资料。

1.4 本部分提供的只是一般性指导。对特殊的产品或服务的因素应当考虑制定相应具体的指南。

1.5 尽管大家都已认识到无障碍化和可用性对产品和服务的重要性,但在全球范围内开展的服务标准工作仍处于初步阶段。目前,本部分的内容考虑对产品的指导远比服务要多。

2 规范性引用文件

下列文件中的条款通过 GB/T 20002 的本部分的引用而成为本部分的条款。凡是注日期的引用文件,其随后所有的修改单(不包括勘误的内容)或修订版均不适用于本部分,然而,鼓励根据本部分达成协议的各方研究是否可使用这些文件的最新版本。凡是不注日期的引用文件,其最新版本适用于本部分。

GB 5296.1 消费品使用说明 第1部分:总则

GB/T 20000.4 标准化工作指南 第4部分:标准中涉及安全的内容(GB/T 20000.4—2003,ISO/IEC Guide 51:1999,Safety aspects—Guidelines for their inclusion in standards,MOD)

GB/T 20002.1 标准中特定内容的编写 第1部分:儿童安全(GB/T 20002.1—2008,ISO/IEC Guide 50:2002,IDT)

ISO/IEC 2000 年政策说明 在标准化工作中考虑老年人和残疾人的需求

ICIDH-2 Beta-2 功能与残疾的国际分类,世界卫生组织

3 术语和定义

下列术语和定义适用于 GB/T 20002 的本部分。

注:本部分对人类工效学、无障碍化和标准化领域使用的某些术语进行了分类,但未对人体机能和损伤进行描述。上述信息见第9章(或见引言中的脚注1)。

3.1

人类工效学　ergonomics

人因学　human factors

包括已知并理论化的人类行为和生物特征的科学技术分支，可以用于产品和系统的规范、设计、评估、运营和维护，以提高安全和效率，满足个人、群体和组织的使用要求。

3.2

无障碍设计　accessible design

此类设计注重将标准设计扩展到具有某些机能缺陷的特殊人群，通过下列方法最大限度地增加易于使用产品、建筑物或服务的潜在客户的数量。

——设计让大多数使用者无需任何修改就能很容易地使用产品、服务和环境；

——让产品或服务适合不同使用者（用户适配接口）；

——设有标准化接口，以便能与残疾人专用产品兼容。

注1：为所有人群的设计、无障碍设计、相容性设计和为各年龄段人群的设计等术语虽然用法相近，但却具有不同含义。

注2：无障碍设计是通用设计的一个分支，其产品和环境可以供所有人在最大范围内使用，而无需适应或特殊设计。

3.3

辅助技术　assistive technology

辅助设备　assistive device

用于提高、维持或改进残疾人的机体能力的设备、产品系统、硬件、软件或服务等。

注：技术或设备通过采购成品即可上市，也可进行商用化改装或个性化定制获得。本术语包括对残疾人的技术辅助。辅助设备不能消除损伤，但可以减轻残疾人在特定环境下执行任务或活动的困难程度。

3.4

损伤　impairment

残损

人体机能或组织出现的问题，如功能严重衰退或丧失，这可能是暂时性的（如由于受伤引起的）或永久性的，可能随着时间的推移而有所变化，特别是年老引起的功能退化更加明显。

注1：人体机能是人体系统的生理或心理机能。人体组织是指解剖学意义上的人体各部分，如器官、肢体及其他部位（如1999年7月ICIDH-2的定义），也请参见引言中的脚注1。

注2：本定义不同于ISO 9999和ISO 2001的定义，与2001年5月WHO发布的ICIDH-2/ICF定义也略有不同。

3.5

活动受限　activity limitation

个人在从事工作或某些活动时行动受到限制。

3.6

使用者　user

与产品、服务或环境相互作用的人。

注：根据ISO 9241-11:1998改编。

3.7

可用性　usability

特定的使用者在规定的使用范围内使用产品，所能达到的有效、经济和满意的程度。（参照ISO 9241-11:1998）

3.8

可选方式　alternative format

让感官机能有缺陷或有其他缺陷人员使用产品和服务时可选择的不同方式。

3.9

工作犬 working dog

导盲犬、助听犬、为中风等通常需要行动辅助服务提供帮助和用于社会治疗的犬，或这些功能任意组合的犬。

4 总则

4.1 使产品、服务和环境满足老年人和残疾人的需求不仅是人道主义的要求，还会带来巨大的经济效益，最明显的是增加潜在客户。如果产品和服务适用于残疾人，那么其他人就可以更便捷、更容易地使用这些产品和服务。当人们有暂时性困难，如眼镜丢失、腿脚骨折、携带婴儿车或大件行李包旅行时，这种功能尤其有用。

4.2 在设计阶段的早期而不是后期考虑老年人和残疾人的需求，能使制造商以较低的成本或预算来设计、制造或提供更多人能够使用的产品、服务和环境。标准化在该领域将发挥重要作用，将大大影响产品和服务的设计，而这也是消费者感兴趣和关心的。

4.3 鼓励各标准化机构在起草标准时尽量满足老年人和残疾人的需求。本部分旨在为标准制定者和其他相关人员提供系统的方法，在制定和修订标准时解决老年人和残疾人的问题，并协助标准化机构评估他们在工作中是否满足上述需求。

4.4 建议标准化机构应将风险评估作为其分析的组成部分(见 GB/T 20002.1 和 GB/T 20000.4 中的定义)。本部分能够为各标准化机构确认潜在的危险(对残障人员的危险可能更大)评估风险提供帮助。

4.5 应该考虑对日用品的需求潜力，需要专门为老年人和残疾人设计更多的辅助设备。以设备、软件或服务等形式提供的辅助技术，可以满足老年人和残疾人的某些需求。重要的是它要与普通产品保持一致。如，浴缸和浴座应该可供正常人和残疾人使用，助听器和电话也应如此。

4.6 有时提供个别援助(包括工作犬援助)对残疾人来说是不可或缺的，但不能仅依赖它而取代无障碍设计原则。在服务领域，当无障碍设计不能完全满足老年人和残疾人的需求时，则仍然需要人们的援助。

4.7 在产品设计中，安全性和可用性之间可能存在潜在冲突。如，用来防止儿童接触的药品包装，同时也会让视力下降的老年人更难打开，或者可能导致他们的力量或灵敏度降低。尽管安全是主要目标，各标准化机构也应努力制定还能满足人类工效因素的解决方案。满足儿童需求方面的指南见 GB/T 20002.1。

5 标准的使用

5.1 本部分第 6 章提供了标准制定者在制定标准的过程中，考虑老年人和残疾人需求需要考虑的事项。

5.2 第 7 章提供的表格，能够帮助标准制定者确认影响产品、服务或环境使用的因素，并考虑这些因素对具有不同能力的人的重要性。

5.3 第 8 章利用表格中列出的关键词，更详细地解释了需要考虑的因素。

5.4 第 9 章对人的不同能力、感官、身体(状况)和认知(参见表格)进行了描述，并对损伤因果关系进行了说明。还对可能限制个人活动，甚至在某些情况下可能危及生命的过敏症进行了描述。希望所有标准制定者通过阅读第 9 章，加深对问题的认识。

5.5 本部分同时还提供了参考文献，列出了一系列标准制定者可用来更详细、更具体地研究本部分的资料来源。

6 制定标准——标准制定过程中需要考虑的事项

表 1 的各项程序中需要考虑的事项，将有助于各标准化机构确保标准考虑了老年人和残疾人的需

求。在起草新标准或修订现行标准时,仔细阅读这些程序将能实现其目标。

表 1　标准制定过程中需要考虑的事项

确定标准项目	确保委员会处于良好准备状态	制定标准的内容	审查程序	标准颁布
明确: ● 标准的目的 ● 标准化产品或服务的最终使用者 ● 当前产品或服务对广大使用者的无障碍化 来源: ● 供应商 ● 代表老年人和残疾人的团体 ● 用户调查 ● 消费者测试 ● 导则和政策	确保: ● 委员会成员意识到老年人和残疾人问题,例如向专家和使用者描述和(或)提供培训 ● 老年人和残疾人可用的会议室 ● 采用各种格式编写的委员会资料 ● 可用于解决使用者问题的数据,如损伤数据,重点群体研究	使用本标准和其他指导性材料,帮助确定: ● 老年人和残疾人的特殊需求和安全问题 ● 通过满足新的或更高要求,最大限度地减小危险的方式 ● 最大限度地提高产品或服务对广大使用者的无障碍化 ● 需要其他解决方案(如辅助技术)的地方	确保: ● 标准中对可用性需求已经做了评估,例如通过消费者测试调查 ● 标准采用的语言和术语可被老年人和残疾人接受(不应区别对待) ● 草案发送给广大使用者,包括代表老年人和残疾人权益的团体	确保: ● 该标准可用其他方式进行复制

7　确保标准包含无障碍设计规定需考虑的因素表

7.1　简介

表 2 至表 8 提供了帮助标准制定者确定影响不同程度残障人士使用产品、服务或环境的诸因素的工具。应当注意产品的个人使用者可能有多方面的能力损伤,所以制定标准时应当考虑所有残障人士的需求。

7.2　表格的内容

每个表格都确定了标准的一般规定或内容,其中:

表 2:信息——标签、使用说明和警示

表 3:包装——开启、关闭、使用和处置

表 4:材料

表 5:安装

表 6:用户界面——操作、控制装置和反馈

表 7:维护、贮存和处置

表 8:建筑环境(建筑物)

7.3　表格的使用

7.3.1　建议标准制定者在使用表格之前,首先考虑哪些表格与他们起草的标准相关,即,标准制定者希望标准中包含哪种类型的条款。例如:

电子产品相关标准可以具有信息、包装、材料、安装、用户界面与维护方面的条款,因此表 2 至表 7 是制定电子产品相关标准时应当采用的表格。

食品包装标准可以具有信息、包装、材料、用户界面和维护方面的规定。因此,表 2、表 4、表 6 和表 7 是制定食品包装标准时应当参考的表格。

建筑物通道标准一般包括信息、材料、安装、用户界面和建筑环境等规定,制定该类标准时建议查看表 2、表 4、表 5、表 6 和表 8。

表 2 信息章条中需要考虑的因素

设计优秀的产品或服务不需要任何说明信息，只需通过形状和外观就能表示其使用方式。而且，某些使用者不会注意所提供的任何信息。但某些信息仍然需要提供给产品或服务的所有使用者，尤其是安全警示。GB 5296.1 提供了通用性指南，以下是确保老年人和残疾人具有最大无障碍化的方式：

与信息相关的标准章条中需要考虑的因素（标签、使用说明和警示）	人的能力												
	9.2 感官					9.3 身体					9.4 认知		9.5 过敏性
	视觉 9.2.1	听觉 9.2.2	触觉 9.2.3	味觉和嗅觉 9.2.4	平衡 9.2.5	灵敏度 9.3.1	操纵能力 9.3.2	移动能力 9.3.3	肌力 9.3.4	声音 9.3.5	智力/记忆力 9.4.2/9.4.3	语言/文字 9.4.4	接触/进食/呼吸
8.2 可选方式	√	√	√	√		√						√	
8.3 位置/布局	√	√	√		√		√	√	√			√	
8.4 照明/眩光	√												
8.5 颜色/对比度	√										√		
8.6 字号/字体	√												
8.7 语言清晰	√	√									√	√	
8.8 符号/图	√										√	√	
8.9 音量/音调		√											
8.10 速度缓慢		√									√	√	
8.11 特殊形式	√		√								√	√	
8.12 易于操作	√				√	√	√		√		√	√	√
8.13 保质期标签	√			√								√	
8.14 内装物标签	√			√							√		√
8.15 表面温度	√		√										
8.16 无障碍通道	√				√			√					

表 3　包装章条中需要考虑的因素

需要考虑的方面包括：与表 2(使用说明)和表 4(材料)中提供的信息重复的包装标签，以及打开和处置包装的程序。

与包装相关的标准章条中需要考虑的因素(开启、关闭、使用和处置)	人的能力												
	9.2　感官					9.3　身体					9.4　认知		9.5 过敏性
	视觉 9.2.1	听觉 9.2.2	触觉 9.2.3	味觉和嗅觉 9.2.4	平衡 9.2.5	灵敏度 9.3.1	操纵能力 9.3.2	移动能力 9.3.3	肌力 9.3.4	声音 9.3.5	智力/记忆力 9.4.2/9.4.3	语言/文字 9.4.4	接触/进食/呼吸
8.2　可选方式	√		√			√			√				
8.4　照明/眩光	√												
8.5　颜色/对比度	√										√		
8.6　字号/字体	√												
8.8　符号/图	√										√	√	
8.11　特殊形式	√		√									√	
8.12　易于操作	√		√		√	√	√		√				
8.17　程序合理	√										√		
8.18　表面光洁	√		√			√							√
8.19　非过敏性/毒性				√									√

表 4 材料章条中需要考虑的因素

材料的属性会影响使用者与之相互作用。

与材料相关的标准章条中需要考虑的因素	人的能力												
	9.2 感官					9.3 身体					9.4 认知		9.5 过敏性
	视觉 9.2.1	听觉 9.2.2	触觉 9.2.3	味觉和嗅觉 9.2.4	平衡 9.2.5	灵敏度 9.3.1	操纵能力 9.3.2	移动能力 9.3.3	肌力 9.3.4	声音 9.3.5	智力/记忆力 9.4.2/9.4.3	语言/文字 9.4.4	接触/进食/呼吸
8.4.4 眩光	√												
8.5 颜色/对比度	√										√		
8.11 特殊形式	√		√										
8.12 易于操作					√	√	√	√	√		√		
8.14 内装物标签													√
8.15 表面温度			√								√	√	
8.18 表面光洁	√		√		√	√	√	√	√				√
8.19 非过敏性/毒性	√			√									√
8.20 声音	√	√									√		

表 5 安装章条中需要考虑的因素

很多情况下，安装由或应由合格人员进行，但仍然需要注意尽可能适用于不同人群。

与安装信息相关的标准章条中需要考虑的因素	人的能力												
	9.2 感官					9.3 身体					9.4 认知		9.5 过敏性
	视觉 9.2.1	听觉 9.2.2	触觉 9.2.3	味觉和嗅觉 9.2.4	平衡 9.2.5	灵敏度 9.3.1	操纵能力 9.3.2	移动能力 9.3.3	肌力 9.3.4	声音 9.3.5	智力/记忆力 9.4.2/9.4.3	语言/文字 9.4.4	接触/进食/呼吸
8.4 照明/眩光	√												
8.8 符号/图	√										√	√	
8.11 特殊形式	√		√								√	√	
8.12 易于操作	√				√	√	√	√	√		√	√	
8.17 程序合理	√		√								√	√	
8.18 表面光洁	√		√			√			√				√
8.19 非过敏性/毒性				√									√
8.21 故障安全	√										√		

表 6 用户界面章条中需要考虑的因素

以下是对广大使用者的可用性影响最大，需要注意的因素：

与用户界面相关的标准章条中需要考虑的因素（操作、控制装置和反馈）	人的能力												
	9.2 感官					9.3 身体					9.4 认知		9.5 过敏性
	视觉 9.2.1	听觉 9.2.2	触觉 9.2.3	味觉和嗅觉 9.2.4	平衡 9.2.5	灵敏度 9.3.1	操纵能力 9.3.2	移动能力 9.3.3	肌力 9.3.4	声音 9.3.5	智力/记忆力 9.4.2/9.4.3	语言/文字 9.4.4	接触/进食/呼吸
8.2 可选方式	√	√	√	√		√		√	√	√	√	√	
8.3 位置/布局	√		√		√	√	√	√	√		√	√	
8.4 照明/眩光	√												
8.5 颜色/对比度	√										√		
8.6 字号/字体	√												
8.7 语言清晰	√										√	√	
8.8 符号/图	√										√	√	
8.9 音量/音调													
8.10 速度缓慢	√										√	√	
8.11 特殊形式	√		√								√	√	
8.12 易于操作	√		√		√				√		√	√	
8.15 表面温度			√										
8.17 程序合理	√										√	√	
8.18 表面光洁	√		√						√				
8.19 非过敏性/毒性													√
8.20 声音		√											
8.21 故障安全	√		√								√		

表 7　维护、贮存和处置章条中需要考虑的因素

以下是除使用者本人之外的人需要考虑的因素，参见表5。

与维护、贮存和处置相关的标准章条中需要考虑的因素	人的能力												
	9.2　感官					9.3　身体					9.4　认知		9.5 过敏性
	视觉 9.2.1	听觉 9.2.2	触觉 9.2.3	味觉和嗅觉 9.2.4	平衡 9.2.5	灵敏度 9.3.1	操纵能力 9.3.2	移动能力 9.3.3	肌力 9.3.4	声音 9.3.5	智力/记忆力 9.4.2/9.4.3	语言/文字 9.4.4	接触/进食/呼吸
8.2　可选方式	√	√	√			√		√	√	√	√	√	
8.4　照明/眩光	√												
8.8　符号/图	√										√	√	
8.11　特殊形式	√		√								√	√	
8.12　易于操作	√		√		√	√	√	√	√		√	√	
8.17　程序合理	√		√								√	√	
8.19　非过敏性/毒性													√

表 8　与建筑环境相关的章条中需要考虑的因素

建筑环境的设计可能需要考虑辅助技术的其他要求，例如，需要较宽阔的走廊允许轮椅通过。拒绝动物进入的建筑还应当提供专用工作犬通道。而在设计解决方案受限制的地方，应向诸如盲人或坐轮椅的使用者提供人为援助，帮助他们进入。

与建筑环境(建筑物)相关的标准章条中需要考虑的因素	人的能力												
	9.2　感官					9.3　身体					9.4　认知		9.5 过敏性
	视觉 9.2.1	听觉 9.2.2	触觉 9.2.3	味觉和嗅觉 9.2.4	平衡 9.2.5	灵敏度 9.3.1	操纵能力 9.3.2	移动能力 9.3.3	肌力 9.3.4	声音 9.3.5	智力/记忆力 9.4.2/9.4.3	语言/文字 9.4.4	接触/进食/呼吸
8.2　可选方式	√	√	√	√						√		√	
8.3　位置/布局	√				√	√	√	√	√		√	√	
8.4　照明/眩光	√				√								
8.5　颜色/对比度	√										√		
8.6　字号/字体	√												
8.7　语言清晰	√										√	√	
8.8　符号/图	√										√	√	
8.9　音量/音调													
8.10　速度缓慢											√	√	
8.12　易于操作	√				√	√	√	√	√				
8.15　表面温度	√	√	√								√	√	√
8.16　无障碍通道	√				√			√	√		√	√	
8.18　表面光洁	√		√		√	√	√	√	√				√
8.19　非过敏性/毒性				√									√
8.20　声音		√											
8.22　空气流通													√
8.23　防火	√							√					√

7.3.2 每个表格内,第一栏通过关键字确定应当考虑的因素。本部分第8章对关键字进行了编号。

例如:对于电子产品,起草信息和警示条款时,应当考虑给出可选方式、信息的位置和布局、能够看清产品的照明条件等。关键字的"可选方式"的详细解释请见8.2,"位置与布局"的解释见8.3,等等。

7.3.3 每个表格中以阴影表示的栏目,表示这些因素对不同机能受损者的重要性。尽管阴影表示的是特别重要的因素,但所有因素都很重要,每个不同的案例都应当考虑所有因素。因此在表2中,信息和警示采用可选方式足以显示所有因素对感官损伤(视觉、听觉、触觉、味觉或嗅觉)人员,以及对那些灵活性、语言和文字能力有损伤的人士的重要性。

相关可选方式随残障人士能力的不同而不同,但很显然,采用的可选方式越多,适用的人群就越多。每一种人类个体能力都进行了编号,如第9章所示。更多的信息,如视觉信息和由缺损引起的潜在风险见9.2.1。

7.3.4 标准制定者应当依据与其标准相关的列表和因素,有选择地使用这些表格。一旦确定相关表格和因素后,就应当考虑所有后续行中列出的人类能力。因为与产品、服务或环境相关的所有因素可能对不同能力的人而言都是非常重要的。

8 需要考虑的因素

8.1 概要

8.1.1 本章应与表2至表8和第9章中对能力的更完整描述一同使用,这些条款详细地介绍了帮助或阻碍老年人和残疾人的产品、服务和环境的特征。

8.1.2 从8.2起对表格中的关键词进行了解释,就可使用的产品和服务阐述了应该考虑的因素。虽然其中也提供了一些可能的解决方案事例,但这些只应作为指导方针,而不是规范。所列出的问题和解决方案也并不是毫无纰漏的。

8.1.3 对于与无障碍相关的标准项目,应该在起草新标准或修订标准之前,考虑符合7.3.3的表格的要求。

8.2 可选方式

8.2.1 基本考虑事项

可选方式(如3.8中的定义)描述了一种可以使产品和服务易于被接触或感觉到的不同表示方式。通过所有的输入、输出(即:信息和功能),提供至少通过一种可选方式,如视觉和触觉的方式,使包括语言和读写能力有障碍的更多的人获得帮助。对于灵敏性差,力量受损的人,需要考虑提供可替代的包装方式。

8.2.2 视觉信息的替代方式

表面光洁的类型和纹理对于提供触觉反馈是很重要的,因为它能够提高对视力受损的人的指示和警示。如果产品或建筑物的主要指示形式是书面形式,那么可替代的形式还可以是语音(通过某种产品或服务进行的语音指示)、声音(通过滴答声、铃声或蜂鸣声)或接触(触觉的标记或手柄)。

如果认为可行,在电子产品上显示的视觉信息还应该可以用于音频产品或其他用于视觉功能障碍的感官模拟产品,方便那些无法阅读盲文以及阅读有障碍和不能进行阅读的人。印刷的视觉信息也应该以其他形式(如盲人可以感觉到的电子音频、放大而且凸起的字体或盲文等)和以视力较差的人能看见的大字体进行印刷。

8.2.3 听觉信息的替代方式

如果可行,声音信号应该由可视或其他感官模拟产品支持,为那些有听觉障碍的人提供方便(如用书面、图形符号、振动或手语进行交流)。特别是听觉警告(如火灾警报)也应该启动视觉模拟,如闪烁的灯光就是很好、很清楚的指示。

8.2.4 语音输入的替代方式

如果用语音输入来激活某种流程(如建筑物入口处的安全系统),那么就应该考虑诸如写字板的可替代方式或使用视频监视。

8.2.5 生物识别和操作

如果采用计量生物学的识别方式，那么还应该提供可替代的识别或激活方式，例如，如果系统需要进行视网膜扫描，而某个人却没有视网膜；或者系统需要指纹识别，而某个人没有手或使用假肢，这样的人就不能操作该设备，除非以其他可选方式替代。

8.2.6 突发症的避免

闪烁率或闪烁文字、物体或视频应该避免最有可能引发视觉突发症的频率。

8.3 信息和控制装置的位置和布局及手柄的定位

8.3.1 位置

产品上或建筑内信息和控制装置的位置，乃至提供服务信息的位置（例如干洗店接收衣服进行干洗处理的提醒）都非常重要。对于视力有障碍或语言/阅读有障碍的人，这些信息的位置需要给予明显的提醒，如某人从站立或坐在轮椅上的视角都能看见，并且坐着或站立的使用者都能易于触及控制装置，而无需弯腰和把手伸很远。这意味着定位必须是灵活的、可调整的或安装多个同样的装置。当一个产品可用一只手或双手抓握时，或有力量障碍的人用不同的方式抓握此产品时，其信息或控制装置应位于不妨碍他们操作的位置。

8.3.2 建筑

建筑物的设计可结合简单的方法，使人对自然环境更有安全感，如位置合理、扶手坚固等。易于够到的控制装置和门把手，便于那些在灵敏性、操作、移动或力量方面有障碍的人使用。

8.3.3 布局

信息和控制装置的布局也将决定具有视觉或认知障碍的人阅读的难易程度。应考虑的因素包括信息和控制装置的合理分组、文本中每行的长度、信息的相关性和控制装置与所要采取的控制动作间的关系。

8.4 照明和眩光

8.4.1 照明要求

合适的照明可以确保视力有障碍的人员能够更好地看清说明和控制装置。这方面也应为听力障碍的人士考虑，帮助他们清楚地唇读或看清手语交流。

8.4.2 考虑周围环境照明的影响

应考虑通常使用的照明，例如可以在黑暗的房间中操作电视控制键，也可以在昏暗的地方对产品进行安装。

8.4.3 建筑物

在建筑物中需要对照明进行调整以适应不同需求，但应该避免对灯光亮度的突然改变。

8.4.4 避免眩光

灯光亮度太高或某个方向的光线太强会导致很大的阴影或使人感到刺眼，应该避免信息板、指导手册上的光面纸或包含提醒的包装的表面反光，以减少眩光。

8.5 颜色和对比度

8.5.1 颜色选择

容易辨别和看见是很重要的。某些颜色组合在一起会更加有效。但需考虑一些人（患有色盲的人）无法识别红色或绿色。

8.5.2 颜色组合

颜色如何组合最好，主要取决于信息传达的目的（无论用于指导还是用于危险警示），以及最便于阅读信息的照明条件。如，在黄色或浅灰色背景上配黑色是普遍的搭配，它能提供很高的清晰度又不会很刺眼；淡青色背景上加淡青色阴影或浅灰色的背景上写红色的字或符号，就很难看清，应尽量避免使用。

8.5.3　信息的颜色代码

所有用颜色传递的信息也都应该可以在无需识别颜色的情况下使用。颜色代码不应该作为传递信息、指示反应或区别视觉元素的唯一方式。

8.6　信息、警示和控制装置标签的字体、字号和符号

信息、警示和控制装置标签的字体、字号与可能的阅读距离、照明亮度，以及文本的颜色与背景的对比度有关。字体的选择，无论有无衬线，无论是垂直形式还是斜字体、灯光、媒介或粗体显示也会对易读性有重要影响。标准制定者还应该知道使用大写字母印制的文本更难阅读，这对于视力有障碍的人来说更是如此。应该考虑使用指定字体、字号和警示的符号。

8.7　书面或口语语言清晰

8.7.1　文本信息

除其他格式外，信息还应该使用文本格式，以帮助识别和转化成语音或翻译成其他语言，方便那些阅读、识别或理解非文本信息有困难的人。

8.7.2　信息的复杂性

太复杂的指示或操作信息经常导致老年人和智力有障碍的人无法使用产品或设备。简单的书面或语音信息更容易被视力或听力有障碍的人理解。

8.7.3　印刷指示

应该使用简单、直接、非技术性的短句，可以包括简单的图例。

8.7.4　语音信息

语音信息规则与印刷信息规则相似，应该确保信息内容是有意义的，而且要按照逻辑顺序进行指示。关键点应该反复强化。如果语音的发声不够大，或如果音调太高或太低，听力有障碍的人就有可能遭受很大的危险或处于非常不利的形势。

8.7.5　多种语言

如果用多种语言传达指示，那么每种语音的书面信息应该在手册的不同部分呈现，而不是隔行出现。语音信息应该优先于以同种语言传达的清晰的书面说明。

8.8　图形符号和图例

除了文本之外，应该考虑在使用说明或产品上，用有含义的图形符号或图例，以便于安装或使用。例如，当安装产品或在控制装置标签上使用时，相同符号应该用在零件的相应连接处。

8.9　非语音交流的音量和音调

如果提示音不够大或音调太高或太低，听力有障碍的人就有很大的危险。在可能的情况下，信息也应该以尽可能多的频率出现(如，警告信号应该在多种频率下包含很强的成分)。音量应该可调节，且应该避免音量的突然变化。

8.10　慢速信息表示

以比较慢的速度公布信息，可使听众选择有用的信息，在信息之间停顿，使听众可以了解信息，并按照信息行动。如果信息传达的速度太快，听力或视力有障碍或丧失听觉能力的人就很难听懂。如果信息以滚动方式显示或暂时显示，然后再移走，就应该考虑信息显示的时间足够长。

8.11　产品、控制装置或包装的区别性形状

8.11.1　根据形状识别

有区别性的形状可以使视觉有障碍的人更容易识别，无需靠接触来识别产品，或在组装过程中识别产品的部件，或识别不同控制装置的产品。熟悉的形状对感知能力差的人也很有帮助。

8.11.2　产品或控制装置的定向

如果可能，产品或控制装置的形状也应该能说明产品或控制装置的方向，这样，视觉有障碍的人就可以识别顶部还是底部、前面还是后面。

8.11.3 触觉警告

在容器或包装上普遍使用的触觉警告可识别有毒或有腐蚀的材料。同样在建筑物上(例如楼梯、台阶、平台或危险的存储区域)通常需要触觉警告。

8.12 易于操作

8.12.1 尺寸、外形和重量

产品的这些特性将影响它提起、握持和搬运。如果物品的形状易于握持(无论是一只手还是两只手),那么提起和搬运就更容易。轻巧、简洁的物品一般更好使用,因此需要考虑生产材料的密度。任何时候安全性都不能被忽视,产品应该能够用一只手操作,最好是用哪只手都可以操作。

8.12.2 使用说明手册和标签位置

使用说明手册的尺寸、页数、纸张重量都会影响握持和翻页的方便性,并将影响其使用范围。

8.12.3 控制装置

8.12.3.1 操作

转动、推动、拽、托或扣紧所要求的力量对有各种缺陷的残疾人来说都非常重要。操作控制装置要求抓握方便,不要扭手腕,避免同时操作,提供尽可能小的阻力。为了增加摩擦力,结构表面应有助于力量的施加。其他控制的方法应提供更大的平衡或考虑辅助动力。尤其是对有认知障碍的人,预编程操作和个人优选设置方式是很有效的。

8.12.3.2 间距

两个控制装置之间应有一定间隔,以避免操作时相互干扰。

8.12.3.3 状态

应根据控制装置的状态,提供多种感知的反馈信息。

8.12.4 容器和包装

采用合适的形状、尺寸和表面光洁度进行包装,容器应能轻松打开和关闭。如果包装(例如一些食品的包装就很难打开)需要使用者使用尖刀或其他小器具才能打开,那就可能造成受伤。开启的力量应尽量的小,并应适应内装物的安全要求。

8.12.5 动作的持续时间

产品不应该需要很长的处理时间,应该避免不必要的重复操作。

8.12.6 定时的反应

如有可能,使用者应能控制任何的时间限制,以便进行阅读或反应。

8.12.7 建筑物和建筑环境中的因素

建筑物的构件和零部件(如窗户、门、浴室、电梯、大厅和对讲系统等)应该可以轻松地被接触到和易于被控制。这就涉及力量的应用、定位、逻辑结构,而且在使用自助设备时,应该有足够的空间可以移动。

上述情况同样适用于建筑环境(例如街上的设施、人行横道、停车场的记录表)和公共交通设施的操作(门、售票机等)。

这些方面对于那些视力、平衡、灵敏度、听力、操作、移动、肌力和认知有障碍的人特别有用。参见8.3和8.16。

8.13 有效期标志

为了减少食品中毒的危险,食品应该有清楚的生产日期和有效期标志,这一点非常重要,对此理解的能力也同样重要。它对味觉或嗅觉有障碍的人来说尤为重要。

8.14 内装物标签和过敏警示

8.14.1 清楚的产品内装物标签,对那些有食品过敏或接触过敏的人非常重要。潜在的危险物质(如化学品、气体和烟)的警示对于视觉、味觉或嗅觉有障碍的人来说特别重要。清楚的产品内装物标签和包装对那些食品或接触过敏的人特别重要。应重视现有产品成分的任何改变。

8.14.2 在经过过敏测试的产品和包装上贴上特殊标签,以及对安全使用或操作提供清楚的指示都是很有必要的。

8.15 (表面)温度

8.15.1 在正常操作过程中不小心接触到的表面不应该过冷或过热。例如,使用材料应慎重选择(如在寒冷条件下,应该考虑选择适当的绝缘材料)。

8.15.2 由于某些功能原因,需要对表面温度过高或过低进行警告,这对于触觉不灵敏的人特别重要。提醒的形式应该采用视觉或认知有障碍的人可以接受的方式。

8.16 无障碍通道

8.16.1 高度的改变

在建筑物内或接近建筑物的周围地方要避免不必要的高度改变,例如门口和电梯入口,即使非常小的高度、边缘和伸缩的改变都可能导致绊倒。如果必须改变高度,则必须尽可能地小幅变动,并清楚地标示出来。

8.16.2 电梯/自动扶梯和斜坡

在地面高度有变化的地方,应提供电梯/扶梯和斜坡道。为了安全并且能在其上使用电动车、助行器和轮椅,斜坡的坡度应适当。电梯/扶梯也需要有适当的规格。

8.16.3 楼梯

楼梯和台阶的设计应该符合老年人和残疾人的需要,例如在两侧安装合适直径和高度的扶手。台阶应该一样高,并且符合成年人的步幅。台阶走完的地方应该用合适的颜色进行对比标记。

8.16.4 地板

地板应该防滑、坚固和稳定,参见8.18.3。应该为有视力障碍的人提供提示。

8.16.5 转门、滑门或电动门关闭系统

对那些会使人失去平衡的转门、滑门或电动门关闭系统,应该使用安全机制。考虑其他控制方式,例如自动操作(免去了人工操作)。任何程序或操作的限时都应该给行动缓慢者提供足够的时间。

8.16.6 座位

应该在合适的位置设置座位,便于使用者休息。

8.16.7 覆盖面

在人们正常工作或使用环境时,所有地方都应该具备接近性。它应该尽可能地确保接近线路能通过路径连接到这些区域。在进入的路线中应包括可使卫生设施车辆进出的通道。

8.16.8 导向信息

建筑物内的进出路线指示对于视力、行动或认知有障碍的人特别重要。

8.16.9 应急路线

应急疏散路线对于使用轮椅的使用者和其他行动或视觉有障碍的人要非常明显、直观而且易于达到。

8.17 合理的程序

8.17.1 操作

包装和装配、安装或产品操作,这些都应该遵循简单、直接的逻辑顺序,它可为视力或认知有障碍的人提供帮助。

8.17.2 反馈

当每个活动成功完成之后,应该考虑提供合适的反馈。

8.17.3 重复动作

在某项任务中,重复是有帮助的,因为它让学习变得更容易(这对肌力有障碍的人是个难题)。感官有障碍的人可以使用专门设计的控制装置和显示,但需要花更长的时间去学习如何使用,并需要防错措施。

8.18 表面光洁

8.18.1 防滑和纹理

产品或材料的表面光洁对于灵敏度很差的人特别重要。非光滑的表面可以引人注意,并加以控制。不同纹理的使用也可以帮助视觉有障碍的人分辨产品的不同部分,并找到可抓握的地方。

8.18.2 尖锐棱角

表面应该避免尖锐的角或边,这对视力或触觉有障碍的人可能造成危险。

8.18.3 地板

地板应该防滑,使视力、平衡和做一般性动作有障碍的人便于行动。避免使用加垫子的地毯,因为有弹性的表面会让人站立不稳,陷入很深的垫子会使走路不稳的人跌倒。这类地毯对使用助行器的人也很危险。表面材料的改变也会产生危险,应该加以说明。

8.19 非致敏或无毒的材料

避免使用有毒的过敏材料,对于味觉或嗅觉有障碍或接触、食物或呼吸过敏的人特别重要。每个包含镍或铬的物体,都会产生过敏反应,包括门把手和窗框。

对依赖触觉的视力有障碍的人来说,在接触过敏材料的时候可能会遇到危险。

8.20 声学

8.20.1 声学设计

请注意声学设计应保证环境适于人们在低噪音、低回音和高质放大的背景下进行良好的语言交流。视力或认知有障碍的人更需要声音的引导。

8.20.2 放大和调节

将放大、调节和感应装置整合到音频设备中能拓展使用者范围。

8.20.3 通信系统

即使在良好的声音环境下,听力有障碍的人在离声源一段距离外就会听不清楚,这意味着应该使用如感应回路、红外线和无线电等通信系统。

8.21 故障安全

产品或系统的设计应该确保不正确的安装或错误控制发生时,产品或系统能进入安全模式,这样就不会对使用者造成危险。

8.22 通风

通风系统不应该导致或引发呼吸道过敏或刺激。

8.23 防火安全材料

应考虑为残疾人提供具有防火性能的产品或建筑物。通过诸如香烟、火柴或其他小的易燃品等小火源就容易引发火灾的材料具有潜在的危险,如果它们继续燃烧,就会产生有毒的烟雾,并迅速导致火灾。

行动迟缓或视力不好的人在这种情况下非常危险。

9 人的能力及损伤后果的详细解释

9.1 基本考虑事项

9.1.1 人的需要和能力随着他们从童年到老年的成长而不断发生变化,而且,在任何年龄组内,个体之间的能力都有很大的差异。重要的是,要认识到功能和认知局限从相对较小损伤到更大损伤之间存在的差异。

9.1.2 本章应与第8章结合使用,它提供了一些工具,用以识别和解决老年人和丧失劳动能力的人在标准化工作中的需要。

9.1.3 表格中对每种能力给出了简明定义和描述,并对应给出了年老的影响和感觉迟钝所致损伤的实际含义。正如示例显示,老年人和残疾人由于功能缺陷,可能面临更大的风险。

9.2 能力

9.2.1 视觉

9.2.1.1 描述

视觉与感受光的存在，以及感受视觉刺激的形式、大小、形状和颜色有关。

9.2.1.2 年老的影响

视力障碍的发生频率及严重性随年龄的增长而增长。眼睛的生理构造的变化影响着视觉功能的几个方面，其中包括：

——视力敏锐度的损失(图像变得模糊)；

——近视和(或)远视(不能够适应焦点的变化)；

——视野下降(不能够发现所观察物体的侧面、上部或底部)；

——颜色感知，包括与年龄有关的黄视症(不能区分颜色)；

——深浅度感知(不能判断距离)；

——对光强度改变的适应速度(在眼睛根据不同的光强度进行调节时，暂时无法看到周围的事物。如在进入建筑物时)；

——光敏感性。一般来说，老年人在阅读时需要的光线比他们在20岁阅读时需要的要强。

9.2.1.3 设计时的注意事项

视力不佳的人主要依靠触觉和声音，大多数视力有障碍的人都有一定的视力，因此，他们会使用视觉刺激，如大小、亮度和颜色对比等。一般来说，一个图像越简单，它的定义越清晰，也就更容易被发现和阅读。

9.2.1.4 风险和危险

有视力障碍的人在如下方面的危险性更大：

——接触被操作的产品上锋利的角和刃，特别是当使用者依靠触摸来识别特征时；

——状态不稳定的物体，常落在预定范围之外；

——表面、障碍物或突出部分的变化可能导致滑倒、摔倒、碰撞和跌落危险，或造成受伤的情况；

——明火或火焰；

——不经意间可能被碰到的灼热表面；

——未标注任何普遍认可的触觉警告的腐蚀性物质；

——仅仅依靠视觉指示的疏散程序；

——仅依赖颜色或正文与背景之间的很弱对比的视觉警示。

9.2.2 听力

9.2.2.1 描述

听力功能用来感受声音的存在，并识别声音的位置、语速、声音的大小、质量及对声音的理解等。听力损伤的范围从轻微下降到重度失聪等。

9.2.2.2 年老的影响

大多数有听力障碍的人都是年龄较大的人，他们更容易丧失分辨高频率声音的能力。很多老年人都使用助听器。

9.2.2.3 设计时的注意事项

无论使用或不使用助听器，任何声音的音量、频率或清晰度非常重要。先天失聪的人在理解书面和口头语言方面可能会有一些困难。

9.2.2.4 风险和危险

如果口头宣布和警告的声音不够大，或者对他人来说不容易理解，或者频率太高而听不到，听力损伤的人遇到的危险都有可能提高。

9.2.3 触觉

9.2.3.1 描述

触觉功能与感受物体表面及它们的纹理或质量有关。这要依靠其他的刺激，特别是视觉和听觉刺激。

9.2.3.2 年老的影响

随着人的年龄增长，灵敏度就会降低，将不能再依靠触觉或疼痛来对温度或伤害进行早期反馈了。

9.2.3.3 设计时的注意事项

安装了假肢或有触觉障碍的人可能无法使用触摸屏或类似的控制设备。

9.2.3.4 风险和危险

对触觉高度敏感的人可能会因为刺激而受伤，而这些刺激对其他人而言只会感到不太舒服。举例来说，如摸到锋利的角和刃，以及温度非常高或低的表面。这些刺激还有可能对那些不敏感的人造成伤害，因为他们会与这些东西保持较长的接触时间。

9.2.4 味觉和嗅觉

9.2.4.1 描述

味觉和嗅觉是独立的感官，但由于它们有着相似的实际含义，在表中就被放在了一组。味觉通过舌头上的感觉器官来感受四种基本味道：苦、甜、酸、咸；嗅觉是使用鼻子里的感觉器官来感受气味。味觉和嗅觉一起使用来识别正常可以区分的味道范围。

9.2.4.2 年老的影响

随着人的年龄增长，他们感受气味的能力也在下降。

9.2.4.3 风险和危险

味觉或嗅觉感官的障碍降低了人体对有害物质的防备。例如，人们可能无法发现食物已经变质，或者不能预防一些危险，如烟雾等。

9.2.5 身体平衡

9.2.5.1 描述

保持身体平衡而避免摔倒的能力要依靠一个非常复杂的系统来完成，这个系统包括协调视觉刺激的大脑、来自耳朵里的身体平衡机制的反馈和肢体的移动等。事实上，所有类型的活动都要求有持续的平衡控制。

9.2.5.2 年老的影响

由于平衡功能损伤而产生的跌倒现象会随着年龄的增长而上升。与年龄有关的注意力不能集中和视力损伤能降低避免危险及对失去平衡做出反应的能力。

9.2.5.3 风险和危险

滑倒、摔倒或其他一些意料之外的对平衡的干扰都要求关节旋转和肢体运动的快速响应，并可能对平衡控制系统提出超常要求。即使是很小的边缘和突出都可能造成滑倒。老年人由于更容易发生骨折，因此他们在跌倒时更容易受伤，随之而来的并发症还可能会威胁他们的生命。平衡功能损伤可以导致对跌倒的恐惧，坐轮椅的人、骑动力独轮车的人及步行者都可能存在平衡功能不足，受伤会严重影响他们的独立性。

9.3 机体反应能力

9.3.1 手部灵活性

9.3.1.1 描述

灵活性与手和手臂的活动有关，特别与在使用一支手、几根手指，尤其是拇指来处理物体、拾起物体、操纵和释放物体时的协调活动有关。

9.3.1.2 设计时的注意事项

手部灵活性障碍包括不能将拇指和其他手指紧紧地并在一起，或不能把它们分得很开。复杂的活动(如推和转)要求持续的压力并转动手腕,这可能会很疼或无法完成。这些活动都包含对大小、形状和位置的控制。总是不由自主地进行活动的人对做一些要求准确性的任务会有一定的困难,如打开包装、进行紧固操作等。

9.3.1.3 风险和危险

手部缺乏灵活性的人往往容易伤害到自己,例如不小心激活控制装置,或者不能够快速地把手从危险状况(如火焰)缩回来。

9.3.2 操控

9.3.2.1 描述

操控与搬运、移动和操作物体等这些活动有关,指用腿、脚、胳膊和手来完成伸、举、放下、拉、推、踢、抓、放、转、掷和捉等活动。

9.3.2.2 年老的影响

在进行活动时,由于不能同时使用双手(或双脚),操作可能会受到影响。当关节运动,特别是手或胳膊受限时,操作也会受到影响。由于反应时间较慢,行动迟缓,处理速度也随着年龄的增加而放慢。

9.3.2.3 风险和危险

有操控障碍的人如果在使用设备时,由于不经意地移动设备,就可能造成伤害。产品设计需要把这种无意识行为的危险和后果降至最小。

9.3.3 运动

9.3.3.1 描述

运动是指保持和改变身体姿势,用腿、脚、手臂和手使自己从一个地点到达另一个地点的活动。

9.3.3.2 年老的影响

很多晚年有运动障碍的人在他们的日常生活中都会有一定的困难,如穿衣、睡觉和起床等。这样的例子包括:

——腿上承受不了大的压力;

——行走速度及步长和(或)步高下降;

——手臂、腿和脊骨的关节运动幅度受限;

——在进行有约束的和需要协调的运动时有困难。

9.3.3.3 设计时的注意事项

有些活动不便的人需要轮椅或助行器之类设备的帮助,另外一些人可能需要他人的帮助。在这两种情况中,在他们周围都需要额外的空间,以便移动和操纵设备。

9.3.3.4 风险和危险

有运动障碍的人在进行车辆或建筑物紧急疏散时危险特别大。

9.3.4 肌力和耐力

9.3.4.1 描述

肌力是指在开展一项活动时,由肌肉或肌肉组的收缩而产生的力量。肌力可以是在一个特定的行为(如,推)或作用到一个特定物体(如,开瓶盖)中由身体的一个特定部位使出的力量。这样的活动包括拉、举、压、握、夹、扭等。

肌力还依赖于人的耐力。耐力是指人维持力量的容量,它与人的心肺功能有很大关系。很多身体上有残疾的人往往肌力也很弱,这也是他们不能操作设备的一个主要原因。

9.3.4.2 年老的影响

肌力和耐力的下降在老年人中十分普遍,也因此导致了他们力量的下降。手握力量的下降使操作一个具有阻力或扭矩的器具时有些困难或产生疼痛感,耐力不足则导致在长时间使用一种东西时产生疲劳。由于这些困难的出现,被动运动[也就是说,一种外力(如重力)导致的运动]的控制会受到影响,如把一个重物放低或坐到椅子上等。

9.3.5　语音

9.3.5.1　描述

语音是指由发音器官所产生的声音，通常是指讲话。语言障碍一般来讲会影响讲话，或讲话的某几个方面，如清晰度、音量、流利性、语速、语调和节奏等。

9.3.5.2　设计时的注意事项

语言障碍的首要后果就是交流和社会交往的障碍。其他的交流形式，如视觉语言，或设备如语音放大器、语音合成器，或传真、键盘、字幕的使用等对交流都有一定的帮助。

9.4　认知能力

9.4.1　总则

9.4.1.1　认知是对信息的理解、综合及处理的过程。信息包括对观点和时间管理的提炼和组织。

9.4.1.2　认知功能损伤的人在学习新事物、进行概括和联想以及通过口头和书面语言表达自己方面会有一些障碍。这些损伤可能会使人产生焦虑、孤独、沮丧、错觉、困惑和强迫性冲动等情绪。类似的情绪紊乱会使人的精力无法集中在一件事情上。

9.4.2　智力

9.4.2.1　描述

智力是指人认识、理解和推理的能力。

9.4.2.2　年老的影响

随着年龄的增大，人们在集中精力和持续地把注意力集中在一件事情上就有更大的难度。睡眠/清醒节奏的变化可能意味着老年人更容易犯困，这样在白天就打不起精神。一些老年人容易犯的疾病，如痴呆和阿尔茨海默氏病，会导致他们的智力逐渐下降，从而引起糊涂和方向感的迷失。

9.4.2.3　设计时的注意事项

认知功能损伤会导致一些感知问题，如接受、注意和区分感官信息有些困难，在问题处理方面，如认识问题、识别、选择和实施解决办法及评估结果等也有一些困难。

9.4.3　记忆力

9.4.3.1　描述

记忆力是指存储和记录信息，并在需要时进行检索信息的特定脑力功能。

9.4.3.2　年老的影响

记忆力下降会影响人的回忆及学习事物的能力，还可能导致人变得糊涂，影响到短期或长期记忆力。短期记忆力对产品使用更为重要，在完成一项任务前，记忆力下降的人可能会忘记他们应该做什么。

9.4.3.3　风险和危险

如果未完成任务导致一些危险情况的发生(如打开了煤气，却没有点燃)，记忆力障碍就有可能导致危险。设计时需要确保系统是“安全可靠的”。

9.4.4　语言或读写能力

9.4.4.1　描述

语言和读写能力是认识和使用标志、符号及其他语言组成要素的特定大脑功能。

9.4.4.2　年老的影响

年龄的增加有时会影响一个人的语言表达能力，如中风后遗症。人们患上中风后，他们的语言能力就会受到影响。他们能以同样的方式思考，但却无法用语言表达自己的想法。语言障碍可能导致对书面或口语的理解或表达上的部分或全部障碍。各个年龄段有阅读困难的人在阅读和书写上都有困难。

9.4.4.3　风险和危险

有语言障碍的人如果不能理解书面警示或重要提示时，就很容易处于危险的境地。

9.5 过敏症

9.5.1 描述

9.5.1.1 过敏症是一种对物质的免疫反应，它常常会造成非常严重的后果，有时甚至会威胁生命。当接触到需要避免接触的过敏源（身体对这种物质非常敏感的物质）时，所引起的过敏症还可能导致功能丧失，身体活动受限。

关于产品的说明，特别是产品标签和警示，我们已经在前面的内容中讨论过了。

9.5.1.2 造成过敏反应的过敏源种类包括花粉、灰尘颗粒、霉孢子、食物、乳胶、昆虫的毒液和某些药物等。很多产品和设备都包含一些可能造成过敏反应的物质，如镍。

9.5.1.3 过敏症反应程度有所不同，轻则令人烦躁，重则导致疾病突发而且威胁生命。突发的过敏反应如：误食了某种食物后，会引发喉咙肿大和严重的呼吸困难。

9.5.2 接触过敏

接触过敏是由过敏源通过皮肤进入体内造成的。这些过敏源一般是包含在粉末、洗液、香水、有香味的产品、化妆品、日用化工产品、有些金属或乳胶中。这些东西在很多家庭、建筑物和电子设备中都可能存在。世界上约有15%的人口患有接触过敏症，且症状常常是终身的。

9.5.3 食物过敏

食物过敏是对一种或多种食物的反应或不耐受性。大量的食物可能造成过敏反应，最常见的就是牛奶、小麦、大豆、鸡蛋、花生和鱼。食物的色素、防腐剂及添加剂也是导致过敏的主要原因。

9.5.4 呼吸道过敏

9.5.4.1 空气传播的过敏源附着在人们所呼吸的物质上进入人体，如灰尘、花粉、微粒、霉菌及动物残屑等。最典型的呼吸道过敏症是哮喘，它会导致呼吸道紧缩和呼吸停止。

9.5.4.2 本章还包括了化学灵敏症，即人类环境中对化学制品的反应。这些类似过敏症的反应可能是由于暴露在多种不同的合成及自然物质中而引起的，如那些在油漆、毡毯、建筑材料、塑料、香水、卷烟和植物等中发现的物质。

参 考 文 献

注：本参考文献并不详尽，使用者应查找当前的更新，留意以后的出版物，并查阅相关网站以获取更多其他资料。

［1］ GB/T 2893.1—2004　图形符号　安全色和安全标志　第1部分：工作场所和公共区域中安全标志的设计原则

［2］ ISO 7176-5:1986　轮椅　第5部分：总体尺寸、质量和转向空间的测定

［3］ GB/T 16432　残疾人辅助器具　分类和术语(GB/T 16432—2004,ISO 9999:2002,IDT)

［4］ GB/T 18978.11　使用视觉显示终端(VDTs)办公的人类工效学要求　第11部分：可用性指南(GB/T 18978.11—2004,ISO 9241-11:1998,IDT)

［5］ ISO/TR 9527:1994　建筑物建设　残疾人在建筑物中的需要　设计指导方针

［6］ 通用设计的文件的网址在：www. design. ncsu. edu/cud/pubs/center/books/ud_file/appendix. pdf

［7］ JIS S 0011:2000　针对包括老年人和残疾人在内的所有人的指导方针　在消费品上标上触觉可感知的点

［8］ JIS S 0012:2000　针对包括老年人和残疾人在内的所有人的指导方针　消费品的可用性

［9］ JIS S 0021:2000　针对包括老年人和残疾人在内的所有人的指导方针　包装和容器

［10］ JIS X 6310:1996　预付卡　一般规范

［11］ Kyoyo-Hin 2001 年白皮书，定义、市场的背景及 Kyoyo-Hin 和 Kyoyo 服务的取样列表 http://Kyoyohin. org/eng/

［12］ 欧洲无障碍化概念，欧洲委员会，1996年3月. www. eca. lu

［13］ 老年人用品安全导则，荷兰消费者安全学会，1999. cd-rom www. eisenwijzer. nl

［14］ 通用设计，为所有人规划和设计，挪威国家残疾人理事会，1997.

［15］ 联合国老年人法则，1991.

［16］ 联合国残疾人机会均等标准规则，1994.

［17］ 标准和老年人：安全改进建议，荷兰消费者安全协会和英国消费者协会

［18］ 人类工效和中年人手册，Fisk, A. , Rogers, W. (Editors) ,ISBN 0-12-257680-2 学院出版社，Harcourt Brace，纽约，多伦多，1997.

［19］ 纽约洲立大学通用设计中心 Story, M. F. , Mueller, J. L. , Mace, D. L，通用设计文件：为不同年龄和不同能力的人设计. 1998.

［20］ 无障碍设计，Covington, G. , Hannah, B. , John Wiley 和 Sons，纽约.

［21］ ANEC 导则：满足老年人和残疾人的需要-产品设计和测试导则（ANEC2000/SN/015-GL. : www. anec. org. /public/docweb/sn015-00. pdf 和 www. ricability. org. uk/anec/default. htm)

［22］ Handboek voor Toegankelijkheid (无障碍手册，建筑环境、建筑物和房间的人类工效学), Dutch text, ISN 90-5439-104-9 , elsevier, Doetinchem, the Netherlands, 4 ed. 2001.

ICS 65.020.01
B 05

中华人民共和国国家标准

GB/T 20014.2—2008
代替 GB/T 20014.2—2005

良好农业规范 第2部分:农场基础控制点与符合性规范

Good agricultural practice—Part 2:All farm base control points and compliance criteria

2008-05-19 发布　　2008-10-01 实施

中华人民共和国国家质量监督检验检疫总局
中国国家标准化管理委员会　发布

前　言

GB/T 20014《良好农业规范》分为以下部分：
——第1部分：术语；
——第2部分：农场基础控制点与符合性规范；
——第3部分：作物基础控制点与符合性规范；
——第4部分：大田作物控制点与符合性规范；
——第5部分：水果和蔬菜控制点与符合性规范；
——第6部分：畜禽基础控制点与符合性规范；
——第7部分：牛羊控制点与符合性规范；
——第8部分：奶牛控制点与符合性规范；
——第9部分：生猪控制点与符合性规范；
——第10部分：家禽控制点与符合性规范；
——第11部分：畜禽公路运输控制点与符合性规范；
——第12部分：茶叶控制点与符合性规范；
——第13部分：水产养殖基础控制点与符合性规范；
——第14部分：水产池塘养殖基础控制点与符合性规范；
——第15部分：水产工厂化养殖基础控制点与符合性规范；
——第16部分：水产网箱养殖基础控制点与符合性规范；
——第17部分：水产围拦养殖基础控制点与符合性规范；
——第18部分：水产滩涂、吊养、底播养殖基础控制点与符合性规范；
——第19部分：罗非鱼池塘养殖控制点与符合性规范；
——第20部分：鳗鲡池塘养殖控制点与符合性规范；
——第21部分：对虾池塘养殖控制点与符合性规范；
——第22部分：鲆鲽工厂化养殖控制点与符合性规范；
——第23部分：大黄鱼网箱养殖控制点与符合性规范；
——第24部分：中华绒螯蟹围拦养殖控制点与符合性规范。

本部分为GB/T 20014的第2部分。

本部分代替GB/T 20014.2—2005《良好农业规范　第2部分：农场基础控制点与符合性规范》。

本部分与GB/T 20014.2—2005相比主要变化如下：
——增加10个新条款：4.3.2.3、4.3.2.6、4.3.2.7、4.3.3.3、4.3.4.2、4.3.5.3、4.3.5.4、4.3.6.1、4.5.3.1、4.7.1；
——删除5个条款：4.1.3、4.2.1.1、4.2.2.2、4.4.1.3、4.4.1.5；
——调整了13个条款：4.1.1、4.2.1.1、4.2.1.2、4.3.1.1、4.3.2.1、4.3.3.1、4.3.3.4、4.3.4.1、4.3.5.1、4.4.1.1、4.4.2.1、4.4.2.3、4.5.1.1。

本部分的附录A为资料性附录。

本部分由中国国家认证认可监督管理委员会提出。

本部分由中国国家标准化管理委员会归口。

本部分起草单位：中国国家认证认可监督管理委员会注册管理部、中华人民共和国山东出入境检验检疫局、中华人民共和国湖北出入境检验检疫局、中华人民共和国黑龙江出入境检验检疫局、中华人民共和国辽宁沈阳出入境检验检疫局、农业部优质农产品开发中心、全国农业技术推广服务中心、中国检验认证集团质量认证有限公司、三通食品(潍坊)有限公司。

本部分主要起草人:陈冰、章红兵、侯天亮、戴晓武、陈恩成、邱国强、李连海、李莉、姜宏、李振福。

本部分所代替标准的历次版本发布情况为:

——GB/T 20014.2—2005。

引　　言

食品安全不仅关系到消费者的身体健康和生命安全，而且还直接或间接影响到食品、农产品行业的健康发展。因此，食品安全是对食品链中所有从事食品生产、加工、储运等组织的首要要求。

作为食品链的初端，作物种植、畜禽和水产的养殖过程直接影响农产品及其加工食品的安全水平。为达到符合法律法规、相关标准的要求，满足消费者需求，保证食品安全和促进农业的可持续发展，提出以下要求：

0.1 食品安全危害管理

本标准采用危害分析与关键控制点（HACCP）方法识别、评价和控制食品安全危害。在种植业生产过程中，针对不同作物生产特点，对作物管理、土壤肥力保持、田间操作、植物保护组织管理等提出了要求。在畜禽养殖过程中，针对不同畜禽的生产方式和特点，对养殖场选址、畜禽品种、饲料和饮水的供应、场内的设施设备、畜禽的健康、药物的合理使用、畜禽的养殖方式、畜禽的公路运输、废弃物的无害化处理、养殖生产过程中的记录、追溯以及对员工的培训等提出了要求。在水产养殖过程中，针对养殖水产品的生产方式和共同特点，对养殖场选址、养殖投入品（如：苗种、化学品、饲料、渔药）管理、设施设备要求、渔病防治、养殖用水管理、捕获与运输、员工培训、养殖生产记录、产品追溯以及体系运转等方面提出了要求。

0.2 农业可持续发展的环境保护要求

本标准提出了环境保护的要求，通过要求生产者遵守环境保护的法规和标准，营造农产品生产过程的良性生态环境，协调农产品生产和环境保护的关系。

0.3 员工的职业健康、安全和福利要求

本标准提出了员工职业健康、安全和福利的要求。

0.4 动物福利的要求

本标准提出了动物福利的要求。

本标准将内容条款的控制点划分为 3 个等级，并遵循表 1 原则：

表 1

等级	级　别　内　容
1	基于危害分析与关键控制点（HACCP）和与食品安全直接相关的动物福利的所有食品安全要求
2	基于 1 级控制点要求的环境保护、员工福利、动物福利的基本要求
3	基于 1 级和 2 级控制点要求的环境保护、员工福利、动物福利的持续改善措施要求

良好农业规范
第2部分：农场基础控制点与符合性规范

1 范围

GB/T 20014 的本部分规定了作物、畜禽、水产生产良好农业规范的基础要求。

本部分适用于对作物、畜禽、水产生产良好农业规范基础要求的符合性判定。

2 规范性引用文件

下列文件中的条款通过 GB/T 20014 的本部分的引用而成为本部分的条款。凡是注日期的引用文件，其随后所有的修改单(不包括勘误的内容)或修订版均不适用于本部分，然而，鼓励根据本部分达成协议的各方研究是否可使用这些文件的最新版本。凡是不注日期的引用文件，其最新版本适用于本部分。

GB/T 20014.1 良好农业规范 第1部分：术语

3 术语和定义

GB/T 20014.1 所确立的术语和定义适用于 GB/T 20014 的本部分。

4 要求

4.1 记录的保存、内部检查/审核

序号	控制点	符合性要求	等级
4.1.1	外部检查期间，农业生产经营者应能够提供所有要求的且至少保存2年的记录。某些特殊控制点规定需保存更长时间的记录除外。	农业生产经营者被第一次检查后的文件记录至少保存2年，法律法规和某些特殊控制点要求保存更长时间的记录除外。全部适用(对于畜禽养殖，记录保存3年)。	2级
4.1.2	农业生产经营者或农业生产经营者组织应每年对照良好农业规范标准进行至少一次内部检查/审核。	有书面记录证明，农业生产经营者或农业生产经营者组织每年对照良好农业规范标准，至少进行一次内部检查/审核。应对执行情况进行记录。	1级
4.1.3	内部检查或农业生产经营者组织的内部审核中发现的不符合项应采取了有效的整改措施。	有记录证明农场已制定并实施了有效的整改措施。全部适用。	1级

4.2 场所历史和管理

4.2.1 场所历史

序号	控 制 点	符合性要求	等级
4.2.1.1	应在每个生产环节或其他区域/场所建立记录系统，有畜禽饲养和(或)水产养殖和(或)其他农事活动永久性的记录。这些记录应按照顺序和日期进行保存并更新。	现有记录应记载所有良好农业规范产品生产区域的历史。对于作物：申请方被初次检查前有至少3个月的完整记录，记录包括与良好农业规范文件要求相关的被检查作物覆盖的所有区域的农事活动；对于畜禽饲养和水产养殖的记录包括了至少一个生长周期。全部适用。	1级
4.2.1.2	应在每块田地、果园、温室、院子、小块场地、畜舍或生产中使用的其他区域建立一套参照系统并在农场规划图或地图上注明。	在每块土地、温室、小块场地、畜舍和围栏或其他农场等设有可见的实物标识，并根据参照系统在农场的规划图或地图上进行标识。	2级

4.2.2 场所管理

序号	控 制 点	符合性要求	等级
4.2.2.1	当场所更换新址(如：农场、畜禽场或水产养殖场)或现有场所的风险发生了变化时，应进行风险评估。评估时应考虑新场所的食品安全、员工健康、环境和野生动物健康，确保适合农业生产。	在选用新址引进新的农作物、畜禽或水产养殖项目时，均应进行书面的风险评估。风险评估应重新考虑任何新的食品安全的风险。风险评估应考虑场所的历史(如：作物种植史、储存史)并考虑邻近原料、农作物和环境的影响(参见附录A)。	1级
4.2.2.2	应制定农场管理计划以最大限度地降低已知风险，如污染或地下水污染等。应记录分析结果并用于拟选地点的适宜性判定。	建立并实施满足本控制点目标的农场管理计划。该计划应包括以下一项或多项内容：动植物生活环境质量、土壤紧实程度、土壤侵蚀、适用时包括温室气体的散发、腐殖质平衡、氮磷平衡、化学植保产品的浓度。	2级

4.3 员工健康、安全和福利

4.3.1 员工健康和安全

序号	控 制 点	符合性要求	等级
4.3.1.1	农场应有关于工作环境健康安全的书面风险评估。	书面的风险评估可以是通用的，但应适合农场的具体情况。风险评估每年应复审，且在组织发生变化时进行更新。全部适用。	2级

序号	控　制　点	符合性要求	等级
4.3.1.2	农场应有一套书面的健康、安全和卫生方针及操作规程，包括了4.3.1.1中风险评估的内容。	健康、安全和卫生方针至少包括了4.3.1.1中风险评估确定的关键点，可以包括事故和紧急情况规程、卫生规程等，用于处理工作环境中已确定的风险。当风险评估发生变化时此方针应进行重新审核和更新。	2级

4.3.2　员工培训

序号	控　制　点	符合性要求	等级
4.3.2.1	应保存培训活动和参加人员的记录。	保存了培训活动的记录，包括：内容、授课人、日期和参加人员的记录，应有参加人员签到表。	2级
4.3.2.2	所有操作和（或）管理兽药、化学品、消毒剂、植保产品、生物杀灭剂和其他危险品的员工，以及操作4.3.1.1风险评估中定义的危险或复杂设备的员工都应持有资格证书和（或）其他详细的证明材料。	仔细审查从事上述任务的员工相关的培训证书和培训记录，以及胜任此类工作的证明。全部适用。	1级
4.3.2.3	农场的所有员工应接受过与4.3.1.1风险评估相关的健康与安全的培训和指导。	明确了员工的职责和任务，并且在检查和面谈过程中证实其相应能力。当检查时无员工在场，提供培训的证明。	2级
4.3.2.4	每个农场生产时，应有一定数量的（至少有一个）接受过急救方面培训的人员在场。	当农场进行生产时，至少有一个在过去5年内接受过急救培训的人员在场。遵守适用的急救培训规程。农场生产包括在所有适用模块进行的一切活动。	2级
4.3.2.5	农场应有书面的卫生规程。	卫生规程张贴在明显处，使用清晰的标识（图片）或员工通俗易懂的语言，规程内容包括： ——手的卫生要求； ——皮肤伤口的包扎； ——设有吸烟、饮食和喝水的特定限制区域； ——传染疾病的报告制度； ——防护服使用。	2级

序号	控　制　点	符合性要求	等级
4.3.2.6	农场的所有员工应接受过4.3.2.5卫生规程相关的基础的卫生培训。	卫生培训课程包括书面答题和口头回答，授课人要有资质，所有新员工应参加培训并通过培训签到表证明，培训内容应包括4.3.2.5中的规程。包括农业生产经营者和管理者在内的所有员工每年都应参加卫生规程培训并有签到表证明。	2级
4.3.2.7	农场应执行卫生规程。	感官评估，从事卫生规程中确定任务的员工应证明其具备了相应能力。全部适用。	2级
4.3.2.8	所有的分包商和来访者都应知道个人安全和卫生方面的要求。	有证据表明，与来访者和分包商就公司要求来访者的个人健康、安全和卫生规程作了正式的交流(在明显的地方张贴相关规程，以便所有的来访者和分包商都能看见)。	2级

4.3.3 危害和急救

序号	控　制　点	符合性要求	等级
4.3.3.1	应有事故和紧急情况的处理规程，张贴于明显位置，与农场活动相关的所有人员都应该知道。	应有永久性的事故处理规程，清晰的张贴在附近可见的地点，规程使用通俗的语言和(或)图表，适用时规程应明确以下情况： ——与农场相关的地图或地址； ——联系人； ——最近的通讯(如：电话、无线电)地点； ——及时更新的相关部门的电话号码(如：警察、急救、医院、消防，附近的健康急救点或可靠的运输、供水、供电)； ——如何和到哪里联系当地医疗机构，医院和其他急救服务； ——灭火器的位置； ——存在的紧急情况； ——断水、断电、断气紧急情况的处理； ——事故和危险情况如何报告。	2级

序号	控制点	符合性要求	等级
4.3.3.2	危险处应有明显的警示牌。	有固定、清楚的危险警示牌以显示潜在的危害，如：废弃的深沟、燃料桶、车间、植保产品和肥料存放设施的门上或附近以及其他化学储存设施和化学品处理过的作物，有警示标记。全部适用。	2级
4.3.3.3	必要时，应能对员工健康的突发性危险提供安全建议。	必要时，确保采取适当的行动，确保可以获得有关信息(如：网站、电话号码、数据表等)。	2级
4.3.3.4	应在所有固定场所和工作区附近配有急救箱。	根据国家法规和建议，在所有适当的地点设有急救箱，且箱内物品确保完整可以随时正常使用，并适于邻近工作区使用。	2级

4.3.4 防护服和(或)设备

序号	控制点	符合性要求	等级
4.3.4.1	所有的工人(包括分包商)应备有合身的防护服，并按法规要求和(或)说明书或授权的专业人员的指导使用。	有整套性能良好的防护服(如：胶靴、防水服、防护连身裤、橡胶手套、面具等)。按法规和(或)说明书要求或经授权的专业人员的指导认为适合使用，并处于良好的维护状态。必要时，提供适当的保护呼吸、眼睛和耳朵的设施和救生衣等。	1级
4.3.4.2	防护服使用后应清洗和适当储存，避免污染服装和设备。	按使用种类和污染等级的规定，定期清洗防护服。清洗防护服及设备时应戴手套，并与个人服装分开洗涤；脏的、破损的防护服、设备及过滤器要按规定处理；一次性用品(如：手套等)不得重复使用，所有防护服及设备包括可更换的过滤器应与植保产品、其他可能污染防护服及设备的化学品分开存放，并存放在通风区域。全部适用。	1级

4.3.5 员工福利

序号	控　制　点	符合性要求	等级
4.3.5.1	农场应指定1名管理人员对员工的健康、安全和福利问题负责。	有文件明确指定了1名管理人员负责对员工的健康、安全和福利，使之符合相关的国家和地方法规要求。	1级
4.3.5.2	农场管理者与员工应定期举行双向交流会。应有相关的会议记录。	每年至少计划和举行两次农场管理者与员工之间的会议，就经营、员工健康、安全和福利等有关问题进行公开讨论（不能恐吓、威胁或报复）。记录员工所关心的健康和福利问题，并保存会议记录。记录人员不必对记录内容的正确性或结果作出判断。	3级
4.3.5.3	应能够提供所有农场工人准确的总体信息。	农场所有员工包括季节工和分包方的总体信息，有书面准确的记录，信息应包括：姓名、报到日期、雇用期限、正常工作时间、加班规定、记录所有员工（及分包方）的相关信息在第一次外部检查之后至少保存2年，对分包方的要求见4.3.6.1。	2级
4.3.5.4	员工应有干净的食品储存区、就餐区、洗手和饮水设施。	提供了食品储存和饮食区、洗手设施和可饮用的水。	2级
4.3.5.5	生活区应适于居住，并有相应的配套设施。	农场内的生活区应适于员工居住，生活区有完好的屋顶、门窗，并且配有流动水、卫生间、下水道等基本设施。无下水道时允许使用密封的化粪池。	2级

4.3.6 分包方

序号	控　制　点	符合性要求	等级
4.3.6.1	当农场采用分包方式，农场应提供分包方的相关信息。	分包方应根据良好农业规范相关控制点的要求，对其为农场提供的服务（包括4.3.5.3）进行评估（或农业生产经营者代表分包方评估），良好农业规范外部检查时分包方应提供评估报告，并接受良好农业规范检查员对评估产生怀疑时的现场检查。农业生产经营者负责监督检查分包方对控制点要求的执行，并签署分包方每项任务和季节合同执行的评估报告。	2级

4.4 废弃物和污染物的管理、回收与再利用

4.4.1 废弃物和污染物的确定

序号	控 制 点	符合性要求	等级
4.4.1.1	在所有的生产场所，任何可能生成废弃物的产品和污染源应经过确认。	应对农场生产过程中所有可能形成废弃物的产品（如：纸张、纸板、塑料、油等）和污染源（如：过多的肥料、病鱼和死鱼、清洗时产生的海藻等）列出清单。	2级

4.4.2 废弃物和污染物处理计划

序号	控 制 点	符合性要求	等级
4.4.2.1	应有书面计划以避免或减少废弃物和污染物的产生，并且通过回收利用以代替对废弃物进行填埋或焚烧处理。如果没有携带疾病的风险，那么有机的废弃物应用于农场施肥或用于改善土壤状况。	应提供一个全面的、现行的、书面的行动计划，包括减少废弃物和污染的产生，废弃物的回收利用等内容。空气、土壤、水、噪声、光的污染都应考虑。	3级
4.4.2.2	应实施废弃物管理计划。	应有具体的行动及措施证实该废弃物管理计划的各项目标得以实施。	3级
4.4.2.3	农场和废弃物处理设备应避免成为导致食品安全风险的病虫害的滋生地。	感官评估，废弃物处理区无滋生地，且不靠近农产品和产品储存区。在固定区域因当前工作产生的临时的少量垃圾和废弃物是允许的，大量的垃圾和废弃物应及时清除，室内的农产品处理区至少每天清理一次。	1级
4.4.2.4	应配备足够的废弃物处理设施。	农场应指定废弃物存放区域，对不同类型的废弃物进行识别并分类存放。	3级

4.5 环境保护

4.5.1 农事活动对环境和生物多样性的影响

序号	控 制 点	符合性要求	等级
4.5.1.1	农场应有野生动植物的管理计划和保护方针，并了解农事活动对环境造成的影响。	有一个旨在改善栖息地，增加农场生物多样性的书面行动计划，可以是区域性的活动或单独的计划，农场应参与或被包含其中，内容包括：病虫害综合防治知识、作物养分的利用和场所保护等。	2级

序号	控 制 点	符合性要求	等级
4.5.1.2	农业生产经营者应考虑改善环境以益于当地社区和动植物。	农业生产经营者应通过在农场采取主动和实际的行动或加入积极支持环境方案的组织来证实。查看动植物生活环境质量和环境因素。	3级
4.5.1.3	保护管理计划应符合商业性农业生产的可持续性,并且应使农事活动对环境的影响降到最低。	该保护管理计划的内容和目标要说明符合农业生产的可持续性,并且证明能够降低对环境的影响。	3级
4.5.1.4	保护管理计划应对农场现有的牲畜和植物的多样性做基础调查。	在保护管理计划中应承诺对农场中动植物目前的水平、分布、生存状况等进行一次基础调查,以便制定相应的行动计划。应审核农业生产对动植物种群的影响,并作为行动计划的基础。	3级
4.5.1.5	保护管理计划应考虑采取措施以防栖息地遭到破坏和退化。	在保护管理计划中应有一个明确的旨在改善栖息地以防止遭到破坏和退化的排序行动清单。	3级
4.5.1.6	保护管理计划应考虑制定一个行动方案来改善栖息地,增加农场生物多样性。	在保护管理计划中应有一个明确的旨在可行时改善动植物栖息地,增加农场生物多样性的排序行动清单。	3级

4.5.2 非生产区

序号	控 制 点	符合性要求	等级
4.5.2.1	应考虑到把非生产区(如:低洼的湿地、林地、畦头未耕地、贫瘠土地)转换成动植物自然保护区。	应当有一份在可行时把非生产区和对生态系统优先考虑的确定区域转化成动植物保护区的计划。	3级

4.5.3 有效使用能源

序号	控 制 点	符合性要求	等级
4.5.3.1	农业生产经营者应能监控能源的使用。	有能源使用记录,如:选择节约能耗的设备。应尽可能使用可再生的能源。	3级

4.6 抱怨

序号	控 制 点	符合性要求	等级
4.6.1	应有针对良好农业规范标准符合性问题的抱怨表格。	需要时农场能够提供一份明确的对良好农业规范标准符合性问题抱怨的文件资料。全部适用。	1级
4.6.2	抱怨程序应能确保这些抱怨的内容被充分记录、研究和跟踪(包括采取措施的记录)。	当发现按照良好农业规范标准提供的产品或服务存在不足而提出抱怨时,所采取的相应措施应形成文件。全部适用。	1级

4.7 可追溯性

序号	控　制　点	符合性要求	等级
4.7.1	所有农业生产经营者应有书面的召回程序，负责从市场上召回注册的产品。	所有农业生产经营者应有书面的召回程序，明确导致召回的事故种类、作出产品召回决定的负责人、告知消费者和良好农业规范认证机构（如果制裁不是由认证机构签署的且农业生产经营者或农业生产经营者组织召回产品不是出于自愿）的机制、收集存货的方法。召回程序应每年演练，保证充分适用。	1级

附 录 A
（资料性附录）
新种植土地风险评估指南

A.1 控制点

控制点4.2.2.1中提到:“当场所更换新址(如:农场、牲畜场或水产养殖场)或现有场所的风险发生了变化时,应进行风险评估。评估时应考虑新场所的食品安全、员工健康、环境和野生动物健康,确定适合农业生产。”

A.2 符合性要求

针对这一问题符合性标准中提到:“在选用新址引进新的农作物、牲畜或水产养殖项目时,均应进行书面的风险评估。风险评估应重新考虑任何新的食品安全的风险。风险评估应考虑场所的历史(如:作物种植史、储存史)并考虑邻近原料、农作物和环境的影响。”

A.3 合法性评估

应首先确认使用该土地完全符合国家法律的规定。

A.4 土地以前的使用情况评估

对土地以前的使用情况进行评估主要包括如下六个方面：

A.4.1 以前种植的农作物。例如：棉农对除草剂的用量很大，这对以后种植谷类和其他农作物有长期的影响。

A.4.2 工业和军事用途。例如：如果以前曾用作停车场，会有较多的汽油污染。

A.4.3 垃圾填埋或矿业用地。基质中的有些垃圾可能会污染以后种植的农作物，或突然沉陷,危及地上的工作人员。

A.4.4 自然植被。

A.4.5 可能潜藏病虫害和杂草危害。

A.4.6 可能潜在的重金属危害。

A.5 土壤类型的评估

应该对计划种植农作物的结构适宜性、结构的易腐蚀性(水土流失的结构可靠性)和对计划种植农作物的化学适宜性等进行评估。

A.5.1 侵蚀。应研究决定是否可能发生地表土的不均匀流失，从而影响农作物产量、土地和水的下游。

A.5.2 地形。

A.5.3 排水方式。应评估该土地的抵御洪水和(或)侵蚀的可靠性。

A.5.4 构造和斜度。土壤的构造和斜度影响土壤抵御侵蚀性能,应加以评估。

A.5.5 机械操作人员的安全。评估该土地对机械操作人员安全的影响,例如:进行已采收农作物的运输时操作人员的安全性。

A.5.6 风蚀。过大的风速会造成农作物减产,应对该土地的风蚀情况进行评估。

A.6 水的评估

A.6.1 水质

分析水质的实验室已得到GB/T 15481《检测和校准实验室能力的通用要求》的认可或符合国家同

等的标准要求，对水进行化学和微生物分析。

A.6.2 有效性

应针对全年都应有充足的水源的分析，至少对拟定的生长季节进行评估分析。

A.6.3 取水的权力

确保农作物的需水量，评估时还需考虑：

A.6.3.1 其他用户的权力

当地法律或传统有时会准许其他有用水需求的用户优先使用农业用水。

A.6.3.2 对环境的影响

对水源的合法的使用可能会对依靠此水源生存的动植物造成不利影响。

A.7 影响分析的因素

A.7.1 内部因素

A.7.1.1 由于农业机械运作而产生的灰尘、烟雾和噪音问题。

A.7.1.2 运载淤泥或运载化学品流失对下游区域的污染。

A.7.1.3 喷撒物的漂流。

A.7.1.4 被农作物吸引的昆虫及其垃圾或者农场的施肥。

A.7.2 外部因素

A.7.2.1 附近工业或运输装置，包括交通繁忙的公路产生的烟尘。

A.7.2.2 来自于上游农场的运载淤泥或运载化学品的流失。

A.7.2.3 来自附近自然或保护区域的昆虫危害。

A.7.2.4 农场财产的丢失。

A.7.2.5 临近的农事活动。

A.7.2.6 通往市场的运输方便。

A.7.2.7 充足劳力保证。

A.7.2.8 有效的投入。

ICS 65.020.20
B 05

中华人民共和国国家标准

GB/T 20014.3—2008
代替 GB/T 20014.3—2005

良好农业规范 第3部分:作物基础控制点与符合性规范

Good agricultural practice—Part 3:Crops base control points and compliance criteria

2008-05-04 发布 2008-10-01 实施

中华人民共和国国家质量监督检验检疫总局
中国国家标准化管理委员会 发布

前 言

GB/T 20014《良好农业规范》分为以下部分：

——第 1 部分：术语；
——第 2 部分：农场基础控制点与符合性规范；
——第 3 部分：作物基础控制点与符合性规范；
——第 4 部分：大田作物控制点与符合性规范；
——第 5 部分：水果和蔬菜控制点与符合性规范；
——第 6 部分：畜禽基础控制点与符合性规范；
——第 7 部分：牛羊控制点与符合性规范；
——第 8 部分：奶牛控制点与符合性规范；
——第 9 部分：生猪控制点与符合性规范；
——第 10 部分：家禽控制点与符合性规范；
——第 11 部分：畜禽公路运输控制点与符合性规范；
——第 12 部分：茶叶控制点与符合性规范；
——第 13 部分：水产养殖基础控制点与符合性规范；
——第 14 部分：水产池塘养殖基础控制点与符合性规范；
——第 15 部分：水产工厂化养殖基础控制点与符合性规范；
——第 16 部分：水产网箱养殖基础控制点与符合性规范；
——第 17 部分：水产围拦养殖基础控制点与符合性规范；
——第 18 部分：水产滩涂、吊养、底播养殖基础控制点与符合性规范；
——第 19 部分：罗非鱼池塘养殖控制点与符合性规范；
——第 20 部分：鳗鲡池塘养殖控制点与符合性规范；
——第 21 部分：对虾池塘养殖控制点与符合性规范；
——第 22 部分：鲆鲽工厂化养殖控制点与符合性规范；
——第 23 部分：大黄鱼网箱养殖控制点与符合性规范；
——第 24 部分：中华绒螯蟹围拦养殖控制点与符合性规范。

本部分为 GB/T 20014 的第 3 部分。本部分应与第 2 部分结合使用。

本部分代替 GB/T 20014.3—2005《良好农业规范　第 3 部分：作物基础控制点与符合性规范》。

本部分与 GB/T 20014.3—2005 相比主要变化如下：

——增加 9 个条款：4.3.1.1、4.5.7.2、4.6.3.3、4.7.3、4.7.4、4.7.5、4.8.6.2、4.8.8.2、4.8.8.3；
——删除 8 个条款：4.6.1.1、4.6.3.2、4.7.3.7、4.7.3.9、4.8.1.1、4.8.1.2、4.8.1.3、4.8.1.4；
——调整 24 个条款：4.2.1.1、4.1.2.2、4.2.1.3、4.2.1.4、4.2.3.2、4.2.5.3、4.2.5.4、4.2.5.5、4.5.1.1、4.6.1.1、4.6.2.1、4.6.2.2、4.6.3.4、4.6.3.5、4.6.4.1、4.6.4.2、4.7.2、4.8.1.3、4.8.4.2、4.8.6.3、4.8.6.4、4.8.8.1、4.8.8.4、4.8.8.5；
——修改内容 16 个条款：4.1.1、4.2.1.1、4.2.3.1、4.5.3.1、4.5.3.6、4.5.4.1、4.5.5.3、4.5.5.5、4.5.5.7、4.6.3.2、4.5.6.2、4.5.7.1、4.8.1.2、4.8.3.1、4.8.4.1、4.8.7.11；
——改变等级 9 个条款：4.2.4.1、4.5.7.1、4.6.2.1、4.6.2.3、4.6.4.1、4.8.5.1、4.8.6.1、4.8.7.15、4.8.9.6。

本部分的附录 A 和附录 B 为资料性附录。

本部分由中国国家认证认可监督管理委员会提出。

本部分由中国国家标准化管理委员会归口。

本部分起草单位：中国国家认证认可监督管理委员会注册管理部、中华人民共和国黑龙江出入境检验检疫局、中华人民共和国山东出入境检验检疫局、中华人民共和国辽宁沈阳出入境检验检疫局、农业部优质农产品开发中心、全国农业技术推广服务中心、中国检验检疫科学研究院、中国人民大学、中国检验认证集团质量认证有限公司。

本部分主要起草人：戴晓武、陈冰、侯天亮、李莉、陈恩成、邱国强、李连海、彭亚拉、余良英、刘海涛、姜宏、杨泽慧。

本部分所代替标准的历次版本发布情况为：

——GB/T 20014.3—2005。

引　言

作为食品链的初端，农产品种植过程直接影响农产品及其加工食品的安全水平。为达到符合法律法规及标准的要求，满足消费者需求，保证食品安全和促进农业的可持续发展，本标准关注以下三方面的内容：

0.1　食品安全危害管理

本标准采用危害分析与关键控制点(HACCP)方法识别、评价和控制食品安全危害。在种植业生产过程中，针对不同作物生产特点，对产品追溯、作物管理、土壤肥力保持、田间操作、植物保护以及人员防护等方面提出了要求。

0.2　农业可持续发展的环境保护要求

本标准提出了环境保护的要求，通过要求生产者遵守环境保护的法规和标准，营造农产品生产过程的良性生态环境，协调农产品生产和环境保护的关系。

0.3　员工的职业健康、安全和福利要求

本标准提出了员工职业健康、安全和福利的要求。

本标准将内容条款的控制点划分为3个等级，并遵循表1原则：

表1

等级	级别内容
1	基于危害分析与关键控制点(HACCP)的食品安全要求
2	基于1级控制点要求的环境保护、员工福利的基本要求
3	基于1级和2级控制点要求的环境保护、员工福利的持续改善要求

良好农业规范
第3部分:作物基础控制点与符合性规范

1 范围

GB/T 20014的本部分规定了作物生产良好农业规范的基础要求。

本部分适用于作物生产良好农业规范基础要求的符合性判定。

2 规范性引用文件

下列文件中的条款通过GB/T 20014的本部分的引用而成为本部分的条款。凡是注日期的引用文件,其随后所有的修改单(不包括勘误的内容)或修订版均不适用于本部分,然而,鼓励根据本部分达成协议的各方研究是否可使用这些文件的最新版本。凡是不注日期的引用文件,其最新版本适用于本部分。

GB 3100 国际单位制及其应用(GB 3100—1993,eqv ISO 1000:1992)

GB/T 15481 检测和校准实验室能力的通用要求(GB/T 15481—2000,idt ISO/IEC 17025:1999)

GB/T 20014.1 良好农业规范 第1部分:术语

GB/T 20014.2—2008 良好农业规范 第2部分:农场基础控制点与符合性规范

农业和渔业废水和排泄物安全使用指南(WHO)

国际农药供销和使用行为守则(FAO)

3 术语和定义

GB/T 20014.1所确立的术语和定义适用于20014的本部分。

4 要求

4.1 可追溯性

序号	控制点	符合性要求	等级
4.1.1	产品可追溯到种植的注册农场(其他相关的注册地区),且能够从农场追踪到直接客户。	有文件化的追溯体系确保注册农场生产的产品可追溯回农场或农业生产经营者组织,并由农场追踪到直接客户。收获信息应和每一批生产记录或指定生产者的农场相联系。全部适用。	1级

4.2 繁殖材料

4.2.1 质量和健康

序号	控制点	符合性要求	等级
4.2.1.1	宜有保证种子质量(无有害生物)的文件。	有种子质量、品种纯度、名称、批号和销售商的种子记录或证书。	3级
4.2.1.2	购买的繁殖材料应有质量保证书或生产合格保证书。	应有证明繁殖材料满足预期目标的记录,如质量保证书、交货条件或确认书。进境繁殖材料符合相关法律法规的要求。	2级

序号	控　制　点	符合性要求	等级
4.2.1.3	所购买的繁殖材料外观上宜无感染病虫害的迹象。	材料外观上具有已经感染病虫害迹象时，采取了处理措施。	3级
4.2.1.4	应将植物质量控制系统用于室内育苗繁殖。	应有包括可见病虫害监控体系在内的质量控制系统，且保持最新的记录。监控体系应包括相关记录和母本的鉴别或源作物的种植地。应定期进行记录。如培育的树苗或植株仅自用（不出售），有上述要求即可。如使用了根茎，应特别关注根茎来源的相关文件。	2级

4.2.2　对病虫害的抗性

序号	控　制　点	符合性要求	等级
4.2.2.1	选择对病、虫害具有抗性或耐性的品种。	可证明种植品种对病、虫害具有抗性或耐性。	2级

4.2.3　化学处理和包衣

序号	控　制　点	符合性要求	等级
4.2.3.1	应有种子或根茎处理的记录。	如生产者对种子/一年生根茎进行处理，应有记录，其中包括使用的产品名称及其靶标[虫害和（或）病害]。如供应商出于储存目的，对种子/一年生根茎进行处理，应保留所使用的化学品的相关证据（保持记录及种子包装等）。	2级
4.2.3.2	繁殖期间，应对室内育苗过程中植保产品的使用情况进行记录。	室内种苗繁殖期间，如果使用了植保产品处理，应有记录。按照4.8.2的要求记录。如有室内育苗，则全部适用。	2级

4.2.4　播种和（或）定植

序号	控　制　点	符合性要求	等级
4.2.4.1	应记录播种和（或）定植的方法、数量和日期。	保留了播种和（或）定植的方法、数量和日期的记录并可随时提供。	2级

4.2.5　转基因作物（如未使用转基因品种，则不适用）

序号	控　制　点	符合性要求	等级
4.2.5.1	转基因作物的种植应符合相关法律法规规定。	注册的农场有相关法律法规的文本及其符合规定的证明。保留了特定的基因修饰和（或）专门标识的记录，并听取相关种植管理的建议。如有转基因作物，则全部适用。	1级

序号	控　制　点	符合性要求	等级
4.2.5.2	应有文件证明种植、使用和生产的注册产品源自转基因技术。	如果是转基因产品，具有该产品种植、使用或生产的记录。	2级
4.2.5.3	应将产品的转基因状况告知直接客户。	提供与客户沟通的书面证据。如有转基因作物，则全部适用。	1级
4.2.5.4	应对转基因材料（如：作物和试用品）实施风险评估并制定管理方案使风险降到最低，例如对临近的非转基因作物的意外污染控制和产品的纯度保持。	根据初步风险评估结果（或表明应用了国家风险评估），证明已采取相应措施防止意外污染。如有转基因作物，则全部适用。	2级
4.2.5.5	为防止意外污染，转基因作物应与其他作物分别处理和储存。	为确保产品纯度和身份，转基因作物储存时，对其储存状况进行了感官评价。如有转基因作物，则全部适用。	1级

4.3　场所历史和管理

4.3.1　轮作

序号	控　制　点	符合性要求	等级
4.3.1.1	一年生作物宜有适当的轮作。	可通过作物种类、种植日期和（或）植保产品的使用记录证明轮作情况。	3级

4.4　土壤管理

4.4.1　土壤耕作图

序号	控　制　点	符合性要求	等级
4.4.1.1	农场宜有土壤耕作图。	土壤耕作图包括了每个地块的土壤类型（基于土壤剖面或土壤分析或区域土壤类型图）。	3级

4.4.2　耕作

序号	控　制　点	符合性要求	等级
4.4.2.1	为避免土壤板结，宜采用适当方法保持或改良土壤结构。	耕作的方法适合该地块。	3级

4.4.3　水土流失

序号	控　制　点	符合性要求	等级
4.4.3.1	采用的耕作技术应能够降低水土流失发生的可能性。	应有现场的或书面的材料证明采取了防止水土流失的措施。如在斜坡上使用十字线技术、在边界造排水系统、种草、种树等。	2级

4.5 肥料的使用

4.5.1 营养要求

序号	控　制　点	符合性要求	等级
4.5.1.1	肥料的施用应与目标作物的最佳效果同步，同时将对非目标物种或作物、环境、地表水和地下水的不利影响降到最低。	证明已考虑了作物的营养需要、土壤肥力和土壤残留养分并保留记录。全部适用。	2级

4.5.2 肥料数量和类型的使用建议

序号	控　制　点	符合性要求	等级
4.5.2.1	如果由外聘农技人员指导肥料的施用（包括有机肥和化肥），外聘农技人员应具有相关资质和能力。	有书面材料证明外聘的农技人员接受过专门的培训，其有能力正确指导各种肥料的施用。	2级
4.5.2.2	如不是由外聘农技人员指导肥料的施用，内部人员应有肥料使用的知识和能力。	通过技术文件（如：参加产品的技术讲座，专门的培训）或使用工具情况（如：软件、现场监测方法）证明负责肥料施用数量和类型的内部人员具有相应的技术能力和水平。	2级

4.5.3 施肥记录

序号	控　制　点	符合性要求	等级
4.5.3.1	应记录施肥的耕地、果园或温室的有关信息。	保持所有施肥记录，包括施用肥料的耕地、果园或温室的面积、名称或相关信息。同样适用于水培情况和水肥的使用。全部适用。	2级
4.5.3.2	应记录所有肥料施用的日期。	详细记录了肥料施用的日期。全部适用。	2级
4.5.3.3	应记录所有肥料施用的类型。	详细记录了所有施用肥料的商品名、类型（如：氮肥、磷肥、钾肥）和有效成分含量。全部适用。	2级
4.5.3.4	应记录所有肥料的施用量。	详细记录了所有肥料的施用量。全部适用。	2级
4.5.3.5	应记录所有肥料的施用方法。	详细记录了施肥机械类型和施肥方法。全部适用。	2级
4.5.3.6	应记录操作人员的情况。	记录所有配制和施用肥料的人员姓名。如果同一个人配制并施肥，可只记录一次。全部适用。	2级

4.5.4 施肥机械

序号	控 制 点	符合性要求	等级
4.5.4.1	施肥机械应保持良好状态，每年校验以确保其准确性。	有维护记录(如：维护日期和维护类型)或购买施肥机械配件的发票。日常校准由经过培训的人员进行。至少保留近1年由主管部门、设备供应商进行的校准验证记录。	2级

4.5.5 肥料的储存

序号	控 制 点	符合性要求	等级
4.5.5.1	应能够提供最新的化肥库存清单。	库存清单标明了存货的种类和数量，每3个月至少更新一次库存清单。	2级
4.5.5.2	化肥和植保产品应分开储存。	至少应储存在不同区域，以防止两者的交叉污染。	2级
4.5.5.3	化肥储存区域应有遮盖。	储存区域有相应设施防护化肥(粉末、颗粒或液体)不受阳光、雾气或雨水等气候因素影响。使用塑料覆盖物应基于风险评估的结果(如：肥料类型、天气状况、临时储存时间等)。石灰和石膏肥料可在施用前1 d～2 d存在田间。	2级
4.5.5.4	化肥储存区域应洁净。	化肥的储存区域无废弃物，无鼠害，渗漏和泄露物已清除干净。	2级
4.5.5.5	化肥储存区域应干燥。	化肥储存区域通风良好，防止雨淋，避免储存密度过大。不可直接存放在地面上。	2级
4.5.5.6	化肥应以适当的方式储存，从而降低污染水源的风险。	所有化肥的存放已将对水源污染的可能性降到最低，如液体肥料储存设有防护(根据国家或地方法规的规定储存，如没有适用的法规，其储存能力应为最大储藏量的110%)，并考虑了河道和洪水污染的风险等。	2级
4.5.5.7	有机肥料储存应适当，以降低污染环境、影响人类和动物安全的风险。	有机肥料应储存在指定区域。采取适当措施防止有机肥料对地表水的污染或者将有机肥料储存到离河道至少25 m的区域。	2级
4.5.5.8	有机肥料和化肥应与农产品及植物繁殖材料分开储存。	肥料和农产品及植物繁殖材料已分开储存。	1级

4.5.6 有机肥料

序号	控　制　点	符合性要求	等级
4.5.6.1	不允许使用人类生活的污水淤泥和城市垃圾。	没有使用人类生活的污水淤泥和城市垃圾。全部适用。	1级
4.5.6.2	使用前，应对有机肥料的来源和性质进行风险评估。	有文件证明对有机肥料的潜在危害进行了分析，如疾病传播、杂草种子含量、堆肥方法和重金属含量等。风险评估中包括了沼气中基底成分符合国家有关规定的内容。	2级
4.5.6.3	宜对使用的有机肥料的营养成分进行分析。	有书面记录证明对所用有机肥料的氮、磷、钾含量进行了分析。	3级

4.5.7 化肥

序号	控　制　点	符合性要求	等级
4.5.7.1	购买的化肥应有营养成分(如：氮、磷、钾)说明。	成分说明详细记录了肥料的氮、磷、钾含量，适用于近12个月按良好农业规范标准种植的作物所施用的全部肥料。	2级
4.5.7.2	购买的化肥应有化学成分(包括重金属)说明。	成分说明应详细记录了所有肥料的化学成分(包括重金属)，适用于近12个月按良好农业规范标准种植的作物所施用的全部肥料。	3级

4.6 灌溉和(或)施肥

4.6.1 预测灌溉需求

序号	控　制　点	符合性要求	等级
4.6.1.1	宜使用系统的预测方法计算作物的需水量。	提供了计算结果并有支持性数据，包括雨量计、基质排水量测试仪器、蒸发计、土壤水分张力计和土壤耕作图。	3级

4.6.2 灌溉和(或)施肥方法

序号	控　制　点	符合性要求	等级
4.6.2.1	应采用有效和经济实用的供水系统，以确保最佳利用水资源。	感官评估，所用的灌溉系统是高效的。	2级
4.6.2.2	宜有水资源管理计划以优化水的使用并减少浪费。	有书面的计划，并列出水资源管理的方法及步骤。	3级
4.6.2.3	宜保留灌溉用水记录。	记录包括灌溉日期和灌溉量。如果按照灌溉程序操作，记录中包括计算的和实际的灌溉用水量。	3级

4.6.3 灌溉用水的质量

序号	控 制 点	符合性要求	等级
4.6.3.1	禁止使用未经处理的污水进行灌溉和(或)施肥。	未经处理的污水不能用于灌溉和(或)施肥。处理后的灌溉用水质量符合我国有关规定和(或)WHO《农业和渔业废水和排泄物安全使用指南》的要求,参见GB/T 20014.2—2008 附录 A 中第 A.6 章水的评估。全部适用。	1 级
4.6.3.2	每年应对灌溉和(或)施肥用水进行风险评估。	风险评估考虑了各种来源的灌溉或施肥用水中潜在的微生物、化学和物理污染。必要时风险评估还应考虑灌溉方法、灌溉的作物、分析的频率、水源情况、污染物的来源和感病情况、排水的源头和环境。	2 级
4.6.3.3	灌溉用水水质分析频率应符合风险评估(见 4.6.3.2)的要求。	灌溉用水分析频率应符合风险评估的结果,风险评估应考虑作物的特性。	2 级
4.6.3.4	宜由有资质的实验室实施分析。	结果来自有资质的实验室,提供实验室微生物分析水平符合 GB/T 15481 或同等标准的能力证明。	3 级
4.6.3.5	宜对出现的异常情况采取措施。	记录了采取的措施及处理结果。	3 级

4.6.4 灌溉和(或)施肥用水的供应

序号	控 制 点	符合性要求	等级
4.6.4.1	为保护环境,应从可持续的水源取水。	可持续的水源是指在正常(平均)条件下能够提供足够用水的水源。	2 级
4.6.4.2	应征求主管部门的取水建议。	应有主管部门对此项目的书面交流信息(如:信件、许可证等)。	2 级

4.7 有害生物综合管理(IPM)

序号	控 制 点	符合性要求	等级
4.7.1	宜使用认可的有害生物综合管理技术。	有证据表明使用了适用的有害生物综合管理技术。	3 级
4.7.2	应通过培训和指导的方式帮助有害生物综合管理的实施。	农场的技术负责人经过正规的培训和(或)外部的有害生物综合管理顾问有能力证明其技术水平。	2 级
4.7.3	生产者应可证明至少已采取了一种"预防性"的措施。	生产者可证明至少采取了作物轮作、消除有害生物和土壤管理等行动,包括采用的栽培方法能够降低有害生物侵袭的范围和程度,从而降低干预的使用,参见附录 A。	2 级

序号	控　制　点	符合性要求	等级
4.7.4	生产者应可证明至少已采取了一种“观察和监控”范畴的行动。	生产者应证明至少采取了一种行动，如常规的定期检查有害生物对作物的影响、鉴别和检查有害生物天敌出现的时间和程度、使用信息素和其他相关诱捕系统进行监控，并根据这些信息采用了有害生物管理技术，参见附录A。	2级
4.7.5	生产者应可证明至少已采取了一种“干预”范畴的行动。	生产者应证明只有在有害生物的侵袭已影响到作物的经济价值时，才使用特定的有害生物控制措施，如选择性的使用植保产品，使用的方法应尽可能降低抗性产生的风险。如有可能，应考虑非化学方法，如使用天敌和采用经济的生物方法，也可使用其他方法(如：机械或诱捕等)控制有害生物，参见附录A。	2级
4.7.6	如使用植保产品防治有害生物，应为最低用量。	已记录植保产品的使用理由、靶标和阈值。全部适用。	2级
4.7.7	为防止产生抗药性，应按照使用说明进行操作。	多次使用植保产品时，有证据表明遵循了说明书上防止抗药性的建议。	2级

4.8　植保产品

4.8.1　植保产品的选择

序号	控　制　点	符合性要求	等级
4.8.1.1	使用的植保产品应经国家登记许可。	使用的植保产品经国家登记许可。全部适用。	1级
4.8.1.2	应合理选择植保产品。	已针对病、虫、草害或靶标，根据产品标签和有关规定选用适合的植保产品。全部适用。	1级
4.8.1.3	应保留使用的植保产品的购货凭证，并记录购货渠道。	有植保产品购买的地点、时间和购货凭证。	2级
4.8.1.4	应保留目前使用的植保产品的名单，这些产品应被批准用于种植的作物。	有最新的农场上正在生长的和近12个月种植过的作物种植过程中使用的植保产品(包括有效成分和作用的有机体)的商品名清单。全部适用。	2级
4.8.1.5	保留的清单应考虑了国家和(或)地方的植保产品法规的变化。	所述清单已根据最新的植物保护法规的变化进行适时更新。全部适用。	2级
4.8.1.6	不应使用禁用的化学品。	有记录证实，在近12个月内，未使用我国和产品消费地禁用的化学品。	1级

序号	控　制　点	符合性要求	等级
4.8.1.7	负责选择植保产品的农技人员应能胜任相应的工作。	记录表明负责选择植保产品的技术人员能胜任相应的工作，可通过资格证书或专门培训证书证明。	1级
4.8.1.8	如农场技术人员自己选择植保产品，其能力和水平应符合要求。	记录表明负责选择植保产品的农场技术人员能胜任相应的工作，可通过技术文件或参加过专门培训的经历证明。	1级
4.8.1.9	植保产品的用量应按照标签的说明并准确计算、配制和记录。	有证据表明植保产品的用量是按照标签的说明准确计算、配制，并予以记录。全部适用。	2级

4.8.2　使用记录

序号	控　制　点	符合性要求	等级
4.8.2.1	应记录植保产品处理的作物名称和品种。	有植保产品处理的作物名称和品种的记录。全部适用。	1级
4.8.2.2	应记录植保产品的使用地点。	有植保产品处理的作物所在的耕地、果园或温室面积和名称的记录。全部适用。	1级
4.8.2.3	应记录植保产品的使用日期。	有植保产品使用日期的记录。全部适用。	1级
4.8.2.4	应记录使用的植保产品的商品名和有效成分或有益生物。	有所有使用的植保产品的商品名和有效成分或有益生物的记录。全部适用。	1级
4.8.2.5	应记录植保产品的使用人员。	记录中应有植保产品使用人员信息。全部适用。	2级
4.8.2.6	应记录植保产品的使用理由。	有植保产品处理的病害、虫害或杂草名称的记录。全部适用。	2级
4.8.2.7	应有植保产品使用的技术授权记录。	记录中有指导使用植保产品的技术负责人员的签字。全部适用。	2级
4.8.2.8	应记录植保产品的使用量。	记录了所用的植保产品的体积或质量，水(或其他溶剂)的总量和所用植保产品的量，使用国家认可的计量单位，使用方法参见 GB 3100。全部适用。	2级
4.8.2.9	应记录植保产品的施用机械。	有器械类别(不同设备分别标出)、施用方法(如：背负式、超低容量喷雾、通过灌溉系统、喷粉、喷雾、喷气或其他方法)的记录。全部适用。	2级
4.8.2.10	应记录植保产品的安全间隔期。	有使用的植保产品安全间隔期的记录。全部适用。	1级

4.8.3 安全间隔期(不适用于花卉和观赏性植物)

序号	控 制 点	符合性要求	等级
4.8.3.1	使用的植保产品应遵守安全间隔期。	生产者通过书面程序，如植保产品的使用记录和施药地点的作物收获日期，证明使用的植保产品遵守了安全间隔期的要求。尤其是在连续收获的情况下，现场应有适当的措施(如：警示标识、施用时间等)确保田地、果园或温室中彻底遵守了安全间隔期，见 4.8.6.4，全部适用，花卉和观赏性植物认证除外。	1级

4.8.4 施用机器

序号	控 制 点	符合性要求	等级
4.8.4.1	为保证施用量的准确，所用设备应处于良好的状态并每年校验。	使用的植保产品设备应处于良好的状态，保存所有最新的维修、换油等维护证据。参见附录 B 中关于使用设备的感官检验和性能检测的符合性要求。在最近 12 个月中，植保产品设备(自动和手动)应该经过校验以确保有效运行。校验应在有效的方案下进行或校验人员可证明其胜任该工作。全部适用。	2级
4.8.4.2	如有独立的校准检定计划，生产者宜参加该计划。	有文件证明生产者参加了独立的校准检定计划。	3级
4.8.4.3	应按照标签说明正确处理和配制植保产品。	为保证植保产品按正确方法充分混配，有充足的器具并按照标签说明进行了处理和配制。全部适用。	2级

4.8.5 剩余药液的处理

序号	控 制 点	符合性要求	等级
4.8.5.1	剩余药液或清洗废液应根据国家或地方法规进行了处理。如无法规，应根据 4.8.5.2 和 4.8.5.3 进行了处理，从而符合本条款的要求。	剩余药液或清洗废液应按照国家或地方法规进行处理。如无法规，则根据 4.8.5.2 和 4.8.5.3 进行了处理。全部适用。	1级
4.8.5.2	如倒掉剩余药液或清洗废液，宜用在未施药的作物，不应超过推荐的使用剂量，并进行记录。	当剩余药液或清洗废液用于尚未施药的作物时，有证据证明未超过标签上的推荐剂量，记录要求与植保产品的记录要求相同。	3级
4.8.5.3	如倒掉剩余药液或清洗废液，宜用于法规允许的休耕地，并进行记录。	当剩余药液或清洗废液用于指定的休耕地时，证明此操作的合法性并保持记录，记录要求与植保产品的记录要求相同，同时避免对地表水的污染。	3级

4.8.6 植保产品的残留分析(不适用于花卉和观赏性植物)

序号	控制点	符合性要求	等级
4.8.6.1	应按照规定的程序取样。	应有书面证据证明符合取样规程的要求。无论是实验室人员还是生产者按照程序均可进行取样。	2级
4.8.6.2	农场或其顾客应能提供至少每年一次的农药残留检测报告或参加了第三方植保产品残留监控体系的证明,从而可追溯到生产地点及使用植保产品的作物或产品。	可通过现行的文件或记录证明。可以是注册作物每年的残留分析结果,或参加了第三方植保产品残留监控体系的证明,从而可追溯到种植农场。农药残留检测频率已基于风险评估的结果,并考虑了种植的作物、植保产品使用情况及市场需求。全部适用。	1级
4.8.6.3	农场或其顾客能够证实已获得其产品消费地的信息和该市场的最高残留限量(MRL)。	农场或其顾客应掌握当前使用的、其产品销售(无论国内或国际)市场要求的最高残留限量(MRL)。最高残留限量(MRL)应通过与顾客确认预期市场的沟通证明确定,或通过产品预期销售的特定国家确定,并出具满足当前适用的国家最高残留限量(MRL)残留筛选系统的证据。当目标市场在多个国家时,残留检查系统应满足最严格的最高残留限量(MRL)的要求。	1级
4.8.6.4	应采取措施使其销售的产品满足预期消费地最高残留限量(MRL)的要求。	如预期销售市场的MRL比生产国更严格,生产者或其消费者可证明已在生产过程中考虑了预期销售国家的MRL[通过修订植保产品使用方法和(或)采取农残检测结果证明]。	1级
4.8.6.5	如果超过我国和(或)消费地最高残留限量(MRL),应及时采取补救措施。	当超过植保产品的最高残留限量时,有书面程序规定补救步骤和措施(包括与顾客沟通、产品追踪等)。	1级
4.8.6.6	农残分析实验室应通过国家权威认可机构依据GB/T 15481实施的认可。	有相关的文件(如:认可证书等)证明实施残留分析的实验室已经通过国家权威认可机构依据GB/T 15481实施的认可。	2级

4.8.7 植保产品的储存

序号	控制点	符合性要求	等级
4.8.7.1	植保产品的储存应符合当地法律法规的要求。	植保产品的储存设施符合相关法律法规的要求。	1级
4.8.7.2	植保产品应储存在一个适宜的地方。	植保产品的储存设施坚固且结构合理。全部适用。	2级

序号	控 制 点	符合性要求	等级
4.8.7.3	植保产品储存地点应安全。	为确保安全，植保产品的储存设施已上锁。全部适用。	1级
4.8.7.4	植保产品储存地点温度应适宜。	植保产品的储存设施选择合适的建筑材料并建在合适的地点，以避免温度影响。全部适用。	2级
4.8.7.5	植保产品储存地点应采取防火措施。	植保产品的储存设施使用了耐火的建筑材料（最低耐烧时间30min）。全部适用。	2级
4.8.7.6	储存植保产品的地点应通风良好。	植保产品的储存设施有足够的、持续的通风条件，以保证空气流通，避免有害气体的积聚。全部适用。	2级
4.8.7.7	储存植保产品的地点照明条件应良好。	植保产品的储存设施有充分的自然光或人工照明，以确保看清货架上所有产品的标签。全部适用。	2级
4.8.7.8	存放植保产品的地点应远离其他物料。	植保产品的存放设施与其他物料完全分开。全部适用	2级
4.8.7.9	储存植保产品的货架宜采用非吸收性材料。	储存植保产品的货架材料(如：金属、硬塑料)不吸收泄漏的植保产品。	3级
4.8.7.10	储存植保产品的设施应能防止泄漏。	储存容器坚固，并做好周围的防护，以确保容器没有溢出和滴漏。全部适用。	2级
4.8.7.11	应有称量和混合植保产品的器具。	植保产品的储存地点或混配地点有称量器具，这些器具至少每年由农场校准一次。均配有相应器具和设施，如水桶、水源等，以确保安全有效地混合植保产品。全部适用。	2级
4.8.7.12	应有处理泄漏情况的设施和器具。	植保产品的储存地点和混配地点有固定区域储存沙、扫帚、簸箕和塑料袋等惰性物品，并有标识，以便泄漏时使用。全部适用。	2级
4.8.7.13	只有接受过正规培训的员工才能保管植保产品仓库的钥匙和进入植保产品仓库。	植保产品存放设施已上锁，且只有受过正规培训并使用植保产品的人员才能进入。全部适用。	2级
4.8.7.14	应有清晰的植保产品存货清单。	库存清单清楚地记录了存货的信息(包括植保产品的有效期)，至少每3个月更新一次。	2级

序号	控　制　点	符合性要求	等级
4.8.7.15	所有的植保产品应储存于原包装内。	仓库里所有的植保产品都使用了原包装，有破损需更换新包装时，新包装包括了原标签上所有信息。全部适用。	1级
4.8.7.16	用于作物轮作的植保产品应与其他植保产品分开储存。	目前储存于仓库或在轮作记录中标明的植保产品，都经过正式登记和注册，用于轮作和不用于轮作的植保产品应依据植保产品存储要求分别储存。	2级
4.8.7.17	货架上的液状植保产品不应放在固态植保产品的上方。	货架上的液态植保产品未放在固态植保产品的上方。全部适用。	2级

4.8.8 避免植保产品危害的措施

序号	控　制　点	符合性要求	等级
4.8.8.1	所有接触植保产品的员工宜每年按当地的规定自愿参加体检。	按国家或地方的规定，所有接触植保产品的员工每年自愿参加体检。	3级
4.8.8.2	农场上应有关于人员再次进入施药区间隔期的程序规定。	有清晰的文件性程序，根据标签的说明，规定人员再次进入施药区的间隔期。如标签上无相关信息，可没有特殊要求。	1级
4.8.8.3	应监控推荐的再次进入间隔期。	文件(如:植保产品记录)可证明监控了所有再次进入的间隔期。	2级
4.8.8.4	在距植保产品仓库10 m区域内应有明显的事故处理程序。	植保产品存放设施和混配地点的10 m区域内，所有人均能得到一份详细的事故处理程序，程序包括救护的基本步骤。全部适用。	2级
4.8.8.5	人员意外污染时，应有相应的处理设施。	农场内，植保产品的存放设施和混配地点的10 m区域内有眼睛清洗设施，有洁净的水源、急救箱以及清晰的事故处理程序，其中包括应急联系电话、常见事故的基本处理步骤，所有设施和标识长期保持且清晰可见。全部适用。	2级

4.8.9 使用过的植保产品容器

序号	控　制　点	符合性要求	等级
4.8.9.1	不允许重复利用使用过的植保产品容器。	没有以任何方式重复利用使用过的植保产品容器。全部适用。	2级
4.8.9.2	在处理使用过的植保产品容器时应避免与人直接接触。	有处理系统确保使用过的容器在处理前储存在安全地点并有安全操作系统，避免与人体直接接触。处理时，处理方式避免与人体接触。全部适用。	2级

序号	控　制　点	符合性要求	等级
4.8.9.3	在处理使用过的植保产品容器时应避免造成环境污染。	有处理系统确保使用过的容器在处理前储存在安全地点并有安全操作系统，以环保的方式处理，从而减少对环境、水源和动植物的污染。全部适用。	2 级
4.8.9.4	对使用过的容器应按照相关规定进行收集和处理。	有记录表明已按照相关规定进行收集和处理。	2 级
4.8.9.5	使用过的植保产品容器应按照相关制度的规定储存、操作并加贴标识。	所有使用过的植保产品容器没有重复利用，已按照相关规定妥善储存、操作并加贴标识。全部适用。	2 级
4.8.9.6	使用过的容器应经过压力设备清洗或至少用水清洗 3 次。	处理前，已用压力设备清洗容器或按书面的程序规定用水清洗 3 次。全部适用。	1 级
4.8.9.7	冲洗后的液体应放到回收容器内。	从植保产品容器内清洗出的液体都已放到回收容器内。全部适用。	2 级
4.8.9.8	使用过的植保产品容器在处理前应妥善储存。	所有使用过的容器在处理前有妥善的存放地点，该存放地点与农作物及包装材料隔离，有固定标识，并严禁动物和外人接触。	2 级
4.8.9.9	应遵守国家或地方有关处理和销毁植保产品容器的规定。	遵守了国家或地方的有关规定。	1 级

4.8.10　**弃用的植保产品**

序号	控　制　点	符合性要求	等级
4.8.10.1	应按照有关规定妥善保管、标识和处置弃用的植保产品。	有书面记录证明，对弃用的植保产品的处理是按有关规定进行的。无处理条件时，应将弃用的植保产品妥善保管并能够识别。	2 级

附　录　A
（资料性附录）
有害生物综合管理[1)]

A.1　导言和定义

有害生物综合管理(IPM)包括对所有有害生物控制技术的全面考虑，以及破坏有害生物繁殖的连续综合后续防止有害生物数量发展的综合措施，并使得植保产品的使用既经济合理又尽可能降低对人类和环境的影响。IPM注重强调在尽量不破坏农业生态系统前提下的作物的健康生长，并鼓励采用天然的有害生物控制机制。

IPM是致力于保障食品质量、食品安全、员工健康以及和环境质量的重要方式。IPM需要制定一个作物保护计划，一个周密计划去保护作物，包括采用多种系列方法、管理和工具，以及适合当地条件的根据当地条件进行有效的有害生物管理。为帮助农户和认证机构，本部分对IPM进行了定义，这些活动被认为是IPM的一部分。这些本指南笼统地应适用于所有作物，但由于各地作物类型和生产方式的不同，所列的IPM技术不可能涵盖所有的IPM方法。因此可能有必要将当地的与IPM相一致的一些指南说明作为补充的方法加入本指南中。

A.2　IPM技术

A.2.1　预防

耕作方式的采用应能降低有害生物攻击的范围和强度，从而降低干预程度。

A.2.1.1　作物轮作、去除有害生物和土壤管理，包括：

——降低有害生物积聚的一系列技术，如适当的轮作可最大程度降低有害生物；

——地块的合理选择；

——使用物理的或生物的屏障防止有害生物影响侵入；

——提高改善土壤结构；

——增加有机质含量；

——使用覆盖层；

——利用加热技术(如：蒸汽、太阳能，而非化学方法)对土壤和基质进行杀菌。

A.2.1.2　选择适当的植物品种和种植繁殖材料，包括：选择使用既经济又易于获得的对病、虫害具有抗性或耐性的抗虫或耐虫品种，从有信誉的商家手中购买健康合格的(如：有无病认证的)栽培繁殖材料。

A.2.1.3　良好的作物卫生，包括：

——去除清除受感染的、或有患病的植株和作物秸秆；

——清除有害生物寄生的杂草；

——防止非作物杂草作为有害生物寄居地；

——清洗和消毒机械和设备。

A.2.2　观察和监控

确定有害生物及其天敌出现的时间和程度，根据此信息安排使用有害生物治理技术的应用。

作物监控：包括：

——常规的定期检查有害生物对作物的影响；

---

1)　本附录中，有害生物是指所有害虫、疾病和作物生产中的杂草。

——鉴别和检查有害生物天敌的出现；
——使用信息素和其他相关诱捕系统进行监控。

采用决策支撑系统确定是否有必要和何时进行干预，包括：
——将有害生物影响的经济阈值水平数据作为制定决策的基础；
——根据全面的技术指南确定干预时间；
——根据温度、湿度、降雨、冰雹、霜冻等数据指导可能需要的干预。

A.2.3 干预

当有害生物已影响到作物的经济价值时，有必要采取且应采取具体的有害生物控制方法进行控制，包括植保产品的使用（如可能，应优先考虑采用非化学方法）。

批准使用的植保产品可高效地进行有害生物管理，尤其在控制出口农作物检疫害虫方面作用十分关键。但应尽可能考虑下列干预策略的各个方面：

A.2.3.1 选择性的使用植保产品，使用的方法应降低产生抗性的风险。包括：
——选择性地使用批准的植保产品从而降低对非目标物种的负作用（如：昆虫生长调节器，杀虫皂，矿物质和蔬菜油，植物提取物）；
——应选择性的使用植保产品（如：种子处理、有害生物局部聚集，而非分布在整个作物的情况下对聚集地的处理）；
——适当采用诱饵处理；
——系统地交替使用不同化学成分的植保产品，以防止抗性的产生；
——为符合进口国法规要求，可使用批准的植保产品控制须检疫的有害生物，可使用批准的植保产品，但应和其他措施相结合（如：选择无有害生物或低有害生物的区域、收获后产品的处理），从而保证控制的等效性。

A.2.3.2 使用天敌和采用经济的生物方法控制，包括：
——对作物生长环境的管理，从而加强增加天敌的数量（如：提供适宜的栖息地）；
——如适用，可引入食肉动物和寄生虫控制害虫（如：在温室作物中或大田中未喷洒植保产品的作物中），使用经济适用的微生物控制剂（如：杆状菌，线类寄生虫，昆虫特定真菌和病毒产品）；
——考虑使用其他可选的控制方法（如：信息素终止交配，对昆虫进行消毒等）。

A.2.3.3 使用其他方法控制有害生物，包括：
——机械方法，如收割和（或）机械耕作控制杂草；
——使用诱捕方法控制有害生物等。

A.3 对生产者的要求

种植者应向认证机构证明至少在每种方式（如：预防、观察和监控、干预）中采取了一种行动。

附 录 B
（资料性附录）
设备的感官检验和性能检测

B.1 泵、喷雾桶槽（盖盖时）、导管、软管和过滤器不应有泄漏。

B.2 所有开关，测量、调整压力和流量的设施都应正常工作，无泄漏。

B.3 喷嘴应适合植保产品的使用。所有喷嘴应可互换（如：型号、尺寸、材质和来源），组成通用的喷雾器（如：统一的形状，相同的喷量），开关关闭后，不应有滴漏。

B.4 设备的不同组件，如喷嘴架、过滤器、吹风机应保持良好状态，可正常工作。

ICS 65.020.20
B 20

中华人民共和国国家标准

GB/T 20014.4—2008
代替 GB/T 20014.4—2005

良好农业规范 第4部分:大田作物控制点与符合性规范

Good agricultural practice—Part 4: Combinable crops control points and compliance criteria

2008-05-04 发布 2008-10-01 实施

中华人民共和国国家质量监督检验检疫总局
中国国家标准化管理委员会 发布

前　　言

GB/T 20014《良好农业规范》分为以下部分：
——第1部分：术语；
——第2部分：农场基础控制点与符合性规范；
——第3部分：作物基础控制点与符合性规范；
——第4部分：大田作物控制点与符合性规范；
——第5部分：水果和蔬菜控制点与符合性规范；
——第6部分：畜禽基础控制点与符合性规范；
——第7部分：牛羊控制点与符合性规范；
——第8部分：奶牛控制点与符合性规范；
——第9部分：生猪控制点与符合性规范；
——第10部分：家禽控制点与符合性规范；
——第11部分：畜禽公路运输控制点与符合性规范；
——第12部分：茶叶控制点与符合性规范；
——第13部分：水产养殖基础控制点与符合性规范；
——第14部分：水产池塘养殖基础控制点与符合性规范；
——第15部分：水产工厂化养殖基础控制点与符合性规范；
——第16部分：水产网箱养殖基础控制点与符合性规范；
——第17部分：水产围拦养殖基础控制点与符合性规范；
——第18部分：水产滩涂、吊养、底播养殖基础控制点与符合性规范；
——第19部分：罗非鱼池塘养殖控制点与符合性规范；
——第20部分：鳗鲡池塘养殖控制点与符合性规范；
——第21部分：对虾池塘养殖控制点与符合性规范；
——第22部分：鲆鲽工厂化养殖控制点与符合性规范；
——第23部分：大黄鱼网箱养殖控制点与符合性规范；
——第24部分：中华绒螯蟹围拦养殖控制点与符合性规范。

本部分为GB/T 20014的第4部分。本部分应与第2部分、第3部分结合使用。

本部分代替GB/T 20014.4—2005《良好农业规范　第4部分：大田作物控制点与符合性规范》。

本部分与GB/T 20014.4—2005相比主要变化如下：
——增加10个条款：4.2.1.2、4.3.1.4、4.6.1.1、4.6.1.2、4.6.1.3、4.6.1.7、4.6.2.1、4.6.2.2、4.6.2.3、4.6.2.4；
——删除4个条款：4.2.1.1、4.2.1.3、4.5.1.4、4.5.1.5；
——标准间调整29个条款：4.2.1.1、4.3.1.1、4.3.1.2、4.3.1.3、4.6.3.1、4.6.3.2、4.6.3.3、4.6.3.4、4.6.4.1、4.6.4.2、4.6.4.3、4.6.4.4、4.6.4.5、4.6.4.6、4.6.4.7、4.6.4.8、4.6.4.9、4.6.4.10、4.6.4.11、4.6.4.12、4.6.4.13、4.6.4.14、4.6.5.1、4.6.5.2、4.6.5.3、4.6.5.4、4.6.5.5、4.6.5.6、4.6.5.7。

本部分由中国国家认证认可监督管理委员会提出。

本部分由中国国家标准化管理委员会归口。

本部分起草单位：中国国家认证认可监督管理委员会注册管理部、中华人民共和国黑龙江出入境检验检疫局、中华人民共和国山东出入境检验检疫局、中华人民共和国辽宁沈阳出入境检验检疫局、农业部优质农产品开发中心、全国农业技术推广服务中心、中国检验检疫科学研究院、中国人民大学、中国检验认证集团质量认证有限公司。

本部分主要起草人：戴晓武、侯天亮、陈冰、李莉、陈恩成、李连海、邱国强、彭亚拉、余良英、姜宏。

本部分所代替标准的历次版本发布情况为：

——GB/T 20014.4—2005。

引　言

为食品链的初端，农产品种植过程直接影响农产品及其加工食品的安全水平。为达到符合法律法规及标准的要求，满足消费者需求，保证食品安全和促进农业的可持续发展，本标准关注以下三方面的内容：

0.1　食品安全危害管理

本标准采用危害分析与关键控制点（HACCP）方法识别、评价和控制食品安全危害。在种植业生产过程中，针对不同作物生产特点，对作物管理、土壤肥力保持、田间操作、收获物处理及品质控制等方面提出了要求。

0.2　农业可持续发展的环境保护要求

本标准提出了环境保护的要求，通过要求生产者遵守环境保护的法规和标准，营造农产品生产过程的良性生态环境，协调农产品生产和环境保护的关系。

0.3　员工的职业健康、安全和福利要求

本标准提出了员工职业健康、安全和福利的要求。

本标准将内容条款的控制点划分为3个等级，并遵循表1原则：

表1

等级	级别内容
1	基于危害分析与关键控制点（HACCP）的食品安全要求
2	基于1级控制点要求的环境保护、员工福利的基本要求
3	基于1级和2级控制点要求的环境保护、员工福利的持续改善要求

良好农业规范
第4部分:大田作物控制点与符合性规范

1 范围

GB/T 20014 的本部分规定了大田作物生产良好农业规范的要求。

本部分适用于大田作物生产良好农业规范的符合性判定。

2 规范性引用文件

下列文件中的条款通过 GB/T 20014 的本部分的引用而成为本部分的条款。凡是注日期的引用文件,其随后所有的修改单(不包括勘误的内容)或修订版均不适用于本部分,然而,鼓励根据本部分达成协议的各方研究是否可使用这些文件的最新版本。凡是不注日期的引用文件,其最新版本适用于本部分。

GB/T 20014.1 良好农业规范 第1部分:术语

GB/T 20014.3—2008 良好农业规范 第3部分:作物基础控制点与符合性规范

国际农药供销和使用行为守则(FAO)

3 术语和定义

GB/T 20014.1 所确立的术语和定义适用于 GB/T 20014 的本部分。

4 要求

4.1 繁殖材料

4.1.1 品种选择

序号	控 制 点	符合性要求	等级
4.1.1.1	品种选择应基于当地可接受的农艺要求。	应有符合相关法律法规要求的证明,无法律法规规定的,应有种子供应商提供的信息或顾客的需求信息。	2级

4.1.2 种子、根茎的质量和来源

序号	控 制 点	符合性要求	等级
4.1.2.1	购买的种子应附有以下记录:品种名称、批号、供应商、种子质量合格证和检疫证明以及种子的处理情况等信息。	种植者提供了所种品种名称、批号、供应商、种子质量合格证和检疫证明以及种子所做处理的记录。	2级
4.1.2.2	农场自留种子应保留种子特性、来源、处理方式(如:清洁和种子处理)的记录。	应有种子的相关记录。	2级

4.2 灌溉和(或)施肥

4.2.1 灌溉水质

序号	控 制 点	符合性要求	等级
4.2.1.1	风险评估应考虑微生物、物理和化学的污染。	根据风险分析,有相关微生物、化学或重金属污染物的文件记录。	2级
4.2.1.2	如风险分析有要求,应对出现的异常情况采取处理措施。	有采取处理或纠正措施的记录。	2级

4.3 机械设备

4.3.1 卫生

序号	控 制 点	符合性要求	等级
4.3.1.1	运送畜禽饲料或农作物的运输工具应清洁卫生,并适合食物原料的运输。为防止污染,应特别注意双重用途运输工具的清洁。	员工能够阐述须知内容。对运输车辆做感官评估。如农场内农作物和畜禽饲料共同存在,则全部适用。	1级
4.3.1.2	所有装载农作物或畜禽饲料的散装设备在使用前应进行清洁。为防止污染,应特别注意双重用途装载设备的清洁。	感官检查,装载设备应保持清洁、干燥、无故障,以防止承载的货物受到损害。	1级
4.3.1.3	所有调控设备(包括烘干、温控等)应根据厂商说明进行维护和清洁,并保存记录。	应有设备的维护和清洁记录及设备的使用说明书。如没有相关设备,本条款不适用。	2级
4.3.1.4	农场对租赁的各类机械和设备宜有必要的卫生要求,并有租赁证明。	根据收获的作物品种,对各类机械和设备进行适当的卫生处理和维护检查,可提供租用合同和使用记录。	3级

4.4 植物保护

4.4.1 植保产品的使用方法

序号	控 制 点	符合性要求	等级
4.4.1.1	植保产品的使用方法应符合国家或地方法规的规定。	农场相关员工了解国家或地方法规对植物保护产品使用方法的规定。	1级

4.5 收获阶段

4.5.1 卫生

序号	控 制 点	符合性要求	等级
4.5.1.1	员工在收获食用和饲用的作物前,应接受相关卫生要求的基本培训。	通过与员工面谈和卫生基本要求的记录证明符合性。(如:珠宝首饰的佩戴、异物污染等)	2级
4.5.1.2	员工在收获场所附近应有方便使用的清洁厕所和洗手设施。	工作场所附近有供收获员工方便使用的固定或移动厕所及洗手设施,且卫生状况良好。	2级

4.6 收获后农产品的处理

4.6.1 卫生

序号	控 制 点	符合性要求	等级
4.6.1.1	农产品处理前，员工应接受基本的卫生培训。	有证据表明员工接受了有关传染性疾病传播的培训，如个人卫生、着装和个人行为等。除非农作物注册时已声明不进行农产品的处理，否则全部适用。	1级
4.6.1.2	员工应执行产品卫生处理规程。	有证据表明员工遵守了卫生要求(包括个人卫生和行为等)。除非农作物注册时已声明不进行农产品的处理，否则全部适用。	2级
4.6.1.3	员工从事与农产品加工无关的活动应在远离产品的指定区域。	员工吸烟、吃食物、嚼口香糖都在指定区域，不允许在产品处理和储藏的区域(喝水除外)。	2级
4.6.1.4	所有作物储存、处理、接收设施的墙壁、地面和水平表面在使用之前应清扫干净，如需要应进行清洗和杀虫处理。应将残留在各个角落农作物清扫干净，尤其是通风过道和运输设备附近。	通过与农业生产经营者面谈和现场检查证明符合性。适用于所有储存作物的农场。杀虫剂的使用应符合标签的要求(注册、消费者隔离等)，同时应符合GB/T 20014.3—2008中4.8.1和4.8.2的要求。	1级
4.6.1.5	如果将饲养畜禽的场所作为收获物的仓库或临时存放的场所，使用前5周应对这些场所进行彻底打扫、清洗和(或)消毒。	通过与农业生产经营者面谈和现场检查证明符合性。适用于所有储存农作物的农场。	1级
4.6.1.6	收获季节前，在仓库内宜实施昆虫诱捕措施，以证明清洁彻底。	可通过诱捕结果和监控记录，证明清洁过程是彻底的。但不能使用果仁类诱饵。	3级
4.6.1.7	在处理区域应为员工和参观者设置卫生要求的明显警示标志。	在处理区域，卫生基本要求的标识应明显可见。	2级

4.6.2 品质控制

序号	控 制 点	符合性要求	等级
4.6.2.1	应有文件化的检验规程确保产品符合特定的质量标准的要求。	执行了检验规程，产品根据质量标准进行了处理，并有书面的证明和记录。	2级
4.6.2.2	如果包装后农产品储藏在农场，应对温度、湿度(必要时)进行监控和记录。	根据卫生风险评估的结果，对储藏在农场的包装后农产品的温度、湿度进行了监控和记录。	1级

序号	控　制　点	符合性要求	等级
4.6.2.3	宜进行轮储管理。	为确保产品质量和安全，进行了轮储管理，并保持记录。	3级
4.6.2.4	应有温控和测量设备的验证规程。	用于温控和测量的设备需根据风险分析结果进行周期性的验证，并有书面证明。	2级

4.6.3　啮齿类动物和鸟类的控制

序号	控　制　点	符合性要求	等级
4.6.3.1	应对存放繁殖材料、收获物、饲料及与其接触的设备和建筑物所有出入口进行适当的防护，以尽可能地防止动物性有害生物的侵入。	感官评估。全部适用。	2级
4.6.3.2	应有诱饵方位图。	有诱饵方位图。未在农场上放置诱饵控制动物性有害生物时（如：大型动物粗放型饲养的场所），应阐述理由。	2级
4.6.3.3	诱饵的放置应避免非目标生物的接近。	感官评估。非目标生物不能接近诱饵。全部适用。	2级
4.6.3.4	应保存动物性有害生物检查和所采取的必要措施的记录。	应提供有害生物控制检查及后续行动的记录。当有有害生物发生的迹象时，应进行检查。一旦有有害生物发生，农场及时与有关防疫部门取得了联系，或者证明其内部有控制有害生物的能力。	2级

4.6.4　采收后的处理

序号	控　制　点	符合性要求	等级
4.6.4.1	化学品的使用应遵守产品标签中的要求。	提供了清晰的程序和文件：如生物灭杀剂、蜡和植保产品的使用记录、产品的包装和运输日期，从而证明遵守了化学品使用要求。	1级
4.6.4.2	用于收获物的生物灭杀剂、蜡和植保产品应是经国家登记或许可使用的产品，并仅用在指定的收获物上。	所有用在收获物上的生物灭杀剂、蜡和植保产品都须经过登记或得到相关部门的使用许可，并仅用于标签上限定的农作物，也可参照消费地相关标准和FAO《国际农药供销和使用行为守则》。	1级
4.6.4.3	不应使用消费地禁用的生物灭杀剂、蜡和植保产品。	有记录证明近12个月内没有使用消费地禁用的生物灭杀剂、蜡和植保产品。	1级
4.6.4.4	应列出被批准的已经或将要在收获物上使用的生物灭杀剂、蜡和植保产品清单，清单应考虑到生物灭杀剂、蜡和植保产品有关法规的变化。	提供的清单列出了所有批准的已经或将要用来处理收获物的生物灭杀剂、蜡和植保产品，并根据相关法规的变化进行了适时更新。全部适用。	2级

序号	控　制　点	符合性要求	等级
4.6.4.5	负责处理收获物的技术人员应具备使用生物灭杀剂、蜡和植保产品的技能。	提供技术人员有能力使用生物灭杀剂、蜡和植保产品的资质证明(如:培训证书等)。	1级
4.6.4.6	应记录生物灭杀剂、蜡和植保产品的使用情况,包括收获物的标识(即收获物的批次或批号)。	生物灭杀剂、蜡和植保产品的使用记录包括了所有经处理的收获物的批次或批号。	1级
4.6.4.7	应记录生物灭杀剂、蜡和植保产品的使用地点。	生物灭杀剂、蜡和植保产品的记录,包括了农场的面积、名称、相关信息或收获物处理地点。	1级
4.6.4.8	应记录生物灭杀剂、蜡和植保产品的使用日期。	记录了生物灭杀剂、蜡和植保产品的使用日期。	1级
4.6.4.9	应记录所用的生物灭杀剂、蜡和植保产品的处理方式。	记录了生物灭杀剂、蜡和植保产品的处理方式,如:喷洒、浸透、气体处理等。	1级
4.6.4.10	应记录所用的生物灭杀剂、蜡和植保产品的商品名。	记录了生物灭杀剂、蜡和植保产品的商品名和有效成分。	1级
4.6.4.11	应记录生物灭杀剂、蜡和植保产品的使用量。	记录了生物灭杀剂、蜡和植保产品的使用量,如在每升水或其他溶剂中加入的质量或体积的记录。	1级
4.6.4.12	应记录使用生物灭杀剂、蜡和植保产品的操作人员的姓名。	记录了生物灭杀剂、蜡和植保产品的使用人员姓名。	2级
4.6.4.13	应记录使用生物灭杀剂、蜡和植保产品的合理性。	记录了生物灭杀剂、蜡和植物保护产品所处理的病虫害名称。	2级
4.6.4.14	植保产品的使用应考虑GB/T 20014.3—2008中4.8.6的要求。	有文件证明所用的杀菌剂和杀虫剂符合GB/T 20014.3—2008中4.8.6的要求。	1级

4.6.5　**收获物的储存**

序号	控　制　点	符合性要求	等级
4.6.5.1	应采取措施防止玻璃或其他物理污染。	所有置于收获物上方的照明灯、设备和其他用于收获物的处理材料应处于安全状态,或有防护、加固措施以防止这些物品破碎污染产品。适用于暂存、长期储存和所有作物流通区域。	1级
4.6.5.2	应有相应措施防止家禽、家畜和鸟类进入收获物的储存区域。	有防止家禽、家畜和鸟类进入收获物储存区域的措施。	1级

序号	控 制 点	符合性要求	等级
4.6.5.3	应有特定的储存措施用于长期储存收获物。	长期储存收获物时，农场可提供详细的、有规律的检查和跟踪措施记录，如定期监测温度和产品状况，包括变化原因等。对进水、鸟和啮齿动物危害、局部发热等情况都有相应的补救措施。储存的作物状态稳定后，检查频率可以适当减少。除短期储存外，全部适用。	1级
4.6.5.4	储存应根据农作物类型和储存条件，采用最佳方式从而降低污染的风险。	根据作物类型和储存要求确定储存条件（如：防风雨、防潮、硬化地面、合适的墙和门等）。	1级
4.6.5.5	对于收获后和储存一段时间易变质的收获物，储存时应有相应的调控措施，长期储存的作物在储存时温度、湿度应适宜，并避免因过热对作物造成损害。	有相应的储存调控设备，可证明其符合性。除短期储存外，全部适用。	1级
4.6.5.6	监控设施应易于负责人员使用。	负责人员通过操作监控设施或描述监控方案证明。	1级
4.6.5.7	宜有清洁和干燥的用于储存散装收获物的室外硬化装载区域。	装载区地面平整坚固、清洁、无渗透和积水现象。	3级

4.6.6 运输

序号	控 制 点	符合性要求	等级
4.6.6.1	在装载和运输过程中，应根据天气状况覆盖运出农场的产品。	农场相关员工可现场证明。	2级

ICS 65.020.20
B 31

中华人民共和国国家标准

GB/T 20014.5—2008
代替 GB/T 20014.5—2005

良好农业规范 第5部分：水果和蔬菜控制点与符合性规范

Good agricultural practice—
Part 5: Fruit and vegetable control points and compliance criteria

2008-05-04 发布　　2008-10-01 实施

中华人民共和国国家质量监督检验检疫总局
中国国家标准化管理委员会　发布

前　　言

GB/T 20014《良好农业规范》分为以下部分：

——第1部分：术语；
——第2部分：农场基础控制点与符合性规范；
——第3部分：作物基础控制点与符合性规范；
——第4部分：大田作物控制点与符合性规范；
——第5部分：水果和蔬菜控制点与符合性规范；
——第6部分：畜禽基础控制点与符合性规范；
——第7部分：牛羊控制点与符合性规范；
——第8部分：奶牛控制点与符合性规范；
——第9部分：生猪控制点与符合性规范；
——第10部分：家禽控制点与符合性规范；
——第11部分：畜禽公路运输控制点与符合性规范；
——第12部分：茶叶控制点与符合性规范；
——第13部分：水产养殖基础控制点与符合性规范；
——第14部分：水产池塘养殖基础控制点与符合性规范；
——第15部分：水产工厂化养殖基础控制点与符合性规范；
——第16部分：水产网箱养殖基础控制点与符合性规范；
——第17部分：水产围拦养殖基础控制点与符合性规范；
——第18部分：水产滩涂、吊养、底播养殖基础控制点与符合性规范；
——第19部分：罗非鱼池塘养殖控制点与符合性规范；
——第20部分：鳗鲡池塘养殖控制点与符合性规范；
——第21部分：对虾池塘养殖控制点与符合性规范；
——第22部分：鲆鲽工厂化养殖控制点与符合性规范；
——第23部分：大黄鱼网箱养殖控制点与符合性规范；
——第24部分：中华绒螯蟹围拦养殖控制点与符合性规范。

本部分为GB/T 20014的第5部分。本部分应与第2部分、第3部分结合使用。

本部分代替GB/T 20014.5—2005《良好农业规范　第5部分：水果和蔬菜控制点与符合性规范》。

本部分与GB/T 20014.5—2005相比主要变化如下：

——增加20个新条款：4.2.1.2、4.4.2.2～4.4.2.7、4.5.2.3～4.5.2.5、4.5.3.3、4.5.3.4、4.5.4.4、4.5.4.8、4.5.5.1、4.5.5.2、4.5.5.4、4.5.5.5、4.5.6.2、4.5.8.2；
——删除16个条款：4.1.3.5、4.2.1.1-2、4.2.2.1、4.3.1.2、4.3.2.4、4.5.1.3、4.5.3.1、4.5.3.3～4.5.3.5、4.7.1.5、4.8.3.1、4.8.3.3、4.9.3.1、4.10.1.1；
——调整27个条款：4.2.1.1、4.2.2.2、4.3.1.1、4.4.1.1、4.4.1.3～4.4.1.5、4.4.1.8、4.4.1.9、4.4.2.1、4.4.2.8、4.5.1.1、4.5.2.1、4.5.2.2、4.5.3.1、4.5.3.2、4.5.4.1、4.5.4.2、4.5.4.5、4.5.4.6、4.5.4.9、4.5.5.3、4.5.6.1、4.5.6.3、4.5.6.4、4.5.7.2、4.5.8.4。

本部分由中国国家认证认可监督管理委员会提出。

本部分由中国国家标准化管理委员会归口。

本部分起草单位：中国国家认证认可监督管理委员会注册管理部、中华人民共和国山东出入境检验检疫局、中华人民共和国黑龙江出入境检验检疫局、中华人民共和国辽宁沈阳出入境检验检疫局、农业部优质农产品开发中心、全国农业技术推广服务中心、中国农业大学、中国检验认证集团质量认证有限公司、山东鲁花集团有限公司、方圆标志认证中心。

本部分主要起草人：陈冰、戴晓武、李莉、李连海、侯天亮、陈恩成、孟凡乔、姜宏、李建伟、徐亮、宫华。

本部分所代替标准的历次版本发布情况为：

——GB/T 20014.5—2005。

引　言

食品安全不仅关系到消费者的身体健康和生命安全，而且还直接或间接影响到食品、农产品行业的健康发展。因此，食品安全是对食品链中所有从事食品生产、加工、储运等组织的首要要求。

作为食品链的初端，水果和蔬菜种植过程直接影响农产品及其加工食品的安全水平。为达到符合法律法规、相关标准的要求，满足消费者需求，保证食品安全和促进农业的可持续发展，提出以下要求：

0.1　食品安全危害的管理

本标准采用危害分析与关键控制点(HACCP)方法识别、评价和控制食品安全危害。在水果和蔬菜种植生产过程中，针对不同作物生产特点，对作物管理、土壤肥力保持、田间操作、植物保护组织管理等提出了要求。

0.2　农业可持续发展的环境保护要求

本标准提出了环境保护的要求，通过要求生产者遵守环境保护的法规和标准，营造农产品生产过程的良性生态环境，协调农产品生产和环境保护的关系。

0..3　员工的职业健康、安全和福利要求

本标准提出了员工职业健康、安全和福利的要求。

本标准将内容条款的控制点划分为3个等级，并遵循表1原则：

表1

等　级	级　别　内　容
1	基于危害分析与关键控制点(HACCP)的食品安全要求
2	基于1级控制点要求的环境保护、员工福利的基本要求
3	基于1级和2级控制点要求的环境保护、员工福利的持续改善措施要求

良好农业规范 第5部分：水果和蔬菜控制点与符合性规范

1 范围

GB/T 20014 的本部分规定了水果、蔬菜生产良好农业规范的要求。

本部分适用于对水果、蔬菜生产良好农业规范的符合性判定。

2 规范性引用文件

下列文件中的条款通过 GB/T 20014 的本部分的引用而成为本部分的条款。凡是注日期的引用文件，其后所有的修改单(不包括勘误的内容)或修订版均不适用于本部分，然而，鼓励根据本部分达成协议的各方研究是否可使用这些文件的最新版本。凡是不注日期的引用文件，其最新版本适用于本部分。

GB/T 15481 检测和校准实验室能力的通用要求(GB/T 15481—2000,idt ISO/IEC 17025:1999)

GB/T 20014.1 良好农业规范 第1部分：术语

GB/T 20014.3 良好农业规范 第3部分：作物基础控制点与符合性规范

国际农药供销和使用行为守则(FAO)

3 术语和定义

GB/T 20014.1 所确立的术语和定义适用于 GB/T 20014 的本部分。

4 要求

4.1 繁殖材料

4.1.1 品种或根茎的选择

序号	控制点	符合性要求	等级
4.1.1.1	农业生产经营者应意识到注册产品"亲本作物"有效管理的重要性(即种子作物)。	对"亲本作物"采取栽培技术和措施，以减少植保产品和肥料在注册产品的用量。	3级

4.2 土壤和基质的管理

4.2.1 土壤熏蒸(无土壤熏蒸时不适用)

序号	控制点	符合性要求	等级
4.2.1.1	应有使用土壤熏蒸剂的书面记录。	熏蒸记录包括熏蒸地点、日期、活性成分、剂量、使用方法和操作人员。不允许使用溴化钾进行土壤熏蒸。	2级
4.2.1.2	应遵守种植前熏蒸剂使用的时间间隔。	种植前的熏蒸间隔时间应记录。	2级

4.2.2 基质(无基质使用时不适用)

序号	控制点	符合性要求	等级
4.2.2.1	在使用基质时，农业生产经营者应参与基质再循环计划。	农业生产经营者保存包括基质循环数量及日期的记录。收货发票或装载记录也可接受。如果没有参与基质循环计划，应做出合理的评估。	3级
4.2.2.2	若使用化学品对基质消毒以使其被再利用，应记录消毒地点、消毒日期，所用化学品的类别，消毒方式和操作人员的名字。	如果在农场进行基质消毒，应记录农田、果园温室的名字或编号。如果是在农场以外进行消毒，应记录对基质消毒的公司名称及地点。应正确记录：消毒日期(年/月/日)、化学品名称及有效成分、机械类型(如：1 000 立升罐等)、消毒方式(如：浸透、喷雾等)和操作人员(实际使用化学品和实施消毒操作的人员)的名字等。	1级
4.2.2.3	天然来源的基质应可溯源，且不来自指定的保护区域。	有记录证实正在使用的天然基质的来源，且不来自于指定的保护区域。	3级

4.3 灌溉/施肥

4.3.1 灌溉水质

序号	控制点	符合性要求	等级
4.3.1.1	依据 GB/T 20014.3—2008 中 4.6.3.2 进行的风险评估应考虑微生物污染。	依据风险评估，若存在微生物污染的风险应提供经实验室分析的微生物污染的相关书面记录。	2级
4.3.1.2	如果要求进行风险评估，应对已得出的否定的结论采取措施。	有纠正措施或纠偏行动的记录。	2级

4.4 采收

4.4.1 通则

序号	控制点	符合性要求	等级
4.4.1.1	应对采收和离开农场前的运输过程进行卫生的风险评估。	应有书面且每年评审更新的，针对产品进行的风险评估，其中包括物理、化学、微生物污染和人类传播的疾病，还应包括 4.4.1.2～4.4.1.9 的内容。风险评估应适合农产品预期用途的要求。全部适用。	1级
4.4.1.2	采收过程应执行卫生规程。	农场管理者或其他推荐的人员负责执行了卫生规程。	1级
4.4.1.3	员工应在处理农产品前，接受基础的卫生培训。	有证据表明员工接受了培训，其中包括个人卫生、着装和个人行为等。	1级

序号	控　制　点	符合性要求	等级
4.4.1.4	员工应执行产品卫生处理规程。	有证据表明员工遵守了卫生处理规程，包装员工应培训，可使用文字(用适当的语种)或图表规程，防止包装过程的物理危害(如：钉子、石头、昆虫、刀具、水果残渣、手表、手机等)、生物危害和化学危害。	1级
4.4.1.5	应对用于农产品处理的容器和工具进行清洁保养，以避免污染。	制定防止产品被污染的清洁和消毒方案(每年至少一次)，重复使用的采收容器、工具(如：剪子、刀、修枝剪等)和采收用的设备(机械)应得到清洁和维护。	1级
4.4.1.6	用于运输采收后农产品的车辆应保持清洁。	农场运输采收后农产品的车辆，同时还用于其他目的时，应清洁保养，并有防止产品被土壤、灰尘、有机肥、泄漏等污染的清洁计划。	1级
4.4.1.7	采收作业的员工应能在工作地点就近找到洗手设施。	采收作业的员工附近至多500 m内，应有固定的或移动的洗手设施，且卫生状况良好。全部适用。	1级
4.4.1.8	采收作业的员工应能在工作地点附近用到干净的厕所。	固定或移动的卫生间(包括深坑式公共厕所)应距离采收员工500 m范围内，且建筑材料易于清洁，有收集装置避免污染农田，卫生状况良好。采收员工单人独立作业时，卫生间可以在500 m范围之外，但应给员工提供合理的交通工具。	2级
4.4.1.9	存放农产品的容器应专用。	存放农产品的容器是专用的(即不存放农用化学品、润滑油、汽油、清洁剂、其他植物或废弃物、餐盒、工具等)。当使用多用途的拖车、手推车盛放农产品时，使用前应清洁。	1级

4.4.2　在采收点进行农产品最终包装

序号	控　制　点	符合性要求	等级
4.4.2.1	采收中的卫生规程应考虑在农田、果园或温室里直接包装、处理和收获的农产品。	根据采收卫生风险评估结果，所有直接从农田、果园或温室里包装和处理的农产品应当日运出。所有在农田包装的农产品应有遮盖物，以避免包装后受到污染。	1级
4.4.2.2	应有书面的检验规程和品质检验记录，保证符合确定的品质标准。	有书面的检验规程和品质检验相关记录，保证包装的产品符合确定的品质标准。	2级

序号	控　制　点	符合性要求	等级
4.4.2.3	包装后产品应能避免污染。	所有在采收点包装后的产品应避免污染。	1级
4.4.2.4	所有直接从采收点里收集、储存和配送的包装农产品，应保持清洁和卫生。	储存在农田、果园或温室区域内包装后的农产品应保持清洁。	1级
4.4.2.5	用于采收点的包装物料的储存应有防护避免污染。	包装物料的储存应有防护避免污染。	1级
4.4.2.6	包装物料碎片和其他非生产性废物应被清理出采收点。	包装物料碎片和其他非生产性废物应被清理出采收点。	2级
4.4.2.7	如果包装后的农产品储存在农场，(适用时)应有温度和湿度控制并记录。	适用时，根据卫生风险评估的结论和包装后的农产品储存在农场的品质要求，应保持温度和湿度控制并记录。	1级
4.4.2.8	如果在农产品采收点使用水和冰，这些冰应使用饮用水制成且在卫生条件下处理，以免对农作物的污染。	所有在采收点使用的冰应来源于饮用水，且在卫生条件下处理，以免农产品受到污染。	2级

4.5 农产品处理(农产品包装场所未就农产品处理申请良好农业规范认证的则不适用)

4.5.1 卫生评估

序号	控　制　点	符合性要求	等级
4.5.1.1	应对采收后农产品处理的程序，包括操作卫生方面进行卫生的风险分析和评估。	应有书面且每年评审更新的风险评估，其中包括可能的物理、化学、微生物污染和人类传播的疾病风险，风险发生的可能性和严重性，针对包装车间的产品和操作流程制定。	1级
4.5.1.2	采收后处理过程应执行书面的卫生规程。	根据采收后农产品处理卫生的风险分析的结论，农场管理者或其他推荐的人员负责执行了卫生规程。	2级

4.5.2 个人卫生

序号	控　制　点	符合性要求	等级
4.5.2.1	员工应在处理农产品前，接受基础的卫生培训。	有证据表明员工接受了培训，包括：传播人畜共患的疾病、个人卫生、着装和个人行为等。	1级
4.5.2.2	员工应在处理农产品时，执行农产品处理卫生规程。	有证据表明员工在处理农产品时，执行了农产品处理卫生规程(登记的农产品有采收后不进行处理的声明时，不适用)。	2级
4.5.2.3	员工的工作服应清洁、便于操作并防止污染产品。	依据产品和操作的风险分析，所有员工的工作服(包括衣服、围裙、套袖、手套等)保持清洁、便于操作，防止污染产品。	3级

序号	控　制　点	符合性要求	等级
4.5.2.4	应将吸烟、饮食、嚼口香糖和喝饮料限定在特定区域内，与农产品隔离。	吸烟、饮食、嚼口香糖和喝饮料限定在特定区域内，不允许在农产品处理和存放区（喝水除外）。	2 级
4.5.2.5	针对员工和参观者的主要卫生规程的信息，应在包装车间内清晰可见。	主要卫生规程的信息，在包装车间内清晰可见。	2 级

4.5.3　卫生设施

序号	控　制　点	符合性要求	等级
4.5.3.1	员工在其工作场所附近应有方便使用的清洁厕所和洗手设施。	卫生间的卫生条件良好，若无自闭的门则门不能开向农产品处理区域。卫生间周围必要的洗手设施包括：无香料的肥皂、清洗和消毒手的用水和干手设备（尽量接近卫生间，防止潜在的交叉污染）。	1 级
4.5.3.2	应有明显标识指导员工洗手后返回工作岗位。	标识应清晰可见，指示员工应洗手后才能处理农产品。	1 级
4.5.3.3	应为员工准备适当的更衣设施。	更衣设施应用于更衣，应穿着保护性工作服。	3 级
4.5.3.4	应为员工准备带锁的储藏柜。	更衣室应提供安全的储存设施，保障员工个人用品的安全。	3 级

4.5.4　包装和储存区域

序号	控　制　点	符合性要求	等级
4.5.4.1	应对农产品处理和储存的设施和设备进行清洁和保养，以避免污染。	为避免污染农产品处理和储存的设施和设备（如：加工流水线和设备、墙、地面、储存区和托盘等），应按照清洁和保养规程制定的频率保持清洁，应有书面的清洁保养记录。	2 级
4.5.4.2	清洁剂、润滑剂等应存放在专设区，避免对农产品造成化学污染。	清洁剂、润滑剂等存放在专设区，与农产品包装区隔离，以避免农产品受到化学品污染。	2 级
4.5.4.3	可能与农产品接触的清洁剂、润滑剂等应被批准在食品加工使用，使用的剂量应正确。	有文件（即：特别的标签提示或技术数据表）证实可能与农产品接触的清洁剂、润滑油等被允许用于食品加工。	2 级
4.5.4.4	所有的铲车等运输工具应经清洁和保养，且型号适合，避免车辆喷出的废气污染产品。	内部运输要保证避免污染产品，应特别关注尾气。铲车和其他驾驶的运输车等应为电动或气动。	3 级
4.5.4.5	包装场所的废弃农产品和废物应储存于定期清洗消毒的特定区域。	废弃农产品和废物储存于避免污染产品的特定区域，按照清洁规程定期清洗和消毒该区域。	2 级

序号	控　制　点	符合性要求	等级
4.5.4.6	在分级、称量和储存区域易碎的安全灯或照明灯应有保护灯罩。	悬挂在农作物上方的灯泡、设备和其他用于农作物处理的材料应是安全的，且应有防护或加固措施以防破碎时污染产品。	1级
4.5.4.7	应有玻璃和透明硬塑料的管理规程。	在产品处理、准备和储存区域，张贴了玻璃和透明硬塑料的破碎处理规程。	2级
4.5.4.8	包装物料应清洁且储存于清洁卫生的环境中。	包装物料(包括重复使用的周转箱)清洁且储存于清洁卫生的环境中，避免使用时污染农产品。	2级
4.5.4.9	应防止动物进入。	有防止动物进入的措施。	2级

4.5.5　品质控制

序号	控　制　点	符合性要求	等级
4.5.5.1	应有书面的检验规程和产品品质检验记录，保证符合确定的品质标准。	有书面的检验规程和品质检验的相关记录保证产品依据确定的品质标准进行了包装。	2级
4.5.5.2	如果包装后的农产品储存在农场，(适用时)应有温度和湿度控制并记录。	根据卫生风险评估的结论，包装后的农产品储存在农场时，温度和湿度控制(适用时且包括气调控制)应保持并记录。	1级
4.5.5.3	应对光敏感的农产品(如：马铃薯)有避光措施，防止光照进入长期储存的设施中。	经检查无光线射入。	1级
4.5.5.4	应考虑轮储。	为最大限度的保证产品品质和安全，应考虑轮储。	3级
4.5.5.5	应有温度控制设施的验证检测规程。	称量和温度控制设施应定期验证，保证设备按照风险分析进行了校准。	2级

4.5.6　啮齿动物和鸟类的控制

序号	控　制　点	符合性要求	等级
4.5.6.1	所有设施和设备与外界相连的入口应有适当防护，防止啮齿动物和鸟类进入。	感官评估，全部适用。	2级
4.5.6.2	应有设置诱捕点和(或)陷阱点的计划。	应有设置啮齿动物诱捕点的计划，全部适用。未申请产品处理场所进行良好农业规范检查的除外。	2级
4.5.6.3	诱饵放置的方式应防止非目标生物的进入。	感官评估，诱饵放置的方式防止了非目标生物的进入，全部适用。未申请产品处理场所进行良好农业规范检查的除外。	2级

序号	控制点	符合性要求	等级
4.5.6.4	应有虫害控制检查和虫害处理的详细记录并保存。	生产者有虫害控制检查和虫害处理的详细记录，有虫害发生时应有检查，生产者应有虫害防治专家的联系号码或证明有能力控制虫害。	2级

4.5.7 采收后的清洗（采收后不清洗的则不适用）

序号	控制点	符合性要求	等级
4.5.7.1	清洗最终农产品的水源应符合国家饮用水相关要求。	在最近12个月内，对清洗农产品的水源进行水质分析。水质报告分析结果达到国家饮用水的限量要求，或被有资质的权威机构认定在食品业中是安全的。	1级
4.5.7.2	如果清洗最终产品的水是循环使用的，水应被过滤，平时应定期监测其pH值、纯度和消毒液的暴露水平等。	当清洗最终产品的水是循环使用时，应经过过滤和消毒，有记录表明其参数，如pH、纯度和消毒液的暴露水平等是被经常监测的，过滤时应有有效去除固体及悬浮物质的系统，有文件记录显示根据水的使用情况和用量采取了日常清洁方案。	1级
4.5.7.3	进行水质分析的实验室应符合有关规定。	对清洗产品的用水进行分析的实验室已得到GB/T 15481或国家同等标准的认可，或有文件证实其正处于接受认可的过程中。	3级

4.5.8 采收后的处理（采收后不处理的则不适用）

序号	控制点	符合性要求	等级
4.5.8.1	应遵守所有标签中的说明。	有清楚的规程和书面记录，包括采收后生物杀灭剂、蜡和植物保护产品使用记录，证明遵守了标签上化学品使用的说明。	1级
4.5.8.2	任何在采收后用于保护农产品的生物杀灭剂、蜡和植物保护产品应都经过国家的正式注册。	所有采收后用在农产品上的生物杀灭剂、蜡和植物保护产品都有官方注册或得到相关的政府机构许可，能用于其标签上标注的农产品。在未实施官方注册的地区，参见FAO《国际农药供销和使用行为守则》。	1级
4.5.8.3	将销售的农产品上不得使用消费地国家和地区禁止的生物杀灭剂、蜡和植物保护产品。	有文件记录显示，在最近12个月中未使用消费地国家和地区禁止的生物杀灭剂、蜡和植物保护产品。	1级

序号	控　制　点	符合性要求	等级
4.5.8.4	应保存一份适时更新的目前使用或是被考虑以后将使用在采收后农产品上的、获批准的生物杀灭剂、蜡和植物保护产品清单。	在最近12个月有一份适时更新，考虑了当地和国际法规在生物杀灭剂、蜡和植物保护产品方面的变化的书面清单，列出所有当前和以后将被考虑用于处理采收后农产品的或用于良好农业规范基地、经过注册的生物杀灭剂、蜡和植物保护产品的商品名和有效成分。全部适用。	2级
4.5.8.5	处理农作物的技术人员应具备使用生物杀灭剂、蜡和植物保护产品的技能。	技术人员应有国家认可的证书或经过正式培训以证明其有能力使用农作物生物杀灭剂、蜡和植物保护产品。	1级
4.5.8.6	应记录采后生物杀灭剂、蜡和植物保护产品的使用情况，包括农作物的标识[即农作物的批次和(或)批号]。	在采后生物杀灭剂、蜡和植物保护产品的使用记录应包括所有经处理的农作物的批次和(或)批号。	1级
4.5.8.7	应记录采后生物杀灭剂、蜡和植物保护产品的使用地点。	记录所有采收后使用生物杀灭剂、蜡和植物保护产品的农场的地理位置、名称、基本情况或农作物处理地点。	1级
4.5.8.8	应记录采后生物杀灭剂、蜡和植物保护产品的使用日期。	记录所有采收后使用的生物杀灭剂、蜡和植物保护产品的准确日期。	1级
4.5.8.9	应记录采后所用的生物杀灭剂、蜡和植物保护产品的处理方式。	记录采后生物杀灭剂、蜡和植物保护产品用于农作物时的处理方式，如：喷洒、浸透、气体处理等。	1级
4.5.8.10	应记录采后所用的生物杀灭剂、蜡和植物保护产品的商品名。	记录采后生物杀灭剂、蜡和植物保护产品的商品名和有效成分。	1级
4.5.8.11	应记录采后使用在产品上的生物杀灭剂、蜡和植物保护产品的使用量。	记录使用在农作物上的采后生物杀灭剂、蜡和植物保护产品的使用量，如在每升水或其他溶剂中加入的质量或体积。	1级
4.5.8.12	应记录采后使用生物杀灭剂、蜡和植物保护产品的操作人员的姓名。	记录使用采收后生物杀灭剂、蜡和植物保护产品的操作人员姓名。	2级
4.5.8.13	应记录采后使用生物杀灭剂、蜡和植物保护产品的原因。	记录采后生物杀灭剂、蜡和植物保护所处理的病、虫害的名称。	2级
4.5.8.14	所有的采收后植物保护产品应考虑到GB/T 20014.3—2008 中 4.8.6 的要求。	有记录来证明采后所用的生物杀灭剂和植物保护产品都满足了GB/T 20014.3—2008 中 4.8.6 的要求。	1级

ICS 65.020.30
B 40

中华人民共和国国家标准

GB/T 20014.6—2008
代替 GB/T 20014.6—2005

良好农业规范 第6部分：畜禽基础控制点与符合性规范

Good agricultural practice—Part 6: Livestock base control points and compliance criteria

2008-05-19 发布

2008-10-01 实施

中华人民共和国国家质量监督检验检疫总局
中国国家标准化管理委员会 发布

前　言

GB/T 20014《良好农业规范》分为以下部分：

——第 1 部分：术语；

——第 2 部分：农场基础控制点与符合性规范；

——第 3 部分：作物基础控制点与符合性规范；

——第 4 部分：大田作物控制点与符合性规范；

——第 5 部分：水果和蔬菜控制点与符合性规范；

——第 6 部分：畜禽基础控制点与符合性规范；

——第 7 部分：牛羊控制点与符合性规范；

——第 8 部分：奶牛控制点与符合性规范；

——第 9 部分：生猪控制点与符合性规范；

——第 10 部分：家禽控制点与符合性规范；

——第 11 部分：畜禽公路运输控制点与符合性规范；

——第 12 部分：茶叶控制点与符合性规范；

——第 13 部分：水产养殖基础控制点与符合性规范；

——第 14 部分：水产池塘养殖基础控制点与符合性规范；

——第 15 部分：水产工厂化养殖基础控制点与符合性规范；

——第 16 部分：水产网箱养殖基础控制点与符合性规范；

——第 17 部分：水产围拦养殖基础控制点与符合性规范；

——第 18 部分：水产滩涂、吊养、底播养殖基础控制点与符合性规范；

——第 19 部分：罗非鱼池塘养殖控制点与符合性规范；

——第 20 部分：鳗鲡池塘养殖控制点与符合性规范；

——第 21 部分：对虾池塘养殖控制点与符合性规范；

——第 22 部分：鲆鲽工厂化养殖控制点与符合性规范；

——第 23 部分：大黄鱼网箱养殖控制点与符合性规范；

——第 24 部分：中华绒螯蟹围拦养殖控制点与符合性规范。

本部分为 GB/T 20014 的第 6 部分。本部分应结合第 2 部分使用。

本部分代替 GB/T 20014.6—2005《良好农业规范　第 6 部分：畜禽基础控制点与符合性规范》。

本部分与 GB/T 20014.6—2005 相比主要变化如下：

——增加“符合性要求”：4.1.1.9、4.4.1.2、4.4.1.4、4.6.15、4.7.1.1、4.7.1.7、4.7.3.1、4.7.3.3、4.8.1；

——原 GB/T 20014.2—2005 中 4.2.1.1、4.2.3.1、4.2.3.2、4.2.3.3、4.2.3.4、4.3.1、4.3.2、4.3.3 调整为本部分的 4.1.1.6、4.1.2.1、4.1.2.2、4.1.2.3、4.1.2.4、4.1.3.1、4.1.3.2、4.1.3.3；

——原 GB/T 20014.11—2005 中 4.2.1、4.5.1、4.5.2、4.5.4、4.15.2.1、4.15.2.2 调整为本部分的 4.9.1.1、4.9.2.1、4.9.2.2、4.9.2.3、4.9.4.1 和 4.9.4.2；

——增加内容：4.4.1.8、4.9.1.3 和 4.9.3.1；

——将原“控制点”内容增加到“符合性要求”中的条款：4.4.1.1、4.4.2.1、4.6.1、4.6.2、4.6.9、4.6.13、4.7.2.3；

——改变等级：4.1.1.10、4.3.2、4.3.4、4.6.14、4.7.2.4、4.8.2、4.9.2.1、4.9.2.2、4.9.2.3、4.9.4.1。

本部分由中国国家认证认可监督管理委员会提出。

本部分由中国国家标准化管理委员会归口。

本部分起草单位：中国国家认证认可监督管理委员会注册管理部、中华人民共和国江苏出入境检验检疫局、中华人民共和国北京出入境检验检疫局、中华人民共和国山东出入境检验检疫局、中华人民共和国黑龙江出入境检验检疫局、中华人民共和国湖北出入境检验检疫局、中国奶业协会、中国农科院畜牧研究所、中国检验检疫科学研究院、中国农业大学。

本部分主要起草人：李超美、王加启、徐共和、佘锐萍、张红梅、滑艳利、章红兵、陈恩成、彭剑虹、王澍。

本部分所代替标准的历次版本发布情况为：

——GB/T 20014.6—2005。

引　　言

食品安全不仅关系到消费者的身体健康和生命安全，而且还直接或间接影响到食品、农产品行业的健康发展。因此，食品安全是对食品链中所有从事食品生产、加工、储运等组织的首要要求。

作为食品链的初端，畜禽养殖过程直接影响其加工食品的安全水平。为达到符合法律法规、相关标准的要求，满足消费者需求，保证食品安全和促进农业的可持续发展，提出以下要求：

0.1　食品安全危害的管理

本标准采用危害分析与关键控制点（HACCP）方法识别、评价和控制食品安全危害。针对畜禽的生产方式和特点，对畜禽养殖过程中畜禽生产和健康如养殖场选址、畜禽种源和标识追溯、饲料和饮水的供应、畜舍与设施、畜禽的健康、药物的合理使用、病死畜禽的处理、畜禽的配送运输、养殖生产过程中的记录、追溯以及对员工的培训等提出了要求。

0.2　农业可持续发展的环境保护要求

本标准提出了环境保护的要求，通过要求生产者遵守环境保护的法规和标准，营造农产品生产过程的良性生态环境，协调农产品生产和环境保护的关系。

0.3　员工的职业健康、安全和福利要求

本标准提出了员工职业健康、安全和福利的要求。

0.4　动物福利的要求

本标准提出了动物福利的要求。

本标准将内容条款的控制点划分为3个等级，并遵循表1原则：

表 1

等级	级别内容
1	基于危害分析与关键控制点（HACCP）和与食品安全直接相关的动物福利的所有食品安全要求
2	基于1级控制点要求的环境保护、员工福利、动物福利的基本要求
3	基于1级和2级控制点要求的环境保护、员工福利、动物福利的持续改善措施要求

良好农业规范
第6部分：畜禽基础控制点与符合性规范

1 范围

GB/T 20014的本部分规定了畜禽生产良好农业规范的基础要求。

本部分适用于对畜禽生产良好农业规范基础要求的符合性判定。

2 规范性引用文件

下列文件中的条款通过GB/T 20014的本部分的引用而成为本部分的条款。凡是注日期的引用文件，其随后所有的修改单(不包括勘误的内容)或修订版均不适用于本部分，然而，鼓励根据本部分达成协议的各方研究是否可使用这些文件的最新版本。凡是不注日期的引用文件，其最新版本适用于本部分。

GB 5749 生活饮用水卫生标准

GB 13078 饲料卫生标准

GB 16548 病害动物和病害动物产品生物安全处理规程

GB/T 18635 动物防疫 基本术语

GB 18596 畜禽养殖业污染物排放标准

GB/T 20014.1 良好农业规范 第1部分：术语

GB/T 20014.2—2008 良好农业规范 第2部分：农场基础控制点与符合性规范

GB/T 20014.7—2008 良好农业规范 第7部分：牛羊控制点与符合性规范

GB/T 20014.8—2008 良好农业规范 第8部分：奶牛控制点与符合性规范

GB/T 20014.9—2008 良好农业规范 第9部分：生猪控制点与符合性规范

GB/T 20014.10—2008 良好农业规范 第10部分：家禽控制点与符合性规范

中华人民共和国动物防疫法

中华人民共和国畜牧法

畜禽养殖污染物防治管理办法

种畜禽管理条例(国务院1994年第153号令)

饲料和饲料添加剂管理条例(国务院2001年第327号令)

兽药管理条例(国务院2004年第404号令)

3 术语和定义

GB/T 20014.1和GB/T 18635所确立的术语和定义适用于GB/T 20014的本部分。

4 要求

4.1 场址、设施、设备

4.1.1 场址、设施

序号	控 制 点	符合性要求	等级
4.1.1.1	畜禽养殖场应建在地势高、干燥、交通便利、背风向阳、排水良好的地方。场地水质良好、水源充足，无有害气体、烟雾、灰尘及其他污染。畜禽养殖场周围3 000 m无大型化工厂、矿厂或其他畜牧污染源，并远离学校、公共场所、居民居住区和交通主干道。	感官评估。畜禽养殖场应便于饲草和饲料的运输、便于采取防疫措施。水质符合GB 5749。全部适用。	1级
4.1.1.2	畜禽养殖场建筑整体布局合理，应便于防火和防疫，畜禽养殖场内分设生活管理区、生产区及粪污处理区，生产区和生活管理区相对隔离，生产区应在生活区的常年主导风向的下风向，粪便污水处理设施和畜禽尸体焚烧炉应设在畜禽养殖场的生产区、生活管理区的常年主导风向的下风向或侧风向处。畜禽养殖场内净道与污道应分开。	感官评估。全部适用。	1级
4.1.1.3	加强对畜禽养殖场及周边地区环境的保护。排污应符合GB 18596和国家相关的法律法规。畜禽养殖场应有废弃物处理和销毁设施，排泄物应定期从畜舍和饲养设施中运走，可根据当地实际情况采取综合利用措施(如：微生物发酵或沼气发酵)。畜禽排泄物应有足够的消纳能力。遵循先处理后消纳的原则。	有相关记录。感官评估。排泄物的储存和处理应能防止动物接近排泄物，减少臭味和苍蝇出没，防止饮用水的污染。排泄物管理系统应与排泄物和畜舍设施相配套。保证系统设备处于正常工作状态。全部适用。	1级
4.1.1.4	畜禽养殖污染防治应遵循减量化、无害化、资源化和综合利用的原则。	感官评估，验证废弃物的处理程序和处理设施，废水和废弃物的排放情况符合要求。存栏量超过500头的养猪场、3万只的养鸡场或100头的养牛场以及其他类型的规模化畜禽养殖场污染防治符合《畜禽养殖污染物防治管理办法》的规定。全部适用。	1级

序号	控 制 点	符合性要求	等级
4.1.1.5	畜禽废弃物应依据国家相关法律法规的要求进行处理。畜禽养殖场就超过本场处理能力的过量废弃物，应与第三方签订正式处理协议。	有相应的记录，以符合控制点要求。全部适用。	1级
4.1.1.6	农场及其设施应符合畜禽不同生产阶段的要求，且维护良好。	感官评估，确认农场设施符合畜禽不同生产阶段的要求，且维护良好，包括对饲养场的评估，如土壤结构和排水区、户外养殖的气候；饮水和饲喂设备应满足不同畜禽生产要求。全部适用。	2级
4.1.1.7	对自产草料和户外放养畜禽的畜禽养殖场，制定《土壤管理分析与规划系统》来帮助农作物轮作计划的有效实施，并有助于农药、化肥、有机肥料的合理使用。	显示土壤类型和有机肥料施肥时间表的土壤管理分析与规划系统应可行。不适用于那些不自产草料或者户内饲养畜禽的畜禽养殖场。全部适用。	3级
4.1.1.8	所有的常压电器设施都安装在畜禽接触不到的地方，且正确接地，以便保护畜禽。	感官评估，除非没有电器设施。全部适用。	2级
4.1.1.9	畜禽养殖场所有的带电操作均由有资格的电工进行，并保存相应的记录。	应有记录或清单表明电工具有相应的资格。员工应掌握简单的电工维护技能，如维护插头、灯泡等，证实其具有相应的能力。全部适用。	3级
4.1.1.10	电围栏仅能引起畜禽暂时不适。	员工应须知相关要求。没有使用电围栏的地方不适用。	3级
4.1.1.11	仅使用符合国家标准且适宜畜禽接触的油漆、防腐剂、消毒剂和其他化学物质。	员工能阐述须知的具体内容，检查产品的发票、盛装容器和有关资料清单。结合 GB/T 20014.2 的相应条款进行检查。	1级
4.1.1.12	所有油漆、防腐剂、消毒剂和其他化学物质的储存应远离畜禽和饲料。	感官评估。全部适用。	1级

4.1.2 有害生物控制

序号	控 制 点	符合性要求	等级
4.1.2.1	对与畜禽接触的设备和建筑物所有出入口予以适当保护，尽可能防止啮齿动物和鸟类侵入。	对畜禽养殖、饲料存放或与之接触的设备和建筑物所有出入口予以适当保护，尽可能防止啮齿动物和鸟类侵入。	2级

序号	控　制　点	符合性要求	等级
4.1.2.2	有诱饵方位图。	有诱饵方位图，除粗放型饲养场所外全部适用。	2级
4.1.2.3	诱饵的放置方式应避免非目标生物的接近。	感官评估。非目标生物不能接近诱饵，除粗放型饲养场所外全部适用。	2级
4.1.2.4	保存有害生物控制情况的检查和采取必要措施的详细记录。	提供有害生物控制情况检查及跟踪措施计划的记录。农业生产经营者或农业生产经营者组织可提供自己的记录，只要发现有害生物的存在，应进行检查。一旦发生有害生物，农场应与有关防疫部门联系，或者能证明其内部有控制能力。	2级

4.1.3　**机械设备卫生**

序号	控　制　点	符合性要求	等级
4.1.3.1	运送畜禽饲料产品的运输工具应清洁卫生。为防止交叉污染，特别注意多用途运输工具的清洁。	员工陈述须知内容。对运输车辆作感官评估。上次运输工具应清洁，符合本次运输要求。除没有畜禽饲料的饲料外全部适用。	1级
4.1.3.2	所有贮存农作物或畜禽饲料的散装设备在使用前应进行清洁。为防止交叉污染，特别注意多用途装载设备的清洁。	感官检查。装载设备应清洁、干燥、无故障，以避免承载的货物受到损害。	1级
4.1.3.3	用于饲草饲料的加工设备应根据厂商说明进行维护和清洁，并保持记录。	有维护和清洁记录和厂商使用说明书。本条款不适用没有相关设备的农场。	2级

4.2　**员工健康、安全和福利**

序号	控　制　点	符合性要求	等级
4.2.1	畜禽养殖场所有员工应具有处理可能发生的对身体健康、食品安全、畜禽健康和畜禽动物福利造成伤害的紧急事故的能力。紧急事故处理程序应包括饲料和水供给不足时的处理方法。	有相关证据或证书，员工须知在紧急事故发生时，如何保证畜禽在24 h内随时获取饲料供应和饮水。	1级

4.3　**畜禽种源、标识和追溯**

序号	控　制　点	符合性要求	等级
4.3.1	所有畜禽养殖场应保存畜禽运输记录。	有相关记录，记录至少能证实以下内容：出入畜禽养殖场的日期、数量、代码标记（如：耳号/号码/烙印号等）、出入畜禽养殖场的地址。全部适用。	1级

序号	控　制　点	符合性要求	等级
4.3.2	应确保畜禽的出生或孵化和饲养符合良好农业规范的规定程序。没有通过良好农业规范认证的畜禽养殖场可能提供不合格的畜禽。	除特殊要求外，规定程序宜包括保存建立运输记录档案（至少3年，初次检查时少3个月）和良好农业规范规定的有效转运证明。运输记录要注明引入畜禽来源，畜禽养殖场的地址及相关保证和声明。全部适用。	1级
4.3.3	所有的畜禽应能够被单独识别（家禽可以提供批次识别码）。	所有畜禽都有单独或批次识别标识。全部适用。	1级
4.3.4	应有追溯程序能追溯到畜禽出生/孵化的畜禽养殖场。	有养殖场畜禽出生/孵化的历史记录，不管是个体还是群体。生猪和家禽可能是栏或批次识别码。	2级
4.3.5	所有畜禽（家禽可能是批次识别码）的识别码应是唯一的。并有追溯程序能追溯到畜禽出生/孵化的畜禽养殖场。	在数据库资料中，有畜禽从出生、孵化到畜禽养殖场的唯一的身份标识登记记录，家禽可以是批次识别码。	3级
4.3.6	应有一个识别机制，能识别出特定的、有要求的某一批次/栏畜禽，包括正在接受治疗的畜禽和休药期结束前的畜禽。	对识别机制进行评估。全部适用。	1级
4.3.7	所有畜禽在运输时，附有国家法律法规及相关要求的运输证明。	有证据表明其符合相关法律法规及相关要求的其他符合性证据。全部适用。	1级
4.3.8	种畜禽养殖场的建立和认定，应得到国家主管部门的批准。应建立健全完整、系统的系谱制度。	应有批准文件和种畜禽档案。	1级
4.3.9	畜禽养殖场引进的种用畜禽应来自国家批准的种畜禽养殖场。异地引进种用畜禽及其精液、胚胎应先到当地动物防疫监督部门办理检疫审批手续并经检疫合格。生产者应保存关于种畜禽来源，品种、来源路径和用于人工授精的精液来源的书面记录。	有相关记录，员工应须知国家的相关规定。符合《种畜禽管理条例》的要求。	1级
4.3.10	所有引入的畜禽有畜牧兽医部门出具的检疫证、非疫区证明及车辆消毒证。	有相关记录。	1级

4.4 饲料和饮水

4.4.1 总则

序号	控制点	符合性要求	等级
4.4.1.1	畜禽应能获得足够的饮用水，包括放牧的畜禽。	有充足的饮水，饮水设备应清洁卫生，在气候恶劣情况下应采取措施保证水的供应。全部适用。	1级
4.4.1.2	应购买符合标准要求的和(或)经过饲料产品认证的企业生产的饲料。	验证相关采购记录。证明购买的饲料符合《饲料和饲料添加剂管理条例》、GB 13078的要求和(或)获得了饲料产品认证。全部适用。	1级
4.4.1.3	进行自制配合饲料的生产人员应具有相关资质或有专业人员的指导。	自制配合饲料的人员具有相关资质或有专业人员的指导证明。	1级
4.4.1.4	作为饲料来源和饲料成分的证据，畜禽养殖场应保存好饲料原料标签。	有饲料原料标签记录(包括饲料成分)。生产数据资料应登记相应的发票号码，当饲料用完无保存包装标签时可根据号码追溯供货商获取相关批的资料。除无供货商外全部适用。	1级
4.4.1.5	所有购买的饲料原料应能追溯到供应商。	所有饲料原料能追溯到供应商。全部适用。	1级
4.4.1.6	畜禽养殖场使用的动物源性饲料应源自获得了《动物源性饲料产品生产企业安全卫生合格证》的生产厂家。饲料中蛋白质应仅源自植物、乳品、蛋或者鱼。	饲料记录能证实饲料蛋白原料源自被允许的生产厂家，证实这种有效性的标签或表明蛋白来源的生产商的声明由畜禽养殖场作为证据保存好。全部适用，除非不饲喂。	1级
4.4.1.7	自制配合饲料的畜禽养殖场应有饲料配方和程序。	有详细记录，以表明饲料中各成分的百分含量。全部适用，除非不自制混合料。	1级
4.4.1.8	自制配合料的主要原料应符合相应标准或获得良好农业规范认证。	只有能够证明符合相应标准或经良好农业规范认证的主要原料，才能用作自制配合饲料。全部适用，除非不自制配合饲料。	1级
4.4.1.9	鱼粉应源自被许可的生产厂家。鱼粉质量应保持稳定并具有可追溯性。	有记录证实仅用被许可的生产厂家生产的鱼粉。这种有效性的标签或表明鱼粉质量稳定性的声明由畜禽养殖场作为证据保存好。全部适用，除非不用鱼粉。	3级
4.4.1.10	对加药饲料，应有药物残留处理程序。	如果使用了加药饲料，为回收这些饲料，有专用的箱柜或房间分别储藏。	1级

序号	控　制　点	符合性要求	等级
4.4.1.11	应有保证饲料系统定期清洁的程序。	感官评估。员工能阐述须知的具体内容。全部适用。	1级
4.4.1.12	动物源性蛋白不得应用于反刍动物(奶和奶制品除外)。	饲料记录能证实饲料蛋白原料源自被允许的动植物原料,证实这种有效性的标签或表明蛋白来源的生产商的声明应由畜禽养殖场作为证据保存好。全部适用。	1级
4.4.1.13	自制配合饲料不能直接添加兽药和其他禁用药品。允许添加的兽药应制成药物饲料添加剂并经过审批后方可添加。	有相关记录,员工能阐述须知的具体内容。全部适用,除非不自制混合料。	1级

4.4.2　**饲料记录**

序号	控　制　点	符合性要求	等级
4.4.2.1	饲料生产商应提供每一种饲料原料来源的记录文件。	有购买饲料的详细记录,包括:饲料的类型、数量、交付日期。全部适用,除非没有饲喂。	1级
4.4.2.2	配合饲料和其他饲料原料供应商的记录文件应包括饲料成分。	有说明饲料成分的标签或发票或说明书。有专利权/知识产权限制或者没有使用的除外,全部适用。	2级

4.4.3　**饲料的贮存和供应**

序号	控　制　点	符合性要求	等级
4.4.3.1	饲料贮存应能防止饲料变质和交叉污染。	饲料分开贮存并能防止饲料变质和交叉污染。	2级
4.4.3.2	所有盛装饲料的容器和运输饲料的卡车应定期清洗消毒。	感官评估。有饲料系统,包括盛装饲料的容器和运输饲料的卡车及其记录,员工应须知相应的要求。对装饲料的容器、箱柜应每年清洗消毒一次。全部适用。	1级
4.4.3.3	应采取预防措施来控制啮齿类动物和虫害,应采取措施防止家养动物污染饲料。	饲料的储藏地点没有啮齿类动物、其他虫害和家养动物。全部适用。	1级
4.4.3.4	加药饲料应分开储藏,应标识清晰,大量储藏或大包装时应易于识别。	感官评估。确保加药饲料和不加药饲料之间无交叉污染,而且相应的标签和标识应清晰可见。全部适用,除非没有饲喂。	1级

序号	控　制　点	符合性要求	等级
4.4.3.5	用于不同种类畜禽的一些特定饲料应标识清晰，分开存放。	适用于不同种类的畜禽和不同类型的饲料应分开存放且易于识别。全部适用，除非没有饲喂。	1级

4.5　畜舍与设施

序号	控　制　点	符合性要求	等级
4.5.1	圈舍的空间应满足相应的畜禽饲养密度要求。	感官评估。验证饲养密度的记录。结合GB/T 20014.9 和 GB/T 20014.10 中相应条款进行检查。全部适用，除非不用圈舍。	1级
4.5.2	通风(无论是自然通风还是人工通风)良好、有效。适用于相关类型的畜禽并保持适宜的温度、湿度，防止冷凝水的形成。	感官评估。结合 GB/T 20014.9 和 GB/T 20014.10 中相应条款进行检查。全部适用，除非不用圈舍。	1级
4.5.3	圈舍应保持一个良好的清洁卫生状态。	感官评估。结合 GB/T 20014.9 和 GB/T 20014.10 中相应条款进行检查。全部适用，除非没有圈舍。	1级
4.5.4	地面应防止打滑对畜禽造成的应激。	感官评估，不能由于地面条件对畜禽造成伤害或者引起不正常的行为。全部适用，除非没有圈舍。	1级
4.5.5	建筑物内光照应满足适宜的饲养要求。	感官评估。校验灯光和正确操作。全部适用，除非不用圈舍。	2级
4.5.6	所有圈舍、通道、围栏没有造成畜禽伤害的尖锐突出物，墙角、破损的铁栏或机器不会伤害畜禽。	感官评估。	1级
4.5.7	所有圈舍饲养的畜禽应彼此可视，除了在被诊断的状态(如：治疗圈等)。	感官评估。全部适用，除非没有圈舍。	2级
4.5.8	饮水设施应坚固不渗透。	感官评估。饮水设施应该维修良好，以便最大限度减少漏水、破裂导致地面潮湿和造成行走障碍。家禽的饮水设施参见 GB/T 20014.10—2008 第 4 章中相应条款。	3级
4.5.9	供水管线应布局合理，特别是畜禽舍。	检查观察供水管线及保护装置的安装，避免伤害畜禽和损伤地面。如果没有水槽不适用。	3级

4.6 畜禽健康

序号	控　制　点	符合性要求	等级
4.6.1	所有畜禽养殖场应有一位指定的兽医专家。	畜禽养殖场根据专门模块，每年至少1次接受兽医的检查。有定期的兽医专家访问记录(发票/陈述)，参照GB/T 20014.7—2008中4.6.1，GB/T 20014.8—2008中4.4.1，GB/T 20014.9—2008中4.8.3.3和GB/T 20014.10—2008中4.8.3.1。全部适用。	1级
4.6.2	应在指定的兽医专家协助下，制定并执行一个书面的兽医健康计划，每年应对计划进行审核和更新。	确认有书面的兽医健康计划：疾病预防策略，常见问题的处理措施、使用的免疫程序、使用的寄生虫控制措施、对饲料和水进行药物处理的要求。 审核的内容还包括：畜群生产性能、畜禽所处的环境、生物安全、员工素质和培训计划。更多的要求包括在本标准的其他专业模块部分。每年应对兽医计划审核和更新，并经兽医签字。	1级
4.6.3	对患病和受伤的畜禽进行隔离诊断，应有兽医参加。	感官评估，员工能阐述须知的具体内容。全部适用。	1级
4.6.4	畜禽养殖场应配备病弱畜禽的隔离饲养设施。	每一畜禽养殖场应配备病弱畜禽的隔离饲养设施。感官评估，全部适用。	1级
4.6.5	治疗用的药物只有在必要的时候或者经过兽医出具处方或以预防为目的(如：驱虫)时方可使用。	员工能阐述须知的具体内容。全部适用。	1级
4.6.6	应清楚且严格遵守兽药的休药期。在休药期结束前卖给其他畜禽养殖场的畜禽，应附有一份书面证明(内容应详细包括药性和休药期结束的日期)。这些畜禽应被清楚地标识，并证明它们曾经接受过相关治疗，没有使用药物除外，用药的畜禽数量、用药总量、服用药物的剂型应与实际情况保持一致。	感官评估，员工能阐述须知的具体内容。检查近期用药管理记录和现场查验正在接受治疗的畜禽。全部适用。	1级
4.6.7	所有治疗包括外科手术应由有能力的员工或兽医完成。	员工能阐述须知的具体内容。全部适用。	1级
4.6.8	所有兽医设备应清洁且维护良好。	感官评估。按设备说明的要求清洁设备。	1级

序号	控　制　点	符合性要求	等级
4.6.9	畜禽养殖场在任何情况下对断针都应有书面的处理方案。	畜禽养殖场在任何情况下对断针都应有文件化的处理方案，该方案应能确保断针不进入食物链。在休药期结束之前，任何畜禽包括有断针事故的畜禽应被标记且不屠宰供人类食用。如可能审阅屠宰记录，参见GB/T 20014.9—2008中4.8.5，除家禽外，全部适用。	1级
4.6.10	使用过的针和尖锐的器具应被安全的存放于一个锋利器具存放箱内，该箱应妥善保存，并符合当地法规的要求。	员工应能阐述须知的具体内容，全部适用。	2级
4.6.11	对濒临死亡的畜禽进行屠宰或淘汰处理时，应遵守人道主义原则。	员工须知使用的技术。如果存在问题，应符合法律。全部适用。	2级
4.6.12	畜禽养殖场应知道并且能够贯彻执行卫生规范。	感官评估，员工能阐述须知的内容。全部适用。	1级
4.6.13	舍内的空气流通情况、温度、湿度、有害气体浓度、可吸入颗粒物应符合标准，不能对畜禽的健康产生负面影响。	员工应了解舍内空气要求。特别是温度和有害气体浓度要符合相应的要求（特定要求列在本部分的各专项要求中）。	2级
4.6.14	养殖场应参加针对主要人畜共患病病原的监测和净化计划。	应有畜禽养殖场参加的外部监测计划。	3级
4.6.15	畜禽养殖场应按法律的要求向有关部门通报相关疾病，必须符合国家的规定。	检查畜禽养殖场有关法律要求通报的疾病记录，符合国家的规定。全部适用。	1级
4.6.16	选育的品种应稳定，应选择抵抗力强的品种。	育种符合适当的条件。	3级
4.6.17	无论何时均应以免受伤害、痛苦和疾病折磨的方式对待和管理畜禽。	感官评估，员工能阐述须知的内容。全部适用。	1级
4.6.18	应随时防止其他动物伤害畜禽。	感官评估，员工能阐述须知的内容。在挤奶厅和禽舍中不能有狗。结合GB/T 20014.8—2008中4.6.2.1、4.6.3.1和GB/T 20014.10—2008中4.9.3的相应条款进行检查。全部适用。	3级
4.6.19	畜禽养殖场应依照《动物防疫法》和国家有关规定做好动物疫病的免疫计划，并制定书面的免疫程序，进行强制免疫。	评估免疫程序。全部适用。	1级

序号	控　制　点	符合性要求	等级
4.6.20	有免疫记录。应对每次免疫的疫苗种类、产地、有效期、批号、畜禽标识号码、日期、用量等详细记录,存档备查。定期对免疫效果进行监测,发现免疫失败及时进行补免。	有免疫记录档案,询问监测的方法和补免措施。全部适用。	1级

4.7 用药

4.7.1 总则

序号	控　制　点	符合性要求	等级
4.7.1.1	过期药物和使用过的药瓶,应按照兽医建议的方式进行处理,以避免导致误用。	感官评估。确认未发现有过期药物储存。员工须知处理方法和相应的理由。全部适用。	2级
4.7.1.2	畜禽养殖场只能使用那些经国家授权部门批准、在国家行政管理部门注册过的兽药。不得使用消费地禁止的药物。应保存当前所使用过的药物清单。不使用违禁药物。	感官评估。当前使用和储存的药物记录能证明这些药物是被国家认可的兽药,没有使用消费地禁止的药物。全部适用。	1级
4.7.1.3	应严格遵守每一种药物的使用说明书的规定,确保对药物实行有效的管理,避免给畜禽、员工、消费者和环境带来危害。	用药记录、药物的管理记录能够证实药物是被正确使用的,见4.7.2。全部适用。	1级
4.7.1.4	检查兽医提供并保留的使用说明书或使用的其他官方的说明。	能提供需要的使用说明书或其他官方的说明(如:兽医提供的)。全部适用。	1级
4.7.1.5	管理和使用药物的员工应经过培训且具备相关的能力和知识。	现场评估员工的培训记录及其对药物使用有关要求的须知程度。全部适用。	1级
4.7.1.6	不使用激素和治疗用的药物作为促生长剂。	没有证据表明使用了激素和治疗用的药物作为促生长剂。全部适用。	1级
4.7.1.7	定期开展对违禁药物(如:激素和其他严禁使用物质)和允许使用药物的检测。	畜禽养殖场提供参与检测体系的证明,检测工作可以由有资质的权威部门作为国家项目来完成。在不执行国家的残留监控计划的地区,检测结果应由独立的具有资质的检测机构出具。全部适用。	1级
4.7.1.8	兽药残留检测结果能够在抽样系统中追溯到具体的畜禽养殖场,明确哪个养殖场的样品中有残留,并且样品分析不能由畜禽养殖场自己进行。	由权威机构出具书面的程序和证明。畜禽养殖场遵守样品抽样的规定,证明自己没有对样品进行分析。这可以与加工者共同完成。全部适用。	1级

序号	控　制　点	符合性要求	等级
4.7.1.9	畜禽养殖场如果声明其产品准备出口或用于加工出口产品，其检测结果应符合消费地要求的最大残留限值。	由权威机构出具书面程序和证明。畜禽养殖场能证明其检测结果都符合消费地的最大残留限值。	2级
4.7.1.10	当药物残留超过最大残留限值时，应启动纠偏计划。	当超出最大残留限值标准时，执行兽医批准的书面整改计划。全部适用。	1级
4.7.1.11	过期药物应被清晰标识和分开处理。	感官评估，过期药物应与当前有效的药物分开，同时做出清晰标记。全部适用。	1级
4.7.1.12	使用有休药期规定的兽药，应能向购买者或者屠宰者提供准确、真实的用药记录，使购买者或屠宰者能确保畜禽及其产品在用药期、休药期内不被用于食品消费。	采购、保存和使用兽药的员工应须知相关规定，处在用药期和休药期的畜禽应有特殊的标识。	1级
4.7.1.13	不在饲料和动物饮用水中添加激素类药品和国务院兽医行政管理部门规定的其他禁用药品。	采购、保存和使用兽药的员工须知相关规定，必要时抽样检测饲料和畜禽饮用水。	1级
4.7.1.14	不将原料药直接添加到饲料及动物饮用水中或者直接饲喂。	使用兽药的员工须知相关规定。	1级
4.7.1.15	养殖场不得将人用药品用于动物。	采购、保存和使用兽药的员工须知相关规定，未用人用药物。	1级

4.7.2　用药记录

序号	控　制　点	符合性要求	等级
4.7.2.1	应完整保存好最新购买和管理药物的记录。	检查最新购买药物的记录。全部适用。	1级
4.7.2.2	购买记录应包括购买日期、产品名称、数量、批号、有效期和生产厂家。	有药物使用和储藏记录，并符合控制点的要求。全部适用。	1级
4.7.2.3	有药物使用和管理记录。	管理记录应包括批号、用药日期、用药的畜禽标识代码、用药的畜禽数量、用药总量、用药结束日期、休药期，药物管理者姓名。	1级
4.7.2.4	使用兽药应遵守国务院兽医行政管理部门制定的兽药安全使用规定，并建立用药记录。	确认采购、保存和使用兽药的员工应须知并自觉遵守国务院兽医行政管理部门制定的《兽药管理条例》等规定，查看相关记录。	3级

4.7.3 药物储藏

序号	控 制 点	符合性要求	等级
4.7.3.1	药物(包括需要冷冻的)的贮存应完好、安全、光线适宜且远离其他材料,符合药物使用说明书的要求。	药物在适当的温度下贮存在安全、上锁的地方,个别药物的贮存应符合使用说明书的要求。全部适用。	1级
4.7.3.2	在发生意外事故时,应有报警装置和相应的处理设施,如洗眼水、足够的清水等。	报警装置和相应的设施应接近贮存间(最多不超过10 m)。全部适用。	2级
4.7.3.3	仅允许经过培训的、专职人员管理进出药物贮存间。	指定进入管理贮存间的员工应经过了充分的培训。结合GB/T 20014.2—2008中4.3.2.2条款进行检查。全部适用。	1级
4.7.3.4	所有药物应贮存在原有的容器中,并附带原有的标签。	感官评估使用的药物。全部适用。	1级
4.7.3.5	在贮存间和最近的电话处应有事故处理程序和联系电话号码名单。	贮存间和最近的电话处有事故处理程序和联系的电话号码。结合GB/T 20014.2中相应条款进行检查。全部适用。	3级

4.7.4 使用过的空药物容器

序号	控 制 点	符合性要求	等级
4.7.4.1	使用过的空药物容器不应被重复使用。	处理方法要符合控制点的要求。全部适用。	1级
4.7.4.2	处理方法避免污染环境。	处理方法要符合控制点的要求。全部适用。	2级
4.7.4.3	使用官方收集或先进的处理系统,处理易造成污染的空药物容器。	有证据表明畜禽养殖场的这种收集和处理系统已向有关部门进行登记报告。	3级
4.7.4.4	在处理前,空的药物容器和其他医疗设备应存放在安全的地方。	感官评估。	2级
4.7.4.5	应遵守当地有关处理或销毁药物容器和包装的法规。	员工应须知相关法规要求。	2级

4.8 病死畜禽的处理

序号	控　制　点	符合性要求	等级
4.8.1	病死畜禽的处理应符合 GB 16548 要求和法规要求。	处理方法应符合标准和法律法规的要求，员工应须知相关法律要求。根据相关法律法规，尸体要彻底深埋或焚烧以免遭鸟兽和其他动物的进食。全部适用。	1级
4.8.2	应有受控专用场所或容器储存病死畜禽。该场所或容器应易于清洗和消毒。病死畜禽远离畜栏。	处理方法应符合标准和法律法规的要求，员工应须知相关法律。结合 GB/T 20014.9 和GB/T 20014.10 相应条款进行检查。全部适用。	2级

4.9 畜禽配送

4.9.1 识别和溯源

序号	控　制　点	符合性要求	等级
4.9.1.1	承运人配送装卸时，应有畜禽身份识别的官方文件。	承运人配送装卸时，应有畜禽身份识别的官方文件。	1级
4.9.1.2	畜禽在治疗期间休药期未满前，应有休药记录，不得屠宰食用。	检查时员工应掌握相关规定，正在休药期内接受治疗的畜禽的转移应有记录。	1级
4.9.1.3	不同种类、不同状态的畜禽应分开运输。	装运时不同状态的畜禽应易于识别，检查时员工应按规定执行。	1级

4.9.2 装卸

序号	控　制　点	符合性要求	等级
4.9.2.1	装卸过程中，应使用适当的设备装卸。	感官评估。为保证对畜禽造成的应激减少到最低限度，员工应按规定操作。全部适用。	3级
4.9.2.2	斜坡台应设有防止畜禽滑倒的装置，应设置安全围栏以防止畜禽摔倒受伤。	感官评估。全部适用。	1级
4.9.2.3	禁止使用电击棒驱赶牲畜。	感官评估。员工应按相关规定执行。全部适用。	1级
4.9.2.4	装运者应有装卸操作能力。	检查证明其能力，对员工进行感官评估。	1级

4.9.3 畜禽健康

序号	控　制　点	符合性要求	等级
4.9.3.1	禁止运输不健康的动物，以避免增加过多的痛苦。	员工按规定执行。	2级

4.9.4 家禽运输

序号	控　制　点	符合性要求	等级
4.9.4.1	在装运过程中应保持安静。	感官评估或员工应具备相应的知识。	3级
4.9.4.2	运输时，不同品种、不同性别的家禽应分开。	运输时，不同品种、不同性别的家禽应分开。原雌雄同群除外。保持记录，感官评估。	1级

ICS 65.020.30
B 40

中华人民共和国国家标准

GB/T 20014.7—2008
代替 GB/T 20014.7—2005

良好农业规范
第7部分:牛羊控制点与符合性规范

Good agricultural practice—
Part 7:Cattle and sheep control points and compliance criteria

2008-05-19 发布　　2008-10-01 实施

中华人民共和国国家质量监督检验检疫总局
中国国家标准化管理委员会　发布

前　言

GB/T 20014《良好农业规范》分为以下部分：

——第1部分：术语；

——第2部分：农场基础控制点与符合性规范；

——第3部分：作物基础控制点与符合性规范；

——第4部分：大田作物控制点与符合性规范；

——第5部分：水果和蔬菜控制点与符合性规范；

——第6部分：畜禽基础控制点与符合性规范；

——第7部分：牛羊控制点与符合性规范；

——第8部分：奶牛控制点与符合性规范；

——第9部分：生猪控制点与符合性规范；

——第10部分：家禽控制点与符合性规范；

——第11部分：畜禽公路运输控制点与符合性规范；

——第12部分：茶叶控制点与符合性规范；

——第13部分：水产养殖基础控制点与符合性规范；

——第14部分：水产池塘养殖基础控制点与符合性规范；

——第15部分：水产工厂化养殖基础控制点与符合性规范；

——第16部分：水产网箱养殖基础控制点与符合性规范；

——第17部分：水产围拦养殖基础控制点与符合性规范；

——第18部分：水产滩涂、吊养、底播养殖基础控制点与符合性规范；

——第19部分：罗非鱼池塘养殖控制点与符合性规范；

——第20部分：鳗鲡池塘养殖控制点与符合性规范；

——第21部分：对虾池塘养殖控制点与符合性规范；

——第22部分：鲆鲽工厂化养殖控制点与符合性规范；

——第23部分：大黄鱼网箱养殖控制点与符合性规范；

——第24部分：中华绒螯蟹围拦养殖控制点与符合性规范。

本部分为GB/T 20014的第7部分。本部分应结合第2部分和第6部分使用。

本部分代替GB/T 20014.7—2005《良好农业规范　第7部分：牛羊控制点与符合性规范》。

本部分与GB/T 20014.7—2005相比主要变化如下：

——调整内容：4.1.9、4.3.6、4.3.17、4.3.21、4.3.30、4.3.31。

本部分由中国国家认证认可监督管理委员会提出。

本部分由中国国家标准化管理委员会归口。

本部分起草单位：中国国家认证认可监督管理委员会注册管理部、中华人民共和国湖北出入境检验检疫局、中华人民共和国山东出入境检验检疫局、中华人民共和国浙江出入境检验检疫局、中华人民共和国江苏出入境检验检疫局、中华人民共和国北京出入境检验检疫局、全国畜牧兽医总站、中国奶业协会、中国农科院畜牧研究所、中国检验检疫科学研究院、中国质量认证中心、中国农业大学。

本部分主要起草人：徐共和、王加启、李超美、佘锐萍、王吉潭、滑艳利、叶道成、章红兵、张红梅、孟庆翔、陈恩成、武玉波、彭剑虹。

本部分所代替标准的历次版本发布情况为：

——GB/T 20014.7—2005。

引　言

作为食品链的初端，牛羊养殖过程直接影响其后续产品的安全水平。为了符合法律法规和标准的要求，满足消费者需求，保证食品安全和促进农业的可持续发展，提出以下要求：

0.1　食品安全危害的管理

本标准采用危害分析与关键控制点(HACCP)方法识别、评价和控制食品安全危害。在牛羊养殖过程中，针对场址选择、设施设备、饲料饲草、饲养管理、疾病防治、员工管理、记录档案等提出了要求。

0.2　农业可持续发展的环境保护要求

本标准提出了环境保护的要求，通过要求生产者遵守环境保护的法规和标准，营造农产品生产过程的良性生态环境，协调农产品生产和环境保护的关系。

0.3　员工的职业健康、安全和福利要求

本标准提出了员工职业健康、安全和福利的要求。

0.4　动物福利的要求

本标准提出了动物福利的要求。

本标准将内容条款的控制点划分为3个等级，并遵循表1原则：

表1

等　级	级　别　内　容
1	基于危害分析与关键控制点(HACCP)和与食品安全直接相关的动物福利的所有食品安全要求
2	基于1级控制点要求的环境保护、员工福利、动物福利的基本要求
3	基于1级和2级控制点要求的环境保护、员工福利、动物福利的持续改善措施要求

良好农业规范
第7部分:牛羊控制点与符合性规范

1 范围

GB/T 20014的本部分规定了牛羊生产良好农业规范的要求。

本部分适用于对牛羊生产良好农业规范的符合性判定。

2 规范性引用文件

下列文件中的条款通过GB/T 20014的本部分的引用而成为本部分的条款。凡是注日期的引用文件,其随后所有的修改单(不包括勘误的内容)或修订版均不适用于本部分,然而,鼓励根据本部分达成协议的各方研究是否可使用这些文件的最新版本。凡是不注日期的引用文件,其最新版本适用于本部分。

GB 13078 饲料卫生标准

GB 16548 病害动物和病害动物产品生物安全处理规程

GB 16549 畜禽产地检疫规范

GB 16567 种畜禽调运检疫技术规范

GB 18596 畜禽养殖业污染物排放标准

GB/T 20014.1 良好农业规范 第1部分:术语

兽药管理条例(国务院2004年第404号令)

种畜禽管理条例(国务院1994年第153号令)

饲料和饲料添加剂管理条例(国务院2001年第327号令)

农业转基因生物安全管理条例(国务院2001年第304号令)

3 术语和定义

GB/T 20014.1所确立的术语和定义适用于GB/T 20014的本部分。

4 要求

4.1 场址、设施、设备

序号	控 制 点	符合性要求	等级
4.1.1	所有家畜应能被清楚辨认,在正常白昼时间(每天8 h),舍饲家畜有自然光照或者人工光照。牛羊分娩区保持全天候光照,且有足够的限位设施。	光照亮度达到看清报纸的标准,产房有永久性的限位设施。若无畜舍,则不适用。	1级
4.1.2	畜舍内空气流通情况、温度和湿度应对家畜健康无负面影响。	感官评估。员工须知畜舍内空气要求。若无畜舍,则不适用。	2级

序号	控　制　点	符合性要求	等级
4.1.3	畜舍大小应与饲养密度匹配。	感官评估。犊牛：至少 2.0 m^2/头；成年牛：至少 3.0 m^2/头；成年母羊：至少 1.0 m^2/只；羔羊：至少 0.6 m^2/只；种羊：至少 1.5 m^2/只。若无畜舍，则不适用。	2 级
4.1.4	产房应洁净，并有适宜的垫料。	感官评估。员工须知相关的要求。若无家畜繁殖，则不适用。	2 级
4.1.5	应采取措施灭鼠灭蝇，及时收集死鼠和残余鼠药并做无害化处理。	感官评估。员工须知相关的要求。全部适用。	2 级
4.1.6	不同畜舍的饲养员不串岗，用具不交叉使用。	感官评估。若无畜舍，则不适用。	2 级
4.1.7	应保持畜舍干燥和清洁卫生，按照 GB 18596 规定排放污物，清扫家畜粪便并进行处理。	感官评估。若畜舍尚未使用，员工须知何时、用何种方式保持清洁。若无畜舍，则不适用。	2 级
4.1.8	畜舍清空时，应对相关的所有设施和器具进行清洗消毒。	感官评估。员工须知清洁消毒方案。若无畜舍，则不适用。	2 级
4.1.9	畜舍每年应定期进行彻底清扫。	感官评估。每年定期通过清粪和高压冲洗的方式彻底清扫畜舍并做好记录。若畜舍尚未使用，员工须知何时、用何种方式保持清洁。若无畜舍，则不适用。	2 级
4.1.10	应为所有家畜提供干燥的休息区。	所有家畜能够躺卧在清洁干燥区休息。全部适用。	1 级
4.1.11	装运时，应维护好让牛进入保定栏的设施(如：夹牛箱)。	夹牛箱有维护良好的坚固底板。若无夹牛箱，则有可替代的保定设施(如在通道终点设置保定架)。防护设施能够保证员工和家畜的安全。全部适用。	2 级
4.1.12	应提供防护设施，以免家畜长时间处在极端的气候和温度条件下。	感官评估。在极端的气候条件下要提供庇护场所。	2 级

4.2　饲料和饲草

序号	控　制　点	符合性要求	等级
4.2.1	饲料及原料应整齐摆放在清洁、干燥、无污染的仓库内并标记清楚，抽样检测合格后方可入库。青绿饲料、草料等无发霉、变质、结块和异味等现象。	感官评估。员工须知相关的要求。全部适用。	1 级
4.2.2	应采取预防措施控制啮齿类动物、鸟和虫害，防止饲料受污染。	感官评估。查看饲料仓库管理记录。全部适用。	1 级

序号	控 制 点	符合性要求	等级
4.2.3	饲料仓库管理应遵守良好操作规范并符合相应的法规要求，最大限度降低交叉污染。不同种类饲料分开存放且易于识别，有相应的标签，并有清晰的标识。	感官评估。查看饲料仓库管理制度，不同种类的饲料应单独存放并易于识别。全部适用。	1级
4.2.4	使用含抗生素的饲料添加剂时，应按照《饲料和饲料添加剂管理条例》执行休药期。	感官评估。有相关记录，有休药期方案并有效执行。全部适用。	1级
4.2.5	饲料原料、草料应符合《农业转基因生物安全管理条例》和《兽药管理条例》的规定。	感官评估。全部适用。	2级
4.2.6	饲料中应无动物源性饲料成分。	感官评估。有动物源性饲料检测记录。全部适用。	2级
4.2.7	饲料中有毒有害物质及微生物含量应符合GB 13078的规定。	感官评估。提供有毒有害物质及微生物检测记录。全部适用。	3级

4.3 饲养管理

序号	控 制 点	符合性要求	等级
4.3.1	应实行分段饲养、集中育肥的饲养工艺，按饲养标准制作保证质量、满足营养需要的配合饲料。	感官评估。有库存饲料标签，参照相关标准评估饲料质量。全部适用。	2级
4.3.2	对限饲家畜，要保证每天的日粮供应能够满足其营养需要。	评估饲喂系统及家畜体况。如果采食槽位不足，养殖场要对如何满足家畜营养需要进行说明。非限饲家畜不适用。	2级
4.3.3	应有保证家畜饲草、饲料不霉变和饮水清洁卫生的措施。	感官评估草料和饮水，冬天最好饮用温水。全部适用。	1级
4.3.4	家畜栓系饲养时间应不超过7 d，栓系期间，每天有运动机会。	感官评估。若发现栓系饲养现象，员工解释原因或提供家畜运动方案。若无栓系饲养，则不适用。	3级
4.3.5	应禁用电击棒驱赶家畜。	感官评估。未发现电击棒，员工须知相关的规定。全部适用。	3级
4.3.6	牛出生后90日龄内应去角。若有必要对超过90日龄的牛去角(例如内生角)，由兽医施行手术。	感官评估。成年牛无近期去角记录，药品清单和治疗记录(如：麻醉剂、兽医处方等)符合相关要求。全部适用。	1级

序号	控 制 点	符合性要求	等级
4.3.7	应采取措施保证犊牛尽可能在出生后1 h内获得初乳。	感官评估。犊牛应在出生后3 d内从母乳或代乳品中获得充足的乳汁。为了获得足够的免疫球蛋白,犊牛在出生6 h内饲喂初乳。若饲喂犊牛代乳品,应按照厂家的说明进行配制,并在规定的时间和适宜的温度下饲喂。员工须知犊牛饲养方案。若未饲喂犊牛代乳品或者未饲养母牛,则不适用。	2级
4.3.8	在亲情关系建立之前应将幼畜与母畜隔离,以减轻幼畜与母畜分开时的应激。犊牛在采食精料和干草即可满足其生长需要之前有牛奶供应,在此期间要保证幼畜自由获得高质量精料、牧草和清洁的饮水。	感官评估。员工须知幼畜断奶和喂养方案。保证所有小于5周龄幼畜的奶供应。若未饲养幼畜,则不适用。	2级
4.3.9	犊牛应禁用笼套,只有分群舍饲的犊牛在饲喂时才固定在某一场所。	检查畜舍的栓系设施、笼套和犊牛,要求解释相应方案或要求,若无繁殖家畜或者犊牛未固定在一个地方(如:栓系)或者犊牛小于5周龄,则不适用。	2级
4.3.10	犊牛应在出生2周内,采用非麻醉化学方法去角。	感官评估。由兽医完成去角。有相关记录。若养殖场不实行去角,则不适用。	1级
4.3.11	用作物秸秆饲喂绵羊时,应确保绵羊有干燥的自由活动区或与秸秆充分接触,以满足其生物学习性。	感官评估。若未饲喂作物秸秆或无羊群存在,则不适用。	3级
4.3.12	应维持家畜的社会群居性,按畜群的大小、年龄和群体间的相互关系(如:哺乳母牛和犊牛、公牛与母牛等)等进行分群饲养。	感官评估畜群结构,按照性别、畜群大小和营养需求状况进行分群。全部适用。	2级
4.3.13	性成熟的公母畜应分群饲养,以免计划外怀孕。	除配种需要外,性欲旺盛的年轻公畜不得与母畜混养。全部适用。	2级
4.3.14	应定期对养殖场守卫犬驱虫并保存记录。	感官评估。检查守卫犬的驱虫情况及相关记录。若无守卫犬,则不适用。	3级
4.3.15	应定期检查电围栏,确保仅能给家畜带来瞬间不适。	感官评估。员工须知相关的要求。若无电围栏,则不适用。	2级
4.3.16	应保证所有家畜易于获得清洁的饮水,在恶劣气候条件下采取措施确保家畜饮水供应。	感官评估。员工须知相关的要求。全部适用。	1级
4.3.17	水槽应安装在牢固且易于排水的地方。	感官评估。若无水槽,则不适用。	1级

序号	控　制　点	符合性要求	等级
4.3.18	员工应定期检查家畜。	根据养殖场对定期检查的描述，视不同情况确定检查频次。按照适合该家畜种类的频次有规律的检查。舍饲家畜每日检查2次，户外放养家畜每日检查1次，在没有异常情况发生或环境条件不允许的情况下，可以每周检查1次。全部适用。	1级
4.3.19	所有畜舍、通道及围栏内应无锐利的突出物、断杆或破旧的机器，以免家畜受到伤害。	感官评估。员工须知相关的要求。	2级
4.3.20	挑选种畜时应注重遗传稳定性及抗病性。	感官评估。有育种记录。若未开展育种，则不适用。	3级
4.3.21	应从品种、体型、年龄和配种记录方面认真选择种公畜，以降低母畜尤其是初配青年母畜发生难产的可能性。	由养殖场描述影响种公畜选择的因素。难产率和分娩死亡率记录应处于可以接受的水平。若无繁殖家畜，则不适用。	3级
4.3.22	绵羊户外产羔时应为其提供具有防止恶劣气候侵袭的天然或人造庇护场所，以最大限度降低初生羔羊死亡率。	感官评估绵羊的产羔区和蔽护场所状况。由员工描述产羔设施(如：草捆、蔽护场所等)，需要考虑品种的适应性。在上述条件不具备的地方，应保留适应该地区的绵羊品种。适应性差的品种应转移到更适宜的地区。	2级
4.3.23	应给户外越冬的家畜提供良好的休息区。	感官评估户外越冬家畜的体表状况(如：毛皮上的泥等)，户外越冬的家畜应有干燥的休息区。员工须知家畜越冬方案。若无越冬家畜，则不适用。	2级
4.3.24	家畜运输途中，不应在城镇或集市停留、饮水和饲喂。	感官评估。员工须知相关的要求。	1级
4.3.25	放牧畜群应实行轮牧、休牧制度。	感官评估。查看放牧记录。若不放牧，则不适用。	1级
4.3.26	放牧前应先检查和清点畜群。发现病畜后留圈观察治疗。有发情的及时记录和配种。出牧和归牧时不得驱赶家畜走得太快和远距离奔波。	感官评估。有放牧记录及应急药械。若无放牧，则不适用。	2级
4.3.27	应有专用补饲的畜舍、运动场、饲槽和饮水设施，应给犊牛或者羔羊提供营养充分、合理的日粮，以利于幼畜的生长发育。	感官评估。员工须知相关的要求。若无犊牛或者羔羊，则不适用。	2级

序号	控 制 点	符合性要求	等级
4.3.28	应密切观察家畜粪便和妊娠变化情况,及时调整饲料配方,做好保胎工作。	感官评估。有管理记录。若无繁殖家畜,则不适用。	2级
4.3.29	应定期对成年种公牛、母牛浴蹄和修蹄。	感官评估。有种公牛、母牛的蹄部护理记录,查验浴蹄、修蹄记录。若无繁殖家畜,则不适用。	2级
4.3.30	所有电器设施的电线应安装在家畜无法接触的地方且正确接地。	感官评估。若无电器设施,则不适用。	2级
4.3.31	应采取预防措施确保家畜洁净。	员工能描述在运输过程中产生过多粪污的处理方案。家畜在装车运往屠宰场时避免接触过多粪污并保持干燥。若屠宰场对家畜洁净状况有反馈意见,则应保存,若发现有过多粪污,则需要改善饲养条件或者在发运前进行清洁,全部适用。	1级
4.3.32	应考虑家畜品种对露天牧场地形条件的适应性。	考虑家畜的体况、品种的适应性、当地的气候条件以及可利用的庇护场所等。若家畜品种不适应当地环境,为保证其福利,应转移至适宜的地区。缺少合适的天然庇护场所时,要为其提供庇护场所(如:围篱和树),以免家畜遭受恶劣天气的侵袭。全部适用。	2级

4.4 疾病防治

序号	控 制 点	符合性要求	等级
4.4.1	防疫、消毒、医疗、哺乳、采精、输精等器械每次使用前后应清洗消毒。	感官评估。若无这些操作,则不适用。	1级
4.4.2	未经许可,外来车辆和人员不允许进入生产区。	感官评估。全部适用。	1级
4.4.3	参观人员进入生产区应经过规定的消毒程序,更换消毒的防护服、鞋和帽。	感官评估。员工须知消毒工作服的使用情况,现场有实物和防护服的书面清单。全部适用。	2级
4.4.4	养殖场应接受官方兽医监督,有兽医来访记录,兽医每年至少来访2次。	感官评估。有兽医例行来访记录。全部适用。	2级
4.4.5	应实行家畜自繁自养。确需引种时,严格执行《种畜禽管理条例》、GB 16549和GB 16567的规定。种畜来自非疫区并经检疫合格。种畜合群饲养前隔离检疫30 d以上并实施免疫接种和驱虫程序。	感官评估。有引种检疫管理记录。全部适用。	1级

序号	控　制　点	符合性要求	等级
4.4.6	应选择广谱、安全、高效的药物驱虫。	感官评估。有驱虫记录。全部适用。	2级
4.4.7	发生疫病或疑似传染病时，应根据疾病性质按照规定采取措施并报告有关部门。	感官评估。有相关记录，员工和兽医须知相应的要求。全部适用。	1级
4.4.8	病死家畜应按照GB 16548的规定进行无害化处理。	感官评估。有病死家畜的处理设施，兽医和员工须知相关的要求。全部适用。	1级

4.5　**员工管理**

序号	控　制　点	符合性要求	等级
4.5.1	员工不准从养殖场外携带肉品进入场区。	感官评估。员工须知相关的要求。全部适用。	1级
4.5.2	养殖场兽医不准对外出诊，配种员不准对外开展配种工作。押运员完成押运任务后，经过72 h后才允许进入养殖场生产区。	感官评估。兽医、配种员和押运员须知相关的要求。全部适用。	1级
4.5.3	员工应掌握应急预案，包括可能发生对人体健康、食品安全、家畜健康及福利造成意外事故的处理程序，饲料和饮水供给不足的处理方法。	感官评估。员工须知紧急事件的处理程序，保证家畜24 h内有充足的饲料和饮水供应。若无应急预案，则不适用。	2级
4.5.4	养殖场员工应定期进行体检，取得健康合格证后方可上岗。	感官评估。员工有体检健康证书。全部适用。	1级
4.5.5	养殖场员工的数量应满足规定要求，无论是否专职，其经验、资质、培训经历都有相应的记录。	感官评估员工的工作能力。有员工的经验、资质和培训经历记录。全部适用。	1级

4.6　**记录档案**

序号	控　制　点	符合性要求	等级
4.6.1	来自非良好农业规范认证养殖场的家畜应在指定养殖场隔离饲养一段时间后才可以进行良好农业规范认证。牛：90 d；羊：60 d。若羔羊隔离期未满60 d，羔羊可在不同养殖场共同完成过渡期后进行认证（有前一个养殖场认证状况记录）。	感官评估。家畜来自良好农业规范认证的养殖场，至少符合标准；有所有进场家畜（包括经认证家畜）的记录档案，确保非认证的家畜在认证的养殖场暂养超过60 d（羊）、90 d（牛）。全部适用。	1级
4.6.2	应建立每头家畜的出生日期、遗传系谱和流向跟踪记录，至少保存3年。	检查家畜进出养殖场的日期、数量、代码标记（如：耳号/烙印号）等记录。全部适用。	1级

序号	控　制　点	符合性要求	等级
4.6.3	应具有配合饲料及其原料供应商的有关记录档案(如:发票),并保存2年。	感官评估。记录内容包括饲料的类型、数量、进货日期和开包日期。全部适用。	1级
4.6.4	应按照家畜耳号(烙印号)建立病历卡。	感官评估。病历卡内容包括发病日期、主要症状、用药治疗情况、转归情况。病历卡或尸解报告由兽医统一填写、保管。全部适用。	1级
4.6.5	淘汰或病死的家畜应有病情、治疗情况、鉴定意见等记录。	感官评估。有相关记录。全部适用。	1级
4.6.6	应具有药物购买和管理记录。	感官评估。记录内容包括:购买日期、产品名称、数量、批号、有效期、生产厂家、储藏条件等,要求药品管理者签名确认。全部适用。	1级
4.6.7	应建立饲养管理日志和兽医工作记录,至少保存3年。	感官评估。应有相关记录。详实填写引种繁殖、产仔哺乳、产后监护、断奶转群、饲料来源、兽药疫苗、用药用料、免疫消毒、疾病诊治、解剖送检、病死处理等情况,由专人签字确认。全部适用。	2级
4.6.8	应定期对养殖场守卫犬驱虫并保存相关记录。	感官评估。有守卫犬的驱虫记录。全部适用。	2级
4.6.9	应具有家畜预防或治疗用药记录,至少保存3年。	感官评估。记录内容包括家畜编号、发病时间及症状、药品名称及有效成分、给药途径、给药剂量、治疗时间等。全部适用。	2级
4.6.10	每批家畜的来源去向、饲料消耗、出场编号、发病率、死亡率、病死原因、无害化处理、实验室检查结果等所有记录资料应在清群后至少保存2年。	感官评估。有相关记录。全部适用。	2级

ICS 65.020.30
B 40

中华人民共和国国家标准

GB/T 20014.8—2008
代替 GB/T 20014.8—2005

良好农业规范
第 8 部分:奶牛控制点与符合性规范

Good agricultural practice—
Part 8:Dairy control points and compliance criteria

2008-05-19 发布　　2008-10-01 实施

中华人民共和国国家质量监督检验检疫总局
中国国家标准化管理委员会　发布

前言

GB/T 20014《良好农业规范》分为以下部分：

——第1部分：术语；
——第2部分：农场基础控制点与符合性规范；
——第3部分：作物基础控制点与符合性规范；
——第4部分：大田作物控制点与符合性规范；
——第5部分：水果和蔬菜控制点与符合性规范；
——第6部分：畜禽基础控制点与符合性规范；
——第7部分：牛羊控制点与符合性规范；
——第8部分：奶牛控制点与符合性规范；
——第9部分：生猪控制点与符合性规范；
——第10部分：家禽控制点与符合性规范；
——第11部分：畜禽公路运输控制点与符合性规范；
——第12部分：茶叶控制点与符合性规范；
——第13部分：水产养殖基础控制点与符合性规范；
——第14部分：水产池塘养殖基础控制点与符合性规范；
——第15部分：水产工厂化养殖基础控制点与符合性规范；
——第16部分：水产网箱养殖基础控制点与符合性规范；
——第17部分：水产围拦养殖基础控制点与符合性规范；
——第18部分：水产滩涂、吊养、底播养殖基础控制点与符合性规范；
——第19部分：罗非鱼池塘养殖控制点与符合性规范；
——第20部分：鳗鲡池塘养殖控制点与符合性规范；
——第21部分：对虾池塘养殖控制点与符合性规范；
——第22部分：鲆鲽工厂化养殖控制点与符合性规范；
——第23部分：大黄鱼网箱养殖控制点与符合性规范；
——第24部分：中华绒螯蟹围拦养殖控制点与符合性规范。

本部分为GB/T 20014的第8部分。本部分应与第2部分、第6部分和第7部分结合使用。

本部分代替GB/T 20014.8—2005《良好农业规范　第8部分：奶牛控制点与符合性规范》。

本部分与GB/T 20014.8—2005相比主要变化如下：

——增加内容：4.4.4、4.6.4.3；
——调整内容：4.3.1.5、4.3.1.10、4.4.3、4.6.3.1；
——改变等级：4.2.1、4.2.2。

本部分由中国国家认证认可监督管理委员会提出。

本部分由中国国家标准化管理委员会归口。

本部分起草单位：中国国家认证认可监督管理委员会注册管理部、中华人民共和国北京出入境检验检疫局、中华人民共和国江苏出入境检验检疫局、中华人民共和国湖北出入境检验检疫局、中国奶业协会、中国农科院畜牧研究所、全国畜牧兽医总站、中国检验检疫科学研究院、中国农业大学。

本部分主要起草人：王加启、徐共和、李大刚、李超美、佘锐萍、张红梅、陈恩成、徐百万、张书义、杨秀文。

本部分所代替标准的历次版本发布情况为：

——GB/T 20014.8—2005。

引　言

作为食品链的初端，奶牛养殖过程直接影响其后续产品的安全水平。为了符合法律法规和标准的要求，满足消费者需求，保证食品安全和促进农业的可持续发展，提出以下要求：

0.1　食品安全危害的管理

本标准采用危害分析与关键控制点（HACCP）方法识别、评价和控制食品安全危害。在奶牛养殖过程中，针对登记、饲料、牛舍设施、兽医卫生、挤奶设施、卫生消毒等提出了要求。

0.2　农业可持续发展的环境保护要求

本标准提出了环境保护的要求，通过要求生产者遵守环境保护的法规和标准，营造农产品生产过程的良性生态环境，协调农产品生产和环境保护的关系。

0.3　员工的职业健康、安全和福利要求

本标准提出了员工职业健康、安全和福利的要求。

0.4　动物福利的要求

本标准提出了动物福利的要求。

本标准将内容条款的控制点划分为3个等级，并遵循表1原则：

表1

等级	级别内容
1	基于危害分析与关键控制点（HACCP）和与食品安全直接相关的动物福利的所有食品安全要求
2	基于1级控制点要求的环境保护、员工福利、动物福利的基本要求
3	基于1级和2级控制点要求的环境保护、员工福利、动物福利的持续改善措施要求

良好农业规范
第8部分：奶牛控制点与符合性规范

1 范围

GB/T 20014 的本部分规定了奶牛生产良好农业规范的要求。

本部分适用于对奶牛生产良好农业规范的符合性判定。

2 规范性引用文件

下列文件中的条款通过 GB/T 20014 的本部分的引用而成为本部分的条款。凡是注日期的引用文件，其随后所有的修改单(不包括勘误的内容)或修订版均不适用于本部分，然而，鼓励根据本部分达成协议的各方研究是否可使用这些文件的最新版本。凡是不注日期的引用文件，其最新版本适用于本部分。

GB 5749 生活饮用水卫生标准

GB 10648 饲料标签

GB 16548 病害动物和病害动物产品生物安全处理规程

GB 16568 奶牛场卫生规范

GB/T 18407.3 农产品安全质量 无公害畜禽肉产地环境要求

GB 18596 畜禽养殖业污染物排放标准

GB/T 20014.1 良好农业规范 第1部分：术语

3 术语和定义

GB/T 20014.1 确立及下列的术语和定义适用于 GB/T 20014 的本部分。

3.1

初乳 colostrum

奶牛分娩后 7 d 内、特别是前 3 d 所分泌的乳汁。牛初乳色黄，有苦味和异臭味，其免疫球蛋白、蛋白质、脂肪、无机盐以及维生素的含量均显著高于常乳。

3.2

开放式牛栏 cubicle

在开放式牛舍中，牛只可以自由出入的栏圈。该处无栓系设备，牛只可以自由活动和休息。

4 要求

4.1 登记

序号	控 制 点	符合性要求	等级
4.1.1	奶牛场应取得相关许可和登记注册文件，奶牛品种应在国家或行业授权部门统一登记注册。	奶牛场提供有效的登记注册文件。全部适用。	1级

4.2 饲料

序号	控 制 点	符合性要求	等级
4.2.1	奶牛场应进行营养方面的咨询，进行科学饲养。	有相关文件和记录，且记录能证实建议来源于信誉好的公司和个人。全部适用。	2级
4.2.2	建立并实施适宜的饲养计划，每年应至少审核2次。	有由专家签字的书面饲养计划，结合外购饲料原料、自制粗饲料的记录以及其满足生产需要的能力对饲养计划的实施情况进行检查。全部适用。	2级
4.2.3	奶牛日粮中不应使用国家有关政策法规禁用的药物和奶及其制品以外的动物源性饲料。	有饲料使用记录，保存饲料标签，饲料标签符合GB 10648的规定，员工须知相关的要求。	1级
4.2.4	饲喂系统应给不同年龄段和不同体重的牛提供足够的采食空间。不允许在围栏内的地面上喂料。	感官评估。全部适用。	2级

4.3 牛舍和设施

4.3.1 总则

序号	控 制 点	符合性要求	等级
4.3.1.1	牛舍地面稳固防滑，其休息区地板应无漏缝。	感官评估。	2级
4.3.1.2	所有通道应维护良好，以最大限度地减少对奶牛的伤害。	通道内无尖锐的突出体和障碍物等。全部适用。	2级
4.3.1.3	有角牛和无角牛应分群饲养。	感官评估。若无牛舍，则不适用。	1级
4.3.1.4	犊牛应去角。	感官评估。全部适用。	2级
4.3.1.5	牛舍内通风良好，温度和湿度应适宜。	感官评估。空气质量符合GB/T 18407.3的规定。	1级
4.3.1.6	牛舍内冬暖夏凉，应具有良好的清粪排尿系统，休息区应保持干燥。	感官评估。全部适用。	3级
4.3.1.7	牛舍及其设施易于清洗与消毒。	感官评估。牛舍及其设施要便于清洗与消毒。若无牛舍，则不适用。	3级
4.3.1.8	非舍内饲养的奶牛应获得充足的、干燥的躺卧和自由活动区。	感官评估。检查放牧饲养的奶牛，员工须知相关的要求。若舍内饲养，则不适用。	3级
4.3.1.9	奶牛不应受外部环境的影响。	感官评估奶牛受噪音、其他牲畜、蚊蝇等的侵扰及员工不正确的操作所表现出的应激症状。员工须知相关的要求。	3级

序号	控 制 点	符合性要求	等级
4.3.1.10	每年应至少对牛舍进行一次彻底清扫。	感官评估。员工须知相关的要求，应有彻底清扫牛舍的记录。无牛舍则不适用。	1级
4.3.1.11	应定期清洗通风设备等牛场设施。	感官评估被清洗的设备，员工须知相关的要求。无相应的设备则不适用。	3级

4.3.2 保定设施

序号	控 制 点	符合性要求	等级
4.3.2.1	应有用于隔离病畜和受伤牲畜的保定设施。应提供便于兽医治疗的通道、治疗的设备、充足的光源和高于 2 m 的可清洗的墙面。	感官评估。全部适用。	2级

4.3.3 普通式和开放式牛栏(无普通式或开放式牛栏则不适用)

序号	控 制 点	符合性要求	等级
4.3.3.1	普通式和开放式牛栏应能保证奶牛躺卧、反刍和站起等正常行为不受影响。	感官评估。员工须知相关的要求。	2级
4.3.3.2	应为奶牛提供干燥舒适的休息场所，场所内铺有清洁干燥的垫料或牛床垫。	感官评估。员工须知相关的要求。	2级
4.3.3.3	日常的卫生清扫和垫料清除工作应能保证牛床的清洁干燥。	感官评估。员工须知相关的要求。	2级
4.3.3.4	应提供足够的垫料以预防牛体受到伤害。	感官评估。员工须知相关的要求。	2级
4.3.3.5	如果奶牛场没有足够适宜的活动空间，应至少为每头奶牛提供一个栏位。	为每头奶牛提供了一处面积适宜的栏位，奶牛的最大饲养量不大于牛栏数量的 110%。	2级
4.3.3.6	对特定牛群而言，可利用的栏位数量应超过奶牛的需要量，最好超过奶牛最大饲养量的 5%。	在没有自由卧栏可供利用的条件下，可利用的栏位数量在任何时候至少要超过奶牛最大饲养量的 5%。	3级
4.3.3.7	提供适宜的自由活动区，自由活动区面积的计算应按照该群体 10% 的最大个体所需面积的平均值来计算。	有相关记录，且记录能证实每头奶牛所需要的自由活动区面积不少于3.00 m^2/头。	2级
4.3.3.8	牛床或卧栏的设计应能为奶牛提供舒适的空间。	牛床或卧栏的大小要适宜。检查奶牛背部的擦伤情况和奶牛躺卧区的清洁状况。员工须知相关的要求。	2级

4.3.4 运动场

序号	控 制 点	符合性要求	等级
4.3.4.1	散放式饲养应按照奶牛饲养密度要求提供足够大的空间，以便所有奶牛能同时自由躺卧、反刍和站立。	感官评估。员工须知相关的要求并保存好奶牛饲养密度的记录。每头奶牛所需要的空间至少应满足以下要求，单位(m^2/头)： 牛床面积　　饲喂区和活动区面积 200 kg，2.00 m^2/头　3.00 m^2/头； 300 kg，2.75 m^2/头　3.95 m^2/头； 400 kg，3.50 m^2/头　4.90 m^2/头； 500 kg，4.25 m^2/头　5.85 m^2/头； 600 kg，5.00 m^2/头　6.80 m^2/头； 700 kg，5.75 m^2/头　7.75 m^2/头； 800 kg，6.50 m^2/头　8.70 m^2/头。	2 级
4.3.4.2	奶牛运动场应足够大，以满足该牛群的需要。	感官评估。运动场的大小满足奶牛饲养密度要求。	2 级
4.3.4.3	每头奶牛所需要运动场面积的计算应按照该群体10%的最大个体的所需面积的平均值进行计算。	感官评估。每头奶牛所需要的运动场面积至少满足以下要求： ——泌乳牛，20 m^2/头～25 m^2/头； ——育成牛，15 m^2/头～20 m^2/头； ——犊牛，5 m^2/头～10 m^2/头。	3 级
4.3.4.4	奶牛运动场所应保持清洁干燥，以保证奶牛舒适。	感官评估。员工须知相关的要求。	2 级
4.3.4.5	粪便清理和垫料清除等日常卫生清扫工作应保持环境清洁卫生，避免过多尘土、粪便等的污染。	感官评估。员工须知相关的要求。	2 级

4.4 兽医健康计划

序号	控 制 点	符合性要求	等级
4.4.1	所有奶牛每季度应接受一次兽医检查。为保障畜群的健康和福利，应准确全面保存兽医检查的记录。如果兽医发现问题，应采取改正措施。	记录能证明： ——兽医每季度进行定期检查； ——兽医发现问题后采取了改正措施并进行跟踪。	1 级
4.4.2	兽医健康计划应含有常规的预防措施：如蹄部的护理(预防蹄病和腐蹄病)、结核及布病的监测和净化、乳房炎的预防、接种疫苗和驱虫程序等。	评估整个兽医健康计划中常规的预防措施及实施情况。确认“有问题”的奶牛，已对其进行了治疗、采取了措施并作好了详细记录。全部适用。	1 级

序号	控 制 点	符合性要求	等级
4.4.3	应保存牛群健康监测记录。	标识出需要特别监控和管理的奶牛，并记录下列内容： ——整体畜群的健康情况(包括死亡、疾病和兽医的访问情况)； ——蹄部问题(包括蹄病的处置方式、药物的治疗情况、治疗后的反应)； ——犊牛的健康情况(记录犊牛的主要疾病)； ——分娩问题(难产、产后处理措施及感染情况等)； ——由不正确的营养方案造成的代谢紊乱(跛行、产乳热等)； ——结核及布病、乳房炎的预防和治疗措施； ——繁育问题(如：难产、流产、产后护理、不育等繁殖障碍的处置等)。 按照标准要求逐条检查以上记录，以证实其符合性。全部适用。	2级
4.4.4	应根据牛奶的分析检测结果确定牛奶的质量、奶牛的动物福利和健康情况。	牛奶的体细胞数和菌落总数能够反映牛奶的质量、奶牛的动物福利和健康状况，牛奶的体细胞数和菌落总数应符合相关标准要求。	3级
4.4.5	奶牛场应建立文件化的消毒制度，定期对场区周围环境、奶牛场员工及其衣物、牛舍、生产用具、牛体等消毒。奶牛场的卫生符合 GB 16568 的要求。	感官评估。有消毒记录，员工须知相关的要求。	1级
4.4.6	建立突发性传染病的应急措施。出现法定一类传染病时应及时向有关部门进行报告并采取相应措施。	检查应急措施。有向相关部门进行报告的记录。	1级

4.5 挤奶

序号	控 制 点	符合性要求	等级
4.5.1	应对奶牛有规律地挤奶。	挤奶员应掌握挤奶的程序和技能。全部适用。	1级
4.5.2	包括地板等所有挤奶设施的结构设计应能最大限度地减小对奶牛造成伤害。	挤奶厅内没有任何可能对奶牛造成伤害的因素，如：光滑的地板、障碍物、锐边等。全部适用。	2级

序号	控制点	符合性要求	等级
4.5.3	挤奶时，挤奶厅内的设备应能保证奶牛舒适，不引起动物福利问题。	感官评估。挤奶时奶牛不应有不舒适的表现。奶牛场有设备的维护计划和保养记录。挤奶员能够熟练掌握设备的维护保养措施。全部适用。	2级
4.5.4	除了有药物使用记录外，应建立药物跟踪监控体系并有效实施，以确保使用过药物的奶牛在休药期间所产的牛奶得到无害化处理，并不会进入食物链。	感官评估挤奶过程。挤奶员须知相应的要求，最好有书面记录的控制程序。全部适用。	1级
4.5.5	制定的挤奶程序应能确保奶牛乳房在挤奶前保持清洁干燥。	感官评估挤奶过程。挤奶员须知相关的要求。全部适用。	1级
4.5.6	挤奶过程中用来洗刷脏牛及其臀尾部、地板的清洁用水和清洗挤奶设备的饮用水，应能随时获取。	挤奶厅内有压力软管传输的清洁流动水，挤奶员须知相关的要求。全部适用。	1级
4.5.7	每头奶牛经过异常检查和传染病检查后方可进入挤奶厅。	感官评估。能提供检查记录，挤奶员须知相应的要求。全部适用。	1级
4.5.8	应及时将乳房炎病牛报告给兽医并及时通过手工挤奶进行治疗。不给乳房炎病牛使用机械挤奶。	感官评估挤奶过程，挤奶员须知相应的要求。	1级

4.6 挤奶设施

4.6.1 挤奶设备

序号	控制点	符合性要求	等级
4.6.1.1	与牛奶接触的有关设备每年应至少检查鉴定一次。设备按照奶牛场和生产厂商的要求使用。报告、结果和测试记录保存完好。	奶牛场能提供生产厂商的推荐文件和记录、检查鉴定服务报告和检测结果的记录。全部适用。	1级
4.6.1.2	应按照生产厂商的要求保存好更换挤奶杯衬垫和磨损部件的记录。	有更换记录。除手工挤奶外全部适用。	2级
4.6.1.3	应保存好记录，确保循环洗刷清洗用水符合GB 5749的要求，并达到保持足够的水温。按照说明书使用清洗、清洁设备用的化学品。	有相关记录并能证实水温达到要求，清洗、清洁设备用的化学品被正确使用。全部适用。	1级

4.6.2 挤奶厅

序号	控　制　点	符合性要求	等级
4.6.2.1	挤奶厅应保持： ——无害虫、鸟和宠物； ——无易碎玻璃、杂质等的潜在污染危害； ——墙、门、地板易于清洁清洗； ——足够的亮度； ——墙壁和窗户设计有防御气候影响的装置或设施； ——无害兽和害鸟藏身之所； ——按照有关操作指导，维护设备的清洁； ——无多余的残余物； ——无垃圾与废弃物； ——排水良好。	感官评估。挤奶厅应符合以下要求： ——无狗、猫、鸟、啮齿动物和害虫等； ——照明设施应加以防护； ——表面易清洗； ——光照强度能清晰看到奶牛，便于员工正常操作； ——门窗保持良好的状态； ——无污垢与垃圾； ——设备清洁干净； ——地面（或地板）设计合理，不打滑、易清洁、自排水； ——定期清洁打扫。 全部适用。	1级
4.6.2.2	挤奶厅的下水道应通畅。下水道有易于清洗干净的防返味装置，确保挤奶厅内无浊气和臭气。按照GB 18596的要求处理废水排放，以免污染地表和地下水。	感官评估。	1级
4.6.2.3	建立文件化的挤奶厅卫生标准操作程序。	检查、验证挤奶厅卫生标准操作程序文件与实施措施。全部适用。	1级

4.6.3 储奶厅

序号	控　制　点	符合性要求	等级
4.6.3.1	储奶厅应保持： ——有通向储奶厅的专用门； ——有安全防护措施和要求，防止无关人员随意进入； ——有个人的卫生设施； ——无鸟、害兽、猫、狗等出没； ——有控制害虫的措施； ——无害兽和害鸟藏身之所； ——无其他杂物和废弃物； ——照明灯应有防爆罩或防爆装置； ——地面足够宽敞； ——无脏物或垃圾； ——墙和门易于清洁清洗； ——无风、雨、冷空气等进入厅内； ——严禁吸烟。	感官评估，储奶厅应符合以下要求： ——储奶厅有可锁定的门； ——有热水、肥皂、毛巾； ——无家养动物（如：猫、狗等）； ——建立了有害物控制措施（如：家鼠、田鼠、鸟等的控制）； ——有害虫控制措施； ——无垃圾； ——无药物或助产设备等； ——对灯进行了有效防护； ——地板、门、墙易于清洗； ——有防风、防雨、防寒等设施； ——在牛奶收集和储藏间有禁止吸烟标志。 全部适用。	1级
4.6.3.2	储奶厅应始终保持清洁卫生。	储奶厅要清洁有序。全部适用。	1级

4.6.4 牛奶的收集设备(储奶罐和搅拌系统等)

序号	控 制 点	符合性要求	等级
4.6.4.1	所有收集牛奶的设备空置时应保持清洁并处于关闭状态。有清洗和保持清洁的程序。	感官评估,挤奶员掌握相关的要求和程序。全部适用。	1级
4.6.4.2	从挤奶时算起,牛奶在2 h内应冷却到8℃以下。若不是每日收集,温度应低于6℃。	感官评估牛奶的储藏温度记录。全部适用。	1级
4.6.4.3	所有与牛奶接触的材料表面应避免污染。	所有与牛奶接触的材料应使用不锈钢和(或)符合要求的材料。	2级

4.6.5 奶罐车

序号	控 制 点	符合性要求	等级
4.6.5.1	应有排水良好的硬质地面连接到储奶厅,便于奶罐车行驶。	该场所无积水现象或可能。感官评估。全部适用。	1级
4.6.5.2	奶罐车停靠场地应保持清洁,防止污染。	停靠场地清洁干净。感官评估。全部适用。	1级
4.6.5.3	奶罐车停靠场地应无其他障碍物。	奶罐车停靠场所无障碍,且平整、防滑。感官评估。全部适用。	3级

4.7 卫生

序号	控 制 点	符合性要求	等级
4.7.1	奶牛场员工每年至少进行一次有效体检,奶牛场有关部门建立员工健康档案。	查验员工的健康合格证和健康档案。	1级
4.7.2	参与挤奶的员工应穿戴清洁合适的工作服、工作帽和工作鞋(靴)。挤奶员上岗时不得佩戴饰物和涂抹化妆品,并经常修剪指甲。	感官评估,员工须知相关的要求。全部适用。	1级
4.7.3	有外伤的挤奶员应暂时调离工作岗位。	感官评估,员工须知相关的要求。全部适用。	1级
4.7.4	应登记患有传染病的员工,禁止其参与奶牛场的任何工作。	感官评估,员工须知相关的要求。全部适用。	1级
4.7.5	挤奶员或直接接触牛奶的员工的手臂应清洁卫生。	感官评估,员工须知相关的要求。全部适用。	1级
4.7.6	奶牛场内应禁止吸烟。	感官评估,员工须知相关的要求。全部适用。	1级
4.7.7	建立文件化的奶牛场相关卫生管理规范。	查验奶牛场相关卫生管理规范文件与实施措施。全部适用。	1级

4.8 清洗消毒剂和其他化学品

序号	控　制　点	符合性要求	等级
4.8.1	在使用化学药品、杀虫剂或其他洗涤消毒剂时应按使用说明严格操作。	感官评估，员工须知相关的要求。全部适用。	1级
4.8.2	奶牛场内应使用国家有关部门准许使用的化学品或润滑剂。	检查有关记录或标签说明书等批准文件，证实奶牛场内使用的化学品或润滑剂取得了国家有关部门的批准。全部适用。	1级
4.8.3	害虫的控制方法或处理方案应经过相关部门确认后方可使用。	员工须知相关的要求，其检查方法、控制措施需经有关部门批准。全部适用。	1级
4.8.4	暂时不用的化学品应存储在受控场所，远离与挤奶设施有关的设备。	所有化学品存放在隔离区域。全部适用。	1级
4.8.5	应有文件化的清洗消毒程序和记录。有清洗消毒剂使用及供应商的相关文件和记录。	感官评估。员工须知相关的要求。有相关化学清洗消毒剂选择、使用的记录和文件。全部适用。	2级

ICS 65.020.30
B 40

GB

中华人民共和国国家标准

GB/T 20014.9—2008
代替 GB/T 20014.9—2005

良好农业规范 第9部分:猪控制点与符合性规范

Good agricultural practice—
Part 9: Pig control points and compliance criteria

2008-05-19 发布　　2008-10-01 实施

中华人民共和国国家质量监督检验检疫总局
中国国家标准化管理委员会　发布

前　言

GB/T 20014《良好农业规范》分为以下部分：

——第1部分：术语；
——第2部分：农场基础控制点与符合性规范；
——第3部分：作物基础控制点与符合性规范；
——第4部分：大田作物控制点与符合性规范；
——第5部分：水果和蔬菜控制点与符合性规范；
——第6部分：畜禽基础控制点与符合性规范；
——第7部分：牛羊控制点与符合性规范；
——第8部分：奶牛控制点与符合性规范；
——第9部分：猪控制点与符合性规范；
——第10部分：家禽控制点与符合性规范；
——第11部分：畜禽公路运输控制点与符合性规范；
——第12部分：茶叶控制点与符合性规范；
——第13部分：水产养殖基础控制点与符合性规范；
——第14部分：水产池塘养殖基础控制点与符合性规范；
——第15部分：水产工厂化养殖基础控制点与符合性规范；
——第16部分：水产网箱养殖基础控制点与符合性规范；
——第17部分：水产围拦养殖基础控制点与符合性规范；
——第18部分：水产滩涂、吊养、底播养殖基础控制点与符合性规范；
——第19部分：罗非鱼池塘养殖控制点与符合性规范；
——第20部分：鳗鲡池塘养殖控制点与符合性规范；
——第21部分：对虾池塘养殖控制点与符合性规范；
——第22部分：鲆鲽工厂化养殖控制点与符合性规范；
——第23部分：大黄鱼网箱养殖控制点与符合性规范；
——第24部分：中华绒螯蟹围拦养殖控制点与符合性规范。

本部分为GB/T 20014的第9部分。本部分应与第2部分和第6部分结合使用。

本部分代替GB/T 20014.9—2005《良好农业规范　第9部分：猪控制点与符合性规范》。

本部分与GB/T 20014.9—2005相比主要变化如下：

——修改4.1.1.4“控制点”，增加“符合性要求”；
——增加4.4.5、4.4.6中“符合性要求”；
——修改4.8.3.1“控制点”和“符合性要求”。

本部分由中国国家认证认可监督管理委员会提出。

本部分由中国国家标准化管理委员会归口。

本部分起草单位：中国国家认证认可监督管理委员会注册管理部、中华人民共和国北京出入境检验检疫局、中华人民共和国四川出入境检验检疫局、中华人民共和国江苏出入境检验检疫局、中华人民共和国湖北出入境检验检疫局、中华人民共和国山东出入境检验检疫局、中华人民共和国珠海出入境检验检疫局、全国畜牧兽医总站、中国检验检疫科学研究院、中国农科院畜牧研究所、中国检验认证集团、中国奶业协会、中国农业大学。

本部分主要起草人：滑艳利、方晶、王吉潭、李超美、徐共和、陈恩成、冯建东、王加启、佘锐萍、章红兵、张红梅、辛盛鹏、谯仕彦、李大刚。

本部分所代替标准的历次版本发布情况为：

——GB/T 20014.9—2005。

引　言

食品安全不仅关系到消费者的身体健康和生命安全，而且还直接或间接影响到食品、农产品行业的健康发展。因此，食品安全是对食品链中所有从事食品生产、加工、储运等组织的首要要求。

作为食品链的初端，猪的养殖过程直接影响到终产品的安全水平。为达到符合法律法规、相关标准的要求，满足消费者需求，保证食品安全和促进农业的可持续发展，提出以下要求：

0.1　食品安全危害的管理

本标准采用危害分析与关键控制点（HACCP）方法识别、评价和控制食品安全危害。在猪的养殖过程中，针对选址、来源、标识、仔猪、饲料和水、室外养猪、机械设备、猪只健康、卫生和害虫控制、管理、运输、濒死猪只处理和调查等方面提出了要求。

0.2　农业可持续发展的环境保护要求

本标准提出了环境保护的要求，通过要求生产者遵守环境保护的法规和标准，营造农产品生产过程的良性生态环境，协调农产品生产和环境保护的关系。

0.3　员工的职业健康、安全和福利要求

本标准提出了员工职业健康、安全和福利的要求。

0.4　动物福利的要求

本标准提出了动物福利的要求。

本标准将内容条款的控制点划分为3个等级，并遵循表1原则：

表1

等级	级别内容
1	基于危害分析与关键控制点（HACCP）和与食品安全直接相关的动物福利的所有食品安全要求
2	基于1级控制点要求的环境保护、员工福利、动物福利的基本要求
3	基于1级和2级控制点要求的环境保护、员工福利、动物福利的持续改善措施要求

良好农业规范
第9部分:猪控制点与符合性规范

1 范围

GB/T 20014 的本部分规定了猪只生产良好农业规范的要求。

本部分适用于对猪只生产良好农业规范的符合性判定。

2 规范性引用文件

下列文件中的条款通过 GB/T 20014 的本部分的引用而成为本部分的条款。凡是注日期的引用文件,其随后所有的修改单(不包括勘误的内容)或修订版均不适用于本部分,然而,鼓励根据本部分达成协议的各方研究是否可使用这些文件的最新版本。凡是不注日期的引用文件,其最新版本适用于本部分。

GB 5749 生活饮用水卫生标准

GB 16548 病害动物和病害动物产品生物安全处理规程

GB/T 18407.3 农产品安全质量 无公害畜禽肉产地环境要求

GB/T 18635 动物防疫 基本术语

GB/T 20014.1 良好农业规范 第1部分:术语

GB/T 20014.6 良好农业规范 第6部分:畜禽基础控制点与符合性规范

中华人民共和国动物防疫法

3 术语和定义

GB/T 20014.1、GB/T 18635 确立及下列术语和定义适用于 GB/T 20014 的本部分。

3.1

限位栏 restrictive pens

母猪产后不能转身,只能起卧,自由采食,仔猪可通过栏架,以减少被挤压危险。

3.2

育肥猪 finisher pigs

月龄较小或未达到市场要求,需经过肥育才能屠宰的猪。

3.3

氟烷基因 halothance gene

猪第6号染色体上影响肉质的主效基因(major gene),也叫 Ca^{2+} 释放通道基因(CRC)或兰尼定受体1基因(RYR1)。具有提高瘦肉产量的遗传优势,但会增加 PSE 肉(苍白、松软、渗水)和突然死亡率。

4 要求

4.1 场址、设施、设备

4.1.1 圈舍和建筑

序号	控 制 点	符合性要求	等级
4.1.1.1	板条结构的地板设计应能承载相应大小的猪。	无普遍的猪蹄损伤，板条的尺寸应符合如下要求： a) 板条间缝隙的最大宽度： ——哺乳仔猪 11 mm； ——断奶仔猪 14 mm； ——育肥猪 18 mm； ——母猪 20 mm； b) 板条最小宽度： ——哺乳仔猪和断奶仔猪 10 mm； ——育肥猪、母猪 80 mm。 若无板条结构，则不适用。	2 级
4.1.1.2	根据饲养工艺进行转群时，应按猪的大小强弱分群饲养。	有相关记录。全部适用。	1 级
4.1.1.3	为防止咬尾或其他恶习，满足猪的行为需求，应考虑周围环境和饲养密度。应能够为猪提供充足的环境空间和适于拱咬的物料。	感官评估。适宜的物料有链子、塑料物件等，但不能是轮胎或石槽里的食物。全部适用。	1 级
4.1.1.4	所有猪应能获得清洁干燥的躺卧区域。	感官评估。全部适用。	1 级
4.1.1.5	当使用垫草时，应加满或定期更换，以保持清洁卫生。	感官评估。	3 级
4.1.1.6	舍内养猪的企业应是封闭的，进出的门应受控。	感官评估。	3 级

4.1.2 通风和温度

序号	控 制 点	符合性要求	等级
4.1.2.1	针对户内饲养猪的年龄、质量和密度，应保持适宜的室内温度和空气流通。	适宜温度范围如下： ——母猪：11℃～20℃； ——哺乳仔猪：21℃～30℃； ——新断奶的仔猪：27℃～32℃； ——出生超过 6 周的仔猪：21℃～24℃； ——育肥猪：11℃～21℃。 环境温度应符合要求。出现热/冷应激征兆为不符合。全部适用。	2 级

序号	控　制　点	符合性要求	等级
4.1.2.2	育成猪和育肥猪的圈舍应配备喷淋系统，使其在炎热的气候条件下保持凉爽。此系统应能避免热应激和在躺卧区形成污垢。	感官评估。地面不铺稻草，用来圈养育肥猪和待栏猪的建筑，应配备喷淋系统，并能喷淋到每个圈舍。	3级
4.1.2.3	应设计通风系统并通过该系统的维护和运作以防止空气中的污染物超过GB/T 18407.3的要求，且一氧化碳浓度不得超过30×10^{-6}。	感官评估。判定标准是吸入的空气不应使人明显感觉不舒服。	3级

4.1.3　**照明**

序号	控　制　点	符合性要求	等级
4.1.3.1	在任何时候都应提供足够的照明设备(固定的或可便携的)以便于检查。	照明设备的光线符合建筑物内标准的要求，或者使用自然光源。而未配备电照明设备的建筑物内，都配备了手电筒以方便在夜间检查。全部适用。	2级

4.1.4　**饲养空间**

序号	控　制　点	符合性要求	等级
4.1.4.1	对仔猪、育成猪和育肥猪所需最小饲养空间应符合以下要求，单位(m^2/头)： <10 kg，0.15 m^2/头； 10 kg～20 kg，0.20 m^2/头； 20 kg～30 kg，0.30 m^2/头； 30 kg～50 kg，0.40 m^2/头； 50 kg～85 kg，0.55 m^2/头； 85 kg～110kg，0.65 m^2/头； >110 kg，1.00 m^2/头。	抽样测量各生长阶段猪的圈舍可容纳的猪只数量，按最大体重的猪计算。通过会谈、目测、检查记录来验证。计算出每部分最大牲畜容纳量，应低于产品消费国要求的限量。全部适用。	1级
4.1.4.2	任何情况下，所有的猪都可以： ——自由的转身(产仔的母猪除外)； ——有干燥的区域； ——可以同时躺卧。	除在限位栏中或受孕4周后，无隔栏/栓绳或其他限制设施。 育肥猪能自由转身并能同时躺卧，表明符合控制点的要求。对母猪应感官评估。全部适用。	1级
4.1.4.3	躺卧区面积除应符合4.1.4.1的要求外，配种后的后备母猪和妊娠母猪的躺卧区应是无缝坚固的地板，面积至少分别为0.95 m^2/头和1.3 m^2/头，其中不超过15%的面积用作排污区。	躺卧区是建筑物内具有明显区别的区域，应提供两种截然不同的环境。如部分装有板条的圈舍、硬质地板的面积符合控制点的要求。无明显的躺卧区域，则不适用。	1级

4.1.5 公猪圈舍

序号	控　制　点	符合性要求	等级
4.1.5.1	公猪圈栏的结构和位置应便于猪进行交流。应提供清洁干燥的休息区。	公猪圈不能都是实心的墙和门。公猪可与其他猪鼻对鼻交流，并有干燥的躺卧区域。不饲养公猪不适用。	3级
4.1.5.2	圈养成年公猪的最小区域应为6 m^2。应提供额外的空间用于交配，且圈舍的形状不会过分限制公猪的自由活动。	感官评估。不饲养公猪不适用。	1级

4.1.6 母猪设施

序号	控　制　点	符合性要求	等级
4.1.6.1	母猪的设施具备以下条件： ——产前7 d到产后4周(断奶时)，应允许其自由活动，可使用限位栏，但不能栓系； ——确保母猪不被单独隔离。	——除分娩到产后4周外，无隔栏、栓绳或其他限制性畜栏。使用限位栏，确认其使用时间； ——除在限位栏中，单圈饲养的母猪可以和其他猪进行接触。	2级
4.1.6.2	限位栏中不应栓系母猪。	感官评估。不使用限位栏不适用。	1级
4.1.6.3	母猪产仔前在限位栏中不应超过7 d；产仔后在限位栏中不应超过42 d。	感官评估。应有相关记录。不使用限位栏的不适用。	2级
4.1.6.4	限位栏应足够长，使母猪可以舒适躺卧。长度应可以调整，以防止母猪过多的自由活动。	感官评估。无母猪和限位栏摩擦而造成臀部和背部受伤的迹象。 不使用限位栏的不适用。	1级
4.1.6.5	限位栏顶部的横梁和床底部应有足够的距离，以确保母猪正常活动。	感官评估。不使用限位栏不适用。	1级

4.2 猪的来源

序号	控　制　点	符合性要求	等级
4.2.1	所有引入猪只应带有免疫耳标，并有畜牧兽医部门出具的检疫证、非疫区证明和车辆消毒证明。	感官评估。应有相关证明文件	1级
4.2.2	引进种猪时，应隔离观察15 d～30 d，经兽医检查确定为健康合格后，方可供繁殖使用。	应有相关记录。	1级
4.2.3	猪场中所有猪只应具有可追溯性，不得来自于生猪交易市场，运输过程中应远离生猪交易市场。	有猪的来源和运输记录，证明没有猪来自于生猪交易市场。全部适用。	1级
4.2.4	猪场应保存猪只来源、品种、来源途径以及人工授精精液来源的书面记录。	应有相关记录。	3级

序号	控　制　点	符合性要求	等级
4.2.5	繁殖用种猪的氟烷基因检测应为显性纯合子(NN),品种纯正。相关记录和声明应保存3年。	使用育种公司的种猪,应通过文件验证其使用的种猪品种纯正,氟烷基因检测为显性纯合子(NN)。	3级

4.3 猪只标识

序号	控　制　点	符合性要求	等级
4.3.1	送宰前应检查所有猪,保证其有永久的身份标识。	感官评估。全部适用。	1级
4.3.2	猪的标识设备应由受过良好培训、具备相应能力的员工使用,并对设备进行维护。	员工应知标识知识并掌握相关技能。全部适用。	1级

4.4 仔猪

序号	控　制　点	符合性要求	等级
4.4.1	出生7 d内不应麻醉阉割,超过7 d应由兽医麻醉后阉割。	感官评估。全部适用	1级
4.4.2	麻醉后阉割。	观察仔猪和用药记录。	3级
4.4.3	不进行阉割。	感官评估。	3级
4.4.4	对新生仔猪断牙和钝化牙齿,只有符合法规要求和在猪场兽医建议下才可接受。对此要求每季度进行一次评估,需要时,应由经过培训具备相应能力的饲养员在仔猪出生48 h内完成,不得超过出生后7 d。	如果断牙和钝化,应有兽医或养猪场顾问的书面建议。每季度应对其进行评估。被授权的员工应能证实其具备正确操作此项工作的能力,能正确描述操作程序,包括时间要求。不断牙则不适用。	1级
4.4.5	仅使用钝化的方法缩短仔猪牙齿。	如果不断牙只钝化,应有兽医或养猪场顾问的书面建议,应每季度对其进行评估。被授权的员工应能证实具备正确操作此项工作的能力,能正确描述操作程序,包括时间要求。不钝化仔猪牙齿则不适用。	3级
4.4.6	当兽医认为需要断尾时,应由经过兽医培训具备相应能力的饲养员在仔猪出生48 h内完成,最迟不超过7 d。当出售需要断尾的仔猪时,应有买方主管兽医的建议。	如果断尾,有兽医或养猪场顾问的书面建议,每季度对其进行评估。有判断是否需要断尾的书面记录。如果购买仔猪的养殖场需要仔猪断尾时,其应能提供兽医出具的需要断尾的证据或建议。被授权的员工应能显示具备正确操作此项工作的能力,能正确掌握操作程序,包括时间要求。如果出售断尾仔猪,应提供目的畜群兽医的要求。不断尾则不适用。	1级

序号	控　制　点	符合性要求	等级
4.4.7	打耳号应在主管兽医同意下执行。	有兽医书面授权证明。不打耳号则不适用。	1级
4.4.8	21日龄不应断奶，除非兽医要求或因特别的福利原因，仔猪可以在21日龄～28日龄期间断奶。	有相关记录，员工应知晓断奶日龄及相关要求。全部适用。	1级

4.5　饲料和水

序号	控　制　点	符合性要求	等级
4.5.1	圈养猪应有足够长的料槽，确保猪只能同时进食。饲喂量适宜，少喂勤添，防止饲料污染腐败。	感官评估。没有圈养不适用。	2级
4.5.2	应须知饲料组并可追溯其来源，保存饲料验收记录。	有相关记录。全部适用。	1级
4.5.3	应记录自配饲料的配方并保存3年。	有相关记录。不自配料不适用。	1级
4.5.4	自配饲料的成分含量记录和样品应至少保存6个月。	有相关记录。不自配料不适用。	3级
4.5.5	禁止使用餐饮业的废弃物喂猪。	来自于餐馆、餐饮设施和厨房（包括公用厨房和家庭厨房）的废弃物不允许作为饲料。全部适用。	1级
4.5.6	每天应向猪供应充足、清洁、新鲜的饮用水。	感官评估。全部适用。	1级
4.5.7	应有水质检测的证据。	每年至少按GB 5749进行一次水质检测。全部适用。	2级
4.5.8	供水要求和饲养方式的关系，应按以下要求进行： 　　　　水嘴/小钵　　钵 自由　　1个/15头　　1个/30头 限制饲养　1个/10头　　1个/20头	感官评估。全部适用。	2级

4.6　室外养猪（无室外养猪不适用）

序号	控　制　点	符合性要求	等级
4.6.1	室外养猪的场所应设在易于排水和不会受洪水影响的地方。	沙土、砂砾和石灰性为主的土壤较好，不应选择粘土和泥沙性土壤。全部适用。	2级
4.6.2	产仔的棚屋应建在地势平坦、避免有陡坡的地方。应为猪只提供适应当地气候的圈舍。	感官评估。	3级
4.6.3	应提供适宜的垫草，保证温暖舒适。	感官评估。全部适用。	2级

序号	控　制　点	符合性要求	等级
4.6.4	每公顷土地上放养母猪的数量不应超过30头。	感官评估，全部适用。	2级
4.6.5	在养猪和饲料存放场所的周围，应对所有害虫和食肉动物进行控制。	感官评估。无害虫出没迹象。死于食肉动物的死亡率不超过2%。	1级
4.6.6	应配备训导区域使新转群的母猪、公猪适应带电围栏。	感官评估。	3级
4.6.7	在炎热季节应提供保持凉爽的设施。	感官评估。在夏季猪只可获得树荫或水坑。全部适用	2级
4.6.8	母猪产仔时应在温度适宜，无风的棚屋内进行。	感官评估，全部适用。	2级
4.6.9	产仔的棚屋应有干燥清洁的垫草。	感官评估，全部适用。	2级
4.6.10	在土壤类型、设施和石子不会对猪只造成伤害时，才使用鼻环。	感官评估，全部适用。	2级
4.6.11	产仔的棚屋和断奶仔猪的活动场所应在每个使用周期后进行清洁消毒。用过的垫草应更换或焚烧。	感官评估，全部适用。	2级

4.7 机械设备

序号	控　制　点	符合性要求	等级
4.7.1	所有的设备（包括食槽、饮水器、排气扇、加热器、光照设备、灭火器和报警系统）应保持清洁，并进行维护确保正常工作。	感官评估。全部适用。	2级
4.7.2	应每日检查自动化设备如自动喂料系统和通风系统，确保正常工作。	不要求每天检查后都作书面记录，但在检查时发现的不能正常工作的设备，且该设备未被标识，则不符合。无自动化设备不适用。	2级
4.7.3	猪舍内，自然通风如果不能保持并满足动物福利要求，应能提供强制或自动通风系统。	用来控制猪舍环境温度的地方应安装报警器。若环境温度超过设定值或发生断电时，报警系统应能启动。自动保护装置不必完全自动化，可以依靠人工开门等。猪场可以向兽医寻求指导或帮助来了解何处应配备报警器。若猪舍都是自然通风，则不适用。	2级
4.7.4	应每周检查一次报警系统。	检查报警系统书面记录。在检查时通过和员工会谈，对运转状况进行验证。有设备故障则不符合。若无报警系统，则不适用。	2级

4.8 猪只健康

4.8.1 抗生素

序号	控　制　点	符合性要求	等级
4.8.1.1	不应长期以促进生长为目的使用治疗用抗生素。禁止使用激素类促生长剂。	有相关兽医处方，无证据表明使用过治疗用抗生素和激素作为促生长剂。全部适用。	1级
4.8.1.2	不应使用非治疗用抗生素促生长。	有相关兽医处方，无证据表明使用过非治疗用抗生素作为促生长剂。	3级

4.8.2 治疗圈

序号	控　制　点	符合性要求	等级
4.8.2.1	应有指定的治疗圈以隔离和治疗伤病猪。	现场确认治疗圈，可以是一般的圈舍在需要时变更。全部适用。	1级
4.8.2.2	应对治疗圈中的猪只每天至少进行两次检查。对治疗无效的猪只应立即征求兽医的处理意见或实施人道屠宰。	感官评估。治疗圈中没有治疗无效的猪。员工应征求兽医对治疗无效猪的处理意见，并按处理意见执行。全部适用。	1级
4.8.2.3	治疗圈应通风良好、结构合理、温暖干燥并为伤病猪提供适宜的躺卧区。	感官评估。全部适用。	1级
4.8.2.4	治疗圈在重新使用前，应腾空并彻底清扫消毒。	应有消毒记录。全部适用。	1级

4.8.3 兽医健康计划

序号	控　制　点	符合性要求	等级
4.8.3.1	兽医健康计划应包括识别动物遗传性疾病、生产性能监测数据和胴体品质的级别和类型。还应包括GB/T 20014.6中的相应条款的所有内容。	兽医健康计划的制定和实施应由指定的兽医进行。当这些指标超出目标水平时，应按现有情况重新评估和修改兽医健康计划。全部适用。	1级
4.8.3.2	兽医健康计划应详细说明对新引入猪所采取的适宜的检疫措施。	适宜的检疫措施取决于现有畜群和引入猪的健康状况。现场确认兽医书面计划的充分性。全部适用。	1级
4.8.3.3	养殖场应有指定兽医专家为其服务，指导每季度的检查并形成书面报告。	现场确认最近12个月每季度的兽医书面报告。全部适用。	1级
4.8.3.4	咬尾、咬耳、咬侧腹和好斗等行为明显超过正常值时，兽医应制定有效的改进措施并写入兽医健康计划。	在饲养的畜群中有超过2%的猪有恶习则视为异常，如果发现有此类情况，应有兽医编写的书面行动计划和有效实施的证据。全部适用。	1级
4.8.3.5	制定并有效实施控制体内和体表寄生虫病的计划。	猪没有感染体内和体外寄生虫的症状。兽医健康计划应包括寄生虫卵的检测，并规定相关活动和程序。全部适用。	2级

序号	控 制 点	符合性要求	等级
4.8.3.6	所有注射工作均应由技术熟练的员工从猪的颈部注射。除非经过专业兽医的指导,否则要有专业兽医的参与。	员工应具有相应的技能。全部适用。	1级
4.8.3.7	应由国家相关权威机构认可的兽医为农场服务。	确认证书。	3级

4.8.4 人畜共患病的监测

序号	控 制 点	符合性要求	等级
4.8.4.1	养猪场的兽医健康计划和净化程序中应包含预防和控制沙门氏菌病的内容并能把沙门氏菌病的发生率降到最低限度。	有兽医签发的兽医健康计划和净化程序。全部适用。	1级

4.8.5 断针

序号	控 制 点	符合性要求	等级
4.8.5.1	应对有断针的猪做永久标识。事故发生的时间、被标识的猪及药物的种类应记录在用药手册中。	感官评估。管理者应须知相关标准。全部适用。	1级
4.8.5.2	当带有断针的猪被送往屠宰场时,应在运输途中与合格的猪分开,被标识并按急宰猪处理。运送这种猪时,应事先通知屠宰场。	感官评估。管理者应须知相关标准。全部适用。	1级

4.9 卫生和害虫控制

序号	控 制 点	符合性要求	等级
4.9.1	猪场应在以下方面提供和实施有效的书面文件: ——对参观者的规定; ——虫害的控制; ——养猪场清洁消毒; ——死亡动物的处理。	当场验证书面文件: ——按猪安全的要求制定接待参观者的程序。参观者须更换衣服、鞋并在参观者登记册上登记; ——虫害控制程序应包括养猪场的诱饵布置图,诱饵和记录; ——清洁消毒程序应规定每座建筑物的清洁消毒频率,如果使用清洁剂和消毒剂则要注意正确的浓度和使用频率; ——确定常用处理方法。对于病死的猪进行无害化处理,应详细记录处理的数量、时间和处理方法。 全部适用。	1级

序号	控 制 点	符合性要求	等级
4.9.2	当圈舍腾空后，应对其场地、设施设备等进行彻底的清洗和消毒。	卫生程序中应体现此内容，在和员工的交谈中对其进行验证。全部适用。	1级
4.9.3	参观者应穿防护服并经消毒后方可参观。	应有相关记录。全部适用。	1级
4.9.4	在生产区附近应有更衣室。室内应装有洗手用具、消毒池及其他必要的清洗消毒设施。	感官评估。全部适用。	2级
4.9.5	在生产区附近应有更衣室，更衣室应装有淋浴设施。	感官评估。	3级

4.10 管理

序号	控 制 点	符合性要求	等级
4.10.1	每日检查，猪不应有受伤、生病和痛苦的征兆。对哺乳母猪和仔猪的检查频率应更高。	员工应须知相关要求，圈舍中没有伤病猪。全部适用。	1级
4.10.2	养猪场应在以下方面有相应能力的员工： ——药物的安全使用； ——猪管理和治疗； ——猪福利和健康(包括对疾病、非正常行为和冷热应激的认识)； ——知道何时向何人寻求进一步的帮助。	——使用药物的员工应被授权，员工应须知药物注射程序(肌肉注射：针头的长度根据动物的质量而定)、使用方法、记录程序和休药期的观察所要求的知识； ——员工应须知怎样管理不同大小的猪：无拖拉猪耳和腿的情况，须知注射、断牙、剪尾时如何固定仔猪； ——员工应掌握：猪常见疾病的知识，如地方性肺炎，猪丹毒；恶习(咬尾、咬耳/侧腹、咬阴部)；热应激(喘气、换毛)，冷应激(抱团，肤色苍白)。 全部适用。	1级
4.10.3	应有足够的员工，确保实现良好管理，保证猪只福利。	在治疗圈中没有无救治希望的猪只。 在观察圈中没有伤病猪。 设施和建筑维护良好。全部适用。	1级
4.10.4	禁止使用电棍、棍子和水管驱赶猪。	员工须知相关知识。全部适用。	1级
4.10.5	除育成公猪、预产母猪和治疗圈的猪外，猪应保持在一个稳定的群体中，不得将其隔离出群体。	按常规，猪应从较大的群体流向较小的群体。管理者应掌握相关知识。全部适用。	1级

4.11 装载运往屠宰场

序号	控　制　点	符合性要求	等级
4.11.1	应送往国家定点的屠宰场屠宰，应对送宰的猪进行检查并记录。严禁将伤病和休药期未结束的猪送往屠宰场，淘汰种猪应特别标识，并事先通知屠宰场。	感官评估。有相关记录，员工须知相关要求。全部适用。	1级
4.11.2	屠宰前应禁食 12 h 以上。	员工知道相关要求。全部适用。	2级
4.11.3	发运或装车前，禁止使用镇定类药物。	育肥场不得有类似药物。在繁育场检查药品采购记录和使用记录，以确认该药只用于种猪。全部适用。	1级
4.11.4	装运的斜道坡度应不超过 20°，以免猪滑倒受伤。	测量装运斜道的垂直高度和水平长度，垂直高度和水平长度之比应小于 0.36。	3级

4.12 死亡和濒死猪

序号	控　制　点	符合性要求	等级
4.12.1	需要淘汰、处死的可疑病猪，应根据疾病的性质，按《动物防疫法》采取相应的处理措施。死于传染病的猪应按 GB 16548 进行处理。有治疗价值的病猪应隔离饲养并由兽医进行诊治。	处理方法应符合要求，员工应须知相应的知识。	1级
4.12.2	应记录所有死亡猪只及死亡原因。监控猪只死亡率水平，当超过目标水平时，猪场的兽医应制定相应的行动计划。	应有死亡猪只记录。应有证据表明对这些记录进行了定期分析（至少每 6 个月一次），并将制定出的行动方案纳入到兽医健康计划中。	1级
4.12.3	应有受控专用场所或容器储存病死猪只，该场所或容器应易于清洗和消毒。病死猪只远离畜栏。	处理方法符合要求，员工须知相关知识。结合 GB/T 20014.6 中相关条款进行检查。	2级

4.13 调查

序号	控　制　点	符合性要求	等级
4.13.1	猪场应与屠宰场沟通，以获得关于胴体问题的反馈意见。必要时应采取相应的措施。	养猪场从屠宰场得到的反馈记录。全部适用。	2级

ICS 65.020.30
B 43

中华人民共和国国家标准

GB/T 20014.10—2008
代替 GB/T 20014.10—2005

良好农业规范 第10部分：家禽控制点与符合性规范

Good agricultural practice—Part 10：Poultry control points and compliance criteria

2008-05-19 发布　　2008-10-01 实施

中华人民共和国国家质量监督检验检疫总局
中国国家标准化管理委员会　发布

前　言

GB/T 20014《良好农业规范》分为以下部分：

——第1部分：术语；

——第2部分：农场基础控制点与符合性规范；

——第3部分：作物基础控制点与符合性规范；

——第4部分：大田作物控制点与符合性规范；

——第5部分：水果和蔬菜控制点与符合性规范；

——第6部分：畜禽基础控制点与符合性规范；

——第7部分：牛羊控制点与符合性规范；

——第8部分：奶牛控制点与符合性规范；

——第9部分：生猪控制点与符合性规范；

——第10部分：家禽控制点与符合性规范；

——第11部分：畜禽公路运输控制点与符合性规范；

——第12部分：茶叶控制点与符合性规范；

——第13部分：水产养殖基础控制点与符合性规范；

——第14部分：水产池塘养殖基础控制点与符合性规范；

——第15部分：水产工厂化养殖基础控制点与符合性规范；

——第16部分：水产网箱养殖基础控制点与符合性规范；

——第17部分：水产围拦养殖基础控制点与符合性规范；

——第18部分：水产滩涂、吊养、底播养殖基础控制点与符合性规范；

——第19部分：罗非鱼池塘养殖基础控制点与符合性规范；

——第20部分：鳗鲡池塘养殖基础控制点与符合性规范；

——第21部分：对虾池塘养殖基础控制点与符合性规范；

——第22部分：鲆鲽工厂化养殖控制点与符合性规范；

——第23部分：大黄鱼网箱养殖控制点与符合性规范；

——第24部分：中华绒螯蟹围拦养殖控制点与符合性规范。

本部分为GB/T 20014的第10部分。本部分应与第2部分和第6部分结合使用。

本部分代替GB/T 20014.10—2005《良好农业规范　第10部分：家禽控制点与符合性规范》。

本部分与GB/T 20014.10—2005相比主要变化如下：

——将原“控制点”内容移至现“符合性要求”：4.1.1.5、4.1.1.6、4.1.4.4、4.1.4.7、4.5.1.2、4.5.1.14、4.5.3.1、4.5.3.2、4.7.1、4.7.2、4.9.2、4.9.5；

——修改内容：4.1.4.1、4.4.10、4.6.3、4.8.3.9。

本部分由中国国家认证认可监督管理委员会提出。

本部分由中国国家标准化管理委员会归口。

本部分起草单位：中国国家认证认可监督管理委员会注册管理部、中华人民共和国山东出入境检验检疫局、中华人民共和国北京出入境检验检疫局、中华人民共和国江苏出入境检验检疫局、中华人民共和国湖北出入境检验检疫局、全国畜牧兽医总站、中国奶业协会、中国农业科学院畜牧研究所、中国检验检疫科学研究院、中国农业大学。

本部分主要起草人：张红梅、王加启、李超美、徐共和、陈恩成、佘锐萍、张书斌、章红兵、林祥梅、田莉、呙于明、彭剑虹。

本部分所代替标准的历次版本发布情况为：

——GB/T 20014.10—2005。

引　言

食品安全不仅关系到消费者的身体健康和生命安全，而且还直接或间接影响到食品、农产品行业的健康发展。因此，食品安全是对食品链中所有从事食品生产、加工、储运等组织的首要要求。

作为食品链的初端，家禽养殖过程直接影响禽类产品及其加工食品的安全水平。为达到符合法律法规、相关标准的要求，满足消费者需求，保证食品安全和促进农业的可持续发展，提出以下要求：

0.1　食品安全危害的管理

本标准采用危害分析与关键控制点（HACCP）方法识别、评价和控制禽类产品的安全危害。在家禽养殖过程中，针对家禽的生产方式和特点，对养殖场选址、家禽品种、饲料和饮水的供应、场内的设施设备、家禽的健康、药物的合理使用、家禽的养殖方式、家禽的公路运输、废弃物的无害化处理、养殖生产过程中的记录、追溯以及对员工的培训等方面提出了要求。

0.2　农业可持续发展的环境保护要求

本标准提出了环境保护的要求，通过要求生产者遵守环境保护的法规和标准，营造农产品生产过程的良性生态环境，协调农产品生产和环境保护的关系。

0.3　员工的职业健康、安全和福利要求

本标准提出了员工职业健康、安全和福利的要求。

0.4　动物福利的要求

本标准提出了动物福利的要求。

本标准将内容条款的控制点划分为3个等级，并遵循表1原则：

表1

等级	级别内容
1	基于危害分析与关键控制点（HACCP）和与食品安全直接相关的动物福利的所有食品安全要求
2	基于1级控制点要求的环境保护、员工福利、动物福利的基本要求
3	基于1级和2级控制点要求的环境保护、员工福利、动物福利的持续改善措施要求

良好农业规范
第10部分：家禽控制点与符合性规范

1 范围

GB/T 20014的本部分规定了家禽生产良好农业规范的要求。

本部分适用于对家禽生产良好农业规范的符合性判定。

2 规范性引用文件

下列文件中的条款通过GB/T 20014的本部分的引用而成为本部分的条款。凡是注日期的引用文件，其随后所有的修改单(不包括勘误的内容)或修订版均不适用于本部分，然而，鼓励根据本部分达成协议的各方研究是否可使用这些文件的最新版本。凡是不注日期的引用文件，其最新版本适用于本部分。

GB 5749 生活饮用水卫生标准

GB/T 18635 动物防疫 基本术语

GB/T 20014.1 良好农业规范 第1部分：术语

NY/T 388 畜禽场环境质量标准

种畜禽管理条例(国务院1994年第153号令)

3 术语和定义

GB/T 20014.1、GB/T 18635确立及下列的术语和定义适用于GB/T 20014的本部分。

3.1

全进全出制 all-in all-out system

同一鸡舍或同一鸡场只饲养同一批次的鸡，同时进场、同时出场的管理制度。

4 要求

4.1 家禽的舍内饲养

4.1.1 场址、设施、设备

序号	控制点	符合性要求	等级
4.1.1.1	禽舍内的温度、湿度应满足家禽不同阶段的需要，以降低疾病发生几率。禽舍内空气中有毒有害气体含量应符合NY/T 388的要求。空气中灰尘控制在4 mg/m^3以下，微生物数量应控制在21万/m^3以下。	感官评估执行情况，实地进行禽舍空气质量监测，员工应能阐述须知的具体内容。若无禽舍，则不适用该标准。全部适用。	1级

序号	控 制 点	符合性要求	等级
4.1.1.2	家禽养殖场净道和污道要分开。家禽养殖场周围要设绿化隔离带。至少每栋禽舍饲养同一日龄的同一批家禽。家禽养殖场生产区、生活区分开，雏禽、成年禽分开饲养。禽舍应有防鸟设施。禽舍地面和墙壁应便于清洗，并能耐酸、碱等消毒药液清洗消毒。	感官评估，饲养场的净道与污道要分开、粪便等废弃物要实施处理。全部适用。	1级
4.1.1.3	在新建和改建禽舍时应听取专家的建议。	有专家的建议和记录。无新设施不适用。	3级
4.1.1.4	禽舍应达到基本要求。	禽舍应达到以下要求： ——屋顶和天花板用防水材料制成，处于良好状态且容易清洗； ——地面排水良好、安全舒适和卫生； ——墙壁建筑材料应坚固、防水、防风、防虫并便于消毒； ——房屋绝缘且高度适宜。在炎热的季节，禽舍有防鼠、降温装置，开放式禽舍要安装纱窗、纱门。禽舍入口处应设有缓冲间以免冬季的寒风进入。	1级
4.1.1.5	禽舍中关于福利的要求应进行标记，生产者和主管兽医应对所有禽舍定期检查。	在禽舍内应明示以下内容： ——可用的地面活动范围； ——最大饲养密度； ——饲养量； ——温度控制； ——饲料类型和料库类型； ——光照制度。每年进行检查。 全部适用。	2级

4.1.2 **饲养密度**

序号	控 制 点	符合性要求	等级
4.1.2.1	禽舍应有充足的空间，使员工可以自由进入检查和转移病残家禽。	感官评估。全部适用。	2级

序号	控制点	符合性要求	等级
4.1.2.2	禽舍应有充足的空间以使家禽能自由活动： ——有活动的自由； ——能正常的站立； ——能转动； ——能伸展翅膀； ——栖息自如； ——蹲下时不会碰到其他家禽。	感官评估。全部适用。	1级
4.1.2.3	肉鸡在整个饲养周期内应能保证最大饲养密度适合肉鸡生长需要，一般地面平养不超过 8 只/m^2；网上平养不超过 10 只/m^2。	有存栏量记录。全部适用。	1级
4.1.2.4	种禽最大饲养密度应符合品种的要求。	有存栏量记录。全部适用。	1级
4.1.2.5	后备母鸡最大饲养密度应符合品种的要求。	有存栏量记录。全部适用。	1级
4.1.2.6	记录应能显示符合最大饲养密度和生长速度的要求。对生长速度超过最大饲养密度要求的禽舍，家禽养殖场应能够确定和采取适当的预防措施。	有生长后期最大饲养密度的监控记录。全部适用。	2级

4.1.3 通风和温度控制

序号	控制点	符合性要求	等级
4.1.3.1	家禽养殖场应有书面的有效通风执行计划，此计划能够说明空气质量参数、通风量和通风频率。	有实施的书面计划。计算机控制系统通过演示可以作为可接受的证据。无机械通风的不适用。	2级
4.1.3.2	禽舍的温度和通风量应适合设施、家禽日龄、体重和生理要求。	感官评估，员工能阐述须知内容。全部适用。	1级
4.1.3.3	通风系统的设计应使空气污染物控制在推荐的水平以下，且符合 NY/T 388 的要求。	有测试结果记录。	3级
4.1.3.4	舍内空气质量应受控，以确保空气污染程度不引起人员明显不适。	在空气污染不可接受的地方，应有空气污染控制的行动计划。不存在空气质量问题的地方不适用。	2级
4.1.3.5	自动通风换气的禽舍，温度调节应控制在±3℃以内。	有每天的温度记录。自动通风设备的通风能力达到每小时 3 m^3/kg 家禽。全部适用。	2级

序号	控　制　点	符合性要求	等级
4.1.3.6	夏季，员工应采取措施预防家禽热应激。可以采取的措施有降低饲养密度、增加通风量或水帘降温。	有每天的温度记录。	2 级
4.1.3.7	寒冷地区，家禽养殖场应有取暖和换气设备。	有每天的温度记录和通风换气记录。	2 级
4.1.3.8	每栋禽舍应有在冷热应激时实施温度调控的措施，所有的员工应熟悉并执行。	有书面规定，员工能示范如何实施。全部适用。	2 级
4.1.3.9	家禽养殖场应有天气预报记录，以制定针对温度急剧变化的计划。	有天气预报记录和所采取措施的记录。	3 级
4.1.3.10	有自动通风装置的禽舍内，应测量每天的温度，并做好记录。记录应经兽医审核。	有每天的温度记录。全部适用。	1 级
4.1.3.11	禽舍的氨气、二氧化碳、硫化氢浓度应定期进行监测。应控制在 NY/T 388 要求的范围内。监测记录应经兽医审核。	有氨气、二氧化碳、硫化氢浓度监测记录。全部适用。	3 级

4.1.4 光照

序号	控　制　点	符合性要求	等级
4.1.4.1	在人工光照下饲养的家禽，每 24 h 至少应有 4 h 的黑暗时间。	按控制点中说明的执行。自然光照下饲养的家禽以及人工光照下饲养 1 周内的雏禽不适用。	1 级
4.1.4.2	同一禽舍里的光照强度应一致。	按控制点中说明的执行。全部适用。	2 级
4.1.4.3	应有禽舍光照方式、强度的记录，这些方式应经畜牧专家确认。	有光照方式、强度经畜牧专家确认的记录。全部适用。	3 级
4.1.4.4	人工光照时，禽舍应保持适宜的光照强度。	肉鸡和种鸡的最低光照强度为 10 lx，有光照记录。自然光照不适用。	2 级
4.1.4.5	应为员工提供正常工作的光照强度。	感官评估。自然光照不适用。	3 级
4.1.4.6	应制定最低水平的光照强度以减少家禽的异常行为。	有最低光照强度指标。光照不改变的地方则不适用。	2 级
4.1.4.7	推荐采用 4.1.4.4 列出的光照强度。	高于最低水平的光照强度应有利于改善家禽的福利和活动。	3 级

4.1.5 垫料

序号	控 制 点	符合性要求	等级
4.1.5.1	家禽应生活在干燥的垫料上，应有排水良好的生活区域。	垫料应干燥且松散，不用垫料的地方或笼养种鸡则不适用。	1级
4.1.5.2	垫料应符合以下要求： ——适宜的材料和颗粒大小； ——干燥松散； ——足够厚度(最小 2 cm)； ——每天要添加足够垫料，必要时更换新的垫料。	按控制点中说明的执行。不用垫料的地方不适用。	1级
4.1.5.3	在出栏后，使用过的垫料应及时清除并妥善处理。禽舍的清理记录应妥善保管。	有处理记录。不用垫料的地方不适用。	1级
4.1.5.4	垫料应来自合格的供应商，或来自自己农场的秸秆、稻草、木屑。	所有垫料应安全卫生。有垫料供应商的资质证明，或垫料供应商的卫生合格证明。不用垫料的地方不适用。	3级
4.1.5.5	如果垫料回收后再利用，应经处理并评估有无有害微生物污染的风险。	能够证明回收再利用的垫料无有害微生物污染风险。不使用回收垫料的地方不适用。	1级
4.1.5.6	应有垫料管理的具体措施。	员工能阐述须知内容。全部适用。	2级

4.2 家禽的室外饲养(如无室外饲养则不适用)

序号	控 制 点	符合性要求	等级
4.2.1	在室外饲养方式下，家禽养殖场的饲养密度、存栏量、饲料成分、屠宰的最小日龄应符合产品消费地家禽的法律法规的规定。	符合产品消费地自由饲养方式的相关法律法规。	2级
4.2.2	室外饲养应遵守以下规定： ——依据每栋禽舍的特点制定合理的管理方法以防偷捕； ——主要区域应覆盖植被。	按控制点中说明的执行。	2级
4.2.3	有通道的禽舍，应有可供家禽休息的、排水良好的区域。	按控制点中说明的执行。	2级
4.2.4	室外饲养的家禽应有足够的进出禽舍的通道，并适当分布在禽舍周围，以确保家禽能正常进出禽舍。	每 100 m^2 禽舍的出入口宽度累计不少于 4 m。	2级

序号	控制点	符合性要求	等级
4.2.5	在室外饲养的情况下，如果自然光照不足，应设法为家禽提供每天至少8 h的光照。所有的进出禽舍的通道应敞开，除非天气状况不允许。	员工能阐述须知内容。	2级
4.2.6	夏季室外饲养时，应提供家禽避荫区域，避免热应激。	避荫区能为禽群的10%提供避荫。书面计算符合要求。	2级
4.2.7	室外饲养应有适当的保护设施，以免受肉食动物的伤害。	有防护电栅栏等类似设施。全部适用。	2级

4.3 家禽的来源

序号	控制点	符合性要求	等级
4.3.1	应能对所有进入家禽养殖场的家禽追溯其来源，以区别其他的家禽养殖场。应有关于家禽来源、进出家禽养殖场的日期以及运输人员的记录。	有运输记录及相关证明。全部适用。	1级
4.3.2	在引进家禽时，家禽养殖场应索要有关供应商随附的官方检疫证、消毒证和非疫区证明。	有供应商随附的官方检疫证、消毒证和非疫区证明。全部适用。	1级
4.3.3	除以上要求外，对进入家禽养殖场的每批家禽按照其运输的时间，进行逐笼检查。检查内容应包括家禽品种类型、繁殖的用途。应区别于其他种群，拥有高健康水平的新种群。	有相关记录。感官评估。	1级

4.4 父母代种禽(无父母代种禽不适用)

序号	控制点	符合性要求	等级
4.4.1	应禁止强制换羽。	按控制点中说明的执行。	3级
4.4.2	所有种禽均应按免疫程序实施计划免疫。	有免疫记录，全部适用。	1级
4.4.3	员工在收集地面蛋和产蛋箱里的蛋前应洗手消毒。	有书面的作业指导书。全部适用。	2级
4.4.4	所有的畸形蛋、破损蛋或污染蛋应进行识别并剔出。这些种蛋应与清洁蛋分开。地面蛋应单独放置在蛋托中并标识。	所有畸形蛋、破损蛋或污染蛋应进行识别并剔出。按照控制点中说明的执行。全部适用。	2级

序号	控　制　点	符合性要求	等级
4.4.5	蛋的收集应按以下最小频率进行：斜面笼养的1次/d，其他3次/d。	按控制点中说明的执行。全部适用。	2级
4.4.6	种蛋应装在清洁干燥的蛋托中，并尽量存放到符合要求的蛋库中。蛋库的温度应保持在12℃～18℃之间。	有蛋库的温度记录。	1级
4.4.7	种蛋应按照适宜的方法进行标识，或按照能追溯到种禽场代码的方式进行标识。	按控制点中说明的执行。全部适用。	1级
4.4.8	每车种蛋应标明种禽场的名称和产蛋日期。	按控制点中说明的执行。全部适用。	1级
4.4.9	应有完整的禽蛋收集记录。	记录的内容包括： ——收集的数量； ——地面蛋的数量； ——不合格蛋的数量。 全部适用。	1级
4.4.10	种禽场应按《种畜禽管理条例》中的要求进行沙门氏菌的监控，淘汰阳性种蛋和种禽。种禽场应有种蛋的沙门氏菌检测记录。	有监控记录、检测记录及淘汰记录。全部适用。	1级
4.4.11	所有生产的种蛋应来自未被鸡败血支原体和滑液囊支原体等能垂直传播的病源体感染的种群。	有相关记录。全部适用。	2级

4.5 孵化场（无孵化场不适用）

4.5.1 一般标准

序号	控　制　点	符合性要求	等级
4.5.1.1	孵化场应设有与场区大门等宽的消毒池（消毒池深度和长度足应使车轮消毒一圈以上）。孵化场应封闭，所有通向外界的门都应关闭，禁止无关人员进入。员工进入孵化厅之前应进行更衣并全面消毒。	感官评估。全部适用。	1级
4.5.1.2	应有场区平面布局图，并且容易识别利用。	有孵化场的场区平面布局图，该布局图应包含以下信息： ——主要区域和入口位置； ——主要辅助设备和灭火器位置； ——用于灭火的水源位置。 全部适用。	1级

序号	控　制　点	符合性要求	等级
4.5.1.3	地面、天花板和墙壁应处于良好状态并保持清洁卫生。	感官评估。全部适用。	1级
4.5.1.4	孵化场应有员工更衣室、更衣柜和防护服。	感官评估。全部适用。	2级
4.5.1.5	孵化场不应饲养宠物或其他动物。	感官评估，现场没有宠物存在。全部适用。	1级
4.5.1.6	孵化场的辅助设施、厕所、办公室、储物间和休息室应保持清洁卫生。	感官评估。全部适用。	2级
4.5.1.7	生产区域的排水沟应畅通且易清洗。	感官评估。全部适用。	1级
4.5.1.8	孵化场应配备以下人员： ——场长； ——专职兽医； ——安全卫生管理员。	有人员的任命书。全部适用。	2级
4.5.1.9	所有的种蛋应来源于官方认可的、规范的种禽场。孵化场应能提供种群未受到沙门氏菌和鼠伤寒沙门氏菌感染的证明。	能够证明所有来自孵化场的禽蛋未感染沙门氏菌和鼠伤寒沙门氏菌。全部适用。	1级
4.5.1.10	孵化场应按照要求进行沙门氏菌的监控。如果在种禽中出现了肠炎沙门氏菌、伤寒沙门氏菌、副伤寒沙门氏菌和鼠伤寒沙门氏菌阳性，要立即停止种蛋的供应。所有未孵化的种蛋应进行回收、销毁或适当处理。孵化场应有沙门氏菌检测的记录。	有检测记录和监控计划的具体实施记录。全部适用。	1级
4.5.1.11	所有进场种蛋应来源于未被鸡败血支原体感染的种群。	有相关证明。全部适用。	2级
4.5.1.12	所有进场种蛋应来源于未被滑液囊支原体等能垂直传播的病源体感染的种群。	有相关证明。全部适用。	3级
4.5.1.13	整个孵化器应配备有高质量的温度计、温度控制器和湿度控制器。应经常检查这些装置，以确保整个孵化器的环境条件确实处于正常状态。	感官评估。应有相关记录。	1级

序号	控　制　点	符合性要求	等级
4.5.1.14	孵化场警报系统应能够在 15 min 之内作出反应。警报器在高温和低温或其他异常情况下孵化器应能警报。	有警报响应的书面程序，警报器引发的时间、日期和响应被记录。全部适用。	2 级
4.5.1.15	应能够保证从进蛋到出雏的整个过程都遵守生产流程的规定。	感官评估。全部适用。	1 级
4.5.1.16	进入孵化器的空气应经过过滤。从上蛋到出雏应保持正压通风。	感官评估。全部适用。	3 级
4.5.1.17	清洁区和非清洁区应区分。	有相应的书面程序，更衣区域应予以标识。工人应知道相关的要求并穿戴合适的防护服和鞋靴，并保证从非清洁区进入清洁区时要更换防护服和鞋靴。全部适用。	1 级
4.5.1.18	每批蛋在孵化前应进行熏蒸或卫生处理，并做好记录。	每批蛋应有熏蒸或卫生处理记录。全部适用。	2 级
4.5.1.19	孵化器和出雏器应易于清洗、运转良好并固定在地面上。	按控制点中说明的执行。全部适用。	1 级
4.5.1.20	孵化场应有专门的蛋库和指定的孵化间。	按控制点中说明的执行。全部适用。	1 级
4.5.1.21	种蛋应储藏在环境(温度和湿度)受控的蛋库中。	按控制点中说明的执行。全部适用。	1 级
4.5.1.22	孵化场应有防鼠灭蝇设施，并有明确标识。	感官评估。全部适用。	1 级

4.5.2　**雏禽的福利**

序号	控　制　点	符合性要求	等级
4.5.2.1	应善待和爱护雏禽，并进行书面的福利评估。	有书面的福利要求，每年要进行复核。全部适用。	2 级
4.5.2.2	孵化场的废弃物和弱雏应予以识别，并人工清除。	有员工正确操作的记录。全部适用。	2 级
4.5.2.3	自动设备和传送带应不会对雏禽造成伤害。	感官评估。全部适用。	2 级
4.5.2.4	雏禽应被放置在洁净的出雏箱(器)内。	感官评估并提供书面记录。每次用过的出雏箱应进行清洗、干燥和消毒。应有书面记录。全部适用。	1 级

序号	控　制　点	符合性要求	等级
4.5.2.5	每只雏禽在出雏箱内应有自由活动的空间，每只雏禽的面积不少于 19 cm^2。	感官评估。全部适用。	2 级
4.5.2.6	出雏箱应进行温度和光照控制。	有温度和光照的控制记录。全部适用。	2 级

4.5.3 记录和识别

序号	控　制　点	符合性要求	等级
4.5.3.1	所有孵化的种蛋在任何时候都可以被识别。	有可追溯的记录。种蛋在整个孵化过程中应记录以下内容： ——原产场； ——产蛋日期； ——地面蛋标示并单独存放。 全部适用。	1 级
4.5.3.2	孵化场应保存每批种蛋的记录。	生产记录应包含以下内容： ——产蛋日期； ——收集蛋的日期； ——上蛋日期； ——上蛋数量； ——翻蛋日期； ——孵化器数量； ——孵化率、健雏率和种蛋受精率； ——运输记录； ——存放的详细情况。 全部适用。	2 级

4.5.4 配送

序号	控　制　点	符合性要求	等级
4.5.4.1	蛋和雏禽的配送应根据目的不同有相应的专用运输工具。	运输工具应安装风扇、加热系统、温度记录系统和数据读出系统及装卸锁定系统，并且易于清洗。该运输工具应装有应急通讯设施。全部适用。	2 级
4.5.4.2	配送设备应按规定进行清洗和消毒。在装货和出门时应进行清洗消毒。	有运送设备清洗消毒记录。全部适用	2 级
4.5.4.3	装载区卫生应符合卫生管理要求，排水良好。	按控制点中说明的执行。全部适用。	3 级

4.5.5 雏禽供应

序号	控 制 点	符合性要求	等级
4.5.5.1	刚到达家禽养殖场的雏禽应尽快放入预热的育雏室(预热的温度不应低于30℃),并密切观察其行为。	雏禽应放置在温度不低于30℃的出雏箱中。应有温度预热记录。全部适用。	2级
4.5.5.2	淘汰雏鸡应经过培训的能胜任的员工施行人道主义的屠宰,在淘汰之后应仔细检查,以确保其死亡。	有培训记录。全部适用。	2级
4.5.5.3	采用人道的屠宰方式对家禽进行屠宰。	采用使家禽颈部脱臼的方法进行屠宰。全部适用。	2级

4.6 饲养和供水设备

序号	控 制 点	符合性要求	等级
4.6.1	应给家禽提供自由采食的充足空间,避免过度争抢。尤其要给家禽提供能满足它们营养需要并能保持健康的饲料。	每100只家禽的饲养空间应达到: ——肉鸡盘式给料槽:至少1 m长,或每只鸡至少占5 cm; ——链式给料槽至少0.75 m,链式给料每只鸡至少占4 cm; ——环式给料槽每只鸡至少占1 cm; ——种鸡给料槽,每只至少10 cm或使用每只至少5 cm的盘式给料槽。 地面饲养也可以。 全部适用。	1级
4.6.2	应有充足的饮水点和水流量,满足其饮水需要。	提供的饮水设备应达到以下要求: ——钟式饮水器每150只肉鸡1个,种鸡每100只1个; ——乳头式和杯式饮水器每10只～20只1个; ——饮水点间隔至少20 cm,如果采用笼养,给料槽中至少有2个饮水点。 全部适用。	1级
4.6.3	饮水器的设计和安装应保证溢到垫料上的水量最小。	有最小溢流量的证明记录。无垫料不适用。	2级

序号	控　制　点	符合性要求	等级
4.6.4	饲槽和饮水设施的设计和使用应满足饲养的需要。	在检查这些设施时，应考虑下列影响饲养空间和饮水点的因素： ——饲槽和饮水器的设计； ——家禽在屠宰时的体重； ——每天无光照的持续时间； ——饲养模式(如：自由采食、限饲、饲喂时间)； ——垫料管理上的影响； ——检查舒适度的影响； ——厂商的推荐要求。	3级
4.6.5	饲槽和饮水器应安装在能让所有家禽都易于接近并能增加其活动的地方。	肉鸡在鸡舍内进食活动的距离不应超过4 m，饮水时活动的距离不应超过3 m。全部适用。	1级
4.6.6	家禽养殖场所用的饮水如不是自来水，应确保饮水符合卫生要求、适于饮用和对家禽的健康及其产品的安全不会带来任何风险。	每年至少按GB 5749进行一次水质检测。全部适用。	1级
4.6.7	供应的水应达到GB 5749要求。	有水质年度检测记录。	2级
4.6.8	应每天持续供给家禽充分清洁、新鲜的饮水。储水罐和输水管应清洁。	感官评估。检查储水罐和输水管的清洁记录。全部适用。	1级
4.6.9	所有饮水系统都应安装水表以记录每天的用水量。如果正常的饮水方式被打破，应采取纠正措施。	有每天用水量记录和纠偏行动的证据。全部适用。	3级
4.6.10	源头储水罐应加盖，并进行卫生监控。	有常规的清洗记录。全部适用。	1级
4.6.11	应保存有饲料配方和饲料样品。	家禽养殖场或饲料场使用的饲料样品从雏鸡配送起要保留3个月。	3级

4.7 机械设备

序号	控　制　点	符合性要求	等级
4.7.1	员工或其他有资格的人应定期全面检查所有自动设备，以保证设备的正常运转。	有设备检查记录、故障的排除或采取其他适宜措施的证据。自动设备包括自动的或机械的设备。如果发现自动设备有故障应立即排除。如果不能立即排除，应采取保护家禽免受不必要的痛苦和伤害的措施，直到故障被排除。无自动设备的地方不适用。	2级

序号	控 制 点	符合性要求	等级
4.7.2	有自动设备的地方应安装通风设施，设施应包括： ——警报器（在断电时仍能正常工作）； ——备用的通风设备。	有定期检查记录和出现故障时的应急措施。以上提到的报警设施，员工或其他有资格的人应定期检查，以确保设备完好。如果在检查时发现故障应立即排除。无自动设备的地方不适用。	2 级
4.7.3	应每天检查报警系统并做好检查记录。	有每日检查记录。无报警系统的地方不适用。	2 级
4.7.4	家禽养殖场应有控制禽舍设备失灵时的报警装置。	按控制点中说明的执行。不受控的环境不适用。	1 级

4.8 家禽的健康

4.8.1 休药期

序号	控 制 点	符合性要求	等级
4.8.1.1	对于已经接受药物治疗的未屠宰家禽，应规定一个休药期。如果在休药期内出售，应提供给买方一份关于用药情况的书面声明。接受药物治疗的家禽应能够被清楚的辨认。	根据未屠宰用家禽的饲养管理记录和药物记录，提供给买方一个用药记录的副本。全部适用。	1 级

4.8.2 药物治疗

序号	控 制 点	符合性要求	等级
4.8.2.1	员工应能识别健康和非健康的家禽。	有员工的培训证书或内部培训记录。全部适用。	2 级
4.8.2.2	家禽发病时，如果员工不能有效处理，应能够尽快获得专家或兽医的建议。	员工能阐述在什么情况下可以获得哪一类兽医的建议。全部适用。	2 级
4.8.2.3	计量或给药的器具应清洁卫生并维护良好。	有药品计量器具的清洁、校准和维护记录。全部适用。	1 级
4.8.2.4	饲喂和治疗时不应添加激素类药品或官方兽医部门规定的其他禁用药品。	有药品的使用记录，饲料配方，员工应须知相关要求。全部适用。	1 级

4.8.3 家禽健康计划

序号	控 制 点	符合性要求	等级
4.8.3.1	兽医专家应根据家禽养殖场的类型确定检查频率。	有兽医专家检查记录，频率为： ——仔鸡每个饲养周期 2 次； ——种禽每周期 1 次； ——孵化场每21 d 1 次。 全部适用。	1 级

序号	控　制　点	符合性要求	等级
4.8.3.2	健康或福利问题应在家禽健康计划中得到体现。	家禽健康计划包括以下内容： ——通过媒介传播可能影响食品安全的卫生问题； ——跛行的肉禽； ——异常行为(如：啄食羽毛或同类相食)； ——外部和内部的寄生虫感染。 全部适用。	1级
4.8.3.3	肉禽饲养场在饲养后期应监控跛行，使跛行肉禽数量减少到最小。	记录每天跛行肉禽数量，家禽健康计划应有把这类肉禽的数量降到最小的措施。全部适用。	1级
4.8.3.4	与家禽健康计划有关的健康参数应得到记录并且通过主管部门的检查。	记录能详细说明所要求的健康参数。全部适用。	1级
4.8.3.5	家禽健康计划应规定死亡率，群体生产性能和跗关节受伤发生率的最低限度。如果超过最低限度，应能够立刻告知主管兽医。这种限度应能够根据现有的情况进行必要的修订。	有超过最低限度的记录，且要有兽医的证明。全部适用。	2级
4.8.3.6	如果每日的死亡率有大的波动(超过0.5%)，应对死亡率增加的原因进行调查。	如果每天的死亡率波动超过0.5%，需要彻底调查原因并记录。全部适用。	2级
4.8.3.7	应按照主管兽医的处方和认可的治疗程序用药(饲料中添加的药物应按照饲料配方要求实施)。	记录能显示每个医疗方案都来自于有资格的兽医。全部适用。	1级
4.8.3.8	在家禽健康计划中，对于环境受控制的禽舍，应保存温度的最大和最小值的记录。	记录温度最大值和最小值。全部适用。	2级
4.8.3.9	在家禽健康计划中，对于环境受控的禽舍，应保存空气污染物的记录。	有定期禽舍空气污染物(见4.1.3.11)的记录。全部适用。	3级
4.8.3.10	禽舍的环境和设施应有利于家禽的健康，如果出现问题，应能够及时调查，主管兽医和家禽养殖场应能够采取有效的措施来解决问题。	环境和设施要被考虑以保证家禽的健康。在禽群健康状况差的情况下，要有改善环境和设施的方案和记录。无群体健康问题不适用。	1级

序号	控　制　点	符合性要求	等级
4.8.3.11	应有书面的规章制度，该规章制度包括以下内容：死亡家禽的处理，病死家禽的处理，粪便、污物的处理，害虫控制，来访人员控制，培训制度，通风制度，冷热应激处理程序，光照制度，防疫免疫程序，清洗消毒制度，用药规定。	有书面的规章制度，员工能证明其已理解和执行了这些规章制度。全部适用。	1级
4.8.3.12	家禽养殖场发现家禽一类传染病或疑似一类传染病时，应立即向主管部门报告。	家禽养殖场有关于疫情报告方面的应急预案。	1级

4.8.4　细菌的监控

序号	控　制　点	符合性要求	等级
4.8.4.1	应采集环境细菌进行检测。细菌的检测应在认可的实验室里进行。	应有实验室结果记录： a）细菌总数在30℃培养48 h： ——可接受的：$<5\times10^4$ 个/g； ——不可接受的：$>5\times10^5$ 个/g； b）大肠杆菌： ——可接受的：<50 个/g； ——不可接受的：$>1\times10^2$ 个/g，检测频率为每年至少一次。	1级
4.8.4.2	肉鸡应在21 d～28 d，生长缓慢的禽群应在屠宰前10 d～14 d进行沙门氏菌检测。	有沙门氏菌检测记录。必要时对弯曲杆菌实施监控。非肉鸡则不适用。	1级
4.8.4.3	对已被确认感染的家禽应标识、隔离，并在加工厂屠宰的最后阶段进行屠宰。	有最后屠宰感染家禽的记录。非种禽不适用。	1级
4.8.4.4	如果一个禽群已确认感染了沙门氏菌，禽舍应进行彻底的清洗消毒处理。	有消毒清洗记录，无沙门氏菌感染的地方不适用。	1级
4.8.4.5	后续存栏的禽群应饲养在确认已无沙门氏菌的禽舍里。	有确认禽舍在家禽存栏之前无沙门氏菌感染的记录，无沙门氏菌感染的地方不适用。	3级

4.9　卫生和害虫的控制

序号	控　制　点	符合性要求	等级
4.9.1	同一家禽养殖场的家禽应能够实施“全进全出”饲养制度。	有第一批进场和最后一批出场的记录。	2级

序号	控　制　点	符合性要求	等级
4.9.2	应有禽舍、用具、水箱和饲料仓库的清洗消毒程序。	有每栋禽舍的详细清洗消毒记录，记录要反映清洗效果。消毒剂的类型和稀释度应有规定。消毒用的设备使用前后也应被彻底清洗消毒。这些程序应有效可行。全部适用。	1级
4.9.3	禁止猫、狗或其他宠物进入禽舍。	感官评估。全部适用。	1级
4.9.4	员工不应私自饲养或接触其他禽类和鸟类。	证明员工没有私自饲养家禽。全部适用。	2级
4.9.5	家禽养殖场应有书面的规章制度控制来宾、车辆和原材料进入。	有书面的规章制度。内容应包括： ——来宾的防护服和鞋靴； ——来宾、进入家禽养殖场的车辆和原材料的记录； ——消毒剂的供应和其他防疫措施的规定； ——禁入区和危险区的标识； ——家禽进入家禽养殖场的隔离观察天数； ——进入家禽养殖场的人员、运输工具和设备、饲料、垫料和其他供应材料的风险分析； ——家禽离开家禽养殖场时的卫生处理。 全部适用。	1级
4.9.6	应执行4.9.5中所列控制点的要求。	感官评估。有关于来宾、车辆和原材料的记录。有防护服、危险区和禁入区的标识。	1级
4.9.7	家禽养殖场应有更衣、消毒设施和消毒剂。进出禽舍的员工和来宾应洗手和消毒。员工接触过死禽、进餐前后、如厕后应洗手。	洗手设施的安放应合理，应有员工和来宾的洗手操作程序。全部适用。	1级
4.9.8	员工进入家禽养殖场，应进行鞋靴消毒。消毒液应合格并维持在特定的浓度，按规定进行更换和记录。员工和参观人员的鞋靴在进入养殖场前和离开养殖场后均需要清洁。	感官评估。有鞋靴消毒隔离设施。有证据显示消毒剂是经国家主管当局批准的。不鼓励鞋底浸蘸。全部适用。	2级
4.9.9	家禽养殖场的车辆应保持清洁。进出家禽养殖场时，车辆应消毒。	车辆现场清洗和进出车辆的消毒。全部适用。	3级

序号	控　制　点	符合性要求	等级
4.9.10	有禽或蛋的区域应禁止吸烟，指定吸烟区除外。	标识出指定吸烟区。全部适用。	1级
4.9.11	家禽养殖场应有虫鼠害控制措施和记录。	有虫害监控计划和执行记录。当发现有虫鼠害时要执行监控计划。发现虫害，能够提供其控制室内虫鼠害措施的证明。农场宽阔并且无建筑物的情况不适用。	1级

4.10 饲养管理

序号	控　制　点	符合性要求	等级
4.10.1	如果断喙在家禽养殖场进行，应有书面的判定方法和实施程序。	断喙时不允许存在伤害问题。被切除的部分不能多于上喙的三分之一，并且仅允许冷切除。断喙应在21日龄内进行。断喙的进一步判定、后续管理方法的改变和使用都要在家禽健康计划中体现并进行定期的检查。不执行断喙的不适用。	2级
4.10.2	家禽的伤害比例应在家禽健康计划中规定并定期调整。	家禽健康计划中要有相关规定。无伤害的家禽不适用。	2级
4.10.3	不应对种鸡(小公鸡)去冠、断距、断爪尖。	按控制点中说明的执行。	3级
4.10.4	肉用种母鸡不应断喙。	按控制点中说明的执行。	3级

4.11 残留监控

序号	控　制　点	符合性要求	等级
4.11.1	屠宰场应执行常规残留监控抽样计划。	根据残留监控计划，超过最大残留限量(MRL值)时，结果应反馈给家禽养殖场。全部适用。	1级
4.11.2	如果发现样品超过最大残留限量(MRL)时，应通知家禽养殖场和兽医专家。	有兽医专家的报告。兽医专家应2 d之内调查残留超标的原因，并将调查结果报告提交给相关机构。未超过最大残留限量(MRL)的不适用。	1级
4.11.3	样品的残留量低于MRL控制点时，兽医专家应对残留的原因在1个月内进行调查。	有兽医专家的报告。	3级

4.12 应急程序

序号	控 制 点	符合性要求	等级
4.12.1	应急系统中应有备用应急能源。	按控制点中说明的执行。全部适用。	2级
4.12.2	应每月检查一次应急能源的供应情况，并保存检查记录。	有检查记录，设备能正常运转。	2级

4.13 检查

序号	控 制 点	符合性要求	等级
4.13.1	家禽养殖场的员工应善待和爱护家禽。在管理措施方面给家禽提供应有的照料和福利条件。	有培训证书或内部培训记录。全部适用。	2级
4.13.2	养殖场员工每天应至少检查两次家禽和生产设施，以便发现死禽、病禽或受伤的家禽。检查时，员工与家禽的距离应在3 m之内。应保留病死家禽记录。	有检查记录，员工应具备相应知识。全部适用。	1级
4.13.3	采食或饮水困难的家禽应被及时剔除，并人道处死。	感官评估。全部适用。	2级

4.14 员工

序号	控 制 点	符合性要求	等级
4.14.1	家禽养殖场应证明其员工具有以下方面知识： ——药品的安全使用； ——家禽的处理和养殖； ——家禽的健康和福利(包括对疾病和异常行为的识别)； ——应掌握的知识； ——何时向何人寻求进一步的帮助。	感官评估。有内部或外部的培训记录。全部适用。	1级
4.14.2	员工应能根据每日的情况，对家禽进行跛行情况检查。	有检查记录。全部适用。	2级
4.14.3	配备有自动化设备的家禽养殖场员工应做到： ——能操作这些设备； ——对设备进行日常的保养和维护； ——识别一般的故障。	检查员工对设备的操作情况和培训记录。没有自动化设备的情况不适用。	2级

序号	控　制　点	符合性要求	等级
4.14.4	家禽养殖场的管理员工和负责食品安全、动物福利和产品卫生方面的员工应明确其职责。记录中应有责任人的签名。	有责任人的签名记录。全部适用。	1级

4.15　伤残家禽的人道屠宰

序号	控　制　点	符合性要求	等级
4.15.1	为防止家禽遭受更严重的痛苦，屠宰应由有资格的人来实施。	员工能证明其有对家禽进行人道屠宰的资格。全部适用。	1级
4.15.2	所有跛行严重的家禽应能够立即被实施人道的屠宰。	家禽养殖场应能证实每天剔出的所有跛行严重家禽数量和所采取人道屠宰的方法。产蛋鸡不适用。	2级
4.15.3	家禽养殖场应有隔离的房间和器具专门存放病死的家禽。这样的房间或器具应易于清扫消毒。死禽应存放在禽舍以外。	感官评估。废弃家禽的处理方法应符合要求，员工应能按照规定要求操作。	1级

4.16　装运

序号	控　制　点	符合性要求	等级
4.16.1	家禽应在安静、清洁、可以得到休息的状态下被运送到屠宰场。	观察员工的实际操作。全部适用。	2级
4.16.2	参加捕捉、运送家禽的员工应经过培训，并有书面的职责规定。	有书面的职责规定和培训记录。全部适用。	2级
4.16.3	家禽的装卸应该在有关人员的监督下进行。	有指定的监管人员的记录。全部适用。	2级
4.16.4	屠宰场应监控因捕捉造成伤残的程度。	有捕捉造成的伤残记录和伤残程度异常高时通知监管人员的证明。全部适用。	2级
4.16.5	家禽装车前，禁食不超过 12 h，禁水不超过 1 h。	员工能阐述须知内容。全部适用。	2级
4.16.6	捕捉时应调整灯光亮度，降低家禽的应激反应。	员工能阐述须知内容。全部适用。	2级
4.16.7	参加捕捉的员工应知道捕捉规定。	员工能阐述须知内容。由装运公司进行捕捉的情况不适用。	2级

序号	控　制　点	符合性要求	等级
4.16.8	不适宜运输的家禽或死禽不应被装运。	按控制点中说明的执行。全部适用。	2级
4.16.9	应采取正确的方式抓提家禽。	感官评估。全部适用。	2级
4.16.10	应为家禽或禽蛋提供排水良好的装卸区域。该装卸区域应保持清洁、整齐、卫生良好。	按控制点中说明的执行。全部适用。	2级
4.16.11	应有管理者或员工负责出栏装运，并确保禽群适于运输。	按控制点中说明的执行。全部适用。	2级

ICS 67.140.10
B 20

中华人民共和国国家标准

GB/T 20014.12—2008

良好农业规范
第12部分:茶叶控制点与符合性规范

Good agricultural practice—
Part 12:Tea control points and compliance criteria

2008-02-01 发布　　　　2008-04-01 实施

中华人民共和国国家质量监督检验检疫总局
中国国家标准化管理委员会　发布

前　言

GB/T 20014《良好农业规范》分为以下部分：

——第1部分：术语；
——第2部分：农场基础控制点与符合性规范；
——第3部分：作物基础控制点与符合性规范；
——第4部分：大田作物控制点与符合性规范；
——第5部分：水果和蔬菜控制点与符合性规范；
——第6部分：畜禽基础控制点与符合性规范；
——第7部分：牛羊控制点与符合性规范；
——第8部分：奶牛控制点与符合性规范；
——第9部分：生猪控制点与符合性规范；
——第10部分：家禽控制点与符合性规范；
——第11部分：畜禽公路运输控制点与符合性规范；
——第12部分：茶叶控制点与符合性规范；
——第13部分：水产养殖基础控制点与符合性规范；
——第14部分：水产池塘养殖基础控制点与符合性规范；
——第15部分：水产工厂化养殖基础控制点与符合性规范；
——第16部分：水产网箱养殖基础控制点与符合性规范；
——第17部分：水产围拦养殖基础控制点与符合性规范；
——第18部分：水产滩涂、吊养、底播养殖基础控制点与符合性规范；
——第19部分：罗非鱼池塘养殖控制点与符合性规范；
——第20部分：鳗鲡池塘养殖控制点与符合性规范；
——第21部分：对虾池塘养殖控制点与符合性规范；
——第22部分：鲆鲽工厂化养殖控制点与符合性规范；
——第23部分：大黄鱼网箱养殖控制点与符合性规范；
——第24部分：中华绒螯蟹围拦养殖控制点与符合性规范。

本部分为GB/T 20014的第12部分。

本部分的附录A为资料性附录。

本部分由中国国家认证认可监督管理委员会、中华人民共和国农业部共同提出。

本部分由中国国家标准化管理委员会归口。

本部分起草单位：国家认证认可监督管理委员会注册管理部、农业部优质农产品开发服务中心、中国农业科学院茶叶科学研究所、四川省园艺作物技术推广总站、全国供销合作总社、杭州万泰认证有限公司。

本部分主要起草人：刘新录、邢文英、杨志刚、李清泽、李连海、郝文革、段新友、王国庆、杨荣、卢振辉、杜维春、江玉龙、赵明。

引　言

农产品安全不仅关系到消费者的身体健康和生命安全，而且还直接或间接影响到食品、农产品行业的健康发展。因此，农产品安全是对食品链中所有从事食品生产、加工、储运等组织的首要要求。

作为食品链的初端，农产品种植过程直接影响农产品及其加工食品的安全水平。为达到符合法律法规、相关标准的要求，满足消费者需求，保证食品安全和促进农业的可持续发展，提出以下要求：

0.1　食品安全危害的管理

本部分采用危害分析与关键控制点(HACCP)方法识别、评价和控制食品安全危害。在茶树种植、茶叶加工过程中，针对茶叶生产的特点，对茶园管理、土壤肥力保持、田间操作、植物保护、茶叶加工过程、包装、运输、储藏、组织管理等方面提出了要求，包括记录、追溯以及对员工的培训等。

0.2　农业可持续发展的环境保护要求

本部分提出了环境保护的要求，通过要求生产者遵守环境保护的法规和标准，营造农产品生产过程的良性生态环境，协调农产品生产和环境保护的关系。

0.3　员工的职业健康、安全和福利要求

本部分提出了员工职业健康、安全和福利的要求。

本部分将内容条款的控制点划分为3个等级，并遵循表1的原则：

表1

等　级	级别内容
1	基于危害分析与关键控制点(HACCP)和与食品安全直接相关的所有食品安全要求
2	基于1级控制点要求的环境保护、员工福利的基本要求
3	基于1级和2级控制点要求的环境保护、员工福利的持续改善措施要求

良好农业规范
第12部分:茶叶控制点与符合性规范

1 范围

GB/T 20014的本部分规定了茶叶良好农业规范的要求，包括了茶树栽培和茶叶加工的全过程控制。

本部分适用于对茶叶良好农业规范的符合性判定，适用于所有茶类。

2 规范性引用文件

下列文件中的条款通过GB/T 20014本部分的引用而成为本部分的条款。凡是注日期的引用文件,其随后所有的修改单(不包括勘误的内容)或修订版均不适用于本部分,然而,鼓励根据本部分达成协议的各方研究是否可使用这些文件的最新版本。凡是不注日期的引用文件,其最新版本适用于本部分。

GB/T 15481 检测和校准实验室能力的通用要求

GB/T 20014.1 良好农业规范 第1部分:术语

GB/T 20014.2 良好农业规范 第2部分:农场基础控制点与符合性规范

3 术语和定义

GB/T 20014.1确立的以及下列术语和定义适用于GB/T 20014的本部分。

3.1

茶场 tea farm

采收茶鲜叶的种植农场、茶叶加工厂或按相同规章制度经营管理的一组农户组成的茶农组织。

4 要求

4.1 繁殖材料

4.1.1 品种和繁殖材料的选择

序号	控制点	符合性要求	等级
4.1.1.1	应了解茶树种苗有效管理的重要性,了解原种的纯度。	茶场育苗和品种选择时,选择具有良好抗逆性、适应当地气候、环境条件和所制茶类的茶树品种。原种的纯度符合要求。	3级
4.1.1.2	选择健壮的插穗。	在扦插繁殖时,选择健壮的插穗。	3级

4.2 茶园历史与管理

4.2.1 茶园历史

序号	控制点	符合性要求	等级
4.2.1.1	执行本部分以后的新茶园不应是毁林开垦的。	有证据表明在执行本部分以后开辟的新茶园既没有毁坏原生林，也没有破坏次生林的生态系统。全部适用。	1级
4.2.1.2	新茶园开辟符合当地和国家关于土地利用、生物多样性保护和环境保护的法律法规。	有书面证据表明新茶园开辟符合当地和国家关于土地利用、生物多样性保护和环境保护的法律法规。	2级
4.2.1.3	在土地利用和生物多样性保护法律法规没有明确条款规定的情况下，与当地现行做法相比，新茶园开辟应采取良好的资源保护措施。	与当地现行做法相比，新茶园开辟采取了良好的资源保护措施。	2级

4.3 肥料的使用

4.3.1 施肥方法

序号	控制点	符合性要求	等级
4.3.1.1	应熟知施肥料的性能，采用最适宜、最有效的施肥方法。	熟知肥料性能，施肥方法综合考虑了茶园的坡度、降雨和其他因素，以利于茶树对养分的有效利用，降低肥料淋失及对周围环境的污染。	1级

4.3.2 有机肥

序号	控制点	符合性要求	等级
4.3.2.1	动物粪便和其他有机物在使用之前应腐熟。	动物粪便和其他有机物在作肥料使用之前经过了腐熟。	2级
4.3.2.2	在施用叶面肥之后应采取适当的措施防止有机物质在叶面上残留。	采取了适当的措施避免叶片受到污染。有机质溶液和(或)悬浮液经过了静置、过滤，滤液用于叶面喷施。施用叶面肥后采摘间隔期符合叶面肥说明书的要求。	1级

4.3.3 施肥记录

序号	控制点	符合性要求	等级
4.3.3.1	记录全部在茶园或苗圃中土施和叶施的有机肥和无机肥。	保存所有施肥记录，包括地理位置以及茶园、地块或苗圃名称或代号等详细信息。全部适用。	1级
4.3.3.2	应记录所有肥料的施用日期。	详细记录了肥料施用的日期(年、月、日)。全部适用。	1级
4.3.3.3	应记录施肥人员的情况。	详细记录所有施肥人员的姓名。全部适用。	1级

4.3.4 肥料贮存

序号	控制点	符合性要求	等级
4.3.4.1	化肥应以适当的方式贮存，降低污染水源的风险。	化肥贮存应将对水源和地下水污染的风险降到最低，如液体肥料贮存设有防护（根据国家或地方法规，或其贮存能力为最大贮存量的110%），并考虑了污染河道和洪水污染的风险等。	1级
4.3.4.2	应以适当的方式贮存有机肥，降低污染环境的风险。	茶场中贮存的有机肥应存放在指定的区域，距离河道、地表水至少25 m。	1级

4.4 灌溉和施肥

4.4.1 灌溉和(或)施肥的方式

序号	控制点	符合性要求	等级
4.4.1.1	应有水管理计划以优化水的用量并减少浪费。	有书面的计划，并列出水管理的方法及步骤。	2级
4.4.1.2	保持灌溉的记录。	保持灌溉日期和单位面积用水量的记录。如果制定了灌溉计划，应记录计算的和实际的用水量。	2级

4.5 植物保护

4.5.1 植物保护的基本要素

序号	控制点	符合性要求	等级
4.5.1.1	发布明确的指令，距河流10 m内禁止使用肥料和植保产品。	发布明确的指令，通知所有涉及使用植保产品的人员，在距河流10 m内禁止使用肥料和植保产品。该通知有书面记录。	1级

4.5.2 植保产品的选择

序号	控制点	符合性要求	等级
4.5.2.1	不应使用禁用的植保产品。	有记录证实，在近12个月内，未使用我国和产品消费地禁用的植保产品。全部适用。	1级
4.5.2.2	探求使用化学农药替代品。	有证据表明探求使用了化学农药替代品。在证明是有效的情况下，推荐采用生物方法防治病虫害（如：利用天敌等）。	2级

4.5.3 植保产品使用记录

序号	控制点	符合性要求	等级
4.5.3.1	应记录植保产品使用后人员再次进入喷药区的时间。	记录所有植保产品使用后人员再次进入喷药区的时间。	1级

4.5.4 植保产品运输

序号	控制点	符合性要求	等级
4.5.4.1	植保产品应按照规定进行运输，尽可能降低对人和环境造成污染。	运输植保产品时，要遵守当地关于化学品运输的规定，防止泄露或其他的意外发生。	2级

4.6 茶树修剪

序号	控制点	符合性要求	等级
4.6.5.1	建立茶树修剪档案，并采取保护茶树的措施和防止病虫滋生的可能性措施。	有茶树修剪的农事活动记录，包括地标或代码，修剪方法、日期、机具、操作人员、病株（如：病枝、病叶）无害化处理等。	3级
4.6.5.2	修剪机具保持良好的状态，正确使用修剪机具，并且不污染茶树和机具。	有机具维修记录，如维修日期、机具名称、型号等，或购买零配件记录。有正确使用机具的操作指南，有茶树和机具免受污染的要求，如燃料、润滑剂、清洁剂等。	3级

4.7 采收

4.7.1 采收卫生

序号	控制点	符合性要求	等级
4.7.1.1	应建立采收过程卫生程序，包括采收容器、采收工具、设备和处理区域。	有采收过程卫生程序，对所有的采收工具、设备（如：采茶机、修剪机）和容器、运输袋、称量区域、暂存区保持清洁卫生。盛装鲜叶的容器重新使用之前适当清洗。清洗容器的工人经过培训。	1级
4.7.1.2	卫生程序应包括运输工具。	保持鲜叶运输工具清洁卫生，防止泥土、灰尘、肥料、污水等的污染。	1级
4.7.1.3	卫生程序应考虑采茶工个人物品引起的污染。	对员工进行培训，采茶容器中不能放入个人物品如药物、食物、防护剂、衣物等。提供培训记录，在现场检查其符合性。	1级
4.7.1.4	采茶工应能在采茶区域就近找到洗手设施。	采摘前要洗手，采茶区域附近有固定或移动的洗手设施，且卫生状态良好。全部适用。	1级
4.7.1.5	采茶工应能在采茶区域就近找到卫生间。	采茶区域附近有固定或移动的卫生间，且卫生状态良好。全部适用。	2级

4.7.2 采收

序号	控制点	符合性要求	等级
4.7.2.1	采茶工应接受保证鲜叶质量和茶树健康的培训。	采茶工接受了培训。培训有计划、有记录。	2级
4.7.2.2	制定基于鲜叶质量和茶树健康管理的人工采收、机器采收和修剪的管理计划。	提供最新的修剪及其采收和修剪周期的记录，科学制定采摘周期、采摘标准，以满足鲜叶质量和茶树健康的要求。	2级
4.7.2.3	根据管理计划适时采摘。	管理计划应当保证鲜叶适时采摘，以期得到最好质量的鲜叶并能够按工艺要求及时加工。采摘时间还应考虑到植保产品使用后的采摘间隔期。	1级
4.7.2.4	根据管理计划采用正确的采摘方法。	在管理计划中明确采摘的方法(如：手采、剪采、机采)，采摘方法还应保证茶树健康不受影响(考虑新梢损伤和保持叶层厚度)。	2级
4.7.2.5	采茶工接受培训，在需要时会使用采用工具、机器采茶。	采茶工接受正确并安全使用工具、机器采茶的培训。提供包括接受训人员的名字和签名的培训记录。	2级
4.7.2.6	在管理计划中包括维修和正确使用工具、机器的内容。	提供采茶工具、机器维修记录，在管理计划中规定维修的周期，并包括正确使用工具、机器的指南。	2级

4.7.3 鲜叶贮存和运输

序号	控制点	符合性要求	等级
4.7.3.1	确保鲜叶在暂存(田间和暂存区)和运输过程中不遭到直接日晒、雨淋，避免污染，有足够的空间、空气流通。	采摘鲜叶应具有暂存场所，以避免雨淋、失水和红变，在暂存和运输过程中有足够的空间且空气流通，以避免损伤鲜叶。	2级
4.7.3.2	在采摘和运输过程中有充分的措施以避免鲜叶遭受挤压和破碎。	规定容器(如：茶袋、筐等)盛装的最大鲜叶重量，避免鲜叶受到挤压，采茶工遵守规定。	2级
4.7.3.3	采摘鲜叶当天及时加工。	采摘鲜叶尽快送去加工，不超过8 h，鲜叶暂存不得在田间过夜。	2级

4.7.4 鲜叶量器具

序号	控制点	符合性要求	等级
4.7.4.1	鲜叶量器具至少每年校准1次。	对鲜叶重量或体积量器具实施校准，有专业技术人员12个月内校准确认的书面记录。	1级

4.8 加工

4.8.1 总要求

序号	控制点	符合性要求	等级
4.8.1.1	有委托加工的，其产品应具有可追溯性。	被委托的加工厂有文件化的产品质量可追溯体系。全部适用。	1级

4.8.2 卫生准则

序号	控制点	符合性要求	等级
4.8.2.1	茶叶加工厂应进行职业健康、安全和卫生方面的风险分析。	有职业健康、安全和卫生等方面风险分析的书面文件，包含国家、行业或企业层面的内容。12个月内进行更新。全部适用。	2级
4.8.2.2	茶叶加工应执行卫生程序。	根据茶叶加工的风险分析，实施卫生程序，采取保护职业健康和安全的措施。加工厂禁止工作人员任意出入，有隔离设备，防止外界污染物随人员进入厂内。	2级

4.8.3 员工健康与卫生

序号	控制点	符合性要求	等级
4.8.3.1	从事茶叶加工的人员应当身体健康，无传染性疾病。	从事茶叶加工的工人上岗前和每年度均应进行健康检查，取得健康合格证。	1级
4.8.3.2	从事加工的工人应接受岗前卫生培训。	有证据表明工人接受了口头或书面的培训，虽然没有必要有每个工人签字，但每次培训都应有书面记录。	1级
4.8.3.3	工人应执行卫生操作程序。	有证据表明工人遵守了清洁和着装卫生操作程序，在个人卫生方面做到洗手、不戴首饰、不留长指甲、洗工作服。在个人行为方面做到不吸烟、不随意吐痰、不吃零食、不洒香水等。全部适用	2级
4.8.3.4	工人应着工作服，避免污染。	根据风险分析，工人着装(如:工作服、围裙、袖套、手套)适于加工操作。	3级
4.8.3.5	工作服定期更换、洗涤，避免交叉污染。	根据4.8.2.1所作的风险分析，定期更换、洗涤工作服。	2级
4.8.3.6	在非指定的区域不得吸烟、吃食物、喝饮料。	在非指定的区域不得吸烟、吃食物、喝饮料(饮水除外)。	2级
4.8.3.7	在包装区域设置卫生操作指南，便于工人和来访者清晰可见。	在包装区域设置有醒目的卫生操作指南。	2级

4.8.4 卫生设施

序号	控制点	符合性要求	等级
4.8.4.1	在包装区域附近有清洁的厕所和洗手设施。	厕所处于清洁状态，如果不是自动关门，厕所门不直接朝向包装区域。在厕所附近具有洗手设施、肥皂（非香皂）或洗手液、水和干手器。	1级
4.8.4.2	应有显著的告知工人回到工作区之前洗手的标志。	应设置醒目的标志，告知工人在便后、饭后回到工作区之前要洗手。	1级
4.8.4.3	设置人流通道和物流通道（口），人流通道进口处应设置更衣室。	人流通道进口处设置更衣室，并与车间直接相通或设专用通道进入车间。车间应按生产加工需要设置物流通道（或物料口）。相连车间之间的物流通道可以与人流通道合并设置。物流通道（或物料口）与外界应有门、护栏等有效的隔离措施，防止无关外物直接进入车间。	3级
4.8.4.4	更衣室应配备与加工人员数目相适应的符合卫生要求的洗手、干手用品或设施，有工作服、帽、鞋（或鞋套）及其存放设施。	更衣室配备了与加工人员数目相适应的符合卫生要求的洗手、干手用品或设施，有工作服、帽、鞋（或鞋套）及其存放设施。	3级
4.8.4.5	设置可上锁的贮物柜给工人存放个人物品。	在更衣室设置贮物柜给工人存放个人物品。	3级

4.8.5 加工和贮存区域

序号	控制点	符合性要求	等级
4.8.5.1	为防止污染，加工厂设施和设备得到清洁并保持。	为防止污染，加工设施和器具（即包装线及机械、墙壁、地板、贮存区、托盘、塑料膜等）应根据清洁计划得到清洁并保持，保持书面记录。全部适用。	1级
4.8.5.2	加工机器应清洁，操作工人得到清洁操作培训。	加工操作手册有加工机器清洁操作的内容，对相关员工实施了培训。提供清洁操作和清洁检查的记录。	1级
4.8.5.3	对所有直接接触茶叶的设备定期清洁，这些设备如揉盘、CTC机、发酵地面和（或）盘、揉捻区和发酵区地面，以及用于传送在制品的容器。	对所有直接接触茶叶的设备定期清洁。清洁方式包括清洁水冲洗、蒸汽或紫外灯照射等。	1级
4.8.5.4	清楚地界定存放区，并定期清洁。	加工操作手册清楚界定鲜叶存放区，执行清洁计划，提供近期清洁检查记录。	2级
4.8.5.5	废弃鲜叶和废弃材料存放在指定区域，随时清理。	废弃鲜叶和废弃材料存放在指定区域，且随时清洁，以防止茶叶污染。保持书面清洁记录。	3级

序号	控制点	符合性要求	等级
4.8.5.6	禁止使用消毒剂清洁直接接触茶叶的设施设备。	未使用消毒剂清洁直接接触茶叶的设施设备。全部适用。	1级
4.8.5.7	清洁剂是食品行业允许使用的,且用量正确。	应使用食品行业允许使用的清洁剂,且应按说明书正确使用。	1级
4.8.5.8	清洁剂存放在指定区域,与茶叶和包装材料分开存放。	清洁剂存放在制定区域,与茶叶和包装材料分开存放,以避免化学污染。	2级
4.8.5.9	避免机械润滑剂污染茶叶。	茶叶机械中与茶叶易接触部位的润滑剂[如:用于输送带、风扇、CTC揉切机,以及所有加工机器和(或)设备的润滑剂]应是食品级的,对于污染机会高的区域和(或)部位制定监测措施。	1级
4.8.5.10	应在加工区域采取措施控制物理危害。	通过筛分和捡剔,去除物理危害(如:石子、金属、塑料、玻璃碎片)。	1级
4.8.5.11	在加工、包装和贮存区域使用防爆灯或给灯泡加防护罩。	加工、包装和贮存区域使用了防爆灯或给灯加防护罩,防止灯泡破碎时污染产品。	2级
4.8.5.12	包装材料清洁,存放条件清洁卫生。	包装材料(包括可再利用的包装箱)应存放在清洁卫生的区域。	2级
4.8.5.13	根据加工操作手册维护干燥系统。	良好维护烘干机空气加热系统(如:绝缘、热交换、燃料类型、燃烧控制等),有效利用能源。	2级
4.8.5.14	应确保燃料充分燃烧。	确保燃料充分燃烧。加热系统定期维护和检测,提供相应的记录。	2级
4.8.5.15	禁止家禽家畜进入厂区。	无家禽家畜进入厂区。	1级
4.8.5.16	所有的分包商和来访者都知道个人卫生要求。	有证据表明向来访者和分包商告示了个人卫生程序和要求(如:在显著位置设置了来访者个人卫生要求)。	2级

4.8.6 茶叶加工

序号	控制点	符合性要求	等级
4.8.6.1	应有全程加工操作手册。	应根据不同的茶叶类别(如:绿茶、红茶、乌龙茶、普洱茶、花茶、紧压茶等)的工艺要求(参见附录A),制定相应的全程加工操作手册。	2级
4.8.6.2	根据加工操作手册中的要求进行加工操作。	根据加工操作手册的要求进行操作,以获得最佳质量的产品。	2级
4.8.6.3	控制鲜叶失水,确保最佳的物理和化学变化。	应根据加工操作手册控制空气参数,保持工艺要求的适制性,以确保终端产品的质量要求。	2级

序号	控制点	符合性要求	等级
4.8.6.4	鲜叶和在制品传输过程中应保持清洁，不受污染。	工人按照加工操作手册进行操作，传输过程中关键环节有明显的标识提示，将污染风险最小化。	2级
4.8.6.5	根据茶类及产品工艺要求控制杀青程度。	有记录显示杀青程度的控制符合操作手册的要求。红茶、白茶加工不适用。	2级
4.8.6.6	发酵和干燥操作在最佳能耗和卫生条件下进行。	对不同季节、不同原料建立标准化的和优化的氧化发酵参数(如：揉捻或CTC揉切的程度、温度、时间等)、干燥温度(入口和出口温度)、干燥时间，得到优质的终端产品，同时优化能源利用，保持最卫生的状况。	2级
4.8.6.7	在加工场所保持良好的工作和操作环境。	依据加工操作手册要求保持良好加工环境(如：发酵区域充足的新鲜空气、分级和筛分区域保持干燥且光线充足等)。	1级
4.8.6.8	在加工区域采取充分的措施避免物理危害，适用时提供员工培训记录。	在加工区域采取充分的措施避免物理危害(如：塑料、金属、玻璃、木屑)，员工培训记录应包括这方面的内容。	1级

4.8.7 **加工用水**

序号	控制点	符合性要求	等级
4.8.7.1	蒸汽用水符合饮用水要求且清洁。	对水进行消毒和(或)清洁，用清洁水制作蒸汽。加工期间不遭受污染，蒸汽设备适当清洁，提供清洁记录。红茶加工不适用。	1级
4.8.7.2	发酵用水符合饮用水要求，或者权威机构认定符合要求。	近12个月水质分析表明发酵用水符合饮用水要求。	1级

4.8.8 **质量控制**

序号	控制点	符合性要求	等级
4.8.8.1	应配备茶叶感官审评和理化检测室。茶叶审评由专业人员定期进行。	配备了茶叶感官审评和理化检测室，并按要求配置相应设备。茶叶审评应当由有资质的专业人员进行，审评结果有书面记录。	2级
4.8.8.2	应有产品质量检测制度。	有产品质量检测制度，包括检验方法和标准以及纠偏措施。全部适用。	1级
4.8.8.3	与食品安全和质量相关的关键员工和(或)主管应接受培训。	有证据表明主管和关键岗位员工接受了培训，具有运用加工工艺、分级、包装、储藏等方面的能力和知识。	2级
4.8.8.4	有产品贮存的管理制度。	有产品贮存的管理制度，有定期检查和控制措施的记录，如温度、湿度、产品状况、生物危害等。	1级

序号	控制点	符合性要求	等级
4.8.8.5	对仓储进行管理。	对原料和包装好的产品贮存管理都应遵守先进先出的原则。	3级
4.8.8.6	有量器具校准制度。	对重量、温度等量器具应进行校准。	2级

4.8.9 控制鼠害和鸟类

序号	控制点	符合性要求	等级
4.8.9.1	设施、包装贮存区及其周围区域得到监控、清洁并保持，防止有害生物污染(如：鼠害等)。	对设备及其周围区域定期检查和清洁(包装材料区也应保持干燥)，采取控制措施防止茶叶遭受有害生物污染，保持控制有害生物的书面记录。	2级
4.8.9.2	有诱饵摆放平面图。	应制定诱饵摆放平面图。全部适用，经评估不使用诱饵的农场除外。	2级
4.8.9.3	诱饵以非标靶生物接触不到的方式摆放。	视线观察，非标靶生物不能接触诱饵。	2级
4.8.9.4	应保存有害生物检查和所采取必要措施的详细记录。	提供有害生物控制检查及跟踪措施计划的记录。当有有害生物发生的迹象时，应进行检查。一旦有有害生物发生，加工厂应及时与有关防疫部门取得联系，或者能够证明其内部有控制有害生物的能力。	2级

4.9 工人健康、安全和福利

4.9.1 风险、急救、防护服、防护设备

序号	控制点	符合性要求	等级
4.9.1.1	应在固定工作场所放置急救箱。	在固定工作场所放置了急救箱且可以使用。	2级

4.9.2 工人福利

序号	控制点	符合性要求	等级
4.9.2.1	采取措施改善GB/T 20014.2中规定的健康安全工作条件。	制定文件化的实施计划，采取了措施。GB/T 20014.2 中规定的健康安全工作条件。全部适用。	1级
4.9.2.2	有中毒症状和急救的信息。	提供中毒症状和急救的资料。全部适用。	2级

4.10 废弃物和污染物的管理、循环利用和再利用

4.10.1 茶叶副产品的再利用

序号	控制点	符合性要求	等级
4.10.1.1	茶灰、废茶等茶叶副产品以肥料、覆盖物或能源等形式再利用。	茶叶副产品应以肥料、覆盖物或能源等形式再利用。由于废茶可以当作肥料使用，因此不能焚毁。全部适用。	2级

4.10.2 废弃物和污染物的处理方案

序号	控制点	符合性要求	等级
4.10.2.1	制定茶场内生活垃圾处理方案。	有合适的生活垃圾处理方案，并得以实施。	2级

4.11 环境保护

4.11.1 耕作对环境的影响

序号	控制点	符合性要求	等级
4.11.1.1	禁止采伐原生和次生森林。	禁止采伐原生森林和次生森林，获得法定许可的除外。全部适用。	1级
4.11.1.2	茶园不适合茶树生长的区域应采取植被保护。	茶园内不适合茶树生长的区域采取了植被保护措施。	3级
4.11.1.3	应保留小片林地。	茶场保留了原有的小片林地。	2级
4.11.1.4	应保护小流域。	茶场内的小流域得到保护。	3级
4.11.1.5	采用本地树种作为茶园遮荫树。	首选本地树种作为茶园遮荫树。	2级
4.11.1.6	在溪流渠道旁种植本地植被。	在溪流渠道旁种植本地植被，控制土壤侵蚀、过滤化学品进入溪流，保护野生动植物生活环境。	2级
4.11.1.7	采取适当措施限制捕猎或采集野生动植物，保护濒危物种生活环境。	有有效的保护措施，限制捕猎或采集野生动植物。	2级
4.11.1.8	茶园在自然保护区内或附近，茶场应与自然保护区管理者进行沟通。	茶园在自然保护区内或附近，茶场与自然保护区管理者进行了沟通，其农事活动遵循保护区有关规定。	3级
4.11.1.9	对有生态、社会、文化和宗教意义的区域，应有清楚的标识和描述，并加以保护。	对有生态、社会、文化和宗教意义的区域，有清楚的标识和描述，并进行了保护。	3级

4.11.2 能源利用

序号	控制点	符合性要求	等级
4.11.2.1	应制定监控能源利用的计划。	在现场具有能源计量系统。全部适用。	2级
4.11.2.2	茶场在高耗能环节应采取提高能源效率的措施。	有证据表明在生产加工过程中有效的利用了能源。	2级
4.11.2.3	制定节约能源的行动计划。	有节约能源的行动计划，采取措施降低能源消耗，用可再生能源替代不可再生的能源。	3级

序号	控制点	符合性要求	等级
4.11.2.4	采用木柴作茶叶加工的燃料，木柴应来自于人工林和茶园的修剪枝叶，不应来自于原生林、自然林、保护区。	采用木柴作茶叶加工的燃料，木柴来自于人工林和茶园的修剪枝叶，没有来自于原生林、自然林、保护区。	2级

4.12 **抱怨**

序号	控制点	符合性要求	等级
4.12.1	制定保存茶叶样品的制度，以便在产生抱怨时分析。	有保存茶叶样品的制度(包括对样品的标识)，以便在产生抱怨时进行分析。样品至少保存1年。全部适用。	1级

附 录 A
（资料性附录）
茶叶加工基本工艺流程

根据加工工艺和品质特性的差异，茶叶可分为六大基本茶类，即：绿茶、红茶、青茶、白茶、黄茶和黑茶，而这些差异主要是基于加工过程中控制茶叶中酚类物质的氧化程度而形成的。

A.1 绿茶加工工艺

绿茶加工主要有摊青、杀青、揉捻（做形）和干燥工序，其中关键在于杀青工序。通过杀青钝化鲜叶酶的活性，内含成分基本上是在没有酶影响的条件下，由热力作用进行物理化学变化，从而形成了绿茶的品质特征。

A.2 红茶加工工艺

红茶加工主要有萎凋、揉捻、发酵和干燥工序。红茶加工的关键是充分活化酶的活性，并使多酚类物质与氧化酶充分接触，在酶促作用下产生氧化聚合作用，同时其他化学成分亦相应发生深刻变化，使绿色的茶叶产生红变，形成红茶的色香味品质。

A.3 青茶（乌龙茶）加工工艺

青茶俗称乌龙茶，加工主要有萎凋、做青、杀青、揉捻和干燥工序，其中做青是形成乌龙茶特有品质特征的关键工序，是奠定乌龙茶香气和滋味的基础。做青是将萎凋后的茶叶置于摇青机中摇动，叶片互相碰撞，擦伤叶缘细胞，促进酶促氧化作用发生轻度氧化，叶片边缘呈现红色，然后通过杀青抑制鲜叶中的酶的活性，控制氧化进程，防止叶子继续红变。

A.4 白茶加工工艺

白茶的干茶表面密布白色茸毫，其品质特征的形成，一是采摘多毫的幼嫩芽叶制成，二是制法上采取不炒不揉的晾晒烘干工艺，主要工序为萎凋、烘焙（或阴干）、拣剔（或筛拣）、复火。

A.5 黄茶加工工艺

黄茶的加工特点主要是闷黄过程，即利用高温杀青破坏酶的活性，其后多酚物质的氧化作用则是由于湿热作用引起，并产生一些有色物质，形成黄色黄汤品质特征。黄茶加工的典型工艺流程是杀青、闷黄、干燥。

A.6 黑茶的制造工艺

黑茶的加工工艺为杀青、揉捻、渥堆、干燥，其中渥堆是黑茶制造的特有工序，也是形成黑茶品质的关键工序。渥堆是将揉捻后的叶子进行堆积和放置，同时保湿、保温，主要在湿热作用下促进化学变化，形成黑茶的品质特征。

ICS 65.150
B 50

中华人民共和国国家标准

GB/T 20014.13—2008

良好农业规范　第13部分：水产养殖基础控制点与符合性规范

Good agricultural practice—Part 13: Aquaculture base control points and compliance criteria

2008-02-01 发布　　2008-04-01 实施

中华人民共和国国家质量监督检验检疫总局
中国国家标准化管理委员会　发布

前言

GB/T 20014《良好农业规范》分为以下部分：

——第1部分：术语；
——第2部分：农场基础控制点与符合性规范；
——第3部分：作物基础控制点与符合性规范；
——第4部分：大田作物控制点与符合性规范；
——第5部分：水果和蔬菜控制点与符合性规范；
——第6部分：畜禽基础控制点与符合性规范；
——第7部分：牛羊控制点与符合性规范；
——第8部分：奶牛控制点与符合性规范；
——第9部分：生猪控制点与符合性规范；
——第10部分：家禽控制点与符合性规范；
——第11部分：畜禽公路运输控制点与符合性规范；
——第12部分：茶叶控制点与符合性规范；
——第13部分：水产养殖基础控制点与符合性规范；
——第14部分：水产池塘养殖基础控制点与符合性规范；
——第15部分：水产工厂化养殖基础控制点与符合性规范；
——第16部分：水产网箱养殖基础控制点与符合性规范；
——第17部分：水产围拦养殖基础控制点与符合性规范；
——第18部分：水产滩涂、吊养、底播养殖基础控制点与符合性规范；
——第19部分：罗非鱼池塘养殖控制点与符合性规范；
——第20部分：鳗鲡池塘养殖控制点与符合性规范；
——第21部分：对虾池塘养殖控制点与符合性规范；
——第22部分：鲆鲽工厂化养殖控制点与符合性规范；
——第23部分：大黄鱼网箱养殖控制点与符合性规范；
——第24部分：中华绒螯蟹围拦养殖控制点与符合性规范。

本部分为GB/T 20014的第13部分，本部分应与第2部分结合使用。

本部分由中国国家认证认可监督管理委员会、中华人民共和国农业部共同提出。

本部分由中国国家标准化管理委员会归口。

本部分起草单位：中国国家认证认可监督管理委员会注册管理部、中华人民共和国福建出入境检验检疫局、中华人民共和国山东出入境检验检疫局、中国水产科学研究院。

本部分主要起草人：罗赋毅、刘先德、宋怿、朱晓南、陈长兴、赖子平、孔繁明、黄建生。

引　言

食品安全不仅关系到消费者的身体健康和生命安全，而且还直接或间接影响到食品、农产品行业的发展。因此，食品安全是食品链（如：养殖、加工、储运）中各组织的首要要求。

作为食品链的初端，水产养殖过程控制直接影响食品的安全。为达到符合法律法规或相关标准的要求，满足消费者需求，保证食品安全和促进农业的可持续发展，提出以下要求：

0.1　食品安全危害的管理

本部分采用危害分析与关键控制点（HACCP）方法来识别、评价和控制食品安全危害。在水产养殖过程中，针对养殖水产品的生产方式和共同特点，对养殖场选址、养殖投入品（如：苗种、化学品、饲料、渔药）管理、设施设备要求、渔病防治、养殖用水管理、捕获与运输、员工培训、养殖生产记录、产品追溯以及体系运转等方面等提出了要求。

0.2　渔业可持续发展的环境保护要求

本部分提出了环境保护的要求，通过要求生产者遵守环境保护的法规或标准，营造养殖水产品生产过程的良性生态环境，协调养殖水产品生产和环境保护的关系。

0.3　员工的职业健康、安全和福利要求

本部分提出了员工职业健康、安全和福利的要求。

0.4　动物福利的要求

本部分提出了动物福利的要求。

本部分将内容条款的控制点划分为3个等级，并遵循表1的原则：

表1

等　级	级别内容
1	基于危害分析与关键控制点（HACCP）和与食品安全直接相关的动物福利的所有食品安全要求
2	基于1级控制点要求的环境保护、员工福利、动物福利的要求
3	基于1级和2级控制点要求的环境保护、员工福利、动物福利的持续改善措施要求

良好农业规范　第 13 部分：水产养殖基础控制点与符合性规范

1　范围

GB/T 20014 的本部分规定了水产养殖良好农业规范的基础要求。

本部分适用于水产养殖良好农业规范基础要求的符合性判定。

2　规范性引用文件

下列文件中的条款通过 GB/T 20014 的本部分的引用而成为本部分的条款。凡是注日期的引用文件，其随后所有的修改单(不包括勘误的内容)或修订版均不适用于本部分，然而，鼓励根据本部分达成协议的各方研究是否可使用这些文件的最新版本。凡是不注日期的引用文件，其最新版本适用于本部分。

GB 5749　生活饮用水卫生标准

GB 11607　渔业水质标准

GB 13078　饲料卫生标准

GB/T 19000　质量管理体系　基础和术语

GB/T 20014.1　良好农业规范　第 1 部分：术语

NY 5051　无公害食品　淡水养殖用水水质

NY 5052　无公害食品　海水养殖用水水质

3　术语和定义

GB/T 20014.1 和 GB/T 19000 确定的以及下列术语和定义适用于 GB/T 20014 的本部分。

3.1

养殖场　aquaculture farm

以所有类型和模式从事水产养殖活动的组织。

3.2

养殖水产品　aquaculture product

通过人工投放养殖投入品所生产的供人类食用或作为动物饲料的水产品。

3.3

养殖投入品　aquaculture applied material

水产养殖过程中所使用的苗种、饲料、饲料添加剂、渔药及其他化学剂和生物制剂。

3.4

化学品　chemical compound

养殖场场地内所用的洗涤剂、杀虫剂、消毒剂、燃料油等，但不包括渔药。

3.5

渔药　fishery drug

用于预防、控制和治疗水产养殖对象的病害，促进养殖品种健康成长，增强机体抗病能力以及改善养殖水体质量的物质。

4 要求

4.1 法规和体系

4.1.1 法规

序号	控制点	符合性要求	等级
4.1.1.1	与食品安全相关的所有养殖活动应符合国家和行政主管部门规定的食品安全法规要求。	提供相关食品安全法规文本，与养殖场管理者面谈以证明对法规的熟悉程度。	1级
4.1.1.2	新建或改扩建养殖场应经有关行政主管部门批准。	提供养殖证或其他相关文件。法规和相关要求无规定时，不适用。	1级

4.1.2 体系

4.1.2.1 文件

序号	控制点	符合性要求	等级
4.1.2.1.1	应建立完整组织机构，明确岗位职责，以保证养殖产品的质量和安全。	现场检查。与员工面谈了解相关信息。	1级
4.1.2.1.2	应制定书面程序，对涉及养殖产品卫生安全和质量控制的过程进行规定。	现场检查。与员工面谈了解控制情况。全部适用。	1级

4.1.2.2 产品追溯

序号	控制点	符合性要求	等级
4.1.2.2.1	应建立从养殖成品到苗种的可追溯体系。	现场抽查记录。全部适用。	1级
4.1.2.2.2	所有与生产相关的记录、文件、资料等应妥善归档保存，以确保养殖产品溯源的有效实施。	现场抽查记录。全部适用。	1级

4.1.2.3 内部审核

序号	控制点	符合性要求	等级
4.1.2.3.1	应制定书面的内部审核程序，并且按照规定的频率由有资质的人员定期进行内部审核，并做好记录。	审核内部审核程序、内部审核记录和不符合项报告以及纠偏。	2级

4.1.2.4 记录

序号	控制点	符合性要求	等级
4.1.2.4.1	记录保存得当。记录保存期限至少为3年。	现场抽查记录。全部适用。	1级
4.1.2.4.2	应保存所有与产品的卫生安全、环境保护及员工福利等有关记录。	现场检查。与员工面谈，了解相关信息。	1级

4.2 场址、设施、设备

4.2.1 选址

序号	控制点	符合性要求	等级
4.2.1.1	养殖区域内及周围、水源上游，无对养殖环境构成威胁的污染源，包括工业"三废"、农业废弃物、医疗机构污水及废弃物、垃圾和生活污水等。水源充足，水质良好。供电、交通便利。	现场检查。	1级
4.2.1.2	水源水质应符合 GB 11607 的要求，并且淡水养殖用水应符合 NY 5051 要求，海水养殖用水应符合 NY 5052 要求。	养殖场能够提供相关标准及水质分析检测报告。	1级
4.2.1.3	养殖场的土地历史情况和环境的沉积物对所养殖的产品不造成危害。	提供相关行政主管部门的文件证明。	1级
4.2.1.4	养殖场不应对周围环境造成不良影响，包括建筑外观、围拦以及养殖活动对生态的影响，不影响水上交通。	提供风险评估报告，现场检查。	3级

4.2.2 设施与布局

序号	控制点	符合性要求	等级
4.2.2.1	养殖场内设施布局合理，养殖区、管理办公和生活区分开。	现场检查。全部适用。	1级
4.2.2.2	养殖场的设施（如：贮水池、水源或饲养设备等）与预期目的相适合，并保持良好的维护保养状态。	现场检查。全部适用。	1级

4.2.3 设备

序号	控制点	符合性要求	等级
4.2.3.1	与养殖、收获等操作相关的工具应用无毒无害的适宜材料建造，接触面应平滑，避免引起养殖产品损伤。	现场检查。	1级
4.2.3.2	主要设备应标注其用途，并制定操作规程，定期对其进行检查、校准和清洁保养。	现场检查。提供设备使用操作规程，以及维修、校准和清洁保养记录。全部适用。	2级
4.2.3.3	主要设备和系统的设计、安装和运转应减小对养殖产品和环境造成风险。	现场检查。	3级
4.2.3.4	主要依赖人工通风换气和温度控制的养殖场，应安装自动报警装置。	现场检查。	2级
4.2.3.5	应配备与养殖产品的病害防治工作需要相适应的必要设备。	现场检查。	1级

4.2.4 **场地管理**

序号	控制点	符合性要求	等级
4.2.4.1	应绘制翔实的平面布局图，内容包括养殖区、生活区以及其他相关设施相对位置等。	提供平面布局图，并现场验证。	1级
4.2.4.2	应制定污染预防管理计划以降低可能的污染(如：水污染等)风险。	提供书面的管理计划。	1级
4.2.4.3	应制定应急预案，包括发生停电、停水、洪水、风暴、火灾、暴发性疾病、化学药品或突发性污染等事件时应采取的措施。	提供书面的应急计划，并现场检查员工对应急计划的理解程度。	1级
4.2.4.4	应采取相应措施尽可能防止或降低害虫、啮齿类、鸟类等对养殖场和其他设施造成侵害和污染。	现场检查员工对该条款的理解程度。	1级
4.2.4.5	在应控制害虫和啮齿类活动的区域，有害虫和啮齿类控制图，并做记录。	提供病虫害控制记录及改进行动计划。现场验证害虫控制图。全部适用。	1级
4.2.4.6	养殖场内与生产有关的电器或设备应符合国家强制保护要求，避免对人体产生危害。	现场检查。使用的电气设备应做好准用标记，注明检测时间和是否处于可用状态。提供电器或装备检验证书。全部适用。	2级
4.2.4.7	养殖场内相应地点或区域应设置明显的警示标志。	在相关区域设有警示牌，如：高压电、易燃易爆物品、容易出现安全事故导致员工健康损害的区域。全部适用。	2级
4.2.4.8	应将可能造成安全风险的动物禁养在养殖场和临近养殖水源体系之外。	现场检查。全部适用。	1级
4.2.4.9	对养殖区域封闭或采取适当的措施，以防止家养或野生水禽或其他动物进入养殖水域。	现场检查。	1级

4.2.5 **场地防护**

序号	控制点	符合性要求	等级
4.2.5.1	来访人员应有记录，记录内容包括来访人姓名、来访日期及携带物品。	提供来访记录。全部适用。	1级
4.2.5.2	养殖区域周边应设置围墙、栅栏或采取其他的有效措施，以防止与生产无关人员的进入。	现场检查。	2级
4.2.5.3	必要时，养殖场所的入口处应设有清洗消毒设施。	现场检查。	2级

4.3 员工健康、安全与福利

4.3.1 健康和安全

序号	控制点	符合性要求	等级
4.3.1.1	养殖场应制定员工健康安全计划，建立员工健康安全档案。健康安全计划内容完整，并至少每年进行一次评估和更新。	提供书面的健康安全计划和员工健康安全档案。提供健康安全计划的书面评估记录。	2级
4.3.1.2	应指派专人负责员工健康安全计划的实施工作。	提供负责员工健康安全计划管理人员的任命书等相关文件。与负责员工健康安全计划实施的人员面谈，以证明计划得到正确实施。	2级
4.3.1.3	健康安全计划内容至少应包括：意外事故的预防措施、急救程序、事后处置、员工培训、安全防护、劳保措施、纪律处分规定、不规范操作的纠偏措施、员工健康安全定期会议的记录。	提供健康安全计划文件和相关记录。查看防护设备和急救设备的位置和记录情况。	2级
4.3.1.4	员工熟悉并能遵守员工健康安全计划。	员工能阐述需知的具体内容。	2级
4.3.1.5	应建立对员工健康安全有影响的相关物质的供应商档案及采购、使用记录。	提供相关档案。	2级
4.3.1.6	员工能熟练使用防护装备。	现场演练。全部适用。	2级

4.3.2 培训

序号	控制点	符合性要求	等级
4.3.2.1	应制定书面的员工卫生标准，并进行培训。	提供卫生标准的有效文本和相关的培训记录。所有员工熟悉养殖场的员工卫生标准。全部适用。	1级
4.3.2.2	员工应经过相关的、适宜的培训或指导，并做好记录。内容应至少包括：良好卫生要求、急救知识、自我防护、养殖过程的食品安全知识等。	提供相关的培训记录。	2级

4.3.3 员工福利

序号	控制点	符合性要求	等级
4.3.3.1	应为员工提供必要的生活设备和设施。	现场检查。	2级
4.3.3.2	有专门的管理人员负责员工的健康、安全和福利工作，并确保符合相关法规规定。	提供书面的文件证明有专门的管理人员对员工的健康、安全、福利负责，并与该管理人员面谈，以证明符合相关法规规定。	2级

序号	控制点	符合性要求	等级
4.3.3.3	定期举行双向交流会，与员工公开讨论经营或涉及员工健康、安全、福利等问题，并做好记录。	按策划的时间间隔召开双向交流会，提供会议记录，会议记录中记载员工关心的问题。	3级
4.3.3.4	员工的工资应不低于当地政府规定的最低工资水平并按时发放。养殖场应为员工提供社会保险。	提供工资发放相关证明和社会保险证明。	2级

4.4 **养殖投入品**

4.4.1 **苗种**

序号	控制点	符合性要求	等级
4.4.1.1	外购的受精卵、苗种和亲本应来自于行政主管部门批准并有水产苗种生产许可证的种苗场。	提供采购记录和相关证明。	1级
4.4.1.2	自繁苗种的生产过程和产品应符合相关法规和质量标准的规定，并做好苗种质量的检测。	提供生产记录和苗种质量检测报告。员工应熟知国家的相关规定。	1级

4.4.2 **化学品**

4.4.2.1 **采购**

序号	控制点	符合性要求	等级
4.4.2.1.1	应指定专门部门(人员)负责化学品的采购。化学品应来自于具备生产许可证或进口登记许可证的生产单位或供应商。	提供相关证明。现场询问员工，了解执行情况。	1级
4.4.2.1.2	应对购入的化学品进行登记，并保留往来的发票等相关证明。	提供购买化学品发票或其他证明。	2级

4.4.2.2 **储运**

序号	控制点	符合性要求	等级
4.4.2.2.1	仓库内只存放行政主管部门批准使用的化学品。	现场检查。全部适用。	1级
4.4.2.2.2	用于清洗和消毒的化学品应保存在单独的存储区域并上锁。储存条件应符合化学品特性。	现场检查。全部适用。	2级
4.4.2.2.3	化学品存放在原包装中。标签和说明书清晰，易于识别。	现场检查。仓库中现有的化学品存放在原容器和原包装中。原包装破损应更换包装，新包装上要注明原标签中的所有信息。全部适用。	1级
4.4.2.2.4	化学品的进出库应由专人负责登记。	现场核查进出库记录。全部适用。	2级

序号	控制点	符合性要求	等级
4.4.2.2.5	易产生危害的化学品应单独运输。	现场检查。在面谈时员工应熟悉了解。	1级
4.4.2.2.6	危险化学品应使用有资质的车辆运输，并标明危险的标志。	检查运输记录。全部适用。	2级

4.4.2.3 **使用**

序号	控制点	符合性要求	等级
4.4.2.3.1	使用化学品的员工应接受过相关培训，并有培训记录。	提供员工培训的证明。	2级
4.4.2.3.2	化学品应按照说明书并在有效期内使用。	提供使用说明书和使用记录。每个场地应有化学品使用清单和发放的清单。	2级
4.4.2.3.3	应有专门的设备用于称量和混合化学品。	存储区、混和区备有计量合格的称量设备。全部适用。	2级
4.4.2.3.4	应制定或配备操作人员被伤及、化学品溢流等应急处理程序或设施。	化学品存储或混合区域配备有吸收能力的惰性材料和容器。如：沙子、地板刷和塑料袋等。全部适用。	2级
4.4.2.3.5	化学品的存放、配制、使用区域应有明显的意外事故处理程序。意外事故处理程序应包括紧急联系方式和意外事故处理措施。	在养殖场内，存放化学品的设施及使用化学品地点10 m区域内设有眼睛清洗设施，有洁净的水源、急救箱以及清晰的事故处理规程，其中包括：应急联系电话，常见事故的基本处理步骤，所有设施和标识长期保持且清晰可见。现场检查，并与相关人员面谈，确认处理程序能够得到实施。全部适用。	2级
4.4.2.3.6	应防止废弃化学品空容器的存放和处置对人体健康造成影响，同时能防止环境污染。	现场检查。全部适用。	2级

4.4.3 **渔药**

4.4.3.1 **采购**

序号	控制点	符合性要求	等级
4.4.3.1.1	渔药应来自于具备生产许可证或进口登记许可证的生产单位或供应商，并做好采购记录。	提供相关证明。现场检查，了解执行情况。	1级
4.4.3.1.2	所购渔药应符合产品消费地的法律法规要求。	提供相关证明。现场检查，了解执行情况。	1级

4.4.3.2 **存放**

序号	控制点	符合性要求	等级
4.4.3.2.1	应符合化学品存放场地的要求。参照化学品存放(见4.4.2.2)的要求。有特殊储存条件(如:冷藏)的,应符合说明书的要求。	参照化学品存放(见4.4.2.2)的要求。如无,不适用。	
4.4.3.2.2	每个养殖场应有渔药清单,包括每种药的生产商、供应商、使用方式、使用剂量等信息,并应建立渔药库存台账。	提供渔药清单和库存台账。	1级

4.4.3.3 **使用**

序号	控制点	符合性要求	等级
4.4.3.3.1	使用渔药时,应由具有养殖或病害专业等相关资质人员开出处方。	提供相关的资质证明和处方。全部适用。	1级
4.4.3.3.2	投喂或使用渔药的员工应经过相关培训,并具备用药的相关能力和知识。	提供培训记录。与员工面谈了解其掌握程度。全部适用。	2级
4.4.3.3.3	渔药的剂量应按处方或应严格按药品说明书执行。	提供使用记录。全部适用。	1级
4.4.3.3.4	使用渔药时,应符合休药期规定。同一水域的养殖场应遵循同一休药期。	提供相关证明和处方。现场检查近期治疗用药记录和进行养殖产品鉴定。全部适用。	1级
4.4.3.3.5	不得使用激素和抗生素作为促生长剂。	现场检查渔药使用记录。员工了解此条款。全部适用。	1级
4.4.3.3.6	抗生素只能在特殊情况下在特定的养殖产品中使用。	提供所有程序和相关文件。	1级
4.4.3.3.7	应做好用药记录,内容至少包括:日期、药名、处方、疾病诊断、使用方法、治疗效果和不良反应等。	提供病害防治记录。	2级
4.4.3.3.8	超过使用期的渔药和用后的包装物应正确处理。	员工理解处理方法。全部适用。	1级
4.4.3.3.9	应保留用于区分用药与非用药养殖水产品的标识或记录。	提供识别用药与非用药的方法、标识或记录。全部适用。	1级

4.4.4 **疫苗**

序号	控制点	符合性要求	等级
4.4.4.1	疫苗应来自于具备生产许可证或进口登记许可证的生产单位或供应商,并做好采购记录。	提供相关证明。现场检查,了解执行情况。	1级
4.4.4.2	进行疫苗接种的人员应接受过相关培训,并有培训记录。	提供培训证明和记录。	1级

序号	控制点	符合性要求	等级
4.4.4.3	使用的疫苗应符合产品消费地的法律法规要求，并有使用记录。	提供疫苗使用记录和来源证明。	1级
4.4.4.4	疫苗使用时，应采取措施，减少养殖产品的应激反应。	现场检查，询问员工。	2级

4.4.5 **渔用饲料**

4.4.5.1 **采购**

序号	控制点	符合性要求	等级
4.4.5.1.1	采购的饲料应来源于相关行政主管部门批准的生产企业。	提供饲料生产商的相关资料和购买单据。全部适用。	1级
4.4.5.1.2	自配饲料的原料采购应符合法律法规的规定。	提供饲料原料来源记录或相关文件。全部适用。	1级
4.4.5.1.3	应保存所有饲料的采购记录或其他相关文件（如：发票），并至少保存3年。记录包括：饲料类别、数量、饲料营养成分表、生产商等内容。	提供以往饲料购买记录或相关文件。全部适用。	1级

4.4.5.2 **质量和卫生**

序号	控制点	符合性要求	等级
4.4.5.2.1	渔用饲料的有关质量、卫生和安全指标应符合GB 13078的要求。	提供饲料的检测报告或其他证明文件。全部适用。	1级
4.4.5.2.2	在饲料中添加渔药应符合相关标准规定。	提供饲料成分证明或相关主管部门的文件。	1级
4.4.5.2.3	饲料中所含的转基因成分应予以标明和登记。	提供登记证明。	2级

4.4.5.3 **储存**

序号	控制点	符合性要求	等级
4.4.5.3.1	设专用的饲料存放场所。储存场所的温湿度、通风等条件合理。	现场检查。	1级
4.4.5.3.2	定期清扫检查饲料的储存场所、容器和运输车辆。废弃的发霉或受潮的饲料应安全地处置。	现场检查。	1级
4.4.5.3.3	应采取适当的控制措施以防止啮齿类、害虫以及其他的动物对饲料可能造成的污染。	现场检查，无啮齿类和其他害虫的活动迹象。全部适用。	1级

序号	控制点	符合性要求	等级
4.4.5.3.4	不同种类的特殊饲料、药物饲料和普通饲料应严格区分标示，标示清晰，并且分开堆放。	现场检查。全部适用。	1级
4.4.5.3.5	饲料的使用应遵行先进先出的原则。	现场检查。	1级
4.4.5.3.6	饲料的批次清楚，易于追溯。	现场检查所存放的渔用饲料是否可追溯。全部适用。	1级

4.4.5.4 **投喂**

序号	控制点	符合性要求	等级
4.4.5.4.1	按照不同养殖对象的生长周期、不同种类所需要的蛋白质和脂肪含量制定投喂方案和投饵量。投喂应做到定位、定时、定量、定质。	提供养殖周期投喂计划。	2级
4.4.5.4.2	控制所有投喂的饲料中蛋白质、脂肪和色素等成分的含量，以保证养殖产品的质量。	检查以往的饲料蛋白质、油脂和色素等成分数据或报告。全部适用。	2级
4.4.5.4.3	应科学投喂，采取适当的措施避免过度投喂，提高饲料转化率，避免对环境产生污染。	检查饲料转化率以及喂养系统是否有效使用。	3级
4.4.5.4.4	投喂药物性饲料时，应在相关程序上显示或设置告示牌，提醒员工用药和停药日期，并做好记录。	投喂药物性饲料时，要设有告示牌或并在相关程序中标明。	1级
4.4.5.4.5	外购饲料应在保质期内使用。	检查存储饲料的存放状态和标签所标示的有效期。	1级
4.4.5.4.6	应建立完整的饲喂记录，内容应至少包括：饲料品种、饲喂量、时间等信息。	现场审核饲喂记录。	1级
4.4.5.4.7	应保存渔用饲料所含的饲料添加剂的清单。	提供清单。全部适用。	1级

4.5 **养殖管理**

4.5.1 **养殖计划**

序号	控制点	符合性要求	等级
4.5.1.1	应根据养殖对象或种类、生长周期、养殖场特点等条件，制定合理的养殖计划。	提供养殖计划。	1级

4.5.2 **苗种放养**

序号	控制点	符合性要求	等级
4.5.2.1	应根据品种、养殖条件，制定合理的苗种放养规格、密度和程序，并作记录。	提供苗种放养记录。	1级

4.5.3 **转移管理**

序号	控制点	符合性要求	等级
4.5.3.1	可能导致养殖系统追溯体系发生变化的转移应做好记录。	检查养殖产品转移记录。	1级
4.5.3.2	每批养殖产品应可从装运追溯到苗种。	检查养殖周期内记录。养殖场演示追溯过程。	1级

4.5.4 **卫生管理**

序号	控制点	符合性要求	等级
4.5.4.1	养殖期内应进行定期水质检测。	现场核查年度检测报告。	1级
4.5.4.2	应制定书面的卫生计划,详细列明有关卫生管理内容,并严格执行。员工应熟悉卫生计划内容以及现场卫生操作。	面谈时了解员工的熟悉程度。提供卫生管理记录。全部适用。	1级
4.5.4.3	应建立书面的水质监控程序,对养殖水域进行适当监控,以保证养殖产品的健康、卫生和安全。	提供日常水质监控程序和相关记录。	1级

4.5.5 **病害防治**

序号	控制点	符合性要求	等级
4.5.5.1	应制定书面的病害防治计划并有效实施,每年进行审核和修订。内容应体现:疾病预防和治疗计划、主要病害、环境治理措施、防治方案等。	提供病害防治计划。全部适用。	1级
4.5.5.2	相关人员应熟悉病害防治计划,并能按照职能的分工,进行相应的操作。	现场评估员工对该条款的了解和执行情况。	1级

4.5.6 **病死养殖动物处理**

序号	控制点	符合性要求	等级
4.5.6.1	若发现应申报疫病的疑似病例,应立即按有关规定报告给相关主管部门。	提供兽医记录和疾病上报记录。	2级
4.5.6.2	应制定降低各成长阶段死亡率所采取措施的文件,并有养殖产品死亡率的持续监测记录。	提供养殖产品死亡记录和降低死亡率措施的相关文件。	1级
4.5.6.3	应制定发生严重疾病或大规模死亡时的应急预案。	提供应急计划。面谈中员工知道情况。	1级
4.5.6.4	应有病死养殖动物处理记录和分析报告。	提供处理死鱼的记录、消毒记录和分析报告。	1级

4.5.7 药残控制

序号	控制点	符合性要求	等级
4.5.7.1	应建立养殖品种的药物残留监控计划。	提供药物残留监控计划。	1级
4.5.7.2	如果在养殖过程使用了有残留限量的药物，在收获前应进行停用后的残留物抽样检测。残留量不得超过有关标准的限量要求。	现场检查用药记录、休药期。抽样进行残留物检测验证。	1级
4.5.7.3	应制定书面抽样程序，包括：样品的保存、编号以及样品备份，以便进行养殖产品的抽样检验。	提供抽样程序和抽样记录。	1级
4.5.7.4	检验应由有资质的实验室进行。	提供检测报告。	1级

4.5.8 收获

序号	控制点	符合性要求	等级
4.5.8.1	收获前，应有适当的停食措施。停食时间依据品种以及其他情况而确定。	提供停食记录。	2级
4.5.8.2	收获时，应尽可能采用恰当的快速有效的方式以减少养殖产品的应激反应和机械损伤。	现场检查。	2级
4.5.8.3	收获后，应按照追溯的要求，做好渔获物的标识与隔离。	检查收获记录。	1级

4.5.9 冰的卫生

序号	控制点	符合性要求	等级
4.5.9.1	用于渔获物的冰及制冰用水应符合国家生活饮用水卫生标准GB 5749。	现场检查冰的运输、接收和容器卫生状况。	1级

4.5.10 包装和运输

序号	控制点	符合性要求	等级
4.5.10.1	应保持收获用具、盛装用具、净化和水过滤系统、运输工具等与养殖产品接触表面的清洁和卫生。	现场检查。	1级
4.5.10.2	应在收获后，对渔获物进行适当的包装。包装材料应符合相关卫生要求。	现场检查。	1级
4.5.10.3	运输时，采用适当的防护包装，确保渔获物的卫生安全，并做好运输标识。	现场检查。	1级

4.5.11 **动物福利**

序号	控制点	符合性要求	等级
4.5.11.1	应配备有相应数量的员工，以确保良好的养殖条件和动物福利。从事生产的员工经过相关培训。	现场检查员工的生产操作。抽查员工的培训记录。检查养殖产品的生长情况。全部适用。	2 级
4.5.11.2	所有养殖池以及其他的养殖设施应无可引起养殖产品损伤的尖状物。	现场检查。全部适用。	3 级
4.5.11.3	养殖生产操作应尽量减轻养殖产品的紧张、伤害以避免造成应激。	现场检查。	2 级

4.5.12 **灾害预防**

序号	控制点	符合性要求	等级
4.5.12.1	养殖场应制定书面的灾害预防方案，并定期进行演练。	养殖场制定了书面的灾害预防方案，有定期进行演练的记录。	3 级

4.6 **环境保护**

4.6.1 **环境、能耗**

序号	控制点	符合性要求	等级
4.6.1.1	应定期进行环境风险评估，并在必要时进行定期环境检测。	检查环境风险评估报告和环境检测结果。	3 级
4.6.1.2	应制定计划优化能耗，减少废物排放。	提供书面的能耗计划。全部适用。	3 级
4.6.1.3	应防止过度取水，以免对周边环境产生影响。	现场检查。审核相关主管单位发放的许可证。	2 级

4.6.2 **废物、污染物**

序号	控制点	符合性要求	等级
4.6.2.1	应有书面的废物管理计划，以免空气、土壤和水域受有害污染物污染。	提供书面的废物管理计划。	3 级
4.6.2.2	所有垃圾、废物或废水等应按法律规定的方式收集并处理。	应提供收集和处置记录。现场检查处理情况。	1 级
4.6.2.3	有机废弃物存储应恰当，以降低环境污染的风险。	现场检查有机肥料的存储状态，观察与水源的距离，评估其存在的风险。	1 级
4.6.2.4	养殖场有责任确保废水排放符合国家有关标准要求。	现场核查或与员工面谈了解遵守法规情况。	3 级

4.6.3 **野生动植物保护**

序号	控制点	符合性要求	等级
4.6.3.1	养殖场选址应尽量避免干扰所在区域附近的主要野生动植物。	现场检查。	3级
4.6.3.2	制定计划以减少对周边重要野生动植物的损害。	提供风险评估报告。	3级

ICS 65.150
B 50

中华人民共和国国家标准

GB/T 20014.14—2008

良好农业规范　第14部分：水产池塘养殖基础控制点与符合性规范

Good agricultural practice—Part 14: Pond culture base control points and compliance criteria

2008-02-01发布　　2008-04-01实施

中华人民共和国国家质量监督检验检疫总局
中国国家标准化管理委员会　发布

前　言

GB/T 20014《良好农业规范》分为以下部分：

——第 1 部分：术语；
——第 2 部分：农场基础控制点与符合性规范；
——第 3 部分：作物基础控制点与符合性规范；
——第 4 部分：大田作物控制点与符合性规范；
——第 5 部分：水果和蔬菜控制点与符合性规范；
——第 6 部分：畜禽基础控制点与符合性规范；
——第 7 部分：牛羊控制点与符合性规范；
——第 8 部分：奶牛控制点与符合性规范；
——第 9 部分：生猪控制点与符合性规范；
——第 10 部分：家禽控制点与符合性规范；
——第 11 部分：畜禽公路运输控制点与符合性规范；
——第 12 部分：茶叶控制点与符合性规范；
——第 13 部分：水产养殖基础控制点与符合性规范；
——第 14 部分：水产池塘养殖基础控制点与符合性规范；
——第 15 部分：水产工厂化养殖基础控制点与符合性规范；
——第 16 部分：水产网箱养殖基础控制点与符合性规范；
——第 17 部分：水产围拦养殖基础控制点与符合性规范；
——第 18 部分：水产滩涂、吊养、底播养殖基础控制点与符合性规范；
——第 19 部分：罗非鱼池塘养殖控制点与符合性规范；
——第 20 部分：鳗鲡池塘养殖控制点与符合性规范；
——第 21 部分：对虾池塘养殖控制点与符合性规范；
——第 22 部分：鲟鳇工厂化养殖控制点与符合性规范；
——第 23 部分：大黄鱼网箱养殖控制点与符合性规范；
——第 24 部分：中华绒螯蟹围拦养殖控制点与符合性规范。

本部分为 GB/T 20014 的第 14 部分，本部分应与第 13 部分结合使用。

本部分的附录 A、附录 B、附录 C 和附录 D 均为资料性附录。

本部分由中国国家认证认可监督管理委员会、中华人民共和国农业部共同提出。

本部分由中国国家标准化管理委员会归口。

本部分起草单位：中国国家认证认可监督管理委员会注册管理部、中华人民共和国珠海出入境检验检疫局、中华人民共和国广东出入境检验检疫局、中华人民共和国浙江舟山出入境检验检疫局、中华人民共和国山东出入境检验检疫局、中华人民共和国江苏出入境检验检疫局、中国水产科学研究院、中国水产科学研究院黄海水产研究所、中国水产科学研究院长江水产研究所、中国水产科学研究院淡水渔业研究中心。

本部分主要起草人：赖子平、李钜良、邹世平、沈永年、乌日琴、刘先德、宋怿、吴小伦、龙彪、邓雷、孔繁明、卞长远、马云杰、陈晓、张岩、周瑞琼、黄磊、王世表、邴旭文、王建新、黄伟明、周仲芳、郑映钦、林志雄、万鹏。

引　言

食品安全不仅关系到消费者的身体健康和生命安全，而且还直接或间接影响到食品、农产品行业的健康发展。因此，食品安全是对食品链中所有从事食品生产、加工、储运等组织的首要要求。

作为食品链的初端，养殖水产品的养殖过程直接影响水产品及其加工品的安全水平。为达到符合法律法规、相关标准的要求，满足消费者需求，保证食品安全和促进农业的可持续发展，本部分在遵循GB/T 20014.13的前提下，提出以下要求：

0.1　食品安全危害的管理

本部分采用危害分析与关键控制点（HACCP）方法识别、评价和控制食品安全危害。针对池塘养殖的共同特点，对养殖场选址、设施设备、病害防治与健康、养殖过程管理、养殖生产过程中的记录、追溯等提出了要求。

0.2　渔业可持续发展的环境保护要求

本部分提出了环境保护的要求，通过要求生产者遵守环境保护的法规和标准，营造养殖水产品生产过程的良性生态环境，协调养殖水产品生产和环境保护的关系。

0.3　员工的职业健康、安全和福利要求

本部分提出了员工职业健康、安全和福利的要求。

0.4　动物福利的要求

本部分提出了动物福利的要求。

本部分将内容条款的控制点划分为3个等级，并遵循表1的原则：

表1

等　级	级别内容
1	基于危害分析与关键控制点（HACCP）和与食品安全直接相关的动物福利的所有食品安全要求
2	基于1级控制点要求的环境保护、员工福利、动物福利的基本要求
3	基于1级和2级控制点要求的环境保护、员工福利、动物福利的持续改善措施要求

良好农业规范　第14部分：水产池塘养殖基础控制点与符合性规范

1　范围

GB/T 20014的本部分规定了水产池塘养殖良好农业规范的基础要求。

本部分适用于对水产池塘养殖良好农业规范基础要求的符合性判定。

2　规范性引用文件

下列文件中的条款通过GB/T 20014的本部分的引用而成为本部分的条款。凡是注日期的引用文件，其随后所有的修改单(不包括勘误的内容)或修订版均不适用于本部分，然而，鼓励根据本部分达成协议的各方研究是否可使用这些文件的最新版本。凡是不注日期的引用文件，其最新版本适用于本部分。

GB/T 18407.4　农产品安全质量 无公害水产品产地环境要求

GB/T 20014.1　良好农业规范　第1部分：术语

GB/T 20014.13　良好农业规范　第13部分：水产养殖基础控制点与符合性规范

3　术语和定义

GB/T 18407.4、GB/T 20014.1、GB/T 20014.13确立的以及下列术语和定义适用于GB/T 20014的本部分。

3.1

池塘养殖　pond culture

利用人工开挖或天然池塘进行水生经济动物养殖的生产方式。

3.2

试水　water testing

清塘后，用少量养殖对象活体检验池水中药物毒性是否消失的方法。

3.3

透明度　transparency

光透入水体的程度，用透明度盘(萨氏盘)测定，即将直径20 cm的黑白相间的圆盘下沉入水中时所能看到的最大深度。

3.4

混养　polyculture

根据水产动物的不同食性和栖息习性，在同一水体中按一定比例搭配放养几种水产动物的养殖方式。

3.5

施肥　fertilization

在养殖水体投放肥料以增加水体营养盐、促进养殖种类的天然饵料增殖的措施。

3.6

清塘　pond preparation

在养殖对象放养前，用生石灰或其他消毒剂杀灭水体中的有害生物，改良水体环境，以提高养殖对象成活率和产量的措施。

3.7

放养密度　stocking density

单位面积或体积放养养殖对象的数量或质量。

4　要求

4.1　场址、设施、设备

4.1.1　选址

序号	控制点	符合性要求	等级
4.1.1.1	底泥应符合 GB/T 18407.4 的要求。	养殖场提供相关标准。	1级
4.1.1.2	应对底泥进行重金属等项目的监测。	检查监测记录	1级
4.1.1.3	土质类型应符合养殖对象特性的要求。	现场检查。询问员工，员工应了解该条款。	2级

4.1.2　设施布局

序号	控制点	符合性要求	等级
4.1.2.1	养殖场应布局合理，符合养殖对象生态要求，且不会对其造成应激或污染。	养殖场提供场区平面图，现场检查。	1级
4.1.2.2	进排水系统（渠道）应分别设置，防止进排水交叉污染，并有相应的进出水处理措施。	现场检查。询问员工，员工应了解该条款。	1级
4.1.2.3	进排水应高进低排，即进水口高于池塘水面，排水口位于池塘最低水位线以下。	现场检查。	2级
4.1.2.4	池底形状应易于排水和收获。	现场检查。询问员工，员工应了解该条款。	2级
4.1.2.5	水深应符合养殖种类特性的要求。	现场检查。	2级

4.1.3　设备

序号	控制点	符合性要求	等级
4.1.3.1	养殖场应购置与养殖面积和养殖方式相配套的设备，如：各种网具、发电机、增氧机等。	现场检查。购置的设备应得到维护并能正常使用。	2级

4.2　养殖管理

4.2.1　苗种放养前的准备工作

4.2.1.1　清污整池

序号	控制点	符合性要求	等级
4.2.1.1.1	每个养殖周期应对池塘进行清污和修整。	养殖场提供记录。询问员工，员工应了解该条款。	1级
4.2.1.1.2	在清除淤泥后，池塘应晒干至底泥表面龟裂。	养殖场提供干塘和晒塘程序和记录。询问员工，员工应了解该条款。	1级

序号	控制点	符合性要求	等级
4.2.1.1.3	对于水泥池和铺塑料薄膜的池塘,应对其进行充分的清洗。	询问员工,员工应了解该条款。	1级

4.2.1.2 **消毒**

序号	控制点	符合性要求	等级
4.2.1.2.1	养殖场应建立干塘消毒程序。放养前应对池塘进行干塘消毒。	养殖场提供相关程序。询问员工,员工应了解该条款。	1级
4.2.1.2.2	养殖场应建立工器具清洗消毒程序,并对工器具进行充分的清洗消毒。	养殖场提供记录。询问员工,员工应了解该条款。	1级

4.2.1.3 **池塘施肥**

序号	控制点	符合性要求	等级
4.2.1.3.1	养殖场应建立池塘施肥计划,并制定施肥操作程序。	养殖场提供池塘施肥计划和操作程序。询问员工,员工应了解该条款。如无,则不适用。	1级
4.2.1.3.2	养殖场使用的化学和生物肥料应经行政主管部门批准。	现场检查或询问员工。养殖场提供行政主管部门批准的证明。如无,则不适用。	1级
4.2.1.3.3	养殖场不得存放未经行政主管部门批准的化学或生物肥料。	现场检查。如无,则不适用。	1级
4.2.1.3.4	养殖场应记录肥料使用情况,并且使用量应受到有效控制。	养殖场提供化学或生物肥料使用清单,并提供进出库台账。询问员工,员工应了解该条款。如无,则不适用。	1级

4.2.2 **苗种培育**

序号	控制点	符合性要求	等级
4.2.2.1	养殖场宜建立配套的苗种培育基地。制定苗种培育计划和规范。	现场检查。养殖场建立了与生产规模和预期目标相适应的苗种培育基地,制定了培育计划。	3级

4.2.3 **苗种放养**

4.2.3.1 **放苗条件**

序号	控制点	符合性要求	等级
4.2.3.1.1	养殖场预投放的苗种应来自合格的苗种培育基地,保证苗种来源的安全和卫生。	现场检查,养殖场提供苗种培育基地资质证明文件、苗种购买记录和检测报告。	1级
4.2.3.1.2	养殖池水深、水质(如:透明度等)应符合放苗要求。	现场检查,养殖场提供相关记录。	1级

序号	控制点	符合性要求	等级
4.2.3.1.3	苗种放养前应先试水，而且池塘水质(如：温度、pH 值、盐度等)应符合要求。	现场检查，养殖场提供相关记录。询问员工，员工应了解该条款。	1 级

4.2.3.2 **苗种规格**

序号	控制点	符合性要求	等级
4.2.3.2.1	养殖场应建立苗种规格验收程序。	养殖场提供苗种规格验收程序。	1 级
4.2.3.2.2	投放苗种的规格应符合养殖种类特性的要求。	现场检查，养殖场提供苗种规格记录。询问员工，员工应了解该条款。	2 级

4.2.3.3 **放养密度**

序号	控制点	符合性要求	等级
4.2.3.3.1	养殖场应根据养殖种类和养殖条件确定适宜的放养密度。放养密度应不影响养殖种类的健康和生长。	现场检查，养殖场提供记录。询问员工，员工应了解该条款。	1 级

4.2.3.4 **运输**

序号	控制点	符合性要求	等级
4.2.3.4.1	运输条件应符合养殖种类要求，如：水质、温度、盐度等。	询问员工，员工应了解该条款。	1 级
4.2.3.4.2	养殖场应采取合适的措施确保运输水体中的溶解氧达到要求。	现场检查，养殖场提供记录。询问员工，员工应了解该条款。	2 级
4.2.3.4.3	养殖场应采取措施防止苗种的机械性损伤。	养殖场提供相关文件。询问员工，员工应了解该条款。	1 级

4.2.3.5 **放养**

序号	控制点	符合性要求	等级
4.2.3.5.1	养殖场应制定放养程序和试水操作程序。	养殖场提供放养程序和试水操作程序。询问员工，员工应了解该条款。	1 级
4.2.3.5.2	苗种放养前，养殖场应当对苗种进行消毒处理。	现场检查。养殖场提供相关措施文件和记录。询问员工，员工应了解该条款。如无，则不适用。	1 级

4.2.3.6 **混养**

序号	控制点	符合性要求	等级
4.2.3.6.1	如果采用了混养方式，养殖场应制定混养操作程序。	养殖场提供混养操作程序。询问员工，员工应了解该条款。	2 级
4.2.3.6.2	如果采用了混养方式，混养种类搭配和比例应合适。	现场检查，养殖场提供相关记录。询问员工，员工应了解该条款。	1 级

4.2.4 **池塘水质管理**

序号	控制点	符合性要求	等级
4.2.4.1	养殖场应制定日常水质管理计划。	养殖场提供池塘水质管理计划，至少包括：换水时间、频次、特殊气候条件下处理程序等。询问员工，员工应了解该条款。	1级
4.2.4.2	养殖场应每天测量水温、溶解氧、pH值、透明度等水质要素，这些水质要素应符合养殖种类的适合范围要求。	养殖场提供有关检测程序和方法，评估检测记录。测量器具经过校准，且测量人员经过必要的培训。	1级
4.2.4.3	养殖场应根据不同的养殖阶段和养殖季节调整水的交换量，并保持适宜水位。	现场检查，养殖场提供记录。询问员工，员工应了解该条款。	1级
4.2.4.4	养殖场应采取有效措施确保交换水的安全。	现场检查，养殖场提供记录。询问员工，员工应了解该条款。	1级
4.2.4.5	养殖场应及时加注新水以保持水质稳定。在加注新水前应对取水水源的水质进行监测。	现场检查。询问员工，员工应了解该条款。	1级
4.2.4.6	养殖场应合理使用增氧机或水质、底质改良剂改良水质。	现场检查，养殖场提供记录。询问员工，员工应了解该条款。	1级

4.2.5 **投喂**

序号	控制点	符合性要求	等级
4.2.5.1	养殖场应制定投喂程序。	养殖场提供投喂程序，包括：投喂量、次数及要求等。	1级
4.2.5.2	养殖场应根据水温、水质、气候、生长阶段及实际摄食情况等因素确定饲料投喂次数及投喂量。	询问员工，员工应了解该条款。	1级
4.2.5.3	养殖场应根据不同生长时期确定不同的投喂次数及每次的投喂量，而且应符合定时、定位、定质、定量的“四定”原则。	现场检查，养殖场提供记录。询问员工，员工应了解该条款。	1级

4.2.6 **病害防治**

序号	控制点	符合性要求	等级
4.2.6.1	养殖场应收集病害防治技术的资料。	现场检查，养殖场提供资料。	1级
4.2.6.2	养殖场应建立常见病害防治方案。	现场检查，养殖场提供方案。	1级
4.2.6.3	养殖场应建立常用药物一览表、药物用途和使用方法。	现场检查，养殖场提供相关材料。	1级

序号	控制点	符合性要求	等级
4.2.6.4	养殖场不得存放未经行政主管部门批准的药物。	现场检查。	1级
4.2.6.5	养殖场应建立巡塘制度,并进行记录。	养殖场提供相关程序文件和记录。询问员工,员工应了解该条款。	1级
4.2.6.6	养殖场应定期对池塘中的病原生物进行检测。	养殖场提供相关程序文件和检测记录。	2级

4.2.7 收获

序号	控制点	符合性要求	等级
4.2.7.1	如果采取轮捕方式,养殖场应制定轮捕程序并采取措施避免对未达规格的养殖对象造成伤害。	养殖场提供相关程序文件和处理措施。	2级
4.2.7.2	如果采取一次性捕捞,养殖场应采取拉网或干塘起捕等方式收获。	询问员工,员工应了解该条款。	2级
4.2.7.3	在收获前一定时间内应停止投喂。	检查投喂记录。	1级

附 录 A
（资料性附录）
鲈鱼池塘养殖控制点与符合性规范

A.1 范围

本附录规定了鲈鱼（*Lateolabrax japonicus*）池塘养殖良好农业规范的要求。

本附录适用于鲈鱼池塘养殖良好农业规范要求的符合性判定，其他鲈形目鱼类参照本部分执行。

A.2 要求

A.2.1 场址、设施、设备

A.2.1.1 选址

序号	控制点	符合性要求	等级
A.2.1.1.1	池塘底质宜为沙泥，不渗水。	现场检查。	2级

A.2.1.2 设施布局

序号	控制点	符合性要求	等级
A.2.1.2.1	养殖场中的育种场、亲鱼培育场和鱼的养成场区域应分开，进出水处理系统独立。	养殖场中的育种场、亲鱼培育场和鱼的养成场区域分开，进出水处理系统独立。	2级
A.2.1.2.2	池塘一般为：苗种培育池面积 300 m^2～1 500 m^2、水深 1.0 m～1.8 m；成鱼养殖池面积 4 000 m^2～8 000 m^2、水深 1.8 m～2.2 m；池塘淤泥厚度小于等于 10 cm。	现场检查。	2级

A.2.1.3 设备

序号	控制点	符合性要求	等级
A.2.1.3.1	养殖场应配备与养殖规模相配套的水泵以保证水的交换。	现场检查。	1级
A.2.1.3.2	养殖场应配备与养殖规模相配套的增氧机以确保良好的水质。	现场检查。	1级

A.2.2 育苗场

A.2.2.1 亲鱼来源

序号	控制点	符合性要求	等级
A.2.2.1.1	养殖场自己提供的亲鱼应经检疫合格。	亲鱼应检疫合格。全部适用。	1级
A.2.2.1.2	外购亲鱼应来源于行政主管部门认可的亲鱼培育场。	养殖场提供亲鱼培育场的许可证。	1级

序号	控制点	符合性要求	等级
A.2.2.1.3	如果用捕获的野生鱼来选育，应得到行政主管部门的授权，并应检查用作亲鱼的野生鱼的质量。	养殖场提供行政主管部门批准的许可证。检查质量报告。如无，则不适用。	1级
A.2.2.1.4	外购亲鱼到达育苗场时，应立即检疫隔离，直到核实其疾病状况，并且在转移到其他区域前应最少隔离20 d。	评估检疫记录。全部适用。	1级

A.2.2.2 苗种培育

序号	控制点	符合性要求	等级
A.2.2.2.1	养殖场应对鲈鱼鱼苗进行鱼病检查，至少包括：肠炎病、水霉病、寄生虫病等。	养殖场提供检查记录。	1级
A.2.2.2.2	养殖场应制定鲈鱼鱼苗驯食程序。	养殖场提供鲈鱼鱼苗驯食程序。	1级
A.2.2.2.3	养殖场应定期对不同规格鱼苗进行分池培育。	现场检查。询问员工，员工应了解该条款。	2级

A.2.3 养殖管理

A.2.3.1 苗种放养

A.2.3.1.1 苗种规格

序号	控制点	符合性要求	等级
A.2.3.1.1.1	苗种一般应达到3 cm以上。	现场检查和询问员工。	1级

A.2.3.1.2 放养密度

序号	控制点	符合性要求	等级
A.2.3.1.2.1	鲈鱼放养密度应适宜，一般为：全长2.5 cm～3.0 cm的鱼苗，放养密度为1.5×10^5尾/hm^2～3.0×10^5尾/hm^2；全长8 cm以上的鱼种，放养密度为1.5×10^4尾/hm^2～2.0×10^4尾/hm^2。	养殖场提供鲈鱼育苗放养记录。询问员工，员工应了解该条款。	1级

A.2.3.1.3 放养

序号	控制点	符合性要求	等级
A.2.3.1.3.1	苗种放养前，淡水养殖方式宜用3%～5%的食盐溶液浸泡5min～10min；海水养殖方式宜用淡水或含碘消毒剂适当浸泡消毒。	现场检查。养殖场提供相关记录。询问员工，员工应了解该条款。	1级

A.2.3.2 池塘水质管理

序号	控制点	符合性要求	等级
A.2.3.2.1	养殖场应每天对水质的主要指标(如:溶解氧、pH值等)进行监测并记录。	检查记录。	1级
A.2.3.2.2	养殖场应制定换水管理程序,每次进排水和排污都应记录。	评估程序和检查记录。询问员工,员工应了解该条款。	1级
A.2.3.2.3	养殖场应每隔10 d～15 d换水一次,保证水质稳定,达到养殖要求。	询问员工,员工应了解该条款。	1级
A.2.3.2.4	在需要时应开动增氧机以保持溶解氧达5 mg/L以上。	询问员工,员工应了解该条款。	1级

A.2.3.3 投喂

序号	控制点	符合性要求	等级
A.2.3.3.1	养殖场应根据水温、水质和鲈鱼生长情况及时调整日投饲量,制定投喂表和投喂程序。投喂鲜活动物性饲料时,日投喂量占鱼体重的6%～10%。投喂配合饲料时,日投喂量占鱼体重的3%～5%。	检查投喂表,养殖场提供投喂程序。询问员工,员工应了解该条款。	1级
A.2.3.3.2	投喂的新鲜饲料应冷冻处理保持新鲜。	询问员工,员工应了解该条款。	1级
A.2.3.3.3	当水温低于15℃或高于29℃时应减少投喂次数和投喂量。	询问员工,员工应了解该条款。	1级

A.2.3.4 病害防治

序号	控制点	符合性要求	等级
A.2.3.4.1	养殖场应制定巡塘制度和病害预防措施。	养殖场提供巡塘制度和病害预防相关措施。	1级
A.2.3.4.2	养殖场应定期对水体进行消毒。	养殖场应能提供消毒管理规定和记录。	1级
A.2.3.4.3	养殖场应制定应急措施,处理鲈鱼患严重疾病或大量死亡事件。	养殖场提供应急措施。询问员工,员工应了解该条款。	1级

A.2.3.5 收获

序号	控制点	符合性要求	等级
A.2.3.5.1	收获后用于冰鲜运输的鲈鱼,应尽快将鱼的中心温度降低到4℃以下。	检查温度日志记录。全部适用	1级
A.2.3.5.2	收获后用于活体运输的鲈鱼,应保证其合适的存放密度和必需的氧气。	现场检查。	2级

A.2.3.6 包装和运输

序号	控制点	符合性要求	等级
A.2.3.6.1	将鱼运输到加工厂时,应将鱼放置在清洁容器里。	现场检查。询问员工,员工应了解该条款。全部适用。	1级
A.2.3.6.2	在加鱼和冰之前应对所有容器进行清洁和消毒。	检查清洁登记记录。全部适用。	1级

附 录 B
（资料性附录）
锯缘青蟹池塘养殖控制点与符合性规范

B.1 范围

本附录规定了锯缘青蟹池塘养殖良好农业规范的要求。

本附录适用于锯缘青蟹池塘养殖良好农业规范的符合性判定。

B.2 要求

B.2.1 场址、设施、设备

B.2.1.1 场址选择

序号	控制点	符合性要求	等级
B.2.1.1.1	应远离污染源，进排水方便，沙泥底或泥沙底质。通讯、交通便利。	现场检查。	1级

B.2.1.2 设施布局

序号	控制点	符合性要求	等级
B.2.1.2.1	养殖塘进水闸门前应设置可控的海水存水区。	现场检查。	3级
B.2.1.2.2	池塘两端应设进排水闸门，进水闸处应设过滤装置，排水闸处应设防逃网。池塘四周应设防逃设施。	现场检查。	1级
B.2.1.2.3	池底构造应适合锯缘青蟹生长需要。	现场检查。	2级

B.2.1.3 设备

序号	控制点	符合性要求	等级
B.2.1.3.1	养殖场应配备与养殖规模相配套的进排水设备以保证水的交换。	现场检查。	1级
B.2.1.3.2	养殖场应配备与养殖规模相配套的增氧设备以确保良好的水质。	现场检查。	1级
B.2.1.3.3	养殖场应配备投饵船以便于饲料投放和养殖管理。	现场检查。	2级
B.2.1.3.4	养殖场所用的设备应及时维护并保持清洁。	查看相关记录，并现场检查。	1级

B.2.2 养殖投入品

B.2.2.1 蟹苗

序号	控制点	符合性要求	等级
B.2.2.1.1	天然捕捞蟹苗应经检验检疫合格，体质健壮、肢体完整、爬行迅速、反应灵敏、无病无伤。	养殖场提供蟹苗检验检疫报告。如无，则不适用。	1级
B.2.2.1.2	人工培育蟹苗应来自行政主管部门认可的良种场，并经检验检疫合格。	察看采购记录和检验检疫报告。如无，则不适用。	1级
B.2.2.1.3	蟹苗的运输应采取适当措施以避免对蟹苗的损伤。	询问员工，员工应了解该条款。	2级

B.2.2.2 饲料

序号	控制点	符合性要求	等级
B.2.2.2.1	投喂的配合饲料应适合青蟹生长需要，并确保质量安全。	查看采购记录和检测报告。若无，则不适用。	1级
B.2.2.2.2	投喂的低值贝类和海捕的杂鱼小虾等鲜活饲料应确保鲜度，不受污染。	现场检查并查看检验记录。若无，则不适用。	2级
B.2.2.2.3	养殖场应配备相适应的鲜活饲料处理场地和设备，并保持清洁卫生。	现场检查。	1级
B.2.2.2.4	贮存鲜活饲料的冷库应清洁卫生，库房温度稳定并保持在－18℃以下。	现场检查，并查看相关记录。	2级

B.2.3 养殖管理

B.2.3.1 苗种放养前的准备

序号	控制点	符合性要求	等级
B.2.3.1.1	苗种放养前，应进行清淤消毒，消除锯缘青蟹的敌害生物、致病生物及携带病原的中间宿主。	评估消毒程序和查看相关记录。	1级
B.2.3.1.2	池塘进水应在药性消失之后进行。	查看相关记录。	1级
B.2.3.1.3	放养前应实施试水操作程序。	养殖场应能提供试水操作程序。询问员工，员工应了解该条款。	2级

B.2.3.2 放养

序号	控制点	符合性要求	等级
B.2.3.2.1	养殖场应制定放养操作程序。	养殖场应能提供具体放养操作程序。询问员工，员工应了解该条款。	1级
B.2.3.2.2	应根据蟹苗的规格选择合适的放养密度。	查看相关记录。	2级

序号	控制点	符合性要求	等级
B.2.3.2.3	有混养的应列明混养的品种、规格和比例。	查看相关记录。若无,则不适用。	2级
B.2.3.2.4	有混养的应采取保护措施以防蟹苗被混养品种伤害。	现场检查。询问员工,员工应了解该条款。若无,则不适用。	2级

B.2.3.3 水质控制

序号	控制点	符合性要求	等级
B.2.3.3.1	养殖场应每天测量养殖塘的水温、盐度、pH值、溶解氧、透明度等水质要素,并做好相关记录。要求养殖用水盐度为5~22,pH值为7.5~8.9,溶解氧为5 mg/L以上,透明度为30 cm~40 cm。	养殖场应能提供相关检测方法和检测记录。	1级
B.2.3.3.2	养殖场应视每个养殖塘的水质情况,适时换水,换水前应对水源进行监测,确保养殖用水水质符合相关要求。蟹养殖前期应以添水为主,中后期在大潮期间换水2次~3次,日换水量20%~30%。高温或低温季节应提高塘内水位,暴雨后及时排去上层淡水。不定期投放微生态制剂和水质改良剂,改善水质和底质。	查看记录并询问员工,员工应了解该条款。	1级

B.2.3.4 投喂

序号	控制点	符合性要求	等级
B.2.3.4.1	饲料投喂应满足锯缘青蟹不同生长阶段的需要。早晚各投喂一次,傍晚投喂量占总投喂量的60%~70%。	现场检查并查看相关记录。	2级

B.2.3.5 越冬管理

序号	控制点	符合性要求	等级
B.2.3.5.1	养殖场应采取适宜的越冬管理措施。具体越冬时间为自然水温下降到10℃时起,至翌年水温回升到12℃~14℃时止。	查看相关养殖记录。若无,则不适用。	2级

B.2.3.6 病害防治

序号	控制点	符合性要求	等级
B.2.3.6.1	养殖场应进行日常巡塘,观察锯缘青蟹摄食情况,注意发现病蟹、死蟹,及时查找原因并采取有效措施。	查看相关记录。询问员工,员工应了解该条款。	1级
B.2.3.6.2	养殖场应定期检测池塘水体中的病原微生物。	查看相关检测记录。	1级

序号	控制点	符合性要求	等级
B.2.3.6.3	养殖场应对锯缘青蟹常见病害进行治疗和控制。	询问员工,员工应了解该条款。	1级

B.2.3.7 **收获**

序号	控制点	符合性要求	等级
B.2.3.7.1	养殖场应在锯缘青蟹捕捞前进行规定药物的残留检测,结果合格的方可进行捕捞。	查看相关检测记录。	1级
B.2.3.7.2	用手捉拿活蟹应有防护措施。	询问员工,员工应了解该条款。	3级

B.2.3.8 **包装和运输**

序号	控制点	符合性要求	等级
B.2.3.8.1	捆扎材料和内包装材料应不会对锯缘青蟹造成污染。	现场检查。询问员工,员工应了解该条款。	1级
B.2.3.8.2	外包装应结实,并有良好的透气效果,避免锯缘青蟹受损。	现场检查。询问员工,员工应了解该条款。	2级
B.2.3.8.3	运输工具应适合锯缘青蟹的长途运输。	询问员工,员工应了解该条款。	2级

附　录　C
（资料性附录）
中华鳖池塘养殖控制点与符合性规范

C.1　范围

本附录规定了中华鳖(*Trionyx sinensis*)池塘养殖良好农业规范的要求。

本附录适用于中华鳖池塘养殖良好农业规范要求的符合性判定。

C.2　术语和定义

C.2.1

稚鳖　postlarva turtle

刚出壳 24 h 内,卵黄囊未消失。羊膜未脱落,规格在 3 g/只～5 g/只。

C.2.2

幼鳖　juvenile turtle

出壳暂养 24 h 后,卵黄囊消失,羊膜脱落,营养从外界摄取,规格在 3 g/只～50 g/只。

C.2.3

成鳖　grown turtle

一般可上市做商品的鳖,规格应在 400 g/只以上。

C.2.4

亲鳖　reproduC. tive turtle

用来进行繁殖的性成熟鳖,规格一般应在 1 000 g/只以上。

C.3　要求

C.3.1　场址、设施和设备

C.3.1.1　选址

序号	控制点	符合性要求	等级
C.3.1.1.1	应选择环境安静、水源充足、进排水方便的地方建设养殖场。	现场检查。	1 级

C.3.1.2　设施

序号	控制点	符合性要求	等级
C.3.1.2.1	鳖池的类型按中华鳖的生活阶段应配备稚鳖池、幼鳖池、成鳖池、亲鳖池和控温越冬池等,以适应其不同生长发育阶段的需要。	现场检查。	2 级
C.3.1.2.2	鳖池背风向阳,便于鳖晒背。	现场检查。	2 级
C.3.1.2.3	池塘边应建造饲料台、遮阳设施和晒台等设施。	现场检查。	2 级
C.3.1.2.4	亲鳖池除建造饲料台、遮阳设施和晒台设施外,池边应建产卵场地。	现场检查。如无,则不适用。	2 级

C.3.2 养殖投入品

C.3.2.1 来源

序号	控制点	符合性要求	等级
C.3.2.1.1	亲鳖、稚鳖、幼鳖应来自于行政主管部门批准的良种场、生产场或养殖场自繁。	现场检查养殖场的购买记录或繁殖记录。	2级
C.3.2.1.2	亲鳖或稚鳖的质量应符合相关种质标准要求，并应检疫合格。	检查养殖场的种质检验报告和购买记录。	1级

C.3.3 养殖管理

C.3.3.1 苗种放养

C.3.3.1.1 苗种放养前的准备

序号	控制点	符合性要求	等级
C.3.3.1.1.1	放养前要对池塘进行清塘，并作好清塘记录。	检查清塘记录，询问员工。	1级
C.3.3.1.1.2	干池清塘5d后用鱼种试水，如果毒性消失即可放鳖。	检查清塘记录，询问员工。如无，则不适用。	1级
C.3.3.1.1.3	带水清塘。清塘5 d后用鱼种试水，如果毒性消失即可放鳖。	检查清塘记录，询问员工。如无，则不适用。	1级
C.3.3.1.1.4	放养前，鳖体应经适当药物消毒处理。	检查消毒记录。	1级

C.3.3.1.2 放养

序号	控制点	符合性要求	等级
C.3.3.1.2.1	池塘水体透明度应小于等于40 cm，溶解氧在3 mg/L以上。	现场检查，养殖场提供记录。	1级
C.3.3.1.2.2	放养时将装有消毒过的鳖的箱或框轻轻放在水边，让鳖自行爬出，游入水中，并作好相关记录。	现场检查或询问员工。	1级
C.3.3.1.2.3	按不同规格和密度进行放养。在常温养殖情况下，不同规格鳖的放养密度如下(应根据各养殖场的条件确定具体的密度)： ——稚鳖(刚孵出至50 g)：≤20只/m^2； ——幼鳖(50 g～200 g)：≤8只/m^2； ——成鳖(200 g以上)：≤4只/m^2。	现场检查相关文件和记录或询问员工。	2级

C.3.3.2 投喂

序号	控制点	符合性要求	等级
C.3.3.2.1	每天的投喂量应符合鳖各生长阶段的营养需要。稚鳖的日投喂量为鳖体重的4%～8%,幼鳖的日投喂量为鳖体重的2%～5%,成鳖的日投喂量为鳖体重的1%～2%。应根据气候状况和鳖的摄食强度等因素调整投喂量。	询问员工,员工应了解该条款。检查投喂记录。	1级
C.3.3.2.2	投饲方式:定时定量每天投喂2次～3次,饲料投放在饲料台上进行。	询问员工,员工应了解该条款。检查投喂记录。	1级
C.3.3.2.3	成鳖与鱼混养时,以鲢、鳙为主,以草食性与杂食性鱼类为辅。放养量控制在1 000尾/667 m^2 以下。	检查鱼类投放记录。	2级

C.3.3.3 病害防治

序号	控制点	符合性要求	等级
C.3.3.3.1	应建立巡塘程序,每天坚持早、中、晚巡塘检查,并进行记录。巡塘的内容主要包括:检查防逃设施;观察吃食情况;观察鳖的活动情况,发现异常及时分析原因;及时隔离被疑生病的鳖;及时清除残余饲料;清除杂草、敌害及污物;看水色、量水温与pH值等。	提供相关程序文件和记录。员工被询问时应能证明其了解该条款。	1级
C.3.3.3.2	养殖场应坚持以生态预防和生物预防为主,药物防治为辅的原则进行鳖病害的防治工作。	检查相关记录。	1级

C.3.3.4 收获

序号	控制点	符合性要求	等级
C.3.3.4.1	养殖场应制定轮捕程序,并采取措施避免对未达规格鳖的伤害。	养殖场提供相关程序文件和处理措施。如无,则不适用。	2级
C.3.3.4.2	养殖场应采取干塘起捕方式收获。最好是手工捕捉,禁止用鱼叉等伤及鳖身体的工具进行捕捉。	现场检查或询问员工。如无,则不适用。	2级
C.3.3.4.3	捕捞前先设置若干个箱或桶,以分类存放被捕获的不同规格的鳖类,暂养待出售。	检查养殖场的收获记录。	1级
C.3.3.4.4	休药期内不应捕捞。	检查养殖场的收获记录。	1级
C.3.3.4.5	起捕前先停食2d左右。	检查停食记录。	2级
C.3.3.4.6	捕捉鳖时,员工应有保护措施以防被咬伤。	询问员工。	2级
C.3.3.4.7	出售成鳖时,应保证药物残留量符合相关要求。	检查药残检测记录。	1级

附　录　D
（资料性附录）
青鱼、草鱼、鲢鱼、鳙鱼、鲤鱼、鲫鱼、鳊鱼池塘养殖控制点与符合性规范

D.1　范围

本附录规定了青鱼、草鱼、鲢鱼、鳙鱼、鲤鱼、鲫鱼、鳊鱼池塘养殖良好农业规范的要求。

本附录适用于青鱼、草鱼、鲢鱼、鳙鱼、鲤鱼、鲫鱼、鳊鱼池塘养殖良好农业规范要求的符合性判定。

D.2　要求

D.2.1　场址、设施、设备

序号	控制点	符合性要求	等级
D.2.1.1	养殖场应配置增氧和进排水等设施。	养殖场配置了增氧和进排水等设施。	2级

D.2.2　养殖管理

D.2.2.1　苗种放养前的准备工作

序号	控制点	符合性要求	等级
D.2.2.1.1	应建立清塘消毒程序，苗种入池前进行清塘，并记录。	检查记录。	1级
D.2.2.1.2	鱼苗、鱼种投放前应施肥、注水，培育饵料生物，营造良好的生态环境。	养殖场提供肥料使用记录。询问员工。	2级
D.2.2.1.3	根据温度、光照、水色及养殖种类、规格及混养模式等调整肥料使用量。	养殖场提供肥料使用记录，询问员工。	1级

D.2.2.2　苗种放养

D.2.2.2.1　放苗条件

序号	控制点	符合性要求	等级
D.2.2.2.1.1	下塘前，应培养鱼苗苗期饵料并有效控制敌害生物的繁殖。	现场检查和检查记录。	1级
D.2.2.2.1.2	苗种放养时，应控制水体温差3 ℃之内。	现场检查，养殖场提供记录。	1级
D.2.2.2.1.3	苗种池水深宜在0.8 m左右，透明度大于30 cm。	现场检查。	3级

D.2.2.2.2　苗种规格与放养密度

序号	控制点	符合性要求	等级
D.2.2.2.2.1	体形正常，鳍条、鳞被完整，体表光滑，体质健壮，游动活泼，无病无伤，放养苗种规格整齐。	养殖场提供文件和记录。	1级
D.2.2.2.2.2	根据混养模式和搭配比例，确保放养苗种种类和规格齐全，放养密度与放养苗种规格、群体增重和混养模式适宜。	养殖场提供文件和记录，确保放养苗种种类和规格齐全，放养密度与放养苗种规格、群体增重和混养模式适宜。	1级
D.2.2.2.2.3	应制定混养操作程序和管理计划，主要考虑吞食性鱼类和滤食性鱼类的比例，应因地制宜。	养殖场提供混养操作程序和管理计划文件。	1级

D.2.2.2.3　鱼种消毒

序号	控制点	符合性要求	等级
D.2.2.2.3.1	放养前应对鱼种进行消毒，同时剔除病鱼、伤残鱼，控制水体温差在3℃之内。	养殖场应能提供相关消毒文件和记录。询问员工。	1级

D.2.2.3　日常管理

序号	控制点	符合性要求	等级
D.2.2.3.1	制定养殖场生产、生活区环境清洁消毒制度，水质监测制度，池塘杂物清除和清洁卫生制度。	现场检查和询问员工。	1级
D.2.2.3.2	制定巡塘制度并有效执行。观察水质变化、鱼的活动和摄食情况，及时调整饲料投喂量。	养殖场提供巡塘制度，询问员工。养殖场提供水质、巡塘和投喂记录。	2级
D.2.2.3.3	制定养殖场池塘、生产工具消毒程序并有效执行。	养殖场提供消毒程序和记录，现场检查和询问员工。	2级

D.2.2.4　投喂

序号	控制点	符合性要求	等级
D.2.2.4.1	根据天气、水温和摄食情况合理调节投喂量及投喂次数。	养殖场提供投喂记录。	1级

D.2.2.5　池塘水质管理

序号	控制点	符合性要求	等级
D.2.2.5.1	池塘水透明度保持在25 cm～40 cm，pH值在6.5～8，溶解氧4 mg/L以上。	现场检查，养殖场提供水质管理计划和记录。	1级
D.2.2.5.2	随季节和水温不同加注新水调节水位，一般每15d一次，高温季节每周一次，每次加水15 cm～30 cm。	养殖场提供水质管理计划和记录。	1级

序号	控制点	符合性要求	等级
D.2.2.5.3	高温、连续阴雨时，应加强增氧措施保持水质。	现场检查。养殖场提供增氧机使用记录。	1级

D.2.2.6 病害防治

序号	控制点	符合性要求	等级
D.2.2.6.1	定期对池水、生产工具进行消毒。	养殖场提供消毒记录。	1级
D.2.2.6.2	苗种入塘前，应进行消毒。	养殖场提供消毒记录。	1级
D.2.2.6.3	苗种下塘15d后进行消毒。	养殖场提供消毒记录。	1级
D.2.2.6.4	疾病流行季节需制定预防计划，对池塘养鱼常见病要定期进行预防。对适合疫苗处理的品种宜使用疫苗。	养殖场提供预防计划和记录。	2级
D.2.2.6.5	养殖场应制定常见病和爆发传染性疾病的预防措施、监测计划、治疗方案与应急预案。	养殖场提供预防措施、监测计划、治疗方案和应急预案和相关的记录。	1级
D.2.2.6.6	避免在生产操作中对鱼造成机械损伤和应激。	询问员工。	1级
D.2.2.6.7	病鱼池中使用过的生产工具应清洗、消毒。	养殖场提供消毒记录。	1级

D.2.2.7 收获

序号	控制点	符合性要求	等级
D.2.2.7.1	养殖活鱼达到一定规格并无规定药物残留方可出池。	养殖场提供停药记录。至少2 d～3 d。	1级
D.2.2.7.2	轮捕时，应采取措施避免对未达规格及其他养殖品种的影响和伤害。	养殖场提供轮捕计划和处理措施，询问员工。如无，则不适用。	2级
D.2.2.7.3	收获前应停食。	养殖场提供停食记录。	1级
D.2.2.7.4	应制定暂养鱼饲养管理计划，加强池塘消毒、水质管理及疾病预防，规范食用鱼增重措施等，避免二次污染。	养殖场提供暂养鱼饲养管理计划和处理措施，现场检查。	1级

ICS 65.150
B 50

中华人民共和国国家标准

GB/T 20014.15—2008

良好农业规范　第15部分：水产工厂化养殖基础控制点与符合性规范

Good agricultural practice—
Part 15：Industrial culture base control points and compliance criteria

2008-02-01 发布　　2008-04-01 实施

中华人民共和国国家质量监督检验检疫总局
中国国家标准化管理委员会　发布

前　言

GB/T 20014《良好农业规范》分为以下部分：

——第1部分：术语；
——第2部分：农场基础控制点与符合性规范；
——第3部分：作物基础控制点与符合性规范；
——第4部分：大田作物控制点与符合性规范；
——第5部分：水果和蔬菜控制点与符合性规范；
——第6部分：畜禽基础控制点与符合性规范；
——第7部分：牛羊控制点与符合性规范；
——第8部分：奶牛控制点与符合性规范；
——第9部分：生猪控制点与符合性规范；
——第10部分：家禽控制点与符合性规范；
——第11部分：畜禽公路运输控制点与符合性规范；
——第12部分：茶叶控制点与符合性规范；
——第13部分：水产养殖基础控制点与符合性规范；
——第14部分：水产池塘养殖基础控制点与符合性规范；
——第15部分：水产工厂化养殖基础控制点与符合性规范；
——第16部分：水产网箱养殖基础控制点与符合性规范；
——第17部分：水产围拦养殖基础控制点与符合性规范；
——第18部分：水产滩涂、吊养、底播养殖基础控制点与符合性规范；
——第19部分：罗非鱼池塘养殖控制点与符合性规范；
——第20部分：鳗鲡池塘养殖控制点与符合性规范；
——第21部分：对虾池塘养殖控制点与符合性规范；
——第22部分：鲆鲽工厂化养殖控制点与符合性规范；
——第23部分：大黄鱼网箱养殖控制点与符合性规范；
——第24部分：中华绒螯蟹围拦养殖控制点与符合性规范。

本部分为GB/T 20014的第15部分，本部分应与第13部分结合使用。

本部分由中国国家认证认可监督管理委员会、中华人民共和国农业部共同提出。

本部分由中国国家标准化管理委员会归口。

本部分起草单位：中国国家认证认可监督管理委员会注册管理部、中华人民共和国珠海出入境检验检疫局、中华人民共和国山东出入境检验检疫局、中华人民共和国广东出入境检验检疫局、中国水产科学研究院、中国水产科学研究院黄海水产研究所。

本部分主要起草人：陆山、赖子平、刘先德、吴小伦、邓雷、宋怿、乌日琴、马云杰、王群、张岩、陈晓。

引　言

食品安全不仅关系到消费者的身体健康和生命安全，而且还直接或间接影响到食品、农产品行业的健康发展。因此，食品安全是对食品链中所有从事食品生产、加工、储运等组织的首要要求。

作为食品链的初端，养殖水产品的养殖过程直接影响水产品及其加工品的安全水平。为达到符合法律法规、相关标准的要求，满足消费者需求，保证食品安全和促进农业的可持续发展，本部分在遵循GB/T 20014.13的前提下，提出以下要求：

0.1　食品安全危害的管理

本部分采用危害分析与关键控制点(HACCP)方法识别、评价和控制食品安全危害。针对工厂化养殖的共同特点，对养殖场选址、设施设备、病害防治与健康、养殖过程管理、养殖生产过程中的记录、追溯以及对员工的培训等提出了要求。

0.2　渔业可持续发展的环境保护要求

本部分提出了环境保护的要求，通过要求生产者遵守环境保护的法规和标准，营造养殖水产品生产过程的良性生态环境，协调养殖水产品生产和环境保护的关系。

0.3　员工的职业健康、安全和福利要求

本部分提出了员工职业健康、安全和福利的要求。

0.4　动物福利的要求

本部分提出了动物福利的要求。

本部分将内容条款的控制点划分为3个等级，并遵循表1的原则：

表1

等　级	级　别　内　容
1	基于危害分析与关键控制点(HACCP)和与食品安全直接相关的动物福利的所有食品安全要求
2	基于1级控制点要求的环境保护、员工福利、动物福利的基本要求
3	基于1级和2级控制点要求的环境保护、员工福利、动物福利的持续改善措施要求

良好农业规范　第15部分：水产工厂化养殖基础控制点与符合性规范

1　范围

GB/T 20014的本部分规定了工厂化养殖良好农业规范的基础要求。

本部分适用于对工厂化养殖良好农业规范基础要求的符合性判定。

2　规范性引用文件

下列文件中的条款通过GB/T 20014的本部分的引用而成为本部分的条款。凡是注日期的引用文件，其随后所有的修改单(不包括勘误的内容)或修订版均不适用于本部分，然而，鼓励根据本部分达成协议的各方研究是否可使用这些文件的最新版本。凡是不注日期的引用文件，其最新版本适用于本部分。

GB/T 20014.1　良好农业规范　第1部分：术语

GB/T 20014.13　良好农业规范　第13部分：水产养殖基础控制点与符合性规范

3　术语和定义

GB/T 20014.1、GB/T 20014.13确立的以及下列术语和定义适用于GB/T 20014的本部分。

3.1

工厂化养殖　industrial culture

利用机械、生物、化学和自动控制等现代技术装备起来的车间进行水生动物养殖的生产方式。

4　要求

4.1　员工健康、安全与福利

4.1.1　培训

序号	控制点	符合性要求	等级
4.1.1.1	养殖场应确保员工上岗前得到充分培训，并视需要实施后续的再培训计划，使员工有能力胜任工厂化养殖工作。	现场检查，养殖场提供相应的培训计划和培训教材。全部适用。	1级
4.1.1.2	养殖场的日常管理人员，包括养殖人员、检验检疫人员、药物或化学品管理人员应经过培训合格后才可上岗。	现场检查，并考核员工有关操作技术，养殖场提供培训合格证明。	1级
4.1.1.3	涉及操作安全的岗位，应按行政主管部门规定统一培训并经考试合格后方可上岗，如：电工岗位、锅炉岗位等。	养殖场提供该岗位员工的上岗证。	1级

4.2 场址、设施、设备

4.2.1 选址

序号	控制点	符合性要求	等级
4.2.1.1	应选择在交通便利、水源和供电充足、配套设施齐全的地点。	现场检查和询问员工。	1级
4.2.1.2	场址地形平坦开阔，有较强的避风、防洪能力。	现场检查。询问员工，员工应了解该条款。	2级
4.2.1.3	养殖场位置的选择应尽量远离居民区，对周围环境不造成影响。	现场检查。	1级

4.2.2 设施与设备

4.2.2.1 养殖车间

序号	控制点	符合性要求	等级
4.2.2.1.1	养殖车间设计应能达到养殖所要求的技术指标，满足温度、光照、供氧、供水和水处理的要求。	现场检查和查看记录。养殖场应能提供养殖车间验收报告。	1级
4.2.2.1.2	养殖车间结构应牢固。	养殖车间结构能够确保安全生产。	2级

4.2.2.2 养殖池

序号	控制点	符合性要求	等级
4.2.2.2.1	各类养殖池配比合理、水深适度，操作方便。	现场检查。	2级
4.2.2.2.2	养殖池应设置合理的进、排水、排污系统。	现场检查。养殖池有合适的灌、排水、排污系统。	1级
4.2.2.2.3	进水方式和设施应考虑避免进水将池底残饵、粪便上下搅混，影响水质稳定。	现场检查。	1级
4.2.2.2.4	养殖场应在出水口设置诸如拦网等有效设备以防止逃逸。	现场检查。	1级
4.2.2.2.5	养殖池应定期清洗消毒，并制定清洗消毒计划。	提供清洗消毒计划和相关记录。	2级

4.2.2.3 水处理系统

序号	控制点	符合性要求	等级
4.2.2.3.1	应采取过滤、消毒、生物净化等方法对水源进行处理。	现场检查。	1级
4.2.2.3.2	宜采用循环用水。	现场检查。	2级
4.2.2.3.3	排出水应达标排放。	现场检查。	2级

4.2.2.4 控温系统

序号	控制点	符合性要求	等级
4.2.2.4.1	养殖场应设置配套的控温系统。制定操作程序并记录。	现场检查。养殖场提供操作程序和记录。	1级

4.2.2.5 增氧系统

序号	控制点	符合性要求	等级
4.2.2.5.1	养殖场应设置合适的增氧系统,制定操作程序并记录。	现场检查。养殖场提供操作程序和记录。	1级

4.2.2.6 供电系统

序号	控制点	符合性要求	等级
4.2.2.6.1	养殖场应配备备用供电系统,确保供电正常。	现场检查。	1级

4.2.2.7 实验室

序号	控制点	符合性要求	等级
4.2.2.7.1	养殖场应建立能够检测水质和常见病害的实验室。	现场检查。全部适用。	1级
4.2.2.7.2	实验室应配置水质和常见病害的检测设备,检测设备应定期进行校准。	现场检查,现场考核检验人员。	1级
4.2.2.7.3	养殖场应提供水质和常见病害检测计划和检测方法。	养殖场提供相关材料。	1级

4.2.3 场地管理

序号	控制点	符合性要求	等级
4.2.3.1	养殖场应绘制平面布局图、供水网络图,至少应标明:池塘位置的布局、水处理系统的进水、排水、污水的流向,主要设施的位置,危险警示牌位置等。	现场核对平面布局图。全部适用。	1级
4.2.3.2	应设置栅栏、门或其他实物障碍以限制无关人员和其他动物进入场地。	现场检查。	1级

4.3 养殖管理

4.3.1 苗种放养

序号	控制点	符合性要求	等级
4.3.1.1	养殖场应制定苗种放养程序。	养殖场应能提供苗种放养程序,包括:放养时间、密度、水温、盐度、注意事项等。	1级
4.3.1.2	放养环境(如:水温、盐度、pH值等)应适合养殖品种的要求。	现场检查确认在合适的环境中放养。	1级

4.3.2 水质管理

序号	控制点	符合性要求	等级
4.3.2.1	养殖场应制定水质管理程序。	养殖场应能提供水质管理程序。询问员工，员工应了解该条款。	1级
4.3.2.2	养殖场应根据养殖对象的生态要求、系统净化能力和设备潜力，制定水质指标。流水鱼池中平均溶氧含量应在5 mg/L以上，并能满足养殖种类正常生长的水质指标要求。	养殖场应制定包括：溶氧量、总氨、亚硝酸盐（NO_2^-）等水质指标。	1级
4.3.2.3	养殖场应定期对养殖池池水溶氧量、池水的化学需氧量（COD）、排水口的氨氮含量、池水水温和pH值等项目进行常规测定并记录。	养殖场应能提供这些检测项目的检测方法并能提供相关检测记录。	1级
4.3.2.4	养殖场应制定相应的应急程序，处理水质恶化情况。	养殖场应能提供防止水质恶化的应急程序。询问员工，员工应了解该条款。	1级
4.3.2.5	养殖场应制定水源净化设施（如：滤池、滤井等）及进排水量的监控、护养和管理制度。	养殖场应能提供水源净化设施的监控、护养和管理制度文件。询问员工，员工应了解该条款。	1级

4.3.3 投喂

序号	控制点	符合性要求	等级
4.3.3.1	养殖场应根据实际情况合理投喂，并记录投喂情况。	现场检查和检查记录。询问员工，员工应了解该条款。	2级
4.3.3.2	养殖场使用自动投饲机，应确保其清洁卫生，不会影响饲料的质量。	现场检查。询问员工，员工应了解该条款。如无，则不适用。	1级

4.3.4 日常管理

序号	控制点	符合性要求	等级
4.3.4.1	养殖场应制定日常卫生管理工作计划，并记录执行情况。	养殖场提供日常卫生管理工作计划和记录。	1级
4.3.4.2	养殖场应经常检查拦鱼栅、滤网等是否破损以防止逃逸。	现场检查。	2级
4.3.4.3	养殖场应及时排污以确保水质。	现场检查。	1级
4.3.4.4	养殖场应定期抽样检查养殖水产动物增长情况和饲料利用率。	养殖场应能提供相关检查记录。	1级
4.3.4.5	养殖场应对各项记录进行汇总并进行综合分析。	养殖场应能提供综合分析报告。	1级

4.3.5 **病害防治**

序号	控制点	符合性要求	等级
4.3.5.1	养殖场应制定应急预案，处理养殖动物患严重疾病或大量死亡事件。	养殖场提供应急预案。询问员工，员工应了解该条款。	1级
4.3.5.2	养殖场应制定安全移除病、死的养殖动物的计划并记录。	评估养殖场的记录，以证明制定了移除计划。	1级
4.3.5.3	养殖场应收集病害防治技术的资料。	现场检查，养殖场提供资料。	1级
4.3.5.4	养殖场应建立常见病害防治方案。	现场检查，养殖场提供方案。	1级
4.3.5.5	养殖场应明示禁、限用药物，建立常用药物一览表，标明药物用途和使用方法。	现场检查，养殖场提供材料。	1级
4.3.5.6	在养殖场入口处应设置消毒点。	现场检查。	1级
4.3.5.7	养殖场应建立工器具清洗消毒程序，对所有工器具进行消毒。	检查消毒记录、消毒剂的使用说明。	1级

4.3.6 **收获**

序号	控制点	符合性要求	等级
4.3.6.1	养殖场应根据养殖动物和产品要求的不同制定相应的停止投喂时间。	询问员工，员工应了解该条款。	2级
4.3.6.2	养殖场在收获时要确保养殖水产品免受伤害和二次污染。	现场检查。询问员工，员工应了解该条款。	2级

ICS 65.150
B 50

中华人民共和国国家标准

GB/T 20014.16—2008

良好农业规范　第16部分：水产网箱养殖基础控制点与符合性规范

Good agricultural practice—
Part 16: Cage culture base controls points and compliance criteria

2008-02-01 发布　　2008-04-01 实施

中华人民共和国国家质量监督检验检疫总局
中国国家标准化管理委员会　发布

前　言

GB/T 20014《良好农业规范》分为以下部分：

——第 1 部分：术语；

——第 2 部分：农场基础控制点与符合性规范；

——第 3 部分：作物基础控制点与符合性规范；

——第 4 部分：大田作物控制点与符合性规范；

——第 5 部分：水果和蔬菜控制点与符合性规范；

——第 6 部分：畜禽基础控制点与符合性规范；

——第 7 部分：牛羊控制点与符合性规范；

——第 8 部分：奶牛控制点与符合性规范；

——第 9 部分：生猪控制点与符合性规范；

——第 10 部分：家禽控制点与符合性规范；

——第 11 部分：畜禽公路运输控制点与符合性规范；

——第 12 部分：茶叶控制点与符合性规范；

——第 13 部分：水产养殖基础控制点与符合性规范；

——第 14 部分：水产池塘养殖基础控制点与符合性规范；

——第 15 部分：水产工厂化养殖基础控制点与符合性规范；

——第 16 部分：水产网箱养殖基础控制点与符合性规范；

——第 17 部分：水产围拦养殖基础控制点与符合性规范；

——第 18 部分：水产滩涂、吊养、底播养殖基础控制点与符合性规范；

——第 19 部分：罗非鱼池塘养殖控制点与符合性规范；

——第 20 部分：鳗鲡池塘养殖控制点与符合性规范；

——第 21 部分：对虾池塘养殖控制点与符合性规范；

——第 22 部分：鲆鲽工厂化养殖控制点与符合性规范；

——第 23 部分：大黄鱼网箱养殖控制点与符合性规范；

——第 24 部分：中华绒螯蟹围拦养殖控制点与符合性规范。

本部分为 GB/T 20014 的第 16 部分，本部分应与第 13 部分结合使用。

本部分由中国国家认证认可监督管理委员会、中华人民共和国农业部共同提出。

本部分由中国国家标准化管理委员会归口。

本部分起草单位：中国国家认证认可监督管理委员会注册管理部、中国水产科学研究院、中国水产科学研究院黄海水产研究所、中国水产科学研究院淡水渔业研究中心、中华人民共和国浙江出入境检验检疫局、中国水产科学研究院长江水产研究所。

本部分主要起草人：宋怿、王群、张岩、杨志刚、李健、黄磊、王世表、沈永年、郦旭文、王建新、邹世平。

引　言

网箱养殖是直接利用自然水域的水质进行水产动物养殖的一种重要养殖方式，具有以下特点：一是养殖受自然环境因素直接影响大；二是网箱养殖动物和人的活动对养殖水环境的影响大；三是网箱养殖主要是水上操作，对员工的安全要求比较严格。为达到符合法律法规或相关标准的要求，满足消费者需求，保证食品安全和促进水产养殖业的可持续发展，本部分在遵循GB/T 20014.13的前提下，提出以下要求：

0.1　食品安全危害的管理

本部分采用危害分析与关键控制点（HACCP）方法来识别、评价和控制网箱养殖过程的食品安全危害。在网箱养殖过程中，针对网箱养殖产品的生产方式和共同特点，对网箱选址、设施布局、设备要求、养殖管理、网箱的收藏和保养、网箱防污、灾害预防、员工的安全计划和设施、环境保护（包括废物、污染物的处置、野生动植物保护）方面等提出了要求。

0.2　渔业可持续发展的环境保护要求

本部分提出了环境保护的要求，通过要求生产者遵守环境保护的法规或标准，营造网箱养殖水产品生产过程的良性生态环境，协调网箱养殖生产和环境保护的关系。

0.3　员工的职业健康、安全和福利要求

本部分提出了从事网箱养殖的员工职业健康、安全和福利的要求。

0.4　动物福利的要求

本部分提出了网箱养殖动物福利的要求。

本部分将内容条款的控制点划分为3个等级，并遵循表1的原则：

表1

等级	级　别　内　容
1	基于危害分析与关键控制点（HACCP）和与食品安全直接相关的动物福利的所有食品安全要求
2	基于1级控制点要求的环境保护、员工福利、动物福利的基本要求
3	基于1级和2级控制点要求的环境保护、员工福利、动物福利的持续改善措施要求

良好农业规范 第16部分：水产网箱养殖基础控制点与符合性规范

1 范围

GB/T 20014 的本部分规定了网箱养殖良好农业规范的基础要求。

本部分适用于对水产网箱养殖良好农业规范基础要求的符合性判定。

2 规范性引用文件

下列文件中的条款通过 GB/T 20014 的本部分的引用而成为本部分的条款。凡是注日期的引用文件，其随后所有的修改单(不包括勘误的内容)或修订版均不适用于本部分，然而，鼓励根据本部分达成协议的各方研究是否可使用这些文件的最新版本。凡是不注日期的引用文件，其最新版本适用于本部分。

GB/T 18407.4 农产品安全质量 无公害水产品产地环境要求

GB/T 20014.1 良好农业规范 第1部分：术语

GB/T 20014.13 良好农业规范 第13部分：水产养殖基础控制点与符合性规范

3 术语和定义

GB/T 20014.1 和 GB/T 20014.13 确立的以及下列术语和定义适用于 GB/T 20014 的本部分。

3.1

网箱 net cage

用适宜材料制成的箱状水产动物养殖设施。

3.2

网箱养殖 net cage culture

在网箱中进行水产动物的养殖方式。

3.3

网目 meshes

网孔 holes

由网线按设计形状组成的一个孔状结构(菱形网目是由4个结或连接点和4根等长的目脚所构成)。

3.4

网衣(网片) webbing

由网线编织成的一定尺寸网目结构的片状编织物。

3.5

网箱布置单元 unit of cage collocation

连片布置的一组网箱。

4 要求

4.1 员工健康、安全与福利

4.1.1 职业健康和安全计划

序号	控制点	符合性要求	等级
4.1.1.1	聘用合适胜任的员工负责水上工作,执行水上操作的员工不得患有夜盲症,应有良好的游泳技能,执行水上操作应穿救生衣等防护服。潜水人员应具备相关技能。	提供有关证明,现场检查。	2级
4.1.1.2	员工应熟练掌握救生设施的使用和突发事件的自救方法。	检查或询问(包括现场演练)。	2级
4.1.1.3	每天收听或收看天气预报,并制定特殊气候条件下紧急处理措施,根据天气情况采取相应的安全措施,在风暴潮或洪水来临之前应撤离。	检查相关记录,询问员工。	2级
4.1.1.4	应制定体检计划,并具有健康档案,从业人员应获得健康证方可上岗。所有员工应每年针对水生寄生虫的感染体检1次。	养殖场提供从业人员健康证明。如无针对淡水寄生虫的感染体检,则不适用。	1级

4.1.2 培训

序号	控制点	符合性要求	等级
4.1.2.1	员工应经过培训或有相关从事网箱养殖业的实践经验,并定期进行养殖技术、技术更新、管理要求、水上操作的行业规范等培训。	养殖场提供培训记录或有相关实际经验证明。	3级

4.1.3 员工福利

序号	控制点	符合性要求	等级
4.1.3.1	应为员工提供足够的生产安全、卫生生活设备和设施。	现场检查养殖场是否设有供工人使用的航船以及相应的救生衣、救生圈等安全防护设施和卫生生活设备和设施。如不需要卫生生活设备和设施,则不适用。	2级

4.2 场址、设施、设备

4.2.1 选址

序号	控制点	符合性要求	等级
4.2.1.1	网箱养殖区应符合海洋功能区划或(淡水)水域区划要求,并远离工业区、人口密集区或港口,周边无污染源。网箱养殖场的选址和规划符合 GB/T 20014.13 的要求。	现场检查。	1级
4.2.1.2	网箱设置水域应选择在风浪较小的水域以及水库坝前,避开台风、洪水频发的水域。	养殖场提供相关气象、水文资料。	2级
4.2.1.3	网箱养殖区不会妨碍环保、交通航道或者地区总体相协调,同时兼顾交通和管理方便。	现场检查。	2级
4.2.1.4	网箱养殖区的选择,应预先调查,特别是水的流速、流向、盐度、溶解氧、水深及浮游生物等。	检查调查的结果。	1级
4.2.1.5	养殖区产地环境符合 GB/T 18407.4 的要求,水质、底质应至少每年检测1次。	检查检测结果。	1级
4.2.1.6	网箱应位于水深适度的区域,在低水位时,湖泊网箱底部垂直至湖底距离至少有 2.0 m,池塘网箱至少有 0.5m 以上,海湾网箱至少有 3.0 m 以上,外海(离岸)网箱至少应大于该海区历史台风最高记录浪高的二分之一以上。	现场检查。	2级
4.2.1.7	养殖水域应避开敌害生物频繁活动的水域,以防网衣破损。	养殖水域避开了敌害生物频繁活动的水域。	2级

4.2.2 设施布局

序号	控制点	符合性要求	等级
4.2.2.1	网箱养殖水域要科学规划、网箱布局合理,应根据养殖种类和水域环境保护要求确定网箱之间的距离、网箱设置总面积。	现场检查。	2级
4.2.2.2	应绘制网箱平面布局图,内容体现相关设施位置等内容。	在现场对参照图进行核对。	2级

序号	控制点	符合性要求	等级
4.2.2.3	网箱设置应与水体养殖容量相适应，以减少病害发生降低环境污染。如： ——湖泊、水库中网箱总面积不超过整个水域 0.1%； ——池塘中网箱的总面积不超过池塘水面的 20%； ——海水网箱养殖总体利用海面不超过养殖区总海面的 15%。 每个网箱区面积不超过 $5\times10^4\ m^2$，每个网箱区之间的间隔距离不小于 500 m。网箱区内的网箱布置单元，面积不超过 2 000 m^2，各网箱布置单元之间应保留宽度达 50 m 以上的航道水域。	对照标准进行现场检查。	2 级

4.2.3 **水域管理**

序号	控制点	符合性要求	等级
4.2.3.1	同一水域养殖 1 个周期后宜空闲 1 年。	检查养殖记录。	3 级
4.2.3.2	有水域勘测记录，配图片或者每年所有位置的影像资料。	检查海床勘测以及影像资料。	3 级

4.2.4 **设备**

4.2.4.1 **网箱**

序号	控制点	符合性要求	等级
4.2.4.1.1	制作网箱的网衣材料和非木质框架材料应经质量检验部门检验合格并有生产厂的合格证。	养殖场提供有关检验部门的报告和出厂合格证。	1 级
4.2.4.1.2	根据不同养殖水域选择合适网箱和网箱材料。	现场检查。	1 级
4.2.4.1.3	网箱应牢固结实，耐流、能抵御一定的风浪。	检查相关记录，现场检查。	2 级
4.2.4.1.4	网目的大小要依据养殖种类的大小而定，以尽量节省材料并达到网箱水体最高交换率为原则。	现场检查。	2 级
4.2.4.1.5	制作网箱的全部材料应无毒、无害、耐腐蚀。	现场检查或养殖场提供检测报告。	1 级
4.2.4.1.6	网衣应在不造成养殖种类逃逸的情况下维修。	检查相关记录。	3 级

序号	控制点	符合性要求	等级
4.2.4.1.7	网衣和框架应保持适当状况，还应避免引起养殖种类损伤。	现场检查。	2 级
4.2.4.1.8	所有的网衣应标记，保留使用年限、状况、处理类型及方位的记录。	现场检查和检查记录。	2 级

4.2.4.2 **船舶状况**

序号	控制点	符合性要求	等级
4.2.4.2.1	船舶应具有在相应海(水)域航行资格并得到渔船渔港检验监督局、边防派出所和渔业管理部门的许可证，并始终具有适当的安全设备。	养殖场提供有效证件。现场检查安全设施。	2 级
4.2.4.2.2	船舶应配有无线电通信操作员，操作员应有有效的证件和执照。	检查有关证件。	2 级
4.2.4.2.3	应制定并有效实施船舶维护保养程序。	养殖场提供书面程序，检查记录。	2 级
4.2.4.2.4	废油处理的记录应说明时间、数量以及处理方法。	检查废油处理的记录。	2 级
4.2.4.2.5	负责运输养殖种类的船舶及相关的工具应在每次使用前清洁、消毒。	检查消毒记录。	1 级

4.2.4.3 **自动系统**

序号	控制点	符合性要求	等级
4.2.4.3.1	养殖种类所依赖的自动系统在遇到故障时应能及时发出警告。应有足够的后备或附属系统。	现场检查。如无自动系统，则不适用。	2 级

4.2.4.4 **潜水设备**

序号	控制点	符合性要求	等级
4.2.4.4.1	需要配备潜水设备的养殖场，应具备完善的潜水操作设备及服装，并定期检查。	检查潜水操作设备。	2 级

4.2.4.5 **其他附属设备**

序号	控制点	符合性要求	等级
4.2.4.5.1	附属设施包括：洗网机、自动起网机、饲料加工机、自动投饵机、鱼规格自动分级设备、捕鱼设备、水下安全监控设备、通讯设备等，应符合相关的标准和确保对养殖种类安全和水环境没有危害或污染。	检查相关标准。如无相关设施，则不适用。	1 级
4.2.4.5.2	搭在网箱上用于操作管理的工作台要稳固、而且便于生产操作。	现场检查。如无工作台，则不适用。	2 级

4.3 养殖投入品

4.3.1 饲料投喂

序号	控制点	符合性要求	等级
4.3.1.1	应依照水温的高低、养殖动物的摄食情况以及天气、波浪情况而确定投喂量。每隔一定时间，按照养殖种类生长情况调整饲料用量。	检查投喂记录。	2 级
4.3.1.2	养殖过程中宜使用配合饲料投喂。	检查饲料的相关记录和投喂记录。	3 级

4.3.2 疫苗接种

序号	控制点	符合性要求	等级
4.3.2.1	可采用接种疫苗的方法控制病害的发生，使用的疫苗要具有产品合格证。	检查产品合格证。如不用疫苗，则不适用。	2 级

4.4 养殖管理

4.4.1 苗种放养

4.4.1.1 放养前的准备

序号	控制点	符合性要求	等级
4.4.1.1.1	网箱在放养前应检查网衣是否存在破损，在水中浸泡一定时间，以免粗糙的网衣对养殖种类造成擦伤。	养殖场提供养殖记录。	2 级

4.4.1.2 放养密度

序号	控制点	符合性要求	等级
4.4.1.2.1	网箱放养的密度和规格要根据水域环境容量、网箱容纳量、养殖种类、养殖对象的生态习性和养殖条件而定。	养殖场提供放养记录。	2 级
4.4.1.2.2	放养密度与规格符合相关标准或规范。	现场检查。如无相关标准，则不适用。	2 级

4.4.2 日常管理

4.4.2.1 安全检查和附着物的清除

序号	控制点	符合性要求	等级
4.4.2.1.1	应定期检查网衣有无破洞、破损，框架、浮子、绠绳有无松动。定期或大风浪前后要潜水检查箱体及缆绳、木桩或锚及其各部连接部位的完好情况，发现问题及时处理。及时更换网衣，定期清除网衣上的污损生物。	检查养殖场的相关记录，现场检查。	2 级

4.4.2.2 网箱的看管

序号	控制点	符合性要求	等级
4.4.2.2.1	网箱要昼夜有人看管，防止盗鱼、动物侵害、逃鱼、鼠患和各种意外事故的发生。	养殖场提供相关记录。	2级

4.4.2.3 网衣的护理和保养

序号	控制点	符合性要求	等级
4.4.2.3.1	随着养殖种类的生长，应定期更换适当网目的网衣；在污损生物易附着期要及时更换网衣。	养殖场提供相关记录。	2级
4.4.2.3.2	换下的网衣可经日晒、拍打、消毒等措施清除附着物。	养殖场提供相关记录。	2级

4.4.2.4 日常的潜水操作

序号	控制点	符合性要求	等级
4.4.2.4.1	潜水操作应遵守健康和安全规则。	养殖场提供相关记录。	2级
4.4.2.4.2	潜水设备应消毒，并且记录所有的潜水操作和设备状况。	养殖场提供相关记录。	2级

4.4.2.5 日常的监测和记录

序号	控制点	符合性要求	等级
4.4.2.5.1	做好饲养记录，由专人填写《网箱管理日志》，内容应包括：各网箱的投饲种类、数量、养殖动物的活动情况、鱼体的生长、网箱的完好情况、水温、水质、天气变化情况等由专人记录。	养殖场提供相关记录。	2级
4.4.2.5.2	养殖场应对各项记录进行汇总并进行综合分析，制定整改措施。	养殖场提供相关记录和整改措施。	2级

4.4.3 越冬管理

序号	控制点	符合性要求	等级
4.4.3.1	应有完善的网箱养殖越冬计划，确保养殖种类的安全健康越冬。	养殖场提供网箱养殖越冬计划。如不需要越冬，则不适用。	2级
4.4.3.2	在冰封期前15 d应将网箱加盖，并沉入水面下1 m～2 m处。	现场检查。如无冰封期，则不适用。	2级

4.4.4 网箱的收藏和保养

序号	控制点	符合性要求	等级
4.4.4.1	收获后的网衣要拆下、晒干、清除附着物，清洗凉干收藏。	现场检查。	2级
4.4.4.2	框架要维修保养，要检查浮球及框架材料的安全性能，必要时清除或更换。	现场检查。	2级

4.4.5 网箱防污涂料

序号	控制点	符合性要求	等级
4.4.5.1	防污涂料应具有一定的防污期效，且应无毒、无害、不影响水域环境，使用有产品许可证厂商的产品。	检查产品合格证。	1级

4.4.6 灾害预防

序号	控制点	符合性要求	等级
4.4.6.1	应制定书面的灾害预防方案，建立灾情通报制度。方案内容应包括：连续的水温剧降或盛夏高水温要采取的措施、针对突发性污染要采取的措施、赤潮前后要采取的措施、台风或洪水应急预案等。	养殖场提供灾害预防方案。现场检查。	2级

4.5 环境保护

4.5.1 废物、污染物

序号	控制点	符合性要求	等级
4.5.1.1	网箱养殖行为不可造成周边水域污染，不得降低水环境质量等级。	养殖场提供检测报告。	2级

4.5.2 野生动植物保护

序号	控制点	符合性要求	等级
4.5.2.1	使用的防护网应尺寸适当并张紧，避免野生动物进入或被缠住。	现场检查。	3级
4.5.2.2	应采取有效措施保证养殖种类不会进入当地水域(特别是防止外来鱼种逃逸)或土著鱼类不会进入网箱。一旦发生逃鱼(特别外来鱼种)，应立即采取有效措施(包括回捕)并尽快报当地渔业主管部门备案。	养殖场提供应急计划以及饲养记录。	3级

ICS 65.150
B 50

中华人民共和国国家标准

GB/T 20014.17—2008

良好农业规范 第17部分：水产围拦养殖基础控制点与符合性规范

Good agricultural practice—
Part 17: Net enclosure culture base control points and compliance criteria

2008-02-01 发布　　2008-04-01 实施

中华人民共和国国家质量监督检验检疫总局
中国国家标准化管理委员会　发布

前　言

GB/T 20014《良好农业规范》分为以下部分：

——第 1 部分：术语；

——第 2 部分：农场基础控制点与符合性规范；

——第 3 部分：作物基础控制点与符合性规范；

——第 4 部分：大田作物控制点与符合性规范；

——第 5 部分：水果和蔬菜控制点与符合性规范；

——第 6 部分：畜禽基础控制点与符合性规范；

——第 7 部分：牛羊控制点与符合性规范；

——第 8 部分：奶牛控制点与符合性规范；

——第 9 部分：生猪控制点与符合性规范；

——第 10 部分：家禽控制点与符合性规范；

——第 11 部分：畜禽公路运输控制点与符合性规范；

——第 12 部分：茶叶控制点与符合性规范；

——第 13 部分：水产养殖基础控制点与符合性规范；

——第 14 部分：水产池塘养殖基础控制点与符合性规范；

——第 15 部分：水产工厂化养殖基础控制点与符合性规范；

——第 16 部分：水产网箱养殖基础控制点与符合性规范；

——第 17 部分：水产围拦养殖基础控制点与符合性规范；

——第 18 部分：水产滩涂、吊养、底播养殖基础控制点与符合性规范；

——第 19 部分：罗非鱼池塘养殖控制点与符合性规范；

——第 20 部分：鳗鲡池塘养殖控制点与符合性规范；

——第 21 部分：对虾池塘养殖控制点与符合性规范；

——第 22 部分：鲆鲽工厂化养殖控制点与符合性规范；

——第 23 部分：大黄鱼网箱养殖控制点与符合性规范；

——第 24 部分：中华绒螯蟹围拦养殖控制点与符合性规范。

本部分为 GB/T 20014 的第 17 部分，本部分应与 GB/T 20014.13 结合使用。

本部分由中国国家认证认可监督管理委员会、中华人民共和国农业部共同提出。

本部分由中国国家标准化管理委员会归口。

本部分起草单位：中国国家认证认可监督管理委员会注册管理部、中国水产科学研究院、中国水产科学研究院淡水渔业研究中心。

本部分主要起草人：宋怿、戈贤平、王建新、陈恩成、邴旭文、黄磊、王世表。

引　言

食品安全不仅关系到消费者的身体健康和生命安全，而且还直接或间接影响到食品、农产品行业的发展。因此，食品安全是食品链(如：养殖、加工、储运)中各组织的首要要求。

作为食品链的初端，水产养殖过程控制直接影响食品的安全。为达到符合法律法规或相关标准的要求，满足消费者需求，保证食品安全和促进农业的可持续发展，本部分在遵循 GB/T 20014.13 的前提下，提出以下要求：

0.1　食品安全危害的管理

本部分采用危害分析与关键控制点(HACCP)方法识别、评价和控制食品安全危害。在水产养殖过程中，针对围拦养殖水产品的生产方式和共同特点，对员工培训、养殖场选址、设备要求(如：围拦、船舶)，水域管理、投入品(如：化学品、饲料)管理、养殖过程管理、灾害处理、环境保护、野生动植物保护等方面提出了要求。

0.2　渔业可持续发展的环境保护要求

本部分提出了环境保护的要求，通过要求生产者遵守环境保护的法规或标准，营造养殖水产品生产过程的良性生态环境，协调养殖水产品生产和环境保护的关系。

0.3　员工的职业健康、安全和福利要求

本部分提出了员工职业健康、安全和福利的要求。

0.4　动物福利的要求

本部分提出了动物福利的要求。

本部分将内容条款的控制点划分为 3 个等级，并遵循表 1 的原则：

表 1

等级	级　别　内　容
1	基于危害分析与关键控制点(HACCP)和与食品安全直接相关的动物福利的所有食品安全要求
2	基于 1 级控制点要求的环境保护、员工福利、动物福利的要求
3	基于 1 级和 2 级控制点要求的环境保护、员工福利、动物福利的持续改善措施要求

良好农业规范　第17部分：水产围拦养殖基础控制点与符合性规范

1　范围

GB/T 20014的本部分规定了围拦养殖良好农业规范的基础要求。

本部分适用于水产品围拦养殖良好农业规范基础要求的符合性判定。

2　规范性引用文件

下列文件中的条款通过GB/T 20014的本部分的引用而成为本部分的条款。凡是注日期的引用文件，其随后所有的修改单(不包括勘误的内容)或修订版均不适用于本部分，然而，鼓励根据本部分达成协议的各方研究是否可使用这些文件的最新版本。凡是不注日期的引用文件，其最新版本适用于本部分。

GB/T 18407.4　农产品安全质量　无公害水产品产地环境要求

GB/T 20014.1　良好农业规范　第1部分：术语

GB/T 20014.13　良好农业规范　第13部分：水产养殖基础控制点与符合性规范

3　术语和定义

GB/T 20014.1和GB/T 20014.13确立的以及下列术语和定义适用于GB/T 20014的本部分。

3.1

围拦养殖　net enclosure aquaculture

在湖泊、水库、浅海等水域中围拦一定水面养殖水产经济动物的一种养殖方式。

3.2

围拦区　enclosure zone

在湖泊、水库、浅海等水域中围拦的水面范围。

3.3

石笼　stone gabion

用网衣包裹着卵石的长带形沉具。

3.4

网簖　netting trap

用网衣和桩柱组成的迷魂阵式渔具。

3.5

地笼网　bottom net traps

置于水底的、由若干个小网箱组成且各带有诱鱼倒刺口的渔具。

4 要求

4.1 员工健康、安全和福利

4.1.1 健康和安全

序号	控制点	符合性要求	等级
4.1.1.1	执行水上操作的员工应有良好的游泳技能，操作时应穿上救生衣等防护服。	养殖场提供相关的证明，现场检查。	1级
4.1.1.2	员工应熟练掌握救生设施的使用，掌握一些突发事件的自救技能。	现场检查或询问员工（包括现场演练）。	1级
4.1.1.3	要每天收听或收看天气预报，在风暴或洪水来临之前应撤离。	养殖场提供记录，询问员工。如无，则不适用	1级
4.1.1.4	员工每年应针对水生寄生虫的感染体检1次。	养殖场提供体检记录。如无，则不适用。	1级

4.1.2 培训

序号	控制点	符合性要求	等级
4.1.2.1	养殖场应对员工进行水上操作行业规范的培训，并予以执行。	养殖场提供培训记录或询问员工。	2级

4.1.3 员工福利

序号	控制点	符合性要求	等级
4.1.3.1	为员工准备足够的救生设施。	现场检查。	2级

4.2 场址、设施、设备

4.2.1 选址

序号	控制点	符合性要求	等级
4.2.1.1	养殖区域内无对养殖环境构成威胁的污染源，避开赤潮频发的水域。	现场检查。	1级
4.2.1.2	应选择在风浪较小或不易受台风和山洪影响的水域。	养殖场提供相关气象、水文资料。	2级
4.2.1.3	养殖场不应妨碍环保、交通航道或者地区开发，同时又应兼顾交通和管理。	现场检查。	1级
4.2.1.4	养殖场不应对周围环境造成影响，包括外观、航道以及源于养殖活动的生态影响。	现场检查。	3级
4.2.1.5	养殖场的选择应预先调查，特别是水的流速、流向及浮游生物等。	养殖场提供调查结果。	2级
4.2.1.6	养殖场底质应符合GB/T 18407.4要求。	养殖场提供检测报告。	1级
4.2.1.7	养殖水域应选择在水位差不超过1 m的区域。	养殖场提供历年水文调查数据。	2级

序号	控制点	符合性要求	等级
4.2.1.8	养殖水域水流通畅,水交换充足,防止废物堆积和维持适量的溶解氧。	现场检查。	3级
4.2.1.9	养殖水域应采取有效措施防御凶猛的敌害生物,以防养殖对象被伤害和围网破损。	现场检查。	2级

4.2.2 **设施布局**

序号	控制点	符合性要求	等级
4.2.2.1	养殖水域要科学规划、围拦区布局合理。应绘制围拦区参照图,体现生产区域、相关设施位置等内容。	现场检查。在现场对参照图进行核对。	1级
4.2.2.2	根据养殖种类和养殖水域容量确定围拦的面积、围拦的间距。	现场检查。	1级
4.2.2.3	常规的生态评估应该在围拦区最邻近或者在其下游的环境进行。	现场检查。	3级
4.2.2.4	围拦区内各围拦之间应留有管理船舶、运输船舶通行的航道,并保持良好的维护状态。	现场检查。	1级

4.2.3 **水域管理**

序号	控制点	符合性要求	等级
4.2.3.1	新建的围拦区,应清除围区内的石块和高大的挺水植物等。对上年已用于养殖的围拦区,应清除敌害生物和剩饲残渣。	现场检查。	1级
4.2.3.2	同一水域连续养殖2年,宜空闲1年。	养殖场提供养殖记录。	3级

4.2.4 **设备**

4.2.4.1 **围拦**

序号	控制点	符合性要求	等级
4.2.4.1.1	制作围拦的主要材料应经质量检验部门检验合格,或具有生产厂的合格证。	养殖场提供检查检验部门的报告和出厂合格证。	1级
4.2.4.1.2	围拦的设置采用两层围网的结构,外层为保护网,内层为养殖网,两层网间距3 m～5 m,其间设置防止养殖对象逃逸的小型网簖、地笼网等。	现场检查。如无,则不适用。	1级
4.2.4.1.3	拦网网目的大小要依据养殖对象的大小而定,尽量节省材料并以达到围拦区水体最高交换率和有效防止养殖对象逃逸为原则。	现场检查。	1级
4.2.4.1.4	围拦的结构应牢固能抗风浪。	现场检查或养殖场提供检测报告。	2级

序号	控制点	符合性要求	等级
4.2.4.1.5	所有网片及支撑设备应用无毒、无害、抗腐蚀的材料建造。	现场检查。	2级
4.2.4.1.6	网衣应在不造成养殖产品逃逸的情况下维修。	现场检查。	3级
4.2.4.1.7	应使用经过核准的抗污垢剂,抗污垢剂的排放应当控制在合适范围内,且不能影响养殖对象。	检查使用的产品是否许可,以及养殖产品中重金属等残留检测报告。	1级
4.2.4.1.8	所有的围拦设施应标记,保留网龄、状况、处理类型及方位的记录。	目测和检查记录。	2级

4.2.4.2 船舶

序号	控制点	符合性要求	等级
4.2.4.2.1	所用的船舶应具有相关的许可证明,并具有适当的安全设备。无线电通信操作员应有执照和上岗证件。	养殖场提供有效证件。	2级
4.2.4.2.2	应制定定期维护和保养程序并有效实施。	养殖场提供书面程序,检查记录。	2级
4.2.4.2.3	废油处理的记录应说明时间、数量、存贮情况以及处理方法。	养殖场提供废油处理的记录。	3级
4.2.4.2.4	负责运输养殖产品的船舶及相关的工具应在每次使用前、后进行清洁、消毒。	养殖场提供消毒记录。	2级
4.2.4.2.5	若使用围拦区内的船舶进行考察、参观,事后应立即清洗消毒。	现场检查,检查记录。	2级

4.3 投入品的管理

4.3.1 化学品

序号	控制点	符合性要求	水平
4.3.1.1	围拦区不存放任何化学药品。	现场检查。	1级
4.3.1.2	围拦区若要使用少量化学品,应尽量空船搬运,或船上无易燃、易爆物品。	现场检查。	1级

4.3.2 饲料

序号	控制点	符合性要求	等级
4.3.2.1	作饲料使用的鲜或冻鱼、青贮饲料和动物内脏应保持新鲜。	现场检查。	1级

4.4 养殖管理

4.4.1 苗种放养

序号	控制点	符合性要求	等级
4.4.1.1	围拦网衣应在放养前水下浸泡一定时间，以免网衣对鱼体造成损伤，并检查有无破损。	养殖场提供养殖记录。	2级
4.4.1.2	购进的苗种应在配套的网箱或小网围暂养一定时间，淘汰部分病残劣质苗种后方可投放。	养殖场提供暂养记录。	2级
4.4.1.3	苗种放养时，应采取下沉网衣的方式，使苗种自动进入围网区。	现场检查。	2级
4.4.1.4	按围拦和放养种类特点，放养符合质量要求的一定密度与规格的种苗，应一次性放足主养种类、搭配种类和套养的种类。	养殖场提供放养记录。	2级

4.4.2 投喂管理

序号	控制点	符合性要求	等级
4.4.2.1	应尽量使用配合饲料养殖，如使用的鲜或冻鱼、青贮饲料和动物内脏作饲料，在使用前应进行消毒。	现场检查。	1级
4.4.2.2	养殖场应确定适宜的主要饲料和辅助饲料的量比。	养殖场提供投喂计划和记录。	2级
4.4.2.3	应根据围拦面积大小，设定投喂地点和方式（如：有无饵料框、饵料台）。	现场检查。	2级
4.4.2.4	根据具体养殖对象，每天应有固定的投饵时间和频次。	现场检查。	2级
4.4.2.5	依照气候条件、水文状况和养殖对象的生长情况适时调整投喂量。	养殖场提供投喂计划和记录。	2级

4.4.3 日常管理

序号	控制点	符合性要求	等级
4.4.3.1	每天对用于检查逃逸的小型网簖、地笼网等网具检查1次，查看是否有养殖对象逃逸。	现场检查。	1级
4.4.3.2	定期巡查网围，发现破损及时补修。	养殖场提供养殖记录。	2级
4.4.3.3	定期检查入泥石笼是否松动、移位或吊空。	现场检查。	2级
4.4.3.4	定期清除网衣上的附着物。	养殖场提供养殖记录。	2级
4.4.3.5	汛期应密切注意水位上涨，及时提升网围的网衣，保持网衣至少高出水面1 m。	养殖场提供养殖记录。	1级

序号	控制点	符合性要求	等级
4.4.3.6	做好日常记录,内容包括:养殖品种、规格、放养数量及生长情况,饲料及投喂情况,水质变化和防病情况等。	检查记录情况。	1级

4.4.4 **越冬管理**

序号	控制点	符合性要求	等级
4.4.4.1	应有完善的围拦养殖越冬计划,确保养殖种类的安全健康越冬。	养殖场提供越冬计划。如无,则不适用。	3级

4.4.5 **收获**

序号	控制点	符合性要求	等级
4.4.5.1	收获前应先在围拦区一隅设置若干个网箱,以分类贮存收获的养殖产品。	现场检查,询问员工。	2级
4.4.5.2	收获时宜采用大拉网、围网等方式,以减少养殖产品的应激反应和损伤。	现场检查,询问员工。如无,则不适用。	2级

4.5 **灾害预防**

序号	控制点	符合性要求	等级
4.5.1	洪水、台风或暴雨前要加强观察,加固围拦设施。	养殖场提供养殖记录。如无,则不适用。	2级
4.5.2	洪水、台风或暴雨后要立即检查拦网有无破损,养殖产品有无死亡。	养殖场提供养殖记录。如无,则不适用。	2级
4.5.3	及时去除围拦区内漂浮物,监测洪水或暴风雨是否带有污染物。	养殖场提供养殖记录。如无,则不适用。	2级

4.6 **野生动植物保护**

序号	控制点	符合性要求	等级
4.6.1	使用的防护网应尺寸适当并张紧,避免野生动物被缠住。	现场检查。	3级
4.6.2	应采取有效措施防止养殖动物种类流入当地水域。	养殖场采取了有效措施防止养殖动物种类流入当地水域。	3级

ICS 65.150
B 50

中华人民共和国国家标准

GB/T 20014.18—2008

良好农业规范
第18部分：水产滩涂、吊养、底播养殖基础控制点与符合性规范

Good agricultural practice—
Part 18: Intertidal mudflat culture/hanging culture/bottom-sowing culture base control points and compliance criteria

2008-02-01 发布 2008-04-01 实施

中华人民共和国国家质量监督检验检疫总局
中国国家标准化管理委员会 发布

前　言

GB/T 20014《良好农业规范》分为以下部分：

——第1部分：术语；

——第2部分：农场基础控制点与符合性规范；

——第3部分：作物基础控制点与符合性规范；

——第4部分：大田作物控制点与符合性规范；

——第5部分：水果和蔬菜控制点与符合性规范；

——第6部分：畜禽基础控制点与符合性规范；

——第7部分：牛羊控制点与符合性规范；

——第8部分：奶牛控制点与符合性规范；

——第9部分：生猪控制点与符合性规范；

——第10部分：家禽控制点与符合性规范；

——第11部分：畜禽公路运输控制点与符合性规范；

——第12部分：茶叶控制点与符合性规范；

——第13部分：水产养殖基础控制点与符合性规范；

——第14部分：水产池塘养殖基础控制点与符合性规范；

——第15部分：水产工厂化养殖基础控制点与符合性规范；

——第16部分：水产网箱养殖基础控制点与符合性规范；

——第17部分：水产围拦养殖基础控制点与符合性规范；

——第18部分：水产滩涂、吊养、底播养殖基础控制点与符合性规范；

——第19部分：罗非鱼池塘养殖控制点与符合性规范；

——第20部分：鳗鲡池塘养殖控制点与符合性规范；

——第21部分：对虾池塘养殖控制点与符合性规范；

——第22部分：鲆鲽工厂化养殖控制点与符合性规范；

——第23部分：大黄鱼网箱养殖控制点与符合性规范；

——第24部分：中华绒螯蟹围拦养殖控制点与符合性规范。

本部分为GB/T 20014的第18部分，本部分应与第13部分结合使用。

本部分由中国国家认证认可监督管理委员会、中华人民共和国农业部共同提出。

本部分由中国国家标准化管理委员会归口。

本部分起草单位：中国国家认证认可监督管理委员会注册管理部、中华人民共和国山东出入境检验检疫局、中华人民共和国珠海出入境检验检疫局、中华人民共和国福建出入境检验检疫局、中华人民共和国广东出入境检验检疫局、中华人民共和国江苏出入境检验检疫局、中国水产科学研究院。

本部分主要起草人：孔繁明、刘先德、马云杰、陈晓、卞长远、赖子平、罗赋毅、宋怿、邴旭文、陈彦兵、乌日琴。

引　言

食品安全不仅关系到消费者的身体健康和生命安全，而且还直接或间接影响到食品、农产品行业的发展。因此，食品安全是食品链(如：养殖、加工、储运)中各组织的首要要求。

作为食品链的初端，滩涂、吊养、底播养殖过程控制直接影响食品的安全。为达到符合法律法规或相关标准的要求，满足消费者需求，保证食品安全和促进农业的可持续发展，本部分在遵循GB/T 20014.13的前提下，提出以下要求：

0.1　食品安全危害的管理

本部分采用危害分析与关键控制点(HACCP)方法识别、评价和控制食品安全危害。在滩涂、吊养、底播的养殖过程中，针对养殖水产品的养殖方式和共同特点，对养殖场选址、场地管理、苗种管理、设施设备要求、养殖用水管理、捕获与运输、暂养、产品追溯等方面提出了相应的要求。

0.2　渔业可持续发展的环境保护要求

本部分提出了环境保护的要求，通过要求养殖者遵守环境保护的法规或标准，营造养殖过程的良性生态环境，协调养殖水产品养殖和环境保护的关系。

0.3　员工的职业健康、安全和福利要求

本部分提出了员工职业健康、安全和福利的要求。

0.4　动物福利的要求

本部分提出了动物福利的要求。

本部分将内容条款的控制点划分为3个等级，并遵循表1的原则：

表 1

等　级	级　别　内　容
1	基于危害分析与关键控制点(HACCP)和与食品安全直接相关的动物福利的所有食品安全要求
2	基于1级控制点要求的环境保护、员工福利、动物福利的要求
3	基于1级和2级控制点要求的环境保护、员工福利、动物福利的持续改善措施要求

良好农业规范
第18部分：水产滩涂、吊养、底播养殖基础控制点与符合性规范

1 适用范围

GB/T 20014的本部分规定了水产滩涂、吊养、底播养殖的基础控制点与符合性规范。

本标准适用于水产滩涂、吊养、底播养殖良好农业规范的基本要求的符合性判定，包括贝类、棘皮动物和藻类等滩涂、吊养、底播养殖水产品。

2 规范性引用文件

下列文件中的条款通过GB/T 20014本部分的引用而成为本部分的条款。凡是注日期的引用文件，其随后所有的修改单(不包括勘误的内容)或修订版均不适用于本部分，然而，鼓励根据本部分达成协议的各方研究是否可使用这些文件的最新版本。凡是不注日期的引用文件，其最新版本适用于本部分。

GB/T 20014.1 良好农业规范 第1部分：术语

GB/T 20014.13 良好农业规范 第13部分：水产养殖基础控制点与符合性规范

3 术语和定义

GB/T 20014.1、GB/T 20014.13确立的以及下列术语和定义适用于GB/T 20014的本部分。

3.1

养殖船 aqua-cultivating boat

具有行政主管部门发放的船检证书，用于在养殖水域进行养殖及卫生管理等日常操作的船只。

3.2

滩涂养殖 intertidal mudflat culture

在潮间带滩涂上养殖水生经济动植物的生产活动。

3.3

吊养养殖 hanging culture

又叫筏式养殖，在水域中设置浮动筏架，筏架上挂养水生经济动植物的生产方式。

3.4

底播养殖 bottom-sowing culture

将人工苗种或者半人工苗种投放到环境适宜水域的底质上，通过自然生长进行养殖的生产活动。

4 要求

4.1 员工健康、安全与福利

序号	控制点	符合性要求	等级
4.1.1	养殖场应指派一名高级管理代表负责员工健康安全计划的实施工作，计划应考虑到操作时、特殊气候条件下和特殊身体健康等情况，并保证所有员工了解并执行安全计划。	在养殖场应有相应的图表或以其他方式来描述员工的健康安全计划。	2级
4.1.2	聘用合适胜任的员工负责水上工作，执行水上操作的员工应有良好的游泳技能，执行水上操作应穿救生衣等防护服。潜水人员应具备相关技能。	现场抽查。	1级
4.1.3	员工应熟练掌握救生设施的使用和突发事件的自救方法。	现场检查，询问员工（包括现场演练），员工应了解该条款。	1级
4.1.4	要每天收听或收看天气预报，根据天气情况采取相应的安全措施，在风暴潮或洪水来临之前应撤离。	提供相关记录，询问员工，员工应了解该条款。	1级

4.2 场址、设施、设备

4.2.1 选址

序号	控制点	符合性要求	等级
4.2.1.1	养殖场应设在国家允许养殖的水域，并具有行政主管部门颁发的养殖许可证明。	养殖场提供养殖许可证明和海水水质报告，现场检查。	1级
4.2.1.2	养殖场应设在远离港口、航道排污口等可能对养殖水产品产生影响的场所。	现场检查。	2级
4.2.1.3	对养殖水域底质的选择应充分考虑到养殖种类的食性、栖息特性等因素。	现场检查，询问员工。如果无，不适用。	2级
4.2.1.4	养殖水域环境应适合养殖种类的生长。应进行风险评估，评估材料应至少包括养殖水域的水文、气象以及生物（季节性优势种群等）的繁衍对养殖种类的影响。	养殖场提供充分的风险评估材料。	2级

4.2.2 设施布局

序号	控制点	符合性要求	等级
4.2.2.1	应对场区设施进行定期的维护，并制定计划，计划中应包括养殖及相关设施的设计和活动的描述，水中结构如筏、围栏、网、箱等的位置和类型。	提供书面的计划，询问员工，员工应了解该条款。	1级

序号	控制点	符合性要求	等级
4.2.2.2	吊养浮筏基本构件的材质应结实耐用，品质合格，符合养殖要求。	现场检查，询问员工，员工应了解该条款。	2级
4.2.2.3	吊养浮筏的设置(如：布局、方向等)应合理，浮筏在设置之前应预先进行充分的规划，并进行编号管理。	现场检查，查看规划图。	2级
4.2.2.4	吊养应选择合适的吊笼、吊绳和浮漂。应根据养殖场条件和养殖种类的特性，选择适合养殖种类生长且方便的养殖器材，养殖器材的投放数量应符合生产要求，养殖器材的更新和维护应有书面管理文件描述。	现场检查，提供相应文件和记录。询问员工。	2级
4.2.2.5	滩涂、底播养殖应画出规划图，网拦的设置应合理。	提供规划图，现场检查，检查实际与图示是否符合。	2级
4.2.2.6	滩涂、底播养殖应配置适合养殖和收获能力的筐和网兜等工具。	现场检查。	2级

4.2.3 设备

序号	控制点	符合性要求	等级
4.2.3.1	养殖船的运输能力应能与养殖场的养殖规模相适应。养殖船需有行政主管部门发放的使用许可证明。	养殖场提供养殖船使用许可证明。	2级
4.2.3.2	养殖场应配备与养殖和收获活动相适应的潜水器械、救生物品。	现场检查。	2级
4.2.3.3	养殖场应制定书面的设备操作及租用计划、设备卫生控制程序等内容。	提供书面的设备操作及雇佣、租用计划、设备卫生控制程序。	2级

4.2.4 场地管理

序号	控制点	符合性要求	等级
4.2.4.1	养殖场应绘制平面布局图，确定养殖区域经纬度的位置和边界，并进行编号。	养殖场提供平面布局图，并现场检查。	1级
4.2.4.2	养殖场区周边应有界限及防护，并有标志，养殖场还应配有专门人员和相应设施。底播养殖区严禁拖船进入作业。	现场检查，询问员工，员工应了解该条款。	2级

4.3 养殖过程管理

4.3.1 苗种放养

序号	控制点	符合性要求	等级
4.3.1.1	放养前应清除养殖场和设施的敌害和污损生物，保证安全卫生。	询问员工，员工应了解该条款。如无，则不适用。	2级
4.3.1.2	养殖场应根据养殖种类和养殖条件确定适宜的放养密度。放养密度应不影响养殖水产品的健康和质量。	询问员工，员工应了解该条款。	2级
4.3.1.3	如果采取了混养，养殖场应制定混养操作程序。	养殖场提供混养操作程序。询问员工，员工应了解该条款。	1级
4.3.1.4	如果采取了混养，混养种类搭配和比例应合适。	现场检查，养殖场提供相关记录。询问员工，员工应了解该条款。	1级

4.3.2 养殖及卫生管理

序号	控制点	符合性要求	等级
4.3.2.1	应定期清理养殖场及养殖设备的淤泥、杂物以及附着生物。	询问员工，员工应了解该条款。	1级
4.3.2.2	应定期清除可能影响养殖种类的污损生物。	询问员工，员工应了解该条款。	1级
4.3.2.3	应安排员工定期巡查养殖区，保证养殖设施完好，维持养殖区的正常秩序。	询问养殖场管理者。	3级
4.3.2.4	应根据养殖种类的生长与季节变化情况及时调整养殖水层和更换养殖器材。	询问员工，员工应了解该条款。	2级
4.3.2.5	应制定水质采样计划，应至少包括：采集微生物水样以及对日常温度和盐度等进行监控的计划。定期由有资质的监督检测部门进行检测。	提供水质采样计划和有关记录，以及水质官方检测报告。若未达到水质标准要求，应采取相应措施，重新进行验证以达到标准。	1级
4.3.2.6	应定期监测周围污染源的排放情况。	询问员工，员工应了解该条款，查看记录。	1级
4.3.2.7	应制定养殖水产品采样计划，定期、有针对性地对养殖水产品进行有害微生物、贝毒、重金属及农兽药残留等有毒有害物质检测，送至有资质的实验室进行检测。	提供养殖水产品采样计划和检测报告。如无，则不适用。	1级

4.3.3 灾害防控

序号	控制点	符合性要求	等级
4.3.3.1	应制定灾害应急方案以应对赤潮、水华、富营养化、不明原因疾病、污染、风暴潮等突然来袭的灾害。	提供计划，询问员工，员工应了解该条款。	2级
4.3.3.2	应以书面的形式确定灾害的防控方案，建立灾情通报制度。	提供文件和记录，询问员工，了解其信息沟通是否畅通。	1级
4.3.3.3	应以书面的形式确定养殖水产品病害的防控方案，建立疫病疫情通报制度。	提供文件和记录，询问员工，了解其信息沟通是否畅通。	1级

4.3.4 收获

序号	控制点	符合性要求	等级
4.3.4.1	收获时，根据养殖种类的具体情况，控制采捕数量、采捕规格，确保资源可持续利用。	提供记录，现场检查，询问员工，员工应了解该条款。	1级
4.3.4.2	收获工具不应对养殖水产品造成伤害，并保持工具的清洁卫生，防止二次污染。	现场检查。	1级
4.3.4.3	养殖水产品收获的全过程应进行温度和时间控制，以保证养殖水产品的安全卫生。	养殖场应有温度计，并提供收获过程相关的温度记录。如无，则不适用。	1级
4.3.4.4	养殖场应制定养殖种类标识计划并保持记录。	提供计划和记录，现场检查，询问员工，员工应了解该条款。如无，则不适用。	1级
4.3.4.5	及时清除病、死养殖水产品，使其不混入收获产品中。	提供计划和记录，现场检查，询问员工，员工应了解该条款。	1级
4.3.4.6	应由经许可且有编号的捕捞船进行捕捞。	提供捕捞船名单，现场检查，询问员工，员工应了解该条款。如无，则不适用。	1级

4.4 暂养

序号	控制点	符合性要求	等级
4.4.1	应在国家允许养殖的水域内进行暂养，且保持足够长的时间，以达到降低污染水平的目的，并记录。	提供记录。如无，则不适用。	1级
4.4.2	如果采用容器进行暂养，容器需要保持卫生清洁。容器的设计和结构能够使水自由地流过暂养对象，暂养对象放到容器前应经过清洗和挑选。应进行记录。	提供水质报告、冰的供应商记录和其他相关记录。现场检查。如无，则不适用。	1级

序号	控制点	符合性要求	等级
4.4.3	暂养应根据不同的养殖种类确定适宜的密度，并记录。	提供记录。如无，则不适用。	2级
4.4.4	暂养后收获的养殖水产品应设置标签。	现场检查，询问员工，员工应了解该条款。如无，则不适用。	1级

4.5 **运输**

序号	控制点	符合性要求	等级
4.5.1	运输过程中应采取加冰、机械制冷等方法，保持适宜的养殖水产品温度，以10℃以下为宜。	提供温度记录。如无，则不适用。	1级
4.5.2	运输过程中的用水应符合养殖用水要求。	检查相关记录。如无，则不适用。	1级
4.5.3	应选择合适的运输方式，考虑的因素包括：时间、温度、距离等。员工在接收苗种时应要求供应运输方提供完整的记录。	询问员工，员工应了解该条款。	2级
4.5.4	运输过程应注意避免对养殖水产品造成破损，避免养殖水产品的再次污染。	询问员工，员工应了解该条款。	1级
4.5.5	运输的养殖水产品应每批设置标签。	现场检查，询问员工，员工应了解该条款。如无，则不适用。	1级
4.5.6	运输过程应采取封闭措施，防止外来不安全因素的干扰。	现场检查，询问员工，员工应了解该条款。	1级

4.6 **追溯**

序号	控制点	符合性要求	等级
4.6.1	收获的养殖水产品应有标签，至少包括：名称、收获日期、养殖场名称及有关主管部门许可的编号、收获海区等信息。	现场检查。如不是贝类，则不适用。	1级
4.6.2	暂养后收获的养殖水产品应有标签，至少包括：暂养对象的来源、名称、开始暂养时间、收获时间、养殖场名称及有关行政主管部门许可的编号、收获海区等信息。	现场检查。如不是贝类，则不适用。	1级
4.6.3	收获者应把在1 d内从某一养殖场采捕的单一种类的原料定为一个批次，并清楚标示，以达到良好追溯的目的。	现场抽查记录。如不是贝类，则不适用。	1级